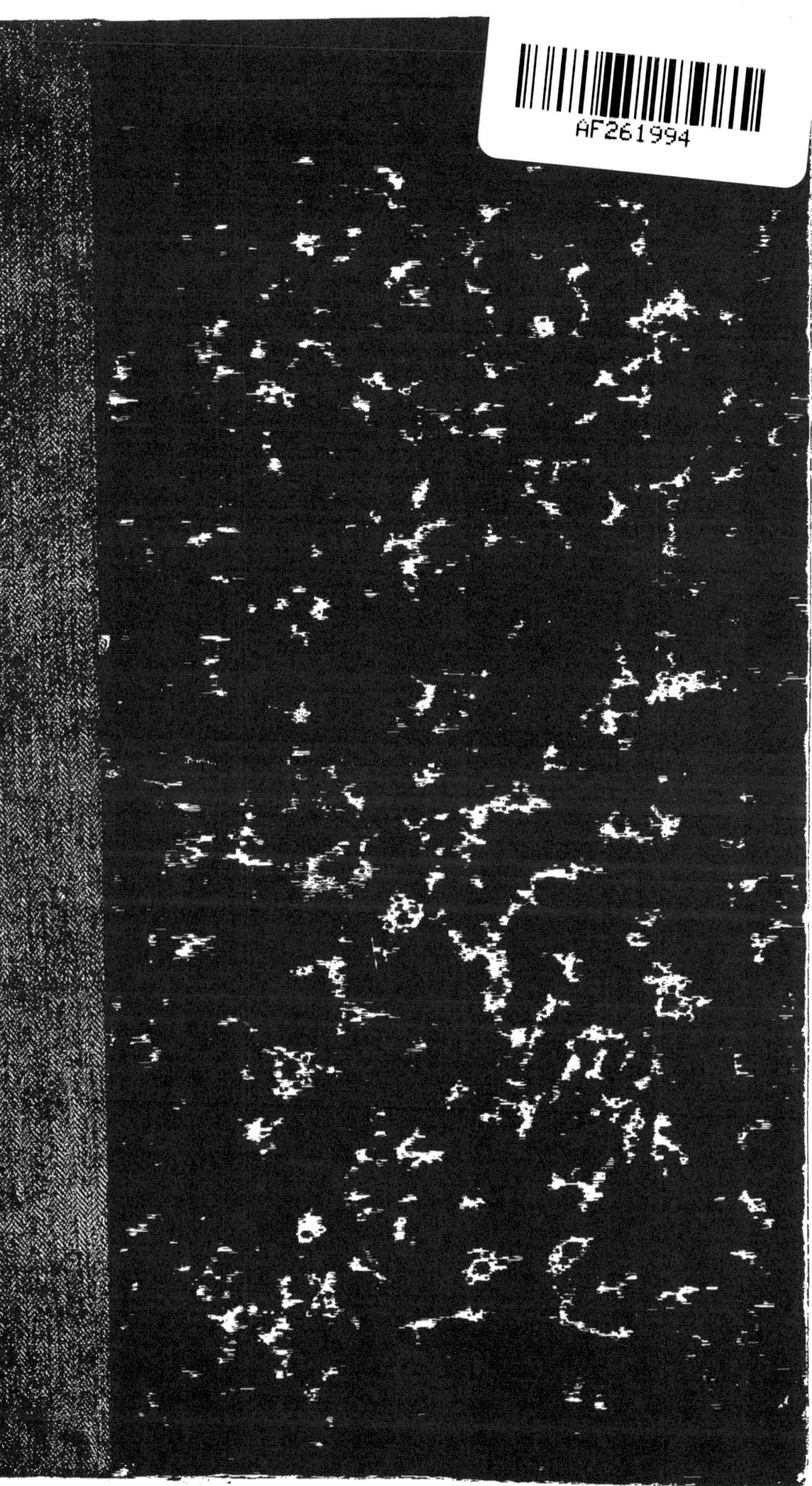
AF261994

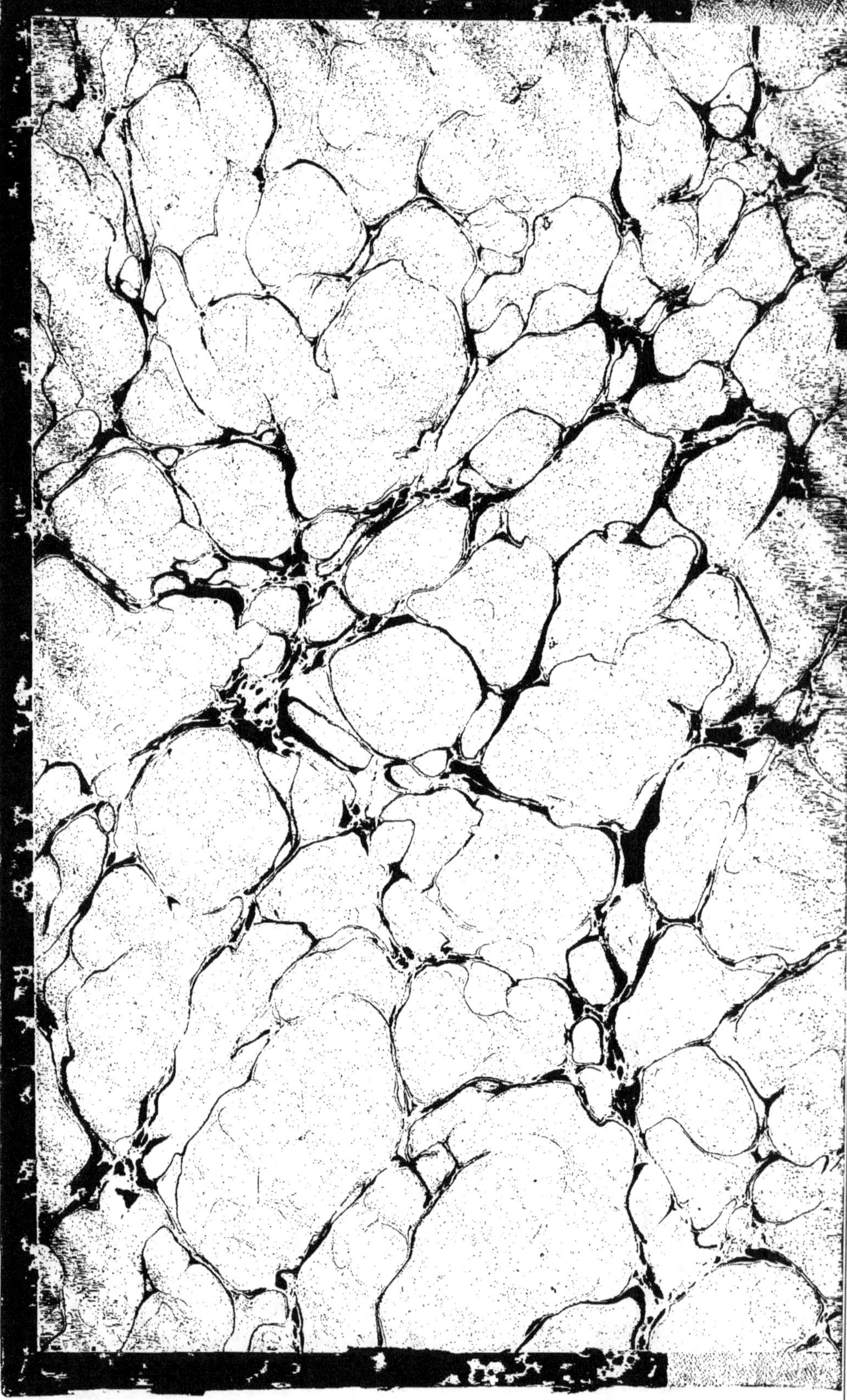

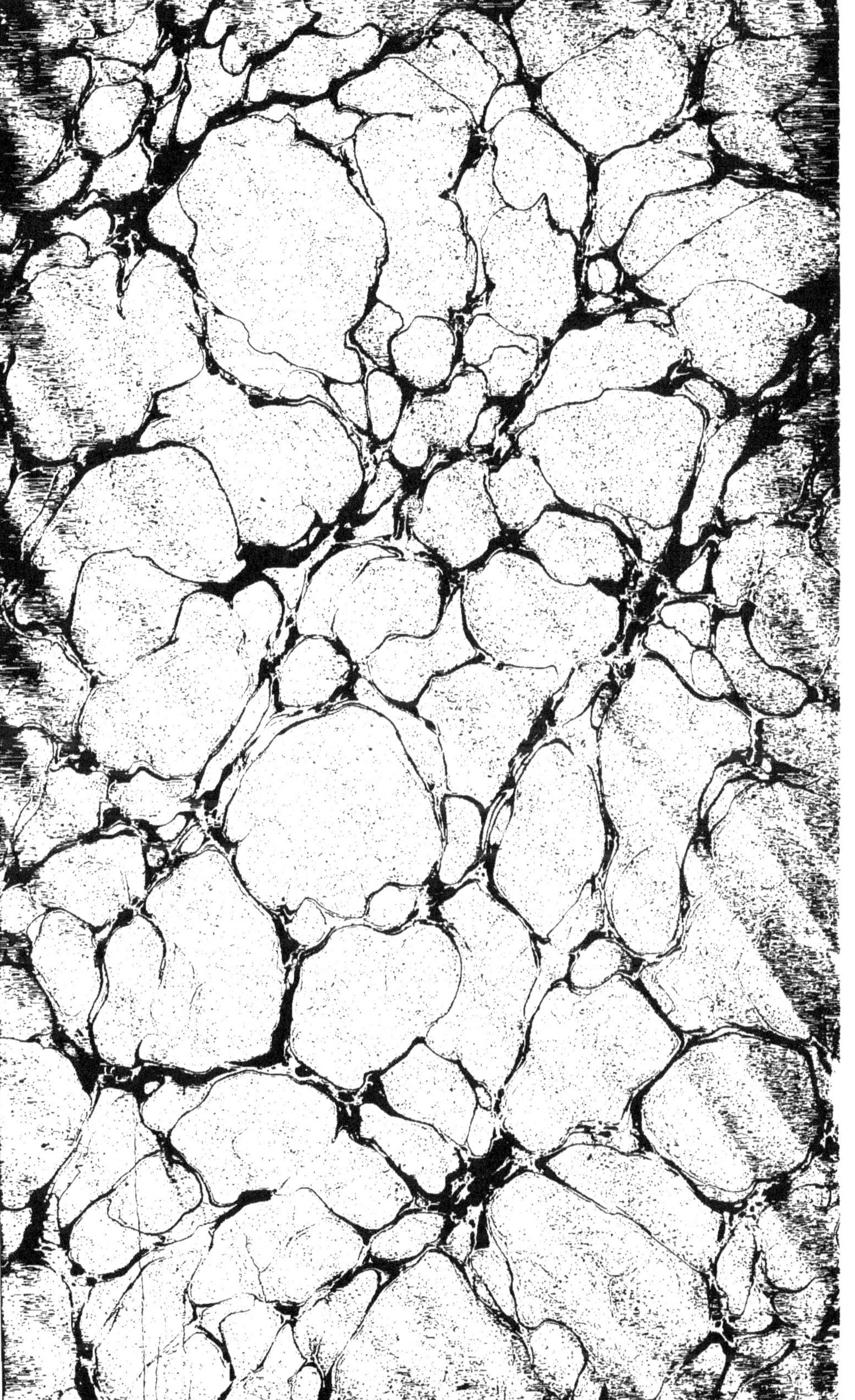

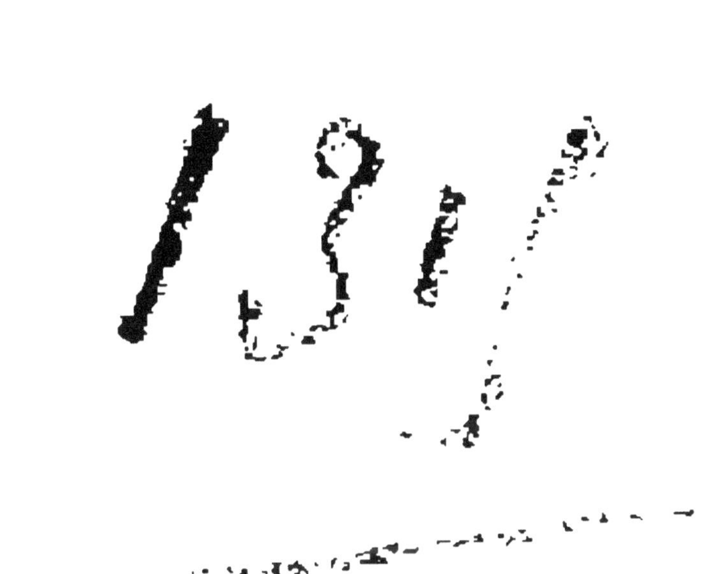

# FLORE MÉDICALE

## USUELLE ET INDUSTRIELLE

### DU XIXᵉ SIÈCLE

---

TOME I

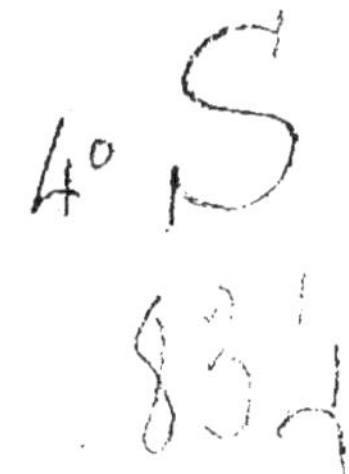

IMP.ie Vve P. LAROUSSE & Cie, RUE MONTPARNASSE 19, PARIS

# FLORE
# MÉDICALE
## USUELLE ET INDUSTRIELLE
### DU XIX<sup>e</sup> SIÈCLE

PAR MM.

**A. DUPUIS**

Professeur d'Histoire naturelle,
ancien Professeur de Botanique et de Sylviculture
à l'Institut agronomique
de Grignon, etc.

**O. RÉVEIL**

Docteur en médecine,
Pharmacien en chef des hôpitaux,
Professeur agrégé à la Faculté de médecine de Paris
et à l'École supérieure de pharmacie, etc.

*NOUVELLE ÉDITION*

COMPLÈTEMENT REFONDUE ET AUGMENTÉE D'IMPORTANTS SUPPLÉMENTS

PAR

## M. J.-L. DE LANESSAN

Professeur agrégé d'Histoire naturelle à la Faculté de Médecine de Paris.

—◇—

## TOME PREMIER

—◇—

## PARIS

**LIBRAIRIE ABEL PILON**

A. LE VASSEUR ET C<sup>ie</sup>, ÉDITEURS

33, RUE DE FLEURUS, 33

—

Réserve de tous droits.

# FLORE MÉDICALE

## DU XIXᵉ SIÈCLE

---

### ABELMOSCH

*Hibiscus Abelmoschus* L. *Abelmoschus moschatus* Medic.
(Malvacées-Hibiscées.)

L'Abelmosch, appelé aussi Ambrette, Alcée d'Égypte, etc., est un petit arbrisseau dont la tige cylindrique, velue, peu rameuse, ne dépasse pas 1ᵐ à 1ᵐ.40. Ses feuilles alternes, pétiolées, cordées à la base, palmées, à limbe denté ou crénelé, sont également velues, surtout le long du pétiole et des nervures; les inférieures présentent cinq ou sept lobes et paraissent comme peltées; les supérieures sont divisées profondément en trois lobes. Les fleurs sont assez grandes et solitaires à l'extrémité de pédoncules axillaires droits et longs. Le calicule se compose d'environ neuf folioles étroites, linéaires, pointues, très-velues à l'extérieur. Le calice est environ deux fois plus long, à cinq divisions peu profondes. La corolle est large, jaune soufre, à centre d'un pourpre obscur. Le fruit est une capsule ovoïde, conique, velue-soyeuse, à cinq angles; il renferme des graines assez nombreuses, arrondies, réniformes, grisâtres ou brunâtres et exhalant une forte odeur de musc (Atlas I, Pl. 1).

Habitat. — L'abelmosch croît dans les régions chaudes des deux continents. C'est de l'Inde qu'il nous est venu, vers 1760.

Culture. — Cette espèce est cultivée assez en grand aux Antilles et dans quelques régions analogues, où ses graines parfumées forment une branche de commerce. Dans nos climats, elle n'est guère connue que comme plante d'agrément et ne se cultive qu'en serre chaude, quoiqu'elle puisse assez bien supporter la serre tempérée. Elle demande une terre franche et légère. On la multiplie ordinairement de graines, que l'on sème au printemps, en terrine et sur couche chaude; on repique les jeunes plants en motte, dans des pots remplis de terre légère, que l'on plonge dans une nouvelle couche. On peut aussi multiplier l'abelmosch par boutures étouffées, et sous cloche, faites sur couche chaude, au printemps.

PARTIES USITÉES. — Les graines.

RÉCOLTE. — On doit recueillir le fruit avant sa déhiscence et achever la dessiccation des semences dans les capsules; on les conserve en vase bien clos, et malgré cette précaution, un an après leur récolte, on est obligé, de les frotter fortement pour percevoir l'odeur.

COMPOSITION CHIMIQUE. — Les graines d'ambrette renferment une huile fixe assez abondante; elles doivent leur odeur, d'après M. Bonastre, à une résine colorée et à un corps odorant volatil et fugace, qui présente une odeur analogue à celles de l'ambre et du musc, et qui est très-employé en parfumerie.

USAGES. — Toutes les plantes de la famille des malvacées renferment un principe mucilagineux très-abondant; les graines contiennent une matière albumineuse associée à une huile fixe; celles de l'ambrette, pilées avec de l'eau, fournissent une émulsion qui est regardée comme antispasmodique.

L'ambrette, nommée aussi graine de musc, abelmosch, guimauve veloutée, ketmie odorante, est une graine réniforme comprimée près de l'ombilic, de la grosseur d'une lentille, d'une couleur brun rougeâtre, marquée d'une rayure fine et régulière qui suit la courbure de l'épisperme; on en connaît deux sortes principales :

L'*ambrette de la Martinique* vient des Antilles et principalement de la Martinique; elle est gris peu foncé, d'une odeur fine et pénétrante; on doit la choisir entière et très-parfumée.

La seconde sorte d'ambrette vient d'Asie et d'Égypte; elle est plus grosse et d'une couleur plus foncée, mais son odeur est moins agréable quoique plus forte. Les Malabres l'appellent *galu gasturi;* à Ceylan on la connaît sous le nom de *capu kanassa.*

Il existe encore d'autres sortes d'ambrette de forme et de couleur analogues aux précédentes, mais peu ou point odorantes.

En Arabie et en Égypte, le peuple broie la graine d'ambrette et la mêle avec la poudre de café pour rendre l'infusion plus céphalique et plus stomachique. Les Égyptiens la mâchent pour se donner une bonne haleine, fortifier l'estomac et exciter l'appétit; ils en font même usage comme aphrodisiaque.

Le principe odorant de l'ambrette est très-difficile à isoler, aussi se contente-t-on en parfumerie d'aromatiser avec cette graine des graisses et des huiles.

# ABSINTHE

*Artemisia absinthium* L. (*Absinthium officinale* Rich.)
(Composées-Hélianthées.)

L'Absinthe, appelée aussi *Absin menu* ou *Alvuine*, est une plante
vivace, dont la tige, haute de 0ᵐ.65 à 1ᵐ, herbacée, dure, dressée,
un peu rameuse, est couverte, ainsi que les feuilles, d'un duvet blanchâtre, très-court, qui donne à toute la plante un aspect gris cendré.
Ces feuilles, à la partie inférieure de la tige, sont profondément
découpées en nombreuses lanières étroites, lancéolées, obtuses,
blanchâtres et cotonneuses, surtout en dessous; en s'élevant sur la
tige, elles deviennent de moins en moins divisées, et les plus élevées
sont simples, allongées et obtuses. L'ensemble de l'inflorescence
constitue une panicule pyramidale très-allongée. Les fleurs sont petites, mais très-nombreuses, d'un jaune verdâtre; elles se groupent
en petits capitules globuleux, pendants, réunis en petites grappes à
l'extrémité des rameaux. Le réceptacle est convexe, couvert de poi's
longs et soyeux. Les fruits (*akènes*) sont dépourvus d'aigrette.

La petite absinthe (*A. Pontica* L.) est aussi vivace; ses tiges, nombreuses, touffues, hautes de 0ᵐ.35, portent des feuilles alternes,
épaisses, deux fois ailées, à divisions linéaires, cotonneuses en dessous. Les capitules, petits, arrondis, penchés, à involucre gris-cendré, forment par leur réunion une longue panicule terminale.

HABITAT. — La grande absinthe habite les lieux incultes et arides
des contrées centrales et méridionales de l'Europe; ses fleurs se
montrent en juillet et août. Le petite absinthe se trouve surtout dans
les Alpes, et fleurit en septembre.

CULTURE. — L'absinthe est cultivée surtout dans les jardins potagers qui avoisinent les grandes villes. Elle demande une terre légère,
une exposition chaude et du soleil. Sa culture est des plus simples.
On la multiplie par le semis des graines ou par la division des vieux
pieds, qui se font au commencement du printemps. Dans le nord de la
France, il faut, en hiver, l'abriter ou entourer les pieds avec un paillis.

La petite absinthe se cultive de la même manière.

PARTIES USITÉES. — Les feuilles et les sommités.

RÉCOLTE. — On la récolte à l'époque de la floraison; tantôt on la
coupe en fragments de 0ᵐ,5 à 0ᵐ,6 de longueur, tantôt on l'attache
en petits paquets que l'on dispose en guirlandes pour les faire sécher,

soit à l'étuve, soit au séchoir, mais non au soleil où elle se décolore et perd de son odeur; sèche, elle doit être dépourvue de taches jaunes ou noires.

COMPOSITION CHIMIQUE. — Les principes actifs de l'absinthe sont : 1° *une huile essentielle* verte, très-odorante, excitante, de laquelle on a retiré trois hydrocarbures distincts : l'un ayant pour formule $C^{10} H^{16}$, isomère de l'essence de térébenthine (*terpène*) ; l'autre (*absinthol*, $C^{10} H^{16} O$), isomère du camphre ; le troisième ($C^{10} H^{14}$), rappelant le camphogène, est produit par la déshydratation du précédent ; 2° l'*absinthine* ou *amer d'absinthe*, à laquelle Fuchs attribue la formule $C^{16} H^{22} O^{3}$. C'est une matière résinoïde, à odeur aromatique, à saveur très-amère, encore peu connue, insoluble dans l'eau froide, peu soluble dans l'eau chaude, très-soluble dans l'alcool.

USAGES. — L'absinthe est le vermifuge le plus souvent employé dans l'ouest et le sud-ouest de la France ; à petite dose, elle est stomachique, aiguise l'appétit, facilite la digestion, accélère les fonctions de nutrition; à forte dose, elle est stimulante, détermine la chaleur à l'épigastre, la soif et une excitation générale. Giacomini, qui a expérimenté l'absinthe sur lui-même à l'état de santé, la considère comme hyposthénisante; MM. Trousseau et Pidoux lui attribuent une propriété vireuse, narcotique même; il paraît certain que l'usage immodéré de l'absinthe détermine des céphalalgies intenses, quelquefois suivies de vertiges. Faisons remarquer que nous ne confondons pas ici les effets de l'*absinthe officinale* avec la liqueur d'absinthe que l'on prépare surtout en Suisse, dans le Doubs et le Jura, non pas avec la plante qui nous occupe, mais bien avec les Génipis des Alpes (*Artemisia rupestris* et autres). Cette confusion est faite par plusieurs auteurs.

D'un autre côté, Paul d'Égine dit que l'on peut combattre l'ivresse alcoolique au moyen d'une infusion aqueuse d'absinthe ; on lui a même atribué des propriétés anti-aphrodisiaques : il est certain que l'absinthe ne convient pas aux tempéraments sanguins et bilieux, toutes les fois qu'il y aura pléthore sanguine et tendance aux congestions vers les cavités splanchniques et surtout vers la tête.

Les préparations d'absinthe peuvent être divisées en trois groupes : 1° Celles qui ne contiennent que l'essence : ce sont l'huile essentielle, l'eau distillée et l'alcoolat ou esprit d'absinthe ;

2° Celles qui ne renferment que le principe fixe : tel est l'extrait d'absinthe qui est surtout tonique et fébrifuge ;

3° Les préparations qui renferment à la fois les principes fixes et volatils : tels sont la poudre, l'infusion, le suc, le sirop, le vin, la teinture et l'huile d'absinthe qui est usitée à l'extérieur contre les douleurs.

L'absinthe est employée contre les affections de l'estomac, telles que la dyspepsie nerveuse, les flatuosités, contre la diarrhée, la chlorose, l'aménorrhée, les scrofules, le scorbut, les fièvres intermittentes, les affections vermineuses, etc.; à l'extérieur, comme tonique et résolutive.

L'absinthe entre dans la composition de la teinture et du sirop d'absinthe composés, de l'élixir de Stougton, des pilules *anteci-bum*, du vin aromatique, du vinaigre aromatique ou des quatre voleurs; elle fait partie des espèces amères et aromatiques.

La petite absinthe jouit des mêmes propriétés ; elle est moins odorante et moins active.

La médecine hippiatrique fait un grand usage de l'absinthe employée seule, ou mêlée au son et au miel.

On emploie l'absinthe en médecine homœopathique : son signe est *Man*, son abréviation *Absinth*.

## ACACIAS GUMMIFÈRES
*Acacia Senegal*, **A.** *Arabica*, **A.** *Seyal*, etc.
(Légumineuses-Mimosées.)

Les *Acacia* à gomme sont des arbres hauts de 8 à 10 mètres, à tige et à rameaux plus ou moins épineux. Les feuilles sont décomposées, pennées, à folioles vertes, glabres ou un peu ciliées sur les bords. Les fleurs sont petites, jaunes, régulières, à étamines très-nombreuses ; elles sont disposées en capitules globuleux, pédonculés, disposés par deux ou trois à l'aisselle des feuilles supérieures des rameaux. Le fruit est une gousse plane, étroite, rétrécie entre les graines, ce qui lui donne une forme de chapelet.

Les espèces d'*Acacia* qui produisent de la gomme arabique sont assez nombreuses. Les plus importantes sont :

L'*Acacia Senegal* W. ou *A. Vereck*, petit arbre abondant dans le nord du Sénégal, où il forme de vastes forêts ; dans la Nubie, dans le Kordofan et dans l'Akbara supérieur. Cette espèce fournit, d'après Schweinfurth, la belle gomme arabique blanche qui vient du Nil supérieur et particulièrement du Kordofan ;

2° L'*Acacia arabica* Willd., petit arbre très-répandu en Afrique, où il s'étend, sur la côte occidentale, depuis la Sénégambie et le Niger jusqu'à Angola ; sur la côte orientale, depuis le Nil jusqu'à l'Abyssinie, le Mozambique et le Natal. Il existe aussi dans l'Inde. On distingue les variétés : *tomentosa*, qui habite surtout le Sénégal ; *nilotica*, de la région du Nil ; *indica*, de l'Inde ; *kraussiana*, du Natal ;

3° L'*Acacia Seyal* Del., du Sennaar et de la Nubie, produit une gomme brunâtre de qualité inférieure.

Ajoutons-y : l'*A. stenocarpa* Hchst., de la Nubie et de l'Abyssinie; les *A. pycnantha* Benth. ; *dealbata* Link ; *decurrens* Willd., et *homalophylla* Cunn., de l'Australie.

Habitat. — L'Acacia d'Arabie et ses variétés habitent l'Inde, l'Arabie, l'Égypte, le Sénégal ; les autres espèces se trouvent au Sénégal, dans la Sénégambie, le Maroc, etc.

Culture. — Ces acacias sont souvent cultivés en grand dans leur pays natal ; mais, sous nos climats, ils exigent la serre chaude et la terre de bruyère. On les propage de graines, de boutures et de marcottes.

Parties usitées. — La *gomme arabique*, liquide épais formé par les membranes des cellules qui se gonflent et se ramollissent.

Récolte. — La récolte de la gomme se fait, en Arabie et au Sénégal, pendant les grandes chaleurs, lorsque ce produit est déjà concrété sur les arbres ; on achève la dessication par l'exposition à l'air, et on l'expédie en Europe.

Composition chimique. — La gomme arabique se dissout, à la température ordinaire, dans un poids égal d'eau, en formant un liquide glutineux, épais, fade, à réaction légèrement acide. La plus belle gomme desséchée à 100° C. forme, avec deux parties d'eau, un mucilage dont la densité, à 15° C., est 1.149. La gomme est très-peu soluble dans l'alcool. Elle se dissout dans une solution ammoniacale d'acide cuprique. Traitée par l'acide nitrique, elle donne de l'acide mucique. Dissoute dans l'eau froide acidulée d'acide chlorhydrique, puis traitée par l'alcool, elle fournit un précipité d'*acide arabique* ou *arabine* ($C^{12} H^{12} O^{11}$).

La gomme arabique naturelle doit être considérée comme un sel d'acide arabique contenant un fort excès d'acide, ou comme un mélange d'arabates acides de calcium, de potassium et de magnésium. Les bases proviennent des membranes cellulaires qui produisent la gomme; c'est à elles que la gomme paraît devoir sa solubilité dans l'eau. Cependant, certaines gommes, qui contiennent des principes minéraux en quantité très-suffisante, se gonflent à peine par l'eau et ne s'y dissolvent pas.

Usages. — La gomme est fréquemment employée en médecine comme adoucissante et émolliente dans toutes les phlegmasies; on l'administre le plus souvent sous forme de tisane (15 grammes pour un litre d'eau); elle sert d'excipient pour les masses pilulaires; elle entre dans la composition des préparations connues sous le nom de *pâtes*, de *mucilages*, des potions gommeuses; elle sert à tenir les corps en suspension dans les liquides. On en fait un sirop qui doit se prendre en masse gélatineuse lorsqu'on le traite par une solution étendue de perchlorure de fer bien neutre; ce dernier caractère le distingue du sirop de dextrine.

Dans l'industrie, les gommes entrent dans la composition de l'encre; on s'en sert pour gommer les toiles, lustrer les tissus, épaissir les mordants et les couleurs, coller les papiers, etc.; dans un grand nombre d'industries, on les remplace par la dextrine.

Les principales sortes de gomme arabique du commerce sont :

1° La *Gomme du Sénégal,* qui est surtout importée en France. Elle est jaunâtre ou légèrement rougeâtre, en morceaux volumineux, souvent allongés ou vermiculaires, peu fissurés, fermes et se cassant assez difficilement. Elle paraît être produite presque exclusivement par l'*Acacia Verek*.

2° La *Gomme du Kordofan,* qui est surtout importée en Angleterre. C'est la sorte la plus belle et la plus estimable pour les usages médicaux. Elle est en morceaux irrégulièrement arrondis, de la grosseur d'une noisette, blancs, très-fissurés et se cassant avec facilité. Elle est produite probablement par l'*Acacia Senegal*.

3° *Gomme de Suakim,* de *Talka* ou de *Talha*. Elle est importée d'Alexandrie et produite probablement par les *Acacia Seyal* et *stenocarpa*. Elle se casse avec une telle facilité qu'elle se présente presque toujours sur le marché en petits morceaux blancs ou brunâtres, ou à l'état à demi pulvérulent.

Citons encore : la *Gomme du Maroc,* ou de *Mogador,* ou *Gomme brune de Barbarie;* la *Gomme du Cap,* produite par l'*Acacia horrida;* la *Gomme de l'Inde orientale,* en larmes souvent très-grosses, colorées en ambre pâle ou en rose ; elle vient de Bombay, mais elle paraît être produite par la côte orientale de l'Afrique. Au Brésil l'*Acacia Angico* Mart., produit une gomme analogue à la gomme arabique.

## ACANTHE

*Acanthus mollis* L.
(Acanthacées - Acanthées.)

L'Acanthe ou Branc-Ursine est une grande et belle plante vivace, dont la tige, droite, simple, forte, épaisse, pubescente, arrondie ou un peu anguleuse, dépasse la hauteur d'un mètre. Les feuilles, pour la plupart radicales et étalées en rosette à la surface du sol, sont très-grandes, sinuées et élégamment découpées, un peu molles, d'un beau vert foncé et brillant, surtout à la face supérieure. Les fleurs, très-grandes, sessiles, d'un blanc légèrement rougeâtre, forment un long et bel épi qui garnit la moitié supérieure de la tige. Chacune d'elles est accompagnée d'une bractée ovale, fortement épineuse. La corolle, à tube court, se prolonge en une seule lèvre inférieure, large et plane, trilobée à l'extrémité. Les étamines, au nombre de quatre, dont les deux supérieures plus longues, ont des anthères oblongues, velues, un peu conniventes. Le fruit est une capsule ovoïde à deux loges.

L'acanthe épineuse (*A. spinosus* L.), vivace comme la précédente, s'en distingue surtout par ses feuilles plus fermes, pubescentes et épineuses, et par son épi floral serré et un peu velu.

Habitat. — Ces deux plantes habitent le midi de la France et en général la région méditerranéenne. On les trouve surtout dans les lieux arides et pierreux, au bord des chemins, dans les décombres, les ruines des vieux châteaux, etc. Elles fleurissent durant l'été.

Nous devons mentionner encore l'Acanthe comestible (*A. edulis* Forsk.) d'Égypte, et l'Acanthe à feuilles de houx (*A. ilicifolius* L.) de l'Inde.

Culture. — La culture de l'acanthe est très-facile. A peu près indifférente sur le sol, cette plante préfère néanmoins une terre profonde, douce et légère, et une exposition chaude. On sème les graines à la fin de mars; en mai, on éclaircit les jeunes plants en les laissant espacés de 0<sup>m</sup>,10 ; au commencement de l'automne, on procède à la transplantation définitive. On multiplie aussi l'acanthe par les œilletons, plantés à la fin de l'hiver. Une fois introduite dans un sol, elle s'y propage d'elle-même.

Parties usitées. — Les feuilles, les fleurs, les racines.

Récolte. — Les feuilles, que l'on emploie de préférence vertes, sont récoltées avant la floraison ; on les fait sécher en les étalant à l'étuve modérément chauffée.

Les fleurs doivent être cueillies à leur parfait épanouissement ; on doit les dessécher à l'obscurité entre deux feuilles de papier buvard.

Les racines sont traçantes, noires en dehors et blanches en dedans ; elles sont riches en mucilage et en tannin ; on les récolte à l'automne ou au printemps. On les lave pour les débarrasser de la terre, puis on les coupe en tronçons de deux à trois centimètres de longueur et on les dessèche à l'étuve. Ce sont ces racines que l'on emploie dans le midi de la France et en Espagne pour remplacer la grande consoude contre les hémoptysies et les ménorrhagies ; on les donne en décoction à la dose de 30 à 60 grammes pour un litre d'eau. Il faut choisir la racine aussi récente que possible.

Composition chimique.—Toutes les parties de la plante contiennent un principe amer et un mucilage très-abondant analogue à celui des malvacées.

Usages. — La feuille d'acanthe, large et profondément découpée, a été, de bonne heure, imitée par la sculpture pour l'ornement des frises, et principalement des corniches ; elle est un des traits distinctifs de l'ordre corinthien. Callimaque, au dire de Vitruve, l'aurait le premier appliquée à l'architecture.

D'après Forskal, on mange, en Arabie, les feuilles crues de l'acanthe comestible, qui sont savoureuses et agréables.

Autrefois on employait les feuilles d'acanthe comme adoucissantes et légèrement astringentes contre la diarrhée, les crachements de sang, etc. Dumont-d'Urville a pu se convaincre à Trébizonde que les Orientaux en font une véritable panacée. Mucilagineuses et émollientes, ces feuilles sont employées comme telles en cataplasmes, en fomentations, en lavements, dans les irritations, les phlegmasies viscérales. D'après Gilibert, leur suc est souverain dans la dysenterie, les ardeurs d'urine, le ténesme, les hémorrhoïdes, les irritations d'entrailles. Topiquement on les a employées dans les maladies de la peau accompagnées de prurit, contre les dartres et les brûlures. Mais toutes ces prétendues propriétés passent aujourd'hui pour chimériques et se réduisent à celles que l'on reconnaît aux plantes mucilagineuses en général.

## ACANTHOSPERMUM
(Voyez le *Supplément* du T. I.)

## ACHE
*Apium graveolens* L.
(Ombellifères-Amminées.)

L'Ache est une plante bisannuelle, à racine courte et pivotante, à tige herbacée, haute de 0$^m$,65 à 1$^m$, dressée, cylindrique, sillonnée, souvent glabre, portant des rameaux diffus, écartés. Les feuilles sont décomposées, à folioles triangulaires, longuement pétiolées dans le bas de la tige, presque sessiles et à gaîne élargie dans la partie supérieure, glabres, luisantes et d'un beau vert foncé. Les fleurs, d'un blanc verdâtre, sont groupées en ombelles composées nombreuses, naissant presque dès la base de la plante, sessiles ou brièvement pédonculées le long de la tige et des rameaux. Les fruits (akènes) sont ovales, oblongs, striés et grisâtres.

On regarde généralement le Céleri comme une variété de l'ache, améliorée par la culture ; il s'en distingue par ses feuilles dressées plus fermes, ses pétioles très-longs et surtout par ses propriétés moins énergiques. Il a produit à son tour une sous-variété, appelée *Céleri-rave*, caractérisée par des feuilles étalées, des pétioles plus courts et surtout par une racine arrondie et charnue.

Habitat. — L'ache croît en France et dans presque toute l'Europe, dans les marais et sur les bords des ruisseaux. Le céleri est cultivé dans tous les jardins potagers.

Culture. — On pourrait propager l'ache comme le céleri ; mais nous venons de voir que la culture lui fait perdre ses propriétés caractéristiques ; la modification qu'elle subit dans ce cas est telle que plusieurs auteurs n'hésitent pas à regarder le céleri comme une espèce distincte. Aussi la plante telle qu'on la trouve à l'état sauvage est-elle la seule qui soit utilisée pour les usages médicaux ; on ne la cultive guère que dans les jardins botaniques. Quant au céleri, appelé aussi ache cultivée ou ache des jardins, c'est surtout une plante alimentaire, dont la culture se fait dans les jardins maraîchers.

Parties usitées. — Les racines, les feuilles, autrefois les fruits, improprement appelés semences.

Récolte. — La racine, qui est bisannuelle, doit être récoltée à la fin de la seconde année. Les feuilles étaient employées fraîches.

On se sert en médecine de deux plantes qui portent le nom d'ache : l'une, celle qui fait l'objet de cet article, est l'ache proprement dite (*Apium graveolens*); l'autre est l'Ache de montagne ou Livêche (voyez Livêche, t. II, p. 252). Les racines de ces deux plantes sont confondues à tort dans le commerce de la droguerie. La vraie racine d'ache, celle qu'il faut préférer, vient d'Allemagne. Elle est de la grosseur du pouce, d'un gris jaunâtre, blanche en dedans, coupée en tronçons; elle a une odeur forte et suave, se rapprochant de celle de l'angélique ; elle présente une saveur aromatique qui résiste à la cuisson; cette saveur, d'abord amère, devient plus tard âcre.

Composition chimique. — L'Ache doit ses propriétés à une huile essentielle incolore, très-odorante et d'une saveur chaude, analogue à l'*Apiol* qu'on a retiré du Persil (voyez ce mot). On y a trouvé aussi de la bassorine, de la mannite, des sels de potassium, une matière extractive brune, etc. L'huile essentielle est surtout abondante dans les fruits.

Usages. — Les anciens mettaient l'ache au nombre des plantes funéraires. Ils croyaient que la racine et le reste de la plante rendaient stérile; Horace en a parlé dans ce sens.

Les fruits d'ache ne sont plus employés : ils entraient dans les quatre semences chaudes.

La racine de cette plante faisait jadis partie de plusieurs préparations polypharmaques, telles que l'orviétan, l'emplâtre de bétoine, l'onguent mondificatif d'ache, etc. Elle entre dans la composition des cinq racines apéritives et dans le sirop de ce nom.

La racine d'ache était considérée par Tournefort comme fébrifuge. On l'a employée contre les fièvres intermittentes, à l'état de décoction, soit seule, soit associée au quinquina. La même propriété a été attribuée au Persil; elle n'est pas mieux démontrée pour l'une que pour l'autre de ces plantes. Cependant l'action stimulante qu'elle exerce peut la rendre utile dans le traitement des fièvres légères, comme auxiliaire de la quinine.

On considère encore l'ache comme diurétique, fondante et apéritive, expectorante et résolutive.

La décoction des feuilles d'ache dans du lait sortant du pis de la vache a été préconisée autrefois contre le catarrhe pulmonaire et contre l'asthme.

Dans les campagnes, les femmes emploient souvent contre les engorgements laiteux des mamelles un cataplasme préparé en faisant bouillir les feuilles d'ache avec du saindoux; on les applique sur les contusions et les engorgements froids. On y ajoute quelquefois de la menthe et de la poudre de fruits d'ache; en additionnant ce cataplasme de vinaigre et de sel de cuisine, on prépare un remède populaire contre la gale.

Le suc d'ache est antiscorbutique et détersif en gargarisme; topiquement on l'emploie pour laver les ulcères.


# ACHILLÉE

*Achillea Millefolium* L.
( Composées - Sénécionidées.)

L'Achillée millefeuille ou Herbe aux charpentiers (*Achillea Mille-folium* L.) est une plante vivace, à racines fusiformes, petites, blanchâtres, peu chevelues; à tiges cannelées ou anguleuses, un peu velues, simples dans le bas, un peu rameuses dans le haut, quelquefois rougeâtres. Ses feuilles, alternes, sessiles, longues et étroites, sont deux fois ailées et divisées en segments très-fins, presque linéaires et très-nombreux, qui ont valu à la plante son nom spécifique. Les fleurs, ordinairement blanches, quelquefois roses, sont disposées en petits capitules, dont la réunion forme des corymbes serrés terminaux. L'involucre se compose de folioles imbriquées, inégales, ovales-obtuses, verdâtres et bordées de rouge. Les fruits sont des akènes.

L'Achillée sternutatoire, vulgairement *Herbe à éternuer* (*A. Ptarmica* L., *Ptarmica vulgaris* Blackw.), est aussi vivace; elle se distingue de la précédente par ses dimensions un peu plus grandes, ses feuilles lancéolées, étroites, très-finement dentées en scie; enfin, par ses capitules plus gros et son involucre à folioles ne dépassant pas les fleurs.

L'Achillée agglomérée (*A. Ageratum* L.), vulgairement *Eupatoire de Mésué,* se reconnaît aisément à ses fleurs jaunes, réunies en corymbes de capitules denses et terminaux.

Nous citerons encore les Achillées naine (*A. nana* L.), musquée (*A. moschata* L.), et noirâtre (*A. atrata* L.), confondues, avec quelques autres espèces, sous le nom collectif vulgaire de *Génipi*.

Habitat. — Ces plantes se trouvent en Europe. La millefeuille habite les pelouses sèches, les lieux incultes, les bords des chemins. L'achillée sternutatoire se trouve dans les prairies humides et les lieux marécageux. L'achillée agglomérée est propre au midi de l'Europe, et les autres espèces aux régions montagneuses.

Culture. — Les achillées ne sont pas cultivées pour l'usage médical ; elles se propagent très-facilement par graines ou par éclats de pieds.

Parties usitées. — Les feuilles, les sommités fleuries, les racines.

Récolte. — Les feuilles et les sommités se récoltent pendant la floraison. Les racines doivent être cueillies dès la seconde année et à l'automne. Elles sont peu employées.

Composition chimique. — La plante a une odeur aromatique faible, une saveur astringente et amère due à un principe résineux amer uni à un mucilage et au tannin. M. Zacconi en a extrait un principe qu'il a nommé *achilléine* et *acide achilléique*, qui cristallise en prismes incolores, inodores, d'une saveur acide et très-solubles dans l'eau. La racine fraîche a une odeur camphrée, agréable, due à une huile volatile.

Usages. — Les noms vulgaires de cette plante indiquent assez quels sont ses usages ; en effet, outre le nom d'*herbe aux charpentiers*, on la nomme encore *herbe aux coupures, herbe aux voituriers, herbe aux militaires, sourcil de Vénus* : elle a joui de la réputation d'un bon vulnéraire ; elle entre, en effet, dans l'alcoolat de ce nom ; l'eau distillée des feuilles et des fleurs est quelquefois prescrite comme antispasmodique, et les feuilles, qui sont plus astringentes, ont été employées contre les leucorhées, les hémorrhagies, etc.

Dans quelques pays, on ajoute ou bien on substitue l'Achillée au houblon, dans la fabrication de la bière.

Quoique l'Achillée soit bien loin de mériter la réputation dont elle a joui autrefois, son infusion est réellement stimulante et peut-être antispasmodique. Elle doit ses propriétés à l'huile essentielle que la plante contient. En lavements, sa décoction passe pour arrêter les hémorrhagies d'origine hémorrhoïdale.

L'Achillée sternutatoire (*Achillea Ptarmica*), vulgairement connue sous le nom d'*herbe à éternuer*, jouit de propriétés plus énergiques. Ses feuilles et ses racines ont une odeur aromatique faible ; leur saveur est brûlante et âcre. La racine provoque, quand on la mâche, une salivation abondante. La poudre des feuilles et celle des racines provoquent des éternuements violents. On employait autrefois les feuilles et la racine de cette plante, en infusions, contre les amygdalites chroniques, les engorgements des glandes salivaires, etc. On ne fait plus usage que de leur poudre comme succédanée de celle du pyréthre pour la préparation des poudres insecticides.

L'Achillée musquée ou *Génipi blanc* (*A. moschata* L.), herbe des montagnes des Alpes du Dauphiné, où elle s'élève jusqu'aux glaciers, exhale par toutes ses parties, surtout quand on les froisse, une odeur agréable, légèrement musquée. Sa saveur est aromatique et amère. Les feuilles de cette espèce entrent dans la composition des thés suisses, qu'elle contribue à aromatiser, avec quelques autres espèces également aromatiques.

La millefeuille *noble* est l'*Achillea nobilis* L., qui croît en Piémont, en Provence, etc. La *musquée* est l'*A. moschata* L. ; elles font partie l'une et l'autre des vulnéraires suisses. La *noire* est l'*A. atrata* L. ou *Génipi vrai ;* nous y reviendrons : la *naine* est l'*A. nana*, c'est aussi un Génipi.

Le principe actif des Achillées, l'*achilléine* a été recommandé par quelques médecins contre les fièvres intermittentes, à la dose de 25 centigrammes, mais son action est fort douteuse et ce produit n'est pas entré dans la pratique médicale.


# ACONIT NAPEL

*Aconitum Napellus* L. (*Delphinium Napellus* H. Bn.)
(Renonculacées-Helléborées.)

L'Aconit napel est une grande et belle plante vivace, à souche épaisse napiforme, produisant des rhizomes latéraux, courts, charnus, terminés chacun par trois racines pivotantes. La tige, haute de $1^m$ et plus, dressée, simple ou un peu rameuse dans le haut, presque glabre ou à peine velue, porte de grandes feuilles, d'un vert foncé luisant en dessus, d'un vert pâle en dessous, palmées, à 5 ou 7 divisions profondes, partagées en lobes pennés qui sont eux-mêmes très-découpés ; les inférieures ont de longs pétioles, les supérieures les ont très-courts. Les fleurs, d'un beau bleu foncé, en casque, sont groupées en épis axillaires, dont la réunion forme une grande et élégante panicule terminale. Le fruit se compose de trois (rarement cinq) follicules, glabres, oblongs, à bec aigu, divergents dans leur jeunesse. Ils renferment un assez grand nombre de petites graines noires, anguleuses et chagrinées (Pl. 2).

Le genre Aconit renferme encore plusieurs espèces à fleurs bleues, violettes ou jaunes, qui présentent des propriétés analogues à celles du napel. Nous renverrons, pour leurs caractères, aux *Plantes d'ornement*.

HABITAT. — L'aconit napel habite les régions montagneuses de la France et de l'Europe centrale, ainsi que de la Sibérie méridionale. On le trouve surtout dans les bois, les pâturages, les lieux ombragés et humides. Les autres espèces ont à peu près la même distribution géographique. L'Aconit tue-loup s'avance jusqu'en Laponie. L'Aconit féroce habite les montagnes du Népaul.

CULTURE. — L'aconit napel vient dans tous les terrains et à toutes les expositions ; il préfère néanmoins les sols pierreux, plutôt secs qu'humides. On le propage, soit de graines semées, aussitôt après leur maturité, à mi-ombre, en terre douce, soit par éclats ou par la division des touffes, en automne. La plante ne demande plus ensuite aucun soin, et le plus souvent elle se resème d'elle-même.

Les autres espèces se cultivent comme le napel.

PARTIES USITÉES. — Les feuilles surtout, rarement les racines.

RÉCOLTE. — On a remarqué que les feuilles d'aconit étaient plus narcotiques dans le Midi que dans le Nord, à l'état sauvage que cultivées, dans les pays de montagnes que dans les contrées basses et humides : on préfère celui qui vient de Suisse ; les feuilles sont récoltées au moment de la floraison, elles doivent être desséchées avec soin, car elles perdent de leur action par la dessiccation. Aujourd'hui on emploie presque exclusivement l'*alcoolature*, c'est-à-dire les feuilles fraîches contusées, que l'on fait macérer dans l'alcool.

COMPOSITION CHIMIQUE. — Le principe actif de l'Aconit a été isolé, à l'état impur, par Hottot ; il est connu sous le nom d'*aconitine amorphe*. C'est lui qu'on emploie en thérapeutique. L'aconitine pure cristallisée a été obtenue d'abord par Duquesnel,

puis par Graves; sa formule est, d'après Graves, $C^{33} H^{43} Az O^{12}$;
elle se présente en tablettes rhombiques, incolores; elle est insoluble dans l'eau, la glycérine, les hydrocarbures de pétrole;
elle est soluble dans l'alcool, l'éther, la benzine et le chloroforme.
Sous l'influence des acides étendus chauds, elle perd une molé-
cule d'eau et se transforme en *apo-aconitine*. On a retiré de
l'Aconit Napel un autre alcaloïde auquel on a donné le nom de
*picraconitine*, $C^{31} H^{45} Az O^{10}$; et de l'*Aconitum ferox* un troisième
désigné sous le nom de *pseudo-aconitine*, $C^{36} H^{49} Az O^{12}$.

Usages. — L'aconitine est employée en pilules, teinture, embrocations, liniments, à faible dose, 1 à 3 centigrammes.

L'aconit s'emploie sous la forme d'extrait aqueux, d'extrait
alcoolique, de teinture alcoolique et éthérée et surtout d'alcoolature.

On substitue souvent, sans inconvénient, à l'*A. Napellus* les
*A. spicatum, macrostachyum, Neubergense*, variétés du *Napellus*,
et les *A. variegatum, rostratum, paniculatum, Stœrkanium, in-
termedium*, espèces distinctes ou variétés de l'*A. cammarum*.

La racine de l'Aconit est la partie la plus active de la plante;
c'est elle qui contient le plus d'aconitine.

L'aconitine est un poison presque aussi violent que l'acide cyanhydrique. La mort résulte toujours, d'après Laborde, des spasmes
asphyxiques du système respiratoire; aussi recommande-t-il la
respiration artificielle comme indispensable, après administration
de vomitifs et d'excitants alcooliques.

L'aconit et ses alcaloïdes sont employés contre le rhumatisme;
mais c'est surtout dans les névralgies et notamment les névralgies
faciales, la céphalalgie nerveuse, la sciatique et même les douleurs
dentaires, que ce remède a été regardé comme héroïque.

Enfin, dans ces derniers temps, les préparations d'aconit ont
été vantées dans les fièvres puerpérales, les névralgies pério-
diques, les scrofules, les céphalalgies syphilitiques, etc. On l'a
employé aussi pour combattre le prurigo vulvaire qui accompagne
si souvent la métrite chronique. Mais la thérapeutique n'a certainement pas su tirer encore de l'aconit et surtout de l'aconitine les avantages que lui offrent ces médicaments. Ce qui
domine dans l'action de l'aconitine, c'est, d'une part, qu'elle
n'agit pas directement sur le cœur, mais qu'elle ralentit la res-

piration, et par suite, abaisse la température, c'est d'autre part qu'elle augmente l'irritabilité des nerfs moteurs, des muscles volontaires et des faisceaux antérieurs de la moelle, tandis qu'elle paralyse les nerfs sensitifs.

## ACORUS

*Acorus calamus* L.
(Aroïdées-Callacées.)

L'Acorus aromatique ou Acore vrai, plus connu dans les pharmacies sous le nom impropre de *calamus aromaticus*, est une plante vivace, à rhizome rampant, horizontal, de la grosseur du doigt ; on observe, de distance en distance, des nœuds d'où naissent, en dessous, des faisceaux de racines fibreuses très-nombreuses, et en dessus, des touffes de feuilles étroites, ensiformes, glabres, striées, engaînantes à leur base, longues de 0ᵐ,65 à 1 mètre. Du milieu de celles-ci s'élève une tige ou hampe dressée, très-simple, comprimée et ensiforme, dont la longueur dépasse un peu celle des feuilles. Sur l'un de ses côtés, vers la partie moyenne, cette tige semble s'entr'ouvrir pour laisser sortir un spadice sessile, long de 0ᵐ,06 à 0ᵐ,08, gros comme le doigt, cylindrique, un peu arqué, couvert de fleurs jaunâtres, hermaphrodites, très-serrées les unes contre les autres. Le fruit est une petite capsule triangulaire, à trois loges, entourée par le calice persistant.

L'acorus graminé (*A. gramineus* L.) se distingue du précédent par son rhizome un peu moins gros, ses feuilles plus étroites, sa hampe et ses épis plus petits, son fruit globuleux et un peu charnu.

HABITAT. — Originaire de l'Inde, l'*Acorus calamus* s'est répandu dans un grand nombre de régions du globe, en Tartarie, dans le Nord de l'Europe et de l'Amérique, etc. Il habite les prés humides et le bord des eaux tranquilles. L'*Acorus gramineus* se trouve en Chine, dans l'Inde, à l'île de la Réunion, etc.

CULTURE. — L'*Acorus calamus* demande une exposition chaude, un sol constamment humide ; il réussit très-bien dans les terrains submergés ou marécageux. On le propage par éclats de pieds, au printemps ou à l'automne. Il faut les planter à fleur de terre, sans quoi ils seraient exposés à pourrir. Dans les jardins du Nord de la France, l'acorus fleurit rarement et mûrit ses graines plus rarement encore, sans doute parce qu'on ne lui donne pas assez de chaleur et d'humidité.

L'*Acorus gramineus* se cultive de la même manière.

PARTIES USITÉES. — La racine d'acore vraie, telle que le commerce nous la fournit, est grosse comme le doigt, elle est spongieuse, plus ou moins charnue, d'une couleur fauve clair à l'extérieur, d'un blanc rosé à l'intérieur ; son odeur est très-suave ; elle présente deux surfaces distinctes, l'inférieure garnie de points noirs d'où partaient les radicules, l'autre sillonnée tranversalement de taches d'où partaient les feuilles ; elle est souvent piquée des vers ; sa saveur est âcre, amère, aromatique. Le commerce la fournit quelquefois privée de son épiderme.

COMPOSITION CHIMIQUE. — Le rhizome d'acore contient une huile essentielle neutre, jaunâtre, formée, d'après Kurbatow (1873), par le mélange de deux hydrocarbures, et un principe amer, l'*acorine*, de la nature des glucosides, isolé par Faust en 1867.

USAGES. — La racine d'acore vraie entre dans la composition de l'eau-de-vie de Dantzick ; à Constantinople on la fait confire fraîche et on la mange dans les maladies épidémiques ; elle nous vient de la Belgique, de la Pologne et de la Tartarie ; mais on pourrait la récolter en Normandie, en Bretagne, dans les Vosges où elle est très-commune.

D'après Ainslie, l'acore vraie est très-estimée des médecins indiens ; ils l'emploient dans les indigestions, les douleurs d'estomac, dans les maladies des intestins, surtout chez les enfants ; il ajoute qu'il y a une amende contre le droguiste qui n'ouvrirait pas sa porte à toute heure de nuit à celui qui en demande. D'après Gmelin, en Sibérie on l'emploie contre la toux, on l'a aussi employée contre les hémorrhagies passives.

L'odeur aromatique qu'elle répand la fait employer comme sudorifique, stomachique, carminatif : elle entre dans la composition de la thériaque, de l'orviétan, de l'eau générale, l'électuaire hedycroï, etc.

On l'emploie en poudre à la dose de 1 à 4 grammes, et la teinture alcoolique à la dose de 4 à 12 grammes, rarement en infusion, 15 grammes pour un litre d'eau bouillante.

L'acore tire son nom de acos, Ακος, médicament, remède, en grec.

La plante désignée à tort par quelques auteurs sous le nom d'*Aco-*

*rus adulterinus*, **A**. *palustris*, **A**. *vulgaris*, n'est autre chose que
l'acore faux fourni par l'*Iris pseudo-acorus*, de la famille des Iridées;
son rhizome est plus léger, plus spongieux, plus gros, et n'est nullement aromatique.

## ACTÉE

*Actæa spicata.*
(Renonculacées-Pæoniées.)

L'Actée en épi ou Herbe de Saint-Christophe est une plante vivace,
formant de petites touffes. La tige, haute de 0^m,60 à 0^m,80, est peu
rameuse. Les feuilles, ascendantes, sont partagées en trois (plus
rarement cinq) divisions, dont chacune se subdivise en trois ou cinq
folioles dentelées, aiguës, glabres, la dernière tripartite. Les fleurs
sont petites, blanches, groupées en grappes terminales; elles ont cinq
pétales blancs, rougeâtres au bout, recoquillés, tombant de très-
bonne heure, et des étamines très-nombreuses, blanches, en forme
de houppe. Les baies qui leur succèdent présentent le volume d'une
petite groseille; elles sont d'un noir pourpre, et couvertes d'une efflo-
rescence cireuse analogue à celle des prunes; leur suc est d'un brun
pourpre (Pl. 3).

L'Actée à grappes (**A**. *racemosa* L., *Botrophis racemosa* Rafin.), diffère de la précédente par ses touffes plus denses, ses feuilles disposées
par cinq, ses fleurs réunies en longue grappe penchée et ses fruits secs.

Habitat. — L'actée en épi, la seule espèce de ce genre qui croisse
en Europe, se trouve dans presque toutes les contrées montagneuses
de cette partie du globe. Elle habite les bois, les haies, les lieux
humides et ombragés. L'actée à grappes est répandue dans toutes les
régions tempérées de l'Amérique du Nord, et paraît même se trouver jusqu'en Sibérie.

Culture. — Ces plantes sont peu cultivées. Elles n'exigent ni une
exposition découverte, ni beaucoup de soleil; une terre légère et
ombragée leur suffit. On les propage très-facilement, soit par semis,
soit par éclats de pieds, faits au printemps, ou mieux en automne.
Elles n'exigent plus ensuite aucun soin, et on peut les abandonner à
elles-mêmes.

Nous citerons encore l'Actée brachipétale (**A**. *brachipetala* D.C.,
**A**. *rubra* W.), d'Amérique, et l'Actée fétide ou Cimicaire (**A**. *Cimifuga* L., *Cimicifuga fœtida* L.).

Parties usitées. — La souche, improprement appelée racine.

Récolte. — La souche de l'actée en épi se récolte au printemps, avant la floraison.

Murray (*Apparatus* t. III, p. 48) dit que la seule racine vendue en France comme hellébore noir, est celle de l'actée en épi. De son côté, Bergius, dans sa *Matière médicale*, a donné à la racine de l'actée à grappes des caractères de forme et de texture qui sont bien ceux du faux hellébore noir du commerce. Enfin, M. Guibourt a constaté qu'une racine d'actée en épi, qu'il s'était procurée au Jardin des Plantes de Paris, offrait bien la texture fibreuse et les tiges radicantes rougeâtres du faux hellébore. Cependant, comme la racine récoltée au Jardin des plantes présentait l'odeur désagréable des hellébores et une saveur amère et nauséeuse, il crut pouvoir en conclure que ce n'était pas la racine qui était vendue à Paris comme hellébore noir, et avoua ne pas connaître la plante qui produisait celle-ci. L'année suivante, il s'assura que cette racine était produite par l'hellébore fétide, exemple frappant, ajoute-t-il, des différences d'aspect et de propriétés que peuvent produire les végétaux, suivant les pays où ils croissent. (Guibourt, *Histoire des drogues simples*, t. III, p. 693). Cependant la falsification de l'hellébore noir par la racine d'actée en épi a été signalée de nouveau en 1862.

Usages. — L'actée en épi est un purgatif violent. Linné dit que les baies sont un poison qui fait mourir les chiens, et détermine un délire furieux suivi de mort. Un médecin de Rochefort, M. Lemercier, a vu que la racine entraînait une sorte d'ivresse avec trouble profond des fonctions cérébrales et irritation des organes digestifs.

L'actée en épi a été employé contre les rhumatismes et contre la goutte. Il est aujourd'hui tout à fait abandonné par la médecine européenne; mais les Américains emploient beaucoup la teinture de l'*Actœa cimicifuga,* ou Black Snake-root, et sa résine impure, la *cimicifugine,* contre les rhumatismes et les maladies chroniques des bronches.

L'actée brachypétale produit des nausées avec expectoration abondante, des tremblements nerveux, des vertiges; c'est un remède populaire aux États-Unis contre la toux; on l'a employé contre la phthisie, et, associé au musc, dans les affections nerveuses.

# ADONIDE D'AUTOMNE

*Adonis autumnalis* L., *A. annua* Lam.
(Renonculacées-Anémonées.)

L'Adonide d'automne, vulgairement appelée *Goutte de sang*, est une plante annuelle, dont la tige droite, ferme, haute de 0$^m$,20 à 0$^m$,40, très-rameuse, est couverte de feuilles très-nombreuses, d'un beau vert, très-finement découpées en lanières linéaires. Les fleurs, solitaires à l'extrémité des rameaux, sont entourées par les dernières feuilles, qui forment une sorte de collerette. Le calice est à cinq sépales d'un pourpre noirâtre, glabres, étalés. La corolle est rosacée, et présente cinq à huit pétales ovales, concaves, connivents, d'un rouge de sang très-vif. Le fruit se compose d'un très-grand nombre d'akènes, terminés chacun par un bec aigu qui continue presque la direction du bord supérieur ; celui-ci est dépourvu de dent (Pl. 4).

L'adonide d'été (*A. æstivalis* L., *A. miniata* Jacq.) se distingue de la précédente par son calice jaunâtre et ses pétales plans, étalés, d'un rouge clair, souvent tachés de noir à la base ; ses carpelles à bec oblique-ascendant par rapport au bord supérieur, qui est muni d'une dent.

L'adonide flammée (*A. flammea* Jacq.) se reconnaît à ses sépales jaune verdâtre et à ses pétales d'un rouge assez vif, ordinairement très-inégaux.

Habitat. — L'adonide d'automne se trouve dans presque tout l'hémisphère nord ; elle habite les champs arides, les moissons, et fleurit vers la fin de l'été. Les deux autres espèces habitent les mêmes localités ; l'adonide flammée fleurit à la même époque, et l'adonide d'été un peu plus tôt.

Culture. — Les adonides ne sont guère cultivées que comme plantes d'ornement. L'adonide d'automne se propage de graines, soigneusement récoltées aussitôt après leur maturité et semées en place au printemps, en terre légère. Elle est rustique et demande peu de soins ; mais elle craint l'excès d'humidité.

Les adonides d'été et flammée, qui sont aussi annuelles, se cultivent de la même manière.

Parties usitées. — Toute la partie aérienne de la plante, surtout les feuilles ; la racine.

Récolte. — La plante se récolte en pleine floraison; comme ses feuilles sont très-profondément divisées, la dessiccation se fait avec quelque difficulté, et il arrive souvent que les feuilles deviennent noires; aussi faut-il avoir soin de ne les recueillir que lorsque la rosée est parfaitement dissipée et par un temps très-sec, sans toutefois choisir le plein soleil; c'est d'ailleurs une règle générale assez bonne à observer toutes les fois qu'il s'agit de conserver des plantes délicates et odorantes.

La racine est récoltée après la floraison et au moment où les sucs y sont plus abondants. D'après Clusius, les pharmaciens allemands substituaient de son temps la racine des adonis à celle de l'ellébore, et la regardaient comme le véritable ellébore d'Hippocrate, à cause d'une sorte de ressemblance extérieure avec la racine que le père de la médecine décrit sous ce nom; mais nous devons faire remarquer que la médecine fait usage de deux racines portant le nom d'ellébore, l'une désignée sous le nom d'ellébore blanc est produite par le *veratrum album* ou *veratrum viride*. Nous la décrirons à l'article VARAIRE. Elle est extrêmement active et très-riche en un alcali organique, la *vératrine;* l'autre, appelée *ellébore noir*, est le véritable ellébore et appartient à l'*helleborus niger* des Renonculacées, et non, comme le disent à tort un grand nombre d'auteurs, au *veratrum nigrum;* l'ellébore des Renonculacées, celui que l'on a confondu avec les racines des actéas et des adonis, quoique très-actif, est loin d'être aussi tonique que l'ellébore blanc.

Composition chimique. — Les adonis se rapprochent beaucoup, par leur composition chimique, des anémones, avec cette différence toutefois que le principe actif, ou du moins l'un des principes de celles-ci, est volatil et même fugace, et que la dessiccation du végétal suffit pour la faire disparaître, tandis que la matière âcre, très-abondant des adonis, est fixe : d'ailleurs, tous ces corps irritants des renonculacées ont besoin de nouvelles études.

Usages. — L'adonide d'automne a été peu employée en médecine; on lui attribue les mêmes propriétés qu'aux renoncules, qui sont usitées seulement en médecine homœopathique.

# ADONIDE PRINTANIÈRE

*Adonis vernalis* L. fils. *A. apennina* Jacq.
(Renonculacées – Anémonées.)

L'Adonide printanière est une plante vivace, dont la tige, haute de 0ᵐ,20 à 0ᵐ,30, porte des feuilles multifides, finement découpées, d'un beau vert, assez courtes, mais très-nombreuses; celles de la partie inférieure sont réduites à l'état d'écailles brunâtres ou blanchâtres. Les fleurs sont solitaires à l'extrémité des rameaux. Le calice est formé de sépales en nombre variable, vert-jaunâtre, pubescents. La corolle est grande, et présente dix à vingt-cinq et quelquefois même un plus grand nombre de pétales ovales–oblongs, lancéolés, finement striés, dentelés au sommet, étalés, d'un jaune pâle, légèrement lavé de verdâtre. Les fruits consistent en nombreux akènes pubescents, à bec arqué (Pl. 5).

De Candolle a fait de cette plante une section particulière du genre sous le nom de *Consiligo.* La portion souterraine consiste en un rhizome chargé d'écailles, tout à fait comparable à celui des Anémones dont les *Adonis* diffèrent à peine génériquement, par la teinte verte ou verdâtre des folioles extérieures de leur périanthe.

Habitat. — Cette espèce habite les régions montagneuses du midi de l'Europe et de la Sibérie; on la trouve principalement sur les collines, les lieux découverts, dans les vallées des montagnes.

Culture. — L'adonide printanière est une plante assez rustique, qui s'accommode assez bien de la terre ordinaire de jardin, tout en préférant la terre de bruyère. Elle se propage de graines, que l'on sème en terrines, aussitôt après leur maturité. On peut aussi la multiplier par éclats.

La plante sauvage est à peu près seule employée pour les usages médicaux.

Parties usitées. — Les sommités fleuries et la souche.

Récolte. — C'est surtout pour l'adonide printanière qu'il importe de bien choisir le moment de la récolte; l'adonide d'automne étant annuelle, il fallait nécessairement choisir le moment du parfait développement de la plante; celle-ci au contraire est vivace et on peut alors, à volonté, récolter les racines avant que la plante commence à pousser, ou bien après la floraison. Quant aux feuilles, il faut encore choisir le moment de la pleine floraison, en s'entourant des précautions que nous avons indiquées en parlant de l'adonide d'automne. Toutefois, comme dans l'espèce printanière les fleurs sont plus grandes, il vaut mieux ne pas attendre leur complet épanouissement, d'autant plus que les pétales très-caducs participent singulièrement aux propriétés de la plante.

Composition chimique. — Le docteur Cervello a récemment découvert dans l'*Adonis vernalis* un principe spécial qu'il considère comme distinct de l'*anémonine* des anémones, et auquel il a donné le nom d'*Adonidine*. C'est un glucoside incolore, inodore, amorphe, doué d'une saveur très-amère; on l'obtient à l'état de tannate, que l'on décompose par l'oxyde de zinc, en présence de l'alcool, pour avoir l'adonidine pure.

Usages. — L'abondance du principe âcre de l'adonide printanière en fait une plante dangereuse, vésicante et caustique.

D'après Pallas, elle passe en Sibérie pour abortive ; mais si les adonides provoquent l'avortement, ce n'est qu'en raison de leur action toxique irritante et nullement par une action qu'elles exercent sur l'utérus, comme cela a lieu pour le champignon connu sous le nom d'ergot de seigle ou de blé.

L'*Adonis capensis,* du Cap de Bonne-Espérance, devenu pour Salisbury le type du genre *Knowltonia,* tient lieu de cantharides ; aussi Linné fils la désignait-il sous le nom d'*Adonis vesicatoria ;* il en est de même de l'*Adonis gracilis* de Poiret, dont les feuilles sont employées en Afrique comme vésicantes.

Un médecin russe, M. Botkin, a récemment attiré l'attention sur l'*Adonis vernalis.* D'après ses recherches cliniques, cette plante agirait sur le cœur de la même façon que la digitale, en ralentissant les mouvements, mais son action pourrait être prolongée plus longtemps sans danger.


## AGALLOCHE

*Excæcaria Agallocha* L.
(Euphorbiacées-Hippomanées.)

L'Agalloche est un petit arbre à tige noueuse, tortue, rameuse, couverte d'une écorce crevassée et grisâtre; à feuilles alternes, pétiolées, ovales-lancéolées, longues de $0^m,10$ à $0^m,12$, glabres, coriaces, entières ou bordées de dents obtuses, d'un beau vert un peu luisant en dessus, glauques en dessous. Les fleurs sont dioïques et groupées en chatons axillaires, solitaires ou réunis par deux ou trois ; les chatons de fleurs mâles naissent vers l'extrémité des rameaux ; ces fleurs ont un calice trimère, sont dépourvues de corolle, et présentent trois petites étamines, à filets grêles ; les fleurs femelles forment des épis géminés ou ternés, d'abord plus courts que le pétiole de la feuille voisine, mais s'allongeant après la floraison ; elles présentent un calice trifide très-petit ; pas de corolle ; un ovaire nu à trois angles arrondis, surmonté d'un style trifide, et divisé intérieurement en trois loges uniovulées. Le fruit est une sorte de capsule glabre, composée de trois coques réunies et monospermes.

Toutes les parties de cet arbre et surtout les jeunes rameaux, laissent écouler, quand on les blesse, un suc laiteux, âcre et caustique.

HABITAT. — L'agalloche se trouve aux Indes Orientales, à Ceylan, à Malacca, aux Moluques, à la Nouvelle-Calédonie, etc. Il habite particulièrement les terrains marécageux, voisins des rivières ou de la mer, et baignés alternativement par les eaux douces et saumâtres.

CULTURE. — Dans son pays natal, l'agalloche est fréquemment planté pour soutenir les berges à l'embouchure des rivières. En Europe, on ne pourrait le cultiver que dans les serres chaudes.

PARTIES USITÉES. — Le bois.

RÉCOLTE. — Le bois d'agalloche est un de ceux qui sont connus dans le commerce sous le nom impropre de bois d'aloès, quoiqu'il n'ait rien de commun avec les vrais aloès, qui appartiennent à la famille des liliacées.

Du reste, on distingue trois espèces principales de bois d'aloès, qui ne proviennent pas de l'aloès :

La première est le *Calambac* des Malais, le *Kilam* ou *Ho-kilam* des Chinois. L'arbre qui le fournit a été décrit par Loureiro, dans sa *Flore de Cochinchine,* sous le nom d'*Aloexylum Agallochum.* Endlicher dit de cet arbre : « *Verum lignum* Aloes *largiens.* » Il procure un excellent bois odorant, mais seulement dans quelques-unes de ses parties. Les parties les plus odorantes du calambac se vendent au poids de l'or dans l'Hindoustan, en Cochinchine, en Chine et au Japon. Lorsque le bois est vieux ou malade, il a un aspect brun, obscur et cendré, strié de veines noires et vergeté de noir ; près des nœuds récents, il offre des parties molles et grasses que l'ongle pénètre ; mais il durcit à l'air. Ce sont principalement les environs des nœuds, là où s'est accumulé le plus de résine, que l'on recherche.

La seconde espèce de bois d'aloès est aussi connue sous les noms de *Garo* et de *Bois d'aigle*. Elle serait produite par l'*Aquilaria malaccensis* Lamk (*Aquilaria ovata* Cavan.), et par l'*Aquilaria ophispermum* Poir. (*Ophispermum sinense* Lour., *Flore cochinchinoise*, t. I, p. 344). Le premier de ces Aquilaires serait un arbre des Indes Orientales, particulièrement de Malacca, dont les rameaux, recouverts d'une écorce gris-roussâtre, un peu chagrinée, ont le bois blanc tirant un peu sur le jaune. Le second serait un grand arbre de la Chine, dont les rameaux étalés sont garnis de feuilles luisantes. Le bois d'aquilaire est aussi très-recherché pour son odeur. On apporte rarement de ce bois en Europe.

La troisième espèce de bois d'aloès serait le *faux Calambac*, que l'on attribue à l'agalloche proprement dit, qui fait l'objet principal de cet article (*Excœcaria Agallocha*). C'est un bois dur, noueux, pesant, très-résineux, brun rougeâtre, jaspé de noir. Il est très-aromatique; son odeur se rapproche de la myrrhe et de la résine *élémi* mêlées.

Du reste, il règne une grande confusion sur ces diverses espèces de bois d'aloès.

Composition chimique. — Le bois de l'*Excœcaria Agallocha* (*Arbor excœcans* Rumph.), renferme un suc blanc, laiteux, âcre, amer. Sa dénomination scientifique lui vient du mot latin *excœcare*, aveugler, parce qu'en jaillissant sur les yeux il peut faire perdre la vue. Ce bois est très-résineux et aromatique.

Usages. — Le bois d'agalloche passe pour astringent et agglutinant. On attribue au calambac des Malais, lorsqu'on le brûle, la propriété de répandre une odeur susceptible de fortifier le cœur, l'estomac et le cerveau. Les Anglais ont vanté le bois d'aloès pour la guérison des rhumatismes et de la goutte. On l'a conseillé comme anthelminthique et stupéfiant. Il entrait autrefois dans l'opiat de Salomon, la confection alkermès, etc., etc.

C'est surtout la résine des différents bois d'aloès qui est recherchée comme parfum.

On fait, avec ces divers bois, des meubles très-recherchés pour l'odeur agréable qu'ils répandent.

D'ailleurs, sous le nom de bois d'aloès, on confond en ébénisterie

un grand nombre de bois dont l'origine est incertaine et qui sont
plus ou moins estimés.

# AGARIC

*Agaricus campestris* L. *A. edulis* Bull.
(Champignons-Agaricinées.)

L'Agaric comestible ou champignon de couche a un pédicule blanc,
glabre, cylindrique, plein, épais, ordinairement aminci à la base;
il porte vers sa partie supérieure un anneau à bords déchiquetés. Son
chapeau, d'abord sphérique, puis convexe, est, suivant les variétés,
blanc, jaune-paille ou d'un brun plus ou moins foncé; il a une chair
blanche, ferme, et un épiderme qui se détache facilement. Les lames,
inégales et recouvertes dans leur jeune âge par une membrane complète, sont d'abord blanches ou roses, puis noirâtres; elles n'adhèrent
pas au pédicule.

Cette espèce présente une variété toute blanche, appelée *boule de
neige.*

Le mousseron ou champignon muscat (*A. albellus* D. C.) est de
taille moyenne et d'un blanc jaunâtre; son odeur rappelle le musc.
Son pédicule court, plein, très-épais, légèrement renflé à la base,
porte un chapeau d'abord sphérique, puis campanulé, épais, couvert
d'une peau très-sèche; les lames sont nombreuses, inégales, droites
et pointues aux deux extrémités.

L'agaric délicieux (*A. deliciosus* L.) a le pédicule nu, plein, ferme,
épais, jaune; le chapeau réfléchi sur les bords, jaune fauve ou rouge
brique; les lames inégales et d'une teinte pâle. Il laisse échapper,
quand on le coupe, un suc laiteux, d'un jaune safrané.

Habitat. — L'agaric comestible croît dans tous les terrains découverts. Le mousseron paraît, au premier printemps, sur les pelouses
sèches et les lisières des bois. L'agaric délicieux habite surtout les
endroits couverts des terrains montueux boisés.

Culture. — L'agaric comestible est la seule des innombrables
espèces de ce genre qui soit soumise à une culture réglée, dans les
jardins maraîchers, les caves, les carrières abandonnées, etc.

Parties usitées. — Toute la partie aérienne de la plante.

Récolte. — L'agaric comestible qui pousse spontanément est beaucoup plus aromatique et plus estimé des amateurs que celui qui est

cultivé sur couches; dans tous les cas, il faut le récolter avant que le chapeau ne soit parfaitement étalé, et que les feuillets soient devenus noirs, ou du moins d'un violet très-foncé ; à ce moment il est dur, coriace, âcre et d'une digestion très-difficile ; il faut donc le recueillir pendant que les feuillets sont roses ou du moins violet clair.

Composition chimique. — On sait peu de choses sur la composition chimique des champignons, malgré les travaux de Braconnot, qui a étudié l'*A. volvaceus*, l'*A. piperatus*, l'*A. cantharellus*, l'*Hydnum repandum*, l'*A. horridum* et le *boletus viscidus*, et ceux de Vauquelin, qui a analysé l'*A. bulbosus*, l'*A. theogalus*, l'*A. muscarius* et enfin l'*A. campestris* ou *edulis*.

Plus tard les agarics et différents champignons comestibles furent analysés à divers points de vue par MM. Bolley, Dessaignes, Letelli. r, Schlossberger, Dopping, etc.

Le dernier travail chimique qui ait été fait sur l'agaric comestible est dû à M. Lefort, qui a trouvé qu'il renfermait les éléments suivants :

De l'*eau*, de la *cellulose*, de la *mannite*, de l'*albumine végétale*, du *sucre fermentescible*, une *matière grasse azotée*, des *acides fumarique, citrique* et *malique*, un *principe odorant*, un *principe colorant*, de la *silice*, de l'*alumine*, de la *potasse*, de la *soude*, de la *chaux*, de la *magnésie*, de l'*oxyde de fer*, du *chlore*, des *acides sulfurique* et *phosphorique*.

Usages. — Le champignon de couche n'est pas employé en médecine, mais il sert comme assaisonnement et comme aliment.

On le cultive sur une grande échelle dans les catacombes de Paris et au voisinage de la plupart des grandes villes européennes. C'est à peu près le seul agaric qu'on vende sur nos marchés ; mais d'autres champignons, tels que le Bolet, la Girole, servent beaucoup à l'alimentation, pendant les mois de mai, de juin, d'août, de septembre et d'octobre, consommés à l'état frais, et à l'état de conserves pendant le reste de l'année.

D'après MM. Schlossberger et Dopping, les champignons constituent un aliment très-azoté. En effet, on trouverait pour 100 de champignons desséchés à 100°, 4,68 d'azote dans l'agaric délicieux, 7,26 dans l'agaric comestible, 4,25 dans la russule, 3,22 dans la chanterelle, et 4,70 dans le bolet ou cep noir. M. Lefort n'a trouvé que

2,88 d'azote en moyenne dans l'agaric comestible. Cet azote n'est pas également répandu dans toute la plante. En effet :

Le chapeau desséché à 100 contiendrait.... .   3,51 d'azote.
Le pédoncule............................   0,34   —
L'hymenium et les spores................ ......   2,10   —

## AGAVE

*Agave americana* L.; *A. fœtida* L.; *A. cubensis* Jacq
(Amaryllidées.)

L'Agave d'Amérique, désigné quelquefois sous le nom impropre d'*Aloès*, est une grande plante vivace, mais ne fleurissant souvent qu'une fois, au terme de sa longue existence. Sa tige porte une touffe de feuilles longues souvent de plus de 2 mètres, larges et épaisses, convexes en dessous, creusées en gouttière en dessus, d'un vert glauque, à bords garnis d'épines noirâtres très-fortes et se terminant par une pointe noire, longue et très-acérée ; elle donne aussi naissance à un grand nombre de rejetons. Lors de la floraison, on voit sortir du milieu des feuilles une hampe, qui, présentant d'abord l'aspect d'une énorme asperge, se développe peu à peu et atteint une hauteur de plusieurs mètres. Sa partie supérieure se divise alors en un grand nombre de rameaux étalés, un peu relevés à leur extrémité, portant des milliers de fleurs d'un jaune verdâtre et à étamines longuement saillantes (Pl. 6).

L'Agave du Mexique ou de Cuba (*A. Cubensis* Jacq., *A. mexicana* Lamk), est le *Magney* des Mexicains. Il ressemble beaucoup au précédent.

L'Agave fétide (*A. fœtida* L. et Haw.), est vulgairement appelé *Aloès Pitte* et *Bois chandelle*.

Habitat. — Les agaves sont originaires des contrées chaudes de l'Amérique.

Culture. — L'agave demande une terre légère et sèche. Il supporte assez bien la pleine terre jusque sous la latitude de Paris. On peut le propager de graines semées en pots ou en terrines, au printemps, et arrosées modérément. Dès que les jeunes plants sont assez forts, on les repique. Comme ce moyen est lent et demande des soins, on multiplie généralement la plante par les œilletons qu'elle produit en abondance à la base de la tige. Arrivé à un certain âge, l'agave végète vigoureusement, et ses graines mûrissent très-bien dans le midi de l'Europe.

PARTIES USITÉES. — Les feuilles, le suc, les fibres.

RÉCOLTE. — On coupe les feuilles des agaves et l'on en extrait le jus par expression, ou bien par un trou pratiqué dans le stipe. Les racines de l'agave du Mexique servent parfois à falsifier la salsepareille; elles ont été données pour des racines de salsepareille rouge de la Jamaïque et de Honduras, avec lesquelles il est cependant impossible de les confondre.

USAGES. — Deux matières dominent dans les feuilles des agaves : ce sont les fibres avec lesquelles on fait des cordages et des toiles grossières mais très-solides, et une séve fort sucrée, qui sort de ces feuilles et des nœuds des racines avec une telle abondance, pendant plusieurs mois, qu'elle peut servir à préparer, par évaporation, une sorte de sucre. Les hampes des agaves donnent du bois. Les épines servent de clous en certains pays où les feuilles sont employées pour couvrir les toits. Les Mexicains et les habitants des Antilles retirent particulièrement de l'agave du Mexique ou *Maguey* (*A. Cubensis*), une eau douce et transparente qui s'en échappe lorsqu'on en a arraché les feuilles intérieures. La fossette formée au centre des feuilles se remplit de la liqueur, que l'on recueille chaque jour, et qui chaque jour se renouvelle pendant un an ou dix-huit mois. En s'épaississant, elle laisse, comme résidu, du sucre; mêlée avec de l'eau de fontaine, elle acquiert, après quatre ou cinq jours de fermentation, le piquant du cidre, et, si l'on y ajoute de l'écorce d'orange ou de citron, elle devient enivrante. C'est le *vin de pulqué* du Mexique.

Des feuilles de l'agave fétide, on tire, en Espagne, une sorte d'extrait analogue à celui de l'aloès, qui est employé pour les animaux. Les branches servent comme flambeaux, d'où vient le nom de *Bois chandelle*. Les feuilles donnent aussi un fil très-bon pour voiles, hamacs, etc. Les Portugais en font des bas et des gants.

En médecine vétérinaire, on emploie, au Mexique, comme révulsif cutané, le suc frais des feuilles des diverses agaves. Les Indiens s'appliquent à eux-mêmes ce remède, qui amène sur la peau une vive douleur avec démangeaisons cuisantes. Il n'est pas douteux que l'usage habituel et prolongé du *vin de pulqué* n'occasionne sur la peau l'apparition de ce même exanthème, qui souvent devient très-rebelle à l'usage des meilleurs moyens employés pour le combattre. Il est extrêmement curieux de voir ce principe irritant, dont l'action est si active sur la peau par le contact immédiat, produire les mêmes effets après son absorption par les voies digestives. Ce fait pourrait être utilisé en médecine, toutes les fois qu'il serait opportun de porter sur la peau un excès de vitalité.

## AGRIPAUME

*Leonurus Cardiaca* L.
(Labiées-Stachydées.)

L'Agripaume ou Cardiaque est une plante vivace, dont la tige dressée, carrée, velue, rameuse, atteint la hauteur de 0ᵐ,65 à 1 mètre. Ses feuilles opposées, molles, pubescentes, présentent un pétiole canaliculé et un limbe divisé en trois ou cinq lobes aigus, laciniés; elles deviennent plus étroites et moins découpées en s'approchant du sommet de la tige, où elles sont presque entières. Les fleurs, purpurines ou d'un blanc rosé, sont disposées par verticilles très-serrés naissant des aisselles des feuilles, et formant par leur réunion une sorte de long épi terminal. Le calice est à cinq angles et à cinq dents terminées en pointe raide très-piquante. La corolle, à tube gros et un peu arqué, a le limbe partagé en deux lèvres, dont la supérieure est prolongée, arrondie en forme de voûte et couverte de longs poils blancs et soyeux. Les étamines, didynames, ont des anthères biloculaires, didymes, noirâtres, offrant des points blancs brillants. Le fruit est un tétrakène.

Habitat. — Cette plante se trouve dans presque toutes les régions de l'Europe; elle habite particulièrement les lieux incultes, les décombres, les haies, les bords des chemins, etc. Elle fleurit en juin et juillet.

Culture. — L'agripaume n'est guère cultivée que dans les jardins botaniques. Elle croît dans tous les sols. On la propage très-facilement par ses graines; si on voulait la multiplier plus promptement, on pourrait en éclater les pieds. La plante ne demande plus ensuite aucun soin, et dès qu'elle est en possession d'un terrain, elle s'y reproduit d'elle-même et sans culture. On n'emploie guère en médecine que la plante sauvage.

Parties usitées. — Les feuilles et les sommités fleuries.

Récolte.—Les feuilles, qui seules sont employées ou à peu près, sont récoltées avant la floraison; on les cueille après le coucher du soleil par un temps sec; on les étale à l'ombre dans un séchoir ou à l'étuve.

Les sommités fleuries se récoltent en pleine floraison; on en fait de petits paquets très-peu serrés, que l'on dispose en guirlandes au séchoir; avant de les rentrer on entoure l'inflorescence de papier gris, on expose les paquets à un bon soleil, et on enferme chaud.

Composition chimique. — Comme presque toutes les labiées, l'agripaume renferme une huile essentielle, mais elle est peu abondante; elle contient en outre un principe amer assez abondant, qui lui donne des propriétés toniques qui l'ont fait rechercher autrefois; d'ailleurs par la dessiccation, pour bien menagée qu'elle soit, cette plante noircit et perd la plus grande partie de ses propriétés thérapeutiques.

Usages. — La cardiaque ne s'emploie qu'en infusion, à la dose de 30 à 60 grammes pour un kilogramme d'eau bouillante. Elle est à peu près inusitée aujourd'hui.

Le nom de *cardiaque* ou *cardiaire* lui vient de ce qu'on l'employait autrefois pour guérir la cardialgie des enfants. D'après Lepechin, cité par Martius (*Bull. des scienc. méd. de fév.*, XIII, 355), on emploie dans les environs d'Arsamas l'infusion très-chargée de l'agripaume de Russie comme préservatif de la rage. On l'a également vantée comme vermicide et comme tænicide. Nous avons à peine besoin d'ajouter que ces propriétés sont très-contestables. Il en est de même des vertus qu'on lui a attribuées contre les palpitations du cœur. On la considérait autrefois comme emménagogue et antispasmodique ; on l'administrait contre l'hystérie, contre l'atonie de l'estomac, comme sudorifique et diurétique. On l'a administrée aussi, comme expectorante, dans les affections des bronches.

En réalité, la cardiaque, employée fraîche, est simplement stimulante, tonique et légèrement diaphorétique Beaucoup d'autres Labiées, notamment le Lierre terrestre, la Scorodonaire, etc., jouissent des mêmes propriétés à un plus haut degré et doivent être préférées à l'agripaume.

# AIGREMOINE

*Agrimonia eupatoria* **L.**
(Rosacées-Agrimoniées.)

L'Aigremoine officinale est une plante vivace, dont la tige herbacée, cylindrique, dressée, velue, presque simple, haute de $0^m,20$ à $0^m,40$, porte des feuilles alternes, pennées, très-découpées, à folioles ovales-lancéolées, aiguës, profondément dentées, d'un vert cendré en dessous, velues sur leurs deux faces, ainsi que les pétioles, et entremêlées de folioles très-petites, irrégulières. Les fleurs, portées sur des pédoncules très-courts, sont jaunes et réunies en épi terminal. Le calice, turbiné, a un tube dont le sommet est hérissé d'épines subulées, crochues. La corolle est à cinq pétales entiers, obovales, étalés. Les étamines, au nombre de vingt environ, sont dressées et attachées à la gorge du calice. Le pistil consiste en un ou deux carpelles, renfermés dans le tube du calice et surmontés d'un style saillant. A la maturité, le tube du calice devient presque ligneux et ne renferme ordinairement qu'un seul fruit (akène) membraneux.

L'aigremoine odorante (*A. odorata* Thuill.) paraît être une simple variété de la précédente, caractérisée par sa tige plus haute, plus rameuse; ses feuilles plus abondantes, à divisions plus grandes, moins cendrées en dessous, légèrement glanduleuses et odorantes; son calice fructifère beaucoup plus gros et renfermant deux akènes.

Habitat. — L'aigremoine est commune dans presque toute l'Europe, et se trouve dans les lieux arides, les pâturages, les haies et les buissons, aux bords des chemins, sur la lisière des bois, etc.; elle fleurit en juin et en septembre. L'aigremoine odorante habite les bois, les endroits ombragés humides, etc.

Culture. — Cette plante étant assez abondante pour suffire aux usages médicaux, on ne la cultive que dans les jardins botaniques. Elle croît dans tous les sols, où il suffit de répandre ses graines pour la propager. On peut la multiplier plus promptement par ses rejetons ou par la division de ses racines. Elle est très-rustique.

Parties usitées. — Feuilles et sommités.

Récolte. — Cette plante est peu odorante, sa saveur est amère et astringente; elle perd ses propriétés en grande partie par la dessiccation. Pour la conservation, on la recueille en automne.

Composition chimique. — Tout ce groupe des Agrimoniées, si remarquable au point de vue de ses affinités botaniques, l'est encore sous le rapport de sa composition chimique et de ses propriétés thérapeutiques. Ces plantes, en effet, peu riches en principes aromatiques, renferment au contraire des proportions assez considérables de tannin.

Usages. — Il est peu probable que Becker ait pu guérir la gale par une infusion théiforme d'aigremoine; Pallas l'a vu employer comme anthelminthique chez les animaux domestiques; les anciens médecins l'ont vantée contre les affections chroniques du foie, dans l'ictère, les flux muqueux, l'hématurie, quelques cachexies; Alibert l'a recommandée dans les écoulements chroniques, les hémorrhagies passives, les ulcérations de la gorge, les amygdalites; Forestus en conseille l'usage à l'intérieur, en décoction dans le vin ou le vinaigre contre les inflammations du scrotum ou des testicules; Hortius la dit très-efficace contre les hydropisies. Aujourd'hui on lui conteste toutes ses vertus; elle est à peine employée en gargarisme à la dose de 5 à 15 grammes pour 500 grammes d'eau bouillante contre les inflammations légères de la gorge, soit seule, soit associée au miel rosat, au sirop de mûres, au borax ou à l'alun; mais il faut éviter de l'associer aux sels de fer qui la décomposent.

L'aigremoine entre dans la composition de l'eau vulnéraire, de l'électuaire catholicum et de plusieurs autres préparations officinales anciennes.

L'extrait et la poudre ne sont plus employés, les feuilles et les sommités seules servent à préparer des infusions et des décoctions qui, additionnées de racine d'aunée, ont été employées avec succès contre les engelures ulcérées.

En hippiatrique, Huzard l'a recommandée pour déterger les ulcères sanieux et farcineux, le mal de taupe et celui de garot.

## AIL

*Allium sativum* L.
(Liliacées - Asphodélées.)

L'Ail cultivé est une plante vivace, bulbeuse, à odeur forte. Son bulbe se compose de plusieurs bulbilles ou caïeux sessiles, rose pâle, pointus, plans en dedans, convexes en dehors, appelés vulgairement *gousses d'ail*. La tige, haute de 0^m,50 à 1^m, est cylindrique, grêle, dressée et glabre. Ses feuilles, longues, étroites, planes, lancéolées, lisses et engaînantes, rappellent celles des graminées. Les fleurs, blanches ou blanc rosé, forment une ombelle terminale, et leurs pédoncules sont entremêlés de bulbilles charnus et écailleux; le tout est enveloppé d'une spathe ovale arrondie, terminée en pointe allongée.

Habitat. — Originaire du midi de l'Europe, l'ail est aujourd'hui cultivé dans les jardins potagers.

Parties usitées. — Les bulbes ou caïeux.

Récolte. — L'ail est récolté pour la conservation, lorsque le bulbe, composé de seize caïeux, est parfaitement développé; on le dispose en bottes ou en cordes, que l'on maintient dans un endroit sec.

Composition chimique. — Deux principes dominent dans le bulbe d'ail : l'un, d'une odeur forte, pénétrante, d'une saveur âcre, chaude, aromatique, se dissipe par la coction; l'autre principe est mucilagineux, émollient, légèrement sucré, il persiste seul dans l'ail cuit.

L'essence d'ail est le sulfure d'allyle $(C^3 H^5)^2 S$. Elle ne préexiste pas dans la plante; mais elle se forme seulement quand on la broie ou qu'on distille les diverses parties de l'Ail avec de l'eau. Il se produit alors, très-probablement, un phénomène analogue à celui qui donne naissance à l'essence d'amandes amères. C'est-à-dire qu'un corps jouant le rôle de ferment détermine la décomposition d'un corps plus complexe, d'où naît le sulfure d'allyle. L'essence d'ail pure s'obtient par distillation des bulbes avec l'eau. Il passe une huile pesante, brune, fétide, qui renferme du sulfure d'allyle, de l'oxyde d'allyle et un excès de soufre. Quand on rectifie l'essence brute par distillation avec une solution de sel marin, on obtient d'abord une huile jaunâtre, plus légère que l'eau, répondant aux deux tiers de l'essence brute; en traitant cette huile par le potassium et distillant ensuite, après dessication, par le chlorure de calcium on obtient du sulfure d'allyle tout à fait pur.

On peut encore obtenir du sulfure d'allyle en traitant l'essence de moutarde avec du potassium. L'essence de moutarde est, en effet, du sulfocyanure d'allyle.

L'essence d'ail existe dans d'autres plantes que les *Allium;* c'est à elle que l'*assa fœtida*, *Ferula assa fœtida* (Ombellifères) doit son odeur caractéristique ; on l'a retrouvée dans l'alliaire, *erysimum alliaria* (Crucifères), etc., etc. ; il est assez curieux de voir un principe immédiat réparti dans des plantes aussi distinctes entre elles que le sont les Liliacées, les Ombellifères, les Crucifères, etc.

Les autres espèces d'allium, telles que *scorodoprasium* ou rocambolle, *A. Ascalonium* ou échalotte, *A. schœnoprasum* ou civette, *A. cepa* ou oignon, *A. porrum* ou poireau, renferment une essence analogue. Nous aurons l'occasion de revenir sur ces plantes.

Usages. — Tout le monde connaît l'emploi culinaire de l'ail et de ses congénères : en médecine on l'a fréquemment employé en décoction, sous forme de sirop, de suc, de teinture, d'oxymel, de vinaigre, en cataplasmes, et il entre dans la composition du vinaigre aromatique ou des quatre voleurs.

Les Athéniens étaient grands mangeurs d'ail, les Romains lui attribuaient la propriété d'éloigner les maléfices, comme chez nous on croit qu'il préserve des maladies épidémiques.

L'ail est considéré, en général, comme excitant ; il devrait cette propriété à son essence. On l'a employé en lavements comme vermifuge et tænifuge. On l'administrait aussi dans ce but par la bouche, bouilli dans du lait. On en a fait également usage contre le catarrhe chronique des bronches, contre l'hydropisie, la coqueluche, le scorbut, la fièvre typhoïde, le typhus et même le choléra.

Les médecins russes l'ont jadis beaucoup vanté contre la rage. Ils l'administraient en grande quantité, en même temps qu'ils plaçaient le malade dans une étuve de température très-élevée.

Les médecins actuels ne font aucun usage thérapeutique de l'ail. Il n'est pas douteux cependant qu'il possède des propriétés importantes et qu'il est de nature à rendre de réels services, mais aucune étude n'a été faite ni sur lui-même ni sur son principe actif, l'essence d'ail ou sulfure d'allyle. Il n'est employé que comme condiment.

Employé comme topique, c'est-à-dire écrasé et appliqué directement sur la peau ou sur les muqueuses, l'ail manifeste des propriétés irritantes très-prononcées. Pilé et en cataplasmes, il peut remplacer la farine de moutarde et constitue un excellent synapisme. Sur les muqueuses, il provoque une vive irritation et même des phlyctènes. Les soldats et les prisonniers se donnent une fièvre fugace à l'aide d'une gousse d'ail introduite dans l'anus.

La médecine vétérinaire fait un fréquent usage de l'ail.

La médecine homœopathique emploie l'ail. Son signe est *Mal*; son abréviation, *All. sat.* On en prépare une teinture mère.


# AILANTE

*Ailantus glandulosa* Desf.
(Rutacées-Zanthoxylées.)

L'Ailante glanduleux, vulgairement appelé *vernis du Japon*, est un grand et bel arbre, à tronc droit, à cime arrondie et élégante, rappelant assez le port du noyer. Ses racines tracent près de la surface du sol, et drageonnent à une grande distance. La tige est très-droite, haute de 20 mètres et plus, couverte d'une écorce unie et grisâtre. La moelle y est très-large, de même que dans les rameaux. Les feuilles sont imparipennées, assez semblables à celles du frêne, glanduleuses à la base de la face inférieure des folioles. Les fleurs sont polygames, verdâtres, fasciculées et disposées en panicules terminales. Le calice et la corolle sont à cinq divisions. Les étamines sont au nombre de dix dans les fleurs mâles, de deux ou trois seulement dans les fleurs hermaphrodites. Les carpelles sont au nombre de trois à cinq. Le fruit (samare) est comprimé, long, linguiforme, membraneux, renflé au milieu et renfermant une seule graine osseuse lenticulaire.

Le genre renferme encore deux ou trois autres espèces beaucoup moins connues.

HABITAT. — L'Ailante habite la Chine, le Japon, Amboine et quelques autres contrées du sud-est de l'Asie. Introduit en Europe vers le milieu du siècle dernier, il est aujourd'hui répandu dans toute la partie centrale et méridionale de cette région. Il fleurit vers le mois d'août.

CULTURE. — L'ailante demande un climat tempéré, une exposition chaude et abritée. Il réussit à peu près dans tous les sols, et se propage avec la plus grande facilité par semis, par drageons, par boutures de rameaux et de racines. On le cultive surtout comme arbre forestier et d'avenues.

Parties usitées. — L'écorce, les feuilles.

Récolte. — L'écorce doit être récoltée pendant les mois de juillet et d'août. Lorsque la plante est en pleine végétation, on coupe les rameaux âgés de trois ans, on incise longitudinalement l'écorce, et on la détache avec précaution. Cette séparation se fait avec quelques difficultés aux époques que nous avons indiquées, mais alors les principes actifs sont accumulés dans l'écorce en plus grande quantité, tandis qu'au printemps, au moment où la séve afflue, la séparation se ferait mieux, mais l'écorce serait à ce moment moins active. On fait dessécher rapidement, on réduit en poudre grossière, et on conserve dans un flacon bien sec.

Les feuilles d'ailante doivent être récoltées au même moment que l'écorce. On les pulvérise en rejetant le dernier quart, et on conserve dans un flacon bien bouché, sec, et à l'abri de la lumière.

La récolte et la pulvérisation des produits de l'ailante ne se font pas sans quelque danger ; il s'en dégage, surtout quand la plante est fraîche, une matière âcre, volatile, qui peut déterminer des éruptions vésiculeuses et même pustuleuses.

Composition chimique. — Réveil a extrait des feuilles de l'Ailante, au moyen de l'éther, une matière résineuse, brune, très-âcre et très-irritante, qui détermine la vésication de la peau. Des analyses plus récentes n'ont pas fait faire grand progrès à nos connaissances sur ce sujet. MM. Dugat et Estublier (1877) ont retiré de l'écorce diverses substances solubles les unes dans l'alcool, les autres dans l'éther, d'autres dans l'eau, dans l'eau ammoniacale et dans l'acide chlorhydrique. On n'a pas isolé le principe volatil, âcre et irritant qui se dégage de la plante fraîche.

Usages. — Une application heureuse a été faite des feuilles de l'ailante pour nourrir une espèce très-rustique de Bombyx, qui peut être élevé en plein air.

M. Hélet a préconisé, le premier, l'Ailante comme tænicide et vermicide ; il employait la poudre des feuilles à la dose de 0 gr. 50 à 1 gramme. On a fait usage de l'infusion de l'écorce de la racine fraîche contre la dysenterie et la diarrhée chronique, avec quelque succès. A haute dose, elle est purgative et vomitive. M. Caraven-Cachin a signalé récemment l'empoisonnement de canards par les feuilles de l'Ailante (*Nouv. Rem.*, 1885, p. 380).

# AIRELLE

*Vaccinium Myrtillus* L.
( Éricinées – Vacciniées.)

L'Airelle Myrtille ou Vaciet est un petit sous-arbrisseau à racines longues et traçantes. Sa tige, haute de 0ᵐ,20 à 0ᵐ,35, dressée, très-rameuse, porte des feuilles alternes, ovales, aiguës, dentées, glabres, d'un vert clair, brièvement pétiolées. Les fleurs, blanc-rosé, terminent des pédoncules courts, situés à l'aisselle des feuilles. Elles présentent un réceptacle concave, couronné par quatre petits sépales; une corolle urcéolée ou en grelot, très-resserrée à sa partie supérieure et terminée aussi par quatre dents très-courtes; huit étamines incluses; un ovaire infère surmonté d'un style un peu saillant. Le fruit est une baie arrondie, charnue, d'un bleu noirâtre, couronnée au sommet par le calice, et du volume d'une très-petite cerise. La chair est d'un violet rougeâtre. L'intérieur présente quatre loges, contenant chacune plusieurs petites graines blanchâtres.

Parmi les autres espèces de ce genre, on remarque surtout l'Airelle ponctuée ( *V. Vitis-idæa* L.), dont les fleurs roséés ou blanc-rougeâtre forment de petites grappes penchées terminales, et produisent des baies d'un beau rouge. Les feuilles, persistantes, sont marquées de points noirs en dessous.

Habitat. — L'airelle myrtille habite les régions montueuses de l'Europe centrale et septentrionale; on la trouve surtout dans les endroits ombragés et humides des bois. Elle fleurit en avril. L'airelle rouge habite les pâturages des montagnes.

Culture. — L'airelle n'est cultivée que dans les jardins. Elle demande une exposition abritée, fraîche, et la terre de bruyère. Sa culture est assez difficile. On peut la propager de graines semées sur couche. Mais le plus souvent on la multiplie de marcottes; c'est le mode qui réussit le mieux. Elle craint les transplantations, et il faut toujours la repiquer en motte.

Les autres espèces se cultivent à peu près de même.

Parties usitées. — Les feuilles, les fruits.

Récolte. — Les feuilles sont récoltées en automne et les fruits à leur parfaite maturité. On mélange souvent les feuilles de l'airelle ponctuée avec celles de la Busserole ( *Voyez* Busserole, t. 1, p. 209 de la *Flore médicale*). On reconnaît les feuilles d'airelle ponctuée à leur couleur d'un vert brunâtre, à leur légère dentelure, à leurs nervures transversales qui sont transparentes, à leur face inférieure parsemée de points noirs.

COMPOSITION CHIMIQUE. — Les fruits d'airelle contiennent du sucre, et fournissent, par fermentation, une liqueur vineuse agréable ; ils renferment une matière colorante.

Les feuilles d'airelle renferment un peu de tannin.

L'airelle ponctuée précipite les sels de fer en noir ; ces feuilles triturées avec de l'eau donnent une liqueur qui, filtrée et essayée par le sulfate de fer, devient d'un beau vert, reste d'abord transparente, forme ensuite un précipité vert et conserve la même couleur.

USAGES. — Les feuilles des diverses espèces d'airelle sont employées dans les mêmes cas que la busserole.

Les fruits de l'airelle myrtille, en raison de leurs propriétés acides, légèrement styptiques, ont été rangés dans la classe des tempérants et des astringents : c'est surtout contre les diarrhées et la dysenterie qu'on les a employés, principalement sous forme de sirop, à la dose de 30 à 60 grammes. Dioscoride leur avait reconnu les propriétés de resserrer les tissus, et les anciens en faisaient grand usage. Le sirop, seul ou additionné d'eau de cannelle et quelquefois de carbonate de potasse, a été employé pour combattre l'acidité de l'estomac et la diarrhée des enfants. D'autres fois on a associé la décoction des fruits avec la corne de cerf calcinée ; on a même employé dans les mêmes cas la poudre des baies à la dose de 4 grammes.

L'extrait des baies, à la dose de 0,20 centigrammes, renouvelé 4 à 6 fois par jour, a été considéré comme un excellent moyen de combattre la diarrhée, lorsqu'elle avait résisté aux moyens ordinairement employés.

Enfin on a même fait usage dans les mêmes cas des baies d'airelle employés en nature, à la dose de 30 grammes.

Dans ces derniers temps, on a beaucoup vanté le sirop d'airelle contre les écoulements blennorrhagiques, tantôt seul, tantôt sous forme de limonade, à la dose de 60 grammes pour un litre d'eau.

Les baies de l'airelle ponctuée ont été vantées pour résoudre les engorgements laiteux des seins.

On emploie indistinctement les feuilles et les baies des diverses espèces d'airelle, et celles du *Vitis Oxycoccus* (*Voyez* CANNEBERGE, t. 1, p. 245 de ce volume).

On fait avec les baies d'airelle des confitures et un sirop regardés

comme très-rafraîchissants. La matière colorante qu'elles renferment sert, additionnée d'alun, à colorer les vins ; cette matière
est aussi employée en peinture et en teinture.


## ALATERNE

*Rhamnus Alaternus* L., *R. Purshiana* DC.
(Rhamnées-Zizyphées.)


L'Alaterne est un grand arbrisseau, dont la tige, haute de 5 à
7 mètres et rameuse, porte des feuilles alternes, arrondies ou
lancéolées, épaisses, dentées, variables de forme, d'un vert brillant ou sombre, persistantes, munies de stipules. Les fleurs,
groupées en panicules à l'aisselle des feuilles, sont petites, nombreuses, verdâtres, polygames, le plus souvent incomplètes par
l'avortement de la corolle. Le fruit est une petite drupe, rougeâtre d'abord, noire à la maturité, et renfermant trois graines.

Le *Rhamnus Purshiana* DC., dont l'écorce est employée sous
le nom de *Cascara sagrada* (Écorce sacrée), se distingue par des
feuilles elliptiques, longues de $0^m,08$ à $0^m,08$, émoussées à la base,
dentées sur les bords, couvertes de poils à l'état jeune. Les fleurs
sont petites, blanches, hermaphrodites, disposées en corymbes
denses. Le fruit est une baie noire, de la grosseur d'un pois,
triangulaire, à trois noyaux monospermes.

L'écorce du *Cascara sagrada* nous parvient à l'état de fragments épais d'environ $0^m,002$, pliés en gouttière, ridés transversalement, munis de rares lenticelles blanchâtres, colorés en brun
violacé à l'extérieur, en jaune fauve sur la face interne ; la couche
moyenne est jaune plus pâle ; la cassure est fibreuse ; la saveur
est amère ; l'odeur est nauséeuse.

Habitat. — L'Alaterne est une plante des régions tempérées
de l'Europe. Le *R. Purshiana* vit sur les côtes américaines du
Pacifique.

Parties usitées. — Les feuilles, le bois, les baies, l'écorce.

Récolte. — Les feuilles sont récoltées en automne ; le bois,
peu employé dans l'ébénisterie, doit être coupé en hiver, époque
à laquelle il est plus dur et plus dense ; les fruits sont cueillis à
la maturité.

Composition chimique. — L'analyse chimique des rhamnées laisse beaucoup à désirer ; nous renvoyons à l'article Nerprun (T. II, p. 423) pour la composition chimique des fruits de cet arbre.

En 1869, Prescott, analysant le *Rhamnus Purshiana,* y a trouvé du tannin, des acides oxalique et malique, de l'amidon, une huile fixe, une huile volatile à laquelle est due l'odeur désagréable de la drogue, une résine brune, très-amère, colorée en pourpre par la potasse caustique, une résine jaune clair, une résine rouge. D'après Limousin (1885), ces résines seraient des dérivés de l'*acide chrysophanique.* L'existence de ce dernier dans l'écorce du *R. Purshiana* est mise en évidence par la couleur rouge que prend l'écorce préalablement dépouillée de son épiderme, quand on la touche avec une goutte d'ammoniaque concentrée ou d'une solution de potasse caustique.

Usages. — On connaît peu de chose des propriétés médicales des rhamnées, mais ce que l'on en sait démontre qu'il n'y a pas une grande analogie dans les propriétés de ces plantes entre elles.

Les fruits des rhamnées sont purgatifs : du moins cette propriété est constatée pour le Nerprun ordinaire (*R. catharticus*), la Bourdaine (*R. frangula*), le Nerprun des teinturiers (*R. infectorius*), l'Alaterne (*R. alaternus*), le *R. Purshiana* DC., etc.

Le *R. Purshiana* est employé couramment par les médecins américains, dans la thérapeutique humaine, sous le nom de *Cascarada sagrada,* et il a récemment pénétré dans la pratique médicale française, tandis que les autres *Rhamnus* ne sont plus usités ou ne le sont que dans la thérapeutique animale. On prépare avec l'écorce du *R. Purshiana* un extrait fluide et un élixir qui constituent de bons purgatifs (*Nouv. Rem.,* 1885, p. 145).

La décoction des feuilles du *R. alaternus* arrête la sécrétion lactée (*Nouv. Rem.,* 1885, p. 368).

# ALCÉE

*Alcœna rosea* L. (*Althœa rosea* Cav.).
(Malvacées-Malvées.)

L'Alcée rose, appelée aussi Guimauve, Passe-rose, Rose trémière, est une grande et belle plante bisannuelle ou vivace. Sa tige, haute de 2 mètres et plus, simple, droite, cylindrique, pubescente, dressée, porte des feuilles alternes, larges, pétiolées, velues et un peu rudes, surtout en dessous, un peu cordées à la base, découpées en cinq lobes obtus, peu profonds. Les fleurs, qui sont très-grandes et portées sur de courts pédoncules, forment un long épi terminal. Le calice, à cinq divisions, est accompagné d'un second calice extérieur ou calicule, monosépale, très-velu, à six divisions ovales, aiguës. La corolle est très-grande, un peu campanulée, formée de cinq pétales obovales, très-obtus, très-larges au sommet, rétrécis en coin à la base où ils sont soudés entre eux et avec le tube des étamines, en sorte qu'elle paraît monopétale et tombe d'une seule pièce. Sa couleur, rose dans le type de l'espèce, présente, dans les nombreuses variétés dues à la culture, toutes les nuances du blanc, du jaune, du rouge, du brun, du violet, du pourpre. Les étamines sont très-nombreuses et réunies en tube par les filets. Le fruit est formé d'un grand nombre de coques ou carpelles en coin, contigus par les côtés et rangés en verticille au centre du calice.

Habitat. — Cette plante est originaire de Syrie, d'où on pense qu'elle a été rapportée au retour des croisades.

Culture. — La rose trémière n'est guère cultivée que dans les jardins d'agrément. Elle demande une terre franche, légère, substantielle, et l'exposition du midi. On peut la semer en place, au printemps. Le plus souvent, on sème en pépinière, en planche, depuis mai jusqu'en juillet, et l'on repique en septembre. On peut encore semer sur couche, en juillet et août, couvrir le plan en hiver et le mettre en place en avril. Il est bon d'arroser souvent les roses trémières pendant leur jeune âge et après la transplantation.

Parties usitées. — Racines, feuilles et fleurs.

Récolte. — Les racines, rarement employées, sont récoltées après la seconde année. On les distingue de la guimauve vraie en ce qu'elles sont plus grosses, plus ligneuses, moins blanches, d'une saveur moins douce, et hérissées à leur surface de fibres courtes et entremêlées. Les feuilles sont rarement employées ; on les cueille au moment de la floraison ; elles sont moins mucilagineuses que les mauves et la guimauve. Les fleurs qui sont plus spécialement usitées sont récoltées avant leur parfait épanouissement. Il est indispensable que la dessiccation soit complète et qu'on les enferme dans des bocaux très-secs, sans cela elles sont sujettes à moisir.

Composition chimique. — La tige est riche en matières fibreuses qui peuvent être utilisées pour faire des fils, des cordages, des tissus, du papier. Comme toutes les malvacées, l'alcée renferme un principe mucilagineux abondant, et une matière cristallisable, l'*asparagine*. Gilibert dit avoir retiré de la racine une fécule alimentaire. Enfin les fleurs sont riches en matière colorante, surtout dans la variété pourpre qui cède à l'eau un principe rouge très-abondant.

Usages. — L'alcée ou rose trémière est peu employée en médecine. Les fleurs et les feuilles ont été considérées par Dioscoride et par Schrœder, Spielmann, Hagen, etc., comme adoucissantes, émollientes et pectorales, et la racine comme astringente et propre pour cette raison à arrêter les diverses sortes de flux, spécialement la dyssenterie; mais Murray dit avec juste raison qu'elle agit par son principe mucilagineux à la manière de la mauve et de la guimauve.

L'alcée paraît avoir sur les animaux des actions spéciales qu'il serait difficile d'expliquer. En effet, Gilibert prétend qu'elle est pour les chevaux un purgatif violent, et Huzard assure qu'une pincée de sa poudre fait vomir un chat.

L'infusion de fleurs de rose trémière a été préconisée par Brugnatelli pour reconnaître les acides et les alcalis comme plus sensible que la teinture de tournesol, mais moins que la teinture de mauve ou les sirops de mauve, de choux rouges ou de violettes; d'ailleurs, elle n'est pas employée à cet usage; mais depuis plusieurs années on cultive aux environs de Paris l'alcée pourpre, pour préparer une teinture qui sert à colorer artificiellement les vins, et surtout le sirop de groseilles; mais l'aspect particulier que prend au contact de la potasse, le sirop bien préparé et le sirop factice, permet de reconnaître cette fraude.

## ALCHÉMILLE

*Alchemilla vulgaris* L.
(Rosacées-Agrimoniées.)

L'Alchémille, ou Pied-de-lion, est une plante vivace, à racine grosse, ligneuse, noirâtre, oblique, entourée de nombreuses radicules. La tige, haute d'environ $0^m,30$, est lisse et rameuse; les feuilles de la base sont larges, à sept lobes et longuement pétiolées; celles de la tige sont alternes, à cinq lobes, plus étroites et portées sur des pétioles plus courts; toutes sont d'un vert jaunâtre en dessus, plus pâles en dessous, à contour marqué de dents régulières, sétacées et blanchâtres. Les fleurs, qui forment des sortes de corymbes à l'extrémité de la tige et des rameaux, sont petites, nombreuses et d'un jaune verdâtre. Elles présentent un calice campanulé, à huit divisions aiguës alternant sur deux rangs, les extérieures plus courtes et plus étroites, les intérieures plus grandes ; quatre étamines très-courtes, à anthères arrondies, brunâtres ; un style à stigmate globuleux. Le fruit est un akène arrondi, jaunâtre et brillant.

L'alchémille à cinq feuilles (*A. pentaphylla* L.) diffère de la précédente par ses tiges traçantes et ses feuilles profondément divisées en cinq segments obovales, en forme de coin.

Habitat. — L'alchémille est répandue dans presque toute l'Europe, et habite particulièrement les pâturages et les bois des régions montagneuses. Elle fleurit depuis juin jusqu'en août.

Culture. — Cette plante n'est guère cultivée que dans les jardins botaniques. Elle vient à tous les sols et à toutes les expositions, mais préfère toutefois un terrain frais et une exposition un peu ombragée. On la multiplie avec la plus grande facilité, soit par semis, soit par le déchirement des vieux pieds. La médecine n'emploie que la plante sauvage.

Parties usitées. — La plante entière, les feuilles.

Récolte. — On récolte l'alchémille au moment de la floraison ; elle perd par la dessiccation sa couleur et une partie de ses propriétés ; récoltée humide, elle noircit.

Composition chimique. — Quoique les plantes de la famille des Rosacées présentent entre elles des différences notables relativement à leurs propriétés thérapeutiques, on peut dire qu'en général elles sont astringentes, et qu'elles doivent cette propriété à leur richesse en tannin. Parmi les Rosacées indigènes, les plus remarquables à cet égard sont, indépendamment de l'Alchémille, la tormentille, *Potentilla Tormentilla* ; le fraisier, *Fragaria vesca* ; l'ansérine, *Potentilla anserina* ; la potentille rampante, *P. reptans* ; la benoîte, *Geum urbanum* et *rivale* ; la filipendule, *Spiræa Filipendula*, etc., La tribu des Agrimoniées est surtout remarquable par l'analogie de propriétés que présentent les plantes qui la composent. C'est surtout dans la racine que se trouve accumulé le principe tannant ; aussi les sels de fer, de zinc, etc., sont-ils incompatibles avec les préparations de ces plantes.

Usages. — L'alchémille, ou *alchimille*, ou *manteau-des-dames*, nommée aussi *pied-de-lion*, à cause de la forme lobée, presque festonnée de ses feuilles, est peu employée en médecine, mais elle jouit encore d'une certaine réputation dans les campagnes. Elle est très-astringente. On employait autrefois de préférence le rhizome; mais on se sert aussi de la plante entière, desséchée ou fraîche. La décoction peut rendre des services dans le traitement des ulcères atoniques. On en fait des injections contre la leucorrhée. On en fait encore usage pour combattre la flaccidité des organes génitaux externes de la femme.

En Suède, on attribue à l'alchémille la propriété de guérir la maladie convulsive, assez commune dans ce pays et en Allemagne, désignée sous le nom de raphanie, *raphania*, parce qu'on la croit produite par les graines du *Raphanus raphanistrum* L., mêlées au pain ; mais on a reconnu que l'alchémille ne produisait aucun effet contre cette maladie, qui présente une si grande analogie avec notre *ergotisme*. Les Suédois nomment l'alchémille *Dragblad*.

Pulteney, dans ses *Esquisses historiques*, etc., rapporte que les druides, pour *dénouer l'aiguillette*, ordonnaient de prendre sept tiges de pied-de-lion, séparées des racines, bouillies dans de l'eau, à l'époque des décroissements de la lune.

## ALETRIS

(Voyez le *Supplément* du T. I.)

## ALHAGI

*Alhagi Maurorum* Tourn., *Hedysarum alhagi* L.
(Légumineuses-Hédysarées.)

L'Alhagi ou Agul est un arbrisseau à tiges glabres, cylindriques, hautes d'environ un mètre, divisées en rameaux droits, nombreux, étalés, presque glabres; à feuilles alternes, simples, ovales-lancéolées, rétrécies à la base, obtuses au sommet, un peu velues, d'un vert pâle, terminant des pétioles très-courts, qui sont munis à leur base d'aiguillons étroits, allongés, en alène, très-aigus, inégaux, un peu bruns ou rougeâtres, à sommet blanc-jaunâtre. Les fleurs forment de petites grappes latérales, lâches, très-nombreuses, un peu pendantes, à pédoncules glabres et striés. Elles présentent un calice court, cendré, persistant, à cinq dents peu sensibles; une corolle à centre pourpre, à bords rougeâtres ; un ovaire oblong, très-étroit, surmonté d'un style court, subulé, aigu. Le fruit est une gousse articulée, glabre, nue, contenant dans chaque article une semence réniforme.

Toutes les parties de cet arbrisseau, mais surtout les rameaux et les feuilles, sont couvertes, dans les temps chauds, d'une matière onctueuse, grasse, mielleuse, que la fraîcheur des nuits condense en forme de grains connus sous le nom de *manne d'Alhagi* ou *Trangebin*.

L'alhagi des chameaux ou faux alhagi (*A. camelorum* Fisch., *Hed. pseudo-alhagi* Bieb.), est une plante vivace, assez voisine de la précédente, avec laquelle on l'a quelquefois confondue.

Habitat. — L'alhagi est répandu dans les déserts de l'Égypte, de la Syrie, de l'Arabie, de la Perse, de la Mésopotamie. Le faux alhagi habite la Tartarie et la Sibérie méridionale.

Culture. — L'alhagi des Maures exige chez nous la serre chaude ; il demande beaucoup de soins, fleurit et fructifie difficilement. Le faux alhagi demande la serre tempérée et la terre de bruyère. Ces deux espèces se propagent de graines.

Parties usitées. — Le suc concrété ou manne d'alhagi.

Récolte. — Le suc concrété à la surface de la plante est encore mou et se prend en masses glutineuses ; il faut donc le faire sécher à l'ombre : d'ailleurs ce produit est extrêmement rare dans le commerce.

Composition chimique. — De même que dans notre Introduction, à propos des principes immédiats des végétaux, lorsque nous avons parlé des sucres que l'on a récemment groupés autour de la glycose des fruits, de même à côté du sucre de canne sont venus se ranger d'autres sucres analogues, tels que le *mélitose* retiré de la manne d'Australie, fourni par un eucalyptus, le *tréhalose*, extrait de la manne de Turquie ou *tréhala ;* le *mélézitose*, que l'on retire de la manne de Briançon ou du mélèze, tous découverts par M. Berthelot ; puis enfin, le *mycose*, trouvé par M. Mitscherlich dans l'ergot de seigle.

La *manne d'alhagi*, ou *téréniabin*, ou *tringibin*, ou *manne liquide*, nommée encore *manne de Perse*, *terenjabin*, *trunschibin*, *trungibin* (Niebuhr, *Descript. Arab.*, page 12), est une liqueur grasse, onctueuse, de la consistance du miel épais, que la fraîcheur des nuits condense en forme de grains que l'on nomme *manne alhagi*, et qui probablement renferme une espèce de sucre se rapportant à l'un des deux types que nous venons d'indiquer, à moins que ce sucre ne forme un type distinct, ce qui serait bien possible.

Usages. — D'après Niebuhr, dans les grandes villes de Perse, on se sert de la manne alhagi au lieu de sucre pour les pâtisseries et les autres mets. Les grains, de la grosseur d'un grain de riz, sont agglutinés en pains assez gros, contenant de la poussière et des débris de feuilles, d'une couleur jaune foncé. Trois onces suffisent pour purger. Elle est très-abondante et très-employée en Orient; on l'emploie comme purgatif, mêlée au séné; elle est inconnue en France.

Avicenne et Sérapion parlent de la manne d'alhagi; c'est surtout autour de Tauris, ville de Perse, qu'on la récolte.

L'*alhagi pseudo-alhagi* Bieb., qui est herbacé et qui croît dans le Caucase, la Tartarie, ne donne pas de manne, pas plus que l'*A. Nepaulensium* D. C. de l'Inde; mais le climat peut être pour beaucoup dans cette production; en effet, les différents *fraxinus* qui donnent de la manne, en Calabre et en Sicile, n'en donnent pas partout; Zalloni dit positivement (*Voyage à Tine*, p. 50) que l'alhagi de Tartarie produit de la manne, et Tournefort fait remarquer que l'*alhagi Maurorum*, qui croît à l'île de Tine, ne donne pas de manne. A Calcutta on vend de la manne provenant de l'alhagi du Bengale.

Hallé prétend que la manne d'alhagi est la manne des Hébreux; mais on admet généralement aujourd'hui que cette substance historique est un lichen, encore abondant dans les déserts de l'Afrique, en petites masses globoïdes, le *Lecanora esculenta*.

# ALIBOUFIER

*Styrax officinale* L.
(Styracées.)

L'Aliboufier d'Europe est un arbrisseau dont la tige atteint 5 à 6$^m$ de hauteur. Ses feuilles alternes, ovales, pétiolées, sont molles, blanches et comme cotonneuses en dessous. Ses fleurs blanches forment de petites grappes axillaires, plus courtes que les feuilles, et à pédicelles couverts d'un duvet blanchâtre. Le calice, qui présente la même apparence extérieure, est urcéolé et se termine par cinq dents très-courtes. La corolle a le tube très-court et le limbe partagé en cinq divisions profondes; à l'intérieur on trouve dix étamines. Le fruit, cotonneux comme presque toute la plante, est du volume d'une noisette et renferme une amande huileuse et odorante.

Les plaies faites accidentellement ou à dessein à l'écorce de cet arbrisseau laissent exsuder un suc résineux (*Styrax* ou *Storax*).

Les Aliboufiers d'Amérique (*S. americanum* L.) et glabre (*S. lœvigatum* H. B. K.) ressemblent beaucoup au précédent.

Habitat. — L'aliboufier d'Europe est répandu dans presque toute la région méditerranéenne; il habite surtout les bois et les rochers maritimes et fleurit en juillet. Les deux autres sont originaires de la Caroline.

Culture. — L'aliboufier supporte assez bien la pleine terre jusque dans le nord de la France; mais il est prudent de l'abriter pendant les premières années. Il demande une exposition chaude et abritée, une terre légère, douce, fertile, un peu humide. On le propage de graines, qui doivent être semées au printemps, soit en pots, soit en terrines, sur couche tiède et sous châssis. Le semis est ombragé en été. On le multiplie aussi de marcottes et de drageons, dont la reprise est assez facile.

Les deux autres espèces se cultivent de la même manière.

Parties usitées. — La matière résineuse qui découle de la plante lorsqu'on l'incise (*Storax*).

Récolte. — Le storax ne se récolte pas en France; on n'est même pas parfaitement certain de son origine.

Composition chimique. — Les diverses variétés de storax sont formées par une matière résineuse tenue en dissolution imparfaite par une huile essentielle, aromatique, ce qui permettrait de les considérer comme des térébenthines, mais la présence de l'acide benzoïque les rapproche davantage des baumes.

Usages. — Deux substances sont employées en médecine sous le nom de styrax; elles ne doivent pas être confondues; l'une, le styrax liquide, est produite par le *Liquidambar oriental* des botanistes; l'autre, celle qui nous occupe, est connue sous le nom de storax, de styrax; on en connaît plusieurs sortes, mais on est loin d'être fixé sur leur origine.

Pline dit que le styrax croissait aux environs de Séleucie, en Syrie, et que l'arbre qui le porte ressemble au coignassier; qu'on vantait aussi le styrax de Pisidie, de Sidon, de Chypre et de Cilicie, mais pas du tout celui de Crète; qu'on en apportait aussi de Pamphylie; qu'on l'altérait avec de la résine ou de la gomme de cèdre, avec du miel et des amandes amères, ce qui se reconnaissait au goût; que les médecins et surtout les parfumeurs préféraient le styrax du mont Amanus (aujourd'hui Alma-Dagh) en Syrie; mais que, de quelque pays qu'il vînt, il devait, pour être bon, avoir une couleur rousse et être un peu gros.

Dioscoride dit aussi que le styrax est une larme qui distille d'un arbre qui ressemble au coignassier; que le meilleur est gros, résineux et roux. D'après le même auteur, la liqueur du styrax est chaude, émolliente, maturative; elle sert dans les toux, les catarrhes, les enrouements, les extinctions de voix, les pesanteurs de tête, les embarras de la respiration; elle est désopilante, résolutive, emménagogue; administrée avec de la térébenthine, en pilules, elle lâche le ventre.

Galien, en traitant de la thériaque, recommandait le styrax ou storax qu'on apportait de Pamphylie (partie sud-est de l'Anatolie de nos jours) dans des roseaux, et de là venait qu'on l'appelait *Styrax calamita* et même tout simplement *Calamita*.

En Syrie, on faisait une huile de styrax très-échauffante et émolliente, mais qui provoquait au sommeil et causait des douleurs de tête.

On a cru trouver dans l'aliboufier qui croît en Provence, en Italie et dans le Levant, l'arbre qui produit le storax.

Voici quelles sont les différentes sortes de storax :

1° *Storax blanc*, en larmes blanches opaques, réunies en masses, à odeur forte et suave, à saveur douce parfumée amère, renfermant des débris de branches, ce qui la distingue du Liquidambar blanc d'Amérique, qui d'ailleurs a une odeur moins forte et moins suave ;

2° *Storax amygdaloïde*, masses cassantes formées de larmes agglutinées, ressemblant à du galbanum ;

3° *Storax rouge-brun*. Il diffère du précédent par de la sciure de bois que l'on trouve à sa surface ;

4° *Storax liquide pur*. M. Guibourt distingue ce produit du Liquidambar blanc d'Amérique; d'après M. Landerer, le storax liquide, nommé *Bachuri-jag* ou huile de storax, est obtenu à Cos et à Rhodes du *Styrax officinal*, au moyen d'incisions;

5° *Storax noir*, masse solide d'un brun noir, coulant comme de la poix, odeur agréable; il contient de la sciure de bois. M. Guibourt est porté à penser qu'il est obtenu par décoction des rameaux de l'arbre; c'est avec ce produit et la gomme ammoniaque, la tacamaque, le sable, la cire, l'acide benzoïque, la sciure de bois, etc., que l'on prépare à Marseille le faux storax calamite ;

6° *Storax en pain* ou *en sarilles, sciure de storax*. Ce sont des masses de 25 à 30 kilogrammes, recouvertes d'une toile;

7° *Storax rouge du commerce, écorce de Storax*, paraît être formé de l'écorce du styrax officinal coupée en lanières et comprimée pour en retirer le baume.

En Amérique, plusieurs espèces du genre *Styrax* peuvent fournir des racines analogues au storax : au Brésil, ce sont les *S. reticulatum* et *ferrugineum* ; à la Guyane, les *S. guianense, pallidum* ; au Pérou, le *S. racemosum* ; dans la Colombie, le *S. tomentosum*.

Le storax n'existe plus dans le commerce ; mais, aux environs d'Adalia (Asie Mineure), on récolte actuellement sur le *Styrax officinale* une résine qu'on emploie comme encens.

Voyez : benjoin (*Styrax Benzoin*), t. I, p. 166 ; et liquidambar (*Liquidambar styraciflua*), t. II, p. 245 de la *Flore médicale*.

## ALISIER

Sorbus terminalis Crantz. Cratægus terminalis L.
(Rosacées-Pomacées.)

L'Alisier ou Aigrelier est un arbre dont la tige droite atteint jusqu'à 15 mètres de hauteur. Ses feuilles, glabres, luisantes et d'un beau vert, sont ovales, tronquées ou cordées à la base, divisées en lobes aigus inégalement dentés, dont les inférieurs sont plus grands et divergents. Les fleurs, blanches, assez petites, sont disposées en corymbes rameux. Elles présentent cinq pétales étalés, à onglet presque glabre, des étamines nombreuses et des styles glabres, dont le nombre varie de deux à cinq. Le fruit est ovoïde, brun-jaunâtre, charnu, acerbe à la maturité, et devenant ensuite pulpeux et acidule.

L'Alisier de Fontainebleau (*S. latifolia* Pers.) se distingue du précédent par sa taille moins élevée, ses feuilles plus grandes, blanches et cotonneuses en dessous, ses styles velus à la base, son fruit brun-orangé, pulpeux et à saveur sucrée.

L'Alouchier ou Drouiller (*S. Aria* Crantz, *Cratægus Aria* L.) se reconnaît à sa taille plus haute ; à ses feuilles ovales ou oblongues, blanchâtres et cotonneuses en dessous, vert foncé en dessus, à lobes décroissant du sommet vers la partie inférieure ; à son fruit rouge-orangé, pulpeux, d'une saveur acidule.

Habitat. — Ces trois espèces sont répandues sur presque toute la surface de l'Europe ; elles habitent de préférence les bois et les régions montueuses.

Culture. — La première espèce se trouve surtout dans les forêts, dans les parcs, dans les jardins d'agrément. Il en est à peu près de même des deux autres.

**Parties usitées.** — Les fruits, le bois.

**Récolte.** — Les fruits se récoltent à leur parfaite maturité.

**Composition chimique.** — Comme la plupart des Rosacées, les Sorbiers sont regardés comme renfermant des proportions notables de tannin ; les fruits contiennent des quantités assez grandes de sucre pour qu'on ait cherché dans certains pays à les exploiter pour en retirer par fermentation une liqueur alcoolique. En 1815, Donavan retira des fruits du Sorbier des oiseaux (*Sorbus aucuparia* Gærtn.) un acide cristallisé, auquel il donna le nom d'*acide sorbique;* mais on reconnut plus tard que ce n'était que de l'acide malique pur, qui, depuis que Scheele l'avait découvert, n'était obtenu qu'impur, liquide et incristallisable.

L'acide malique donne aux pommes, aux poires, aux sorbes non mûres, cette saveur acerbe qui les caractérise ; on le trouve encore dans les prunes vertes, les prunelles, les groseilles vertes, les baies de sureau, la pulpe de tamarin, l'épine-vinette, la joubarbe, l'ananas, le tabac, l'épinard, la gaude, l'absinthe, etc. On l'obtient en précipitant l'acétate de plomb par le suc des végétaux qui en contiennent, lavant à l'eau froide le malate de plomb obtenu, et le décomposant par l'hydrogène sulfuré. Dans le fruit du sorbier l'acide malique se présente à l'état de malate de calcium. Cristallisé, il a pour formule $C^4H^6O^5$. Il en existe deux variétés : l'acide malique actif, qui exerce un pouvoir rotatoire sur le plan de polarisation des rayons lumineux, c'est celui-là qui existe dans les plantes, et l'acide malique dit inactif, parce qu'il n'a pas de pouvoir rotatoire. Ce dernier a été trouvé par Gintl dans les feuilles du Frêne. On a pu fabriquer l'un et l'autre artificiellement.

**Usages.** — Les fruits de l'alisier ont été considérés comme astringents, quoiqu'ils aient été rarement employés comme tels. L'écorce de l'Alisier terminal, que l'on a aussi appelé Alisier anti-dysentérique, parce qu'on en faisait usage autrefois contre la diarrhée et la dysenterie, jouit d'une astringence assez prononcée.

Les fruits rouges de l'Azerolier (*Cratægus Azarolus* L.) qui est voisin de l'alisier, sont, en certains pays, pulpeux et sucrés, mais ils restent acides sous le climat de Paris.

Le bois des divers alisiers est employé par les tourneurs, les menuisiers, etc.

Voyez l'article Sorbier, t. III, p. 329-331 de la *Flore médicale.*

# ALKÉKENGE

*Physalis alkekengi* L. *Alkekengi officinarum* Tourn.
(Solanées.)

L'Alkékenge, appelée aussi Coqueret ou Coquerelle, est une plante vivace, à racines fibreuses, articulées, rampantes. La tige, haute de 0<sup>m</sup>,50 à 0<sup>m</sup>,60, est herbacée, ferme, dressée, rameuse, anguleuse, un peu velue, souvent marquée d'une teinte rougeâtre. Elle porte des feuilles pétiolées, ovales, irrégulières, pointues, ondulées-sinuées sur les bords, assez grandes, glabres, d'un vert sombre, géminées ou naissant par deux ensemble des divers points de la tige. Les fleurs sont solitaires à l'extrémité de courts pédoncules axillaires. Le calice est renflé, velu, à cinq divisions aiguës; la corolle, jaune blanchâtre, rotacée, à tube court, à limbe partagé en cinq divisions pointues, assez longues. Les étamines, au nombre de cinq, sont plus courtes que la corolle et ont des anthères conniventes, oblongues. L'ovaire, ovoïde, glabre, à deux loges, est surmonté d'un style court, terminé par un petit stigmate obtus. Le fruit est une baie globuleuse, rouge, lisse, de la grosseur d'une cerise, contenue dans le calice, qui s'est agrandi et refermé à la maturité, en formant une sorte de coque vésiculeuse, pointue, à cinq angles et d'un rouge assez vif. Les graines sont réniformes (Pl. 7).

Habitat. — L'alkékenge est répandue dans la majeure partie de l'Europe; on la trouve surtout dans les champs cultivés, les vignes, les lieux humides et ombragés des bois, etc. Elle fleurit en juillet et en septembre.

Culture. — L'alkékenge, étant naturellement assez abondante pour suffire aux besoins de la médecine, n'est cultivée que dans les jardins botaniques, et quelquefois aussi dans les massifs d'agrément. Cette culture est des plus simples. On sème les graines en pots à l'automne et au printemps, et on repique les jeunes plants quand ils sont assez forts. La plante se propage ensuite d'elle-même avec une telle facilité qu'elle en devient souvent incommode.

Parties usitées. — Les fruits, les feuilles, les tiges.

Récolte. — Les fruits sont recueillis à leur maturité; quelquefois on sépare les baies du calice; les fruits se rident, et lorsqu'on veut les pulvériser, on les dessèche à l'étuve; les feuilles et les tiges, rare-

ment employées, doivent être récoltées au moment de l'épanouissement des fleurs.

Composition chimique. — Les feuilles et les tiges sont franchement
amères, les baies ont une légère acidité; on les sert sur les tables en
Suisse, en Allemagne et en Angleterre; l'épicarpe et les calices renferment une matière colorante jaune qui les a fait utiliser pour colorer le beurre. On a extrait des tiges et des feuilles, en les traitant par le chloroforme, un principe cristallin amer, sans caractère d'alcaloïde, auquel on a donné le nom de *physaline*.

Usages. — Les fruits de l'alkékenge, nommés aussi cerises d'hiver
ou de juif, *Physale halicacabum,* ont été employés pendant longtemps contre la gravelle, les rétentions d'urine, les hydropisies,
l'ictère, etc.; ils entrent dans la composition du sirop de rhubarbe
ou de chicorée composé. Arnaud de Villeneuve les regardait comme
diurétiques, et Dioscoride les prescrivait contre l'ictère, l'ischurie;
il prétend même qu'ils guérissent l'épilepsie. Ray les employait
contre la goutte, et les habitants des campagnes en font un fréquent
usage pour leurs bestiaux et pour eux-mêmes. On les a employés
pour combattre la dysurie, la gravelle, l'anasarque, l'hydropéri-
cardite, les infiltrations séreuses qui suivent la scarlatine, l'albuminurie.

Mais c'est surtout contre la fièvre intermittente que l'alkékenge a été préconisé, soit à l'état de poudre, soit à l'état d'extrait. MM. Gendron et Fatou, de Vendôme, ont prétendu en
avoir avoir obtenu d'excellents effets contre les fièvres intermittentes automnales. Malgré leurs assertions, il est permis de
douter que l'alkékenge puisse servir de succédané au quinquina
ou à la quinine. Tout au plus peut-on le considérer, à cause de
son amertume, comme un tonique utile.

Son principe actif, la physaline, ne possède aucune des propriétés toxiques des principes qu'on retire d'autres Solanées. A
hautes doses, les baies et les feuilles d'alkékenge déterminent
seulement une légère ivresse, avec bourdonnements d'oreilles et
ralentissement du pouls. Elles passent aussi pour exercer une
action diurétique manifeste et capable de rendre des services
dans les cas d'impaludisme accompagné de diminution de la sécrétion urinaire.

Ajoutons encore que les feuilles de l'alkékenge, bouillies dans de l'eau, peuvent être employées en cataplasmes et en fomentations comme calmantes et émollientes.

La médecine homœpathique fait usage de l'alkékenge. Son signe est *Iak*, son abréviation *Alkek*. On en fait une teinture mère.

## ALLIAIRE

*Alliaria officinalis* D. C. *Erysimum alliaria* L. *Hesperis alliaria* Lam.
*Sisymbrium alliaria* Roth.
(Crucifères-Sisymbriées.)

L'Alliaire est une plante bisannuelle ou vivace, à racine blanchâtre. Sa tige, haute de 0ᵐ,35 à 0ᵐ,65, herbacée, ferme, dressée, un peu anguleuse, simple et velue à la base, glabre, légèrement glauque et un peu rameuse au sommet, porte des feuilles alternes, larges, arrondies et cordiformes à la base, sinueuses et dentelées sur les bords, pointues au sommet, longuement pétiolées dans le bas de la tige, presque sessiles dans la partie supérieure, vertes et luisantes en dessus, plus pâles en dessous, molles et exhalant une odeur d'ail quand on les froisse. Les fleurs sont blanches, petites, presque sessiles et réunies en grappes ou en épis lâches terminaux. Elles présentent un calice à quatre sépales blanchâtres, à demi ouverts, tombant de très-bonne heure; une corolle à quatre pétales deux fois plus longs que le calice, elliptiques, obtus, entiers, rétrécis en onglet à la base, un peu étalés à la partie supérieure; six étamines incluses, tétradynames; un ovaire tétragone, surmonté d'un style épais, cylindrique, très-court. Le fruit est une silique longue et grêle, tétragone, obtuse et striée longitudinalement (Pl. 8).

Habitat. — Cette plante croît dans les régions tempérées de l'Europe; on la trouve abondamment dans les parties humides et ombragées des bois, le long des fossés et des haies, dans le voisinage des habitations, etc. Elle fleurit depuis le mois d'avril jusqu'en juin.

Culture. — L'alliaire, qu'on trouve à l'état sauvage, est assez abondante pour que cette plante ne soit cultivée que dans les jardins botaniques. Elle a la propriété de croître très-bien à l'ombre des arbres. Sa culture est facile; il suffit de répandre, au printemps, ses graines sur le sol. Si l'on tient à la propager dans les bosquets, pour couvrir la nudité du sol, il faut avoir soin de couper ses tiges aussitôt que les fleurs sont passées.

Parties usitées. — Les feuilles, les sommités fleuries, les semences.

Récolte. — C'est au moment où la plante est en fleurs qu'elle renferme le plus de principes actifs ; ceux-ci disparaissent par la dessiccation, aussi ne l'emploie-t-on que fraîche.

Composition chimique. — Le nom d'alliaire lui vient de l'odeur d'ail qu'elle répand. Cette plante renferme en effet une huile essentielle, sulfurée, tout à fait semblable à celle dont nous avons parlé en traitant de l'ail ; de sorte que dans la famille des crucifères on trouve tout à la fois du sulfate d'allyle $C^6 H^{10} S$ dans l'Alliaire, et le sulfocyanure d'allyle $S C Az C^3 H^5$, ou essence de moutarde ; l'odeur d'ail est tellement prononcée dans l'alliaire, qu'il est communiqué au lait des animaux qui la mangent et qui d'ailleurs en sont assez friands.

Usages. — L'alliaire a été considérée dans l'art culinaire comme un succédané de l'ail ; les gens du peuple la mangent quelquefois en salade ou écrasée avec du beurre.

A peu près abandonnée par les médecins de nos jours, elle a été autrefois très-préconisée par divers auteurs, parmi lesquels nous citerons Fabrice de Hilden, Camerarius, Chomel l'oncle, Boerhaave, etc.; c'est surtout comme anti-scorbutique qu'elle était très-estimée, mais on la regardait encore comme stimulante, diaphorétique, béchique, incisive, diurétique, anti-putride et détersive ; les préparations pharmaceutiques faites à chaud lui enlèvent la plus grande partie de ses propriétés. Toutefois, la décoction, d'après Virey, serait expectorante, et on l'a souvent employée avec succès sous cette forme, sur la fin des catarrhes pulmonaires chroniques, dans l'asthme humide, et pour faciliter l'expectoration dans la phthisie ; on la considère même comme diurétique et on prétend en avoir tiré des services dans l'hydrothorax avec œdème des extrémités.

On a fait usage des feuilles pilées, fraîches, en cataplasmes, pour le pansement des ulcères atoniques ; elle agit alors comme irritante, par son huile essentielle, et peut rendre de réels services. On peut aussi, dans le même but, faire usage du suc dont on imbibe de la charpie qu'on applique sur les ulcères.

Appliqués sur la peau intacte, la pulpe et le suc d'alliaire déterminent une légère rubéfaction dont le médecin pourra tirer un grand parti dans les cas urgents.

Les graines réduites en pâte au moyen d'un peu d'eau sont également rubéfiantes, toutefois moins que la moutarde; on assure que les poules qui mangent ces graines pondent des œufs qui ont l'odeur et la saveur de l'ail.

# ALOÈS

*Aloe socotrina, vulgaris, ferox, etc.*
(Liliacées-Asparagées.)

L'Aloès officinal est une plante vivace, à racines fasciculées-fibreuses, à tige cylindrique très courte, terminée par un bouquet de feuilles épaisses, charnues, allongées, aiguës, longues de $0^m,20$ à $0^m,30$, larges de $0^m,10$, dentées, amplexicaules, d'un vert glauque, parsemées de verrues blanchâtres, épineuses. Du centre de ces feuilles s'élève une hampe, haute d'environ $0^m,65$, couverte d'écailles dressées, aiguës. Les fleurs, rouges, tubuleuses, dressées avant l'épanouissement, plus tard pendantes, à étamines un peu saillantes, forment un épi allongé au sommet de la tige. Le fruit est une capsule ovoïde, allongée, à trois loges, marquée de sillons longitudinaux.

HABITAT. — La plupart des espèces d'Aloès sont originaires de l'Afrique méridionale et orientale, d'où elles se sont répandues en Asie et en Amérique. Sous nos climats, elles ne viennent qu'en serre chaude.

PARTIES USITÉES. — Le suc concrété, les fibres.

RÉCOLTE. — Les auteurs sont peu d'accord sur le procédé employé pour obtenir l'aloès; il est probable qu'il varie selon les pays; le plus simple est celui qu'on emploie à Barbados. On coupe les feuilles près du pied de la plante et on les place rapidement, avec la surface de section en bas, dans une auge peu profonde, inclinée et percée à une extrémité d'un orifice par lequel s'écoule, dans un vase préparé pour le recevoir, le suc qui sort des feuilles. Le suc recueilli est ensuite versé dans une cuve où on le conserve pour le faire évaporer, sur un feu doux, dans des vases en cuivre; une large cuiller placée dans le fond du vase recueille les impuretés. Quand l'épaississement est suffisant, on verse le suc dans des gourdes ou dans des caisses où on le laisse durcir.

Dans la colonie du Cap, les feuilles aussitôt coupées sont déposées dans une peau de bouc qui tapisse un trou creusé dans le sol. Quand la peau est pleine, on verse le suc dans une chaudière où on le fait évaporer sans grands soins.

A la Jamaïque, on coupe les feuilles en morceaux pour faciliter l'écoulement du suc.

Composition chimique. — L'aloès est soluble dans l'eau chaude; la solution se trouble en refroidissant par suite du dépôt d'une matière résineuse qui forme une masse brune, désignée improprement sous le nom de *résine d'aloès*. L'aloès pur se dissout presque entièrement dans l'alcool. Le principe le plus important de l'Aloès est celui qui a reçu d'abord le nom d'*Aloïne* et qu'on distingue aujourd'hui en trois principes distincts : la *Barbaloïne*, $C^{17}H^{20}O^{7}$, fournie par l'aloès de Barbados; la *Nataloïne*, $C^{16}H^{18}O^{7}$, d'abord extraite de l'aloès de Natal; la *Socoloïne*, $C^{15}H^{16}O^{7}$, retirée de l'aloès de Socotra. Ces trois sortes d'aloïne peuvent être reconnues par le procédé suivant : quelques particules de barbaloïne ou de nataloïne, placées sur une soucoupe en porcelaine et traitées par une goutte d'acide azotique, prennent une coloration rouge cramoisi vif que ne donne pas la socoloïne. Pour distinguer la nataloïne de la barbaloïne, on ajoute à quelques particules de ces substances une goutte d'acide sulfurique; puis on fait passer à la surface du mélange la vapeur qui se dégage d'une baguette de verre trempée dans l'acide azotique; la nataloïne se colore en bleu, tandis que la barbaloïne ne change pas de couleur. On a extrait de l'aloès des acides colorants.

Usages. — Outre les acides colorants, on emploie l'aloès lui-même pour la teinture, la peinture et la fabrication des vernis ; les fibres de l'aloès qui servent à faire des cordages des hamacs et des objets de sparterie, sont produits par l'*A. disticha* ou *cabouille* de Saint-Domingue, et *calaoua* des Caraïbes, mais fournies surtout par les *Agave*. En Angleterre, on emploie presque exclusivement en médecine les aloès *socotrin* et des *Barbades*. Nous empruntons à M. Guibourt les caractères distinctifs des aloès.

| | ALOÈS SOCOTRIN | | ALOÈS DU CAP |
| --- | --- | --- | --- |
| | TRANSLUCIDE | HÉPATIQUE | |
| Couleur de la masse..... | Rouge hyacinthe. | Couleur du foie pourprée rougeâtre ou jaunâtre. | Brun noirâtre avec reflet verdâtre. |
| Transparence.......... | Imparfaite mais sensible. | Nulle ou presque nulle. | Nulle en masse, mais parfaite dans les lames minces. |
| Couleur des lames minces. | Rouge hyacinthe. | Couleur du foie. | Rouge foncé. |
| Cassure.............. | Lustrée. | Lustrée et cireuse. | Brillante et vitreuse. |
| Couleur de la poudre.... | Jaune doré. | Jaune doré. | Jaune verdâtre. |
| Odeur............ ..... | Douce, agréable | Douce, agréable. | Forte, tenace, peu agréable. |

L'aloès entre dans la composition des élixirs de Garus, de longue vie, de propreté de Paracelse, des pilules de Bontius, Écossaises ou d'Anderson, les grains de santé de Franck, etc.

En médecine homœopathique, il est employé comme tonique et drastique ; son symbole est *saoë*, et son abréviation *Aloë.*

A petite dose, c'est-à-dire de un à cinq centigrammes, l'aloès est un excellent tonique qui convient dans les cas d'atonie générale ; à cinquante centigrammes ou un gramme, c'est un purgatif drastique des plus puissants ; il agit plus spécialement sur le gros intestin, aussi est-il employé avec succès pour rappeler les flux hémorrhoïdaux et mensuels ; il agit sur le système sanguin, qu'il congestionne, et surtout sur celui de la veine-porte.

En médecine vétérinaire, la teinture d'aloès est très-employée comme cicatrisant.


## ALSTONIA

(Voyez le *Supplément* du T. I.)


## AMANDIER

*Amygdalus communis* L. (*Prunus Amygdalus* H. Bn.).
(Rosacées-Prunées.)

L'Amandier est un arbre de moyenne grandeur, dont la tige, haute de 6 à 8 mètres, est droite, couverte d'une écorce brun cendré, d'abord lisse et brillante, plus tard rugueuse et gercée ; il en découle un suc gommeux, connu sous le nom de *gomme du pays.* Les jeunes rameaux sont allongés, dressés, minces, flexibles, couverts d'une écorce lisse, vert clair, un peu glauque. Les feuilles sont alternes, pétiolées, lancéolées, aiguës, finement dentées, glabres, d'un beau vert. Les fleurs, qui naissent toujours sur les pousses de l'année précédente, sont grandes, blanches ou un peu rosées, presque sessiles, solitaires ou réunies par deux ou trois. Le calice est rougeâtre à l'extérieur, à tube turbiné, à limbe partagé en cinq lobes obtus, étalés. La corolle est à cinq pétales arrondis, rétrécis à la base en un onglet court, étalés et insérés au sommet du tube du calice, ainsi que les étamines, qui sont au nombre de vingt-cinq à trente, sur plusieurs rangs. L'ovaire se compose de deux carpelles globuleux, un peu comprimés, à sillon interne, uniloculaires, velus-cotonneux, dont un seul se développe et arrive à maturité. Le fruit est une drupe verte, ovoïde, allongée, comprimée, pointue au sommet; à chair peu épaisse, dure, coriace et presque sèche, s'ouvrant et se détachant aisément après la maturité; le noyau, rugueux, crevassé, renferme une graine ou *amande* (rarement deux) à tégument brun, rugueux et à cotylédons très-volumineux.

L'amandier présente deux variétés fort distinctes, l'une à graines douces, l'autre à graines amères; elles se subdivisent en sous-variétés à coque dure, ligneuse et épaisse, ou mince et fragile.

HABITAT. — Originaire de l'Asie et du nord de l'Afrique, l'amandier est aujourd'hui naturalisé et cultivé dans tout le midi de l'Europe. Il fleurit dès le mois de janvier.

PARTIES USITÉES. — Les graines, et rarement les feuilles.

RÉCOLTE. — Les amandes douces et amères se trouvent dans le commerce avec ou sans coques. On connaît plusieurs sortes des unes et des autres; elles viennent d'Afrique, d'Espagne, d'Italie, de Provence, de la Touraine, etc., etc.

COMPOSITION CHIMIQUE. — Les amandes contiennent environ 54 p. 100 d'huile fixe, 24 p. 100 d'une albumine particulière nommée *émulsine* ou *synaptase*, du sucre, de la gomme, du tissu cellulaire. Les amandes amères renferment en outre un principe cristallisable, l'*amygdaline*, qui, au contact de la synaptase, de l'eau et d'une température convenable, donne naissance à de l'essence d'amandes amères, $C^7 H^6 O$, à de l'acide cyanhydrique, $Az C H$, à de la dextroglucose $2 C^6 H^{12} O^6$, ainsi que l'indique l'équation suivante :

$$C^{20} H^{27} Az O^{11} + 3 H^2 O = H^2 O . 2 C^6 H^{12} O^6 . Az C H . C^7 H^6 O.$$

| Amygdaline. | Eau. | Dextroglucose. | Acide cyanhydrique. | Essence d'amandes amères. |
|---|---|---|---|---|

On obtient l'amygdaline cristallisée en privant les amandes de leur huile et en les faisant bouillir ensuite dans l'alcool.

L'huile fixe, dite improprement d'*amandes douces*, est produite indistinctement par les douces et les amères.

USAGES. — Tout le monde connaît les usages si nombreux et si variés des amandes dans l'art culinaire, la confiserie, la pâtisserie, la parfumerie, etc.

Les amandes douces et amères servent à préparer le looch blanc, le sirop d'orgeat, les amandés, les émulsions. Pour toutes ces préparations on prive les amandes de leurs téguments, par l'immersion dans l'eau froide ou chaude : la pellicule se détache par simple pression entre les doigts.

Le lait d'amandes douces est un excellent adoucissant, rafraîchissant ou calmant; on en fait usage dans les fièvres, les inflammations pulmonaires, gastro-intestinales, des voies urinaires, cutanées, les catarrhes aigus, les irritations nerveuses, les néphrites, les douleurs néphrétiques, la strangurie, l'hématurie, etc., etc. Ce n'est pas un médicament actif, mais soit qu'on l'emploie seul, soit qu'on s'en serve comme excipient d'autres médicaments plus actifs, il est peu de substances qui rendent autant de services à l'art de guérir.

Récemment la décoction des coques d'amandes a été préconisée contre la coqueluche. L'huile fixe d'amandes est un émollient précieux; elle sert à préparer une foule de pommades ; elle est le véhicule du *Cérat de Galien*.

Les amandes amères, qui se trouvent souvent mêlées aux douces dans le commerce, constituent un des poisons les plus violents que l'on connaisse, non-seulement parce qu'elles forment de l'acide cyanhydrique au contact de l'eau, mais encore parce qu'elles produisent de l'essence d'amandes amères, substance des plus énergiques. On les a quelquefois employées en médecine contre les toux nerveuses, la coqueluche, l'asthme, la chorée, etc.; en émulsion on les a préconisées contre le prurit dartreux et le prurit de la vulve ; le tourteau sous forme de cataplasme nous a souvent réussi contre la migraine, lorsqu'on l'applique sur le front, et pour calmer les douleurs vives des adénites.

On n'emploie guère que l'eau distillée d'amandes amères, et encore lui préfère-t-on celle du laurier-cerise, qui jouit des mêmes propriétés, et dont nous parlerons plus loin.

Quant à l'essence d'amandes amères, c'est un médicament dangereux, difficile à manier, et qui ne doit être employé qu'avec la plus grande circonspection.

Il ne faut jamais associer les mercuriaux avec l'acide cyanhydrique, ni avec les substances qui peuvent en former, et conséquemment avec les préparations d'amandes amères; il se forme dans ce cas du *cyanure de mercure*, qui est un poison violent : il paraîtrait qu'il y aurait aussi grand danger à associer les préparations d'amandes amères avec l'iodure de fer.

# AMANITE

*Amanita* Pers. *Agaricus* Bull.
( Champignons - Agaricinées.)

Le genre Amanite comprend des champignons renfermés, pendant leur jeune âge, dans une *volva* ou *bourse,* qui persiste à la base du pédicule; celui-ci est allongé, nu ou muni d'un anneau. Il se termine par un chapeau charnu, d'abord campanulé, puis convexe, enfin presque plan, souvent couvert de verrues, qui sont des débris de la volva. La face inférieure présente des lames nombreuses, serrées, libres et rayonnantes.

L'espèce la plus remarquable est l'Oronge (*Amanita aurantiaca* Pers.) (Pl. 10, fig. 1). Ce champignon, dans son jeune âge, est complétement enveloppé dans une volva blanche, comme un œuf dans sa coquille; plus tard, celle-ci se déchire et persiste à la base du pédicule. Le chapeau est rouge vif (quelquefois jaune), lisse; les lames larges, d'un beau jaune, ainsi que le pédicule.

L'Amanite fausse-Oronge (*A. muscaria* Pers., *Agaricus muscarius* L., *Agaricus pseudo-aurantiacus* Bull.) (Pl. 18, fig. 2) se distingue de la précédente par sa volva incomplète; son chapeau un peu visqueux, à bords non striés, couvert de verrues blanchâtres; son pédicule un peu écailleux, blanc ainsi que les lames.

L'Amanite vénéneuse (*A. venenosa* Pers.) a un pédicule blanc, cylindrique, renflé à la base, entouré par la volva; un anneau large, blanc ou jaune, très-régulier; un chapeau convexe, charnu, luisant, humide, blanc, jaune-citron, vert-olive ou grisâtre, quelquefois roussâtre, souvent couvert des débris de la volva.

Habitat. — L'oronge croît dans les bois, surtout dans ceux de pins, à la fin de l'été et en automne. La fausse oronge est commune dans les bois, en cette dernière saison. L'amanite vénéneuse croît solitaire dans les endroits humides et ombragés des bois, au printemps et à l'automne. Aucune espèce d'amanite n'a été jusqu'à ce jour soumise à la culture.

Parties usitées. — Le pédoncule et le chapeau.

Récolte. — On assure que la fausse oronge est d'autant plus active qu'elle est plus développée.

Composition chimique. — La Fausse oronge doit ses propriétés toxiques à la *muscarine.* On a extrait aussi de cette amanite un autre principe dépourvu de toute action toxique, auquel on a donné le nom d'*amanitine*.

Usages. — La fausse oronge a été seule employée en médecine. Elle est, avec l'agaric bulbeux, la cause des cinq sixièmes des empoisonnements. On confond la première avec l'oronge vraie et la seconde avec l'agaric comestible. Aussi croyons-nous utile de résumer ici les caractères distinctifs de ces deux champignons :

| CARACTÈRES. | ORONGE VRAIE. | ORONGE FAUSSE. |
| --- | --- | --- |
| Volva.............. | Recouvre complétement le champignon dans sa jeunesse, ce qui lui donne de la ressemblance avec un œuf. | Recouvre incomplétement le champignon. |
| Chapeau............ | Sans verrues blanches. | Avec des verrues blanches. |
| Couleur............ | Jaune orangé. | Rouge écarlate ou rouge orangé vif. |
| Feuillets et pédoncule.. | Jaune tendre, beurre frais. | Blanc mat. |

Le climat paraît modifier sensiblement les propriétés de la fausse oronge. Les Russes, il est vrai, n'en font pas toujours usage impunément, comme le prouve la mort de la veuve du czar Alexis, qui mourut pour en avoir mangé. Loësel (*Flora prussica*) rapporte le fait de l'empoisonnement de six Lithuaniens par la fausse oronge. Cependant les habitants du Kamtschatka la mangent pour se procurer un état d'ivresse agréable, mais qui peut aller jusqu'au délire furieux.

Il résulte des recherches les plus récentes, que l'amanitine est inoffensive, et que l'action toxique des Amanites est due à un alcaloïde, la *muscarine*. Cette substance produit, comme l'amanite elle-même, l'arrêt du cœur en diastole par suite, d'après Alism, de la surexcitation des extrémités cardiaques du nerf vague coïncidant avec une diminution d'activité des fibres sympathiques ; du côté de la respiration on constate une dypnée très-prononcée, puis l'asphyxie et la cyanose ; la température d'abord légèrement augmentée est ensuite fortement abaissée. L'atropine combat efficacement le ralentissement des mouvements cardiaques et la dypnée ; elle doit être employée comme contre-poison des champignons à la suite des vomitifs.

On a récemment préconisé un extrait d'amanite contre les sueurs nocturnes des phthisiques ; son action se fait sentir au bout de la troisième ou quatrième nuit.

L'oronge vraie est regardée avec juste raison comme un des champignons les plus délicats ; c'est avec les Bolets, l'aliment recherché du pauvre des campagnes. Mais, comme on confond facilement les champignons vénéneux avec les comestibles, il en résulte des empoisonnements.

Il y a encore quelques points douteux sur ce sujet; on a dit avec raison qu'il fallait en général se méfier des individus dont l'accroissement était rapide, qui venaient dans les endroits humides et sombres, qui avaient des tiges bulbeuses, qui présentaient un collier ou qui conservaient des fragments de volva sur le chapeau; enfin qu'il fallait regarder comme vénéneux ceux qui noircissaient l'argent, ceux qui avaient une chair coriace ou un tissu très-mou, qui avaient des couleurs éclatantes ou bigarrées, qui se coloraient au contact de l'air, et qui avaient une saveur âcre, brûlante, poivrée, etc.; mais ce sont là des caractères un peu vagues et souvent incertains; il faut toujours se méfier des champignons, et ne manger que ceux que l'on a vus crus, lorsqu'on a une connaissance pratique de ces végétaux.

# AMARANTE

(Voyez le *Supplément* du T. I.)

# AMARYLLIS

*Amaryllis Belladona* L. *Coburgia Belladona* Herb.
(Narcissées.)

L'Amaryllis Belladone est une plante vivace, bulbeuse, à bulbe allongé, très-gros, donnant naissance à des feuilles allongées, ligulées, canaliculées, glabres, toutes radicales, paraissant longtemps après les fleurs. Du centre de ce bulbe sort une hampe cylindrique, pleine, haute de $0^m,50$ à $0^m,70$, terminée par une ombelle de dix à douze fleurs, renfermée dans une spathe bivalve. Les fleurs sont grandes, campanulées, à tube très-court, penchées, odorantes; leur couleur, rose mêlé de blanc dans le type, devient plus foncée ou plus pâle, ou même passe au blanc pur dans les variétés. Le périanthe a un tube à six côtes saillantes, le limbe partagé en six lanières ondulées, étalées, dont trois plus courtes. Les étamines sont insérées au sommet du tube; le style, courbé; le stigmate, trilobé, frangé. Le fruit est une capsule, marquée de trois sillons.

Citons encore l'Amaryllis distique ou vénéneuse (*A. disticha* L..

*Buphane toxicaria* Herb.), dont la hampe se termine par une fausse ombelle de petites fleurs rose tendre, à divisions linéaires et réfléchies, paraissant longtemps avant les feuilles.

HABITAT. — Ces deux plantes habitent le cap de Bonne-Espérance, où elles croissent dans les sables arides.

Nous citerons encore : l'Amaryllis jaune (*A. lutea* L.), nommée aussi Faux-safran, Narcisse d'automne, qui croît dans le midi de la France; l'Amaryllis écarlate (*A. punicea* Lamk, *Lilium rubrum* Mérian, *A. dubia* L.), vulgairement Lis rouge, de l'Amérique; et l'Amaryllis du Japon ou de Guernesey (*A. sarniensis* L., *Hæmanthus sarniensis* Raeusch), appelée aussi Lis de Guernesey, Lis du Japon.

CULTURE. — Les amaryllis ne sont guère cultivées que dans les jardins botaniques ou d'ornement. Elles supportent assez bien la pleine terre sous le climat de Paris, à la condition d'être placées à une exposition très-chaude et abritées durant l'hiver. Elles demandent une terre franche, légère, chaude, riche en humus, et renouvelée tous les trois ou quatre ans. On les multiplie par caïeux, que l'on enlève au commencement de l'automne, ou aussitôt après la floraison, pour les replanter immédiatement.

PARTIES USITÉES. — Les bulbes, les feuilles.

RÉCOLTE. — Les bulbes sont récoltés à l'automne; les feuilles, au moment de leur parfait développement.

COMPOSITION CHIMIQUE. — Les bulbes des amaryllis sont âcres; ils contiennent une huile essentielle irritante, et leur suc est souvent vénéneux. Les fleurs renferment des huiles essentielles à odeur suave, que l'on peut extraire par l'éther ou par le sulfure de carbone. Le bulbe de l'amaryllis distique, coupé en travers, laisse échapper un suc qui se concrète en une masse ayant l'aspect de la gomme.

USAGES. — Au cap de Bonne-Espérance, l'amaryllis distique est désignée sous le nom de *Poison enragé*, et ses feuilles sont un poison violent pour les bêtes à cornes, qui cependant paraissent les manger avec plaisir. Les Hottentots trempent leurs flèches dans le suc de son bulbe, et les animaux qui en sont blessés font de violents efforts pour vomir, et meurent le lendemain, ce qui n'empêche pas leur chair d'être bonne à manger. Le bulbe de l'amaryllis écarlate (*A. punicca*) donne la mort en trois heures, en enflammant l'estomac. D'ailleurs, il paraît que, par la coction, ces oignons perdent leurs propriétés toxiques, soit que le poison, de nature volatile, se dissipe par l'ébullition dans l'eau, soit que le principe âcre, soluble, se dissolve; c'est là, d'ailleurs, un fait commun à beaucoup d'autres plantes. Thunberg signale comme vénéneux les bulbes de l'amaryllis du Japon.

L'amaryllis jaune (*A. lutea*), a été autrefois désignée sous le nom de *Faux-safran* à cause de sa petite stature et de la couleur jaune de sa fleur; elle fleurit en automne comme le safran officinal (*Crocus sativus*); mais le safran du commerce est produit par les styles de cette dernière plante, qu'il serait toujours facile de distinguer des sépales de l'amaryllis, qui sont planes, au cas où ce mélange frauduleux serait opéré; ce qu'on n'oserait plus guère aujourd'hui. La racine de l'amaryllis jaune est un purgatif peu usité aujourd'hui. Elle a passé pour l'*Hermodacte vrai*, racine qui a été aussi attribuée à l'*Iris tuberosa* et par le plus grand nombre au *Colchicum illyricum*.

## AMBROISIE

Chénopodium ambrosioïdes L. (*Ambrina ambrosioïdes* Spach.)
(Chénopodiacées.)

L'Ambroisie ou Thé du Mexique, espèce du genre Ansérine, est une plante annuelle, à racine oblongue, fibreuse. Sa tige, haute de $0^m,35$ à $0^m,65$, dressée, verdâtre, cannelée, se divise en rameaux chargés d'un duvet court, peu abondant, d'un aspect pulvérulent; ils vont en diminuant de longueur de la base au sommet de la plante. Les feuilles sont alternes, lancéolées, pointues aux deux bouts, dentées, sessiles, minces, pulvérulentes et d'un vert clair à la face supérieure; celles du sommet sont étroites, linéaires, lancéolées et entières. Les fleurs, verdâtres, sont réunies en petits glomérules denses, groupés eux-mêmes en épis dont la réunion constitue une grande inflorescence feuillée terminale. Le fruit est petit, luisant, lisse, à bords obtus.

Habitat. — Cette plante est originaire du Mexique; mais depuis longtemps elle est cultivée et naturalisée en Portugal et sur quelques points du midi de l'Europe.

Culture. — L'ambroisie du Mexique est cultivée en pleine terre jusque sous le climat de Paris. Elle est admise dans les jardins d'agrément, moins pour son aspect que pour son odeur agréable. Elle demande une exposition chaude, une terre légère et substantielle. On la sème sur couche au printemps, et, dès que les jeunes plants sont assez forts, on les repique en place. Si l'on voulait la cultiver en grand, pour les usages économiques ou médicaux, on pourrait se contenter de répandre ses graines, au printemps, dans une plate-bande de bonne terre. Sous les climats tempérés, la graine mûrit en automne, se dissémine immédiatement, et la plante se propage ainsi d'elle-même et sans aucun soin.

PARTIES USITÉES. — Les feuilles, les sommités fleuries, les fruits.

RÉCOLTE. — La récolte des feuilles se fait pendant la floraison; on les sèche à l'ombre; le commerce les fournit souvent pulvérisées. On doit choisir la poudre verte et d'une odeur fort agréable; on doit la préserver de l'humidité, qui lui enlève toutes ses propriétés.

COMPOSITION CHIMIQUE. — Elle contient une huile essentielle. Kley en a publié une analyse incomplète dans laquelle il a signalé une huile essentielle, du gluten, de la *phyteumacolle* et des sels (*Bull. des Scienc. méd. de Férussac*, XII, 255).

USAGES. — Crantz a nommé l'ambroisie du Mexique *Atriplex ambrosioïdes;* Linné l'appelait *ambroisioïde;* elle porte aussi le nom d'*herbe de Sainte-Marie.* Il ne faut pas la confondre avec l'*ambroisie d'Italie*, espèce d'armoise qui croît dans les sables sur les bords de la mer en Italie et dans le Levant.

Dans le midi de la France on prépare avec l'ambroisie du Mexique fraîche une liqueur de table dédiée à M. Moquin-Tandon, et que l'on nomme *moquine;* on l'obtient en plongeant pendant quelques minutes les sommités fleuries de la plante dans de bonne eau-de-vie, on filtre et on sucre à volonté.

F. Franck considérait l'ambroisie comme excitante, anti-spasmomodique, emménagogue et béchique; il l'employait contre les affections nerveuses et surtout la chorée; Plenck la regardait comme un remède souverain contre cette névrose; il l'associait à la menthe poivrée unie au quinquina, M. Mick, médecin du grand hôpital de Vienne, l'administrait contre cette maladie; MM. Rillet et Barthez disent l'avoir employée dans les mêmes cas avec succès, à la dose de 4 grammes en infusion dans 500 grammes d'eau; les semences (fruits) sont regardées généralement comme anthelminthiques; mais c'est surtout le *C. anthelminthicum* qui a été employé pour combattre les vers.

L'infusion d'ambroisie du Mexique a été employée contre les catarrhes chroniques, la coqueluche, l'asthme humide, etc.; elle n'agit pas mieux dans ces cas que les autres plantes aromatiques;

il est certain que cette infusion réveille la sensibilité nerveuse. Le genre *Chenopodium* comprend des plantes qui diffèrent beaucoup par leurs propriétés, tandis que les *C. album* L., *bonushenricus* L., *quinoa* W., *scoparia* L., etc., peuvent être mangés, le *C. hybridum* L. est vénéneux, et à côté de l'odeur aromatique des *C. ambrosioïdes* et *botrys,* on trouve le *C. vulvaria* L., qui répand, quand on le froisse, une odeur de marée des plus infectes.

## AMENDOIRANA

(Voyez le *Supplément* du T. 1.)

## AMMI

*Ammi Capticum* L. (*Ptychotis Ajowan* DC.).
(Ombellifères-Amminées.)

L'Ammi coptique ou Ajowan (*Ajvan* ou *Omam* des Indiens) est une herbe annuelle, dressée, haute de $0^m,30$ à $0^m,90$, ramifiée, à branches lisses, légèrement striées. Les feuilles sont épaisses ; les inférieures surdécomposées, les supérieures moins subdivisées, toutes à divisions extrêmes filiformes. Les fleurs sont petites, blanches, en ombelles terminales composées, à 6-8 rayons inégaux, entourées d'un involucre à 5-8 bractées linéaires, inégales. Les sépales sont presque nuls. Les pétales sont sillonnés sur la face dorsale, creusés en carène, terminés par une pointe involutée. Les fruits sont didymes, comprimés, ovales, tuberculeux, avec cinq côtes scabres sur chaque méricarpe.

L'*Ammi majus* L. se distingue par des fruits dépourvus de tubercules. L'*A. glaucifolium* L. n'en est peut-être qu'une variété.

L'Ammi visnage (*A. Visnaga* Lam., *Daucus Visnaga* L.), vulgairement *herbe aux cure-dents,* est une espèce annuelle, caractérisée par ses feuilles bipennatiséquées, toutes à divisions linéaires.

Habitat. — L'Ajowan est cultivé en Égypte, en Perse et surtout dans l'Inde. L'Ammi majeur habite la France et le midi de l'Europe ; il se trouve dans les champs stériles, les blés et les vignes. L'Ammi à feuilles glauques fréquente surtout les champs, les coteaux pierreux et secs, les friches, les prairies. L'Ammi visnage est propre aux pâturages de l'Europe méridionale.

CULTURE. — L'Ajowan ne croît pas dans notre pays. L'Ammi majeur, qui est peu cultivé en Europe et peu utilisé, demande une exposition chaude et un sol léger. Les graines doivent être semées en place, aussitôt après la maturité, ou au plus tard au printemps suivant. On repique rarement les jeunes plants. Les deux autres espèces se cultivent de même; toutefois la dernière est un peu plus délicate.

PARTIES USITÉES. — Les fruits.

RÉCOLTE. — On récolte les fruits de l'ammi à leur maturité, avant la séparation des méricarpes; on les fait dessécher à l'ombre dans un endroit sec; une température élevée leur ferait perdre la plus grande partie de leurs propriétés.

COMPOSITION CHIMIQUE. — Les fruits de l'Ajowan doivent leurs propriétés à une huile essentielle contenue dans des canaux sécréteurs qui alternent avec les côtes et qui atteignent parfois jusqu'à 200 millièmes de millimètre de largeur. Le liquide de ces canaux est formé d'une huile essentielle à odeur aromatique, agréable, et d'un stéaroptène cristallisable, identique au *Thymol,* $C^{10} H^{14} O$, qu'on retire du Thym et qu'on a trouvé dans un certain nombre d'Ombellifères. Dans les boutiques de certaines localités de l'Inde, on vend ce stéaroptène sous le nom de d'*Ajwain kaphul* ou *fleurs d'Ajwain.*

USAGES. — Sous le nom d'*ammi officinal* on a de tout temps employé en médecine un fruit d'ombellifère très-petit, âcre et aromatique, dont l'origine a été beaucoup controversée. On ne peut pas admettre que l'ammi officinal des anciens soit l'*Ammi majus,* car le fruit de ce dernier est inodore et sa saveur est peu aromatique, âcre et amère. Tout permet de supposer que l'ammi officinal a toujours été fourni par l'*Ammi copticum* DC., et que c'est lui qu'il faut voir dans l'*Ammi odore Origani* de Bauhin et d'Anguillara, dans l'*Ammi perpusillum* de Lobel et de Dalechamp. Dans l'Inde, les fruits de l'*Ammi copticum* sont très-employés comme condiments. Leur eau distillée figure dans la Pharmacopée de l'Inde comme carminative et excitante, et comme véhicule des médicaments nauséeux. L'huile volatile ressemble beaucoup à celle du Thym et peut lui être substituée.

Quant au fruit de l'*Ammi majus* L., ou *Ammi inodore,* il est peu usité; il est plus cylindrique, et il présente deux styles divergents qui le font ressembler à un petit coléoptère ; sa saveur est peu aromatique, âcre et amère.

Les fruits d'ammi de Crète et de Candie sont attribués au *sison ammi* L. Quant à l'*Ammi verum*, à l'*A. vulgare*, à l'*A. veterum*, ce sont des synonymes de l'ammi vrai.

L'ammi entre dans la thériaque ; c'est une des *quatre semences chaudes mineures ;* il est réputé surtout comme carminatif et stomachique. Matthiole et Freitagius le recommandaient contre la stérilité des femmes, et Simon Pauli vantait son efficacité contre la leucorrhée.

Il est inutile d'ajouter que de toutes ces propriétés la seule véritablement incontestable est celle qu'a cette plante, comme la plupart des ombellifères, de déterminer une excitation générale des muqueuses et du sytème nerveux.

# ANACARDE

*Anacardium occidentale* L. (*Cassuvium pomiferum* Lam.).
(Térébinthacées-Anacardiées.)

L'Anacarde d'Occident, appelé aussi *Acajou à pommes, Pommier d'acajou,* mais qui n'a rien de commun avec le végétal qui fournit le bois d'acajou, est un petit arbre à racine pivotante, brun-rougeâtre, chevelue. La tige, haute de 6 à 7 mètres, noueuse, tortueuse, couverte d'une écorce grisâtre, porte des feuilles simples, ovales, larges, fermes, obtuses et échancrées au sommet, croissant par bouquets à l'extrémité des branches. Les fleurs, petites et blanchâtres, accompagnées de nombreuses bractées, sont disposées en panicules terminales. Elles présentent un calice à cinq divisions profondes et aiguës ; une corolle deux fois plus large que le calice, à cinq pétales lancéolés-linéaires ; dix étamines, dont une un peu plus longue ; un ovaire arrondi, surmonté d'un style terminé par un stigmate simple. Le fruit est une noix en forme de rein, à enveloppe dure, coriace, lisse, grisâtre, renfermant une amande blanche, suspendu à un énorme pédoncule charnu, spongieux, ovoïde, de la forme et de la grosseur d'une poire moyenne. Ce pédoncule est appelé *pomme d'acajou,* et le fruit, *noix d'acajou* (Pl. 11).

Cette espèce présente plusieurs variétés, suivant que le pédoncule est rouge ou blanc, arrondi ou mamelonné.

L'anacarde d'Orient (*A. orientale* L., *Semecarpus* Lam.) diffère surtout du précédent par son fruit en forme de cœur.

Habitat. — L'anacarde d'Occident croît aux Antilles et dans les régions centrales de l'Amérique. L'anacarde d'Orient est propre à l'Asie tropicale.

Culture. — L'anacarde d'Occident est assez communément cultivé en Amérique. Chez nous, on ne le trouve qu'en serre chaude ; encore même les difficultés que présente sa culture font-elles qu'il y est peu répandu.

Parties usitées. — Le réceptacle ou pédoncule charnu que l'on mange, le fruit.

Récolte. — La pomme et le fruit se récoltent à leur maturité.

Composition chimique. — La pomme d'acajou, qui est très-succulente, renferme du sucre et très-probablement des acides organiques. Dans le fruit il faut distinguer deux choses : 1° sous la première enveloppe coriace on trouve des alvéoles renfermant un suc huileux, visqueux, âcre, caustique, noirâtre ; 2° à l'intérieur, ces alvéoles sont bornées par une seconde membrane au-dessous de laquelle on trouve une amande réniforme, blanche, douce, bonne à manger ; elle renferme de l'huile et est recouverte par une pellicule rougeâtre. Il est extrêmement important pour le médecin de distinguer ces deux parties, puisque l'une est une substance corrosive, et que l'autre est bonne à manger ; nous leur donnerons les noms d'*huile d'anacarde* et d'*amande d'anacarde*.

M. Staedeler a extrait du péricarpe des noix d'acajou un principe qu'il a nommé *acide anacardique* $C^{44} H^{60} O^5$ ; masse blanche, cristalline, insoluble dans l'eau, soluble dans l'alcool et l'éther.

Usages. — L'huile d'anacarde a été employée comme caustique pour ronger les verrues, les excroissances, les bourgeons charnus, pour aviver les ulcères chroniques, contre les dartres, etc. ; on l'a employée comme rubéfiante et vésicante à la manière de l'huile de croton. Le suc blanchâtre qui s'écoule de l'écorce est également rubéfiant et provoque une éruption cutanée très-forte, suivie parfois de petites ulcérations. L'écorce est employée depuis quelque temps en Europe, en macérations, dans le traitement du diabète sucré, sous le nom d'*écorce de Caju*.

La pomme a une saveur aigrelette et vineuse ; on la prépare en compote ; le suc fermenté donne une bonne liqueur vineuse, une eau-de-vie estimée et un assez bon vinaigre.

L'amande est très-bonne à manger, crue ou rôtie sous la cendre ;

on en prépare une sorte de cholocat. On a prétendu que l'huile qu'elle fournit par expression était un bon vermifuge, ce qui n'est pas exact.

L'anacardier a été considéré comme l'arbre de la science du bien et du mal dont parle la Genèse.

L'huile d'anacarde a été employée à faire de l'encre ; mêlée à la chaux, on s'en est servi pour marquer le linge.

On obtient par incision de l'anacardier une gomme assez abondante dans le commerce ; elle est en larmes longues, jaunes, dures, à cassure vitreuse, ayant l'aspect du succin ; elle se gonfle dans la bouche et se dissout en partie dans l'eau ; elle paraît formée de bassorine et d'arabine ; elle sert à lustrer les meubles ; elle pourrait, dans certains cas, remplacer la gomme arabique.

L'anacarde oriental est celui qui le premier a reçu ce nom à cause de la forme de son fruit qui est bien celle d'un cœur ; le fruit est disposé comme celui de la noix d'acajou, et la matière huileuse y est plus abondante ; mais il paraît moins dangereux pris à l'intérieur, et il a été prescrit comme purgatif ; l'enveloppe ou épicarpe, au lieu d'être dur et corné, est simplement coriace et élastique, ce qui permet de distinguer les deux espèces.

## ANAGALLIS

*Anagallis arvensis* L.
(Primulacées-Primulées.)

L'Anagallis des champs (*A. arvensis* L., *A. phœnicea* et *cærulea* Lam.), vulgairement appelé *Mouron mâle* ou *des champs*, *M. bleu* et *M. rouge*, est une plante annuelle, à racines petites, tortueuses ; à tiges de 0$^m$,10 à 0$^m$,30, grêles, carrées, glabres, étalées ou ascendantes, diffuses et très-rameuses dès la base, à rameaux un peu redressés. Les feuilles sont opposées, sessiles, presque embrassantes, ovales ou oblongues, pointues, glabres, d'un vert terne, marquées de points glanduleux à la face inférieure. Les fleurs, portées sur de longs pédoncules solitaires à l'aisselle des feuilles, et réfléchis après la floraison, présentent un calice à cinq divisions profondes, lancéolées, aiguës, à bords membraneux ; une corolle rotacée, rouge, rose, blanche ou bleue, à cinq divisions arrondies, entières ou un peu crénelées, glabres ou ciliées et glanduleuses sur leurs bords. Le fruit est une capsule (*pyxide*) dont le sommet s'ouvre circulairement par un opercule, et dont la base est entourée par le calice persistant. Il renferme des graines petites et nombreuses.

Cette plante présente deux variétés bien distinctes, que plusieurs auteurs ont élevées au rang d'espèces :

1° *A. phœnicea* Lam., vulgairement *Mouron rouge*, à fleurs rouges, plus rarement roses ou blanches;

2° *A. cœrulea* Schreb., vulgairement *Mouron bleu*, à fleurs d'un beau bleu, quelquefois à gorge rougeâtre.

Habitat. — L'anagallis des champs habite l'Europe, et se trouve dans les lieux cultivés, les vignes, les champs en friche. Il fleurit tout l'été et une partie de l'automne.

Culture. — Cette plante, se trouvant très-abondamment à l'état sauvage, n'est cultivée que dans les jardins botaniques.

Parties usitées. — Toute la plante.

Récoltes. — On recueille la plante en l'arrachant, après avoir séparé la terre des racines.

Composition chimique. — L'analyse de cette plante n'a pas été faite, on sait seulement que c'est un poison violent, classé parmi les narcotico-âcres. Lorsqu'on la mâche, elle a d'abord une saveur douce qui devient bientôt âcre et amère.

Usages. — Du temps de Dioscoride, le mouron des champs avait la réputation d'être utile contre les venins; il le conseillait pour combattre celui de la vipère (*lib.* II, c. 209). En l'an 97 de notre ère, Ruphus d'Éphèse le vanta contre la rage, et les médicastres de nos jours l'emploient encore avec le même insuccès, malgré les assertions de Tragus, de Bruch, de Kaempf, de Ravenstein, de Schrader, etc.; on appliquait le suc topiquement; en Russie on l'emploie encore, malgré les déceptions nombreuses qu'on a éprouvées à son sujet.

Les auteurs anciens le préconisaient comme calmant et adoucissant, ce qui est peu d'accord avec les faits observés; car, à faible dose, il produit des superpurgations. Un charlatan de nos jours a préparé avec le mouron un sirop au moyen duquel il prétend guérir les convulsions des enfants; il réussit comme le faisait Simon Pauli, qui employait ce suc contre le cancer et la goutte, et comme Miller guérissait la phthisie et la manie.

Pour joindre l'absurde au ridicule, on employait le mouron

rouge *bouilli dans de l'urine*; on appliquait ce cataplasme sur les engorgements goutteux, le suc servait à traiter les vieux ulcères, il est encore employé dans ce but en Alsace.

Hartmann prétendait guérir la manie en administrant un vomitif antimonial, et donnant ensuite pendant plusieurs jours la décoction de mouron rouge; et Chomel paraît croire à la guérison des maniaques, des épileptiques qui avaient pris du mouron rouge.

Le mouron rouge, avons-nous dit, est un poison violent, ses graines tuent rapidement les oiseaux qui en mangent; on ne peut expliquer ce que dit Lieutaud (*Précis de mat. méd.*, t. I, pag. 579), qui conseille la décoction dans les proportions d'une poignée pour un litre d'eau, qu'en admettant que l'on avait confondu le mouron des oiseaux ou morgeline avec le mouron rouge.

D'ailleurs, peu de médecins aujourd'hui prescrivent l'anagallide; elle n'est guère employée que par des paysans ignorants, qui en font usage par tradition, et qui fort souvent sont les victimes des croyances populaires.

Le mouron d'eau ou mouron aquatique, *Samole, Anagallis aquatica folio rotundo, non crenato*, ou *Samolus Valerandi* J. B., n'a aucun rapport avec l'anagallide. Il est probable que cette plante mystérieuse dont parle Pline, et que Valmont de Bomare dit pouvoir être mangée en salade, est la *Veronica beccabunga*.

## ANAGYRIS

*Anagyris fœtida* L.
(Légumineuses–Podalyriées.)

L'Anagyris fétide, vulgairement appelé Bois puant, est un arbrisseau à tige droite, haute de 2 à 3 mètres, rameuse, couverte d'une écorce vert brunâtre; ses feuilles sont alternes, pétiolées, trifoliées, à folioles ovales-lancéolées, obtuses ou un peu aiguës et mucronées, entières, sessiles, verdâtres en dessus, blanchâtres en dessous; elles sont accompagnées de deux stipules soudées en une seule, qui est opposée à la feuille et terminée par deux dents. Les fleurs forment de petites grappes latérales et axillaires, feuillées à la base. Le pédicelle égale en longueur le calice, qui est campanulé, à cinq dents et couvert de poils appliqués. La corolle est papilionacée, d'un jaune pâle, deux fois plus longue que le calice; l'étendard est court, arrondi,

plié sur lui-même et maculé de noir; les ailes oblongues, obtuses;
la carène droite, obtuse, à pétales libres, deux fois plus longs que
l'étendard et dépassant un peu les ailes. Les dix étamines sont libres,
le style droit et filiforme. Le fruit est une gousse oblongue, linéaire,
bivalve, pendante, fauve, à bords ondulés, renfermant quatre à huit
graines réniformes, violettes.

HABITAT. — Cet arbrisseau habite le midi de la France, l'Espagne,
l'Italie, la Sicile, etc. Il croît dans les lieux montueux, sur les coteaux
arides et pierreux exposés au soleil.

CULTURE. — L'anagyris fétide vient mal en pleine terre sous le
climat de Paris; il est d'ailleurs peu cultivé dans les jardins, malgré
la beauté de son feuillage, à cause de son odeur désagréable. On le
multiplie de graines qu'on sème au printemps, en pleine terre, et
mieux sur couche et sous châssis, à une bonne exposition. Le jeune
plant, repiqué au bout d'un an, peut être planté à demeure à la quatrième ou à la cinquième année.

PARTIES USITÉES. — Les feuilles et les semences.

RÉCOLTE. — Les feuilles doivent être récoltées au moment de la
floraison, les semences avant la maturité des fruits, c'est-à-dire avant
la déhiscence.

COMPOSITION CHIMIQUE. — L'analyse chimique de cette plante n'a
pas été faite; on ne sait donc pas si l'odeur repoussante qu'elle
exhale est due à une résine ou à une huile essentielle; il est certain
que toutes les parties de la plante participent de cette odeur; mais
elle est surtout accumulée sur l'écorce, qui devient infecte lorsqu'on
la froisse. On a prétendu que le lait des brebis ou des chèvres, qui,
pressées par la faim, avaient brouté cette plante, avait déterminé des
vomissements violents.

USAGES. — Les anciens, surtout Dioscoride et Pline, et plus tard
Peyrilh, ont parlé de l'anagyre comme d'une plante très-énergique
qui provoquait des vomissements. Chaumeton conseille aux praticiens de l'expérimenter avec précaution, et il croit qu'elle pourra
rendre des services à la thérapeutique; il dit avec raison que c'est
parmi les végétaux suspects ou très-actifs qu'il faut chercher les remèdes héroïques. Bien que Loiseleur-Deslonchamps ait constaté les
propriétés purgatives des feuilles à la dose de 8 à 15 grammes, et
quoique Wauters et Biett l'aient considérée comme un excellent succédané du séné, l'anagyre fétide est tout à fait abandonné aujourd'hui.

L'anagyre doit son nom de bois puant à l'odeur qu'il exhale. Belon (*Singularités*, etc., p. 41) dit qu'à l'île de Crète, cette odeur est si désagréable, à cause de l'abondance de la plante, qu'elle en fait mal à la tête.

Les anciens considéraient encore l'anagyre comme emménagogue. Les auteurs grecs regardaient les feuilles pilées comme répercussives des tumeurs sur lesquelles on les appliquait.

D'après M. Préfontaine, les habitants de Cayenne donnent le nom de *bois puant* ou *vakalou* des Caraïbes à un arbre qui n'a aucun rapport avec la plante précédente, puisqu'on se sert de son bois pour faire des cercles de barrique; ce qui indique un arbre, tandis que l'anagyre est un arbrisseau.


## ANANAS

*Ananassa vulgaris* Lindl. *Bromelia ananas* L.
(Broméliacées.)

L'ananas est une plante vivace, à racines fibreuses, allongées, cylindriques; à tige très-courte et presque nulle (*plateau*) portant des feuilles roides, divergentes, d'un vert glauque, longues de 0$^m$,30 à 1$^m$, larges de 0$^m$,05 à 1$^m$,08, creusées en gouttière, bordées de dents roides, épineuses. La hampe qui s'élève du milieu de ces feuilles est cylindrique, épaisse, charnue, haute de 0$^m$,35 à 0$^m$,65, et se termine par un épi ovoïde et serré de fleurs violacées, sessiles sur un axe épaissi et charnu, et à ovaire infère. Cet épi est surmonté d'une *couronne* de feuilles semblables à celles de la tige, mais plus petites. Le fruit est un strobile ou sorte de cône charnu, formé par la réunion et la soudure intime de toutes les fleurs.

Habitat. — Originaire des Antilles et de l'Amérique du Sud, l'ananas se trouve aussi aux Indes et en Afrique. On le cultive dans les jardins maraîchers, et seulement chez les primeuristes.

Parties usitées. — Les fruits, les feuilles.

Récolte. — Le fruit de l'ananas est un fruit synanthocarpé, c'est-à-dire qu'il résulte de la soudure de plusieurs fruits appartenant à des fleurs distinctes voisines les unes des autres, réunies par l'accolement des enveloppes florales devenues charnues; on les récolte à leur maturité, c'est-à-dire lorsqu'ils ont pris une teinte jaune et une saveur sucrée. On vend sur les marchés de Londres et depuis quelque temps

à Paris des ananas venant d'Amérique, qui se conservent très-longtemps.

COMPOSITION CHIMIQUE. — Les fruits de l'ananas, avant leur maturité, sont âcres et accerbes et même dangereux d'après Pison ; à la maturité ils renferment du sucre analogue à celui fourni par la canne
et la betterave $C^{12} H^{22} O^{11}$. On y trouve des acides malique, citrique et tartrique, associés à une matière mucilagineuse nommée *gé-
line* et à un principe aromatique très-suave, qui participe à la fois de
la pêche et de la pomme reinette.

Les feuilles de l'ananas, de même que celles de toutes les plantes
de la même famille, sont riches en matières fibreuses, très-résis-
tantes, et dont on pourrait tirer un très-grand profit si l'exploitation
en était mieux faite ; l'abondance des broméliacées dans toute
l'Amérique, et plus spécialement au Mexique, permettrait une exploitation fructueuse, aujourd'hui surtout que la pénurie des matières textiles se fait généralement sentir, soit qu'on les considère au
point de vue de la confection des tissus, soit qu'on les applique à celle
du papier, les moyens d'exploitation et surtout de transport manquent ;
mais on pourrait obvier à ces inconvénients en isolant la matière fibreuse sur place, et en les transportant en Europe, où elles seraient
soumises aux procédés ordinaires d'épuration et de blanchiment auxu-
quels elles se prêtent parfaitement.

USAGES. — C'est surtout comme aliment de luxe que les fruits de
l'ananas sont recherchés ; on les mange au dessert, accommodés avec
du sucre, du vin d'Espagne ou de l'eau-de-vie, du rhum ou du *rac* ;
c'est un rafraîchissant très-précieux dans les pays chauds ; on lui reproche, lorsqu'on en fait abus, de produire la diarrhée et même la
dyssenterie avec fièvre, mais ce reproche peut être adressé également
à tous nos fruits d'Europe.

On fait avec l'ananas et le sucre une marmelade d'un goût très-
agréable, et qui se conserve bien si on a eu le soin de la faire cuire
suffisamment ; sans cette précaution elle moisit bientôt, car ces fruits
ne sont pas assez riches en principes pectineux pour donner à ces
conserves la consistance de gelée.

Une autre manière de conserver les tranches d'ananas consiste à
les mettre dans un flacon à large ouverture, à les recouvrir avec du
sirop cuit à 25° froid, à boucher hermétiquement le flacon et à le
chauffer dans de l'eau jusqu'à l'ébullition, par le procédé d'Appert,

dans le but d'expulser l'air du vase, et de tuer les spores divers qui par leur développement produiraient la fermentation alcoolique : d'ailleurs la conservation serait facilitée si on ajoutait au sirop une certaine quantité d'eau-de-vie, et si même on les plaçait dans de l'eau-de-vie pure, mais alors les fruits perdent une grande partie de leur arome.

Enfin on prépare avec le suc de l'ananas par fermentation un vin assez agréable, mais d'une conservation très-difficile, malgré la précaution que l'on recommande de le couvrir d'une couche d'huile d'olive.

L'ananas a été recommandé contre la gravelle et les maladies de la vessie. Le suc exprimé fournit une limonade excellente; elle est considérée comme très-bonne, ainsi que l'ananas lui-même, contre la faiblesse d'estomac, les maladies des voies urinaires, l'ictère et l'hydropisie.

Dans quelques contrées tropicales, notamment en Nouvelle-Calédonie, on se livre depuis quelque temps à la culture de l'ananas, en vue de la fabrication d'une eau-de-vie qui est d'une saveur très-agréable.

## ANCHIETEA

(Voyez le *Supplément* du T. I.)

## ANCOLIE

*Aquilegia vulgaris* L.
(Renonculacées-Helléborées.)

L'Ancolie, appelée aussi *Aiglantine* ou *Columbine*, est une plante vivace, a racines blanchâtres, fibreuses. La tige, haute de 1 mètre à 1$^m$,30, droite, peu rameuse, feuillée, légèrement velue, porte des feuilles pétiolées, deux fois ternées, à folioles arrondies, incisées ou crénelées, d'un vert foncé en dessus, glauque en dessous; celles de la base sont grandes et longuement pétiolées; celles du milieu de la tige, plus petites, presque sessiles et simplement ternées ou trilobées. Les fleurs sont solitaires et pendantes à l'extrémité des rameaux; leur réunion forme une sorte de petite grappe lâche, terminale. Elles sont blanches, roses ou violettes, suivant les variétés. Le calice est à cinq sépales plans, colorés et étalés. La corolle est à cinq pétales creusés en cornet, dont l'extrémité est roulée en crosse. Le fruit se compose de cinq follicules membraneux, polyspermes (Pl. 12).

Le genre Ancolie renferme encore plus de trente espèces, parmi lesquelles on remarque les Ancolies visqueuse ( *A. viscosa* L. ) des Alpes (*A. alpina* L.), des Pyrénées (*A. pyrenaïca* D. C.), de Sibérie (*A. sibirica* L.), du Canada (*A. canadensis* L.), etc.

Habitat. — L'ancolie habite les contrées centrales et septentrionales de l'Europe et de l'Asie. Elle fréquente particulièrement les prés, les bois, les endroits montueux et découverts, la lisière des forêts, etc. Les autres espèces sont répandues dans la partie nord des deux continents.

Culture. — L'ancolie est cultivée dans tous les jardins. Elle vient dans tous les sols, excepté dans les fonds argileux et humides. On la propage surtout par le semis des graines, fait aussitôt après leur maturité ou mieux au printemps. On peut aussi la multiplier par la séparation des pieds, opérée aux mêmes époques.

Parties usitées. — Les racines, les feuilles rarement, les fleurs et les graines.

Récolte. — Les racines doivent être récoltées à l'automne; les feuilles avant la floraison; les fleurs sont cueillies à leur parfait état d'épanouissement; leur dessiccation exige de grands soins, car leur couleur s'altère facilement. Enfin les graines doivent être séchées dans les follicules récoltés avant leur déhiscence.

Composition chimique. — Les fleurs renferment une matière colorante bleue, plus sensible à l'action des alcalis et des acides que celle de la violette. D'après Fourcroy, les graines contiendraient un principe odorant très-suave, qu'il serait difficile de faire disparaître des mortiers dans lesquels on les a pilées; d'ailleurs ces graines sont âcres et mucilagineuses.

Usages. — L'Ancolie est tout à fait abandonnée par la médecine moderne, non sans raison, malgré ou peut-être à cause des nombreuses et merveilleuses vertus qui lui ont été attribuées par les anciens. On a raconté que les Espagnols mâchaient des fragments de sa souche pour se préserver de la pierre et du scorbut. On l'a autrefois préconisée et mise en usage, probablement sans succès, pour prévenir les sueurs des phthisiques. Tragus l'employait dans l'ictère. Généralement cette plante est considérée comme apéritive, diurétique, diaphorétique et anti-scorbutique. On lui a reconnu une vertu calmante, qui l'a fait employer contre la toux, dans les bronchites et la phthisie : c'est le sirop des fleurs dont on fait usage dans ces cas-là. Les graines, administrées en poudre, en infusion ou émulsion, à la dose de 4 à 8 grammes, on été regardées comme facilitant l'éruption varioleuse, celle de la rougeole et de la scarlatine. M. Cazin a eu l'occasion de vérifier l'exactitude de ce fait. On a aussi vanté l'ancolie contre les fièvres pétéchiales.

A l'extérieur, d'après Lieutaud, cette plante est employée comme vulnéraire, détersive et anti-putride; on s'en est servi en gargarismes anti-scorbutiques ou détersifs, en collutoire contre les ulcères scorbutiques; on a mêlé la teinture avec du miel et de l'esprit de nitre dulcifié (Schroeder).

L'oubli dans lequel l'ancolie est tombée peut être encore attribué à ce qu'elle a été regardée comme une plante suspecte : on s'est demandé si elle n'exercerait pas une action sur le cœur, comme le fait l'aconit. Ce que l'on a pu constater, c'est qu'elle a, comme cette dernière, une action diaphorétique et sudorifique, qui la fait employer avec succès comme dépurative dans les affections cutanées chroniques, et notamment contre les croûtes de lait : c'est l'émulsion de graines qu'on emploie dans ce cas-là, à la dose de 1 à 2 grammes.

Les vétérinaires font usage de l'ancolie pour faciliter la sortie du claveau.

Murray rapporte que, de la fleur d'ancolie et de la racine d'Iris, on a fait artificiellement du sirop de violettes; mais c'est surtout la fleur de mauve que l'on a employée pour cet usage.


# ANDA-AÇU

*Anda Gomesii* A. S. H. (*Johannesia princeps* Velloz.)
(Euphorbiacées-Crotonées.)

L'Anda ou *Anda-açu* est un arbre de grande taille. Toutes ses parties secrètent un suc laiteux.

Sa tige se divise, assez près de la base, en rameaux nombreux, gris-cendré, dirigés dans tous les sens; elle porte des feuilles persistantes, alternes, longuement pétiolées, divisées en cinq folioles longues de $0^m,10$ et plus, ovales-acuminées, très-entières, luisantes en dessus, plus ternes et à nervure médiane saillante en dessous. Les fleurs, longues de $0^m,10$ à $0^m,15$, couvertes en dehors d'un duvet roussâtre, sont réunies, à l'extrémité des rameaux, en une sorte de panicule qui porte des fleurs mâles et des fleurs femelles mêlées. Elles présentent un calice campanulé, à cinq dents, couvert extérieurement d'un duvet court et jaunâtre, comme pulvérulent; une corolle à cinq pétales deux ou trois fois plus longs que les lobes du calice, avec lesquels ils alternent, revêtus à l'extérieur d'un duvet semblable, presque lancéolés dans les fleurs mâles, plus arrondis dans les femelles. Le fruit, long de $0^m,06$ environ, présente la forme d'un sphéroïde à quatre angles mousses, à péricarpe charnu, se séparant à la maturité en quatre valves, et à noyau ligneux, à deux loges monospermes.

Habitat. — L'anda habite le Brésil; on le trouve surtout dans les sols sablonneux, au voisinage de la mer. Il fleurit en juillet et août.

Culture. — Ce bel arbre, qui se plaît dans des terrains où croissent peu d'autres végétaux, était autrefois cultivé en grand au Brésil, pour ses fruits oléagineux. Chez nous, on le trouve à peine dans quelques grands jardins botaniques; il ne peut croître qu'en serre chaude.

Parties usitées. — L'écorce et les semences.

Récolte. — Les fruits d'anda nous viennent du Brésil. On les conserve confits dans l'huile. Ils sont quelquefois, dans le commerce, mélangés avec d'autres fruits qui s'en rapprochent, mais qui néanmoins en diffèrent en ce qu'ils sont plus petits et en ce que l'épisperme se sépare en plusieurs couches; d'ailleurs, ils sont plus ronds et ressemblent à une petite muscade. L'amande de l'anda est blanche.

Composition chimique. — Lorsqu'on incise l'écorce d'anda, il en découle un liquide blanchâtre qui est considéré comme toxique. Les graines contiennent en abondance une huile fixe qui se rapproche beaucoup de celle du Ricin. M. Mello Olivera a extrait récemment des graines un principe spécial, auquel il a donné le nom de *joanésine;* il est peu soluble dans l'eau et dans l'alcool, insoluble dans le chloroforme, la benzine, le sulfure de carbone.

Usages. — Au Brésil les graines de l'Anda-açu sont employées comme purgatives; on en prend 1 à 2 pour déterminer chez l'adulte une bonne purgation; leur saveur est douceâtre, non désagréable. L'huile qu'on en extrait purge à la dose de 10 grammes, sans déterminer ni vomissements, ni coliques, ni aucun symptôme d'irritation intestinale. Avec cette dose, l'effet purgatif se manifeste au bout de deux ou trois heures et il se produit trois à quatre selles abondantes. Ces propriétés, bien étudiées pendant ces dernières années, doivent faire préférer l'huile d'anda-açu à l'huile de ricin, d'autant mieux que la première purge a une dose quatre ou cinq fois moindre et qu'elle n'a pas d'odeur désagréable.

Couty a étudié récemment les effets physilogiques de la *johanésine;* à la dose de 1 gramme elle ne produit aucun effet toxique, chez le chien, mais elle augmente les urines.

## ANDIRA

(Voyez le *Supplément* du T. I.)

## ANDROGRAPHIS

(Voyez le *Supplément* du T. I.)

## ANÉMONE

*Anemone coronaria* L.
(Renonculacées-Anémonées.)

L'Anémone des fleuristes est une plante vivace, à racine noueuse, irrégulière. Sa tige, très-courte, presque nulle, donne naissance à des feuilles dites *radicales,* dont le pétiole, ordinairement divisé en trois, porte des folioles ou segments plus ou moins découpés en divisions très-fines. Du centre de ces feuilles s'élève une hampe de $0^m,15$ à $0^m,30$, dressée et portant un peu au-dessous du sommet trois feuilles semblables à celles de la base, mais plus petites, presque sessiles et formant une sorte d'involucre. Au-dessus et à l'extrémité de la hampe naît une fleur solitaire, grande, bien ouverte, d'un beau rouge, à centre blanc jaunâtre (Pl. 13).

La culture a produit un grand nombre de variétés, à fleurs simples ou doubles, blanches, jaunes, violettes, bleues ou panachées.

Le genre Anémone fournit de nombreuses espèces : nous citerons particulièrement les Anémones des bois ou Sylvie (*A. nemorosa* L.), des prés (*A. pratensis* L.), sauvage (*A. sylvestris* L.), alpine (*A. Alpina* L.), à fleurs jaunes (*A. ranunculoïdes* L.), étoilée (*A. stellata* Lamk), à fleur bleue (*A. Apennina* L.), œil de paon (*A. pavonina* Lamk), ouverte (*A. patens* L., *A. longipetala* Schleich.) Voy. les mots HÉPATIQUE, t. II, p. 139, et PULSATILLES, t. III, p. 145.

HABITAT. — L'anémone des fleuristes est originaire du midi de l'Europe et de l'Asie Mineure ; elle habite surtout les collines et les lieux découverts. Les autres espèces habitent en général les régions montagneuses de l'hémisphère nord.

CULTURE. — Peu cultivées pour l'usage médical, les anémones sont essentiellement du domaine du jardinier fleuriste.

PARTIES USITÉES. — Les racines, les feuilles, les fleurs.

RÉCOLTE. — Toutes les anémones sont plus ou moins âcres ; elles perdent la presque totalité de leur principe actif par la dessiccation ; aussi ne les emploie-t-on qu'à l'état frais.

COMPOSITION CHIMIQUE. — Les Anémones doivent leurs propriétés à une substance toxique découverte par Heyer, qui lui a donné le nom d'*anémonine*, $C^{15}H^{12}O^6$ (?). C'est une substance neutre, inodore, cristallisable, peu soluble dans l'eau et dans l'éther, plus soluble dans l'alcool, surtout quand il est bouillant. Elle est soluble dans les alcalis qui la transforment en *acide anémonique*. Ce dernier se forme encore quand on fait bouillir l'anémonine dans l'eau de baryte. Schwarz suppose que l'eau distillée d'anémone contient une huile âcre qui, par oxydations successives, produit l'anémonine puis l'acide anémonique.

L'anémonine a une saveur âcre accompagnée de la sensation de piqûres et d'élancements ; ses cristaux fondus produisent sur la langue des taches blanches semblables à des escharres. Son action sur l'économie paraît être analogue à celle de l'aconitine, mais elle n'a pas été suffisamment étudiée.

USAGES. — Les anémones sont des poisons âcres et irritants qui, ingérés à petite dose, peuvent déterminer des accidents graves suivis de mort. Cet empoisonnement est combattu par les émollients et par une médication antiphlogistique.

L'eau distillée d'anémone sylvie est employée en parfumerie.

Les bestiaux qui broutent ces plantes vertes sont, dit-on, atteints de dyssenterie, et nous ne pouvons croire, comme on le prétend, que les chèvres et les moutons les mangent impunément. Les habitants du Kamtschatka emploient leur suc pour empoisonner leurs flèches.

A l'extérieur, les anémones appliquées sur la peau déterminent une vive irritation suivie bientôt de vésication ; pilée fraîche ou macérée dans du vinaigre, l'anémone sylvie est appliquée autour des poignets par les paysans contre les fièvres intermittentes, et on les emploie pour cautériser les cors aux pieds. Leur usage n'est pas sans danger.

En médecine vétérinaire, les feuilles pilées de diverses anémones ont été employées topiquement sur les vieux ulcères, en frictions, contre la gale des chiens, etc. C'est un vrai remède de cheval qu'on fera bien de bannir même de la médecine vétérinaire.

Nous parlerons plus loin de l'*A. pulsatilla*, la seule employée par les médecins homœopathes.


## ANETH

*Anethum graveolens* L.
(Ombellifères-Peucédanées.)

L'Aneth odorant, appelé aussi *Fenouil puant*, *Fenouil bâtard*, et quelquefois à tort *Cumin*, est une plante annuelle, à racine fusiforme, ramifiée, fibreuse et blanchâtre. La tige, haute de $0^m,40$ à $0^m,80$, est cylindrique, striée, glabre, glauque, peu rameuse, creuse à l'intérieur. Les feuilles, alternes, amplexicaules, d'un beau vert foncé, sont deux ou trois fois pennées et décomposées en segments linéaires subulés, très-nombreux, souvent bifurqués à leur sommet. Les fleurs, petites, jaunâtres, forment de larges ombelles terminales, dépourvues d'involucre et d'involucelles. Les pétales sont petits, égaux, entiers, à sommet pointu, recourbé en dedans. Les étamines, au nombre de cinq, sont plus longues que les pétales. Le fruit se compose de deux carpelles allongées, un peu comprimées, aplaties en dedans, ovales arrondies en dehors, et marquées chacune de cinq côtes longitudinales, d'un jaune pâle.

L'aneth des moissons (*A. segetum* L.) est aussi une espèce annuelle, très-voisine de la précédente, dont elle diffère surtout par son fruit ovale, moins comprimé, à rebord presque nul.

Habitat. — Originaire de l'Orient, l'aneth odorant est aujourd'hui répandu et naturalisé dans le midi de la France et de l'Europe; on le trouve dans les moissons et dans le voisinage des habitations; il y est subspontané et venu probablement des jardins. L'aneth des moissons habite surtout les champs cultivés.

Culture. — L'aneth est assez généralement cultivé en Orient et dans l'Europe méridionale, mais seulement comme plante condimentaire. Il demande une exposition chaude et une terre bien

meuble. Sa culture est très-simple ; il suffit de semer la graine aussitôt après la maturité, car les semis de printemps sont sujets à
manquer.

PARTIES USITÉES. — Les fruits, les feuilles et les sommités.

RÉCOLTE. — La récolte des fruits se fait au fur et à mesure de leur
maturité ; elle commence en août ; on les cueille, à mesure qu'ils
brunissent, par un temps sec et quand la rosée est dissipée ; on les
renferme dans un sac à l'abri de l'humidité, afin de conserver leur
arome. Les feuilles et les sommités sont récoltées au moment de la
floraison ; on les dispose en bouquets et en guirlandes, et on les fait
sécher dans un courant d'air, mais pas trop chaud.

COMPOSITION CHIMIQUE. — L'odeur aromatique agréable, analogue à celle du fenouil, qu'exhalent toutes les parties de la plante
est due à une oléo-résine contenue dans des canaux sécréteurs.
Les fruits sont particulièrement riches en cette huile. Elle est
formée par un mélange de deux hydrocarbures dextrogyres,
$C^{10}H^{16}$ et d'un *crvol*, $C^{10}H^{14}O$.

USAGES. — Les fruits de l'*A. graveolens* se distinguent par leur
forme aplatie qui les fait ressembler à une punaise ; ils sont jaune-
brunâtres, oblongs, avec des ailes membraneuses sur les bords, marqués de trois stries au milieu. Ils sont considérés comme carminatifs,
cordiaux et toniques. Dioscoride et Galien assurent qu'ils sont narcotiques, et Forestus les a recommandés contre les coliques, les vomissements biliaires, et surtout contre le hoquet ; Ray cite l'opinion de
Heurnius, qui administrait avec succès l'essence d'aneth à la dose
de quatre gouttes dans quinze grammes d'huile d'amandes douces
contre le hoquet, et Cullen affirme qu'en Angleterre les nourrices
n'ont d'autre remède contre les coliques des enfants : Dioscoride les
recommandait encore pour augmenter la sécrétion du lait des nourrices ; on les a employés contre la gastralgie et la débilité gastrique.
Les feuilles, à la dose de quinze grammes pour cinq cents grammes
d'eau bouillante, ont été employées en lavement comme carminatives ;
à l'extérieur, on s'en est servi sous la forme de cataplasmes, et en
fomentation comme résolutives.

Les fleurs font partie des quatre fleurs carminatives avec la camomille, le mélilot et la matricaire.

L'aneth sert de condiment dans plusieurs contrées, surtout chez
les Cosaques et dans quelques contrées de la Russie. Les anciens se

couronnaient d'aneth dans les festins; on attribuait aux fruits la propriété d'être nourrissants, aussi les gladiateurs les mêlaient-ils à tous leurs aliments.

Les fruits d'aneth nous viennent d'Italie, de Portugal et d'Espagne. On les a employés quelquefois en médecine vétérinaire contre les flatuosités et la météorisation des ruminants : ils entrent dans la composition de quelques liqueurs de table très-estimées.


# ANGÉLIQUE

*Angelica archangelica* L. *Archangelica officinalis* Hoffm.
(Ombellifères-Angélicées.)

L'Angélique officinale est une plante bisannuelle ou vivace, à racine forte, allongée, charnue, noirâtre, très-rameuse. La tige, haute de 1 mètre à 2 mètres, est épaisse, cylindrique, dressée, striée, glabre, très-rameuse, couverte d'une poussière glauque, creuse à l'intérieur. Ses feuilles sont alternes, très-grandes, à pétiole engainant, à limbe décomposé, deux ou trois fois ailé, à folioles ovales, lancéolées, aiguës, dentées. Les fleurs, d'un jaune verdâtre, forment de nombreuses ombelles terminales, très-grandes et globuleuses, entourées d'un involucre à trois ou cinq folioles linéaires, aiguës, qui avortent quelquefois en tout ou en partie. Les rayons de l'ombelle, très-nombreux et presque égaux, portent des ombellules, qu'entoure un involucelle formé de huit folioles linéaires, subulées. Le calice est court et strié; la corolle a cinq pétales lancéolés, recourbés en dedans. Le fruit est ovoïde, allongé, relevé de côtes saillantes et couronné par les deux styles persistants et presque horizontaux.

L'angélique sauvage (*A. sylvestris* L., *Imperatoria* D. C.) diffère de la précédente par sa taille moins élevée; sa tige teintée de pourpre, peu rameuse; ses feuilles plus petites, moins découpées et presque sessiles; ses fleurs blanches ou rosées; enfin sa racine plus blanche, moins épaisse, d'une odeur et d'une saveur bien plus faibles.

HABITAT. — L'angélique officinale habite les régions montagneuses de l'Europe centrale et méridionale; elle croît surtout dans les lieux boisés. L'angélique sauvage se trouve au bord des ruisseaux, des fossés humides, dans les prairies, les lieux ombragés, etc.

CULTURE. — L'angélique officinale est cultivée en grand, dans plusieurs localités, comme plante économique.

**Parties usitées.** — La racine, les tiges, les fruits ; rarement les feuilles.

**Récolte.** — La racine d'angélique doit être récoltée à la fin de la seconde année, ou plus tard lorsqu'elle est vivace. Elle nous vient de la Bohême, des Alpes et des Pyrénées. Elle présente une souche grosse avec des fibres nombreuses réunies en faisceau, grise, ridée, blanche à l'intérieur, d'une odeur agréable, d'une saveur chaude, âcre, persistante, amère et musquée ; elle est souvent piquée des vers : il faut alors la repousser.

Les tiges ne sont employées que fraîches, à la fin de la première et de la seconde année ; on emploie également les pétioles, on les confit après les avoir blanchis dans l'eau bouillante, dans un sirop de sucre bouillant, que l'on concentre graduellement, et on obtient ainsi l'*angélique confite*, dite de *Nevers* et de *Niort*.

Les fruits sont assez volumineux, ailés, blancs ou verdâtres ; riches en essence et en principe résineux balsamique.

Les feuilles perdent presque toutes leurs propriétés par la dessiccation.

**Composition chimique.** — L'angélique contient dans toutes ses parties une oléo-résine logée dans des canaux sécréteurs analogues à ceux de toutes les autres ombellifères. C'est ce mélange que Brandes et Buchols désignent sous le nom de *baume d'Angélique ;* c'est lui qui s'écoule quand on coupe la tige en travers ; sa couleur est brunâtre. On en extrait une substance résineuse, l'*angélicine*, $C^{13} H^{30} O$, une *essence d'Angélique*, de l'*acide angélique* ou *acide sumbulique*, etc. On trouve encore dans la tige et la racine de l'acide malique, du tannin, du sucre, etc.

**Usages.** — La racine d'angélique entre dans les alcoolats thériacal et de mélisse composé, la thériaque, l'esprit carminatif de Sylvius, le baume du commandeur, etc. Les fruits font partie des liqueurs de table connues sous les noms de vespétro, de grande-chartreuse, et de la Havane de M. Demange.

L'odeur aromatique, suave et musquée de l'angélique, la fait considérer comme stomachique, carminative, excitante, sudorifique et emménagogue ; on l'a employée dans l'atonie générale, la dyspepsie, l'anorexie, les spasmes, les coliques flatulentes, les céphalalgies nerveuses, l'hystérie, les névroses avec débilité, la chlorose, la leucorrhée, les scrofules, les fièvres typhoïdes, les bronchites aiguës et chroniques, etc. Les peuples du Nord, les Lapons surtout, en font un fréquent usage comme aliment, condiment et remède ; ils s'en servent contre les affections de poitrine, les coliques ; ils la mâchent comme le tabac ; les Norwégiens mettent, dit-on, dans le pain la racine pulvérisée, et avec des boutons des fleurs bouillis dans du petit-lait de renne ils préparent un excellent stomachique.

Les vétérinaires les plus autorisés, tels que Bourgelat, Vitet, Huzard, considèrent l'angélique comme un excellent médicament contre les coliques venteuses.

L'angélique sauvage (*A. sylvestris* L.) est souvent substituée à l'angélique ordinaire ; elle est moins active.

## ANGUSTURE

*Galipea febrifuga* H. B. (*Galipea cusparia* A. St H., *Bonplandia trifoliata* Willd.).
(Rutacées-Diosmées.)

L'Angusture vraie ou Cusparé est un grand arbre, dont la tige droite est recouverte d'une écorce grisâtre. Ses jeunes rameaux, cylindriques, verts, ponctués de gris, portent des feuilles alternes, plus nombreuses au sommet. Le pétiole, long de $0^m,20$ à $0^m,25$, est creusé en gouttière à la face supérieure ; le limbe se divise en trois folioles sessiles, allongées, ovales, aiguës, entières, minces, glabres et luisantes, la médiane un peu plus grande. Les fleurs sont blanches, groupées en grappes dressées, cylindriques à l'aisselle des feuilles supérieures. Elles présentent un calice campanulé, à cinq divisions ovales, aiguës ; une corolle à cinq pétales, soudés en tube à la base et trois fois plus longs que le calice, couverts de poils en faisceau ; cinq étamines (rarement six) à filets dilatés et membraneux à la base, dont deux seulement, plus courts que les autres, portent une anthère allongée, obtuse, terminée inférieurement par un petit appendice membraneux ; un ovaire sessile, à cinq côtes obtuses et saillantes, à cinq loges uniovulées, enfoncé dans un disque saillant et concave, et terminé par un stigmate à cinq divisions. Le fruit se compose de cinq capsules uniloculaires, bivalves, monospermes, réunies sur un axe commun (Pl. 14).

Habitat. — Cet arbre est originaire de l'Amérique méridionale ; on l'a trouvé au Brésil, sur les bords de l'Orénoque, dans plusieurs îles et quelques régions voisines. Ce n'est guère que vers la fin du dernier siècle qu'il a été bien connu.

CULTURE. — Le Cusparé, qui, dans son pays natal, forme d'immenses forêts, ne se trouve guère, en Europe, que dans les grands jardins botaniques. Sa culture et sa conservation sont assez difficiles; aussi est-il encore peu répandu dans les collections.

PARTIES USITÉES. — L'écorce.

RÉCOLTE. — L'écorce d'angusture vraie se trouve dans le commerce; il importe beaucoup de ne pas la confondre avec l'angusture fausse qui est produite par le *Strychnos nux vomica* (*Loganiacées*); aussi croyons-nous devoir résumer les caractères distinctifs, physiques et chimiques de ces deux écorces.

| CARACTÈRES ET RÉACTIFS. | | ANGUSTURE VRAIE. | ANGUSTURE FAUSSE. |
|---|---|---|---|
| Écorce | | Mince | Plus épaisse. |
| Couleur | | Jaune verdâtre | Plus verte. |
| Face externe | | Peu verruqueuse | Très-verruqueuse, points proéminents. |
| Face interne, liber | | Jaunâtre ou rose, un peu rugueux | Plus foncé et plus lisse. |
| Bords | | Taillés en biseau avec un instrument tranchant | Taillés à pic. |
| Saveur | | Amère | Extrêmement amère. |
| Odeur | | Nauséeuse | Inodore. |
| Acide nitrique sur le liber | | Jaunit | Rouge de sang. |
| Couleur de la poudre | | Jaune rougeâtre | Blanc, légèrement jaunâtre. |
| Infusion avec eau 90 grammes... | Teinture de tournesol... | Couleur détruite | Très-faiblement rougie. |
| Angusture vraie, 4 grammes.... | Sulfate de fer. | Précipité gris blanchâtre abondant | Couleur vert-bouteille, trouble léger. |
| Id. fausse, 4 gr. infuser 18 heures | Ferro-cyanure de potassium. | Rien, l'acide chlorhydrique y forme ensuite un dépôt abondant | Trouble léger, n'augmente pas par l'acide chlorhydrique, la liqueur prend un aspect verdâtre. |
| (Guibourt.) | Acide sulfurique | En petite quantité, trouble fortement, un excès redissout le précipité sans rougir le liquide | Rien. |

Rabuteau recommande, pour distinguer l'angusture vraie de l'angusture fausse, le moyen suivant : on traite par l'eau bouillante une petite quantité d'écorce pulvérisée, puis on filtre. Après refroidissement, on traite la liqueur par l'acide phospho-molybdique ou par l'iodure de potassium ioduré. Avec l'angusture vraie, on n'obtient aucun précipité, parce qu'elle ne renferme pas de strychnine. Avec la fausse, l'acide phosphomolybdique donne un précipité jaunâtre qui se prend en flocons par la chaleur; quant à l'iodure de potassium ioduré, il donne un précipité brun qui disparaît par la chaleur et reparaît par le refroidissement.

Composition chimique. — L'odeur particulière de l'écorce d'angusture vraie est due à une huile essentielle à laquelle Herzog attribue la formule $C^{14}H^{24}O$. L'amertume est due à une substance neutre, cristallisable, soluble dans l'alcool, peu soluble dans l'eau, précipitable par le tannin, à laquelle on a donné le nom de *cusparine*. L'écorce ne contient pas de tannin.

Usages. — L'écorce d'angusture était déjà employée en Espagne vers 1759, par Matis. Elle se trouve dans le commerce sous les trois formes suivantes :

1° Morceaux courts, plats, minces, plus ou moins larges, avec épiderme gris-jaunâtre, peu rugueux ;

2° Morceaux longs de 16 à 20 centimètres, odeur fort désagréable, roulés, épiderme épais fongueux.

3° Enfin des morceaux qui tiennent le milieu entre les deux précédents, ayant la saveur et l'odeur de la deuxième variété.

C'est Bernard de Jussieu qui a indiqué les propriétés antidyssentériques de l'écorce d'angusture ; on en fit grand usage en 1807 dans une épidémie de cette maladie qui régnait alors en France. Mais comme on n'était pas bien fixé sur son origine, on lui substitua l'écorce de *fausse angusture*, qui détermina de véritables empoisonnements ; et c'est là certainement la cause du discrédit dans lequel elle est tombée ; elle entre dans le *vin de Séguin*.

En Amérique on considère l'angusture comme un excellent succédané du quinquina. Reydellet et Niel de Marseille l'ont employée avec succès comme fébrifuge à la dose de 4 à 10 grammes en poudre, et 8 à 15 grammes pour un litre d'eau en tisane, par infusion ou décoction. L'écorce d'angusture est un bon tonique amer, peut-être trop négligé.

## ANIS

*Pimpinella anisum* L.
(Ombellifères-Amminées.)

L'Anis est une plante annuelle, à racine fusiforme, un peu ramifiée, blanchâtre. La tige, haute de $0^m,50$ au plus, dressée, cylindrique, pubescente, rameuse, porte des feuilles alternes, amplexicaules, glabres, un peu charnues, d'un vert assez intense ; les

inférieures cordiformes, arrondies, lobées, incisées, dentelées ; les
moyennes pennilobées, à feuilles lancéolées ou en coin ; les supérieures trifides, à divisions très-étroites, linéaires et pointues. Les
fleurs, blanches, petites, sont disposées en ombelles terminales,
dépourvues d'involucre et d'involucelles. Elles présentent un calice
nul ou à peine visible ; une corolle à cinq pétales égaux, échancrés
en cœur, à sommet recourbé en dessus ; cinq étamines plus longues
que les pétales, à filets blancs subulés, à anthères globuleuses ; deux
styles très-courts. Les fruits sont ovoïdes, striés longitudinalement,
un peu pubescents et d'un gris blanchâtre quand ils sont secs.

HABITAT. — L'anis est originaire de la région méditerranéenne,
notamment du Levant, de l'Égypte et de l'Italie, où il croît surtout
dans les endroits secs et découverts.

CULTURE. — L'anis est cultivé en grand dans l'Anjou, la Touraine,
le Bordelais. Il demande une exposition chaude, une terre légère
et substantielle. La graine, récoltée aussitôt après la maturité, est
conservée dans une cave ou stratifiée dans du sable humide, jusqu'au
moment du semis, qui a lieu au printemps. Le sol étant bien préparé par des labours à la bêche ou à la charrue, suivis d'un hersage
ou d'un râtelage, on y répand à la volée la graine d'anis, qui doit
être très-peu recouverte. On bine et on sarcle deux fois le semis,
après la levée des jeunes plants, jusqu'à l'époque de la floraison, et
on l'éclaircit de manière à laisser environ 0ᵐ,30 de distance entre
les pieds. — On cultive aussi l'anis en bordures le long des espaliers
exposés au midi ou au levant.

PARTIES USITÉES. — Les fruits.

RÉCOLTE. — Les fruits d'anis se récoltent et se dessèchent comme
ceux de l'aneth. On ne saurait apporter trop de soins dans cette
opération. On a signalé des cas d'empoisonnement par de l'anis vert
mêlé accidentellement avec des fruits de ciguë. Les fruits de cette
dernière plante sont moins verts, moins ovoïdes, légèrement courbés
en croissant ; ils ne sont pas aromatiques ; lorsqu'on les frotte, ils
répandent une odeur de souris.

COMPOSITION CHIMIQUE. — L'odeur aromatique des fruits d'anis,
et leur saveur chaude sont dues à une huile essentielle qu'ils
fournissent dans la proportion de 2 pour 100. Elle se solidifie,
entre 10° et 15° C., en une masse cristalline, dure, qui ne recouvre
sa fluidité qu'à 17°C. Cette huile est formée presque entière-

ment par de l'*anéthol* ou *camphre d'anis*, $C^{10} H^{12} O$. Avec l'anéthol, l'huile d'anis contient un hydrocarbure $C^{20} H^{16}$. L'anéthol,
traité par l'acide azotique subit des oxydations qui donnent naissance à plusieurs séries de corps dont les trois termes principaux
sont : l'alcool anisique ($C^8 H^{10} O^2$), l'aldéhyde anisique ($C^8 H^8 O^2$) et
l'acide anisique ($C^8 H^8 O^3$). L'acide anisique donne un éther, l'*anisol*.

Usages. — Les fruits d'anis vert sont un carminatif populaire.
En France, on les recouvre de sucre ; ils constituent alors l'anis couvert ou *de Verdun*. Ils entrent dans la composition d'un certain
nombre de liqueurs, mais ils ne figurent dans l'anisette de Bordeaux que dans une proportion inférieure à celle de l'anis étoilé
(Voy. BADIANE). Ils entrent dans un grand nombre de préparations anciennes : la thériaque, l'esprit de Sylvius, les pilules
écossaises d'Anderson, etc.

L'anis a été tour à tour considéré comme stimulant, stomachique,
carminatif, diurétique, expectorant et emménagogue ; on l'emploie dans la débilité des organes digestifs, la gastralgie, les flatuosités, les coliques flatulentes et spasmodiques, les tranchées des
enfants, la dyspepsie, les vertiges, les éblouissements, les céphalalgies nerveuses, etc.

Dioscoride le vante comme propre à combattre la leucorrhée, à
étancher la soif des hydropiques ; on le donne souvent en infusion
à la dose de 8 ou 15 grammes pour un litre d'eau, que l'on fait
boire aux nourrices pour combattre les coliques des enfants ; Mesué
le mêlait au *Momordica elaterium* pour corriger son action irritante, et c'est dans le même but que l'essence est mise dans les
pilules écossaises d'Anderson.

A l'extérieur, on a employé l'anis sous forme de fomentations,
lotions et cataplasmes pour combattre les ecchymoses et les engorgements laiteux.

L'anis vert est encore connu sous les noms de *Boucage à fruits
suaves*, d'*Anis boucage*, de *Pimpinelle anis ;* il est verdâtre, ové,
strié, pubescent, très-aromatique ; sa saveur est piquante et légèrement sucrée. Les environs de Tours en produisent une grande quantité ; le plus estimé vient de Malte. D'ailleurs, dans le commerce, on
en distingue plusieurs sortes : 1° celui de Russie vient d'Odessa ; il
est petit, noirâtre, âcre et peu estimé ; 2° celui de Touraine est
vert et plus doux ; 3° celui d'Albi est plus blanc et plus aromati-

que ; 4° celui d'Espagne, qui, avec celui de Malte, est le plus estimé.

L'anis est très-employé en médecine vétérinaire comme carminatif. Les homœopathes s'en servent quelquefois ; son signe est *Mas* et son abréviation *Anis ;* mais sous le nom d'*Anisum,* ils entendent l'anis étoilé ou badiane, dont nous parlerons plus loin.

## ARABETTE

*Arabis thaliana* L. *Sisymbrium thalianum* Gay.
(Crucifères-Arabidées.)

L'Arabette ou Arabide rameuse (*A. Thaliana* L.) est une plante annuelle, à tiges solitaires ou peu nombreuses, hautes de $0^m,15$ à $0^m,30$, grêles, dressées, un peu rameuses, peu feuillées, très-velues à la base, glabres au sommet ; elles portent des feuilles velues ; les radicales obovales-oblongues, dentées, pétiolées ; les caulinaires oblongues, entières, sessiles. Les fleurs, blanches, petites, forment une grappe lâche terminale. Le fruit est une silique cylindrique, étalée-ascendante, un peu plus longue que le pédicelle et contenant des graines très-petites (Pl. 15).

L'arabette hérissée (*A. sagittata* D. C., *Turritis hirsuta* L.) est bisannuelle. Sa tige, haute de $0^m,30$ à $0^m60$, dressée, simple, est couverte de poils roides et rameux, ainsi que les feuilles qui sont oblongues et pétiolées à la base, sagittées et embrassantes sur la tige. La silique est linéaire, dressée et renferme des graines réticulées.

L'arabette des sables (*A. arenosa* Scop., *Sisymbrium arenosum* L.) est aussi bisannuelle. Ses tiges, hautes de $0^m,10$ à $0^m,40$, dressées ou ascendantes, rameuses, sont hérissées de poils, ainsi que les feuilles. Celles-ci varient de forme ; pétiolées, lyrées et pinnatifides à la base de la tige, elles sont dentées dans la partie moyenne, étroites et presque entières au sommet. Les fleurs sont blanchâtres ou rosées ; les siliques, linéaires, étroites et étalées.

HABITAT. — Ces plantes se trouvent à peu près dans toute l'Europe. L'arabette rameuse habite les bois sablonneux, les bords des chemins, les champs arides, les lieux pierreux. Les deux autres fréquentent à peu près les mêmes stations. L'arabette des sables se trouve aussi sur les roches et les murs, dans les vignes, les champs cultivés, etc.

CULTURE. — Les arabettes ne sont cultivées que dans les jardins botaniques, où l'on se contente de répandre leurs graines au printemps.

PARTIES USITÉES. — Les sommités fleuries, les graines.

RÉCOLTE. — On récolte la plante en pleine floraison ; on la coupe au pied, et on la fait dessécher avec le plus grand soin, car elle perd la plus grande partie de ses propriétés par la dessiccation. Les graines doivent être récoltées avant la maturité complète du fruit. On cueille la plante entière portant ses fruits ; on la fait dessécher à l'ombre, et en la battant les fruits s'ouvrent et les graines se détachent ; on les vanne, et on les fait sécher au soleil ou à l'étuve légèrement chauffée.

COMPOSITION CHIMIQUE. — Le principe actif des *Arabis* paraît être une huile essentielle probablement sulfurée, comme le sont toutes celles des plantes crucifères. Ils renferment, en outre, une matière âcre de nature résineuse.

Les graines contiennent environ 45 p. 100 d'huile fixe, que l'on peut extraire par le sulfure de carbone et par évaporation de celui-ci ; mais, par expression, on n'en extrait guère que 25 p. 100 d'huile fixe analogue à celle du colza. Mais comme la plante est petite et qu'elle porte peu de fruits, on préfère cultiver comme oléagineux, le colza, la navette, la cameline, la moutarde blanche, etc. On ne connaît pas la composition du tourteau de l'arabette.

USAGES. — L'arabette, qui porte aussi le nom de *Tourelle* ou *Tourette*, est assez voisine des *Turritis* Lob. On a même donné le nom de *Turritis hirsuta* à l'arabette velue.

L'*Arabis Chinensis* Rottl. est employée dans l'Inde, sous le nom d'*Aliverie*, comme stomachique et stimulante. On en fait un grand commerce et on la vend dans les bazars. D'après Ainslie (*Mat. med. Ind.*, t. II, p. 12), on emploie cette plante pilée et son suc mêlé avec du jus de citron comme un répercussif très-bon à employer pour combattre les inflammations locales. On a même prétendu que cette préparation pouvait provoquer l'avortement, ce qui n'est pas probable. Toutes les vertus de cette plante se bornent à être légèrement stimulante et antiscorbutique ; elle n'est pas d'ailleurs usitée, et on ne la trouve pas dans le commerce de l'herboristerie.

L'arabette est très-commune dans les pâturages, dans les champs

après la moisson. Les animaux la mangent avec plaisir. Elle a l'inconvénient de donner au lait une saveur très-désagréable.


# ARALIE

*Aralia racemosa* et *nudicaulis* L.
( Araliacées. )

L'Aralie à grappes (*A. racemosa* L.) est une plante vivace, dont
les tiges, hautes de 1 mètre à 1$^m$,50, sont herbacées, lisses, vert rougeâtre, à moelle très-abondante, rameuses, divergentes. Les feuilles,
alternes, grandes, pétiolées, deux fois ailées, se divisent en folioles
assez grandes, ovales, cordées à la base, pointues au sommet, dentées
en scie, peu épaisses, presque glabres. Les fleurs, d'un blanc verdâtre, forment des grappes rameuses, terminales, composées de
petites ombelles courtement pédonculées, munies chacune d'un petit
involucre à bractées linéaires. Elles présentent un calice adhérent, à
limbe très-court ; une corolle à cinq pétales ; un ovaire infère, à cinq
loges, surmonté de cinq styles divergents, étalés. Le fruit est une
petite baie arrondie, rouge foncé à la maturité, contenant cinq
noyaux monospermes, et couronnée par le calice et les styles persistants.

L'Aralie à tige nue (*A. nudicaulis* L.) est aussi vivace, et n'a pas de
véritable tige, mais une hampe haute d'environ un mètre. Les
feuilles, toutes radicales, à pétioles trifides, présentent trois lobes
divisés chacun en cinq segments ovales, aigus, dentelés. Les fleurs
blanchâtres sont disposées en ombelles multiflores, dépourvues d'involucre.

Nous citerons encore les Aralies épineuse (*A. spinosa* L.), hispide
(*A. hispida* Michx), à huit feuilles (*A. octophylla* Lour.), palmée
(*A. palmata* Lamk), ombellifère (*A. umbellifera* L.), etc.

HABITAT. — Les quatre premières espèces que nous venons de nommer sont originaires des régions tempérées de l'Amérique du Nord.
Les deux suivantes appartiennent à la Chine. L'aralie ombellifère est
originaire des Moluques.

CULTURE. — Ces aralies peuvent être cultivées en pleine terre sous
nos climats, pourvu qu'elles soient abritées pendant les grands froids.
On les propage de graines, semées aussitôt après leur maturité, ou
de boutures de racines, faites au printemps, sur couche tiède.

Parties usitées. — Les feuilles, les racines, l'écorce.

Composition chimique. — On ne sait rien sur la composition des différentes parties des aralies, et la matière extractive à laquelle on attribue les propriétés sudorifiques de ces plantes est mal connue dans sa nature.

Usages. — La racine de l'aralie à grappes a été conseillée, en décoction, comme un excellent remède anti-rhumatismal, et pour laver les plaies atoniques. D'après Michaux, on la réduit en bouillie au Canada, et on l'applique sur les ulcères invétérés.

L'aralie à tige nue, vulgairement *Salsepareille de Virginie,* participe, suivant le docteur Barton, aux propriétés médicales de la salsepareille ; elle est légèrement sudorifique et diurétique ; elle sert souvent, dit-on, en Europe, à falsifier la salsepareille.

L'infusion aqueuse de l'écorce intérieure et de la racine de l'aralie épineuse a été indiquée contre le rhumatisme. Cette infusion doit être peu chargée ; concentrée, elle irrite les glandes salivaires, et peut produire des nausées et des vomissements ; en Virginie, on prépare, avec le bois de cette plante, une teinture alcoolique contre les douleurs de dents cariées et contre les coliques violentes.

En Chine, on se sert des feuilles et des fruits de l'aralie à huit feuilles, comme apéritives, diurétiques et diaphorétiques ; Loureiro rapporte que, dans ce pays, les cendres de la tige sont employées contre l'hydropisie.

D'après ce dernier auteur, l'écorce de l'aralie palmée est utilisée comme résolutive et contre la gale.

De l'aralie ombellifère il découle une résine jaune, aromatique, qui rougit en séchant, et donne, en brûlant, une odeur agréable ; cette résine contient de l'acide benzoïque.

La racine de l'aralie hispide ou aralie velue est usitée, au Canada, comme sudorifique.


# ARBOUSIER

*Arbutus Unedo* L.
(Éricinées-Éricées.)


L'Arbousier commun, appelé aussi vulgairement *Frole* ou *Arbre aux fraises,* est un petit arbre dont la tige, noueuse, tordue, couverte d'une écorce gris brunâtre, qui se détache par plaques, se divise, à sa partie supérieure, en rameaux rougeâtres. Les feuilles sont alternes, ovales-oblongues, élargies au sommet, dentées, dures ou coriaces, glabres, d'un beau vert en dessus, plus pâles en dessous, persistantes, portées sur des pétioles courts et rougeâtres. Les fleurs, blanches, en grelot, odorantes, forment de petites grappes à l'extrémité des rameaux. Elles présentent un calice à cinq divisions; une corolle globuleuse, urcéolée, à cinq dents obtuses, réfléchies; dix étamines incluses, à anthères comprimées, percées de deux pores au sommet; un ovaire à cinq loges multiovulées, inséré sur un disque hypogyne, et surmonté d'un style simple, que couronne un stigmate obtus. Le fruit est une baie globuleuse, verruqueuse-muriquée, jaune d'abord, d'un beau rouge à sa maturité, à cinq loges polyspermes.

On remarque encore dans ce genre l'arbousier à panicules *A. andrachne* L.) et l'arbousier traînant (*A. uva ursi* L.), vulgairement appelé *Busserole* (Voyez ce mot).

Habitat. — L'arbousier est répandu dans les contrées tempérées de l'Europe; il habite surtout les bois des régions montueuses. Il est très-commun aussi aux environs de Bordeaux et dans le bassin méditerranéen.

Culture. — L'arbousier se propage de graines, semées aussitôt après leur maturité, en terrines remplies d'un mélange, par parties égales, de terre de bruyère, de terre franche et de terreau de couche, et placées sur couche et sous châssis. On rentre ces terrines en orangerie, pendant l'hiver; au printemps, on repique les jeunes plants séparément dans de petits pots, et on les arrose modérément.

Parties usitées. — Les feuilles, le bois, les racines, les fruits.

Récolte. — Les feuilles persistantes peuvent être récoltées à l'automne; mais on leur préfère en général, pour l'usage médical, celles de l'*A. uva ursi*. Le bois et les racines sont également récoltés à la même époque ou au printemps. Les fruits mûrissent en janvier ou en février; on les récolte lorsqu'ils sont bien rouges.

Composition chimique. — Toutes les parties de l'arbousier sont riches en tannin; les fruits à leur maturité contiennent du sucre analogue au sucre de fruit, de l'acide tannique, de la pectine et de l'acide pectique.

Usages. — On a cherché à utiliser l'arbousier pour le tannage des cuirs, en raison de la quantité très-grande de tannin qu'il contient. En Orient, on emploie les feuilles à cet usage. M. Guyot-Dannecy, pharmacien à Bordeaux, avait proposé la racine d'arbousier pour remplacer la racine de ratanhia. Il avait préparé un extrait qu'il considérait comme très-astringent; mais, d'après M. E. Soubeiran, la matière médicale possède des astringents beaucoup plus puissants que l'extrait d'arbousier. En effet, il résulte de ses expériences que les divers extraits astringents devraient être placés dans l'ordre suivant, et que, pour produire les mêmes effets d'astringence, il faudrait : 8 parties de cachou de Pégu, 10 de kino de la Jamaïque, 12 de kino d'Amboine, 14 de cachou de l'Inde, 15 d'extrait de monésia, 15 d'extrait de ratanhia, 35 d'extrait de tormentille, 50 d'extrait de bistorte, 55 d'extrait d'écorce de chêne et 160 d'extrait d'arbousier. D'où il résulte que M. Guyot-Dannecy s'était fait illusion sur les propriétés astringentes de ce dernier extrait, et que nous possédons dans notre pays des plantes bien plus riches en tannin, la tormentille, par exemple.

Les fruits de l'arbousier sont assez agréables au goût, quoique un peu âpres et aigrelets; on les mange à leur maturité, ou on en fait avec du sucre des confitures qui sont assez estimées. Dans ces derniers temps, on a cherché à les utiliser pour fabriquer de l'alcool : il suffit pour cela de les écraser et de les soumettre à la fermentation, après les avoir additionnés d'eau bouillante, et on distille pour obtenir en produit à peu près le quart des arbouses employées. L'alcool obtenu est de bon goût; on peut encore en faire un bon vinaigre.


# AREC

*Areca catechu* L.
(Palmiers – Arécinées.)


L'Arec de l'Inde est un arbre à tige droite, nue, haute de 15 mètres environ sur 0ᵐ15 de diamètre, marquée dans toute sa longueur par des anneaux circulaires qui sont les cicatrices laissées par la chute des anciennes feuilles. La cime est couronnée par un bouquet de six à dix feuilles longues d'environ 5 mètres, ailées, à deux rangs de folioles étroites, lancéolées aiguës, généralement opposées, d'un beau vert, plissées longitudinalement; le pétiole commun s'élargit, à sa base, en une gaîne cylindrique et coriace. Au centre de la couronne de feuilles est un bourgeon conique, appelé vulgairement *chou* ou *flèche*. Les fleurs, très-nombreuses, petites, sessiles, blanchâtres, forment par leur réunion des spadices inclinés, très-rameux, renfermés dans des spathes vert blanchâtre ou jaunâtre, coriaces, lisses, longues d'environ $0^m,50$. Les fruits sont à peu près de la forme et de la grosseur d'un œuf de poule, un peu pointus et ombiliqués au sommet, munis, à la base, de six écailles disposées sur deux rangs. L'épicarpe, lisse, très-mince, d'abord vert blanchâtre, puis jaune, recouvre une chair blanche et succulente quoique fibreuse, renfermant un noyau corné, arrondi, acuminé au sommet, veiné comme une noix muscade (**Pl. 16**).

Habitat. — Ce palmier croît dans l'Inde, aux Moluques, et dans la partie méridionale de la Chine. On pense qu'il est originaire des îles de la Sonde.

Culture.— Sous notre climat, l'arec demande la serre chaude humide. On le propage par graines, mais assez difficilement.

Parties usitées. — Les semences, le cachou de l'arec.

Récolte. — Les noix d'arec sont récoltées à leur maturité; les fruits sont de la grosseur d'un œuf de poule, jaune doré, renfermant un brou fibreux, une amande arrondie, ovoïde ou conique, blanche, marbrée de brun, dure, cornée, inodore.

Composition chimique. — D'après les analyses récentes de MM. Flückiger et Hanbury (Voy. *Hist. des drog. d'orig. végét.*, trad. fr., II, p. 487), les noix d'Arec ne contiennent pas de *catéchine;* l'extrait de ces graines diffère donc beaucoup du Cachou fourni par l'*Acacia catechu;* il doit plutôt être considéré comme une matière tannique analogue au *rouge de ratanhia* et au *rouge de cinchona*. La matière tannique rouge et amorphe qu'on en tire donne par la distillation destructive de la *pyrocatéchine*. La solution aqueuse de la matière tannique de la noix d'Arec n'est pas altérée par le sulfate ferreux, si ce n'est quand on ajoute un alcali; elle se colore alors en violet et abandonne un abondant précipité noir pourpré. Avec les sels ferriques, la solution aqueuse prend une belle coloration verte, qui tourne au brun sous l'influence d'un excès de réactif, et au violet quand on ajoute un alcali. La noix d'Arec contient encore un mucilage précipitable par l'alcool et des traces d'un acide.

Usages. — L'Aréquier a reçu le nom d'*Areca catechu,* parce

qu'on croyait autrefois qu'il produisait, sinon la totalité, du moins une partie du cachou du commerce.

La graine de l'Aréquier a été préconisée dans ces derniers temps comme tænifuge et vermicide. On l'emploie réduite en poudre dans du lait. Elle paraît produire d'utiles effets, non seulement contre le tænia, mais encore contre l'Ascaride lombricoïde. On en fait usage dans l'Inde contre la diarrhée et la dysenterie, soit en poudre, soit sous forme d'extrait aqueux, soit en décoctions et en lavements. On en prépare ainsi des lotions vaginales.

Mais la noix d'Arec est surtout employée dans l'Inde, en Cochinchine, etc., comme masticatoire. On cueille les fruits encore verts, on les décortique et on fait sécher l'amande au soleil après l'avoir coupée en morceaux. On chique l'amande avec des feuilles de Bétel (*Piper Betle*) et de la chaux. Les indigènes attachent à ce masticatoire une importance telle que c'est la première chose qu'ils offrent à leurs hôtes. On lui a attribué bien des vertus qu'il est loin de posséder, notamment celles d'adoucir l'haleine, de favoriser la digestion, de consolider les gencives, etc. La vérité est qu'il colore les dents en rouge d'abord, puis en noir ; qu'il détermine une inflammation chronique des gencives, puis le déchaussement des dents, et finalement qu'il rend l'haleine fétide, sans parler de la salivation extrêmement abondante qu'il détermine et qu'il est difficile de considérer comme très-salutaire. Il est vrai que c'est probablement à la chaux qu'il faut attribuer les effets nuisibles dont nous venons de parler. Il est probable que si le masticatoire était formé seulement de la noix d'arec et de la feuille du bétel, il déterminerait plutôt des effets salutaires.

Grâce à son astringence extrêmement prononcée, la noix d'Arec peut remplacer, dans la thérapeutique, tous les médicaments employés comme astringents, soit à l'intérieur, soit à l'extérieur.

## ARGÉMONE

*Argemone mexicana* L.
(Papavéracées.)

L'Argémone du Mexique, appelée aussi vulgairement Pavot épineux, Pavot du Mexique, Chardon bénit des Antilles, etc., est une plante annuelle à racine fibreuse, à tige haute de $0^m,35$ à $0^m,40$, droite, rameuse, épineuse, à moelle très-abondante ; à feuilles alternes, très-larges, semi-amplexicaules, déchiquetées, anguleuses, roncinées, épineuses sur les bords et le long des nervures, vert foncé, souvent maculé et panaché de blanc en dessus, vert glauque en dessous. Les fleurs, jaunes, grandes, sont solitaires à l'extrémité des rameaux ; elles présentent un calice à deux ou trois sépales concaves ; une corolle à quatre ou six pétales arrondis, obovales, chiffonnés avant l'épanouissement et tombant de très-bonne heure ; des étamines nombreuses ; un pistil, surmonté d'un style très-court, presque nul, que termine un stigmate pelté, rayonnant. Le fruit est une capsule ovoïde, épineuse, à une seule loge, s'ouvrant au sommet en cinq ou sept valves incomplètes, et renfermant un grand nombre de graines, petites, rondes et noires (Pl. 17).

Cette plante laisse écouler, quand on la blesse, un suc laiteux jaunâtre, analogue à celui de la chélidoine.

Habitat. — L'argémone se trouve au Mexique et dans les régions voisines de l'Amérique centrale. Elle est presque naturalisée dans plusieurs localités du midi de l'Europe.

Culture. — Cette plante croît parfaitement en pleine terre jusque sous le climat de Paris. Elle demande un sol léger et une exposition chaude. On la propage facilement par le semis de ses graines, fait en place, ou mieux sur couche, à la fin de l'hiver ou au commencement du printemps. On ne la cultive que dans les jardins botaniques ou d'agrément.

Parties usitées. — On a employé autrefois les feuilles, les racines et les graines.

Récolte. — On récolte les feuilles au moment de la floraison : les racines quelque temps après. Elles n'étaient employées que fraîches ; aujourd'hui on en fait peu usage.

Composition chimique. — Toute la plante est riche en un suc jaunâtre âcre qui, d'après Charbonnier, contiendrait de la morphine. Les graines contiennent une huile fixe, âcre, qu'on peut extraire par pression et qui est utilisable pour l'éclairage.

Usages. — Les fleurs de l'argémone ont été considérées comme anodines et pectorales. Les graines ont été employées en Amérique comme purgatives, et très-vantées contre la diarrhée et la dyssenterie ; l'huile qu'on en extrait par expression était usitée autrefois dans l'Inde, d'après Ainslie, comme topique, sur la tête, dans les coups de soleil sur cette région ; à l'intérieur, d'après Aublet, elle est considérée, à Cayenne, comme laxative; mais rien ne justifie son emploi comme purgative et comme pouvant remplacer l'huile de croton tiglium; tout semble démontrer, au contraire, qu'elle est douce, peu âcre, et participant des propriétés émollientes reconnues aux huiles extraites des graines des plantes de la même famille, et il est probable que si aux Indes on a employé les graines comme vomitives et pouvant remplacer l'ipécacuanha, c'est qu'on les associait à d'autres substances plus actives; quant aux propriétés désobstruantes qu'on leur a attribuées, outre tout ce que cette expression a de vague, il est certain qu'elle n'est pas mieux justifiée que tout ce qui a été dit sur cette plante.

Les racines de l'argémone paraissent posséder des propriétés plus énergiques que les autres parties de la plante; au Sénégal, les nègres en font des décoctions à la dose de 10 à 15 grammes pour un litre d'eau, qu'ils boivent pour combattre la gonorrhée; à Java, le suc jaune laiteux de la plante fraîche a été employé à l'intérieur contre les maladies cutanées invétérées, et à l'extérieur comme léger caustique contre les verrues, les chancres, etc., etc. Ce sont là d'ailleurs les applications que nos paysans font de la chélidoine; mais ce qui doit faire supposer que le suc de l'argémone ne possède pas des propriétés bien énergiques, c'est qu'on assure que dans l'Inde on en introduit dans l'œil contre les ophthalmies.

Devant des opinions aussi contradictoires qui justifient l'oubli dans lequel cette plante est tombée, on ne peut que se féliciter de voir débarrasser la matière médicale d'un de ces nombreux médicaments qui ne font que l'encombrer.

On trouve dans nos jardins une variété de l'argémone du Mexique à fleurs blanches.

## ARGHEL

*Solenostenma Argel* Hayne (*Cynanchum Argel* Delile., *C. oleæfolium* Nect.).
(Asclépiadées.)

L'Argel, Arghel ou Arguel, est un petit arbrisseau buissonneux, dont la tige, haute de 0$^m$,65 à 0$^m$,80, se divise en rameaux cylindriques effilés, portant des feuilles opposées, presque sessiles, ovales-lancéolées, d'un vert pâle. Les fleurs sont blanches, nombreuses, disposées en grappes élargies, dichotomes, au sommet des rameaux, dans les aisselles des feuilles. Elles présentent un calice à cinq divisions linéaires, profondes; une corolle rotacée, deux fois plus longue que le calice, à cinq divisions linéaires, dont la gorge est surmontée d'une couronne à cinq plis et à cinq dents; cinq étamines, soudées en tube par les filets; deux ovaires glabres, supères, surmontés chacun d'un style filiforme, et terminés par un stigmate pentagonal, soudé avec les anthères. Le fruit est un follicule ovoïde, aminci au sommet, à écorce dure et coriace, renfermant des graines brunes, munies d'une aigrette.

Habitat. — Cette plante habite les déserts de la Haute-Égypte. Elle n'est pas cultivée dans son pays natal, et ne se trouve, chez nous, que dans les serres des grands jardins botaniques.

Parties usitées. — Les feuilles.

Récolte. — Les feuilles d'arguel ne sont pas employées en médecine, mais il est extrêmement important de les connaître, parce qu'elles sont souvent mélangées avec celles du Séné, soit par fraude, soit dans l'intention d'améliorer la drogue. Les droguistes anglais préfèrent, en effet, le Séné qui contient une certaine proportion d'Argel. Nectoux rapporte qu'on recueille l'Argel séparément; à Boulak, on mélangeait autrefois, régulièrement, un quart de feuilles d'Argel à trois quarts de Séné.

Les feuilles d'arguel sont de diverses grandeurs, lancéolées, plus épaisses que celles du séné, peu ou pas marquées de nervures transversales, chagrinées et rugueuses à leur surface, blanchâtres ou d'un blanc verdâtre; leur saveur est plus amère que celle du séné, avec un arrière-goût sucré; leur odeur est nauséeuse et forte; elles sont très-irritantes.

Les fruits de l'arguel, que l'on trouve parfois mêlés au séné, sont formés d'un vrai follicule (tandis que ceux du séné sont des gousses) s'ouvrant par une fente longitudinale; il est ovale, terminé par une pointe conique, blanchâtre; les graines sont surmontées d'une aigrette.

M. Guibourt a cherché à distinguer les feuilles de l'arguel de celles du séné par des caractères chimiques. Voici les résultats qu'il a signalés :

Une partie de séné, traitée par 10 parties d'eau bouillante, le séné est devenu brunâtre; la liqueur filtrée était brune, sa saveur était peu marquée, et le résidu très-mucilagineux.

Dans les mêmes conditions, l'arguel a pris une couleur verte; l'in-

fusion était verdâtre, mucilagineuse, amère, filtrant avec difficulté ;
avec les réactifs ces deux infusions ont donné les caractères suivants :

| RÉACTIFS EMPLOYÉS | INFUSION DE SÉNÉ | INFUSION D'ARGUEL |
|---|---|---|
| Noix de galle......... | Louche..... ......... .... | Rien. |
| Sulfate de fer........ | Couleur verdâtre...... .... | Couleur verte et précipité gélatineux très-abondant. |
| Oxalate d'ammoniaque. | Précipité abondant.. .. ... | Trouble. |
| Bichlorure de mercure. | Rien d'abord... .. ....... ... | Rien. |
| Chlorure d'or......... | Rien, puis trouble brunâtre. | Réduction lente, précipité jaune métallique. |
| Nitrate d'argent....... | Précipité jaunâtre très-abon-dant................ .... | Rien. |
| Potasse caustique...... | Rien, odeur de lessive.... . | Précipité gélatineux transparent. |

Mais il suffit d'avoir vu une seule fois les feuilles de l'arguel pour
qu'il soit facile de les distinguer de celles du séné.

COMPOSITION CHIMIQUE. — On ne connaît pas suffisamment la
composition chimique des feuilles d'Argel. On y a trouvé cependant une huile essentielle qu'on doit considérer comme donnant
l'odeur nauséeuse aux feuilles, une matière amère et nauséeuse
qui paraît être le principe purgatif de la plante, de la chlorophylle, de l'acétate de potasse, une matière gommeuse analogue
à la bassorine, une matière grasse et plusieurs sels.

USAGES. — L'arguel est un purgatif violent et incertain ; c'est à sa
présence dans le séné que l'on attribue les coliques très-fortes que
celui-ci détermine souvent. D'après MM. Nectoux et Pugnet, il ne
mériterait pas ce reproche, et il purgerait aussi bien que le séné pur.
Les souches de l'arguel laissent écouler une gomme résineuse très-
âcre, et les graines chauffées sur les charbons ardents dégagent une
odeur aromatique.

## ARISTOLOCHE

*Aristolochia serpentaria, longa, rotunda, clematitis* L.
(Aristolochiées.)

L'Aristoloche serpentaire (*A. serpentaria* Willd.), vulgairement
Serpentaire de Virginie, est une plante vivace, à rhizome rampant,
muni de nombreuses racines fibreuses, grêles, un peu ramifiées, blanchâtres. La tige, haute de 0^m,20 à 0^m,30, est grêle, pubescente, peu
rameuse; elle porte des feuilles alternes, pétiolées, cordiformes, aiguës,

entières, un peu pubescentes et légèrement ciliées. Les fleurs, portées sur des pédoncules qui naissent à la base de la tige, sont petites et d'un brun rougeâtre, allongées et en forme de cloche irrégulière. L'ovaire est globuleux et velu. Le fruit est une capsule arrondie, déprimée, présentant six côtes saillantes.

L'aristoloche ronde (*A. rotunda* L.) est aussi vivace ; son rhizome, tubéreux et charnu, est à peu près de la grosseur d'une noix. La tige, haute d'environ 0ᵐ,35, dressée, à quatre angles, glabre, presque simple, porte des feuilles sessiles, cordiformes, à nervures saillantes en dessous. Les fleurs, solitaires à l'aisselle des feuilles supérieures, sont irrégulières et présentent à peu près la même forme que dans l'espèce précédente. Le fruit est ovoïde, obtus, à six angles arrondis.

Nous signalerons encore dans ce genre les aristoloches longue (*A. longa* L.), clématite (*A. clematitis* L.), pistoloche (*A. pistolochia* L.) et l'*A. cymbifera* du Brésil.

Habitat. — L'aristoloche serpentaire habite la Virginie, la Caroline, etc., et croît dans les bois montueux. L'aristoloche clématite habite le centre et le midi de l'Europe. Les autres espèces sont propres aux régions méridionales.

Culture. — Toutes ces plantes, sauf l'aristoloche clématite, supportent difficilement la pleine terre dans le nord de la France. On ne les cultive guère, du reste, que dans les jardins botaniques. Elles se propagent facilement par graines, semées sur couche au commencement du printemps, et repiquées en bonne terre, vers la fin de cette saison.

Parties usitées. — Les racines.

Récolte. — Les racines sont récoltées à l'automne ; celle de l'*A. rotunda* nous est apportée sèche de la Provence et du Languedoc ; elle est de la grosseur d'un abricot, mamelonnée à sa surface, grosse, amylacée, jaunâtre à l'intérieur, grise en dehors, peu odorante, mais développant une odeur forte et désagréable lorsqu'on la pulvérise. L'aristoloche longue vient du même pays, elle ne diffère de la précédente que par sa forme, qui est plus allongée ; sa longueur varie de 10 à 30 centimètres ; elle est grosse à proportion.

L'aristoloche clématite se trouve rarement dans le commerce ; elle est composée de fibres brunes, longues, de la grosseur d'une plume d'oie ; son odeur est plus forte que celle des précédentes.

L'aristoloche petite ou *pistoloche*, décrite par Pline sous les noms de *Pistolochia* et *Polyrrhizos*, est petite, menue, et présente de petits renflements tubériformes.

Enfin la serpentaire de Virginie, qui est la seule usitée, se distingue par ses racines petites, avec un chevelu menu, touffu et abondant; elle nous est apportée d'Amérique; elle a une couleur grise, une odeur fortement camphrée et térébenthinée, surtout lorsqu'on la frotte; sa saveur est amère et aromatique; on en distingue plusieurs variétés dans le commerce, et principalement deux, l'une à laquelle M. Guibourt attribue le nom d'*A. latifolia*, et l'autre celui d'*A. angustifolia*.

Sous le nom de racine de *Mil-homens* ou *Ambuyaembo* de Marcgrave, on a employé autrefois la racine de l'*A. cymbifera*, Mart. *A. grandiflora* de Gomez.

Composition chimique. — La serpentaire de Virginie a été analysée par M. Chevallier, qui y a trouvé une huile volatile ayant l'odeur de la plante avec de l'amidon, une matière résineuse et de l'albumine.

Usages. — Outre les aristoloches dont nous avons parlé, on a employé à différentes époques et dans divers pays les racines des *Aristolochia anguicida, bilobata, bracteata, cordiflora, fœtida, fragrantissima* (ou *Contrayerba de Bejuco du Pérou*), *Indica, odoratissima, punctata, sempervirens, turbacensis,* etc.

Parmi les nombreuses propriétés qu'on a attribuées aux aristoloches, trois dominent; ce sont les propriétés fébrifuge, emménague, d'où le nom d'*aristolochiques* qu'on a donné aux médicaments auxquels on attribuait la propriété de provoquer l'écoulement des règles et des lochies; enfin on les a considérées comme propres à combattre les venins des serpents, d'où le nom de *serpentaire*, et le fameux *huaco* (qu'il ne faut pas confondre comme on le fait avec le *guaco*) n'est autre chose que la racine de Mil-homens ou *A. grandiflora*.

Malgré la grande autorité d'Hippocrate, de Dioscoride et de Galien, qui ont fait l'éloge des aristoloches, ces racines sont à peu près abandonnées aujourd'hui; la serpentaire de Virginie est seule usitée quelquefois dans les convalescences des fièvres intermittentes, et comme emménagogue dans les cas d'atonie de l'utérus, surtout lorsque cette atonie est accompagnée de spasmes.

Les aristoloches entraient dans une foule de compositions polypharmaques, parmi lesquelles nous citerons la célèbre poudre du *prince de la Mirandole* ou du *duc de Portland*. Les homœopathes l'emploient sous le signe *A ao* et l'abréviation *Aristol*.

## ARMOISE
*Artemisia vulgaris* L.
(Composées-Sénécionidées.)

L'Armoise commune, vulgairement appelée aussi *Herbe de la Saint-Jean*, est une plante vivace, à racine ligneuse, rampante, fibreuse. La tige, haute de $1^m$ à $1^m,50$, est herbacée, cylindrique, striée, rougeâtre, un peu velue, dressée et rameuse. Les feuilles sont alternes, glabres et d'un beau vert foncé en dessus, blanches et cotonneuses en dessous; celles de la base, grandes, ailées, profondément découpées en nombreux segments lancéolés, aigus, marqués en dessus d'un sillon longitudinal; les moyennes profondément tri_ lobées; les feuilles florales, linéaires, aiguës, entières. Les fleurs, jaune roussâtre, sont groupées en petits capitules ovoïdes, allongés, à réceptacle nu, entourés chacun d'un involucre à folioles ovales, cotonneuses, un peu scarieuses sur les bords. Ces capitules sont disposés en petits épis axillaires, allongés, dont la réunion constitue une longue panicule étroite, effilée, terminale. Les fruits (*akènes*) sont cylindriques, obovales, lisses, terminés par un disque très-étroit.

Le genre *artemisia* renferme encore plusieurs autres espèces (absinthe, aurone, estragon, semen-contra, etc.) qui doivent faire le sujet d'articles spéciaux (Voy. ces mots).

HABITAT. — L'armoise est commune dans toute l'Europe. On la trouve dans les lieux incultes, les haies, les buissons, les cimetières, au bord des chemins, etc. Elle fleurit en août.

CULTURE. — Cette plante, se trouvant abondamment à l'état sauvage, n'est cultivée que dans les jardins botaniques. Quoiqu'elle vienne bien partout, elle préfère néanmoins les terres légères et les expositions découvertes On la multiplie facilement par le semis de ses graines, ou par la division des vieux pieds, qu'on pratique au commencement du printemps.

PARTIES USITÉES. — Les feuilles, les sommités, rarement les racines.

RÉCOLTE. — Les feuilles sont récoltées avant la floraison, les sommités au moment où la plante fleurit, en juin ou juillet ; tantôt on récolte les feuilles seulement, tantôt les sommités.

Composition chimique. — L'armoise contient une huile essentielle analogue à celle de l'absinthe, mais moins aromatique ; Braconnot y a trouvé une matière azotée amère, elle renferme du tannin.

Usages. — L'armoise entrait dans la composition de l'eau *hystérique* et son suc dans celle des *trochisques de myrrhe,* qui ne sont plus usités ; on en prépare un sirop simple et un autre composé, employés encore quelquefois à la dose de 30 à 60 grammes ; mais c'est surtout l'infusion dont on se sert : on met 10 à 30 grammes de feuilles pour un litre d'eau bouillante ; la poudre de la racine est encore quelquefois administrée à la dose de 2 à 4 grammes contre l'épilepsie.

Les feuilles d'armoise sont considérées comme toniques, stimulantes, anti-spasmodiques, mais c'est surtout comme emménagogue qu'on en fait usage ; le vulgaire lui attribue des propriétés abortives qu'elle ne possède pas ; on l'administre en infusion dans du vin blanc, mais elle n'exerce réellement aucune action sur l'utérus ; son nom lui vient dit-on d'Artémise, femme de Mausole, qui en faisait usage.

Hippocrate, Dioscoride la considéraient comme un excellent emménagogue ; plus récemment Fucatus, Lusitanus, Demesa, etc., l'ont employée dans le même but, tantôt seule, tantôt associée au cerfeuil, à l'absinthe, à la matricaire, au souci, en infusion, en lavements, en cataplasmes sur le bas-ventre et même en fumigations sur la vulve.

Dans la chlorose accompagnée d'aménorrhée, l'armoise a été souvent employée avec succès.

Quant à l'usage que l'on a fait de l'armoise comme anti-spasmodique et à son emploi dans l'hystérie, les convulsions, la chorée, les névralgies, les vomissements spasmodiques, etc., elle n'agit pas mieux que l'absinthe ou toute autre plante aromatique, quoique en général elle soit regardée comme exerçant dans ces cas-là une action spéciale.

En Allemagne la poudre de racine d'armoise a été très-employée contre l'épilepsie ; Burdach a cité cinq cas où elle avait produit de bons effets, Schœnbeck a confirmé les faits de Burdach, Graefe a rapporté deux cas de guérison ; Hufeland atteste que c'est un moyen utile pour prévenir ou diminuer les accès.

Un grand nombre d'auteurs ont rapporté des faits plus ou moins concluants relatifs à la propriété fébrifuge de l'armoise ; mais on peut affirmer que les fièvres qui passent pour avoir été guéries par cette plante se seraient terminées sans elle.

D'après Kæmpfer, le *moxa* des Chinois et des Japonais serait fait avec le duvet cotonneux de l'armoise vulgaire; pour d'autres, il serait fait avec l'*A. chinensis* L., et d'après M. Lindley, ce serait une espèce particulière qu'il nomme *A. Moxa.*

Les homœopathes font usage de l'armoise; son signe est *Aam*, et son abréviation *Artem vulg. ;* on en fait une teinture mère.

## ARNICA

*Arnica montana* L. *Doronicum Arnica* Desf.
(Composées-Sénécionidées.)

L'Arnica des montagnes, appelé aussi vulgairement Bétoine des montagnes, Plantain des Alpes, Tabac des Vosges, etc., est une plante vivace, à racine traçante, noirâtre, munie de radicelles fibreuses, brunes et grêles. La tige est simple, cylindrique, striée, pubescente, haute de 0<sup>m</sup>,35 à 0<sup>m</sup>,50, quelquefois un peu rameuse au sommet. Les feuilles, presque toutes réunies en rosette à la base de la tige, sont sessiles, ovales, obtuses, entières, d'un vert clair, un peu pubescentes en dessus, à nervures longitudinales saillantes. Les feuilles cauli-naires, au nombre de deux ou quatre au plus, sont petites, lancéo-lées, opposées et amplexicaules. Les fleurs sont groupées en capitules solitaires terminaux, d'un beau jaune doré, larges de 0<sup>m</sup>,05 à 0<sup>m</sup>,06, entourés d'un involucre qui présente deux rangées d'écailles ovales, lancéolées, longues, égales, velues. Le réceptacle est nu. Les fleurs du centre sont régulières, en tube et hermaphrodites; celles de la circonférence sont femelles et longuement étalées en languette. Les fruits (akènes) sont allongés, minces, noirâtres, pubescents, sur-montés d'une aigrette sessile et légèrement plumeuse.

HABITAT. — Cette plante habite presque toute l'Europe. On la trouve dans les bois et les pâturages des régions montagneuses. Elle est commune sur les Alpes, les Pyrénées, les Vosges, les montagnes d'Auvergne, etc. Elle fleurit en juillet.

CULTURE. — Très-abondante à l'état sauvage et assez difficile à cultiver, comme toutes les plantes alpines; cette espèce est peu répan-due dans nos jardins. Elle demande une exposition élevée, abritée et ombragée, et la terre de bruyère entremêlée de rocailles. On la propage par ses graines qu'on sème au printemps, ou mieux en automne, aussitôt après leur maturité. On repique les jeunes plants en août, ou mieux en automne, et à l'exposition du nord-est de préférence. On peut ensuite multiplier abondamment les pieds par drageons ou par éclats de racines, qu'on replante dans la terre de bruyère, mélangée d'un peu de bonne terre de jardin.

Parties usitées. — Les racines, les feuilles, et plus souvent les fleurs.

Récolte. — Les racines sont récoltées en septembre, les feuilles et les fleurs en juillet ; on passe les fleurs au tamis pour séparer les petites aigrettes qui tiennent la place du calice, et il faut avoir le soin de filtrer la tisane d'arnica pour séparer ces aigrettes, qui sans cela s'arrêtent à la gorge et provoquent des vomissements.

Composition chimique. — Les fleurs d'arnica sèches sont à peu près inodores ; fraîches, elles ont, quand on les écrase, une odeur aromatique prononcée et une saveur âcre, chaude, amère, dues probablement à l'huile essentielle encore mal connue qu'elle renferme. Les propriétés physiologiques et thérapeutiques de la plante paraissent devoir être attribuées à un alcaloïde découvert par Bastick, qui lui a donné le nom d'*arnicine*. Waltz a assigné la formule $C^{20}H^{30}O^{4}$ à un alcaloïde qu'il isola en 1861, et qu'il considère comme différent de celui de Bastick. D'autres chimistes donnent à l'arnicine la formule $C^{35}H^{54}O^{4}$. Cet alcaloïde forme avec les acides des sels cristallisables. Il est amer et possède une odeur légèrement musquée ; il est peu soluble dans l'eau, assez soluble dans l'alcool et dans l'éther.

Usages. — L'arnica a été désigné sous un grand nombre de noms vulgaires ; nous ajouterons à ceux que nous avons déjà indiqués ceux d'*Herbe aux prêcheurs* et de *Doronic d'Allemagne*. Stoll l'appelait le *Quinquina des pauvres*. Toutefois ses propriétés fébrifuges sont très-contestables.

Aujourd'hui on considère généralement l'arnica comme jouissant de propriétés analogues à celles que possèdent la plupart des plantes de la famille des Loganiacées, notamment la noix vomique et la fève de Saint-Ignace, dont les propriétés sont beaucoup moins énergiques, ce qui lui a fait donner le nom de *noix vomique des enfants* par Fonsagrives.

Les recherches physiologiques qui ont été faites pendant ces dernières années montrent, en effet, dans l'Arnica un médicament d'une valeur réelle. Il agit d'abord sur les voies digestives ; puis son action porte sur tout le système nerveux ; les premiers effets se manifestent par de la pesanteur, de l'anxiété à l'épigastre, de la cardialgie, des démangeaisons, des évacuations alvines, des nausées, des vomissements, une salivation abondante, des sueurs froides ; les seconds par des étourdissements, de la céphalalgie, des secousses, des convulsions, des difficultés de locomotion, une dyspnée plus ou moins intense, etc. ; à dose élevée, il peut produire des accidents tels que des hémorrhagies, des déjections sanguinolentes, et même la mort.

Ce qui précède montre que l'arnica est un médicament d'une valeur réelle, mais dont il faut surveiller l'usage quand on l'administre à l'intérieur. Sous cette forme il est surtout préconisé par les médecins modernes contre les débilités musculaires, contre la paralysie de la vessie, pour réveiller la contractilité des bronches dans les cas des catarrhes bronchiques des typhoïdes, de catarrhe suffocant des vieillards et des enfants. On en fait encore usage dans le typhus et la fièvre typhoïde comme stimulant, ainsi que dans les fièvres muqueuses adynamiques. On l'a prescrit dans la dysenterie chronique pour ranimer les fonctions stomacales. Il peut rendre des services réels chez les anémiques et les dyspeptiques en excitant l'estomac et en combattant la constipation ou les diarrhées atoniques.

A l'extérieur, il est employé sous forme de teinture au pansement des coups, des blessures, pour exciter la circulation.


## ARROWROOT

(Voyez le *Supplément* du T. I.)


## ARTICHAUT

*Cynara Scolymur* L.
(Composées-Cynarées.)

L'Artichaut est une plante vivace, à racine épaisse, charnue, dure, rameuse ; à tige cylindrique, glabre, haute d'environ un mètre, peu rameuse, portant des feuilles très-grandes, pinnatifides, à segments divisés profondément en lobes dentés, d'un vert pâle en dessus, blanchâtres en dessous. Les fleurs sont réunies en très-gros capitules ovoïdes, solitaires à l'extrémité des rameaux, à réceptacle très-épais, charnu, concave, couvert de poils soyeux simples, entouré d'un involucre à folioles larges, épaisses, épineuses au sommet, imbriquées sur plusieurs rangs. La corolle, à tube très-long, à limbe divisé en cinq lanières très-étroites, est d'un violet clair, ainsi que le tube staminal. Le fruit est un akène, surmonté d'une aigrette sessile et plumeuse.

HABITAT. — L'artichaut est originaire du midi de l'Europe. On le cultive en grand dans tous les jardins maraîchers.

PARTIES USITÉES. — L'involucre et le réceptacle, les feuilles, les tiges, les racines, les fleurs.

RÉCOLTE. — Les feuilles, les tiges et les racines doivent être récoltées au mois de juin, juillet ou août, selon les climats, avant la floraison. Les capitules destinés à être mangés doivent être cueillis avant leur entier développement; les fleurs, au moment de l'anthèse, c'est-à-dire lorsqu'on aperçoit les fleurons violets. Ce sont ces fleurs, mais plus spécialement celles du cardon, *Cynara cardunculus* L., que l'on emploie sèches, sous le nom de *Chardonnette*, en infusion pour faire cailler le lait; mais les fleurs de l'artichaut ordinaire peuvent parfaitement servir au même usage. Quatre grammes de fleurs sèches suffisent pour un litre de lait. On met les fleurs dans un sachet en toile, que l'on plonge dans le lait; on porte celui-ci à l'ébullition, on exprime, on remue quelques instants et on laisse refroidir.

COMPOSITION CHIMIQUE. — Toutes les parties de l'artichaut sont riches en tannin. La décoction des capitules est employée dans la tannerie et celle des feuilles dans la teinture. On y trouve encore, d'après M. Guitteau, un principe extractif particulier. En traitant les feuilles d'artichaut par l'eau à l'ébullition, en évaporant et reprenant l'extrait par l'alcool à 33° C., et réduisant en consistance d'extrait, on obtient une masse ressemblant tout à fait à l'aloès, ayant son goût, sa cassure vitreuse, et formée en grande partie d'une matière analogue à l'aloétine, que M. Guitteau nomme *Cynarine*.

USAGES. — Tout le monde connaît les usages comme aliment des capitules de l'artichaut et des pétioles du cardon. Nous n'y insisterons pas. La cuisson leur fait perdre leur âcreté et leur consistance trop solide. Galien leur reprochait d'engendrer des sucs bilieux et mélancoliques; mais ils sont de digestion facile lorsqu'ils sont cuits; crus, ils ne conviennent pas à tous les estomacs.

La racine d'artichaut passe pour diurétique et apéritive. On l'emploie vulgairement comme telle macérée dans du vin blanc contre les hydropisies, les jaunisses, les engorgements abdominaux qui accompagnent ou qui suivent les fièvres intermittentes. M. Wilson assure avoir obtenu de bons effets dans les mêmes cas du suc à la dose de 30 à 100 grammes.

Avant la découverte du quinquina, l'artichaut était employé comme fébrifuge, et les paysans du Berri en font encore un fréquent usage contre les fièvres intermittentes de saison. C'est l'extrait dont on se sert. Il agit comme le font tous les amers et les astringents végétaux; mais il est certain que sa richesse en principes extractifs amers doit être la principale cause des bons effets de cette plante dans tous les cas où on l'a employée, et plus spécialement contre la diarrhée, et surtout la diarrhée chronique des enfants, si difficile à guérir et que les préparations d'artichaut arrêteraient parfaitement, d'après MM. Otterbourg, Moissenet, Homolle, Aubrun, Charrier, etc.

Quant aux faits de guérison du rhumatisme aigu et chronique par l'artichaut, cités par M. le docteur Copeman, et ceux d'ictère chronique, traités avec succès par les mêmes préparations, d'après M. Levrat-Perrotin, nous croyons qu'ils ne sont nullement probants. D'ailleurs les préparations pharmaceutiques de l'artichaut sont aujourd'hui, à tort peut-être, tout à fait inusitées.

## ARUM

*Arum maculatum* L.
Aroïdées-Colocasiées.)

L'Arum tacheté, vulgairement appelé Gouet ou Pied-de-Veau, est une plante vivace, à rhizome charnu, arrondi, blanchâtre, d'où partent, en dessous, des racines fibreuses, fasciculées; en dessus, trois ou quatre feuilles radicales, à pétiole très-long, muni, à la base, d'une gaîne foliacée, mince, membraneuse, demi-transparente, et terminé par un limbe large, hasté ou sagitté, aigu, d'un beau vert brillant, souvent parsemé de taches noires. Les fleurs naissent à l'extrémité d'une hampe ou pédoncule commun, long de 0<sup>m</sup>,15 à 0<sup>m</sup>,20; enveloppées d'une grande bractée ou spathe membraneuse, blancverdâtre, formant un large cornet qui présente un étranglement vers la partie inférieure ; elles sont réunies en une sorte d'épi (*spadice*), dont le sommet est nu, allongé et arrondi en forme de massue ; vers le milieu sont les fleurs mâles, en très-grand nombre ; enfin, à la base, les fleurs femelles, au nombre de trente environ, dépourvues d'enveloppes florales propres, et consistant en un ovaire libre, surmonté d'un stigmate sessile. Les unes et les autres sont disposées autour de l'axe en verticilles réguliers. Les fruits sont de petites baies rougeâtres, du volume d'un pois, réunies en un épi serré, court et tronqué (Pl. 18).

L'arum d'Italie (*A. Italicum* L.) est une espèce très-voisine, peut-être même une simple variété de la précédente, caractérisée par ses dimensions plus grandes et ses feuilles veinées de blanc.

Habitat. — L'arum maculé habite le centre et le nord de l'Europe ; l'arum d'Italie est propre aux régions méridionales. Ces deux plantes sont communes dans les lieux ombragés et humides, le long des bois, des haies et des terres fertiles.

Culture. — L'arum n'est cultivé que dans les jardins botaniques. Il se propage très-facilement, soit par ses graines, soit par ses caïeux, soit par la séparation de ses pieds, dont on plante les éclats en terre légère, un peu ombragée et abritée. Les essais de culture en grand n'ont pas donné de résultats avantageux.

Parties usitées. — Le rhizome et les feuilles.

Récolte. — La fructification du gouet a lieu d'août en octobre : c'est avant cette époque qu'on récolte les feuilles, qui se flétrissent bientôt et tombent ; les rhizomes, improprement nommés racines, s'arrachent au printemps ou à l'automne ; fraîches, elles sont très-actives ; elles perdent de leurs propriétés en vieillissant : c'est à peu près la seule partie de la plante employée. Telle que le commerce nous la fournit, cette racine est ovoïde, de la grosseur d'une petite noix, blanchâtre, lorsqu'elle est mondée de son épiderme, jaune par places, entièrement blanche à l'intérieur ; récemment récoltée, elle est très-âcre ; mais elle devient moins caustique en vieillissant, et par la torréfaction elle perd tout à fait cette propriété. Lemery avait proposé d'en faire du pain dans les temps de disette.

Composition chimique. — Toutes les parties de la plante jouissent d'une âcreté excessive, provoquée par le suc qu'elles contiennent ; mais il n'a été fait aucune analyse de nature à déterminer les principes chimiques auxquels cette plante doit ses propriétés. Dulong d'Astafort en a extrait un suc blanchâtre épais, riche en grains d'amidon ; ce suc filtré n'est pas coagulé par les acides, et il rougit le tournesol. D'après Bucholz, la racine d'arum contient sur 100 parties : huile grasse, 0,6; extrait sucré, 4,4; gomme, 5,6; mucilage, 18 ; amidon humide, 71,4.

Usages. — Il serait trop coûteux d'extraire l'amidon de l'arum tacheté, comme le voulait Cyrillo; on préfère employer pour cela l'arum comestible (*Caladium esculentum* Vent., *Arum esculentum* L., *Caladium aquatile* Rumph.). En Angleterre, en Belgique, en Poitou, etc., on fait avec le rhizôme d'arum une pâte qui sert à blanchir le linge. Peyrilhe disait avec raison que tout ce qui vient de l'arum est âcre, styptique et brûlant. Les feuilles pilées et appliquées sur la peau l'irritent, l'enflamment, et peuvent dans certains cas pressants être employées comme rubéfiantes; macérées dans le vin, on les a employées comme antiscorbutiques et pour panser les ulcères sanieux. Dioscoride a vanté le rhizôme d'arum contre les affections chroniques de la poitrine. Quoique Bergius et Gilibert aient prétendu avoir guéri des fièvres intermittentes et des céphalées gastriques rebelles au moyen de l'arum, et que Horstius, Mueller, Gesner, etc., aient assuré avoir obtenu des guérisons dans des cas d'asthme pituiteux et même de phthisie, nous croyons que c'est avec raison qu'à ces derniers égards il est tombé dans l'oubli. On associait autrefois l'arum avec des plantes aromatiques, telles que le thym, la menthe, le serpolet, la sauge, l'origan, l'absinthe, qui, disait-on, en atténuaient les propriétés irritantes. Les rhizômes d'arum ont été quelquefois des causes d'empoisonnements, qu'on a combattus avec succès par les vomitifs et les adoucissants, tels que le lait, la décoction de guimauve, l'huile, etc.

L'Arum serpentaire (*A. Dracunculus* L., *Dracunculus vulgaris* Schott) est souvent substitué à l'*Arum* tacheté.

L'Arum à trois feuilles (*A. triphyllum* Schott), qui croît en Virginie et au Brésil, a été préconisé, dans ces derniers temps, par les Américains, comme un des spécifiques de la phthisie.

L'*Arum Seguinum* L., qui est un *Dieffenbachia*, longtemps appelé *Pédiveau vénéneux, Canne marone*, a un suc fort âcre, caustique, vénéneux. Néanmoins Nicolson dit qu'on le fait entrer dans la composition d'une lessive servant à purifier le sucre.

# ASARET

*Asarum europæum* L.
(Aristolochiées.)

L'Asaret ou Cabaret est une plante vivace, à rhizôme brun, de la grosseur d'une plume, muni de nombreuses radicelles grêles et allongées. Les tiges, hautes de $0^m,03$ au plus, se terminent par deux feuilles réniformes, entières, un peu échancrées au sommet, d'un vert assez foncé, luisantes, à pétioles longs de $0^m,10$ environ. Les fleurs sont solitaires à l'aisselle de ces feuilles, portées sur un pédoncule recourbé, dont la longueur dépasse à peine $0^m,01$. Elles présentent un calice pétaloïde, verdâtre au dehors, pourpre brun au dedans; pas de corolle; 12 étamines (rarement 10) alternativement plus longues et plus courtes; un ovaire infère, à style court, terminé par un stigmate étoilé, à six divisions. Le fruit est une capsule à six loges, contenant de très-petites graines ovoïdes.

Habitat. — L'asaret habite les régions centrales et méridionales de l'Europe. Il croît dans les bois et les lieux ombragés.

Culture. — Cette plante n'est cultivée que dans les jardins botaniques. Presque indifférente sur le sol, elle demande une exposition un peu ombragée. On la propage très-facilement par la séparation des pieds, faite en mars ou à l'automne. Elle ne demande plus ensuite aucun soin.

Parties usitées. — Les racines et les feuilles.

Récolte. — Les racines doivent être récoltées au printemps ou à l'automne. Elle doit être choisie récente, entière; elle possède une odeur camphrée très-prononcée.

Les feuilles sont récoltées pendant tout l'été; elles sont moins odorantes que les racines.

La racine du commerce, bien mondée, est grise, quadrangulaire, de la grosseur d'une plume de corbeau, contournée, noueuse, avec des radicules blanchâtres; sa saveur est poivrée, son odeur forte.

Les feuilles sont réniformes, lisses, brisées, mêlées de débris de pédoncules.

Composition chimique. — L'asaret doit son odeur à une huile volatile formée en majeure partie d'une matière cristallisable, à odeur camphrée, l'*asarine*, $C^{20} H^{26} O^5$. Elle passe avec les vapeurs d'eau quand on distille l'asaret avec ce liquide. Elle se dépose en partie à l'état solide sur le col de la cornue et tombe en partie en gouttelettes huileuses qui ensuite se concrètent. Son odeur et sa saveur rappellent celles du camphre; elle est insoluble dans l'eau, soluble dans l'alcool, l'éther et les essences.

Usages. — Le nom d'*Asarum* est grec, et veut dire : *je n'orne pas*, parce que, d'après Pline, cette plante n'était jamais employée dans les couronnes ou dans les guirlandes dont on se parait dans les fêtes; le nom de *cabaret* vient, dit-on, de ce que les ivrognes l'employaient pour se débarrasser de l'excès de leur boisson ; celui d'*oreille d'homme,* qu'on lui donne encore, rappelle la forme de ses feuilles, et celui de *nard sauvage* vient des propriétés énergiques de la plante, ou de la ressemblance avec l'odeur de la valériane, dont trois espèces portaient ce nom chez les anciens; enfin on lui donne encore les noms d'*oreillette,* de *rondelle,* de *girard,* de *roussin,* de *panacée des fièvres quartes.*

Dioscoride, Galien, Mésué ont célébré les propriétés de l'asaret. Cette antique renommée a persisté de nos jours. Gilibert recommande la racine récente comme pouvant remplacer l'ipécacuana ; mêlée à la manne, il la regarde comme un excellent éméto-cathartique; il ajoute qu'en vieillissant elle perd sa propriété vomitive et reste simplement purgative, pour perdre plus tard cette dernière propriété et rester simplement diurétique. Les feuilles agissent de même, mais avec moins d'énergie.

Les propriétés sialagogues et sternutatoires de l'asaret ont été autrefois célébrées et souvent mises à profit; il faisait partie de la fameuse poudre de Saint-Ange et de la poudre céphalique de la pharmacopée d'Édimbourg; il entre encore dans l'orviétan, l'emplâtre Diabotanum, etc.

Comme fébrifuge, l'asaret a été vanté par un grand nombre d'auteurs, et principalement par Ettmuller, Fernel, Kramer, Hoffmann, Boerhaave, Willis, Rivière, Venel, Burten, Coste, Wilmet, Hanon, etc. Ses propriétés vomitives sont parfaitement constatées, et si elles n'ont pas été mises plus souvent à profit, on doit l'attribuer uniquement à l'infidélité de son action.

C'est surtout contre les fièvres intermittentes invétérées, les obstructions du foie, de la rate, du mésentère, contre les hydropisies, les affections cutanées, que l'asaret a été employé.

La poudre de racines et de feuilles d'asaret, mise sur la peau privée de son épiderme, ou sur une membrane muqueuse, cause une inflammation locale très-vive, comme le feraient le polygala, l'ipécacuana ou la violette. Il ne faut donc pas être surpris si Linné avait proposé de la substituer aux poudres de ces racines, et si Loiseleur-Deslongchamps avait confirmé les vues du savant naturaliste.

L'asaret est regardé par les vétérinaires comme un bon cathartique propre à guérir le farcin, à chasser les vers.

La racine de l'*Asarum Canadense* ne paraît différer en rien de celle de l'*A. Europœum;* d'ailleurs ces deux plantes sont regardées par quelques botanistes comme une variété de la même espèce.

On a vendu quelquefois dans le commerce pour la racine d'*Asarum* celle de l'asarine, *Antirrhinum asarina* L. Son odeur est très-faible, et ses racines sont grosses et longues comme le doigt et garnies de radicules ressemblant à celles de l'asclépiade.

# ASCLÉPIADE

*Tylophora asthmatica* W. et Arn. (*Asclepias asthmatica* Ronb.).
(Asclépiadées.)

L'Asclépiade asthmatique ou *Tylophora* est une plante à souche vivace; à tiges aériennes sarmenteuses, longues de 2 à 4 mètres, laineuses dans les parties jeunes. Les feuilles sont opposées, entières, ovales, un peu cordées à la base, coriaces, glabres en dessus, plus ou moins laineuses en dessous, longues de 10 à 12 centimètres. Les fleurs sont jaunes, tachées d'orange. Elles sont disposées en cymes ombelliformes, composées, axillaires, solitaires et alternes. La corolle est rosacée et à cinq lobes profonds et étalés. La couronne stransversale est formée de cinq écailles charnues. Le fruit est formé de deux follicules écartés l'une de l'autre, étalés, longs de 8 à 10 centimètres, gros, et renfermant de nombreuses graines chevelues.

L'Asclépiade de Curaçao (*Asclepias curassavica* L.) se distingue par une taille moins considérable des tiges aériennes, par des feuilles lancéolées, atténuées-aiguës, glabres et lisses ou luisantes sur les deux faces, et par des fleurs d'un rouge orangé ou écarlate.

L'Asclépiade tubéreuse (*Asclepias tuberosa* WIELD) a des feuilles oblongues-lancéolées, velues, et des fleurs orangées-rougeâtres.

Habitat. — L'Asclépiade de Curaçao se trouve dans l'île de Curaçao. L'*A. asthmatica* est originaire de l'île de Ceylan, où elle croît dans les bois. L'*A. tuberosa* habite les bois de sapins des États-Unis.

Culture. — L'asclépiade de Curaçao, ordinairement cultivée en serre chaude, peut passer l'hiver dans une bonne serre tempérée. On sème ses graines, au printemps, en terrines, sur couche et sous châssis. On la propage aussi de boutures et de marcottes. En été, on peut la mettre en plein air, où elle fleurit bien et mûrit même ses graines. L'asclépiade asthmatique demande la serre chaude. Ces deux espèces craignent l'humidité pendant l'hiver.

Parties usitées. — Les feuilles, les fleurs, les racines.

Récolte. — Pendant la floraison, la dessiccation de tous les *Asclepias* doit être opérée très-rapidement.

Composition chimique. — Nous n'entendons pas parler ici du dompte-venin, considéré longtemps comme un *Asclepias* et aujourd'hui comme un *Cynanchum*. Nous en parlerons plus loin, et nous donnerons son analyse ; mais nous pouvons dire que tous les *Asclepias* présentent une composition analogue, et que tous renferment un suc blanc laiteux très-âcre et très-actif.

Usages. — L'Asclépiade tubéreuse figure dans la Pharmacopée des États-Unis. On emploie sa racine sous le nom de *Pleurisy root* comme diaphorétique et expectorante, particulièrement contre la pleurésie, les rhumatismes aigus et chroniques. On l'administre aussi contre la diarrhée et la dysenterie.

La racine d'asclépiade de Curaçao est employée aux Antilles comme purgative et comme vomitive ; elle porte le nom de *faux ipécacuana*, mais ce nom est commun à un grand nombre de plantes vomitives. On l'a également employée comme anthelmintique.

L'*A. asthmatica* L., ou *Cynanchum vomitorium* Lam., *C. ipecacuana* W., porte dans l'Inde le nom d'ipécacuana blanc. On en fait usage comme succédané de l'ipécacuana, surtout dans le traitement de la dysenterie. On emploie la poudre des feuilles. Celle-ci est émétique à la dose de 20 à 25 grains. A la dose de 3 à 5 grains elle est diaphorétique et expectorante.

L'*A. decumbens* L. (Virginie) est considérée comme sudorifique, purgative, et employée contre la pleurésie et la dysenterie.

L'*A. gigantea* L. (Inde), très-vénéneuse ; elle y porte le nom de mercure végétal, et est employée contre un grand nombre de maladies et surtout contre la syphilis.

L'*A. lactifera* Roxb. (Inde). Son lait y est employé comme aliment ; on prétend même qu'il remplace le lait de vache dans quelques lieux de l'Inde.

L'*A. laniflora* Forsk. (Arabie). Son suc laiteux mêlé à du beurre est employé contre la gale.

Nous pourrions encore signaler les *A. procera* Ait., *prolifera* Rottl., *spiralis* Forsk., *stipitacea* Forsk., *tuberosa* L., *undulata* L., *volubilis* L., tous employés dans les pays où ils croissent et inconnus chez nous. Ajoutons encore que l'*A. Cornuti* Dne. ou *herbe à la ouate*, si bien naturalisé, pourrait rendre de grands services à l'industrie dans un moment de pénurie de matières textiles.

## ASPERGE

*Asparagus officinalis* L.
(Liliacées-Asparagées.)

L'Asperge est une plante vivace, à souche rampante, épaisse, charnue, cylindrique, écailleuse, rameuse, munie de nombreuses racines fibreuses et allongées. La tige, haute de un mètre ou plus, cylindrique, glabre, dressée, rameuse dans sa partie supérieure, porte des feuilles très-petites, réduites à une écaille membraneuse, brunâtre, de l'aisselle desquelles partent des rameaux fasciculés, dressés, mous, à nombreuses divisions filiformes (fausses feuilles). Les fleurs, petites, jaune-verdâtre, terminent des pédoncules grêles, pendants, articulés vers leur milieu. Elles sont unisexuées et presque toujours dioïques. Elles présentent un calice campanulé, allongé, à six divisions obtuses disposées sur deux rangs, et pas de corolle. Les fleurs mâles ont six étamines incluses, insérées vers la base du calice, et un rudiment de pistil ; les femelles présentent un ovaire à trois loges bi-ovulées, à style trigone, terminé par un stigmate à trois divisions. Le fruit est une petite baie ronde, pisiforme, rouge, renfermant trois à six graines.

Habitat. — L'asperge habite surtout l'Europe centrale et méridionale ; on la trouve dans les bois sablonneux et les sables maritimes. On la cultive en grand dans tous les jardins maraîchers.

Parties usitées. — La racine, les jeunes pousses (turions).

Récolte. — La racine d'asperges doit être récoltée sur des plants de trois ans au moins. Elle est composée d'un paquet de radicules de la grosseur d'une plume, fort longues, adhérentes à la souche garnie d'écailles; elles sont grises en dehors, blanches en dedans; l'écorce se détache facilement; elles sont molles, glutineuses; leur saveur est douce et fade; elles sont difficiles à sécher, et ne se conservent que lorsque la dessiccation est bien faite; coupées en tronçons, elles font partie des cinq racines apéritives.

Les turions qui servent à préparer le sirop de pointes d'asperges doivent être cueillis encore verts, lorsque les écailles formant les feuilles du sommet du cône ne sont pas encore écartées de l'axe.

Composition chimique. — Les racines et les jeunes pousses de l'asperge qui seules sont employées, soit par la médecine. soit dans l'alimentation, contiennent des sels de potasse et de chaux, notamment des phosphates de potassium et de calcium, de la mannite, un principe mucilagineux, et de l'asparagine. Cette substance, d'abord trouvée par Vauquelin et Robiquet dans les pousses de l'asperge, existe dans la plupart des végétaux verts. Elle est considérée comme un produit intermédiaire entre les matières ternaires et les matières albuminoïdes, et comme une substance capable de régénérer les matières albuminoïdes après avoir été produite par leur désassimilation.

Pour obtenir l'asparagine, on exprime le suc des jeunes pousses de l'asperge puis on concentre le suc par la chaleur, et on le laisse reposer. Il se dépose alors des cristaux d'asparagine colorés; on les débarrasse de la matière colorante par des dissolutions et des recristallisations successives dans l'eau.

A l'état de pureté, l'asparagine, $C^4 H^8 Az^2 O^3$, se présente en cristaux blancs orthorhombiques. Elle est très-peu soluble dans l'eau froide, mais très-soluble dans l'eau bouillante. Chauffée avec de l'eau dans des tubes scellés, l'asparagine s'hydrate et se transforme en aspartate d'ammonium. Elle représente une amide à laquelle on a pu donner le nom d'*amide aspartique*. Son acide est l'*acide aspartique* ou acide *amido-succinique*.

Usages. — Il est peu de plantes dont les propriétés thérapeutiques aient été, tour à tour, plus vantées et plus nettement niées que l'Asperge. Elle fait partie du sirop diurétique, dit des cinq racines, avec les racines d'ache, de fenouil, de persil et de petits houx. On prépare des tisanes avec ses racines, et avec ses jeunes pousses on fait un sirop dit de pointes d'asperges.

Sa réputation comme diurétique provient sans doute de l'odeur désagréable qu'elle donne à l'urine des personnes qui en ont mangé.

Si l'on ajoute à cette urine fétide de l'essence de térébenthine, elle dégage immédiatement une odeur agréable de violette. On suppose, pour expliquer cet effet, que l'asparagine se transforme dans l'économie en acide succinique qui serait rejeté avec les urines; l'essence de térébenthine agissant sur cet acide, produit l'odeur caractéristique de la violette qu'elle donne normalement à l'urine, quand elle a été introduite dans l'économie soit par le tube digestif, soit par les bronches.

Quoi qu'il en soit, l'asperge paraît avoir réellement une action diurétique. On admet aussi qu'elle agit comme sédatif du cœur à la façon de la digitale, mais avec une énergie beaucoup moindre. Fonsagrives pense qu'on peut l'administrer aux enfants en place de la digitaline, dont l'action sur les jeunes organismes est trop énergique. D'autres thérapeutistes mettent en doute l'action cardiaque de cette plante. Il y a déjà bien des années que les propriétés cardiaques de l'asperge ont été affirmées. Allen Dedrik en Amérique, Broussais en France, vers le commencement du siècle, y croyaient fermement. Dans ces derniers temps, M. Fonsagrives s'est fait le champion de ce médicament. Cependant de nouvelles recherches sont encore nécessaires. Si l'on se rappelle que le Muguet, dont les propriétés sont aujourd'hui bien démontrées, appartient à la même tribu botanique que l'asperge, on sera tenté de croire à une analogie d'action entre les deux plantes.

## ASPÉRULE

*Asperula odorata* et *cynanchica* L.
(Rubiacées-Aspérulées.)

L'Aspérule odorante (*A. odorata* L.), appelée aussi Hépatique étoilée, petit Muguet ou Reine des bois, est une petite plante vivace, à racine grêle, fibreuse et traçante. Ses tiges, hautes de $0^m,15$ à $0^m,25$, simples, très-minces, presque carrées, noueuses, glabres, dressées, portent des feuilles verticillées ovales, lancéolées, rétrécies à la base, lisses, luisantes, d'un vert foncé, à bords ciliés. Les fleurs, blanches, assez petites, odorantes, sont réunies en cymes dichoto-miques terminales. Elles ont un calice très-petit, à quatre dents; une corolle en entonnoir, à quatre divisions étalées; quatre étamines courtes; un pistil à ovaire didyme et à stigmate bifide. Le fruit est couvert de poils raides crochus.

L'aspérule rubéole, petite Garance ou Herbe à l'esquinancie (*A. cy-nanchica* L.), est aussi vivace; elle se distingue de la précédente par sa taille plus élevée; ses tiges étalées ascendantes, diffuses, très-rameuses dès la base; ses feuilles linéaires étroites, bien moins nom-breuses dans chaque verticille; ses fleurs blanc rosé, presque sessiles; son fruit glabre, finement tuberculeux.

Habitat. — Ces deux plantes habitent les régions tempérées de l'Europe. On les trouve principalement dans les lieux incultes, sté-riles, montagneux; dans les sols sablonneux ou pierreux; sur les pelouses sèches; aux bords des chemins, etc. Elles fleurissent depuis mai jusqu'en juillet, ou même plus tard.

Culture. — Les aspérules ne sont cultivées que dans les jardins botaniques. Elles demandent une terre légère et une exposition dé-couverte. On les multiplie très-facilement, soit par le semis, soit par la division des pieds. Elles n'exigent plus ensuite aucun soin.

Parties usitées. — Les feuilles et les sommités fleuries.

Récolte. — La récolte est faite au moment de la floraison; on dispose la plante en paquets et on la fait sécher en guirlandes.

Composition chimique. — Inodore quand elle est fraîche, l'aspérule acquiert par la dessiccation une odeur agréable de fève tonka ou de mélilot; on a extrait de la fleur de l'*A. odorata* une matière cristal-line analogue à la *coumarine*. Les racines des aspérules sont rougeâ-tres, ce qui leur a fait donner le nom de *petite garance*. Linné dit que dans le Nord on se sert de la racine de l'*A. cynanchica* L. pour teindre les laines en rouge.

Usages. — L'aspérule odorante, vulgairement désignée sous le nom de *muguet des bois*, est abondante dans les forêts; les ani-maux en sont friands; on prétend qu'elle rend le lait plus abon-dant et plus savoureux; on la met dans les armoires pour chasser les insectes nuisibles, et plutôt pour donner une bonne odeur au linge.

L'aspérule odorante est regardée comme légèrement excitante, astringente et diurétique; elle a été préconisée contre la dyspepsie, l'ictère, la gravelle, les hydropisies. Le nom d'hépatique lui vient de l'usage qu'on en a fait dans la jaunisse et contre les engorgements du foie; Martius prétend qu'en Russie on s'en sert aux environs de Nowgorod contre les affections nerveuses, l'épilepsie et même l'hydrophobie ! (*Bull. des sciences médicales* de Ferussac, XIII, 354.) On l'a également préconisée contre les fièvres éruptives.

L'*A. cynanchica* tire son nom de la propriété qu'on lui attribuait de guérir l'esquinancie; on l'employait en cataplasmes et en tisane.

Le nom d'*asperula* vient de ce que plusieurs espèces ont la tige un peu rude.

Aujourdhui les aspérules ne sont plus usitées, et les différentes propriétés qu'on leur a attribuées sont considérées comme chimériques, malgré que Chaumeton (*Flor. méd.*) les considère comme diurétiques, et qu'il assure les avoir employées avec succès dans un cas d'œdème des extrémités inférieures avec engorgement splénique, suite de fièvres intermittentes. L'aspérule se rapproche par ses propriétés du grateron (*Gallium aparine* L.), sur lequel nous reviendrons plus loin.


## ASPHODÈLE

*Asphodelus ramosus* et *luteus* L.
(Liliacées-Aloïnées.)

L'Asphodèle blanc ou rameux (*A. ramosus* L.) est une plante vivace à racines fasciculées, tubéreuses, oblongues, charnues, d'où partent des feuilles radicales, nombreuses, longues, ensiformes, à angles tranchants. La tige, nue, ronde, lisse, rameuse au sommet, haute d'environ un mètre, se termine par une cyme de fleurs blanches, grandes, liliacées, dont le périanthe est profondément découpé en six divisions ovales lancéolées, portant chacune à l'extérieur une ligne rougeâtre et disposées sur deux rangs. A l'intérieur, on observe six étamines et autant de nectaires, écailleux; un ovaire simple, à trois loges multiovulées et à trois angles arrondis. Le fruit est une capsule un peu charnue, presque ronde, renfermant de nombreuses graines brunes, anguleuses (Pl. 19).

L'asphodèle jaune (*A. luteus* L.), vulgairement appelé *Bâton de Jacob*, est aussi vivace; ses feuilles radicales ressemblent à celles de l'espèce précédente; sa tige, haute de 0^m, 50 à 0^m,60, simple, porte des feuilles sessiles, entières, longues, pointues, à trois angles et comme fistuleuses; les fleurs, disposées en épi terminal, sont d'un beau jaune d'or, et chaque division du périanthe est traversée par une raie verte longitudinale.

HABITAT. — Ces deux plantes croissent abondamment dans les prés secs et sur les coteaux des régions méridionales de l'Europe et sur les bords du bassin méditerranéen.

CULTURE. — Les asphodèles ne sont cultivés que dans les jardins botaniques et d'ornement. Ils se contentent de la terre ordinaire, mais il leur faut l'exposition du midi. On les propage facilement par graines, semées au printemps, en place ou en pépinière; on les multiplie aussi par éclats de racines et par rejetons.

PARTIES USITÉES. — Les racines.

RÉCOLTE. — Les racines doivent être récoltées à la fin de la première année; à la seconde, la racine bulbiforme s'atrophie et devient ligneuse, et c'est par bourgeonnement souterrain que la plante devient vivace.

COMPOSITION CHIMIQUE. — Deux matières dominent dans la racine bulbiforme de l'asphodèle : c'est d'abord un principe âcre que l'eau bouillante sépare ou détruit, puis une matière féculente analogue à l'amidon, ou plutôt à l'*inuline*, principe ternaire abondant dans les racines d'aunée, de chicorée, et qui se distingue de l'amidon proprement dit en ce qu'il ne bleuit pas par l'iode, et est seulement coloré en jaune par ce réactif, et de plus il ne fait pas empois avec l'eau bouillante.

USAGES. — Les anciens semaient l'asphodèle autour des tombeaux comme une nourriture agréable aux morts. Tous les poëtes de l'antiquité ont chanté sur le ton élégiaque cette plante alors funéraire. Le nom d'asphodèle vient du grec et signifie *sceptre, bâton royal;* ce dernier nom appartient surtout à l'asphodèle rameux.

Les racines bulbiformes desséchées et bouillies dans l'eau donnent un amidon qui, mêlé aux farines de froment, d'orge ou à la pomme de terre, sert dans certains pays à faire le pain d'*Asphodèle.*

On a cherché dans ces derniers temps à tirer parti de l'asphodèle, qui croît abondamment en Algérie, pour préparer de l'alcool; dans ce cas, on fait bouillir les racines avec de l'acide sulfurique très-dilué pour transformer la matière amylacée en glycose, et après avoir saturé l'acide avec le carbonate de chaux, on fait fermenter, puis on distille. L'alcool obtenu est de très-bon goût.

En Espagne et dans d'autres pays, on fait manger aux bestiaux les racines crues ou cuites ; les sangliers en sont très-friands.

La racine d'asphodèle n'est pas usitée dans notre médecine. Cependant **MM.** Sumeire et Dufouilloux l'ont proposée contre la gale.

## ASPIDOSPERME
(Voyez le *Supplément* du T. I.)

## ASSACU
(Voyez le *Supplément* du T. I.)

## ASSA-FŒTIDA
*Peucedanum Assa-fœtida* H. Bn (*Ferula Assa-fœtida* Lamk).
(Ombellifères-Peucédanées.)

L'Assa-fœdita est une plante vivace, à racine simple ou rameuse, blanche au dedans, lactescente et d'une odeur fétide, très-noire à l'extérieur, à collet garni de fibrilles noires ; cette racine, ordinairement très-longue, ressemble par sa forme, à celle du panais. Les feuilles, toutes radicales, ont un pétiole de $0^m,15$ à $0^m,20$ et de la grosseur du doigt ; un limbe triterné, à folioles oblongues, sinueuses et presque pinnatifides, d'un vert clair, glauques, très-variables de forme du reste. Le tige, qui s'élève du centre de ces feuilles, est nue, cylindrique, striée, haute d'environ 2 mètres, et porte, de distance en distance, des gaînes membraneuses, qui ne sont que des pétioles élargis de feuilles avortées. Les fleurs sont d'un jaune pâle, disposées en larges ombelles terminales, composées de douze à vingt rayons, et entourées d'un involucre qui tombe de bonne heure. Chaque ombellule est entourée d'un involucelle polyphylle. Le fruit se compose de deux akènes velus, elliptiques, comprimés, bruns rougeâtres à leur maturité, et marqués de trois côtes dorsales.

Le *Ferula alliacea* Boiss. (*Peucedanum alliaceum* H. Bn) produit probablement une partie de l'assa-fœtida de la Perse. M. Baillon dit qu'il a toujours trouvé des fruits de cette espèce parmi ceux qu'on reçoit de Perse, comme provenant de la plante qui donne l'assa-fœtida de ce pays.

On ignore, en réalité, quelle est l'espèce qui fournit l'assa-fœtida.

Habitat. — Les espèces qui produisent l'assa-fœtida habitent la Perse et les contrées voisines.

Culture. — Ces plantes ne sont cultivées chez nous que dans les jardins botaniques où elles fleurissent très-difficilement.

Parties usitées. — Le suc concrété.

Récolte. — La plante qui fournit l'assa fœtida paraît être le *Silphion* des Grecs (Dioscoride) et *Laserpitium* des Latins, dont le suc était connu sous le nom de *Laser*; cette plante porte en Perse le nom de *Hingisèh*, et son suc y est nommé *hing* ou *hüing*; d'après Kempfer (*Amœnitas* III), vers la fin d'avril les habitants des montagnes se partagent les lieux où croît la férule à l'assa–fœtida, découvrent les racines et creusent une fosse autour ; ils enlèvent les tiges, les feuilles, et recouvrent la racine de feuillages ; 30 ou 40 jours après, du 25 au 26 mai, on recueille les larmes, et on coupe un peu le sommet de la racine en la creusant ; on recouvre de nouveau de feuillage, et on recommence l'opération tous les deux ou trois jours, en ayant le soin de récolter le suc avant chaque excision ; plus tard celle-ci n'est pratiquée que tous les huit jours ; Kempfer indique ainsi les jours de récolte sur une racine préparée comme nous l'avons dit, vers la mi-avril, mai 26, 28, 30, juin 11, 13, 15, 23, 25, 27; juillet 4, 6, 8 ; à ce moment la racine est épuisée.

D'après Kempfer l'assa fœtida de Hérat, qui est molle et onctueuse, ne diffère de celle de Disguun, qui est ferme et sèche, que par l'addition de substances étrangères ; celle-ci est apportée dans des feuilles de palmier, l'autre dans des peaux de bouc ou de mouton.

L'assa fœtida se trouve rarement en larmes détachées, le plus souvent elle se présente en masses brunes rougeâtres, parsemées de points blancs translucides qui rougissent à la lumière ; leur odeur est désagréable, forte et alliacée.

Composition chimique. — L'assa-fœtida est formée par un mélange de gomme, de résine et d'huile essentielle. On en extrait de l'*ombelliférone*, $C^9 H^6 O^3$, et un *acide férulaïque*, $C^{10} H^{10} O^4$. L'essence est sulfurée et non oxygénée ; elle paraît être formée par un mélange de divers principes ayant pour formules $C^{12} H^{12} S$ et $C^{12} H^{22} S^2$. Cette essence est donc voisine de celle qu'on retire de l'ail. — On fait à Marseille et ailleurs de l'assa-fœtida artificielle avec du galbanum et diverses autres gommes-résines auxquelles on ajoute de la pulpe d'ail.

Usages. — **D'après Sprengel (** *Hist. de la méd.,* **IV, 437) l'assa fœ-**tida fut découverte en l'an 617 avant J.-C., par Aristée ; son nom spécifique vient d'*asa* (et non *assa*) qui veut dire guérir en hébreu, et *fœtida*, à cause de son odeur ; Dioscoride l'indique en Perse ; les Allemands l'appellent *stercus diaboli,* les Persans, les Indiens et tous les Asiatiques en assaisonnent leurs mets et la nomment *mets des dieux.*

L'assa-fœtida entre dans les pilules *bénites de Fuller,* dans la potion *antihystérique,* etc. La médecine vétérinaire en fait un fréquent usage ; on la fait mâcher aux chevaux pour leur donner de l'appétit.

Comme toutes les gommes résines fœtides, l'assa-fœtida jouit de propriétés anti-spasmodiques et anti-hystériques incontestables ; on l'administre en pilules, en potions, en lavements ; elle s'émulsionne assez bien avec l'eau, et mieux avec un jaune d'œuf. Les médecins homœopathes l'emploient quelquefois. Son signe est *Aa,* et son abréviation *Asa fœt.*

Si les propriétés anti-spasmodiques de l'assa fœtida reconnues par Boerhaave, Whyst, Millar, Kopp, etc., sont incontestables, il n'en est pas de même de celles qu'on lui a attribuées de guérir l'épilepsie, la syphilis, etc.

## ASTRAGALES GOMMIFÈRES

*Astragalus adscendens, gummifer, pycnocladus, verus, creticus,* etc.
(Légumineuses-Galégées.)

Les Astragales qui produisent la gomme adragante sont assez nombreux, mais ils présentent un certain nombre de caractères communs qui permettent de les distinguer. Tous sont de petits arbustes à tige ligneuse, peu ramifiée, à rameaux courts. La tige et les rameaux sont hérissés de longues pointes épineuses, très-rapprochées, formées par les pétioles rigides et aigus qui persistent après la chute des folioles. Celles-ci sont petites, peu nombreuses, souvent cotonneuses. Les fleurs sont disposées en inflorescences multiflores, à l'aisselle des feuilles. Le calice est ordinairement couvert de poils laineux. La corolle est papilionacée. Le fruit est une gousse aplatie, plurisperme.

L'*Astragalus adscendens,* Bois. et Hausk., habite les montagnes du sud-ouest de la Perse, à une altitude de 2 à 3,000 mètres. Il n'a guère plus de 1 mètre; ses rameaux sont d'abord prostrés, puis ascendants. D'après Hauskrecht, cette espèce fournit une grande quantité de gomme adragante.

L'*Astragalus brachycalix* Fisch., qui habite le Kurdistan persan, fournit aussi une certaine quantité de gomme adragante.

L'*Astragalus gummifer* Labill., très-répandu dans le Liban, l'Asie Mineure centrale et le sud du Kurdistan, produit, d'après Labillardière, une gomme jaune qui n'entrerait pas dans le commerce.

L'*Astragalus microcephalus* Willd., très-répandu depuis le sud-ouest de l'Asie Mineure jusque dans la Turquie et l'Arménie russe, remarquable par les poils laineux blancs qui le recouvrent et par des épines jaunes, étalées, produit, sur le mont Argée, une certaine quantité de gomme adragante.

L'*Astragalus pycnocephalus* Boiss. et Hausk., qui habite la Perse, donne, d'après Hausknecht, une grande quantité de gomme qui entre dans le commerce.

L'*Astragalus kurdicus* Boiss., des montagnes de la Cilicie et de la Cappadoce, produit la gomme adragante dite d'*Aintab*. Cette espèce de gomme provient probablement aussi, en partie, de l'*A. stomatodes* Bunge, qui habite les mêmes localités que le précédent, et qui n'en diffère que par des inflorescences globuleuses et une taille moindre.

L'*Astragallus cylleneus* Boiss. et Heidr., qui abonde dans les montagnes du nord de la Morée, fournit la gomme adragante qu'on recueille dans les environs de Vostizza et de Patras.

L'*Astragalus verus* Oliv., qui habite la Perse occidentale, fournit, d'après Olivier, une partie importante de la gomme qui nous vient de la Perse. M. Baillon dit qu'il a vu, dans la collection du musée de Kew « des languettes et des lamelles de gomme adragante sortir de l'intérieur du bois et par les fissures de l'écorce de cette plante. »

L'*Astragalus creticus* Lamk., originaire de l'île de Crète, passe pour fournir une certaine quantité de gomme adragante.

En résumé, malgré les efforts faits dans ces derniers temps pour découvrir les espèces d'Astragales qui produisent la gomme adragante, on ignore les proportions dans lesquelles chacune des espèces indiquées produit cette substance.

RÉCOLTE. — D'après Hanbury et Flückiger, les localités principales pour la récolte de la gomme adragante sont : en Asie Mineure, le district d'Angora, Isbarta, Buldur, Yalavatz, au nord du golfe d'Adalia ; la chaîne d'Ali Dagh, entre Karsous et Kaisariych ; la contrée montagneuse de l'est jusqu'à la vallée de l'Euphrate ; en Arménie, la chaîne du Bingol Dagh, au sud d'Erzeroum, les parties hautes de la Perse, etc.

Une partie s'écoule spontanément ; l'autre sort par des incisions faites sur le tronc et les branches. Dans le commerce, on en distingue deux sortes principales.

GOMME VERMICULÉE. — La forme de cette gomme indique que le suc a eu de la peine à se faire jour à travers l'écorce : ce sont des filets minces, contournés ; elle est blanche, opaque, se gonflant considérablement dans l'eau, et se dissolvant très-peu ; colorable en bleu par l'iode.

GOMME EN PLAQUES. — Plaques larges avec des élévations concentriques, se désagrégeant moins dans l'eau et y conservant sa forme tout en s'y gonflant, formant un mucilage plus transparent, plus lié et plus tremblant que l'autre, ne se colorant pas par l'iode.

COMPOSITION CHIMIQUE. — La gomme adragante est presque entièrement formée d'un principe ternaire nommé *bassorine* ou *adragantine*, $C^{12} H^{20} O^{10}$, qui est produit par la transformation des membranes cellulaires de la plante.

La gomme adragante absorbe une grande quantité d'eau et se gonfle considérablement sans se dissoudre. Avec cinquante fois son poids d'eau, elle forme encore un mucilage épais. Ce caractère suffit pour la faire distinguer de la gomme arabique. Elle ressemble à la gomme arabique par la propriété qu'elle a d'être précipitée de son mélange avec l'eau par l'alcool, en une gelée transparente, et d'être troublée par l'oxalate d'ammonium. Elle perd par la dessication 14 % d'eau, qu'elle réabsorbe à l'air.

USAGES. — La gomme adragante sert à épaissir les loochs, à faire des émulsions et tenir les poudres en suspension dans les potions ; on en fait les mucilages qui servent à préparer les tablettes ; c'est un excellent émollient comme la gomme arabique, à laquelle on peut la substituer dans ses usages médicaux et pharmaceutiques, et même dans l'industrie pour les *apprêts*, la fabrication des *épaississants*, pour la teinture, la chapellerie, la fabrication des fleurs, etc., etc.

# ATHAMANTE

*Athamanta cretensis* L.
( Ombellifères - Sésélinées.)

L'Athamante de Crète, appelée aussi improprement *Daucus de Candie*, est une plante vivace, à racine longue, de la grosseur du doigt, pivotante, fibreuse, à tige cylindrique, cannelée, striée, un peu velue, haute de $0^m,35$ à $0^m,65$, se divisant en rameaux étalés qui portent des feuilles alternes, deux fois ailées, à segments trifides, à lanières linéaires aiguës, cendrées, cotonneuses. Les fleurs, blanches, odorantes, forment des ombelles terminales de 8 à 13 rayons, striés, velus, à involucre nul ou consistant en une seule foliole ; à involucelles composés de 4 à 8 folioles lancéolées, acuminées, membraneuses. Elles présentent un calice à cinq dents; une corolle à cinq pétales velus extérieurement. Le fruit se compose de deux akènes oblongs, cannelés, velus, plans en dedans, convexes en dehors.

Le Libanotis (*A. Libanotis* L., *Libanotis montana* All.), vulgairement Persil de montagne blanc, est une plante bisannuelle ou vivace, distincte de la précédente par ses ombelles à rayons plus nombreux, ainsi que les folioles de l'involucre et des involucelles ; par son calice à cinq dents allongées, subulées, marcescentes ou caduques; par ses fruits velus, hérissés, presque cotonneux, à columelle bipartite.

Citons encore l'athamante oréoséline (*A. Oreoselinum* L.), appelée aussi Persil de montagne noir.

Habitat. — L'athamante de Crète croît dans les contrées méridionales de l'Europe ; elle habite surtout les coteaux pierreux et montueux. Le libanotis est répandu dans les stations analogues de l'Europe centrale.

Culture. — Ces deux plantes ne sont cultivées que dans les jardins botaniques; elles demandent une exposition chaude, un sol léger et sec. On les propage facilement par le semis de leurs graines aussitôt après la maturité, ou par la division de leurs racines.

Parties usitées. — Les fruits (improprement appelés semences).

Récolte. — Les fruits sont récoltés à la maturité avant la séparation des deux akènes. Jadis on les faisait venir de l'île de Crète et autres contrées orientales ; cependant la plante qui les fournit croît entre les rochers des montagnes subalpines de la France, dans le Jura, par exemple. Les fruits sont légèrement cotonneux, allongés, couronnés par deux styles, séparables en deux méricarpes par une columelle centrale ; ils sont mélangés des pédicelles de l'ombellule qu'il faut séparer par le triage ; leur odeur est forte et aromatique.

Composition chimique. — L'odeur aromatique et la saveur âcre et chaude est due à une huile essentielle séparable par la distillation ; les principes aromatiques actifs sont solubles dans l'alcool, l'éther et le vin.

Usages. — L'athamante de Crète entre dans la composition du sirop d'armoise, de la thériaque et du diaphœnix. On faisait autrefois grand usage des fruits de l'athamante de Crète ; on les considérait comme excitants, diurétiques, emménagogues ; les anciens leur attribuaient la faculté d'exciter la sensibilité nerveuse.

Les racines, les fruits et quelquefois la plante entière de l'athamante oréoséline étaient aussi employés comme diurétiques et sialagogues. L'extrait vineux était regardé comme un excellent stomachique. Gilibert a préconisé la racine de cette espèce comme sudorifique, agissant très-bien dans les cas d'anorexie, de jaunisse. La racine fraîche contient un suc laiteux, gluant et amer. La décoction des feuilles teint le coton et la laine en jaune, la soie et le coton alunés en jaunâtre, et en beau noir les étoffes traitées par le sulfate de fer. Les semences et les racines sont employées pour assaisonnement, pour les liqueurs, et en parfumerie.


# ATHEROSPERMA

(Voyez le *Supplément* du T. I.)


# ATIS

(Voyez le *Supplément* du T. I.)


# AUNÉE

*Inula helenium* L. (*Corvisartia helenium* Mér.)
(Composées-Astérées.)

L'Aunée officinale est une grande plante vivace, à racine épaisse, blanchâtre en dedans, brun rougeâtre au dehors. La tige, haute de $1^m,50$ à 2 mètres, est dressée, ferme, cylindrique, cotonneuse, rameuse au sommet. Les feuilles radicales ont un long pétiole canaliculé, un limbe grand, ovale, allongé, aigu, irrégulièrement crénelé, mou, cotonneux, surtout en dessous ; celles de la tige diminuent de grandeur et deviennent sessiles et plus arrondies à mesure qu'elles approchent du sommet. Les fleurs sont jaunes, réunies en larges capitules solitaires, terminaux, à réceptacle légèrement convexe, nu, alvéolé, entouré d'un involucre à bractées, herbacées, cordiformes, cotonneuses, étalées, lâchement imbriquées sur plusieurs rangs. Le fruit est un akène allongé, presque cylindrique, surmonté d'une aigrette sessile et poilue.

L'aunée dyssentérique (*I. dysenterica*, L., *Pulicaria dysenterica* Gaertn.), vulgairement appelée *Herbe de Saint-Roch,* est une plante vivace, dont la tige, haute de 0<sup>m</sup>,50 à 0<sup>m</sup>,80, porte des feuilles lancéolées, dentées, cotonneuses en dessous, à base élargie, profondément échancrée en cœur et amplexicaule. Les fleurs sont jaunes.

HABITAT. — L'aunée officinale est commune dans les régions tempérées de l'Europe; elle habite les bois montueux, les prés humides, les haies, les vergers, le bord des fossés. L'aunée dyssentérique fréquente le bord des eaux et les endroits marécageux.

CULTURE. — L'aunée officinale, la seule espèce qui soit cultivée pour l'usage de la médecine, demande une terre fraîche et même humide. On la propage facilement par semis. Le plus souvent, on se contente d'en recueillir des pieds dans la campagne, au moment de la maturité, et de les transplanter. On peut ensuite la multiplier abondamment, en divisant ces pieds au commencement du printemps.

PARTIES USITÉES. — La racine.

RÉCOLTE. — On doit récolter la racine à l'automne de la deuxième ou de la troisième année, plus tard elle serait trop ligneuse; comme elle est très-charnue, on la coupe par petites rouelles que l'on fait sécher soit au soleil, soit dans une étuve modérément chauffée, car sans cela elle subirait une véritable coction, quelquefois même on en forme des chapelets; par la dessiccation elle devient grisâtre et prend l'arome de l'iris ou de la violette.

COMPOSITION CHIMIQUE. — La racine d'aunée a été analysée par Rose de Berlin, Thomson, Funke, et, d'après Berzélius, elle contient pour 100 : *huile volatile liquide,* traces; *hélénine,* 0,4 ; *cire,* 0,6 ; *résine molle, âcre,* 1,7 ; *extrait amer soluble dans l'eau et dans l'alcool,* 36,7 ; *gomme,* 4,5 ; *inuline,* 36,7 ; *albumine végétale,* 13,9 ; *fibres,* 5,5 ; *sels de potase, chaux et magnésie.*

L'*hélénine* de Berzélius est l'huile volatile concrète, l'*inuline (alan-*

*line, datiscine, ou dahline* ), découverte par Rose, a été retrouvée dans le dahlia, la chicorée, le topinambour, etc.; c'est une sorte d'amidon que l'iode colore en jaune et non en bleu; avec l'eau chaude elle forme un mucilage et non un *empois;* elle dévie vers la gauche le plan de polarisation des rayons lumineux, tandis que la matière amylacée exerce la rotation vers la droite; chauffée à 100°, elle devient gommeuse et se transforme en dextrine. Les acides opèrent la même transformation; il se forme plus tard de la glycose; le tannin la précipite de ses dissolutions. Les sels de plomb, de cuivre, d'argent, sont réduits en présence de l'ammoniaque par une dissolution bouillante d'inuline (M. Crockewit).

L'inuline, $C^6 H^{10} O^5$, est à l'état de dissolution dans le suc cellulaire; elle ne se précipite que quand les tissus se dessèchent ou quand on les fait macérer dans l'alcool. Elle forme alors des sphéro-cristaux, formés d'aiguilles rayonnantes.

Usages. — Très-employée autrefois en médecine, la racine d'aunée l'est beaucoup moins aujourd'hui. Hippocrate, Galien, Dioscoride, signalent ses bons effets sur l'utérus, sur les voies urinaires, et sur l'appareil respiratoire; elle paraît exercer une action spéciale sur les muqueuses vésicale et pulmonaire; l'huile essentielle qu'elle renferme la rend légèrement excitante; il ne faut pas admettre, à notre avis, sans restriction tout ce que les médecins anciens et modernes ont dit de merveilleux sur les effets de la racine d'aunée; M. Delens l'a beaucoup préconisée contre la leucorrhée et les maladies scrofuleuses.

Depuis Amatus Lusitanus, qui en 1620 préconisa la pulpe d'aunée mêlée à l'axonge en friction contre la gale, ce remède a été très-employé, surtout en Russie, et aussi contre les dartres et autres affections cutanées; mais aujourd'hui que l'étiologie et la nature de ces maladies sont mieux connues, on sait à quoi s'en tenir sur les effets merveilleux attribués à l'aunée.

La racine de l'*Inula odorata* qui croît en Provence est très-aromatique; elle jouit des mêmes propriétés; il en est de même des *I. suaveolens, bifrons, Britannica, graveolens,* etc.

Dans ces derniers temps, on a recommandé l'hélénine à l'intérieur contre la coqueluche; si l'on en croit certains médecins, elle diminuerait très-promptement la toux et la supprimerait; on l'administre à la dose de 2 à 20 centigrammes.

# AURONE

*Artemisia abrotanum* L.
(Composées–Sénécionidées.)

L'Aurone mâle ou des jardins, appelé aussi Citronnelle, est un arbrisseau à racine ligneuse; à tiges hautes d'environ un mètre, dressées, arrondies, d'un brun cendré, divisées, surtout vers la partie supérieure, en rameaux verdâtres, pubescents au sommet, roides. Les feuilles sont alternes, pétiolées, divisées et subdivisées en segments linéaires, grêles, obtus, légèrement pubescents, d'un vert grisâtre ou même blanchâtre. Les fleurs sont jaunâtres, groupées en capitules très-petits, nombreux, axillaires, penchés, formant par leur réunion une longue panicule effilée, terminale. Chacun de ces capitules, porté sur un pédoncule court, présente un réceptacle nu, entouré d'un involucre hémisphérique, cotonneux en dehors. Le fruit est un akène sessile, comprimé, dépourvu d'aigrette.

On donne communément le nom d'aurone femelle à la santoline (Voyez ce mot).

Habitat. — L'aurone est originaire du midi de l'Europe. Elle croît sur les collines sèches et fleurit en août.

Culture. — Cette plante peut être cultivée en pleine terre dans presque toute l'Europe centrale et méridionale. Toutefois, en s'avançant vers le nord, elle devient sensible au froid; il lui faut alors une exposition chaude et un abri pendant l'hiver; il est même prudent d'en rentrer quelques pieds en orangerie. L'aurone demande une terre légère et substantielle. On peut la multiplier de graines. Le plus souvent on la propage par boutures, faites de préférence au commencement de l'été et bien protégées contre les rigueurs de l'hiver. Enfin, on peut la multiplier abondamment par la division des vieilles touffes.

Parties usitées. — Feuilles, sommités fleuries et fruits (improprement semences).

Récolte. — On peut récolter l'aurone mâle pendant tout l'été; on doit la faire sécher rapidement à l'étuve et rejeter celle qui est devenue noire par la dessiccation; elle doit conserver son aspect et son odeur.

Composition chimique. — Dans l'aurone mâle, comme dans la plupart des plantes du même genre, il existe deux principes distincts :

l'un est une huile essentielle, se rapprochant du camphre par son odeur, et qui même, d'après Lamarck, aurait à peu près la même composition, et à laquelle la plante devrait ses propriétés stimulantes; l'autre est une matière extractive amère, mal définie, qui jouirait de propriétés toniques; de sorte que, pour cette plante comme pour la grande absinthe, il faudrait distinguer trois sortes de préparations pharmaceutiques de l'aurone : 1° celles qui ne renferment que le principe volatil, comme l'huile essentielle et l'eau distillée; 2° celles qui ne renfermeraient que les principes fixes, exemple l'extrait; 3° enfin celles qui contiendraient tout à la fois les matières fixes et volatiles, tels sont la poudre, le sirop, la teinture, etc.

Usages. — Deux plantes sont souvent confondues sous le nom d'aurone mâle; elles sont d'ailleurs de forme et de propriétés très-analogues, ce sont l'*A. procera* de Wildenow, et l'*A. paniculata* de Lamarck; toutes se rapprochent de l'absinthe par leur action thérapeutique, quoiqu'elle soit moins prononcée.

Wauters a conseillé les fruits de l'aurone mâle comme vermifuge et comme succédané du semen-contra, mais il s'en faut de beaucoup qu'ils agissent aussi bien : toutefois, dans les campagnes, on les emploie à cet usage. Hortius recommandait l'emploi de l'infusion aqueuse ou vineuse d'aurone mâle dans les fièvres intermittentes et putrides. La décoction, additionnée de sel marin, a été employée avec succès pour lotioner les plaies putrides, gangreneuses, etc. Mais toute plante aromatique produirait le même effet. La pulpe, appliquée sur la tête, était vantée par les anciens pour faire croître les cheveux, et contre l'alopécie. On sait aujourd'hui à quoi s'en tenir sur ces prétendues propriétés merveilleuses.


## AVOINE

*Avena sativa* L.
(Graminées-Avénacées.)

L'Avoine est une plante annuelle, à tige droite, fistuleuse, noueuse, arrondie, rameuse dès la base, haute d'un mètre et plus, portant des feuilles longues, linéaires, engaînantes, glabres, vertes, rudes au toucher sur les bords. Les fleurs, verdâtres, sont disposées en panicules lâches, étalées, à pédicelles hispides, presque verticillés, simples ou rameux. Les épillets, biflores, unilatéraux, sont renfermés dans une glume bivalve, striée ; chaque fleur présente une glumelle à deux valves, dont l'une est très-souvent terminée par une longue arête tordue en spirale ; trois étamines à anthères allongées ; un style bifide terminé par deux stigmates plumeux. Le fruit (cariopse) est farineux, long, pointu aux deux extrémités.

Habitat. — On ignore la vraie patrie de cette plante, qui, cultivée de temps immémorial, a produit de nombreuses variétés.

Culture. — L'avoine n'est pas cultivée pour l'usage médical ; elle est essentiellement du domaine de l'agriculture.

Parties usitées. — Les fruits (caryopses), la graine (gruau) et les enveloppes florales (balles).

Récolte. — On récolte l'avoine à sa parfaite maturité. Le gruau s'obtient principalement en Bretagne, avec l'*A. sativa* et l'*A. nuda*, qu'il est plus facile de dépouiller de son enveloppe ; on ramollit les fruits par la vapeur d'eau, et, à l'aide d'un moulin particulier, on sépare les enveloppes qui renferment un principe aromatique excitant qui nuirait à l'action émolliente de la partie amylacée.

Composition chimique. — L'avoine renferme un principe aromatique qui, en se combinant avec l'urée, donne de l'acide hippurique que l'on retrouve dans l'urine des chevaux (Sacc.). L'analyse immédiate a donné à M. Boussingault les résultats suivants : gluten et albumine, 11,9 ; amidon et dextrine, 61,5 ; matières grasses, 5,5 ; ligneux et cellulose, 4,1 ; substances minérales, 3,0 ; eau, 14,0 ; total, 100. Elle avait été analysée autrefois par Vogel ; elle contient plus d'eau que les autres céréales.

L'avoine sèche donne à l'analyse élémentaire : carbone, 50,32 ; hydrogène, 6,32 ; azote, 2,24 ; oxygène, 37,14 ; cendres, 3,98 ; total, 100 (Boussingault). — Les cendres présentent la composition centésimale suivante : potasse, 12,9 ; chaux, 3,7 ; magnésie, 7,7 ; oxyde de fer, 1,3 ; acide phosphorique, 14,9 ; acide sulfurique, 1,0 ; chlore, 0,5 ; silice, 53,3. (Boussingault).

L'avoine donne en général 62 p. 100 de farine, 17 de son et 21 d'eau (Sacc.).

Usages. — La paille d'avoine, qui sert de nourriture aux bestiaux, sert aussi à faire des paillasses ; mais on préfère pour ce dernier usage les balles, qui sont très-convenables pour faire des paillassons pour les enfants et pour les malades *gâteux;* on en remplit les oreillers sur lesquels on fait reposer la tête des malades atteints de maladies du cerveau ; on en fait de petits coussins que l'on place entre les attelles dans les appareils pour les fractures.

Avec le gruau on prépare des potages, et on en fait un sirop. Dans certains pays, on emploie le gruau d'avoine pour remplacer l'orge dans la fabrication de la bière. En Écosse, on en fait une eau-de-vie connue sous le nom de *wiskey*; on la mêle à l'eau pour en faire des *grogs*.

D'après Pline, la bouillie d'avoine servait de nourriture aux anciens Germains. Les pauvres habitants de la Norwége et de la Suède, ceux de quelques provinces de l'Allemagne, de la France et de l'Angleterre mangent du pain d'avoine, surtout lorsque les autres céréales sont rares. Ce pain est très-coloré, se digère mal ; il est gras et visqueux. Il paraît démontré que son usage habituel donne naissance à des concrétions intestinales, si communes d'ailleurs chez les chevaux.

Le principe aromatique contenu dans le péricarpe et les balles de l'avoine se rapproche par son odeur de celui de la vanille. On peut s'en servir pour aromatiser les liqueurs, les crèmes, le chocolat. Les traiteurs de bas étage substituent souvent l'avoine à la vanille ; c'est surtout de l'avoine noire ou rouge qu'ils se servent.

Pringle vantait contre le scorbut une espèce de vin que l'on obtenait en faisant fermenter la farine d'avoine dans l'eau, à laquelle on ajoutait un peu de sucre et de vin blanc.

L'avoine torréfiée et pulvérisée sert à préparer une sorte de café légèrement laxatif. Le prétendu café de glands doux contient surtout de l'avoine.

Les cataplasmes de farine d'avoine sont émollients et résolutifs. L'eau de gruau que l'on prépare par décoction est émolliente, adoucissante et un peu nourrissante. On en fait un fréquent usage contre la diarrhée, lorsqu'on veut nourrir un peu les convalescents.

## AYAPANA

*Eupatorium Ayapana* Vent. *Ayapana officinalis* Spach.
(Composées – Eupatoriées.)

L'Ayapana est un petit arbrisseau à tiges droites, fermes, presque simples ou un peu rameuses, brunes, grêles, hautes de un mètre environ ; ses rameaux sont garnis de feuilles opposées (à la base) ou alternes (au sommet), presque sessiles, lancéolées, entières, très-aiguës au sommet, rétrécies à la base, glabres, à trois nervures saillantes en dessous. Les fleurs sont pourpres, disposées en petits capitules dont la réunion constitue un corymbe terminal. L'involucre se compose d'écailles linéaires, acuminées, inégales, légèrement pubescentes en dehors, disposées presque sur un seul rang.

Habitat. — L'ayapana est originaire de l'Amérique méridionale, et particulièrement du Brésil et des bords de l'Amazone, d'où il s'est propagé à Java, à Maurice, dans l'île Sainte-Croix, etc.

Culture. — L'ayapana demande la serre chaude, une terre légère et substantielle. On le multiplie de graines semées sur couche, ou d'éclats de pieds.

Parties usitées. — Les feuilles.

Récolte. — Les feuilles de toutes les eupatoires sont récoltées pendant la floraison; on les fait dessécher à l'ombre, et on les renferme lorsqu'elles sont parfaitement sèches, afin de ne pas laisser dissiper le principe aromatique.

Les feuilles d'ayapana nous sont envoyées sèches de l'Ile de France; c'est le capitaine Baudin, lors de son voyage autour du monde, qui se serait emparé par surprise d'un seul pied d'ayapana que possédait un habitant de Rio-Janeiro, et qui l'aurait introduit à l'île Maurice, où il se serait naturalisé et multiplié.

Les feuilles d'ayapana sont étroites, lancéolées, aiguës, entières, marquées de trois nervures principales qui se réunissent à l'extrémité du limbe; elles sont longues de 5 à 8 centimètres et d'un vert jaunâtre, leur saveur est amère, astringente et parfumée; leur odeur a quelque rapport avec celle de la fève tonka. On doit préférer les feuilles qui sont de longueur moyenne, d'une couleur verte, d'une odeur suave, aussi entières que possible et peu chargées de tiges; on doit rejeter les feuilles noires, peu odorantes, qui auraient souffert à la dessiccation ou à l'humidité.

Composition chimique. — Les feuilles d'ayapana ont été analysées par M. Waflart, pharmacien à Paris, qui y a trouvé une matière grasse, soluble dans l'éther, une huile essentielle assez abondante, un principe amer facile à séparer en traitant l'extrait par l'alcool bouillant, de l'amidon et du sucre (*Journ. de pharm.*, tom. XV, p. 8).

M. Righini (*Journ. de pharm.*, tom. XIV, page 623) a retiré de l'*E. cannabinum* L. un principe immédiat blanc, d'une saveur amère et piquante, insoluble dans l'eau, soluble dans l'éther et l'alcool absolu, formant avec l'acide sulfurique un sel cristallisant en aiguilles soyeuses, qu'il a nommé *eupatorine*. Ce principe serait azoté et devrait être considéré comme un alcali organique; on le trouve dans les feuilles et dans les fleurs, mais l'existence de cet alcaloïde aurait besoin d'être confirmée.

USAGES. — Le genre *eupatorium* a été dédié à Eupator, roi de Pont (Pline, lib. XXV); mais sous le nom vulgaire d'eupatoire on a désigné plusieurs plantes dont quelques-unes n'ont aucun rapport avec ce genre : c'est ainsi que l'eupatoire d'Avicenne, ou chanvrin, est l'*Eupatorium cannabinum*, dont nous parlerons ailleurs. L'eupatoire des anciens ou des Grecs est l'*Agrimonia eupatoria* L. L'eupatoire aquatique, bâtarde ou femelle, est le *Bidens tripartita* L.; l'eupatoire de Mésué est l'*Achillea ageratum;* l'eupatoire *guaco*, si vanté contre la morsure des serpents venimeux, est l'*E. guaco* (Humb. et Bonp.), (*Mikania guaco* W.).

Toutes les eupatoires paraissent posséder des propriétés analogues. On a employé à diverses époques les *Eupatorium atriplicifolium* Walh. (Antilles), *chilense* Mol. (Chili), *crenatum* Gomès (Brésil), *perfoliatum* L. (États-Unis), *purpureum* L. (États-Unis), *rotundifolium* L. (Amérique septentrionale), *teucrifolium* Wild. (États de l'Union).

Les propriétés emménagogues, diaphorétiques, lithontriptiques, antiscorbutiques, diurétiques, antigoutteuses, antirhumatismales de l'ayapana ont été reconnues comme nulles ou à peu près. D'après Martius, le jus de la plante, pris par cuillerées, est employé au Brésil contre la morsure des serpents venimeux; les feuilles pilées sont appliquées en cataplasmes sur les ulcères sordides; mais c'est surtout comme stomachiques, pectorales et digestives que les feuilles d'ayapana sont employées avec succès en infusion théiforme; à Bordeaux principalement elles remplacent souvent le thé.


## AZÉDARACH

*Melia Azedarach* L. *Melia Azadirachta* L.

(Méliacées.)

L'Azédarach, appelé aussi Lilas des Indes, faux Sycomore, Arbre saint, Patenôtre, Laurier grec, Lotier blanc, etc., est un arbre dont la tige droite, haute de 10 mètres et plus, couverte d'une écorce d'un vert noirâtre, est rameuse au sommet. Ses feuilles, rapprochées au sommet des rameaux, sont bipennées avec impaire, à folioles ovales, pointues, découpées, souvent lobées, glabres et d'un beau vert. Les fleurs, disposées en panicules axillaires dressées, sont d'une couleur liliacée et odorantes. Elles présentent un calice petit, à cinq dents; une corolle à cinq pétales linéaires, oblongs, étalés; vingt étamines, dont dix seulement fertiles ou anthérifères, soudées en un tube pourpre violet; un style cylindrique, surmonté d'un stigmate en tête, à cinq angles. Le fruit est une drupe charnue, ronde, verte d'abord, puis jaunâtre, de la grosseur d'une cerise, et d'une odeur nauséabonde. Il renferme un noyau présentant cinq côtes saillantes et divisé en cinq loges dont chacune contient une graine.

Le *Melia Azadirachta* L. est une espèce voisine (Voy. plus bas).

Habitat. — Originaire des Indes, l'azédarach a passé de là en Perse, en Syrie, dans le midi de l'Europe, etc. On le trouve sur tous les points où les Français se sont établis. Il est surtout très-répandu dans la Caroline.

Culture. — L'azédarach vient en pleine terre dans le midi de la France; mais dans le nord, il doit être abrité en hiver. Il demande une exposition chaude et une terre franche, légère et substantielle. On le multiplie surtout de graines semées en terrines ou sur couche chaude, et repiquées en pots, qu'on rentre en hiver dans la serre, pour les remettre, en mars, sur couche nouvelle.

Parties usitées. — Les racines, les feuilles, les fruits, les semences.

Récolte. — Les racines doivent être récoltées à l'automne, les feuilles au moment de la floraison et les fruits à l'époque de la maturité. Cet arbuste, naturalisé dans le midi de la France, est souvent planté autour des fontaines, surtout en Andalousie. En 1813, un détachement de l'armée française éprouva des accidents graves pour avoir fait usage de l'eau dans laquelle étaient tombés des fruits de l'azédarach.

Composition chimique. — On ne sait rien sur la composition chimique des différentes parties de l'azédarach. Au Japon et en Perse, on fait usage d'une huile extraite de la partie charnue des fruits.

Usages. — Le noyau renfermé dans les fruits sert à faire des chapelets; aussi l'a-t-on appelé *arbre à chapelet, arbre saint.*

La racine possède une saveur amère nauséabonde. Elle est considérée en Amérique et ailleurs comme anthelmintique; les planteurs de la Géorgie en font un fréquent usage. Lorsqu'on l'emploie récente, elle peut produire la stupeur, la dilatation des pupilles, des soubresauts, etc., ce qui serait assez d'accord avec ce que l'on a dit des propriétés toxiques des fruits. Toutefois, plusieurs auteurs prétendent qu'on peut les manger impunément; ce qui démontre qu'on n'est pas parfaitement fixé sur l'action qu'ils peuvent exercer sur l'économie animale. D'après Michaux, la pulpe des fruits mêlée à l'axonge est usitée en Perse contre la teigne. La racine est nonseulement employée contre les ascarides lombricoïdes, mais encore contre le tænia et dans les fièvres vermineuses.

Les feuilles d'azédarach ont été préconisées en décoction comme stomachiques et astringentes par le docteur Skyston, de Calcutta, qui dit les avoir employées avec succès dans l'hystérie.

Avicenne cite l'azédarach comme une plante toxique. Dans certains pays, on s'en sert pour empoisonner les poissons, comme on le fait chez nous de la Coque du Levant, et pour tuer les poux.

Le *Melia Azadirachta* L. (*Melia indica* Brandis) est souvent confondu à tort avec l'espèce précédente. C'est un bel et trèsgros arbre, haut de 12 à 15 mètres, indigène du sud de l'Inde, de Ceylan et de la péninsule malaise. Son nom hindoustani est *Nim*.

Le bois est d'une extrême amertume. Le fruit donne une huile amère, âcre, employée dans l'éclairage et comme médicament. Sa tige laisse exsuder une gomme utilisée par les indigènes. Ses feuilles et son écorce sont médicamenteuses. Tout cela la fait un des arbres les plus utiles de l'Inde.

Comme médicament, on emploie surtout l'écorce sous le nom d'*Écorce de margosa*. Celle-ci se présente en morceaux pliés en gouttière, épais de $0^m,005$ environ, fibreux, couverts d'une couche tubéreuse crevassée, de couleur rouille grisâtre. La surface interne est colorée en chamois clair. Son odeur est nulle; sa saveur est amère et astringente.

On en a extrait un alcaloïde amer, la *margosine*. Broughton en a retiré une résine amère, amorphe, à laquelle il assigne la formule $C^{36} H^{50} O^{11}$.

Dans l'Inde, on emploie l'écorce de margosa comme tonique et antipériodique.

# BADIANE

*Illicium anisatum* L.
(Magnoliacées-Illiciées.)

La Badiane de Chine, ou Anis étoilé, est un arbre de moyenne
grandeur, dont la tige, haute de 3 à 5 mètres, assez forte, rameuse,
trapue, couverte d'une écorce grisâtre, porte des feuilles lancéolées,
d'un vert gai, rappelant par leur forme celles du laurier, éparses ou
réunies au sommet des rameaux, persistantes. Les fleurs, pédonculées, solitaires, terminales, jaunâtres, odorantes, présentent environ trente pétales, les extérieurs oblongs, les intérieurs linéaires.
Le fruit se compose de huit à douze coques réunies en verticille ou
en étoile, à péricarpe coriace, s'ouvrant par leur bord interne et
supérieur, et renfermant chacune une graine brune, arrondie, luisante, à tégument fragile, à amande blanchâtre et huileuse (Pl. 20).

Parmi les autres espèces de ce genre, nous citerons les badianes
sacrée (*I. religiosum* Sieb.), rouge (*I. floridanum* L.) et à petites
fleurs (*I. parviflorum* Mich.).

Habitat. — La badiane de Chine se trouve en Chine, en Cochinchine, au Japon, aux îles Philippines, aux Indes orientales, etc. Elle
habite surtout les lieux humides. La badiane sacrée croît en Chine
et au Japon. Les deux autres espèces habitent la Floride, et fréquentent particulièrement les lieux humides et le bord des eaux.

Culture. — Les badianes peuvent être cultivées en pleine terre
dans le midi de la France; mais, dans le nord, elles exigent l'orangerie en hiver. Il leur faut la terre de bruyère pure ou mélangée de
bonne terre franche. On les multiplie par semis, par boutures ou
marcottes faites avec les jeunes pousses, ou enfin par la greffe, pour
les espèces rares.

Parties usitées. — Les fruits.

Récolte. —Les fruits de la badiane, connus sous les noms d'*anis
étoilé, anis des Indes, anis de la Chine, de Sibérie, des Philippines,*
semence de *Zinghi,* déjà mentionnés par Clusius, sont connus depuis
la fin du seizième siècle; c'est un Anglais, nommé Cavendish, qui
les rapporta le premier des îles Philippines; ils sont ligneux, d'une
couleur rouille; on doit les choisir entiers, odorants, exempts d'ef-
florescences blanchâtres; on doit rebuter ceux qui sont noirs ou

moisis ; ils nous arrivent de la Chine, du Japon, des îles Philippines, etc., dans des caisses de 25 à 50 kilogrammes.

Le bois de l'*Illicium anisatum* participe de l'odeur du fruit ; mais le *bois d'anis* du commerce nous vient d'Amérique, et il est probablement produit par l'*Ocotea Pechurim* H. B.

COMPOSITION CHIMIQUE. — Toutes les parties de l'*Illicium anisatum* abondent en huile essentielle tout à fait semblable par son odeur et par ses propriétés à celle de l'anis vert (*Pimpinella anisum*) ; cette essence est blanche, concrète, d'une odeur suave et douce ; elle nous est fournie par la Russie ; 100 kilogrammes d'anis étoilé donnent, d'après Zeise, industriel d'Altona, de 4 1/2 à 5 kilogrammes d'essence. Sa composition est analogue à celles de l'anis et du fenouil. Elle se solidifie au-dessous de 2° C. L'anis étoilé contient un sucre qui ressemble au sucre de canne en ce qu'il ne réduit pas le tartrate de cuivre alcalin.

Meisner a trouvé que la capsule de l'anis étoilé renfermait de l'acide benzoïque ; il est très-probable qu'il a confondu l'acide anisique avec l'acide benzoïque, auquel il ressemble beaucoup ; cet acide anisique est un produit d'oxydation de l'hydrure d'anisyle, et on peut l'obtenir en traitant par l'acide azotique les essences de badiane et d'estragon.

USAGES. — La badiane doit ses propriétés médicales à l'huile essentielle, à l'huile âcre et au tannin ; on en prépare des liqueurs de table très-estimées, notamment l'anisette de Bordeaux ; dans les pays bas et humides, on fait souvent usage de ces liqueurs.

La badiane est justement considérée comme stimulante et stomachique ; ses propriétés carminatives et expectorantes sont plus douteuses ; cependant on l'emploie souvent comme telle en infusion théiforme, en poudre, etc.; on en fait une eau distillée. Les Orientaux, les Chinois ainsi que les Japonais la regardent comme une plante sacrée ; ils la mêlent au thé, au café, au *Nisi-Ginsin* (*Panax quinquefolium*) ; ils mangent les fruits après le repas pour faciliter la digestion.

Les fruits des *Illicium floribundum* et *parviflorum* peuvent être substitués à ceux de l'*anisatum;* il en est de même de ceux de l'*Illicium religiosum,* dont nous donnons la figure.

# BAGUENAUDIER

*Colutea arborescens* L.
(Légumineuses – Lotées.)

Le Baguenaudier commun, appelé aussi vulgairement Séné d'Europe, Faux séné, Séné vésiculeux, Baguenaudier à vessie, est un petit arbre, dont la tige droite, haute de 4 à 5 mètres, se divise en rameaux cylindriques, un peu pubescents au sommet. Les feuilles sont alternes, imparipennées, à pétiole commun, muni à la base de deux petites stipules aiguës, à limbe composé ordinairement de onze folioles presque sessiles, ovales, très-obtuses, entières, mucronées, articulées, pubescentes surtout au sommet des rameaux. Les fleurs, pédonculées, d'un jaune safrané taché de rouge, sont réunies en petits bouquets axillaires. Elles présentent un calice campanulé, à cinq dents, les deux inférieures plus longues; une corolle papilionacée, à étendard très-large, relevé; à ailes étroites, obtuses, à carène grande; dix étamines diadelphes. Le fruit est une gousse très-renflée, vésiculeuse, à parois minces, devenant translucides et comme parcheminées à la maturité, à une seule loge qui renferme plusieurs graines brunes, réniformes.

Habitat. — Le baguenaudier commun habite les localités sèches, les coteaux des régions méridionales de la France et de l'Europe. Il est cultivé dans les jardins d'agrément.

Culture. — Cet arbre croît à peu près indifféremment dans tous les terrains. Il se multiplie de graines, semées à l'automne, dans une bonne terre et à une exposition ombragée; les jeunes plants, qu'il faut surtout préserver des limaces, sont mis en place au printemps suivant, ou mieux repiqués en pépinière, pour être plantés à demeure en automne. On multiplie aussi le baguenaudier de drageons, et même de boutures.

Nommons aussi le Baguenaudier vésiculaire ( *Colutea vesicaria* Thunb.) du cap de Bonne-Espérance, le Baguenaudier d'Alep (*Colutea cruenta* Hort. Kew.), et le Baguenaudier d'Éthiopie (*Colutea frutescens* L.) dont les fleurs sont d'un rouge écarlate.

Parties usitées. — Les folioles, les fruits, les semences.

Récolte. — Les folioles se récoltent en septembre. On a prétendu qu'on les mélangeait au Séné; elles présentent, il est vrai, la forme obovée du séné à larges feuilles, mais elles sont moins dures, plus minces et plus vertes; leur saveur est amère et désagréable; elles ne sont pas rétrécies à leur base, et on n'y trouve pas la pointe roide qui termine celles du séné obtus. Les fruits se récoltent avant leur maturité.

COMPOSITION CHIMIQUE. — Les feuilles et les fruits du baguenaudier sont riches en tannin.

USAGES. — Boerhaave regardait le baguenaudier commun comme purgatif; Gessner, Bartholin, Tablet, Garidel croyaient que ses feuilles pouvaient remplacer celles du Séné d'Orient. Elles jouissent en effet de propriétés purgatives, mais il faut les administrer à très-forte dose. D'après J.-F. Coste, elles perdent leurs propriétés par la décoction. Willemet les administrait associées à la Scrofulaire et aux semences d'Anis contre les fièvres intermittentes. Les gousses ont été également proposées pour remplacer celles du séné, improprement appelées follicules. Les graines de baguenaudier, au témoignage de Loiseleur-Deslongchamps, agissent comme émétique à la dose d'un scrupule. Mais nous possédons des purgatifs indigènes préférables au baguenaudier; aussi est-ce avec raison qu'on ne fait plus guère usage de ce dernier.

On a attribué aux feuilles du baguenaudier fumées la propriété de faire couler abondamment les sérosités nasales; mais toutes les substances âcres et irritantes produiraient évidemment les mêmes sécrétions.

Les fruits du baguenaudier, qui mûrissent vers la fin d'août, sont donnés aux brebis dans certains pays pour les nourrir et pour augmenter leur lait. Les abeilles aiment les fleurs de cet arbre, et les volailles mangent les graines avec plaisir. Quelques personnes même usent, dit-on, de ces graines comme des petits pois, quoiqu'elles soient considérées comme émétiques.

Les feuilles du baguenaudier commun teignent en beau jaune la laine alunée. Au cap de Bonne-Espérance, on pile les feuilles du baguenaudier vésiculaire (*Colutea vesicaria* Thunb.), et l'on s'en sert dans les maux d'yeux.

## BALATA

*Mimusops Balata* Gaertn. *Achras Balata* Aubl. *A. dissecta* L. F.
(Sapotacées.)

Le Balata, confondu avec la plupart de ses congénères sous le nom de *Bois de natte,* est un arbre dont la tige, haute de 5 à 6 mètres,

couverte d'une écorce vert noirâtre, se divise en longues branches
latérales, diffuses, et en rameaux épars, portant des feuilles alternes,
pétiolées, coriaces, très-épaisses, ovales ou oblongues, entières,
obtuses au sommet, rétrécies à la base, glabres et luisantes sur leurs
deux faces, marquées de nervures très-serrées et très-fines, et, en
dessus, d'un sillon longitudinal, qui correspond à une côte épaisse à
la face inférieure. Les fleurs sont portées à l'extrémité des rameaux,
sur de longs pédoncules pubescents, striés, épars entre les feuilles.
Elles présentent un calice à six divisions aiguës, couvertes de poils
laineux roussâtres, disposées sur deux rangs, les extérieures vertes,
plus courtes que la corolle, les intérieures blanchâtres, plus longues ; une corolle blanc rosé. Le fruit présente la couleur, la forme
et la grosseur d'une olive verte. Il renferme une amande à albumen
très-développé et à cotylédons foliacés charnus.

HABITAT. — Cette espèce, qui n'est pas encore bien nettement
caractérisée, paraît être originaire de l'île Maurice, d'où elle se
serait propagée et naturalisée à Manille, à Java, en Chine, et même
à la Guyane et à la Martinique.

CULTURE. — Cet arbre, qui est cultivé en grand au Malabar et
dans quelques autres régions de l'Inde, ne se trouve chez nous que
dans les jardins botaniques. Il exige la serre chaude et une chaleur
constante ; le sol qui lui convient est un mélange, par parties égales,
de terre franche et de terre de bruyère. On le multiplie de graines,
qui doivent être semées ou stratifiées aussitôt après leur maturité.
Les boutures reprennent plus difficilement. On doit arroser modérément, surtout en hiver.

PARTIES USITÉES. — La séve laiteuse et la matière élastique qu'on
en retire.

RÉCOLTE. — Pour récolter le lait, on entoure une partie du tronc
ou sa circonférence d'un anneau d'argile à bords relevés ; l'écorce
est entaillée jusqu'au liber, et le suc laiteux s'écoule dans le réci-
pient. A Surinam, ce suc se concrète en six heures. M. Bleekrode
en a reçu qui était resté liquide. Ce lait filtre au papier sans résidu ;
il est miscible à l'eau ; son odeur est acide, sa saveur aigrelette ;
chauffé, il forme une pellicule à la surface, à la manière de la
caséine du lait ; il est coagulé par l'alcool et par l'éther ; il n'est pas
coagulé par l'acide acétique, mais il l'est par l'acide sulfurique.

COMPOSITION CHIMIQUE. — Le lait de balata a été examiné par

M. Bleekrode, de Deft, et par M. Muller, de Paramaribo. Il contient une matière grasse, une substance albumineuse analogue à la caséine, et une espèce de gomme élastique qui se rapproche de la gutta-percha.

Usages. — La séve de balata a été proposée dans le traitement des maladies de poitrine comme le caoutchouc; mais les effets obtenus n'ont pas encouragé les expérimentateurs. C'est surtout comme produit industriel qu'elle nous intéresse.

Les différentes espèces de sapotées sont confondues à Surinam sous le nom de *Bolletrie*, et à Demerary sous celui de *Bullet tree*. Les mêmes arbres à Cayenne et aux Antilles portent le nom de *Balata*. Descourtilz, dans sa *Flore des Antilles*, mentionne la résine de balata à propos de l'*Achras sapota*; mais on sait aujourd'hui que la gutta de la Guyane provient du *Sapota Mulleri* Blume, tandis que la résine de balata, sorte de gomme extensible très-rapprochée de la gutta, provient de l'*Achras sapota* L., déjà mentionnée en 1855 par sir W. Hooker.

Coagulée par l'alcool, la séve de balata donne une matière résineuse qui, purifiée par les alcalis d'abord et par le sulfure de carbone ensuite, a fourni une sorte de *Gutta* très-estimée, mais malheureusement très-rare. M. le docteur Mallez en a fait faire des bougies uréthrales très-précieuses dans les cas de rétrécissement de ce canal.

## BALLOTE

*Ballota nigra* L. *B. fœtida* Lam.
(Labiées-Stachydées.)

La Ballote noire ou fétide, appelée aussi Marrubin ou Marrube noir, est une plante vivace, à racine grêle, allongée, jaunâtre, fibreuse, chevelue. Sa tige, haute de 0^m,35 à 0^m,65, dressée, carrée, pubescente, rougeâtre surtout dans le bas, rameuse, porte des feuilles opposées, pétiolées, ovales, cordées à la base, aiguës au sommet, crénelées, un peu sinueuses et crépues, pubescentes. Les fleurs, pourpre violacé, courtement pédonculées, sont groupées en petits fascicules à l'aisselle des feuilles supérieures. Elles présentent un calice tubuleux, évasé, strié, pubescent, terminé par cinq dents aiguës; une corolle à tube grêle, de la longueur du calice, à limbe divisé en deux lèvres, la supérieure petite, arrondie en voûte, denticulée, velue, et l'inférieure plus grande et trilobée ; quatre étamines didynames, à anthères divisées en deux loges superposées ; un style grêle, court, terminé par un stigmate bifide. Le fruit se compose de quatre akènes ovoïdes.

La ballote laineuse (*B. lanata* L.) est caractérisée par sa tige, couverte d'un duvet laineux très-abondant, ainsi que par ses feuilles larges, presque palmées et dentées.

Habitat. — La ballote noire est abondamment répandue dans toutes les régions chaudes et tempérées de l'Europe ; elle habite surtout les lieux incultes et arides, les décombres, les bords des chemins, les haies, les cours et les rues peu fréquentées des villages, etc.

La ballote laineuse se trouve en Sibérie.

Culture. — La ballote n'est cultivée que dans les jardins botaniques. Elle vient dans tous les sols, mais mieux aux expositions chaudes. Elle est facile à propager par ses graines semées sur place, et par les éclats de pieds, pratiqués à la fin de l'hiver.

Parties usitées. — Les feuilles et les sommités fleuries.

Récolte. — Les ballotes se récoltent pendant les mois de juillet et d'août ; on les attache en paquets peu serrés ; on les dispose en guirlandes, et on fait sécher à la manière ordinaire. La ballote laineuse nous vient de Sibérie.

Composition chimique. — L'odeur fétide de la ballote noire est des plus remarquables ; elle est due à une huile volatile ; sa saveur amère et chaude est attribuée à un principe extractif ; elle contient de l'acide gallique.

Usages. — La ballote fétide ou marrube puant, marrube fétide, marrubin noir, est peu employée à cause de sa fétidité ; d'après Peyrilhe, on peut la substituer au marrube blanc ; elle jouit des mêmes propriétés. Depuis Ray et Boerhaave on la regarde comme tonique, excitante, antispasmodique, emménagogue et vermifuge. Elle a été placée à côté du castoréum, du musc et de la valériane ; on l'a employée à diverses époques contre les névroses et plus spécialement contre l'hystérie. Tournefort préconisait le marrube noir contre la goutte ; il conseillait de l'associer au marrube blanc et à la bétoine.

D'après Pallas, on l'emploie en Sibérie contre les maux de tête ; Rehmann dit qu'on s'en sert contre l'hydropisie ; on l'associait à la cannelle ou à l'écorce d'orange, à l'éther et au laudanum.

M. Cazin a employé avec succès le marrube noir comme vermifuge, contre les ascarides lombricoïdes et les oxyures vermiculaires; mais la matière médicale possède des vermicides plus efficaces et moins repoussants.

La ballote laineuse, originaire de Sibérie, est cultivée dans un grand nombre de jardins de l'Allemagne; elle a été analysée par M. Orcesi : elle contient du tannin, une matière résinoïde, amère, aromatique (picroballotine), une substance verte et des sels. Les médecins allemands l'ont placée dans le groupe des médicaments diurétiques, et la préconisent contre la goutte, le rhumatisme et l'hydropisie. La pharmacopée de Prusse recommande la décoction de cette plante (15 grammes pour 250 grammes d'eau) contre l'arthrite aiguë; elle détermine, d'après M. Ghidella, une éruption prurigineuse à la peau, suivie bientôt d'une éruption miliaire, en même temps que les urines deviennent foncées en couleur et riches en acide urique. On peut lui substituer le *B. suaveolens,* originaire de Saint-Domingue.

## BALSAMITE

*Balsamita suaveolens* Desf. (*Tanacetum balsamita* L. *Pyrethrum balsamita* D. C.).
( Composées-Sénécionidées.)

La Balsamite odorante, connue aussi sous les noms vulgaires de Baume-coq, Coq des jardins, Grand baume, Grande tanaisie, Herbe au coq, Menthe coq, Menthe Notre-Dame, Pasté, Tanaisie baumière, etc., est une plante vivace, odorante, à racine longue, un peu oblique, fibreuse. Ses tiges, hautes d'environ un mètre, dressées, fermes, presque ligneuses, striées, blanchâtres, un peu velues et comme pulvérulentes, légèrement visqueuses, se divisent, surtout vers le sommet, en rameaux longs et grêles. Les feuilles radicales sont longuement pétiolées, elliptiques, allongées, obtuses au sommet, dentées, d'un vert cendré clair, un peu pubescentes en dessous et pulvérulentes; celles de la tige sont sessiles. Les fleurs sont jaunes, disposées en petits capitules, dont la réunion constitue un corymbe terminal très-rameux. Le réceptacle, plane et nu, est entouré d'un involucre hémisphérique, composé de bractées imbriquées, un peu scarieuses sur les bords. Les fleurs, toutes tubulées et hermaphrodites, ont le limbe partagé en cinq lobes courts et aigus. Le fruit est un

akène allongé, présentant au sommet une petite membrane unilatérale.

HABITAT. — Cette plante se trouve dans les régions méridionales
de la France et de l'Europe, où elle croît surtout dans les lieux incultes et bien exposés au soleil.

CULTURE. — La balsamite croît à peu près dans tous les terrains,
mais il lui faut une exposition chaude. On la propage facilement,
soit par graines, semées en place au printemps et à l'automne, soit
par rejetons et par éclats de pieds.

PARTIES USITÉES. — Les feuilles, les fleurs, les fruits (improprement
semences).

RÉCOLTE. — Les feuilles, très-odorantes, doivent être récoltées avant
la floraison. On les dessèche à l'ombre ; elles conservent par la dessiccation une odeur très-douce et agréable, dont les ménagères des
campagnes tirent parti pour parfumer leurs armoires à linge.

COMPOSITION CHIMIQUE. — La balsamite odorante présente une odeur
pénétrante suave, surtout lorsqu'on la froisse entre les doigts ; sa saveur est chaude, aromatique, un peu amère. Comme un grand nombre de plantes de la même famille, elle renferme une huile essentielle
et un principe amer.

USAGES. — Le nom de baume a été donné à la balsamite odorante
à cause de l'usage fréquent qu'on en fait dans les campagnes comme
vulnéraire ; tantôt on applique les feuilles sur les plaies et les contusions, tantôt on les fait macérer dans le vin ou infuser dans l'eau, et
les liquides ainsi préparés sont usités en lotions et en boisson ;
d'autres fois, enfin, on les fait chauffer dans de l'huile d'olive : c'est
ce qui constituait jadis l'*huile de baume*.

La balsamite est peu employée ; elle pourrait l'être toutes les fois
où les excitants aromatiques sont indiqués, soit à l'intérieur, soit à
l'extérieur. Elle jouit de propriétés vermifuges bien éprouvées ; c'est
surtout les fruits qu'on emploie dans ces cas, soit en poudre, soit en
infusion. Linné la considérait comme un correctif de l'opium. Valtelin
parle du vin de balsamite avec grand enthousiasme, et lui attribue la
propriété de réveiller l'esprit, de donner la gaieté et de chasser la
mélancolie ; il est certain que c'est une plante active et trop négligée.

Les anciens regardaient la balsamite comme emménagogue et antispasmodique ; on l'employait contre la mélancolie et l'hystérie, mais
c'est avec raison qu'on l'a abandonnée dans ces cas.

Les feuilles de balsamite ont été employées dans l'art culinaire pour aromatiser les sauces, comme condiment stomachique ; aussi quelques auteurs la nommaient-ils *Costus hortorum.*

La balsamite annuelle (*Tanacetum annuum* L., *Balsamita annua* D. C.) qui croît dans le midi de la France, et surtout aux environs de Montpellier, dans les lieux incultes, jouit des mêmes propriétés que la balsamite odorante.

## BANANIER

*Musa Paradisiaca, sapientum, Sinensis, etc.*
(Musacées.)

Les **Bananiers**, vulgairement rangés parmi les arbres et désignés sous le nom de Figuier d'Adam, doivent plutôt être considérés comme de gigantesques plantes bulbeuses, à racines fibreuses, fasciculées ; à tige herbacée, dressée, recouverte par les gaînes des feuilles, ou même uniquement constituée par ces gaînes, très-longues et emboîtées les unes dans les autres. Les feuilles, portées sur de longs pétioles élargis, sont entières et roulées en cornet à leur naissance ; en se développant, elles acquièrent jusqu'à 2 mètres de longueur sur $0^m,50$ de largeur ; elles sont d'un vert tendre, lisses et comme satinées en dessus, et marquées, surtout en dessous, d'une grosse nervure ou côte médiane, de laquelle partent un grand nombre de nervures transversales très–fines et parallèles. Les fleurs sont grandes, munies chacune d'une spathe ou bractée colorée, et disposées en un long spadice solitaire, pendant. Les fruits, disposés aussi en longues grappes appelées *régimes*, sont charnus, à trois loges contenant un grand nombre de graines, qui avortent souvent dans les variétés cultivées (Pl. 21).

Parmi les espèces les plus remarquables, nous citerons :

1° Le bananier du Paradis (*M. Paradisiaca* L.), dont les fruits, longs de $0^m,15$ à $0^m,25$, portent plus spécialement le nom de *bananes;*

2° Le bananier des sages (*M. sapientum* L.), dont les fruits, moitié moins longs que les précédents, sont appelés *figues-bananes;*

3° Le bananier de la Chine (*M. Sinensis* Sweet.), à fruits longs de $0^m,10$, appelés aussi *figues-bananes*, et les meilleurs de tous.

Habitat. — Les bananiers habitent les régions tropicales des deux continents ; ils paraissent originaires de la partie de l'Asie méridio-

nale appelée région des musacées et des scitaminées. C'est de là
qu'ils ont passé en Afrique, et sans doute aussi en Amérique. On les
trouve surtout dans les localités fraîches, humides, abritées et ombragées. Cultivés en grand dans les régions tropicales, ils ne se rencontrent, sous nos climats, que dans les serres.

Parties usitées. — Les fruits, les fibres.

Récolte. — Les feuilles et les gaînes pétiolaires des bananiers sont
riches en fibres; on peut les récolter à tout âge lorsqu'on veut exploiter ces fibres; mais celles-ci sont d'autant plus résistantes que
la plante est plus âgée.

Selon l'usage qu'on veut faire des fruits, on les récolte à diverses
époques; s'il sagit d'utiliser la matière féculente qu'ils contiennent,
on coupe le régime longtemps avant la maturité; les bananes sont
divisées longitudinalement en lames minces; on sépare la partie
externe, coriace et ligneuse, et on fait sécher au soleil; on mange
ainsi coupées et séchées les tranches de bananes en guise de pain, ou
bien on les réduit en poudre pour obtenir une fécule qui est très-
estimée et appliquée à différents usages.

Veut-on au contraire manger les bananes, en extraire le suc pour
obtenir une espèce de sucre, ou pour le faire fermenter, on les cueille
à la maturité au moment où elles jaunissent et deviennent molles.

Mais les fruits d'un même régime ne mûrissent jamais tous à la
fois; on coupe alors toute l'inflorescence, et on cueille chaque fruit
au fur et à mesure qu'il mûrit.

Composition chimique. — D'après M. Lherminier, la séve fournie
par la tige du bananier serait une solution d'acide gallique dans
l'eau; on l'emploie comme astringente (*Journ. de pharm.*, III, 471);
la partie interne spongieuse est riche en amidon : les fruits non mûrs
sont blancs et amylacés; mûrs, l'amidon disparaît; ils ont alors un
goût sucré, visqueux, aigrelet, et prennent par la dessiccation l'aspect
de figues sèches; ce fruit présente un exemple extrêmement curieux
de la transformation de l'amidon en sucre sous l'influence des acides
dans l'acte de la végétation.

Usages. — Le bananier est une des plantes les plus précieuses
pour les habitants des pays intertropicaux, qui trouvent dans ses
fruits un aliment abondant et agréable, dans les feuilles une couverture pour les habitations, et dans les fibres une matière propre à
faire des cordages et même des étoffes très-légères.

Pline et Théophraste signalent les bananes; Avicenne, Sérapion, Rhazès en font le plus grand éloge; mûres on les considère comme adoucissantes et émollientes; le vin de bananes est laxatif.

## BANCOULIER

*Aleurites ambinux* Pers. (*A. Moluccana* Willd. *A. triloba* Forst.)
(Euphorbiacées-Ricinées.)

Le Bancoulier, appelé aussi Aleurit et Camiri, est un arbre à tige droite, portant des feuilles alternes, longuement pétiolées, munies de deux glandes à la base, simples, larges, divisées en trois (rarement cinq) lobes aigus, les deux latéraux très-courts, le terminal lancéolé, couvertes d'une poussière farineuse qui provient de poils étoilés très-menus. Les fleurs sont diclines, monoïques, groupées en panicules grandes, rameuses, terminales, composées de cymes dichotomiques et accompagnées de bractées. Elles présentent un calice à trois divisions ovales, obtuses; une corolle à cinq pétales oblongs, obtus, étalés, trois fois plus longs que le calice; à l'intérieur, un disque à cinq lobes écailleux, nectarifères. Les fleurs mâles, réunies à la partie supérieure de l'inflorescence, ont des étamines en nombre indéterminé, à filets courts, soudés en un androphore conique, à anthères adnées et introrses. Les femelles présentent un ovaire à deux loges uniovulées, enveloppé dans une tunique velue et fendue au sommet, et surmonté d'un style simple, terminé par un stigmate bifide. Le fruit, appelé noix de Bancoul ou noix des Moluques, est une noix drupacée, à péricarpe charnu (brou), contenant deux coques qui s'ouvrent incomplétement au sommet, et dont chacune renferme une graine globuleuse.

Habitat. — Le bancoulier habite les régions tropicales de l'ancien continent. Il se trouve aux Moluques, à Java, d'où il paraît s'être répandu aux îles de la Société, à Taïti, ainsi qu'aux îles Maurice et de la Réunion. Mais il est probable que les voyageurs ont confondu sous le nom de bancoulier plusieurs espèces du genre aleurites.

Culture. — Le bancoulier ne se trouve que dans les jardins botaniques, où les difficultés de sa culture font qu'il est très-rare. Il exige la serre chaude, et se propage de graines ou de boutures étouffées, mises en pots que l'on tient constamment plongés dans la tannée.

Parties usitées. — L'huile extraite de l'amande.

Récolte. — Les noix de bancoul du commerce sont les semences du bancoulier; elles sont osseuses, aussi dures que la pierre, grosses comme de petites noix, arrondies à la base et offrant les deux gibbosités propres aux semences de croton ; elles sont pointues au sommet, arrondies du côté externe, aplaties et marquées d'un sillon sur le côté interne; elles sont recouvertes d'un enduit blanc grisâtre, leur surface est rugueuse, inégale, bosselée; l'épisperme est noirâtre, épais et dur; l'amande est blanche, huileuse, bonne à manger lorsqu'elle est récente.

Composition chimique. — L'amande du bancoulier donne de 40 à 45 pour cent d'huile par expression; on ne sait rien sur sa composition, mais il est probable qu'elle se rapproche de celle du ricin.

Usages. — L'huile de bancoul peut servir à divers usages économiques, à faire des savons, pour l'éclairage, etc.

La noix de bancoul nous vient principalement de Ceylan et de la Réunion. A Taïti l'arbre s'appelle *Tiaïly*. L'écorce y est employée à faire des tissus, et la coque des noix brûlée sert à préparer un noir de fumée employé au tatouage.

L'huile de bancoul n'est pas employée en médecine; cependant M. le docteur O'Rorque l'a préconisée il y a quelques années comme un purgatif préférable à l'huile de ricin; elle est toutefois regardée comme moins active (15 à 30 grammes).

L'arbre à huile du Japon, *Elæococca verrucosa* A. Juss., *Dryandra cordata* Thunb., *Vernicia montana* Lour., *Dryandra vernicia* Correa., appartenant également aux euphorbiacées, donne également des graines dont l'amande fournit par expression une huile analogue à celle du bancoulier.


# BAOBAB

*Adansonia digitata* L.
(Sterculiacées-Bombacées.)

Le Baobab d'Adanson est un arbre gigantesque, dont la racine, énorme et pivotante, se divise en longues ramifications latérales et traçantes. La tige, haute de 8 à 10 mètres sur un diamètre à peu près égal dans les individus les plus développés, se couronne de branches nombreuses, longues de 20 mètres et plus, couvertes d'une écorce épaisse, lisse, d'un gris cendré. Les feuilles, portées sur un pétiole de 0ᵐ,08 à 0ᵐ,10, canaliculé et muni de petites stipules à sa base, sont éparses, digitées, à cinq ou sept folioles, inégales, molles, obovales, obtuses, longues de 0^m,10 à 0^m,12, un peu dentelées vers leur partie supérieure. Les fleurs sont solitaires à l'extrémité de pédoncules axillaires, longs de 0^m,35, recourbés et pendants. Elles présentent un calice simple, caduc, à cinq divisions recourbées en dehors; une corolle à cinq pétales blancs, longs d'environ 0^m,10, réfléchis aussi en dehors; des étamines, au nombre de plusieurs centaines, soudées par leurs filets en un tube cylindrique; un ovaire simple, à dix loges, surmonté d'un style simple que termine un stigmate à lobes nombreux. Le fruit, vulgairement appelé *pain de singe*, est une grande capsule indéhiscente, ovoïde, pointue aux deux extrémités. Le péricarpe, dur et velu, renferme une pulpe abondante dans laquelle sont disséminées de nombreuses graines.

Habitat. — Le baobab est originaire du Sénégal, où il croît de préférence dans les terrains sablonneux et dépourvus de pierres. C'est de là qu'il a été transporté et naturalisé dans les régions voisines et même en Amérique.

Culture. — Cet arbre ne se trouve que dans les serres des grands jardins botaniques, où il croît peu et reste toujours chétif.

Parties usitées. — Les feuilles, l'écorce, les fruits.

Récolte. — L'écorce du baobab est la seule partie de la plante employée en médecine. On la trouve difficilement dans le commerce. Elle est d'un gris noirâtre, lisse, parsemée de plaques de lichen; la surface interne est blanche; elle rougit au contact de l'air; elle est très-mucilagineuse, à peu près insipide et inodore.

Les feuilles réduites en poudre constituent le *lalo* des nègres du Sénégal, qu'ils mêlent avec leurs aliments, et notamment avec le *couscous*. On mange le fruit lorsqu'il est frais; il a une saveur aigrelette; on le nomme *pain de singe*. La pulpe charnue et friable était autrefois connue en Europe sous le nom de *terre de Lemnos*. C'est Frank et Prosper Alpin qui reconnurent son origine végétale. Il ne faut pas confondre ce produit avec la terre sigillée bolaire (argile ferrugineuse) qui porte le même nom.

Composition chimique. — La partie spongieuse du fruit du baobab a été analysée par Vauquelin, qui y a trouvé de l'amidon, une gomme comparable à l'arabique, un acide analogue à l'acide malique, mais incristallisable, un sucre semblable à celui du raisin, et du ligneux.

**Usages.** — Toutes les parties du baobab, riches en matière mucilagineuse, comme le sont en général les malvacées, voisines des sterculariées, constituent des médicaments émollients et adoucissants. Les nègres attribuent aux feuilles pulvérisées, dont ils font un si fréquent usage, la propriété d'entretenir une transpiration abondante, de calmer l'âcreté du sang, de préserver des fièvres inflammatoires, des diarrhées si fréquentes dans les pays chauds, et qui y sont accompagnées si souvent de dyssenterie. On comprend parfaitement que l'usage habituel d'une plante aussi riche en mucilage puisse guérir les fièvres inflammatoires caractérisées par un désordre intestinal; mais on s'explique difficilement comment le baobab pourrait être considéré comme un succédané du quinquina, ainsi que l'a prétendu le docteur P. Duchassaing, de la Guadeloupe, qui a signalé 93 cas de fièvres intermittentes guéries par la poudre d'écorce. Mais, d'après M. Duchassaing lui-même, on reste convaincu que ce ne sont pas des fièvres intermittentes légitimes qui ont été guéries par le baobab.


# BAPTISIA

(Voyez le *Supplément* du T. I.)


# BARDANE

*Lappa communis* Coss. et Germ. (*Arctium lappa* L.)
(Composées-Cynarées.)

La Bardane officinale, appelée aussi Grande bardane, Glouteron, Herbe aux teigneux, etc., est une plante bisannuelle ou vivace, à racine fusiforme, charnue, longue, de la grosseur du doigt, blanche en dedans, brune en dehors, pivotante; à tige dressée, haute d'un mètre et plus, ferme, épaisse, presque sous-ligneuse, cylindrique, striée, rougeâtre, pubescente, rameuse. Les feuilles radicales ont le pétiole canaliculé, élargi et un peu embrassant à la base; le limbe cordiforme, long de 0ᵐ,30 et plus, large à proportion. Celles de la tige ont la même forme, mais deviennent de plus en plus petites en s'élevant vers le sommet de la plante. Toutes sont molles, ondulées et un peu dentées sur les bords, d'un vert foncé en dessus, blanches et cotonneuses en dessous. Les fleurs, tubuleuses, violet pourpré, sont groupées en petits capitules, dont la réunion constitue une sorte de panicule terminale. Le réceptacle, plane, alvéolé et muni de paillettes nombreuses, est entouré d'un involucre arrondi, formé d'un grand nombre de petites bractées étroites, subulées, rudes, imbriquées, dirigées dans tous les sens, terminées au sommet par un petit crochet recourbé en dehors. Le fruit est un akène anguleux, brunâtre, oblong, surmonté d'une aigrette simple et sessile.

Nous devons citer aussi dans ce genre la bardane comestible (*Lappa edulis*, Sieb.).

HABITAT. — La bardane croît dans toute l'Europe ; elle est commune dans les lieux incultes, les décombres, les prés, sur le bord des chemins, etc. La bardane comestible est originaire du Japon.

CULTURE. — La grande bardane n'est cultivée que dans les jardins botaniques, où on la propage avec la plus grande facilité, par ses graines, qu'on peut semer en toute saison.

PARTIES USITÉES. — La racine, rarement les fruits, et les feuilles.

RÉCOLTE. — La racine de bardane doit être récoltée à la fin de la première année, en octobre ou au printemps de la seconde. Après l'avoir privée de ses radicelles, on la lave et on la coupe par tronçons d'un centimètre de long environ ; quelquefois on la fend longitudinalement ; on la fait sécher à l'étuve ou au soleil ; elle moisit facilement, aussi faut-il l'enfermer bien sèche ; elle est souvent attaquée des vers. Dans le commerce, elle est toujours coupée en rouelles et fendue longitudinalement ; elle est grise en dehors et blanche en dedans.

COMPOSITION CHIMIQUE. — La racine de bardane renferme du mucilage, des sels de potasse, de l'inuline (Guibourt), et une matière extractive ; elle est riche en sels de potasse, aussi Dambourney avait-il proposé de la cultiver pour préparer le carbonate, mais on sait que c'est aux dépens du sol que cette culture se fait, et les terres sont bientôt épuisées.

USAGES. — Outre le *Lappa major*, la racine de bardane est encore fournie par le *Lappa minor*, qui croît aux bords des routes, qui est plus petite, et dont les fleurs sont plus grosses ; et par le *Lappa tomentosa*, qui se distingue par un duvet cotonneux qui le recouvre ; toutes ces racines fraîches et bouillies sont mangées dans quelques pays en guise de salsifis.

Les feuilles de bardane, connues dans le sud-ouest de la France sous le nom de *chou d'âne,* ont été préconisées dans le traitement des ulcères; Percy employait leur suc mêlé avec son poids d'huile d'olive comme liniment pour déterger les ulcères de mauvaise nature. Les racines sont placées dans la classe des sudorifiques, et à ce titre on les a recommandées dans la goutte, le rhumatisme, le catarrhe pulmonaire, les affections de la peau, les maladies syphilitiques, etc. Baglivi, Boerhaave, Storck, Rivière, Van Swieten, ont beaucoup préconisé cette plante; Cartheuser la croyait supérieure à la salseparéille; mais on sait à quoi s'en tenir aujourd'hui sur les prétendues propriétés sudorifiques et anti-syphilitiques de la bardane : aussi estelle à peu près abandonnée.

La racine de bardane est émolliente et pas autre chose; elle ne détermine, à forte dose, aucun phénomène physiologique, et, malgré l'autorité d'Alibert, qui la vantait dans les dermatoses, de Petrus Forestus, de Vastelius, de Hell, de Cheneau, qui la recommandaient dans la goutte et le rhumatisme, malgré celle de Hufeland, qui la conseillait contre l'alopécie, etc., nous dirons, avec Chaumeton, qu'elle nous paraîtrait mieux placée dans les cuisines que dans les pharmacies, et encore est-ce un aliment de médiocre qualité.

## BASILIC

*Ocimum Basilicum* L.
( Labiées – Ocimoïdées. )

Le Basilic est une plante annuelle, à tige dressée, tétragone, pubescente, rameuse, haute de 0ᵐ,40 environ, portant des feuilles opposées, cordiformes, glabres, épaisses, vert foncé, couvertes de points glanduleux, un peu dentées, à pétiole court, canaliculé. Les fleurs, blanches ou un peu rougeâtres, sont groupées en petits verticilles munis de bractées et formant par leur réunion de longs épis terminaux, interrompus. Elles présentent un calice pubescent, à cinq divisions inégales, à lèvre supérieure très-grande, arrondie, aplatie; une corolle renversée, à tube court, à limbe divisé en deux lèvres, la supérieure très-large, l'inférieure très-étroite; quatre étamines saillantes; un style filiforme à stigmate bifide. Le fruit est composé de quatre akènes ovoïdes.

Habitat. — Originaire des Indes orientales, le basilic est aujourd'hui cultivé dans tous les jardins, à cause de son odeur agréable; il a produit d'assez nombreuses variétés.

PARTIES USITÉES. — Les feuilles et les sommités fleuries.

RÉCOLTE. — Le basilic est le plus souvent employé à l'état frais; il perd la plus grande partie de son odeur et de ses propriétés par la dessiccation; on le pulvérise grossièrement lorsqu'on veut l'employer comme épice ou comme sternutatoire.

COMPOSITION CHIMIQUE. — Le basilic est doué d'une saveur forte, piquante, agréable; il doit ses propriétés à une huile essentielle très-suave qu'on en retire par distillation et qui est fort employée en parfumerie; cette huile est susceptible de cristalliser.

USAGES. — D'après Ainslie, dans l'Hindoustan le suc des feuilles du basilic est versé dans l'oreille pour guérir l'otite; les semences sont regardées dans ce pays comme rafraîchissantes et calmantes; l'infusion est employée contre la gonorrhée, les ardeurs d'urine, les affections néphrétiques. Cette prétendue action calmante n'est guère d'accord avec ce que nous savons des propriétés excitantes de presque toutes les Labiées; aussi ne devons-nous pas être surpris qu'Horsfield dise qu'à Java on emploie le basilic comme stimulant. Au rapport de Gmelin, en Perse, on fait macérer les graines de basilic dans l'eau, puis on les frappe de glace et l'on donne le *maceratum* contre les chaleurs excessives de l'été; Pierre Belon dit qu'en Égypte on les utilise en guise d'épice.

Dioscoride regardait le basilic comme diurétique, mais il lui reprochait, sans raison plausible, d'affaiblir la vue. Frédéric Hoffmann considérait l'huile essentielle du basilic comme céphalique et antispasmodique; Gilibert la conseillait dans les névroses atoniques; Bodard l'a proposée pour remplacer le camphre.

Le Petit basilic (*Ocimum minimum* L.) peut être substitué au grand (*O. Basilicum*); le Basilic de Ceylan (*O. gratissimum*), et le Basilic à grandes fleurs (*O. grandiflorum*), originaire d'Afrique, jouissent de propriétés analogues.

D'autres espèces d'*Ocimum* sont employées dans les pays étrangers; au Japon, d'après Thunberg, on fait usage de l'infusion de l'*O. crispum* contre le rhumatisme; l'*O. Guineense* Sch. est utilisé par les nègres contre les fièvres bilieuses; Ainslie ajoute que les médecins hindous se servent de l'*O. hirsutum* Rottl. contre la diarrhée des enfants pendant la dentition; et d'après Martius l'*O. incanescens* Mart., qui est très-aromatique, est prescrit au Brésil comme sudorifique et diurétique sous le nom de *remedio di vaqueiro*. On y emploie également l'*O. gratissimum* L. (*O. Zeilanicum* Burm), et Ainslie attribue des propriétés diurétiques à l'*O. manosum.*

Ainslie cite encore l'*O. pilosum,* qui, d'après le docteur Flemming, serait employé par les femmes indiennes pour calmer les douleurs de l'accouchement, et l'*O. sanctum,* dont le suc est usité dans le même pays contre les affections catarrhales.

Le basilic est tout simplement une plante très-aromatique qui jouit des propriétés stimulantes des menthes et autres labiées très-aromatiques. A ce titre il peut être employé comme stimulant et tonique dans les cas où l'on fait usage des menthes, des sauges, etc.

## BAUMIER ou MYRRHIER

*Balsamea Opobalsamum* H. Bn (*Amyris Opobalsamum* L., *A. gileadensis* L., etc.
(Burséracées-Amyridées.)

Le Baumier ou plutôt Myrrhier est un petit arbre dont la tige, haute de 2 à 3 mètres, se divise en rameaux tortueux, portant des feuilles alternes, pétiolées, ternées, rarement quinquélobées. Les fleurs, disposées en panicules axillaires et terminales, ont un calice à quatre dents persistantes, une corolle à quatre pétales étalés, huit étamines, un style épais et un stigmate en tête. Le fruit est une drupe sèche, arrondie, contenant un noyau globuleux, luisant, monosperme.

Habitat. — Au *Balsamea Opobalsamum* H. Bn (*Amyris Opobalsamum* L., *Balsamodendrou Opobalsamum* K., *Balsamea Myrrha* Ness), il faut réunir comme des formes d'une même espèce, le *Balsamodendron gileadense* K. (*Amyris gileadensis* L., *Protium gileadense* Lindl.), et le *Balsamodendron Ehrenbergianum* Berg. Ces plantes habitent les deux côtés de la mer Rouge, l'Arabie, la Nubie, le pays des Somalis, etc. Les myrrhiers forment, dans ces régions, les taillis des forêts d'Acacias et de Moringas.

Parties usitées. — On emploie surtout le produit de sécrétion des canaux qui existent dans la tige, surtout dans l'écorce. L'un de ces produits, le plus importants, est la Myrrhe ; l'autre est le Baume de la Mecque ou Baume de Giléad. On se sert moins du bois et des fruits.

Récolte. — L'oléo-résine produite par les plantes désignées

plus haut est connue depuis la plus haute antiquité. Elle entrait dans la composition de l'huile sacrée des anciens Hébreux, dans celle du *Kyphi,* que les Égyptiens employaient en fumigations et pour les embaumements. Au moyen âge, elle était aussi précieuse et chère que rare. La variété la plus répandue en Europe est celle qui avait reçu des Égyptiens le nom de *Bola* ou *Bal,* des Arabes celui de *mur,* et qui est devenu notre *myrrhe.* Cette variété d'oléo-résine se présente en masses solides, irrégulièrement arrondies, ayant une taille qui varie depuis celle de petits grains jusqu'à celle d'un œuf. Quant au baume de la Mecque ou de Giléad, il se présente sous l'aspect d'un liquide épais, sirupeux.

On ne connaît pas d'une manière précise la façon dont se fait la récolte et la préparation, soit de la myrrhe, soit du baume de la Mecque. En ce qui concerne le baume, on n'a que le récit laissé par Abd-Allatif, médecin de Damas au xiie siècle. Il rapporte que le baumier a deux écorces ; l'extérieure est rouge et mince, l'intérieure est verte et épaisse ; cette dernière, mâchée, laisse une saveur onctueuse et une odeur aromatique. Après avoir arraché les feuilles de l'arbre, on fait des incisions à l'écorce, en ayant soin de ne pas attaquer le bois. Le suc est ramassé avec le doigt, et on l'essuie sur les bords d'une corne, que l'on vide plus tard dans des bouteilles en verre. Plus l'air est humide, plus la récolte est abondante. On enfouit ensuite les bouteilles en terre jusqu'aux fortes chaleurs ; alors on les déterre et on les expose au soleil ; chaque jour on en sépare l'huile qui surnage ; lorsqu'elle est toute séparée, on la fait cuire dans le plus grand secret, puis on la transporte dans les magasins du souverain, où elle est gardée avec soin. La quantité d'huile obtenue égale à peu près le dixième du total du suc.

M. Guibourt fait remarquer avec juste raison qu'il est probable que la coction ne s'applique pas à l'huile, qui ne pourrait qu'en être altérée, mais bien au résidu aqueux. Cependant, dans sa *Matière médicale,* Geoffroy cite Augustin Lippi, qui prétend que le baume s'obtient en faisant bouillir avec de l'eau les feuilles et le bois du baumier ; on sépare l'huile qui monte à la surface, par décantation. Il est probable que le produit ainsi obtenu est de qualité inférieure.

Quant à la myrrhe, nous n'en savons que ce que raconte Nees von Esenbeck, d'après Ehrenberg. D'après ces informations, la myrrhe, au moment où elle s'écoule de l'arbre, est un liquide huileux, blanc jaunâtre, de consistance sirupeuse ; il se dessèche peu à peu en prenant une teinte dorée, puis rougeâtre. Il exsuderait de l'écorce comme le fait la gomme du cerisier.

Le *Carpobalsamum*, ou fruit du baumier de la Mecque, est de la grosseur d'un petit pois, pointu aux deux bouts, portant quatre angles plus ou moins saillants ; il est gris rougeâtre ; sa saveur est peu aromatique.

Le bois ou *xylobalsamum* des anciens est aromatique, mais il perd vite son odeur. On ne l'emploie plus depuis longtemps.

Composition chimique. — Vauquelin a analysé le baume de la Mecque ; il y a trouvé une résine soluble dans l'alcool et une substance analogue à la bassorine. La myrrhe a une composition semblable.

Usages. — La Myrrhe est solide ; son aspect est onctueux et humide ; sa cassure est rugueuse ou cireuse. Son odeur est agréable. Sa saveur est âcre, amère, aromatique. Elle n'est employé que comme substance aromatique. On pourrait l'utiliser contre les catarrhes des bronches et de la vessie. Récemment, on a préconisé la teinture de myrrhe contre la coqueluche.

Le Baume de la Mecque pur présente la consistance et l'aspect du sirop d'orgeat ; il est un peu fauve ; son odeur est forte, aromatique, devenant bientôt suave ; sa saveur est très-aromatique, mais elle finit par devenir âcre à la gorge.

## BELA

(Voyez le *Supplément* du **T. I.**)

## BELLADONE

*Atropa Belladona* **L.**
( Solanées. )

La Belladone est une plante vivace, à racine épaisse, charnue, fibreuse ; à tige haute de $1^m$ à $1^m,50$, cylindrique, velue, rameuse, portant des feuilles alternes, quelquefois géminées, grandes, courtement pétiolées, molles, ovales, aiguës, presque entières, velues. Les fleurs, d'un rouge brunâtre ou ferrugineux, sont solitaires à l'extrémité de pédoncules axillaires, courts, pubescents, pendants. Elles présentent un calice campanulé, à cinq divisions ovales, aiguës, pubescentes; une corolle campanulée, tubuleuse à la base, à limbe divisé en cinq lobes obtus; cinq étamines incluses, à filets subulés, à anthères arrondies; un pistil à ovaire ovoïde, allongé, à deux loges multiovulées, inséré sur un disque jaunâtre, et surmonté d'un style grêle, cylindrique, terminé par un stigmate en tête. Le fruit est une baie arrondie, de la grosseur d'une cerise, presque noire à la maturité, à deux loges contenant de nombreuses graines réniformes (Pl. 22).

HABITAT. — Cette plante est commune dans presque toute l'Europe, le long des murs, sur les décombres, dans les bois, au bord des chemins, etc. On ne la cultive que dans les jardins botaniques, où on la propage par graines ou par racines.

PARTIES USITÉES. — Les racines, les feuilles, les fruits, les semences.

RÉCOLTE. — Les racines sont récoltées en septembre, les feuilles en juin, les baies à leur maturité en août; toutes ces parties sont desséchées à l'étuve.

Les racines sont quelquefois coupées en rouelles; d'autres fois elles sont entières, grises à l'extérieur, blanches à l'intérieur, très-fibreuses. On doit préférer celles qui sont cueillies à la fin de la seconde année et provenant de la plante croissant spontanément. Elles sont plus actives que les feuilles.

Les fruits servaient à préparer autrefois un extrait que l'on désignait sous le nom de *Rob*.

COMPOSITION CHIMIQUE. — Le principe actif de la belladone est l'*atropine*. La formule de l'atropine est $C^{17}H^{23}AzO^3$; elle est cristallisable, blanche, soluble dans l'alcool absolu et dans l'éther, soluble dans 500 parties d'eau froide, plus soluble dans l'eau chaude, friable, un peu volatile. Les sels sont solubles et cristallisables. En traitant l'atropine par l'acide nitrique, on obtient un autre alcaloïde, l'*apoatropine*, $C^{34}H^{21}AzO^4$, cristallisable en prismes incolores, peu soluble dans l'eau, très-soluble dans l'alcool, le chloroforme et le sulfure de carbone. Chauffée avec l'acide chlorhydrique, l'apoatropine se dédouble en *tropine*, *acide isatropique* et *acide atropique;* l'hydrogène naissant la transforme en *hydroatropine*, $C^{34}H^{22}AzO^4$. Ladenberg a découvert

dans la belladone une autre substance, l'*homatropine*, encore
peu connue.

USAGES. — La belladone et l'atropine figurent parmi les agents
les plus importants et les plus employés de la thérapeutique moderne. A faible dose, la belladone est sédative ; on emploie surtout la poudre des feuilles et la teinture alcoolique contre la
coqueluche, et les cigarettes des feuilles sèches contre l'asthme.
Les pommades à la belladone sont fréquemment employées
contre toutes les inflammations locales. A dose élevée et progressivement croissante, la belladone détermine des désordres
de la motricité, des sens et de l'intelligence, puis elle provoque
des vomissemeuts, de la chaleur et de la sécheresse à la gorge,
une constriction violente du pharynx, une aphonie absolue, des
syncopes et enfin la mort. Les doses faibles accélèrent les battements du cœur ; les doses fortes les ralentissent ; le même effet
est produit sur la respiration. Il résulte de ces actions d'abord
une élévation, puis un abaissement de la température qui peut
aller jusqu'à déterminer la mort. On admet que les effets de la
première phase d'action de la belladone et de son principe actif,
l'atropine, consistent dans la paralysie des extrémités des nerfs
pneumogastriques, paralysie suivie de l'augmentation de la tonicité des muscles des vaisseaux et de l'accélération des mouvements du cœur et des poumons ; celle-ci venant à cesser dans la
seconde phase, la pression cardiaque et les mouvements respiratoires seraient diminués, d'où abaissement de la température.
Il est, d'autre part, certain que la belladone et l'atropine aug-
mentent l'excitabilité des fibres lisses ; c'est cette propriété qui
fait utiliser la belladone dans les cas de constipation opiniâtre ;
à haute dose, elle excite parfois tellement les fibres musculaires
intestinales qu'elle détermine des coliques violentes et de la
diarrhée, en même temps que des épreintes du col de la vessie
et des envies fréquentes d'uriner ; à ces phénomènes d'excitation
succède parfois la paralysie des fibres musculaires intestinales et
vésicales, indiquée par l'émission involontaire de l'urine et des
matières fécales. Du côté des muqueuses pharyngienne, opthal-
mique, la belladone produit des phénomènes très-intenses d'irritation, de la rougeur, de la sécheresse, de la chaleur, de la
dysphagie, etc.

La belladone et l'atropine dilatent fortement la pupille en
excitant les fibres musculaires de l'iris ; il suffit d'une dose
presque infinitésimale d'atropine pour produire cet effet, qui est
accompagné, à dose élevée, de troubles de la vue, notamment de
diplopie, et de défaut d'accommodation. L'action sur l'œil est
plus rapide quand on introduit l'atropine sur la muqueuse con-
jonctivale que quand on l'administre à l'intérieur. D'après Fitz-
Gérald, l'action mydriatique de l'atropine serait due à la paralysie
de la troisième paire des nerfs cérébraux.

Peu de médicaments ont été aussi employés que la belladone
et l'atropine. Indépendamment de l'usage constant qu'on en fait
dans les maladies des yeux, la belladone a été préconisée contre
toutes les névroses, sans en excepter l'épilepsie, dont elle est
peut-être le meilleur agent de médication. Elle produit d'excellents effets dans tous les cas où existent des douleurs entéral-
giques, utérines, vésicales, soit prise à l'intérieur, soit administrée en suppositoires ou en frictions sur le col de l'utérus, dans le
cas de douleurs utérines. Très-utile aussi est la belladone contre
l'asthme, la coqueluche, etc., l'incontinence d'urine. l'œsopha-
gisme, etc.

## BENJOIN

*Styrax Benzoin* Dryand.
(Styracées.)

Le Benjoin est un arbre à tige élevée, couverte d'une écorce blanchâtre, ainsi que les rameaux, qui sont arrondis. Les feuilles sont
alternes, pétiolées, entières, pointues, veinées, striées, lisses en
dessus, tomenteuses en dessous. Les fleurs, disposées en grappes
axillaires, présentent un calice court, campanulé, un peu urcéolé, à
cinq dents, velu, persistant ; une corolle tubuleuse à la base, à limbe
partagé en trois divisions profondes, linéaires, obtuses ; six à seize
étamines, insérées sur le tube de la corolle et à filets un peu soudés
à la base ; un ovaire en grande partie supère, presque libre, ovoïde,
velu, à quatre loges biovulées, surmonté d'un style grêle terminé par
un stigmate quadrifide. Le fruit est globuleux, sec, ordinairement
uniloculaire, présentant à l'intérieur les vestiges des cloisons avortées,
et contenant une à quatre graines.

Habitat. — Le styrax croît aux îles de Sumatra, de Java et dans quelques régions voisines. Il habite surtout les bords des rivières, dans les plaines.

Parties usitées. — La résine, ou baume connu sous le nom de *Benjoin*.

Récolte. — On fait des incisions à l'arbre; il en découle un suc blanc qui se solidifie et devient rougeâtre à l'air. Chaque arbre peut en fournir trois livres, et la récolte peut être continuée pendant dix ou douze années.

Composition chimique. — Le benjoin est un véritable *baume*, et contient en effet de l'acide benzoïque. Il est bien démontré aujourd'hui que le prétendu acide benzoïque, que l'on a signalé dans la *fève Tonka*, le *mélilot*, l'*Anthoxanthum odoratum* L., l'*Holcus odoratus*, etc., n'est que de la *coumarine*, et que l'acide de la cannelle est de l'acide cinnamique et non de l'*acide benzoïque*.

L'acide benzoïque existe tout formé dans le Benjoin et dans tous les liquides végétaux auxquels on donne le nom de Baumes; mais il prend naissance dans un grand nombre de réactions chimiques. On peut l'obtenir par l'oxydation du toluène, des matières protéiques, de l'amygdaline, de l'essence d'amandes amères, qui est l'aldéhyde de l'acide benzoïque, hydrure de benzoïle. En traitant le chlorure de benzoïle par la potasse, on peut encore obtenir l'acide benzoïque. On peut encore l'obtenir par l'oxydation de l'acide hippurique, qui abonde dans l'urine des herbivores. Enfin, on l'a obtenu synthétiquement par fixation d'acide carbonique sur la benzine.

L'acide pur est inodore et incolore; sa saveur est chaude et acide; il cristallise en longues aiguilles ou en lames nacrées; il est peu soluble dans l'eau froide, soluble dans l'eau bouillante, dans l'alcool, dans l'éther, dans les huiles et dans les essences. Ses vapeurs sont irritantes.

L'acide benzoïque, employé en médecine, est toujours empyreumatique; on l'extrait du benjoin en pulvérisant ce baume et en le chauffant doucement dans une terrine en terre, sur laquelle on a collé du papier joseph, et que l'on surmonte d'un chapeau en carton; l'acide benzoïque se volatilise et vient se déposer en beaux cristaux nacrés sur les parois du dôme.

Par un autre procédé, on fait bouillir le benjoin pulvérisé avec un lait de chaux; on filtre pour séparer le benzoate de chaux soluble, que l'on précipite par l'acide chlorhydrique. L'acide benzoïque brut ainsi obtenu est purifié par sublimation ou par cristallisations répétées.

L'acide benzoïque du commerce est souvent altéré ou falsifié. On doit exiger qu'il soit entièrement soluble dans l'alcool et vaporisable. S'il contient du sucre, l'acide sulfurique le colore en brun; s'il contient de l'acide hippurique, il devient pourpre lorsqu'on y ajoute quelques gouttes d'acide nitrique, puis d'ammoniaque. Il contient aussi fréquemment de l'acide cinnamique; celui-ci se reconnaît à l'odeur lorsqu'on distille avec un mélange d'acide sulfurique et de bichromate de potasse.

Usages. — Le benzoate d'ammoniaque précipite les sels de sesquioxyde de fer et non ceux de manganèse; on l'emploie pour les séparer.

L'acide benzoïque et les benzoates alcalins, surtout le benzoate d'ammoniaque, ont été préconisés comme antispasmodiques. On les a employés avec quelque succès comme dialytiques et diurétiques; la dose est de 50 centigrammes à 1 gramme dans une potion.

Le benjoin, comme tous les autres baumes, a été employé avec avantage contre les catarrhes des muqueuses bronchique et vésicale à la dose de 1 à 2 grammes; mais c'est surtout en fumigations contre l'aphonie et les phlegmasies du larynx, qu'on en a fait usage à la dose de 8 à 12 grammes en poudre, que l'on projette sur des charbons ardents ou sur une plaque chaude : on fait respirer les vapeurs. La teinture mêlée à l'eau constitue le *lait virginal,* souvent employé comme cosmétique et en injections dans les otorrhées purulentes.

Le benjoin à l'extérieur est considéré comme détersif et cicatrisant ; il entre dans la composition du *baume du commandeur,* des *clous fumants,* etc. L'acide benzoïque empyreumatique fait partie des *pilules balsamiques de Morton.*

Le benjoin, tour à tour attribué au *Laurus benzoïn,* au *Terminalia benzoïn,* etc., est produit par le *Styrax benzoe* ou *benjoin.* On connaît le *benjoin de Siam,* qui est en larmes détachées ou agglutinées; les larmes, grandes, plates et anguleuses, présentent une odeur prononcée de vanille. Le benjoin de Sumatra se divise en *benjoin amygdaloïde* et en *benjoin commun.* La première espèce est formée de larmes en forme d'amandes empâtées dans une masse rougeâtre; le benjoin commun est privé ou à peu près de larmes; il contient des débris d'écorce. Le benjoin à odeur de vanille a porté autrefois le nom de *benjoin de Boninas*. On le croyait formé de benjoin et de styrax liquide.

# BENOITE

*Geum urbanum* L.
(Rosacées - Dryadées.)

La Benoîte officinale, appelée aussi Caryophyllata, Galiote, Gariot, Herbe de saint Benoît, Récise, etc., est une plante vivace, à racine traçante, fibreuse, brunâtre ; à tiges dressées, grêles, hautes de 0ᵐ,35 à 0ᵐ,65, presque simples, velues. Les feuilles radicales sont longuement pétiolées, velues, imparipennées, ordinairement à neuf folioles, dont la terminale, beaucoup plus grande, est profondément divisée en trois lobes arrondis, dentés, amincis en coin à la base ; celles de la tige, presque sessiles, sont composées de trois folioles inégales et accompagnées de deux stipules foliacées, ovales, aiguës, un peu cordiformes. Les fleurs, jaunes, rosacées, solitaires, terminales, présentent un calice à cinq divisions lancéolées alternant avec autant de petites languettes foliacées, très-étroites ; une corolle à cinq pétales elliptiques, obtus, rétrécis à la base ; trente étamines environ, plus courtes que la corolle ; de nombreux pistils, hérissés de poils, et formant un capitule serré, porté sur un réceptacle arrondi. Le fruit est constitué par une réunion d'akènes, surmontés chacun d'une longue pointe terminée en crochet à sa partie supérieure.

La bénoîte des ruisseaux (*G. rivale* L.) est aussi vivace ; elle se distingue de la précédente par son calice rougeâtre, très-velu, à divisions dressées après la floraison ; sa corolle à pétales jaune rougeâtre, longuement onguiculés ; ses carpelles formant un capitule longuement stipité au-dessus du fond du calice.

Habitat. — Ces deux plantes, et quelques autres du même genre, sont répandues dans presque toute l'Europe ; elles habitent surtout les lieux humides et ombragés, les haies et les buissons, la lisière des bois, les bords des ruisseaux, etc.

Culture. — La benoîte demande une bonne terre et une exposition fraîche. Elle se propage facilement par ses graines, semées à l'ombre, ou par la division de ses pieds, au printemps ou à l'automne.

Parties usitées. — La racine.

Récolte. — Lorsqu'on veut l'employer fraîche, il faut la récolter en juin, juillet ou août ; on préfère celle qui vient sur les montagnes, dans les terrains secs et sablonneux ; la nature du sol, l'exposition, la saison et le moment de la récolte influent sur ses propriétés; pour la conserver, on préfère la recueillir à l'automne ; on la fait sécher à l'ombre à une douce chaleur.

Dans le commerce cette racine est longue, de la grosseur d'une forte plume tronquée près du collet ; elle porte un grand nombre de radicelles d'un brun rougeâtre ; son odeur de girofle, que l'on perçoit surtout lorsqu'on la froisse, la caractérise ; sa saveur est astringente.

Composition chimique. — La racine de benoîte a été analysée par Muehlenstedt, pharmacien danois, par Mélandri, Moretti, Bouillon-Lagrange, Chome-Mars et Tromsdorff ; d'après ce dernier chimiste, elle contient : tannin 41, résine 4, huile volatile 0,039, adragan-thine 9,2, matière gommeuse 15,8, ligneux 30. Les principes actifs paraissent être accumulés dans l'écorce de la racine.

Usages. — C'est surtout pour combattre la cachexie paludéenne que la racine de benoîte a été vantée ; employée par Hulse contre les fièvres intermittentes, par Leclerc dans les mêmes cas en 1683, elle a été conseillée par Chomel en infusion vineuse, au commencement de l'accès, dans le but de provoquer la sueur et de combattre l'algidité.

C'est à Bucham, médecin danois, que l'on doit la connaissance des propriétés antipériodiques de cette racine; Weber et Kock ont cité un nombre considérable de guérisons, et Gilibert, qui a eu l'occasion d'en faire usage en Lithuanie et plus tard à Lyon, assure en avoir obtenu d'aussi bons effets que du quinquina. Tous ces faits paraissent confirmés par l'expérimentation qui en a été faite à l'armée du Rhin par le docteur Grosjean, en l'an IV et en l'an V ; par ceux qui ont été cités par Franck, Leroy, Roques, Laurentz, Stoll, Bouteille, Bucham, etc. M. Nacquart la considérait comme un des meilleurs suc-cédanés du quinquina ; mais, d'un autre côté, Lund, cité par Murray, Haller, Brandelius, Christophorson, Barseth, Acrel, Dalberg, ont in-firmé tout ce qu'on avait dit des propriétés merveilleuses de la racine de benoîte, et il faut bien qu'il en soit ainsi, puisqu'elle est tombée aujourd'hui dans le discrédit le plus complet ; toutefois, nos paysans l'emploient encore quelquefois, et on peut lui substituer les racines de la benoîte aquatique (*G. rivale* L.) et celle de la benoîte des montagnes (*G. montanum* L.)

La racine de benoîte est simplement astringente et tonique.

Broussais, qui l'a expérimentée, n'en a retiré que des avantages très-faibles.

## BERCE

*Heracleum Sphondilium* L.
( Ombellifères - Peucédanées. )

La Berce ou Branc-Ursine est une plante bisannuelle ou vivace, à racine pivotante, un peu rameuse, blanche, sécrétant un suc jaunâtre. Sa tige, dressée, haute d'un à deux mètres, grosse, cylindrique, fistuleuse, striée, ordinairement velue, porte des feuilles alternes, très-grandes, à pétiole canaliculé, élargi et embrassant à la base, hérissé de longs poils blancs, ainsi que le limbe, qui est ailé, à segments lobés, crénelés et ondulés sur les bords, d'un vert foncé en dessus, plus pâle en dessous. Les fleurs, blanches, rarement un peu rougeâtres, sont groupées en larges ombelles, planes, terminales, à involucre nul ou formé seulement d'une ou deux bractées, à involucelles composés de folioles nombreuses. Elles présentent un calice entier, velu ; une corolle à cinq pétales échancrés, dont les extérieurs sont plus grands et bifides dans les fleurs de la circonférence ; cinq étamines et deux styles très-courts. Le fruit infère est un diakène ovale, comprimé et strié suivant sa longueur.

On remarque encore dans ce genre les Berces des Alpes (*H. Alpinum* L.), à feuilles amples (*H. amplifolium* L.) de Sibérie (*H. Sibiricum* L.), Panais (*H. Panaces* L.), etc. La Berce gommifère (*H. gummiferum* L.) est aujourd'hui rangée dans le genre *Dorema* (voyez ce mot, dans ce même volume).

Habitat. — La berce ou branc-ursine est abondamment répandue dans toute l'Europe ; elle habite les localités fraîches, les prés, les bois, les haies, les bords des ruisseaux, etc. L'habitat des berces des Alpes et de Sibérie est indiquée par leur nom même.

Culture. — La berce n'est cultivée que dans les jardins botaniques. On sème les graines en pépinière, en pots, depuis avril jusqu'en juillet, ou bien en place, aussitôt après la maturité. On la propage aussi par éclats des pieds.

Parties usitées. — Les racines, les feuilles, les fruits, improprement appelés semences.

Récolte. — On récolte les fruits à leur maturité, les racines vers la fin de la seconde année, et les feuilles avant la floraison ; on les fait sécher à l'étuve.

Composition chimique. — Le suc qui s'écoule de la plante est rubéfiant, âcre et même vésicant. Les semences ont une saveur âcre et une odeur aromatique ; elles renferment une huile essentielle. Les tiges, macérées avec de l'eau, fermentent, et l'on en obtient une boisson dont on retire, par distillation, un alcool plus fort que celui du grain. La racine est vénéneuse.

Usages. — Les racines épaisses de la berce ont été employées à l'état de pulpe broyée, pour dissoudre les callosités de la peau. Les feuilles ont été prescrites en cataplasmes comme émollientes. Certains auteurs présentent ces feuilles comme un des meilleurs remèdes à opposer à la plique polonaise, tandis que d'autres au contraire prétendent qu'elles produisent cette maladie. Dans les campagnes, nous avons vu employer contre la gale la tige de berce pilée avec du gros sel de cuisine ; on en fait des frictions le soir en se couchant. Le suc âcre de la plante est tellement actif, que Steller dit que les personnes qui râclent la tige ont souvent les parties dénudées du corps couvertes de phlyctènes ; il est donc tout simple que ce suc, joint au vinaigre et au sel, tue les animaux parasites.

On mange les jeunes pousses de berce. En Sibérie, on recherche l'intérieur des tiges, dont la saveur est sucrée ; par la dessiccation on en retire une fécule sucrée. Les Polonais et les Lithuaniens préparent, avec les feuilles et les semences de berce, une sorte de boisson qu'ils appellent *parst*, et qui tient lieu de bière aux pauvres gens. Cette plante est très-bonne pour les lapins ; elle donne à leur chair un goût agréable.

La racine et les feuilles de la berce laineuse (*Heracleum lanatum* Michx) sont employées, aux États-Unis, dans l'épilepsie. Le docteur Orne, du Massachusetts, les recommande pour cet usage. Les fruits sont employés, en Amérique, contre la dyspepsie venteuse.

Les tiges râtissées et séchées de la berce panais (*Heracleum Panaces* L.) servent pour faire une liqueur alcoolique recherchée au Kamtschatka. La berce de Sibérie (*H. Sibiricum*) a les mêmes propriétés.

En homœopathie, on prescrit la berce sous le nom de *branca-ursina*, avec l'abréviation *branc. urs.*, et le symbole *abc*. Avec la racine on prépare une teinture mère.

## BERLE

*Sium angustifolium* L. *S. incisum* Pers.
(Ombellifères – Amminées.)

La Berle à feuilles étroites, vulgairement appelée Ache d'eau, est
une plante vivace, à racine traçante, noueuse, blanchâtre, un peu
fibreuse ; à tige droite, ronde, haute de 0<sup>m</sup>,50 à 0<sup>m</sup>,65, rameuse,
portant des feuilles alternes, ailées, à folioles ovales, oblongues,
pointues, dentées, allant en diminuant de grandeur de la base au
sommet de la plante. Les fleurs, blanches, forment des ombelles de
huit à douze rayons, portées sur des pédoncules axillaires, entourées
d'un involucre de cinq ou six folioles inégales, aiguës, incisées, dentées, et munies d'involucelles planes, formés aussi de plusieurs folioles aiguës. Elles présentent un calice entier ; une corolle à cinq
pétales cordiformes, réfléchis en dedans ; cinq étamines à anthères
globuleuses, et deux styles courts. Le fruit est composé de deux
akènes ovales, striés.

La berle à larges feuilles (*S. latifolium* L.) se distingue de la
précédente par sa taille plus élevée, ses feuilles plus larges, à segments lancéolés et finement dentés, ses styles élargis en une base
conique. Elle est aussi vivace.

On confond quelquefois avec ces plantes, sous le nom commun de
*Berle*, plusieurs espèces d'*Helosciadum*, genre très-voisin, notamment les *H. nodiflorum, repens, inundatum*, etc.

HABITAT. — Ces plantes sont répandues dans les régions tempérées
de l'Europe. Elles se trouvent surtout dans les lieux inondés, les prés
marécageux, au bord des étangs, des ruisseaux, etc.

CULTURE. — Les berles ne sont cultivées que dans les jardins botaniques. Elles exigent une terre humide et de fréquents arrosements. On sème les graines en pépinière, en planches, en juin et
juillet, pour repiquer en place. On propage aussi très-facilement ces
plantes par rejetons et par éclats des pieds.

PARTIES USITÉES. — Les tiges, les feuilles, les racines.

RÉCOLTE. — Les racines doivent être recueillies à la fin de la seconde année ; on les coupe par tranches, et on les fait sécher à une
douce température ; elles jouissent des mêmes propriétés que celles
de l'ache, mais elles sont moins actives ; d'ailleurs nous savons déjà
que ce que l'on vend dans le commerce sous le nom de racine d'ache

n'est autre chose que la racine de livèche (*Ligusticum Levisticum*).

Les feuilles et les tiges ne sont employées que fraîches.

Composition chimique. — L'analyse de la berle n'a pas été faite; mais il est très-probable que, comme le céleri, elle contient de la mannite et une huile essentielle.

Usages. — Autrefois le suc et la décoction des feuilles étaient employés comme antiscorbutiques, fébrifuges, apéritifs, emménagogues, etc. On les a fait manger en salade dans les cas de *scorbut* et de *cachexie paludéenne*; c'est surtout à l'état frais qu'elle agit bien; elle paraît exercer une action diurétique et stimulante, et produire de bons effets dans les engorgements *abdominaux atoniques*; on associe alors son suc avec ceux de persil, de fumeterre, de cerfeuil, de chicorée, de cresson, de beccabunga (Cazin). En Angleterre on a employé ses feuilles contre des dermatoses.

Le *S. angustifolium* L. possède une saveur amère, âcre, une odeur bitumineuse; on la dit excitante et diurétique.

Le *S. Græcum* L. D'après Loureiro, ses semences sont employées en Cochinchine comme carminatives et diurétiques; on mange les feuilles.

Le célèbre Gin-sing des Chinois a été attribué à un *Sium ;* mais on sait aujourd'hui que c'est un *Panax* (Voyez Gin-seng).

Le *S. nodiflorum* est commun en Angleterre; il y est considéré comme dangereux; cependant c'est lui surtout qu'on y a employé contre les maladies de la peau; on administre le suc à la dose de 2 à 3 cuillerées à soupe, soit pur, soit coupé avec du lait.

Le *S. Sisarum* ou chervis ou l'*Elaphoboscum* des Grecs est une plante potagère estimée; Galien, Dioscoride et Césalpin le regardaient comme diurétique.


## BÉTOINE

*Betonica officinalis* L.
(Labiées–Stachydées.)

La Bétoine officinale est une plante vivace, à racine noueuse, de la grosseur du petit doigt, brunâtre, très-fibreuse, à tige haute de 0^m,35 à 0^m,65, herbacée, dressée, simple, tétragone, noueuse, velue, portant des feuilles opposées, ovales, allongées, presque cordiformes, crénelées, velues, larges et longuement pétiolées à la base de la plante, plus étroites et presque sessiles vers le sommet. Les fleurs, pourprées, plus rarement blanches, sont groupées en petits verticilles axillaires munis de bractées et constituant par leur réunion un long épi interrompu, terminal. Elles présentent un calice campanulé, glabre en dehors, velu en dedans, à cinq dents acérées, presque égales ; une corolle pubescente, à tube allongé, cylindrique, arqué, dépassant le calice, à limbe divisé en deux lèvres, la supérieure entière, l'inférieure trilobée ; quatre étamines incluses, à filets couverts de poils glanduleux, à anthères noirâtres ; un ovaire glabre, surmonté d'un style simple, terminé par un stigmate bifide. Le fruit se compose de quatre akènes bruns et ovoïdes.

HABITAT. — La bétoine officinale se trouve dans toutes les régions tempérées et chaudes de l'Europe. Elle est surtout très-commune dans les clairières et sur la lisière des bois, dans les lieux incultes, les friches, les pâturages, etc.

CULTURE. — Cette plante n'est guère cultivée que dans les jardins botaniques. Elle demande une exposition ombragée et vient dans tous les sols, mais mieux dans une bonne terre fraîche. On la propage très-facilement par le semis de ses graines, fait en place, au printemps ou à l'automne. On peut ensuite la multiplier abondamment par la division des pieds, opérée aux mêmes époques.

PARTIES USITÉES. — Les racines, les feuilles et les fleurs.

RÉCOLTE. — La bétoine est plus active au moment de l'ouverture des fleurs ; on la coupe, on en fait des paquets que l'on dispose en guirlandes et que l'on fait sécher à l'ombre ; on prétend que les personnes qui la récoltent éprouvent des vertiges, ce qui semblerait indiquer qu'elle renferme à l'état frais un principe volatil narcotico-âcre.

COMPOSITION CHIMIQUE. — L'analyse de la bétoine n'a pas été faite ; on sait seulement que les racines ont une saveur amère et nauséeuse ; les feuilles sont en outre âpres et salées, les fleurs sont peu odorantes ; lorsqu'on les mâche, elles produisent une grande sécheresse à la gorge.

USAGES. — Nous sommes loin de l'époque où Antonius Musa, médecin d'Auguste, écrivit un traité sur la plante qui nous occupe. On la préconisait alors contre 48 maladies ; Dioscoride et Galien en font le plus grand éloge ; Lucius Apulée la regardait comme un remède infaillible contre 45 maladies, parmi lesquelles il citait les plus in-

curables et les plus disparates, telles que la phthisie, la paralysie, la
rage, etc. Les Espagnols et surtout les Italiens ont à ce sujet adopté
avec enthousiasme les idées des anciens; Cullen, au contraire, la
regarde comme indigne de figurer dans la matière médicale; Murray
est plus réservé, et il hésite à adopter les observations de Scapoli
sur ses propriétés bienfaisantes; les effets purgatifs et vomitifs qu'on
lui a attribués sont révoqués en doute par Gilibert et par Bodart;
ils la recommandent comme sternutatoire, et c'est aujourd'hui à peu
près le seul usage qu'on en fasse.

Le Codex de 1732 renfermait 18 formules officinales ayant la bétoine pour base, telles que *sirop, conserve, emplâtre,* etc. Elle entre
encore aujourd'hui dans les eaux vulnéraires, thériacales, le sirop
d'armoise composé, etc.

La grande bétoine, *B. grandiflora,* nous vient de l'Orient; ses fleurs
sont deux fois plus grandes que celles de l'espèce précédente. La bétoine du Levant, *B. Orientale,* la bétoine laineuse, *B. Heraclea,* et la
velue, *B. hirsuta,* sont communes sur les Alpes et les Pyrénées.

Haller dit que la bétoine a une odeur de *Lamium;* on peut se demander si la bétoine que nous connaissons est bien celle qu'employaient les anciens et à laquelle ils attribuaient des propriétés si
merveilleuses, à ce point que beaucoup d'auteurs la préféraient au
quinquina pour le traitement des fièvres intermittentes.


## BETTE

*Beta vulgaris* **L.**
( Atriplicées–Cyclolobées.)

La Bette ou Poirée est une plante bisannuelle, à racine pivotante,
blanc–jaunâtre, presque simple, un peu fibreuse; à tige haute de
1^m,30 à 2 mètres, anguleuse, dressée, simple à la base, très-rameuse
au sommet. Les feuilles radicales ont un pétiole large, canaliculé,
charnu, blanchâtre, un limbe très-large, entier, cordiforme, mou,
glabre, d'un vert pâle; celles de la tige sont alternes, sessiles, allongées, aiguës, presque lancéolées. Les fleurs, sessiles, petites, verdâtres,
souvent soudées deux à deux par la base, sont groupées en longs épis
grêles, dont la réunion constitue une grande panicule terminale;
elles sont accompagnées de bractées foliacées, et présentent un calice
profondément divisé en cinq lobes égaux, obtus, persistants; cinq

étamines incluses, opposées aux divisions du calice et insérées sur un disque charnu ; un ovaire aplati, uniloculaire et uniovulé, surmonté de deux stigmates simples, courts et blanchâtres. Le fruit est un akène triangulaire, irrégulier, aplati, entouré par le calice.

Cette plante a produit par la culture deux variétés principales, cultivées, l'une pour ses feuilles alimentaires (bette ou poirée à cardes), l'autre pour sa racine charnue, alimentaire aussi et saccharifère (betterave).

HABITAT. — La bette croît à l'état spontané dans le midi et dans l'ouest de l'Europe ; introduite depuis longtemps dans la grande et la petite culture, elle est aujourd'hui répandue dans les champs et dans les jardins maraîchers.

CULTURE. — La bette n'est pas cultivée pour l'usage médical exclusivement ; mais elle est très-répandue dans les champs et les jardins potagers.

PARTIES USITÉES. — Les feuilles, les pétioles, les racines.

RÉCOLTE. — Les feuilles ne sont employées que fraîches ; il en est de même des pétioles, qui sont bouillis à l'eau, et que l'on mange comme les asperges.

COMPOSITION CHIMIQUE. — Les feuilles de la bette ou poirée, poirée blanche, bette blanche, poirée à cardes, sont riches en matières mucilagineuses ; elles renferment du sucre, mais c'est surtout dans la souche de la betterave (*B. vulgaris* L.), variété de la précédente, que ce principe abonde. Cultivée dans les jardins pendant très-longtemps pour l'usage culinaire, elle est aujourd'hui l'objet de cultures considérables, surtout dans le nord de la France, où elle sert à préparer un sucre tout à fait semblable à celui de la canne à sucre ; c'est Margraaf qui le premier indiqua cette plante comme pouvant devenir l'objet d'une grande exploitation ; Achard, de Berlin, perfectionna les procédés de Margraaf, et aujourd'hui, grâce aux travaux de Chaptal, Déyeux, Barruel, Dubrunfaut, Leplay, etc., le sucre de betterave est fabriqué en très-grande quantité, et la France est ainsi affranchie d'un tribut considérable qu'elle payait à l'étranger. Outre le sucre de betterave, dont la production dépasse par année 50 millions de kilogrammes, on fait avec cette racine un alcool qui, à l'état brut, est souillé par des huiles essentielles, et qu'on est parvenu à séparer parfaitement aujourd'hui, de sorte que l'alcool ainsi obtenu est presque aussi estimé que celui qu'on extrait du vin, et qu'on désigne sous le nom d'alcool de Montpellier. Les résidus de betteraves, et les racines elles-mêmes, constituent un excellent aliment pour les bestiaux, surtout pendant l'hiver. Lorsque dans les usines on ne trouve pas la consommation des tourteaux, on les fait brûler et on extrait des cendres de grandes quantités de carbonate de potasse.

Ce sont les variétés de betteraves blanches que l'on emploie pour l'extraction du sucre; les rouges sont utilisées comme aliment; leur matière colorante est employée pour teinter les vins, les sirops de groseilles, de cerises, etc. Cette fraude se reconnaît parfaitement à l'aide de réactifs chimiques.

Usages. — La bette est regardée comme émolliente et rafraîchissante. On mêle ses feuilles à l'oseille pour en diminuer la saveur acide; on en fait des cataplasmes contre les croûtes de lait, et pour calmer les douleurs produites par les dartres; mais le seul usage qu'on en fasse aujourd'hui consiste à les recouvrir de beurre frais, de cérat ou d'une pommade irritante pour le pansement des vésicatoires.


# BIBIRU

(Voyez le *Supplément* du T. I.)


# BIDENT

*Bidens tripartita* et *cernua* L.

(Composées-Sénécionidées.)

Le Bident triparti, vulgairement Chanvre d'eau, est une plante annuelle, à racines fasciculées. Sa tige, haute de $0^m,30$ à $0^m,60$, à quatre angles arrondis, glabre ou quelquefois rugueuse, se divise en rameaux opposés pour la plupart, portant des feuilles opposées, pétiolées, tripartics ou triséquées, rarement indivises et ovales-lancéolées, dentées, glabres, à bords rudes. Les fleurs, jaunes, sont réunies en capitules terminaux, dressés, à réceptacle muni de paillettes, et entourés d'un involucre à folioles intérieures brunes. La corolle est tubuleuse. Les fruits sont des akènes, terminés par deux, plus rarement par trois ou quatre arêtes.

Le bident penché (*B. cernua* L.) est aussi annuel et diffère du précédent par sa taille souvent plus élevée; ses feuilles longuement lancéolées et profondément dentées, les inférieures brièvement pétiolées, les supérieures presque sessiles et un peu connées à la base; ses capitules ordinairement penchés; son involucre à feuilles intérieures veinées de noir; enfin ses akènes terminés par 4 ou 5 arêtes.

Habitat. — Ces deux plantes sont communes dans toute l'Europe centrale; on les trouve surtout au bord des eaux, des étangs, dans les lieux marécageux, etc.

Culture. — Ces deux espèces, étant très-abondantes à l'état sauvage et peu employées en médecine, ne sont cultivées que dans les jardins botaniques. Elles demandent un sol constamment humide. On les multiplie de graines, semées en place au printemps. Elles se propagent ensuite d'elles-mêmes.

Parties usitées. — Toute la plante, les capitules.

Récolte. — Les *Bidens* sont des plantes que l'on trouve souvent dans les marais sur les bords des fossés aquatiques; leur nom vient de *bis,* deux; *dens,* dent : *deux dents*. On doit les récolter lorsque les capitules sont bien développés, et on les fait sécher rapidement à l'ombre et à une température peu élevée; car, par la chaleur, ils perdent leurs propriétés.

Composition chimique. — Les *Bidens* se rapprochent beaucoup, par leur composition et par leurs propriétés, des *Spilanthus,* des *Acmella,* des *Osmites,* c'est-à-dire de ces synanthérées qui renferment à la fois une huile essentielle et une matière résinoïde âcre et brûlante; lorsqu'on les mâche, elles irritent la bouche et excitent la salivation.

Usages. — On a certainement confondu plusieurs plantes avec les *Bidens*. Ainsi Feuillée (*Chili,* II, 766, t. L) parle d'une plante qu'il nomme *Bidens,* et qui serait employée au Pérou comme purgative, il ajoute qu'on s'en sert peu à cause de sa violence. Il en signale une autre qui est utilisée comme masticatoire, qui est très-probablement un *Bidens;* mais, sous le même nom, il parle d'une troisième plante qui est un arbre qui laisse sécréter un suc gommeux. Il est bien probable que ces trois plantes n'appartiennent pas à la même famille, ou du moins au même genre.

Le *B. tripartita* ou chanvre aquatique, et le *B. cernua,* sont très-âcres; ils excitent la salivation; aussi les a-t-on employés comme masticatoires. Ces deux plantes peuvent, pour cet usage, remplacer la racine de *pyrèthre,* mais elles ne sont pas utilisées. On a proposé leur emploi comme détersif pour les ulcères sanieux et gangreneux. Les *Bidens* fournissent une teinture jaune autrefois employée. Sous le nom de *Bident*, Valmont de Bomare cite un grand nombre de plantes qui n'ont entre elles aucune analogie de composition ou de propriété.

## BIGARADIER

*Citrus vulgaris* Riss. *C. Bigaradia* Nouv. Duham.
(Hespéridées.)

Le Bigaradier est un arbre qui ressemble beaucoup à l'oranger, mais il est généralement plus petit. Sa tige, lisse, cylindrique, se divise souvent à partir de la base en rameaux qui portent des feuilles à pétiole ailé, à limbe large, unifolié, elliptique, aigu, crénelé, glabre et luisant des deux côtés, parsemé de petits points glanduleux et transparents. Les fleurs, grandes, blanches, odorantes, disposées en petits bouquets au sommet des rameaux, ont un calice très-court, à cinq dents larges et aiguës; une corolle à cinq pétales elliptiques, allongés, obtus, épais, un peu charnus, parsemés aussi de points vésiculeux, transparents; vingt étamines monadelphes; un pistil à ovaire globuleux, surmonté d'un style épais, que termine un stigmate en tête. Le fruit (*bigarade*) est arrondi, jaune rougeâtre, à peau chagrinée.

Habitat. — Cet arbre, originaire de l'Asie orientale, est généralement cultivé, en Europe, comme les orangers.

Parties usitées. — Le bois, les feuilles, les fleurs, l'épicarpe, improprement appelé *écorce du fruit* ou curaçao, le jus du fruit, l'essence du fruit ou *essence de Portugal*, l'essence des fleurs ou *essence de Néroli*, l'acide citrique que l'on extrait du suc des fruits, les fruits jeunes ou orangettes ou *petit grain*, l'essence distillée des orangettes ou *essence de petit grain*.

Récolte. — De tout le genre citron, c'est le bigaradier qui est le plus utile et le plus usité en médecine; c'est avec lui et non avec l'oranger que l'on prépare l'eau de fleurs d'oranger et le néroli; il est vrai qu'on ne peut pas manger ses fruits, à cause de leur amertume; mais on s'en sert comme assaisonnement sur les tables : on en fait des confitures, on les confit dans du sucre; ils entrent dans le sirop antiscorbutique, etc. Enfin le bigaradier fournit à la pharmacie les feuilles d'oranger, les fleurs, les orangettes, parce que toutes ces parties sont chez lui plus aromatiques et pourvues d'une plus grande quantité d'essence que dans le *C. aurantium* ou oranger vrai ; aussi le *C. vulgaris* est-il à peu près le seul cultivé dans les serres de nos climats froids ou tempérés sous le nom d'oranger.

Les feuilles d'oranger doivent être récoltées à l'automne et desséchées avec soin ; on doit les choisir vertes, fermes et très-aromatiques, d'une saveur amère. Le bois peut être récolté à toutes les époques ; on en fait des *pois d'orange* ou petites sphères de la grosseur d'un petit pois, destinées au pansement des cautères ; mais le plus souvent on les prépare avec les *petits grains* ou *petites orangettes*.

Les fleurs doivent être récoltées avant leur entier développement ; on les fait sécher, pour l'usage de la pharmacie, dans des lieux obscurs et chauds. Il faut alors avoir le soin de les cueillir le matin avant les fortes chaleurs et quand la rosée de la nuit est dissipée. Pour la distillation, on fait la récolte pendant toute la journée ; on les pile pour les mettre en contact avec l'eau, et on distille à la vapeur ; on retire en eau distillée le double du poids des fleurs. On obtient ainsi l'eau *double ;* l'eau *simple* s'obtient en coupant celle-ci avec de l'eau distillée ; l'eau *quadruple* est celle que l'on obtient dans le midi de la France, et pour laquelle on a retiré poids pour poids. Lorsque la distillation ne doit pas être immédiate, on mêle avec les fleurs pilées en pâte le quart de leur poids de sel marin ; mais il vaut mieux les distiller immédiatement après la récolte.

L'écorce d'orange amère nous vient de la Barbade et de Curaçao ; elle porte le nom du *Curaçao* des îles ou de Hollande : celui des îles vient des fruits non mûrs ; il est en petits quartiers verts à l'extérieur, épais, durs, compactes, très-odorants et d'une saveur parfumée. Celui de Hollande est privé de sa pulpe blanche interne ; il est plus mince et réduit presque au zeste ; il est jaune rougeâtre, chagriné à l'extérieur et très-aromatique. Il vient des écorces d'Italie et de Provence qui ont la même couleur, mais qui ne sont pas privées de la partie interne blanchâtre. Tous les curaçaos, mais surtout celui de Hollande, servent à préparer le fameux curaçao, liqueur de table très-estimée. On en fait une teinture et un sirop.

Composition chimique. — L'essence d'orange ou de Portugal est isomère de l'essence de citron ; sa densité est de 0,835 ; elle bout à 180° ; elle forme avec l'acide chlorhydrique deux camphres (Voir Ci-

TRON); on l'extrait par pression du zeste ou par distillation. Le *Néroli*, ou essence des fleurs, est jaune et brunit à l'air ; sa densité est de 0,889. Elle est formé par le mélange d'une essence incolore à florescence violette et d'une petite portion de *camphre de Néroli*, cristallisable, neutre, inodore, insipide, fusible à 55°C. Le zeste de l'orange amère contient un principe très-amer ; le fruit renferme de l'acide citrique (Voir ce mot à la *Botanique générale*, t. I, et au mot CITRON, t. II).

USAGES. — Les feuilles et les fleurs d'oranger sont considérées avec juste raison comme calmantes et antispasmodiques ; les zestes sont un excellent stomachique, et l'acide citrique est rafraîchissant, laxatif et tempérant (Voir CITRON, ORANGE et LIMON).


# BISTORTE

*Polygonum bistorta* L.
(Polygonées.)

La Bistorte est une plante vive, à racine cylindrique, grosse et courte, brune, fibreuse, noueuse, articulée, présentant deux ou plusieurs coudes assez rapprochés. La tige, haute de 0$^m$,35 à 0$^m$,65, droite, cylindrique, noueuse, articulée, glabre, striée, simple, porte des feuilles alternes et engaînantes, d'un vert clair et lisses en dessus, glauques et un peu pubescentes en dessous ; les radicales sont cordiformes, allongées, crispées, grandes, finement dentées, longuement pétiolées ; les caulinaires, moins grandes et plus étroites, lancéolées ; les supérieures, petites, étroites, acuminées et sessiles. Les fleurs, d'un blanc rosé ou carné, courtement pédonculées, forment un épi terminal, ovoïde et très-serré. Elles présentent un calice coloré, pétaloïde, partagé en cinq divisions profondes, obtuses, égales, persistantes ; huit étamines blanchâtres, un peu plus longues que le calice ; trois styles courts, terminés chacun par un stigmate simple. Chaque fleur est, en outre, entourée à sa base par plusieurs bractées scarieuses. Le fruit est un akène ovoïde, à trois angles mousses bien marqués, lisse, glabre, recouvert par le calice, et renfermant une seule graine dressée (Pl. 23).

HABITAT. — La bistorte croît dans les contrées chaudes et tempérées de l'Europe. Elle habite surtout les prés et les pâturages des régions montagneuses, et fleurit en été.

CULTURE. — Cette plante, très-abondante à l'état spontané, n'est guère cultivée que dans les jardins botaniques et quelquefois aussi dans les massifs d'ornement. Elle demande une exposition ombragée et vient bien dans tous les sols. On la propage facilement par le semis de ses graines, en place ou en pépinière, aussitôt après la maturité, et mieux encore par la division des vieux pieds.

PARTIES USITÉES. — La racine.

RÉCOLTE. — La racine de bistorte doit être récoltée en décembre ; on l'arrache, on détache les radicelles, on la lave, et on la fait sécher. Elle nous est apportée sèche de nos départements, et principalement de l'Auvergne.

La racine de bistorte est grosse comme le pouce, légèrement comprimée, deux fois repliée sur elle-même, rugueuse et brune à sa surface, rougeâtre à l'intérieur, à peu près inodore ; sa saveur est fortement astringente.

COMPOSITION CHIMIQUE. — Elle contient une grande quantité de tannin, de l'acide gallique, beaucoup d'amidon, et un peu d'acide oxalique, ou plutôt d'un oxalate acide. Sa décoction est rouge ; elle précipite fortement les sels de fer, la solution de gélatine. Elle entre dans l'*électuaire diascordium*.

USAGES. — Macérée dans l'eau et dépourvue ainsi de sa stypticité, la racine de bistorte a été utilisée comme aliment à des époques de disette, principalement en Sibérie. En Russie on en retire l'amidon, que l'on fait entrer dans la composition du pain. Les tanneurs l'ont, dit-on, utilisée ; mais c'est à tort que Dambourney l'a placée dans les plantes tinctoriales. Les graines sont mangées avec plaisir par les oiseaux de basse-cour.

La racine de bistorte est sans contredit un de nos meilleurs astringents indigènes ; à petite dose, elle tonifie l'estomac. C'est surtout contre les flux muqueux, les hémorrhagies passives, les écoulements de l'urèthre, la leucorrhée, les diarrhées, la dyssenterie, qu'elle agit parfaitement. On l'emploie en poudre à la dose de 4 à 10 grammes, ou en décoction (15 grammes pour un litre d'eau), que l'on administre à petites doses très-rapprochées (Cazin), tantôt pure, d'autres fois unie à l'absinthe ou à la racine d'aunée.

Cullen conseillait la bistorte en poudre mêlée à la gentiane contre les fièvres intermittentes et dans tous les cas où les toniques sont indiqués ; elle ne mérite pas à cet égard d'être signalée comme une exception aux autres astringents végétaux. On a substitué avec succès son extrait à celui de ratanhia, dans les cas de fissure à l'anus et contre les amygdalites chroniques, les aphthes, etc. La poudre a été souvent employée avec succès comme antiseptique et siccative dans le pansement des plaies.

## BLÈTE

*Blitum Bonus-Henricus* Meyer. *Chenopodium Bonus-Henricus* L.
(Atriplicées–Cyclolobées.)

L'espèce la plus intéressante du genre Blète est le Bon-Henri, appelé aussi Toute-bonne, Épinard sauvage, etc. C'est une plante vivace, à racine épaisse et rameuse. Les tiges, hautes de $0^m,40$ à $0^m,80$, dressées ou ascendantes, anguleuses, presque simples, portent des feuilles alternes, pétiolées, membraneuses, larges, triangulaires-hastées, entières ou un peu sinuées, légèrement pulvérulentes. Les fleurs, petites, verdâtres, forment de petits glomérules groupés en grappes simples, axillaires et terminales, dépourvues de feuilles, et dont la réunion constitue un épi lâche terminal. Elles présentent un calice à sépales connivents, et deux styles subulés très-longs. Le fruit est un utricule, à péricarpe membraneux très-mince, entouré par le calice persistant.

La blète effilée (*B. virgatum* L.), vulgairement Épinard–fraise, est une plante annuelle à tige de $0^m,03$ à $0^m,06$; à feuilles charnues, dentées, luisantes; à fleurs réunies en un long épi feuillé terminal; le calice s'accroît après la floraison, en devenant charnu, succulent et d'un beau rouge. Les graines ont le bord canaliculé.

La blète en tête (*B. capitatum* L.), vulgairement Arroche-fraise, est aussi annuelle, et se distingue de la précédente par ses glomérules floraux moins nombreux, plus gros, plus arrondis, les supérieurs non axillaires, et par ses graines à bord tranchant.

Habitat. —Ces plantes sont communes dans les régions tempérées de l'Europe. On les trouve surtout au voisinage des habitations et des jardins, dans les haies, les décombres, etc. On ne les cultive que dans les jardins botaniques, et quelquefois aussi dans les jardins potagers, où il suffit, pour les propager, de répandre leurs graines sur le sol.

Parties usitées. —Toute la plante et plus spécialement les feuilles.

Récolte — On doit les récolter avant la floraison. On les fait sécher sur des claies; d'ailleurs elles sont le plus souvent employées fraîches.

Composition chimique. — Toute la plante contient en assez grande abondance un principe émollient légèrement laxatif. Dans les semences, on trouve un amidon particulier très-remarquable par le très-petit diamètre de ses grains.

Usages. — Le Bon-Henri a été souvent substitué à l'épinard comme aliment et comme émollient; c'est plutôt une plante alimentaire que médicinale, recommandée aux personnes qui sont habituellement constipées; toutefois on l'a employée comme un léger laxatif et bon succédané de la manne. On a employé le suc à la dose de 100 à 150 grammes; mais les malades prennent très-difficilement ces sortes de médicaments, et les jus de plantes sont tout à fait abandonnés aujourd'hui.

Les feuilles fraîches du Bon-Henri ont une odeur herbacée et une saveur visqueuse qu'elles perdent par la dessiccation. Les feuilles, écrasées et appliquées en cataplasmes sur les plaies, les cicatrisent, dit-on, très-promptement; avec le beurre, on en a fait un liniment autrefois vanté pour calmer les douleurs goutteuses et hémorrhoïdales. D'après Chomel (*Plantes usuelles*) et au rapport de Simon-Paul, le Bon-Henri, en fleurs et sec, entrait, avec le sureau, la camomille, la résine caragne et le camphre, dans la composition d'un cataplasme autrefois employé contre la goutte; mais il est certain que l'efficacité de cette préparation, en supposant qu'elle fût efficace, devait être attribué au camphre et non au Bon-Henri.

Il en est du Bon-Henri comme de la plupart des plantes de notre pays, autrefois très-employées par les médecins, elles sont tombées peu à peu dans un oubli dont rien ne saurait les tirer.

# BOLDO
(Voyez le *Supplément* du T. I.)

# BOLET
*Boletus* (Sp. var.) L.
( Champignons - Polyporés.)

Les Bolets constituent un grand genre de champignons, caractérisé par un chapeau pédonculé, garni, à la face inférieure, de tubes parallèles et juxtaposés, dont on n'aperçoit que l'ouverture extérieure, et qui renferment les spores ou corps reproducteurs. Ces tubes adhèrent ensemble, et se séparent facilement du chapeau.

Le bolet comestible (*B. edulis* D. C.), appelé aussi Ceps, Girolle, Bruguet, Potiron, etc. (Pl. 24, fig. 1), a un pédicule épais, surtout à la base, marbré de roux et de blanchâtre ; un chapeau épais, fauve, glabre, présentant en dessous des tubes très-petits, arrondis, à demi libres, blancs, passant au jaune verdâtre ; une chair ferme, épaisse, blanc jaunâtre.

Les bolets, bronzé (*B. œreus* Bull.), rude (*B. scaber* Bull.), orangé ( *B. aurantiacus* Bull.), tubéreux (*B. tuberosus* Bull.), etc., se rapprochent plus ou moins de l'espèce précédente.

Le bolet pernicieux (*B. perniciosus* Roques, *B. luridus* Schœff, *B. rubeolarius* Bull.) (Pl. 24, fig. 2), a le pédicule long, presque égal, marqué en haut de quelques lignes rouges en réseau ; le chapeau bombé, à surface un peu cotonneuse, olivâtre, devenant plus tard rouge et visqueux ; les tubes presque libres, très-longs, arrondis, jaunes, à orifice rouge ; la chair jaune, devenant bleue à l'air.

Ce dernier caractère se trouve dans le bolet indigotier ( *B. cyanescens* Bull.), dont le pédicule, roux pâle, blanc dans le haut, porte un chapeau de même couleur, à tubes libres, blancs ou jaunâtres.

Habitat. — Toutes ces espèces, et beaucoup d'autres, sont communes dans les bois, où on les trouve durant l'été et surtout à la fin de cette saison et au commencement de l'automne.

Culture. — Aucune espèce de Bolet n'est cultivée. Il n'est pas douteux cependant qu'on pourrait y parvenir en employant des procédés analogues à ceux dont on fait usage sur une si large échelle pour la culture du champignon de couche.

Parties usitées. — Toute la partie aérienne.

Récolte. — Les bolets doivent être récoltés jeunes, trop vieux ils sont attaqués par des larves d'insectes, ils sont aqueux et indigestes ; dans le sud-ouest et dans le centre de la France, en Italie et d'autres pays on les recueille jeunes par un temps sec ; on les coupe par petits fragments que l'on dispose en chapelets avec du gros fil, et on les fait sécher au four ou au soleil ; c'est un excellent aliment pour l'hiver, et un assaisonnement très-recherché ; par la dessication le principe aromatique se développe, et pour aromatiser une sauce il en faut dix fois moins que lorsqu'ils sont frais.

Composition chimique. — Dans notre pays, la plupart des bolets peuvent être mangés impunément. Quelques espèces, notamment les *Boletus luridus, perniciosus, satanas*, etc., sont considérées comme toxiques, mais peut-être sans que cela soit très-exactement prouvé.

Les bolets renferment de 90 à 95 pour 100 d'eau; ils contiennent en outre une matière organique azotée, une matière extractive, de la mannite et une substance ternaire.

Usages. — C'est seulement comme aliment que les bolets nous intéressent; nos paysans les font cuire sur le gril piqués d'ail, assaisonnés de sel, de poivre, et arrosés d'huile; coupés par tranches et sautés dans l'huile avec du sel, du poivre, de l'ail et du persil, ils sont excellents; cuits dans l'huile entiers et additionnés d'un hachis fait avec les queues, du jambon et un peu d'ail, ils forment un plat très-recherché; dans quelques pays on y ajoute un peu de vin blanc ou de verjus, et au moment de servir, de la mie de pain mêlée à du persil; préalablement cuits dans l'huile et accommodés en omelette, ils sont très-recherchés.

Les espèces de bolets les plus estimées, ou pour mieux dire celles qu'on mange exclusivement sont : le *Boletus edulis* et le *Boletus œreus* qui sont très-voisins l'un de l'autre. Le *Boletus aurantiacus* et le *Boletus scaber*, qui sont des variétés d'une même espèce, à pied très-élevé, marqué de petites squames noires, à chapeau orangé dans la première, noir dans la seconde, n'ont que peu de saveur, mais sont encore assez agréables.

La médecine homœopathique emploie le *B. satanas;* il est prescrit sous le signe *Sbe;* sous l'abréviation Bol : sat : ; ce n'est probablement qu'une variété *B. luridus;* son chapeau est gros, ferme, d'un jaune pâle; les pores sont rouge foncé, le pied est gros, rouge foncé, entouré en haut d'une espèce de grillage; on en prépare une teinture mère et des dilutions.

Le bolet odorant *B. suaveolens* L. croît sur les vieux troncs des saules; il est regardé comme balsamique et excitant d'après Murray; Sartorius, Bœcler et Enslin l'ont préconisé contre la phthisie à la dose de 1 à 4 grammes; Schmidel et Pfeiffer l'ont employé contre certaines affections nerveuses, la dyspnée, etc.

Le *B. salicinus* possède, dit-on, les mêmes propriétés; ils sont l'un et l'autre inusités.

# BONDUC

(Voyez le *Supplément* du T. I.)

# BOTRYS

*Chenopodium botrys* L. *Ambrina Botrys* Moq.-Tand.
(Atriplicées-Cyclolobées.)

L'Ansérine Botrys, appelée aussi quelquefois Piment, est une plante annuelle, à racine fusiforme, charnue, gris blanchâtre, munie de nombreuses radicelles minces et fibreuses. La tige, haute de $0^m,35$ au plus, cylindrique, dressée, ferme, verte ou striée de rouge, rameuse, est pubescente et visqueuse, ainsi que les feuilles, qui sont alternes, pétiolées, oblongues, sinuées, pinnatifides, à lobes écartés et obtus, très-odorantes, également vertes sur les deux faces et jaunissant à l'époque de la floraison. Les fleurs, petites, vert jaunâtre, très-nombreuses, sont groupées en petites grappes axillaires, dont la réunion constitue une longue grappe terminale, feuillée. Elles présentent un calice profondément divisé en cinq lobes ovales, aigus, entiers, pubescents, d'abord étalés, puis dressés et connivents ; cinq étamines, insérées à la base du calice ; un ovaire arrondi, surmonté de deux stigmates linéaires et allongés. Le fruit est une sorte d'akène arrondi, membraneux, complétement renfermé dans le calice persistant.

Habitat. — Le botrys est originaire des régions méridionales de l'Europe ; il se trouve surtout dans les lieux incultes, secs et sablonneux. On le rencontre quelquefois naturalisé, au voisinage des jardins, dans le centre et le nord de la France.

Culture. — Cette plante est assez souvent cultivée dans les jardins ; elle se contente de la terre ordinaire, mais il lui faut une exposition chaude, du moins sous le climat de Paris. On peut la semer en place, en mars et avril ; il vaut mieux cependant semer sur couche en mars, pour repiquer en mai.

Parties usitées. — Les feuilles et les sommités.

Récolte. — Cueilli en pleine floraison, le botrys est plus odorant. C'est donc à ce moment qu'il faut le récolter. On le fait sécher à une douce température pour lui conserver son principe aromatique.

Composition chimique. — Cette plante est remarquable par son odeur forte, balsamique ; sa saveur chaude, aromatique, piquante et un peu amère. Exposée aux rayons solaires, ses feuilles laissent exsuder une matière résineuse, balsamique, qui les rend visqueuses et brillantes. D'après Cartheuser, elle est riche en huile volatile.

Usages. — Le nom d'Herbe à Printemps a été donné à cette plante parce qu'un charlatan nommé Printemps l'employait en taisant son nom. Mathiole et Geoffroy l'ont vantée avec excès. Dioscoride prétendait avoir constaté son efficacité contre les maladies de poitrine. Forestus, Hermann, Peyrilhe, Vogel, l'ont recommandée comme béchique et antispasmodique, et Gilibert prétend que les hypocondriaques trouvent un soulagement à leurs maux dans l'usage d'une infusion théiforme de cette plante prise le matin à jeun.

On a considéré pendant longtemps le *C. Botrys* comme un succédané des baumes de Tolu, du Pérou et de la Mecque, et comme tel on l'a employé contre les catarrhes pulmonaires chroniques, l'asthme humide, la dyspepsie, la dysménorrhée, l'aménorrhée atonique, l'hystérie, etc. Malgré l'autorité de Paullet, qui conseille de ne pas la négliger et qui la regarde comme une plante précieuse, nous croyons qu'on a eu raison de l'abandonner; d'autant plus qu'une autre plante du même genre dont nous avons parlé, le *C. ambrosioides,* jouit absolument des mêmes propriétés.


# BOUCAGE

*Pimpinella magna* et *saxifraga* L.
(Ombellifères-Amminées.)

Le Boucage à grandes feuilles (*P. magna* L.) est une plante vivace, à tiges hautes de 0ᵐ,60 à 0ᵐ,90, anguleuses, sillonnées, glabres ou à peine pubescentes, rameuses au sommet. Les feuilles sont penniséquées, à segments ovales ou lancéolés, aigus, fortement dentés, ordinairement très-grands, le terminal trilobé; les feuilles supérieures, à segments plus étroits, profondément incisés, quelquefois même réduites au pétiole élargi. Les fleurs sont blanches, groupées en ombelles à rayons nombreux presque égaux, dépourvus d'involucre et d'involucelles. Le fruit se compose de deux akènes glabres, comprimés latéralement, linéaires-oblongs, surmontés de deux styles filiformes, rejetés en dehors.

Le boucage saxifrage (*P. saxifraga* L.), vulgairement Petit boucage ou Persil de bouc, est aussi vivace, il se distingue du précédent par sa taille plus petite ; ses tiges cylindriques finement striées ; ses feuilles penniséquées, à segments arrondis, ovales ou oblongs, les supérieures ordinairement réduites au pétiole dilaté.

L'espèce la plus intéressante de ce genre est l'anis (*P. Anisum* L.) (Voyez ce mot).

HABITAT. — Ces deux plantes croissent dans les régions chaudes et tempérées de l'Europe. La première habite surtout les prairies, les buissons ombragés, les endroits humides des bois ; la seconde fréquente plus particulièrement les pelouses sèches, les lieux incultes, le bord des chemins, etc.

CULTURE. — Ces plantes ont été récemment introduites dans la grande culture, comme plantes fourragères, la première surtout, qui peut croître dans les sols calcaires les plus arides ; on s'en est servi avec avantage pour mettre en valeur les terrains crayeux de la Champagne.

PARTIES USITÉES. — La racine et les fruits (improprement semences).

RÉCOLTE. — Les fruits se récoltent un peu avant leur maturité. Il ne faut pas attendre la séparation des deux méricarpes ; ils mûrissent pendant la dessiccation. Les racines doivent être récoltées à l'automne.

COMPOSITION CHIMIQUE. — Cette plante est riche en huile volatile ; elle se distingue par son odeur forte, par sa saveur chaude, stimulante et amère. C'est surtout dans la racine et les fruits que l'huile essentielle est accumulée.

USAGES. — Stahl, Buchner et Cartheuser ont fait un grand éloge du boucage ; on l'a employée comme béchique contre les catarrhes pulmonaires chroniques, les engorgements des viscères abdominaux, l'angine atonique, etc. On a exagéré ses vertus jusqu'à lui attribuer la propriété de dissoudre les calculs ; aujourd'hui elle est tout à fait abandonnée, malgré les efforts qu'ont faits Schrœder et Bosséchius pour la placer parmi les toniques fébrifuges ; ils la regardaient comme sudorifique.

La racine aromatique a été associée autrefois à la rhubarbe et au séné pour leur enlever leur saveur désagréable ; les fruits ont été vantés contre la pituite et la raucité de la voix.

Le nom de boucage a été donné à ces plantes, parce que les chèvres et les boucs en sont friands.

Le *Pimpinella magna* et le *P. saxifraga* jouissent des mêmes propriétés; la première contient une huile essentielle bleue. Bley prétend y avoir trouvé de l'acide benzoïque; ce qui est très-douteux.

D'après Lémery, on trouve en certains lieux, sur la racine du grand boucage, des grains rouges qu'on a nommés *cochenille sylvestre* ou *cochenille de grains;* mais on ne sait rien de positif sur la nature de ces grains.

## BOUILLON BLANC

*Verbascum thapsus* L.
(Personnées-Verbascées.)

Le Bouillon blanc, appelé aussi Molène comme tous ses congénères, est une plante bisannuelle, à racine pivotante, fibreuse, blanchâtre. Sa tige, haute d'un mètre et plus, droite, effilée, ailée, très-cotonneuse, simple, porte des feuilles grandes, ovales, aiguës à la base, décurrentes sur la tige, entières, cotonneuses, blanchâtres; les supérieures plus étroites et lancéolées. Les fleurs, grandes, jaunes, sont groupées en un long épi serré, terminal. Elles présentent un calice profondément divisé en cinq lobes ovales, aigus, tomenteux; une corolle rotacée, un peu irrégulière, à tube très-court, à limbe presque plane, divisé en cinq lobes arrondis, obtus, inégaux; cinq étamines inégales, déclinées, à filets velus, à anthères transversales; un ovaire ovoïde, presque pyramidal, cotonneux, à deux loges multiovulées, surmonté d'un style oblique, tomenteux, renflé au sommet et terminé par un stigmate convexe et presque réniforme. Le fruit est une capsule ovoïde, tomenteuse, à deux loges contenant un grand nombre de graines, petites, irrégulières et chagrinées.

Nous citerons encore dans ce genre les Molènes thapsiformes (*V. thapsiforme* Schrad.), noir (*V. nigrum* L.), lychnitis (*V. lychnitis* L.), blattaire ou herbe aux mites (*V. blattaria* L.), etc.

Habitat. — Ces plantes, répandues dans une grande partie de l'Europe et surtout dans le Midi, croissent en abondance dans les terrains incultes, les jachères, au bord des chemins, etc.

Culture. — Le bouillon blanc n'est guère cultivé que dans les jardins botaniques. Il demande un terrain sec et une exposition chaude. On le propage par graines, semées aussitôt après la maturité

PARTIES USITÉES. — Les feuilles et les fleurs.

RÉCOLTE. — Les feuilles doivent être cueillies avant la floraison, les fleurs, lorsqu'elles sont bien épanouies; leur dessiccation doit être faite très-promptement et à l'obscurité; elle présente quelques difficultés que l'on parvient à vaincre facilement; il faut les choisir bien jaunes et bien sèches; mal séchées, elles sont noires; elles moisissent alors rapidement.

COMPOSITION CHIMIQUE. — La prétendue *verbascine*, que l'on dit avoir isolée des fleurs du bouillon blanc, est un principe complexe mal défini.

Les feuilles contiennent abondamment un principe mucilagineux.

USAGES. — Les fleurs de bouillon blanc et les feuilles sont un remède populaire et domestique; aussi, outre le nom de Molène, elle porte en divers pays plusieurs noms, tels que *Bonhomme, Cierge de Notre-Dame, Bouillon mâle, Bouillon ailé, Herbe de Saint-Fiacre,* etc.

Le bouillon blanc est adoucissant, émollient, expectorant; on l'administre en infusion sous forme de tisane et de lavement; les feuilles, bouillies avec du lait ou avec de l'eau, constituent un bon cataplasme, qui a été préconisé pour calmer les douleurs produites par les hémorrhoïdes; les fleurs font partie des *fleurs pectorales;* il nous est impossible de leur reconnaître les propriétés antispasmodiques qu'on leur a attribuées.

C'est surtout dans les affections de poitrine, celles du tube digestif et des voies urinaires, que l'infusion de fleurs de bouillon blanc est employée; il faut la passer avec soin pour séparer les petits poils qui, s'arrêtant à la gorge, pourraient provoquer l'irritation et la toux.

Toutes les plantes du genre *verbascum* jouissent de propriétés semblables, et peuvent être substituées les unes aux autres. Toutes peuvent être utilisées en tisane comme émollients, soit en infusions, soit en lavements ou en lotions. Mais il faut bien avouer qu'aucune ne jouit de propriétés médicales bien manifestes, et que si leur emploi n'offre aucun inconvénient, il ne présente pas non plus d'avantages bien réels.

# BOURDAINE

*Rhamnus frangula* L.
(Rhamnées-Zizyphées).

La Bourdaine, appelée aussi Bourgène, Aune noir, Nerprun bour-
dainier, etc., est un arbrisseau touffu, buissonnant, à tiges hautes
de 3 à 4 mètres, droites, rameuses, flexibles, couvertes d'une écorce
noirâtre, tachetée de blanc; elles portent des feuilles alternes, pétiolées, ovales-arrondies, entières, quelquefois pointues, marquées de
fortes nervures parallèles, glabres, lisses et d'un vert clair, surtout à
la face inférieure. Les fleurs, petites, d'un blanc jaunâtre ou verdâtre,
sont réunies en petits bouquets à l'extrémité de pédoncules axillaires. Elles présentent un calice tubuleux, à cinq divisions aiguës; une
corolle à quatre ou cinq pétales squamiformes, quelquefois nulle par
avortement; quatre ou cinq étamines, opposées aux pétales, plus
courtes que ceux-ci, à anthères arrondies; un style simple et indivis,
à stigmate obtus. Le fruit est une baie arrondie, succulente, d'abord
rouge, puis noire à la maturité, contenant deux ou quatre petits noyaux
coriaces, cartilagineux, monospermes, ordinairement indéhiscents.

HABITAT. — La bourdaine se trouve dans toutes les régions tempérées de l'Europe; elle habite surtout les bois, les taillis, les rochers,
les endroits un peu humides. Elle fleurit au commencement du printemps, et le fruit mûrit à la fin de l'été.

CULTURE. — La bourdaine est assez commune dans les bois pour
suffire à tous les besoins de la médecine et de l'industrie; aussi ne
la cultive-t-on que dans les jardins botaniques et quelquefois dans
les parcs d'agrément. Elle demande une terre humide et ombragée,
où elle se propage facilement soit par graines, semées aussitôt après
la maturité, soit par boutures et marcottes.

PARTIES USITÉES. — L'écorce des branches et de la racine, le bois,
les baies.

RÉCOLTE. — L'écorce doit être récoltée pendant la floraison.

COMPOSITION CHIMIQUE. — Toutes les parties de la plante renferment
une matière colorante jaune, dont nous parlerons à l'article nerprun
(voyez ce mot). Herber a analysé la bourdaine, il y a trouvé une
huile volatile, de la cire, de l'extractif, de la gomme, de l'albumine,
un principe colorant et des sels; mais avec les progrès récents de la
chimie, cette analyse est tout à fait insuffisante.

Usages. — C'est avec le bois de bourdaine que l'on fait le charbon destiné à la préparation de la poudre à canon. D'après Duhamel elle fournit 12 pour 100 de son poids de charbon très-léger et poreux qui absorbe parfaitement le gaz à ce point qu'au contact de l'oxygène pur et même de l'air, il peut s'enflammer spontanément lorsqu'il est très-sec.

La bourdaine est tout à fait inusitée en médecine ; on a dit que son écorce possédait des propriétés vomitives, mais seulement à l'état frais ; sèche, elle est simplement purgative, ainsi que les fruits ; mais on leur préfère ceux du nerprun.

Les propriétés purgatives de cette plante ont été signalées par Dioscoride, Matthiole, Dodoëns, etc. Linné en faisait le plus grand cas. D'après MM. Gumprech et Duboys de Tournay, elle jouirait de propriétés analogues à celles de la rhubarbe, et elle serait loin de posséder les propriétés irritantes des drastiques comme on le croit généralement. Gilibert, Roques et Loiseleur-Deslongchamps la considèrent comme vermifuge, et ils citent des faits nombreux à l'appui de leur opinion.

Personne ne conteste les propriétés purgatives des différentes parties des divers *rhamnus*, mais on leur reproche avec juste raison de déterminer des coliques très-violentes ; aussi, à part le nerprun, sont-ils tous abandonnés aujourd'hui.

L'écorce fraîche de bourdaine bouillie avec du vinaigre constitue un remède populaire contre la gale et les dartres invétérées : ces moyens barbares ne sont pas dignes des progrès récents qui ont été faits sur les maladies de la peau, aussi sont-ils abandonnés à l'ignorance et à l'empirisme.

## BOURRACHE

*Borrago officinalis* L.
(Borraginées - Borragées.)

La Bourrache, appelée Bourroche dans quelques localités, est une plante annuelle, à racine fusiforme, noirâtre, épaisse, tendre, charnue, un peu fibreuse. La tige, haute de $0^m,50$ environ, cylindrique, dressée, charnue, fistuleuse, un peu ailée, rameuse au sommet, est couverte de poils rudes, ainsi que les feuilles, qui sont épaisses, ridées et d'un vert foncé ; les radicales sont très-grandes, ovales, obtuses, sinueuses sur les bords, étalées, portées sur un long pétiole canaliculé, ailé et embrassant à la base ; les caulinaires, ovales, lancéolées, étroites, sessiles et un peu décurrentes. Les fleurs bleues, quelquefois blanches ou rosées, inclinées sur des pédoncules longs de 0ᵐ,02 à 0ᵐ,03, verts ou rougeâtres, sont groupées en grappes scorpioïdes unilatérales, axillaires ou terminales, dont l'ensemble constitue une sorte de panicule ou de corymbe lâche. Elles présentent un calice monosépale, à cinq divisions profondes, linéaires, aiguës, étalées, glabres en dedans ; une corolle rotacée, étalée, à tube très-court, à limbe partagé en cinq divisions lancéolées, très-aiguës, à gorge munies de cinq écailles ; cinq étamines conniventes, à anthères noires, formant une sorte de cône au centre de la fleur. Le fruit est composé de quatre akènes d'un brun noirâtre.

HABITAT. — La bourrache est très-répandue dans l'Europe centrale et méridionale. On la rencontre surtout dans les champs cultivés et au voisinage des habitations.

CULTURE. — Cette plante croît à peu près dans tous les terrains, mais elle préfère les lieux exposés au soleil. On la propage facilement par ses graines, semées en place au printemps ; les jeunes pieds supportent parfaitement la transplantation. La plante se propage ensuite d'elle-même lorsqu'on lui laisse parcourir sur place toutes les phases de la végétation.

PARTIES USITÉES. — Les feuilles, les sommités fleuries, les fleurs.

RÉCOLTE. — L'époque de la floraison de la bourrache varie selon les climats et le terrain où elle pousse. Les fleurs doivent être cueillies à leur parfait épanouissement ; elles exigent de grandes précautions pour être bien séchées ; on doit leur faire éviter la lumière solaire qui les décolore. Les feuilles et la plante entière doivent être récoltées au moment où celle-ci commence à monter. Il faut rejeter de la consommation la bourrache mal desséchée, celle qui est jaune ou noire.

COMPOSITION CHIMIQUE. — Dans sa jeunesse, la bourrache est tellement mucilagineuse, que pour en extraire le suc par contusion et expression, on est obligé d'y ajouter de l'eau. A l'époque de la floraison le mucilage est beaucoup moins abondant et la plante jouit par conséquent de propriétés émollientes beaucoup moins prononcées. On la cueille alors pour préparer le suc de bourrache. Plus tard, au moment de la fructuation, elle contient du nitre en assez grande quantité.

Usages. — Aux trois périodes de la végétation de la bourrache, pendant lesquelles la plante change de composition, correspondent, d'après les anciens thérapeutistes, trois ordres de propriétés distinctes. Pendant la première période elle est incontestablement émolliente ; pendant la seconde ils la prescrivaient comme dépurative et sudorifique ; pendant la troisième ils la considéraient comme diurétique à cause du nitrate de potasse qu'elle renferme presque toujours en assez grande quantité.

La vérité est que cette plante est beaucoup moins active que ne le pensaient les anciens médecins. Ils l'administraient surtout dans les diverses maladies de la peau, comme sudorifique, et dans les fièvres éruptives pour faciliter la sortie de l'éruption cutanée.

On fait encore usage de la tisane de fleurs de bourrache comme sudorifique et expectorante.

## BOUSSINGAULTIA

(Voyez le *Supplément* du T. I.)

## BRUNELLE

*Brunella vulgaris* L. *Prunella officinalis* Crantz.
(Labiées - Scutellariées.)

La Brunelle officinale, appelée aussi Prunelle ou Bonnette, est une plante vivace, à racines fibreuses, blanchâtres. La tige, haute de $0^m,30$ au plus, ascendante, à quatre angles arrondis, un peu velue et rougeâtre, très-rameuse, porte des feuilles opposées, longuement pétiolées, ovales, pointues, entières, un peu cordées à la base, d'un vert foncé en dessus, plus pâles et un peu pubescentes en dessous. Les fleurs, d'un bleu violacé, quelquefois blanches, sont groupées en petits verticilles axillaires munis de deux bractées et formant par leur réunion des épis terminaux très-serrés, accompagnés chacun de deux feuilles à la base. Elles présentent un calice tubuleux, comprimé, velu, à deux lèvres, la supérieure large et terminée par trois petites dents, l'inférieure étroite et bifide ; une corolle divisée aussi en deux lèvres, la supérieure entière, arrondie et concave, l'inférieure trilobée ; quatre étamines, dont deux plus longues, à filet grêle, bifurqué au sommet ; un style long, simple, terminé par un stigmate profondément bifide. Le fruit se compose de quatre akènes oblongs, lisses, glabres, à trois angles mousses.

La Brunelle à grandes fleurs ( *B. grandiflora* Jacq.) est aussi vivace, et se distingue de la précédente par ses épis floraux dépourvus de feuilles à la base ; par ses fleurs deux fois plus grandes et par les filets de ses étamines à peine bifurqués.

Habitat. — Ces deux plantes se trouvent dans les prés, sur la lisière des bois, les pelouses sèches, au bord des chemins, etc.

Culture. — Les brunelles ne sont cultivées que dans les jardins botaniques ou d'ornement ; on les propage de graines semées au printemps, ou d'éclats de pied faits en automne.

Citons encore la Brunelle à feuilles découpées (*B. laciniata*) et la Brunelle à feuilles d'Hyssope (*B. hyssopifolia*), qui sont indigènes du midi de la France.

Parties usitées. — Toute la plante.

Récolte. — On arrache la plante au moment de la floraison, et on la fait sécher en petits paquets peu serrés et en guirlandes.

Composition chimique. — La brunelle est tout à fait dépourvue d'odeur ; elle contient du tannin.

Usages. — Jean Bauhin rapporte que, de son temps (1640), la brunelle était employée, en Allemagne, contre les maux de gorge. On l'a longtemps considérée comme astringente, détersive et siccative ; et comme telle on l'a employée contre les hémorrhagies, la dysenterie. On lui attribuait la propriété de consolider les dents vacillantes par suite de la médication mercurielle. Aujourd'hui elle est à peu près abandonnée ; toutefois les habitants des campagnes l'emploient encore quelquefois contre les crachements de sang. Jean Bauhin vante son suc administré à l'intérieur contre la morsure des animaux venimeux. Chomel l'ancien signale la brunelle comme un vulnéraire précieux. Césalpin en faisait, avec l'huile rosat et le vinaigre, un topique qu'il disait propre à combattre les douleurs de tête. Roques reconnaît que la prétendue propriété qu'on lui a attribuée, d'arrêter le sang et de réunir les plaies, est tout à fait illusoire ; mais il ajoute que son suc peut produire une douce astriction et être utile dans quelques cas. Enfin M. Cazin l'a employée avec succès contre les hémorrhoïdes.

Très-voisine de la Bugle au point de vue de ses caractères botaniques, la brunelle doit être placée sur le même rang qu'elle en thérapeutique, c'est-à-dire que l'une et l'autre n'ont qu'une valeur aujourd'hui très-contestée, pour ne pas dire complétement niée.

Les brunelles à feuilles découpées et à feuilles d'Hyssope ont été aussi employées comme détersives et vulnéraires; mais elles sont aussi à peu près abandonnées.

## BRYONE

*Bryona dioica* Jacq. *B. alba* **L.**
(Cucurbitacées.)

La Bryone dioïque ou Bryone blanche, appelée aussi Couleuvrée, Navet du diable, Vigne blanche, etc., est une plante vivace, dioïque, à racine très-grosse, fusiforme, rameuse, charnue, d'un blanc jaunâtre. La tige, longue de plusieurs mètres, herbacée, grêle, anguleuse, rameuse, glabre ou à peine velue, grimpe et s'accroche aux corps voisins, à l'aide de vrilles très-longues, extra-axillaires, ordinairement simples, roulées en spirale. Les feuilles sont alternes, pétiolées, échancrées en cœur à la base, palmées, à cinq lobes anguleux, d'un vert foncé, velues sur leurs deux faces. Les fleurs présentent un calice campanulé et divisé en cinq lobes, ainsi que la corolle, avec laquelle il est intimement soudé dans sa plus grande étendue; les mâles, longuement pédonculées, ont cinq étamines, soudées en trois faisceaux, dont deux composés chacun de deux étamines, le troisième d'une seule; les femelles, moins nombreuses, à pédoncules bien plus courts, ont un ovaire globuleux, infère, surmonté d'un style à trois divisions élargies au sommet. Le fruit est une petite baie globuleuse, pisiforme, d'un beau rouge vif à la maturité, contenant une pulpe mucilagineuse dans laquelle sont logées 3 à 6 graines ovoïdes.

HABITAT. — La bryone dioïque, répandue dans presque toute l'Europe et particulièrement en France, est commune dans les haies et les buissons, les lieux incultes, sur la lisière des bois, dans les endroits humides, etc. D'autres espèces, en grand nombre, appartiennent à l'Asie et à l'Afrique.

PARTIES USITÉES. — La racine, rarement les jeunes pousses.

RÉCOLTE. — On peut utiliser la racine de bryone dès la seconde année. On l'arrache à l'automne ou dans l'hiver; on la lave; on la coupe en rouelles minces que l'on fait sécher, soit en les étendant sur des claies, soit en les enfilant en forme de chapelet, en laissant un espace entre chaque rouelle ; on doit rejeter celle qui est piquée des vers. Les racines sèches présentent des stries concentriques très-apparentes.

COMPOSITION CHIMIQUE. — La bryone a été analysée par Vauquelin, Brandes et Dulong d'Astafort. Ces trois chimistes en ont extrait deux principes amers : la *bryonine*, $C^{48} H^{10} O^{19}$, et la *bryonidine*. La bryonine se présente sous l'aspect d'une masse blanche jaunâtre, résineuse ; sa saveur est d'abord sucrée, puis âcre et styptique. Elle est soluble dans l'alcool et dans l'eau.

USAGES. — La pulpe de bryone blanche a été employée à l'extérieur comme rubéfiant ; à l'intérieur, c'est un drastique violent ; ses effets purgatifs étaient connus du temps de Dioscoride. On a proposé de l'employer pour remplacer l'Ipécacuanha et même l'émétique dans le traitement de la pneumonie. Arnaud de Villeneuve la regardait comme un spécifique de l'épilepsie. On l'a préconisée contre l'hydropisie et l'hystérie ; mais rien ne justifie clairement les éloges qu'on en a faits. Nous croyons, en conséquence, avec Chaumeton, qu'elle doit être repoussée de la matière médicale, à cause de l'infidélité de son action et de ses propriétés âcres, irritantes et toxiques.

En râpant la racine fraîche de bryone et laissant fermenter la pulpe, on détruit le principe âcre, et on obtient une fécule qui peut suppléer à celle de la Pomme de terre dans quelques usages.

La bryonine est un purgatif drastique énergique. A haute dose elle est toxique.

La Bryone calleuse (*B. callosa* Rottl.) de l'Hindhoustan, a des semences amères, qui passent pour vermifuges et servent aux vétérinaires du pays ; par l'ébullition on en retire une huile bonne à brûler. La Bryone épigée (*B. epigæa* Rottl.) aussi de l'Hindhoustan, passe, dans le pays, pour anthelminthique et anti-dysentérique ; il paraît qu'on l'emploie dans les maladies vénériennes invétérées. La Bryone à éperons (*B. rostrata* Rottl.), de Java, donne des feuilles alimentaires ; sa racine est regardée comme expectorante et rafraîchissante. Enfin la Bryone rude (*B. scabra* Thunb.), de l'Hindhoustan, passe, dans le pays, pour légèrement apéritive.

En homœopathie, on considère la bryone blanche comme un médicament pouvant produire la diphtérite, et conséquemment susceptible de combattre les fausses membranes. On emploie l'alcoolature. Le signe est *Aby*, l'abréviation *Bryon.*

# BUCHU

*Diosma crenata* L. *Barosma crenata* Willd.
(Diosmées.)

Le Diosma crénelé, vulgairement Buchu, Bucco, Bocco, ou Bacha, est un arbuste dont le port présente quelque analogie avec celui du Bouleau nain. La tige, dressée, grêle, brune ou grisâtre, se divise en rameaux cylindriques, pubescents, portant des feuilles alternes, pétiolées, ovales, crénelées, presque glabres, d'un vert clair, un peu luisantes, bordées de points transparents. Les fleurs, blanches, plus rarement d'un bleu très-pâle, sont quelquefois solitaires, d'autres fois en faisceau, mais le plus souvent géminées dans les aisselles des feuilles ou au sommet des rameaux. Chacune d'elles est portée sur un pédoncule simple au moins aussi long que les feuilles, et présente un calice à cinq divisions ovales-lancéolées, concaves ; une corolle à cinq pétales ovales-oblongs, brièvement onguiculés, étalés, plus longs que le calice ; cinq étamines au moins aussi longues que les pétales, à anthères petites et ovoïdes, alternant avec cinq appendices stériles ; un ovaire tétragone ou pentagone, à quatre ou cinq cornes droites et glanduleuses, du milieu desquelles s'élève un style plus court que les étamines et terminé par un stigmate simple. Le fruit est une capsule polysperme.

On désigne encore sous les noms de Buchu et Bucco les Diosma velu (*D. hirsuta* Thunb., *D. juniperina* Mœnch), à feuilles opposées (*D. oppositifolia* L.), à feuilles de Bruyère (*D. ericoides* L.), etc.

Habitat. — Les diosma habitent en général le cap de Bonne-Espérance. On trouve le diosma crénelé en Éthiopie.

Culture. — Sous nos climats, ces arbustes ne se cultivent qu'en orangerie ou sous châssis, comme les *Erica*. Ils demandent la terre de bruyère et une exposition éclairée. On les propage de graines semées en terrine aussitôt après leur maturité, sur couche tiède, ou bien de boutures et de marcottes faites aussi sur couche tiède. Les arrosements doivent être très-modérés.

Parties usitées. — Les feuilles.

Récoltes. — Les feuilles, souvent mélangées, des divers buchu nous viennent du cap de Bonne-Espérance ; on les récolte au moment de la floraison, et on les fait sécher avec soin, afin de ne pas dissiper le principe aromatique ; parmi celles du commerce on trouve souvent des pétioles et des fruits ; elles sont douces au toucher, un peu brillantes,

finement crénelées ; sur leur bord et principalement à la face inférieure, on trouve des glandes pleines d'huile volatile ; leur odeur est
très-forte, et a été comparée à celle de la Rue ou de l'urine de chat ;
elles ont une saveur âcre, chaude et aromatique.

Composition chimique. — Les feuilles de Buchu doivent leurs
propriétés à une huile essentielle qui exhale une odeur assez semblable à celle de la menthe. Cette essence fournit un *camphre de
Barosma*, qui cristallise en aiguilles.

Usages. — Les Hottentots emploient le buchu plus particulièrement comme sudorifique. Les Anglais du Cap en font un fréquent
usage dans les rhumatismes, les névroses, etc. Les feuilles de buchu
ont été surtout préconisées contre les maladies des voies urinaires. Les
médecins qui s'occupent plus spécialement de ces maladies, ont retiré des avantages réels de son emploi dans les cas d'inflammation et
d'irritation de la vessie, de l'urèthre et de la prostate, dans la cystor-
rhée, les rétrécissements spasmodiques du canal, etc. Toutefois, le
buchu doit être employé à faibles doses (6 à 10 grammes pour un
litre d'eau) ; à dose plus élevée l'infusion devient tonique et excitante.
D'après le docteur Vroclick, il faut l'employer à dose plus élevée
dans les catarrhes des reins et de la vessie. On fait prendre aussi le
buchu en poudre ; mais il perd bientôt sous cette forme toutes ses
propriétés. On en fait une teinture au cinquième, qu'on administre à
la dose de 4 à 10 grammes.

Le nom scientifique de *Diosma* donné à cette plante vient de
δῖος, divin, ὀσμή, odeur, odeur divine, à cause de son parfum pé-
nétrant que les navigateurs sentent quelquefois de fort loin en mer.
Le diosma velu et le diosma à feuilles opposées, nommés aussi buchu ou bucho par les Hottentots, peuvent être substitués au diosma
crénelé ; ils renferment également une huile essentielle ; on les emploie au Cap et ailleurs contre les mêmes maladies. D'après Linné,
les Hottentots font des onguents avec un mélange et de graisses de
Diosma à feuilles de Bruyère.

## BUGLE

*Ajuga reptans* **L.**
(Labiées – Ajugoïdées.)

La Bugle rampante, appelée quelquefois improprement Petite Consoude, est une plante vivace, à racine blanche, petite, fibreuse. Du

collet de cette racine portent de nombreux stolons, étalés, stériles, et
qui s'enracinent de distance en distance. Au centre s'élève une tige
haute de 0^m,15 à 0^m,25, simple, quadrangulaire, dressée, velue sur
deux faces opposées, portant des feuilles opposées, sessiles, ovales-oblongues, arrondies au sommet, légèrement crénelées ou dentées, glabres, d'un vert souvent taché de rouge, et qui vont en diminuant de
grandeur de la base au sommet de la plante. Les fleurs, bleuâtres,
verticillées, sont groupées en petits fascicules axillaires, dont la réunion constitue un épi pyramidal, tétragone, muni de bractées colorées, et occupant la moitié supérieure de la tige. Elles présentent un
calice tubuleux, à cinq divisions presque égales ; une corolle tubuleuse, à deux lèvres, la supérieure très-courte et bidentée, l'inférieure trilobée ; quatre étamines didynames ; un style filiforme à
stigmate bifide. Le fruit se compose de quatre akènes obovales, rugueux et glabres.

Cette plante présente des variétés à fleurs blanches ou roses.

La Bugle pyramidale (*A. Genevensis* L., *A. pyramidalis* Duby) se
distingue de la précédente par ses tiges velues sur les quatre faces et
par l'absence des stolons ou rejets stériles.

Habitat. — Ces deux plantes sont communes dans les régions tempérées de l'Europe. Elles habitent surtout les bois, les pâturages humides, les lieux ombragés, les bords des sentiers herbeux, etc.

Culture. — Les bugles ne sont cultivées que dans les jardins botaniques. Elles sont faciles à propager par semis faits au printemps, ou
par éclats de pieds pratiqués en automne.

Parties usitées. — Les feuilles, les sommités fleuries.

Récolte. — On peut récolter la bugle rampante pendant tout
l'été. On la confond, dans le commerce, avec la bugle pyramidale,
dont les fleurs sont bleues, le tube plus long, et la lèvre inférieure
beaucoup plus grande.

Composition chimique. — Le genre *Ajuga* fait exception dans la
famille des Labiées, en ce qu'il fournit des plantes inodores ou peu
odorantes. Avec le sulfate de fer, la bugle rampante teint le coton
en brun.

Usages. — La réputation dont la bugle a joui était bien usurpée.
On la considérait comme astringente et vulnéraire ; on l'employait
contre les hémorrhagies, la dysenterie, la leucorrhée, etc.; on a de
la peine à comprendre comment Ettmuller et Rivière ont pu la re-

commander dans la phthisie et l'angine ; et Camérarius et Dodoëns contre les obstructions du foie. On l'appelait *Consolida media* et Petite Consoude, parce qu'on lui attribuait la propriété de souder les plaies des vaisseaux sanguins ; aussi la faisait-on entrer dans la fameuse *eau d'arquebusade*. Les feuilles hachées étaient appliquées sur les coupures, les plaies, les contusions.

Aujourd'hui la bugle est reléguée dans l'obscurité, d'où elle n'aurait jamais dû sortir, et c'est avec raison que Gilibert dit que son infusion employée en gargarisme contre les maux de gorge ne vaut pas l'eau commune employée dans les mêmes cas.

D'après Willemet, on mange en Italie les jeunes pousses et les racines de bugle en salade ; ce doit être un aliment de médiocre goût.

Nous signalerons encore deux plantes autrefois employées qui appartiennent aussi au genre *Ajuga* : nous voulons parler de l'Ivette ou Chamæpitis (*A. chamæpitys* Schreb., *Teucrium Chamæpitys* L.), qui possède une odeur forte et résineuse, et qui a été vantée contre la goutte ; et l'Ivette musquée (*A. Iva* D. C., *Teucrium iva* L.), qui ressemble beaucoup à la précédente ; elle possède une saveur amère et résineuse, et une odeur forte qui rappelle un peu celle du musc ; on l'a considérée autrefois en infusion théiforme comme tonique, apéritive et anti-spasmodique.

## BUGLOSE

*Anchusa Italica* Retz. *A. azurea* Rchb.
( Borraginées - Borragées. )

La Buglose ou Buglosse d'Italie est une plante bisannuelle, à racine fusiforme, de la grosseur du doigt, peu rameuse, brunâtre, visqueuse. La tige, haute de 0ᵐ,50 à 1 mètre, dressée, cylindrique, très-rameuse, hérissée de poils roides et piquants, porte des feuilles alternes, sessiles, oblongues ou lancéolées, ordinairement ondulées, entières, d'un vert foncé, surtout en dessus, épaisses, rudes au toucher, embrassantes à la base ; les inférieures légèrement pétiolées. Les fleurs, assez grandes, bleues ou rosées, quelquefois blanches, forment des grappes unilatérales, feuillées, terminales, le plus souvent scorpioïdes. Elles présentent un calice allongé, profondément divisé en cinq lobes linéaires, lancéolés, très-aigus, dressés, hérissés de poils ; une corolle tubuleuse, à limbe étalé, partagé en cinq divisions ovales-obtuses, à gorge munie de cinq écailles bleuâtres, munies de poils blancs, cachant entièrement les cinq étamines ; un style à stigmate bilobé. Le fruit se compose de quatre akènes nus, ovoïdes.

On remarque aussi dans ce genre les Bugloses officinale (*A. officinalis* L.) et toujours verte (*A. sempervirens* L.).

Habitat. — La buglose d'Italie habite l'Europe centrale ; on la trouve surtout dans les champs pierreux, les moissons, sur les coteaux calcaires. La buglose officinale est propre aux régions septentrionales. La buglose toujours verte est naturalisée aux environs de Paris et dans quelques autres localités.

Culture. — Ces plantes, étant très-abondantes, ne sont guère cultivées que dans les jardins botaniques ; elles commencent pourtant à se répandre dans les jardins d'agrément. Elles demandent une bonne terre fraîche et une exposition chaude. On les propage très-facilement par semis et par éclats de pieds, faits à la fin de l'hiver.

Parties usitées. — Les feuilles, les sommités fleuries, les fleurs.

Récolte. — Les feuilles et les sommités fleuries se récoltent au moment de la floraison ; les fleurs de la bug'ose officinale sont souvent substituées à celles de la bourrache ; elles s'en distinguent par leur coloration moins bleue et par leur corolle moins rosacée ; elles sont le plus souvent violettes et même purpurines.

Composition chimique. — Les bugloses, comme la plupart des plantes de la même famille, présentent ce phénomène assez singulier de varier de composition avec l'âge ; très-jeunes, elles sont riches en principes mucilagineux, et sont regardées avec raison comme émollientes ; à l'époque de la floraison, le mucilage disparaît, et il se développe en abondance un principe extractif amer auquel on attribue des propriétés dépuratives et sudorifiques ; enfin, lorsque la plante est en fruit, et surtout lorsqu'elle végète, comme cela arrive le plus souvent dans des terrains secs et arides et plus spécialement sur les plâtras, le principe extractif est moins abondant, et alors la plante est riche en nitrate de potasse, à ce point que, lorsqu'elle est sèche, elle brûle en fusant sur les charbons ardents ; aussi la place-t-on dans la classe des diurétiques.

Usages. — La buglose est substituée sans inconvénient à la Bourrache. D'après ce que nous venons de dire, il faut tenir compte de l'époque à laquelle on la récolte ; en conséquence elle est considérée tour à tour comme émolliente, sudorifique, dépurative et diurétique.

La buglose d'Italie est celle dont nous avons donné la description ;
il ne faut pas la confondre avec la buglose officinale, plus commune dans le nord de l'Europe, qui a les divisions du calice moins
profondes et moins aiguës. On peut leur substituer à l'une et à
l'autre un grand nombre de plantes du même genre.


# BUGRANE

*Ononis spinosa* et *repens* L. *O. arvensis* Auct. *O. procurrens* Wallr.
(Légumineuses - Lotées.)

La Bugrane épineuse ou des champs ( *Ononis spinosa* L. ), appelée
aussi Arrête-bœuf (de ce que ses racines, dit-on, arrêtent souvent la charrue du laboureur), est un sous-arbrisseau, à racine très-longue, grêle,
fibreuse, brun-grisâtre, traçante. Ses tiges, longues de $0^m,35$ à $0^m,65$,
dures et sous-ligneuses à la base, cylindriques, velues, un peu visqueuses,
couchées et traînantes, ascendantes au sommet, à rameaux nombreux
terminés en épines, portent des feuilles alternes, à pétioles courts,
munis de stipules ovales, aiguës, finement dentées, à limbe divisé en
trois folioles ovales, dentées, légèrement pubescentes, d'un vert clair,
la médiane plus grande. Les fleurs, roses, presque sessiles, sont solitaires ou géminées à l'aisselle des feuilles. Elles présentent un calice
monosépale, tubuleux à la base, très-velu, à deux lèvres, l'inférieure
simple, la supérieure à quatre divisions profondes, lancéolées-aiguës ;
une corolle papilionacée, à étendard plan, redressé, entier, strié, à
ailes courtes et obtuses, à carène très-comprimée ; dix étamines monadelphes ; un style à stigmate simple. Le fruit est une gousse velue,
renflée, contenant un petit nombre de graines réniformes.

Cette plante présente des variétés, que plusieurs auteurs ont élevées au rang d'espèces ; telles sont les *Ononis repens, arvensis, campestris, maritima*, etc.

Habitat. — La bugrane est commune dans toute l'Europe ; on la
trouve dans les champs incultes, les terrains secs et stériles, au bord
des chemins, etc.

Culture. — Cette plante, regardée par les agriculteurs comme une
mauvaise herbe qu'ils cherchent à détruire, n'est cultivée que dans
les jardins botaniques. Elle vient mieux dans les terres légères, et se
propage aisément par graines semées en place ou repiquées.

Parties usitées. — Les racines, les feuilles, les fleurs.

Récolte. — Les racines peuvent être récoltées en tout temps, les feuilles et les fleurs doivent l'être au moment de la floraison.

Les racines sont longues de 30 à 60 centimètres, de la grosseur du doigt, ligneuses, flexibles, difficiles à rompre. Sèches, elles sont grises à l'extérieur, blanches à l'intérieur : les rayons médullaires sont très-apparents, convergent vers le centre ; leur saveur douce se rapproche de celle de la réglisse, mais elle est moins marquée ; leur odeur est faible et désagréable. D'après M. Fée, avec ces racines préparées d'une certaine manière, on falsifie quelquefois la Salsepareille ; mais la moindre attention suffit pour faire reconnaître la fraude.

Composition chimique. — L'analyse de la bugrane n'a pas été faite ; mais il est très-probable qu'elle renferme un principe doux, semblable à celui de la réglisse, la *glycyrrhizine*. Toutefois, M. Hlasiwetz a extrait de cette plante l'*ononine*, qui, sous l'influence de l'eau de baryte, se transforme en *onospine*, qui est elle-même un *glycoside*, puisque, sous l'influence de l'acide sulfurique, elle produit de la glycose et de l'*ononétine*.

Usages. — Galien place la racine de bugrane au premier rang des diurétiques. Bergius prétend l'avoir donnée avec succès contre l'ischurie provenant de la présence de calculs dans la vessie, et Acrel assure avoir constaté son action puissante sur les organes génito-urinaires. Ces propriétés ont été confirmées par Simon Paulli, Matthiole, Plenck et Schneider, qui la recommandent en outre contre l'engorgement des testicules. Mayer et Gilibert la conseillent dans les obstructions des viscères, dans les cachexies et la chlorose (20 à 30 grammes). Elle est regardée comme apéritive.

M. Cazin a employé avec succès la décoction concentrée de racine de bugrane dans une anasarque contre laquelle les diurétiques les plus puissants avaient été prescrits (60 grammes pour 1 litre d'eau).

D'après Dehaen, les feuilles jouiraient des mêmes propriétés que les racines. Dans les campagnes, on les emploie souvent en infusion, sous forme de gargarismes, avec le miel et le vinaigre, contre les maux de gorge, les ulcères scorbutiques ; mais il est certain que l'eau vinaigrée miellée agirait tout aussi bien dans ces cas. La bugrane est aujourd'hui peu usitée en médecine.

# BUIS

*Buxus sempervirens* L.
(Euphorbiacées - Buxées.)

Le Buis est un arbrisseau à racine ligneuse, dure, tortueuse, jaune, rameuse. La tige, qui peut atteindre 4 à 5 mètres de hauteur, est aussi tortue, branchue, rameuse, à écorce jaunâtre très-serrée. Les rameaux, quadrangulaires, sont couverts de feuilles opposées, presque sessiles, ovales, fermes et coriaces, lisses, d'un beau vert foncé en dessus, plus pâles en dessous, persistantes. Les fleurs, d'un jaune verdâtre, diclines, forment de petites fascicules à l'aisselle des feuilles supérieures; elles ont un calice à quatre ou six divisions profondes, et sont dépourvues de corolle. Les mâles présentent quatre étamines et un rudiment d'ovaire. Les femelles, beaucoup moins nombreuses, contiennent un ovaire libre, à trois loges biovulées, surmonté de trois styles épais, divergents, terminés chacun par un stigmate obtus. Le fruit est une capsule globuleuse, jaunâtre à la maturité, à trois cordes au sommet, à trois loges dispermes

Habitat. — Le buis est commun dans les régions montueuses et boisées. On le cultive dans les jardins d'agrément, surtout comme plante de bordure. Il croît à peu près dans tous les terrains, mais de préférence dans les terrains crayeux ou calcaires.

Parties usitées. — Le bois, la racine, l'écorce de la racine, les feuilles.

Récolte. — Toutes les parties du buis employées en médecine ou dans l'industrie peuvent être récoltées à toutes les époques de l'année; toutefois il vaut mieux les cueillir à l'automne ou au commencement de l'hiver.

On a, dit-on, falsifié les folioles du séné avec les feuilles du buis; mais celles-ci se distinguent facilement : elles sont luisantes, épaisses et coriaces.

La falsification de l'écorce de racine de grenadier par celle du buis serait plus probable et moins facile à constater; cependant l'écorce de buis est plus jaune, plus amère ; la face interne est lisse, et jamais dans le commerce on n'y trouve du bois adhérent, tandis qu'on en voit toujours sur la face interne de l'écorce de racine de grenadier, qui d'ailleurs est plus verte et présente un liber moins lisse et moins brillant.

Le bois de buis est jaune, dur, compacte et susceptible d'un beau poli. Le plus estimé vient du Levant; sa densité est de 1.328; tandis que celui de France est souvent moins dense que l'eau, et pèse par conséquent moins de 1.000.

Composition chimique. — Toutes les parties de la plante renferment de la gomme, de la cire, de la chlorophylle, etc. M. Fauré en a extrait un principe qu'il nomme *buxine,* et que M. Couerbe a pu faire cristalliser. C'est une matière amère, transparente, insoluble dans l'eau, soluble dans l'alcool, peu soluble dans l'éther; elle est légèrement alcaline et sature les acides avec lesquels elle forme des sels qui précipitent en blanc par l'ammoniaque; elle existe dans le buis à l'état de malate. L'analyse élémentaire n'en ayant pas été faite, on ne sait pas s'il faut la classer parmi les alcaloïdes.

Usages. — Le bois de buis est très-estimé des tourneurs et dans la tabletterie. Les graveurs sur bois l'estiment beaucoup. Il sert à faire des spatules, des abaisse-langue, des plessimètres, des stéthoscopes, des spéculums, etc. On préfère la racine au bois, parce que sa densité est plus grande et que sa veinure est plus riche.

On a remplacé quelquefois dans la bière, le houblon par des feuilles de buis; mais la boisson ainsi obtenue présente une saveur extrêmement amère et nauséabonde, qui persiste au palais et à la langue; d'ailleurs son odeur est désagréable. Il n'en est pas moins vrai qu'il est impossible de reconnaître chimiquement cette fraude, surtout lorsqu'aux feuilles de buis on a ajouté des cônes de houblon.

Les différentes parties du buis ont été considérées comme sudorifiques, antisyphilitiques et antirhumatismales. On a préconisé les feuilles contre les accidents secondaires et tertiaires de la syphilis (8 à 10 grammes en infusion), contre la goutte et les affections de la peau. On a dit que le bois pouvait être substitué à celui de gaïac; mais il lui est bien inférieur, et il n'y a aucune comparaison à faire entre eux. Aussi malgré l'autorité de Amatus Lusitanus, de Charles Musitan et de beaucoup d'autres auteurs, parmi lesquels nous citerons Garidel, Gilibert, Macquart, Roques, Bodart, Biett, etc., les feuilles de buis sont abandonnées aujourd'hui non-seulement comme sudorifiques, mais encore comme purgatives (15 à 20 grammes), propriété moins contestable, mais on les redoute à cause des coliques violentes qu'elles déterminent.

Comme tous les amers, le buis a été considéré comme fébrifuge, et, d'après M. Féc, Joseph II acheta à un charlatan 1,500 florins son secret de guérir les fièvres intermittentes par le buis ; mais il est bien reconnu aujourd'hui que le buis n'a jamais pu guérir la fièvre.


# BUSSEROLE

*Arbutus Uva ursi* L. *Arctostaphylos Uva ursi* Spreng.
( Éricinées - Éricées.)

La Busserole, appelée aussi Bousserole, Buxerole, Raisin d'ours, Arbousier traînant, etc., est un petit arbuste rampant, dont la tige, longue de 0<sup>m</sup>,35 à 0<sup>m</sup>,65, rameuse, glabre, couchée, rougeâtre, porte des feuilles alternes, courtement pétiolées, ovales, entières, presque obtuses, épaisses, fermes, glabres, luisantes et d'un vert foncé en dessus, plus pâles en dessous, persistantes, ressemblant à celles du Buis, d'où vient son nom qui signifie *petit buis*. Les fleurs, blanches ou rosées, sont disposées, par huit ou dix, en grappe terminale et accompagnées chacune de trois petites bractées écailleuses. Elles présentent un calice à cinq divisions profondes, très-petites, arrondies, obtuses, étalées ; une corolle monopétale, en grelot allongé, terminée par cinq petits lobes obtus, dressés et offrant à l'intérieur dix petits nectaires arrondis, transparents ; dix étamines incluses, à filets velus, à anthères ovoïdes, rougeâtres ; un ovaire globuleux, glabre, à cinq loges multiovulées, surmonté d'un style cylindrique, épais, que termine un stigmate aplati. Le fruit est une petite baie, d'un beau rouge, à cinq loges, contenant plusieurs petites graines.

Habitat. — La busserole est abondamment répandue dans les régions montagneuses de l'Europe centrale et méridionale.

Culture. — Cet arbuste demande une exposition ombragée et la terre de bruyère. On le propage ordinairement par graines, semées aussitôt après leur maturité. Quand les jeunes pieds ont atteint la taille de 0<sup>m</sup>,04 à 0<sup>m</sup>,05, on les repique séparément dans de petits pots, que l'on expose au levant et qu'on rentre en hiver pendant les premières années ; dès qu'ils sont assez forts, on les plante à demeure. On multiplie encore la busserole de boutures ou de marcottes, qu'on ne doit lever que la seconde ou même la troisième année.

Parties usitées. — Les feuilles ; rarement l'écorce et les baies.

Récolte. — On doit choisir les feuilles les plus jeunes ; on peut les cueillir en toute saison. On essaie souvent, dans le commerce, à leur substituer les feuilles d'Airelle ponctuée (voir au mot AIRELLE, p. 39 de ce volume). Les feuilles sèches de busserole sont toujours d'un beau vert.

COMPOSITION CHIMIQUE. — Toutes les parties de la busserole contiennent de l'acide gallique 1,2, et du tannin 36,4 pour 100. M. Kawalier en a extrait un principe cristallisé neutre, qu'il a nommé *arbutine*, $C^{25}H^{34}O^{14}$. Sous l'influence d'un contact prolongé avec l'émulsine, l'arbutine se décompose en *hydrokinone*, $C^6H^6O^2$, *arctuvine* de Kawalier, méthylhydrokinone, $C^7H^8O^2$, et glucose. L'arbutine est facilement soluble dans l'eau chaude, moins soluble dans l'eau froide, soluble dans l'alcool, peu soluble dans l'éther.

On trouve dans les liqueurs mères où on a cristallisé l'arbutine une autre substance assez répandue dans les Ericacées, l'*éricoline*, $C^{34}H^{56}O^{21}$; c'est une matière amère, jaunâtre, amorphe. Quand on la chauffe avec de l'acide sulfurique dilué, elle se dédouble en sucre et en *éricinol*. L'éricinol est une huile incolore, se résinifiant très-vite, voisine du camphre des Lauracées. Tromsdorff a encore extrait des feuilles de Busserole, en les épuisant avec l'éther, un autre principal cristallisable, neutre, incolore, l'*ursone*, $C^{20}H^{32}O^2$. Celui-ci se cristallise sans changement manifeste.

USAGES. — Les feuilles de la busserole ont été jadis fort préconisées contre la gravelle, et sont encore usitées comme diurétiques. Dehaen a beaucoup contribué à leur donner la réputation de guérir le catarrhe vésical, les ulcérations du rein, et même de dissoudre les calculs vésicaux. Prout, Gilibert, Givardi, Bergius ont professé la même opinion. Sœmering a vanté la busserole comme propre à combattre le spasme vésical. M. Ségalas lui attribue la propriété de faciliter la sortie des graviers, etc.

En somme, la busserole a été prescrite avec avantages dans tous les cas où les astringents sont indiqués. Mais l'opinion du docteur Harris et de M. de Beauvais qui la présentent comme un succédané de l'Ergot de Seigle, et même comme préférable à celui-ci pour hâter les accouchements paresseux, n'a pas été justifiée par l'expérience. M. Debout a fait un remarquable travail sur la busserole (*Bull. gén. de th.*, t. XLVI, p. 507).

# CACAOIER

*Theobroma Cacao* L.
(Buttnériacées-Buttnériées.)

Le Cacaoïer est un arbre dont la tige, haute de $0^m,10$ à $0^m,15$, se divise en rameaux très-nombreux, longs et grêles, portant des feuilles alternes, pétiolées, munies de stipules, entières, obovales, aiguës, glabres et lisses. Les fleurs, rougeâtres, forment de petits fascicules axillaires sur le tronc et sur les rameaux ; elles présentent un calice à cinq divisions profondes, lancéolées, aiguës, d'un rouge foncé ; une corolle à cinq pétales dressés, canaliculés à la base, rétrécis au milieu, connivents au sommet ; dix étamines monadelphes ; un ovaire libre, ovoïde, tomenteux, à cinq loges, surmonté d'un style long et grêle, terminé par cinq stigmates aigus. Le fruit (*cabosse*) est ovoïde, allongé, jaune ou rouge, à péricarpe épais, dur, indéhiscent, rempli d'une pulpe aqueuse, dans laquelle sont disséminées un grand nombre de graines.

Habitat. — Cet arbre est originaire du Mexique, d'où il s'est répandu dans les régions tropicales des deux continents.

Parties usitées. — L'écorce de l'arbre, les semences ou cacao, le beurre qu'on en retire.

Récolte. — Outre le *Th. Cacao*, on emploie encore le *Th. minor* de Gaertner et les *T. briocarpum* Bern., *T. pentaginum* Bem. *T. Salzmannianum* Bern., etc. Voici comment on fait la récolte des semences : on abat les fruits à mesure de leur maturité ; les capsules nommées *cabasses* ou *cabosses* sont coupées en deux, on sépare la pulpe et les semences, on met le tout dans des auges en bois couvertes de feuilles de balisier (*Canna Indica*). Après vingt-quatre heures de fermentation on agite vivement, la pulpe est devenue liquide, on laisse en contact jusqu'à ce que l'épisperme, de blanc qu'il était, soit devenu d'une couleur rouille et que le germe soit mort ; alors on sépare les semences et on les fait sécher au soleil, c'est le *cacao non terré*. Le caraque, préparé dans la province de Caracas et ailleurs, subit une autre opération : on enfouit les graines pendant quelques jours dans la terre, afin de leur donner un goût moins âpre et moins désagréable, puis on les fait sécher ; il constitue alors le *cacao terré*. Tous les cacaos nous viennent dans le commerce dans des sacs en toile, rarement on les réduit en pâte.

Composition chimique. — Le cacao contient une assez grande quantité de matières azotées et de matières grasses qui lui donnent ses propriétés nutritives ; des amandes fraîches on obtient 45 à 50 p. 100 de cacao sec. Voici d'ailleurs les analyses qui en ont été faites :

| GRAINES DE CACAOIER de Montaras (Nouvelle-Grenade). | | CACAOS DU COMMERCE privés de leurs enveloppes avant la torréfaction. | | CENDRES DU CACAO. | |
|---|---|---|---|---|---|
| Beurre de cacao........ | 44 | | 52 | Potasse............. | 33.4 |
| Albumine et autres matières azotées......... | 20 | | 20 | Chaux............. | 11.0 |
| Théobromine.......... | 2 | | 2 | Magnésie........... | 17.0 |
| Matière cristalline très-amère............... | traces. | | » | Acide phosphorique.. | 29.6 |
| | | | | — sulfurique..... | 4.5 |
| Acide cristallisé, gomme. | 6 | | » | — carbonique.... | 1.0 |
| | | | | Chlore............. | 0.2 |
| Amidon et cellulose..... | 13 | Amidon.... | 10 | Silice............. | 3.3 |
| | | Cellulose... | 2 | | 100.0 |
| Sels................. | 4 | | 4 | (M. Letellier.) | |
| Eau................. | 11 | | 10 | | |
| | 100 | | 100 | | |
| (M. Boussingault.) | | (M. Payen.) | | | |

La *théobromine*, $C^7 H^8 Az^4 O^2$, est un alcaloïde blanc, cristallin, soluble dans l'eau, l'alcool et l'éther ; elle se volatilise vers 250° ; le tannin ne la précipite pas ; elle forme avec les acides des combinaisons qui sont détruites par l'eau.

Le *beurre de cacao* s'extrait de la pâte de cacao par expression entre des plaques chaudes, ou par ébullition dans l'eau, ou par des dissolvants tels que l'éther et le sulfure de carbone, etc. ; il est blanc, translucide, insoluble dans l'eau, soluble dans l'alcool et dans l'éther, son odeur et sa saveur rappellent un peu celles du chocolat pur ; il fond entre 29° et 30°C. Il est surtout formé de stéarine et de palmitine.

Usages. — Le cacao est principalement employé comme aliment ; il sert à faire le chocolat qui est un mélange de cacao, de sucre, aromatisé avec de la cannelle ou du sucre vanillé. On fait légèrement torréfier le cacao, on sépare l'épisperme et les embryons, on broie l'amande sur une pierre chaude, et on y ajoute le sucre pulvérisé et les aromates.

Associé au quinquina, le cacao sert à préparer un vin tonique.

Le beurre de cacao sert à préparer des pommades, c'est une graisse adoucissante et émolliente ; à l'intérieur, on l'a employé quelquefois comme expectorant; il sert presque uniquement à préparer des *suppositoires*, petits cônes destinés à être introduits dans le rectum; on y associe l'opium, l'extrait de belladone, l'émétique, le tannin, etc., selon le but qu'on se propose.

Les cacaos terrés sont ceux dits de *Caraque* et de *la Trinité*. Les non terrés sont les cacaos *Soconusco, Maragnan,* de *Para*, de *Saint-Domingue* et de la *Martinique*.


## CAFÉIER

*Coffea Arabica* L.
(Rubiacées – Cofféacées.)

Le Caféier est un petit arbre dont la tige, haute de 5 à 6 mètres, porte des feuilles opposées, munies de stipules, pétiolées, ovales, entières, allongées, atténuées à la base et au sommet, glabres, à bords un peu sinueux. Les fleurs, blanches, odorantes, sont presque sessiles et groupées en cimes très-fournies à l'aisselle des feuilles supérieures. Elles présentent un calice turbiné, à cinq dents; une corolle à tube cylindrique, à limbe partagé en cinq divisions égales, lancéolées, étalées; cinq étamines saillantes, à anthères étroites; un ovaire arrondi, à deux loges uniovulées, surmonté d'un style simple, grêle, terminé par un stigmate bifide. Le fruit est une petite drupe, de la grosseur d'une merise, contenant deux petits noyaux accolés, plans en dedans, convexes en dehors, et dont chacun renferme une graine à albumen corné très-abondant, marqué d'un sillon longitudinal à la face interne (Pl. 25).

Cet arbre a produit par la culture un grand nombre de variétés, caractérisées par la forme, la couleur, le volume et surtout la qualité de la graine, et dont les plus remarquables portent les noms de café Moka, Martinique, Bourbon, Saint-Domingue, etc.

Habitat. — Le caféier est originaire de la haute Éthiopie, d'où il a été transporté en Arabie, et de là dans l'Inde, à Batavia, aux Antilles, à la Guyane, à l'île de la Réunion, etc.

Culture. — Dans les régions tropicales, cette culture occupe de vastes étendues de terrain et constitue une branche de commerce très-lucrative. On multiplie le caféier de graines, semées aussitôt après la maturité, en place dans les régions humides, en pépinières dans les régions sèches. On étête les arbres à la hauteur d'un à deux mètres. Sous nos climats, le caféier n'est cultivé qu'en serre chaude.

PARTIES USITÉES. — Les graines.

RÉCOLTE. — On récolte le fruit ou *cerise de café* à sa maturité. On le fait passer entre deux râpes cylindriques, que l'on fait tourner en sens contraire; puis on fait dessécher à l'étuve ou au soleil, on enlève l'enveloppe ou parchemin au moyen d'un moulin à gros rouleaux garnis de lames de fer, ou bien au mortier, puis on chasse les coques par un vanneur ou un ventilateur. On obtient ainsi le café mondé.

COMPOSITION CHIMIQUE. — D'après M. Payen, le café contient : légumine, caféine, etc., 10; caféine libre, 0,8 ; caféine azotée, 3; substances grasses, 13; glycose, dextrine, acide végétal non déterminé, 15,5; chloroginate de potasse et de caféine, 5; huile essentielle concrète insoluble, 0,001 ; essence aromatique soluble à odeur suave, 0,002; cellulose, 34; sels, potasse, magnésie, chaux, acides phosphorique, silicique, sulfurique, chlore, 6,697; eau, 12; total, 100. La macération de café vert dans l'eau devient vert émeraude par l'addition de quelques gouttes d'ammoniaque; cette coloration est due à l'*acide chlorogénique* (Payen).

La caféine $C^8 H^{10} Az^4 O^2$, découverte par Robiquet, étudiée par MM. Boutron et Payen, existe dans le café à l'état de malate. Le café contient de 2 à 5 pour 100 de caféine ; c'est une base organique faible, isomère et identique avec la théine. On a aussi retiré du café un acide qu'on a nommé *caféique*.

On a peu étudié les corps qui se produisent pendant la torréfaction du café. La partie ligneuse éprouve un commencement de décomposition et devient friable ; il se produit, en outre, un corps brun, amer, soluble dans l'eau, qui provient de l'altération de la substance gommeuse; il se forme en même temps une huile aromatique nommée *caféone*.

USAGES. — Le café vert, à la dose de 15 à 60 grammes pour un litre d'eau bouillante, a été employé avec succès contre la coqueluche. L'infusion de café torréfié jouit de propriétés excitantes trèsénergiques; elle présente tous les avantages des liqueurs alcooliques sans en avoir les inconvénients; elle combat le sommeil; on l'a employée avec succès contre les empoisonnements par l'opium. Mêlée aux substances amères, telles que le sulfate de quinine, la rhubarbe, le séné, le sulfate de magnésie, elle en détruit ou masque l'odeur et la saveur. On a tiré un grand parti de cette propriété en thérapeutique. Le tannin ou l'acide *café-tannique*, que le café contient, le rend précieux comme tonique et pour combattre certains empoisonnements.

Pendant ces dernières années les médecins se sont beaucoup occupés de l'action thérapeutique de la caféine envisagée comme succédané de la digitale. Son action diurétique et son action sur le cœur ont été démontrées d'une façon irréfutable. Gubler la considérait comme un « diurétique idéal » parce qu'elle produit la diurèse sans déterminer aucune action nuisible. Dans les maladies du cœur elle agit alors que la digitale est devenue impuissante Il faut l'employer à la dose de 20 à 50 centigrammes jusqu'à 3 grammes, en plusieurs fois dans la journée.

## CAFERANA

(Voyez le *Supplément* du T. I.)

## CAÏL-CÉDRA

*Khaya Senegalensis* Ad. de Juss. *Swietenia Senegalensis* Desr.
(Méliacés.

Le Caïl-Cédra est un grand arbre ; il atteint 35 mètres de hauteur, et son tronc, qui est droit, mesure jusqu'à un mètre de diamètre; le bois est rouge, et l'écorce d'un gris fauve, fendillée. Les branches sont très-longues, cylindracées, glabres, étalées. Les feuilles alternes, longues de $0^m,15$ à $0^m,32$ sont paripennées, composées de trois à six paires de folioles, coriaces, ovales-oblongues ou lancéolées, longues de $0^m,07$ à $0^m,16$, sur $0^m,027$ à $0^m,054$ de largeur, glabres, luisantes en dessus, d'un vert pâle en dessous. Les fleurs sont blanches, très-petites et nombreuses, disposées en grappes paniculées, axillaires et terminales. Le calice est à quatre pétales très-petits, alternativement imbriqués. Les pétales, au nombre de quatre, sont beaucoup plus longs que les sépales, dressés, ovales, obtus, concaves et caducs. Huit étamines constituent l'androcée, et ont leurs filets soudés en un tube renflé inférieurement, blanc, rosé, rétréci au sommet, et découpé en huit dents ayant à peu près la forme d'un cœur renversé; les anthères sont fixées par un court filet dans l'intérieur et au sommet du tube staminal. L'ovaire est à quatre loges, entouré d'un disque épais, multilobé. Le style simple, de la longueur des étamines, est terminé par un stigmate discoïde, épais, marqué en dessus de quatre sillons. Le fruit est une capsule de la grosseur d'un abricot, s'ouvrant en quatre valves, en se séparant d'un axe central à quatre ailes, sur lequel sont insérées de nombreuses graines, presque orbiculaires, à bords membraneux.

HABITAT. — Le caïl-cédra croît abondamment dans les bas-fonds de la presqu'île du Cap-Vert, où il constitue l'essence prédominante des forêts; malgré son nom spécifique (*Senegalensis*), il n'existe pas au Sénégal à l'état sauvage; en 1820 les colons français l'ont introduit dans leurs cultures pour en former des allées de jardin.

CULTURE. — Le caïl-cédra est un arbre de serre chaude; il lui faut beaucoup d'humidité atmosphérique, et des seringages fréquents sur le feuillage. Sa multiplication se fait par graines tirées de nos colonies sénégalaises, et par boutures tenues sous cloches à l'étouffée.

PARTIES USITÉES. — L'écorce, le bois.

RÉCOLTE. — Le bois de caïl-cédra porte le nom d'*acajou du Séné-gal*; il ressemble beaucoup, d'après M. Guibourt, à l'acajou de Maho-goni, mais sa texture est plus grossière; il garde plus difficilement le poli, et sa teinte est vineuse, peu agréable; il est moins estimé. L'écorce, qui porte le nom de *quinquina du Sénégal,* a environ $0^m,015$ d'épaisseur; sa couleur est grisâtre, sa surface extérieure fendillée, très-dure, l'épiderme est d'un jaune rouge, devenant moins foncé à mesure qu'on arrive vers l'intérieur. Lorsqu'on la mâche, elle développe une saveur amère très-sensible; sa cassure est nette, d'un grain très-serré; elle présente dans le sens longitudinal de l'arbre des lignes blanches, qui deviennent plus nombreuses et plus serrées à mesure qu'on arrive vers l'intérieur de l'écorce (E. Caventou).

COMPOSITION CHIMIQUE. — L'écorce de caïl-cédra a été étudiée au point de vue chimique par M. Duvau, pharmacien de la marine, mais c'est à M. E. Caventou, fils de l'illustre auteur de la découverte de la quinine, que nous devons le travail intéressant et complet dont nous donnons l'analyse.

M. Caventou a trouvé dans l'écorce de caïl-cédra : 1° un principe amer neutre qu'il nomme *caïl-cédrin;* 2° une matière grasse verte; 3° une matière colorante rouge, très-abondante, couleur de sang, peu soluble dans l'eau et dans l'alcool froid, insoluble dans l'éther, soluble dans l'alcool bouillant ; elle est neutre, amorphe, elle se dissout dans une solution de potasse ; l'acide azotique la transforme en une matière d'un très-beau jaune serin, contenant de l'acide oxalique ; 4° de la matière colorante jaune ; 5° de la gomme ; 6° de l'amidon ; 7° du ligneux ; 8° du chlorure de potassium ; 9° une essence aromatique.

Usages. — Il résulte des expériences faites à l'hôpital de Gorée, par M. le docteur Rulland et par M. Duvau, que l'écorce de caïl-cédra possède des propriétés fébrifuges très-marquées, mais bien inférieures à celles du quinquina : c'est l'extrait aqueux que l'on a employé.

D'après M. E. Caventou, les propriétés fébrifuges de cette écorce ne résident pas uniquement dans la matière amère qu'il a nommée *Caïl-cédrin*, et qui s'y trouve à dose très-minime (0,80 centigrammes par kilogramme environ) ; c'est un corps solide, opaque, résineux, amorphe, cassant, friable, d'un aspect vitreux ; sa saveur est amère et légèrement aromatique ; il est neutre aux réactifs colorés ; chauffé dans l'eau, il se ramollit vers 20° et fond tout à fait vers 70° ou 80° ; il prend alors l'aspect d'un sirop épais et se solidifie par le refroidissement ; il est peu soluble dans l'eau, moins à chaud qu'à froid ; il semble former avec elle un hydrate blanchâtre ; il paraît former avec la chaux et la magnésie des sels solubles dans l'eau et dans l'alcool.

M. Caventou préfère, avec juste raison, l'extrait alcoolique à l'extrait aqueux. On fait d'abord un extrait aqueux que l'on fait évaporer au bain-marie, et on le reprend par l'alcool à 65° c. ; on évapore ensuite la solution alcoolique ; l'extrait obtenu est d'un beau rouge, amer, astringent ; il renferme toutes les substances actives de l'écorce. M. E. Caventou a donné des formules pour la préparation d'une teinture, d'un vin et d'un sirop qui seront peu employés en raison de la rareté de l'écorce ; mais on n'en devra pas moins savoir gré à ce jeune chimiste d'avoir fait un travail aussi remarquable par son exactitude que par l'importance du sujet qu'il traitait. Ajoutons qu'une expérience faite par M. le docteur Moutard-Martin, semble favorable à l'emploi de l'extrait alcoolique de caïl-cédra contre les fièvres intermittentes.

# CAILLE-LAIT

*Galium verum* L.
(Rubiacées-Aspérulées.)

Le Caille-lait ou Galiet jaune, est une petite plante vivace, à racines grêles, allongées, brunâtres, rampantes. Les tiges, hautes de $0^m,35$ à $0^m,60$, presque carrées, noueuses, articulées, velues à la base, grêles, dressées, rameuses, portent des feuilles verticillées ordinairement par huit, lancéolées-linéaires, étroites, aiguës au sommet, entières, assez fermes, lisses, d'un vert foncé surtout en dessus, à bords roulés vers la face inférieure qui est d'un vert clair ; elles sont étalées ou même réfléchies sur la tige et les rameaux. Les fleurs, jaunes, petites, très-nombreuses, courtement pédonculées, forment des panicules allongées, lâches, terminales, occupant plus de la moitié supérieure de la plante. Elles présentent un calice adhérent, à limbe presque nul ; une corolle rotacée, à quatre divisions aiguës, étalées ; quatre étamines dressées, saillantes ; un ovaire didyme, à deux loges, surmonté d'un style bifide qui se termine par deux stigmates globuleux. Le fruit est un diakène arrondi, didyme, glabre, renfermant deux graines à albumen corné.

Le caille-lait blanc (*G. mollugo* L.) se distingue du précédent par sa taille plus élevée ; ses feuilles plus larges, terminées en pointe au sommet ; ses fleurs blanches, à divisions de la corolle ovales.

Habitat. — Le caille-lait blanc est commun dans presque toute l'Europe ; il habite les bois, les dunes, les haies, le bord des chemins, les prairies sèches, etc., et fleurit en juillet et août. Le caille-lait jaune croît dans les mêmes lieux et fleurit plus tôt.

Culture. — Ces deux plantes ne sont cultivées que dans les jardins botaniques. On les multiplie facilement, soit par semis, soit par la séparation des pieds.

Parties usitées. — Les feuilles, les sommités fleuries.

Récolte. — La récolte du caille-lait doit se faire lorsqu il est en pleine floraison et par un beau temps ; on en fait des paquets que l'on dispose en guirlandes ; il doit être enfermé sec et à l'obscurité ; ses fleurs noircissent facilement, et il perd ses propriétés en vieillissant.

Composition chimique. — Le nom de caille-lait est une dégénérescence du nom *galiet,* que l'on donnait autrefois à cette plante.

Les Anglais le nomment *cheese rennel* (présure de lait); ils emploient les fleurs pour colorer le fromage de Chester, mais on le mêle avec de la présure de veau ; car le *Galium verum* ne caille nullement le lait, malgré l'opinion de Roques, qui croit que la matière sucrée que l'on trouve dans les nectaires se change en acide acétique qui peut cailler le lait ; or c'est là une double erreur : d'abord le sucre ne se transforme pas facilement en acide acétique, et cet acide coagule le lait au lieu de le cailler, ce qui est bien différent.

On a extrait du caille-lait une matière colorante jaune, et des racines une rouge, qui l'une et l'autre sont sans usage. Les fleurs contiennent un principe odorant analogue à celui du mélilot (*coumarine*), que l'on a extrait d'ailleurs d'une plante voisine, l'*Asperula odorata*.

USAGES. — Les *Galium* ont été considérés comme antispasmodiques, diurétiques et astringents; on les a beaucoup préconisés contre l'épilepsie, surtout le *Galium palustre*. Malgré l'opinion de Hufeland, les propriétés antihystériques et antiépileptiques des *Galium* sont à présent considérées comme nulles, d'après MM. Delasiauve et Moreau de Tours, etc.; et il en est de même des prétendus effets antiscrofuleux et antiherpétiques qu'on leur avait attribués.

On a longtemps accordé au caille-lait blanc (*Galium mollugo*) et au *G. dumetorum* les mêmes prétendues propriétés. D'après M. Timbal Lagrave, on devrait préférer le *G. palustre*.

## CAÏNCA

*Chiococca anguifuga* Mart. *Chiococca racemosa* L.
(Rubiacées-Cofféacées.)

Le Caïnca est un arbrisseau qui atteint normalement de 1$^m$,30 à 1$^m$,70 de hauteur; mais quand il croît dans les endroits couverts, il pousse alors de longues branches cylindriques, glabres, grêles, sarmenteuses qui sont soutenues par les corps environnants. Ses feuilles sont opposées, ovales, acuminées au sommet, un peu échancrées en cœur à la base, entières, glabres sur les deux faces ; les stipules sont très-larges, très-courtes, et brièvement cuspidées. Les fleurs sont d'un blanc sale, disposées par cinq à sept en petites grappes paniculées. Le calice est ovale, adhérent à l'ovaire, à limbe découpé en cinq dents très-fines et aiguës. La corolle est tubuleuse, trois fois plus longue que les dents du calice, à tube s'évasant graduellement en entonnoir jusqu'au limbe qui est à cinq lobes aigus. Les étamines insérées au fond de la corolle ont le filet pulvérulent, et l'anthère linéaire. L'ovaire est infère, à deux loges monospermes, surmonté d'un style et d'un stigmate simples. Le fruit est une baie à deux lobes, un peu comprimée, couronnée par les dents du calice, et contenant deux noyaux, dans chacun desquels est une graine suspendue.

Habitat. — Le caïnca est originaire des régions chaudes de l'Amérique; on le rencontre au Pérou, à la Guyane française, dans l'île de Cuba, etc.

Culture. — Tous les chiococca sont des végétaux qui exigent la serre chaude sous notre climat; on les multiplie très-facilement par boutures faites avec des bourgeons un peu aoûtés et placées sous cloche en serre chaude.

Parties usitées. — Les racines.

Récolte. — La racine de caïnca nous vient du Brésil, elle y est connue sous le nom de *Raïz preta*, qui signifie racine noire, et sous celui de *Caïnana*, qui est celui d'un serpent venimeux contre la morsure duquel la racine a été employée ; en France, le nom de caïnca a prévalu, mais on l'écrit de différentes manières, *Kahinca*, *Kaïnca*, *Cahinca*, *Cahinça*.

La racine de caïnca est composée de radicules cylindriques, longues de 0^m,35 et plus, d'une grosseur qui varie depuis celle d'une plume à écrire jusqu'à celle du doigt. L'écorce est brunâtre, peu épaisse, entourant un corps ligneux blanchâtre, présentant une cassure qui paraît être criblée de trous; sur l'écorce on trouve de distance en distance des fissures transversales, et en ces points elle se sépare assez facilement du bois; les petites racines ressemblent beaucoup à l'ipécacuanha annelé majeur avec lequel on les mélange (Guibourt). Le caractère le plus saillant de la racine de caïnca consiste dans des nervures très-apparentes qui parcourent longitudinalement les gros rameaux, et qui sont formées d'un meditullium ligneux entouré de son écorce, de sorte qu'on croirait qu'une radicule s'est soudée avec le rameau.

Le *C. densifolia* Martius, également du Brésil, partage les propriétés du *C. anguifuga;* il en est de même du *C. racemosa*, qui croît au Brésil et aux Antilles, et qui, d'après plusieurs auteurs, produit la véritable racine officinale. La racine de ce dernier présente aussi une écorce brune, annelée (*annulatus*), elle dégage une odeur analogue à celle de l'acide valérianique, sa saveur est amère, aromatique. A la Guadeloupe, elle est connue sous le nom de *petit Branda*, elle y est employée contre la syphilis et les rhumatismes : elle se distingue en ce que son bois est plus coloré en jaune que celui du *C. anguifuga*.

Composition chimique. — La racine de caïnca a été analysée par MM. Pelletier et Caventou, qui y ont trouvé : 1° une matière grasse, verte et odorante, qui donne l'odeur à la racine; 2° une matière colorante jaune; 3° une substance colorée visqueuse; 4° un principe très-amer, âcre, blanc, inodore, non azoté, peu soluble dans l'eau et dans l'éther, soluble dans l'alcool; ses solutions rougissent le tournesol et neutralisent les alcalis. On l'a nommé *acide caïncique*. Il peut être représenté par $C^{18}H^{28}O^{2}$ (Rochelder et Hlasiwetz); il peut cristalliser en prismes inodores en partie fusibles et décomposables, en parties volatils.

Usages. — C'est M. François qui a introduit le caïnca dans la matière médicale. Elle était depuis longtemps employée au Brésil comme diurétique, et elle a été vantée comme un spécifique des hydropisies, et surtout dans les hydropisies dites essentielles, c'est-à-dire celles qui ne sont pas entretenues par une cause organique locale, et dans les hydropisies symptomatiques, d'après M. Fouquier, son intervention n'est pas inutile : elle détermine des évacuations légères; elle exerce une action tonique assez prononcée. On ne doit pas en user dans les hydropisies qui suivent les fièvres éruptives, ni lorsqu'il y a inflammation de l'estomac et des intestins. On l'emploie en décoction à la dose de 4 à 8 grammes par litre d'eau; on en fait un extrait et un sirop. Aux Antilles, on s'en sert contre la syphilis et les rhumatismes; on l'a préféré à la salsepareille; sa poudre a été employée comme styptique sur les ulcères. Aujourd'hui le caïnca est très-peu usité.


## CAJEPUT

*Melaleuca leucadendron* L. *Myrtus leucadendron* L. F.
(Myrtacées-Leptospermées.)

Le Cajeput est un arbre dont la tige, haute de 5 à 6 mètres, tortueuse, couverte d'une écorce noirâtre, se divise en rameaux nombreux, blanchâtres, un peu pendants, portant des feuilles alternes, presque sessiles, lancéolées, allongées, très-entières, obliques et courbées en faux, acuminées, fermes, persistantes, glabres, marquées de trois ou cinq nervures. Les fleurs, blanches, petites, nombreuses, sont groupées en épis allongés. Elles présentent un calice turbiné, à limbe partagé en cinq divisions petites et caduques; une corolle à cinq pétales; trente à quarante étamines, à filets réunis par leur base en cinq faisceaux opposés aux pétales, à anthères penchées; un ovaire simple, adhérent, à trois loges multiovulées, entouré d'un disque charnu et surmonté d'un style filiforme, que termine un stigmate obtus. Le fruit est une capsule à trois loges polyspermes, couverte en partie par le calice persistant, et renfermant un assez grand nombre de graines anguleuses.

Le mélaleuque à fleurs vertes (*M. viridiflora* Smith, *Metrosideros quinquenervia* Cav.) ressemble beaucoup au précédent, dont il ne serait, d'après Linné, qu'une simple variété. Il s'en distingue par ses feuilles ovales-elliptiques, coriaces, épaisses, à sommet obtus, non courbées en faux, d'un vert pâle et présentant cinq ou six nervures; ses jeunes rameaux et ses pétioles pubescents; ses fleurs en grappes.

HABITAT. — Ces deux espèces habitent les Indes Orientales, l'Australie, la Nouvelle-Calédonie, etc.

CULTURE. — Les mélaleuques se cultivent, sous nos climats, en serre tempérée ou en orangerie bien éclairée. Ils demandent la terre de bruyère; des arrosements modérés en hiver et copieux en été. On les multiplie de graines semées sur couches tièdes, ou de boutures étouffées.

PARTIES USITÉES. — L'huile essentielle qu'on retire des feuilles et des jeunes pousses.

RÉCOLTE. — L'huile de cajeput du commerce est verte; elle nous vient des îles Moluques. Il est possible que le procédé de distillation décrit par Rumphius donne une huile colorée; il consiste à faire fermenter les feuilles, à les faire dessécher, puis macérer dans l'eau, puis enfin à distiller; mais soit que la matière colorante se détruise pendant l'opération, ou plus tard à la lumière, il est certain que les huiles de cajeput du commerce doivent leur coloration à de l'oxyde de cuivre tenu en dissolution. M. Guibourt, qui en a déterminé la proportion, y a trouvé $0^{gm},137$ pour

500 grammes, ou 0,00274 par gramme. Il ajoute qu'ayant distillé lui-même des feuilles de plusieurs *Melaleuca, Metrosideros* et *Eucalyptus,* cultivés au *Jardin des Plantes de Paris,* il avait obtenu des huiles volatiles d'une belle couleur verte.

Telle que nous la fournit le commerce, l'huile de cajeput est liquide, verte, très-mobile, transparente, d'une odeur forte très-agréable, rappelant tout à la fois celles du camphre, de la térébenthine, de la menthe, du poivre et de la rose ; mais c'est celle de cette dernière fleur qui domine, lorsqu'on frotte l'huile sur la main et qu'on la laisse évaporer spontanément.

Composition chimique. — L'essence de Cajeput est composée en majeure partie d'un *bihydrate de cajeputène* ou *cajeputol,* $C^{10} H^{16} H^2 O^2$, qu'on retire de l'essence brute par distillation fractionnée à 174°C. Le *cajeputène,* $C^{10} H^{16}$, est obtenu par distillation avec l'acide phosphorique. Par la distillation des feuilles, on obtient une huile épaisse, verdâtre, visqueuse. On la rectifie par une nouvelle distillation : elle est alors légère et très-aromatique. L'huile de cajeput du commerce est entièrement soluble dans l'alcool et dans l'éther, insoluble dans l'eau, inflammable ; sa densité est de 0,916 à 0,919 (Blanchet et Sell) ; elle bout à 175°.

Usages. —L'huile essentielle de cajeput, mot qui est le nom malais de la plante, est un stimulant diffusible des plus énergiques ; mais comme elle ne possède aucune vertu spéciale et qu'on retrouve toutes ses propriétés dans les autres huiles volatiles, on en fait peu usage ; peut-être aussi faut-il attribuer cet abandon aux fraudes qu'on lui fait subir. Nous avons déjà dit qu'on la colorait artificiellement en vert par de l'oxyde de cuivre ; nous devons ajouter qu'on en a fait de factice avec des essences mélangées, et principalement avec celle de Cardamome.

Les Malais et les Chinois regardent l'huile de cajeput comme une sorte de panacée universelle. Aux Moluques, on en fait un très-grand usage, et on l'administre même aux agonisants. On l'emploie en frictions contre la goutte, le rhumatisme, l'hystérie, la chorée, les coliques venteuses. On l'introduit dans les dents cariées pour en calmer la douleur. On l'administre quelquefois à l'intérieur à la dose d'une à deux gouttes dans un verre d'eau. En Allemagne, elle a été employée sous le nom d'*huile de Wittneben,* du nom d'un ecclésiastique qui en conseillait l'usage. On s'en **sert pour détruire les in-**

sectes; on l'a proposée pour conserver les herbiers, mais ce moyen n'a pas réussi.

Elle doit être entièrement soluble dans l'alcool et brûler sans résidu.

## CALABA

*Calophyllum calaba, inophyllum*, etc. **L.**
(Clusiacées – Calophyllées.)

Le Calaba est un arbre élevé, dont la tige, couverte d'une écorce épaisse, brun-rougeâtre, se divise en branches et en rameaux nombreux, diffus, formant une large cime. Les feuilles sont opposées, pétiolées, ovales, obtuses, lisses, luisantes, fermes, coriaces, persistantes, nervées, d'un vert un peu glauque, à strics transversales, parallèles. Les fleurs sont blanches ; elles présentent un calice à deux sépales colorés, pétaloïdes ; une corolle à quatre pétales ; des étamines nombreuses, à anthères oblongues ; un ovaire uniloculaire, surmonté d'un style épais, terminé par un stigmate pelté. Le fruit est une drupe ovoïde, rouge, monosperme.

Le Calaba à fruits ronds (*C. inophyllum* L.) est aussi un grand arbre, à jeunes rameaux tétragones ; à fleurs odorantes, munies d'un calice à quatre sépales ; à fruit globuleux, jaune.

Le Tacahamaca de Bourbon (*C. Tacamahaca* Willd., *C. inophyllum* Lam., *non* L.) est un arbre très-semblable au précédent, dont il diffère surtout par sa taille moins élevée ; ses feuilles ovales-elliptiques, un peu aiguës, rarement échancrées.

Le genre *Calophyllum* renferme encore un certain nombre d'autres espèces, parmi lesquelles on remarque les Calabas acuminé (*C. acuminatum* Lam.) et douteux (*C. apetalum* Willd.).

Il découle, par incision, du tronc, des branches et même des feuilles de divers *Calophyllum*, et surtout du *C. Tacamahaca*, une résine connue dans le commerce sous le nom de *tacamaque*.

Habitat. — Les calabas habitent les régions tropicales de l'ancien continent ; on les trouve aux Indes-Orientales, au Malabar, à Java, aux Moluques, à Madagascar, à la Réunion (Bourbon), etc.

Culture. — Ces arbres, qui sont généralement peu cultivés dans leur pays natal, ne se trouvent, sous nos climats, que dans les serres chaudes des grands jardins botaniques. On les multiplie de boutures étouffées. Leur culture et leur conservation sont assez difficiles.

Parties usitées. — Les fruits, les semences, la résine qu'on obtient par incision.

Récolte. — Les divers produits du calaba nous viennent des lieux d'origine. Le fruit est sphérique, du volume d'une cerise ; il présente une enveloppe charnue, peu épaisse, qui se ride par la dessiccation ; à l'intérieur on trouve un noyau sphérique, presque trigone à la partie supérieure, jaunâtre, ligneux, mais très-mince ; au-dessous de cette enveloppe on en voit une autre d'un tissu beaucoup plus lâche, rougeâtre, lisse et lustrée ; à l'intérieur, l'amande, placée au centre, jaune ou rougeâtre, est formée de deux cotylédons droits, épais, oléagineux. On rencontre encore dans le commerce d'autres fruits attribués à divers *Calophyllum*. Un d'eux a été décrit par Gærtner comme étant produit par le *Calophyllum inophyllum ;* il se distingue en ce que le noyau est ovoïde, un peu pointu aux deux extrémités, non trigone, comme dans le *Calophyllum Calaba;* chacune des deux parties de l'endocarpe est beaucoup plus épaisse que dans ce dernier, et le fruit est plus volumineux. Un autre fruit a été attribué par M. Guibourt au *Bitangor maritima* de Rumphius ; c'est une capsule ligneuse, jaunâtre, sphérique, de la grosseur d'une petite pomme ; la coque est ligneuse, très-mince ; l'endocarpe est spongieux et rougeâtre, très-épais à l'une des extrémités du fruit, très-mince à l'autre. Un troisième fruit, que l'on attribue au *Calophyllum Tacamahaca* Willd., se distingue par son odeur forte, par une pulpe épaisse, jaunâtre, mélangée de fortes fibres ligneuses, longitudinales et anastomosées, qui persistent après la destruction du parenchyme ; la coque que l'on trouve au-dessous est blanchâtre, compacte et assez épaisse ; l'endocarpe est grossièrement fibreux et aussi épais que la coque ligneuse.

La résine *tacamaque de Bourbon,* connue aussi sous les noms de *baume vert, baume Marie, baume de Calaba,* est en masses cylindriques, d'un vert noirâtre et opaque, mais jaunâtre et translucide dans ses lames minces. L'alcool la dissout en partie en laissant un résidu gommeux, soluble dans l'eau, mêlé de ligneux. Cette résine nous vient de Bourbon et de Madagascar, où elle porte le nom de *fouraha,* et des Philippines, où elle porte le nom de *palamaria.*

D'après Martius, on obtient de la même manière, au Brésil et à Madagascar, d'un arbre nommé *Fouraha,* qui pourrait bien être un *Calophyllum,* un baume liquide appelé *baume vert, baume focot,* lequel n'est peut-être que le précédent à l'état liquide et est analogue à la *tacamaque angélique*.

Composition chimique. — Les résines de tacamaque du commerce, quoique ayant des origines différentes, paraissent avoir une composition semblable et des propriétés thérapeutiques analogues ; elles contiennent toutes une matière résineuse, de la gomme, une matière huileuse et des débris de ligneux. Les semences des *Calophyllum* donnent par expression une huile douce que l'on mélange, dit-on, en Amérique avec l'huile de ricin, ce qui nous paraît peu probable.

Usages. — Les propriétés médicales des divers *Calophyllum* sont les mêmes. La décoction de la racine est employée aux Antilles comme carminative. Les Indiens mangent les fruits de Calaba. L'huile extraite des graines est légère, verdâtre, d'une odeur désagréable. A Nouméa, on donne au *Calophyllum inophyllum* le nom de *Tamanou*. On emploie l'huile dans le pansement des vieux ulcères avec un véritable succès, soit directement, soit à l'état de cérat. Sous le nom d'*huile de Ndilo*, elle a été récemment préconisée en Europe contre les rhumatismes et dans le traitement de la gale.

La résine tacamaque de Bourbon a été employée à l'extérieur contre les douleurs rhumatismales. Elle entre dans la composition du baume de Fioraventi.

Ces médicaments n'ont pas encore été l'objet d'études assez complètes pour qu'il soit possible d'indiquer leur valeur.

# CALLA

*Calla palustris* L.
( Aroïdées – Callacées. )

Le Calla des marais est une plante vivace, à rhizome épais, traçant horizontalement, émettant des feuilles larges, cordiformes, aiguës, planes, vertes, glabres, longuement pétiolées, du milieu desquelles s'élève une hampe droite, nue, haute d'environ 0ᵐ,10. Les fleurs, blanches, sont réunies en un spadice terminal, entouré d'une grande spathe comprimée, persistante, blanche en dedans, verdâtre en dehors ; elles sont hermaphrodites à la base du spadice, mâles au sommet, et dépourvues de périanthe. Les étamines sont nombreuses, à filets grêles, dilatés au sommet, à anthères didymes ; l'ovaire uniloculaire, multiovulé, surmonté d'un stigmate sessile en forme de disque. Les fruits sont des baies d'un rouge brunâtre.

Le Calla de l'Éthiopie (*C. Æthiopica* L., *Richardia Æthiopica* Kunth) a des feuilles grandes, longuement pédonculées, sagittées, d'un beau vert; une hampe haute de 0<sup>m</sup>,70 à un mètre; les fleurs jaunes, réunies en spadice terminal, entouré d'une spathe blanche, odorante, très-ample et roulée en cornet.

Habitat. — Le calla des marais est répandu dans les régions marécageuses du nord de l'Europe. Le calla d'Éthiopie passe pour être originaire du cap de Bonne-Espérance.

Culture. — Ces deux plantes ne sont cultivées que dans les jardins botaniques ou d'ornement; elles demandent une terre constamment humide. On les propage facilement par graines, par éclats et par rejetons. Le calla d'Éthiopie exige une exposition chaude, et vient mieux en pots, qu'on place durant l'été dans un bassin, pour les rentrer en orangerie ou en serre tempérée pendant l'hiver.

Parties usitées. — Les rhizomes, les feuilles.

Récolte. — Les rhizomes peuvent être récoltés pendant toute l'année. Les feuilles, lorsqu'elles ont acquis tout leur développement.

Composition chimique. — Toutes les parties des calla, comme celles des *Arum* et des *Caladium*, possèdent une saveur d'abord douceâtre, mais qui ne tarde pas à devenir âcre et brûlante; cette saveur a été attribuée par quelques auteurs à de petits cristaux (raphides) contenus dans les cellules; mais il est plus probable qu'elle est due à une matière particulière soluble dans l'eau, car, par l'ébullition dans l'eau, cette âcreté disparaît complétement après la décoction aqueuse, et surtout par l'addition du carbonate de soude; il reste pour résidu une matière féculente, à grains très-petits, qui, au lieu de prendre, par l'iode, la couleur bleue caractéristique des fécules, devient d'une couleur *jaune tourterelle,* semblable à celle que prend le tapioca dans les mêmes circonstances; aussi a-t-on cherché à extraire, des rhizomes des calla, des arum et des caladium, une fécule alimentaire; mais jusqu'à présent les produits ainsi obtenus sont rares et peu usités.

Usages. — Les feuilles et les rhizomes des calla sont tellement âcres qu'ils déterminent des ampoules lorsqu'on les applique sur la peau; cependant, d'après Sportmann, au cap de Bonne-Espérance, où croît cette plante vivace, les porcs-épics mangent les tiges souterraines.

Le calla des marais a aussi des rhizomes dont la saveur est extrêmement brûlante. Dans le sud-ouest de la France on les fait bouillir dans l'eau ainsi que les feuilles, et on les donne à manger aux porcs.

On a proposé d'utiliser les rhizomes du calla des marais comme diaphorétiques et vésicants. Ce qu'il y a de certain, c'est que les *Caladium*, *Colocasia*, etc., ne doivent être maniés qu'avec les plus grandes précautions et que leurs organes, mis en contact avec la muqueuse buccale, y déterminent des inflammations intenses.


# CALEBASSE

*Lagenaria vulgaris* Ser. *Cucurbita Lagenaria* L.
(Cucurbitacées.)

La Calebasse est une plante annuelle, dont la tige, longue et grêle, sillonnée, velue, couchée ou grimpante, munie de vrilles latérales, porte des feuilles alternes, à pétiole long, cylindrique, fistuleux, velu, à limbe grand, cordiforme, acuminé, presque entier ou un peu denté, mou et pubescent. Les fleurs sont blanches, axillaires et diclines; elles présentent un calice campanulé, à cinq divisions étroites, courtes, pointues, pubescentes; une corolle, adhérente au calice dans sa partie inférieure, à limbe profondément partagé en cinq divisions arrondies, aiguës, minces, pubescentes en dedans, étalées. Les fleurs mâles ont cinq étamines réunies deux par deux; la cinquième est solitaire; elles forment ainsi trois faisceaux; les femelles ont un ovaire infère, ovoïde, pubescent, étranglé près de la base, entouré de trois appendices qui représentent des rudiments d'étamines; un style court, terminé par trois stigmates épais. Le fruit (*gourde* ou *calebasse*) est une péponide, de forme très-variable (allongée, ventrue, pyriforme, étranglée, en massue, etc.), et dont le péricarpe sec, presque ligneux, contient une pulpe abondante, aqueuse et jaunâtre, qui renferme de nombreuses graines blanches et aplaties.

Habitat. — Cette plante, originaire des Indes orientales, est aujourd'hui répandue dans toutes les régions tempérées du globe.

Culture. — La calebasse demande une exposition chaude. On la multiplie de graines semées, en avril et mai, sur place, sur couche ou en pépinière. On repique les jeunes plants en motte, et on les arrose fréquemment pendant les grandes chaleurs. La calebasse ne demande pas d'autres soins, et elle se sème souvent d'elle-même.

Parties usitées. — Les péricarpes vidés.

**Récolte.** — Le nom de calebasse a été étendu aux fruits du baobab (*Adansonia digitata*), qu'on a appelé calebasse du Sénégal. La calebasse douce est le *Bela schora* L. Nous ne voulons parler ici que du fruit du *C. lagenaria* L., que l'on désigne sous le nom de calebasse d'herbe. Pour les usages ordinaires, on récolte les fruits du calebassier à leur parfaite maturité; on les fait dessécher; puis on y pratique une ouverture le plus souvent à la partie supérieure, par laquelle on enlève le plus possible les graines et la pulpe; on les remplit ensuite d'eau bouillante; on y introduit de petits cailloux, et on agite très-vivement; on recommence l'opération plusieurs fois, jusqu'à ce que l'eau en sorte parfaitement claire et transparente; alors on les remplit d'une lessive légèrement alcaline, et on laisse macérer pendant plusieurs jours; on fait ensuite sécher, et on y introduit du vin ou de l'eau-de-vie, qu'on laisse séjourner plusieurs jours; on jette ensuite le liquide; on fait sécher de nouveau et on conserve pour l'usage.

**Composition chimique.** — Le péricarpe constituant les *gourdes* est dur et ligneux, la partie charnue est peu abondante; cependant quelques variétés présentent un sarcocarpe assez développé pour qu'elles puissent servir d'aliment. D'ailleurs cette chair est assez succulente; elle renferme du sucre analogue à celui de la canne; elle contient aussi une matière colorante jaune (xanthine) semblable à celle des fleurs jaunes.

**Usages.** — En médecine, on n'emploie que les graines de citrouille, sur lesquelles nous reviendrons plus loin. Les différentes variétés sont les suivantes : 1° la *cougourde* ou *gourde des pèlerins* : elle a la forme d'une bouteille; 2° la *gourde* : elle est globuleuse et aplatie; 3° la *massue* ou *trompette*, qui est allongée, cylindrique, renflée à son extrémité inférieure, de manière à ressembler à une massue. La première et la seconde de ces gourdes sont très-employées par les militaires, les chasseurs, etc., pour renfermer du vin ou toute autre boisson.


# CALOPHYLLUM

(Voyez le *Supplément* du T. I.)


# CALOTROPIS (Mudar)

(Voyez le *Supplément* du T. I.)

## CAMÉLÉE

*Cneorum tricoccum* L. *Camœlea tricoccos* Bauh.
(Cnéorées.)

La Camélée à trois coques est un petit arbrisseau à racines dures, traçantes. La tige, haute d'un mètre au plus, rameuse, buissonnante, couverte d'une écorce brun-verdâtre, porte des feuilles alternes, simples, brièvement pétiolées, oblongues, obtuses, rétrécies à la base, entières, coriaces, glabres et d'un beau vert, surtout en dessus. Les fleurs, jaunâtres, sont réunies, au nombre de trois au plus, sur des pédoncules solitaires à l'aisselle des feuilles et accompagnés de deux bractées petites et pubescentes. Elles présentent un calice à trois divisions très-petites, égales, ovales-obtuses, persistantes; une corolle à trois pétales sessiles, oblongs, égaux dépassant longuement le calice; trois étamines insérées sur un gynophore, ainsi que l'ovaire, qui est trilobé, à trois loges biovulées, surmonté d'un style central simple, terminé par un stigmate trilobé. Le fruit se compose de trois coques drupacées, charnues, à noyau ligneux, divisées en deux petites loges par une cloison oblique; il est couronné par le style persistant.

Habitat. — La camélée à trois coques habite la région méditerranéenne. On la trouve surtout dans les lieux secs et incultes, sur les coteaux pierreux exposés au soleil.

Culture. — Cet arbrisseau, assez abondant à l'état sauvage pour suffire aux besoins de la médecine, n'est cultivé que dans les jardins botaniques. Il demande une exposition chaude et une terre sèche. On le propage facilement par graines, semées sur couche au printemps, ou mieux et plus simplement par la transplantation des pieds qui croissent à l'état spontané.

Parties usitées. — Toute la plante.

Récolte. — La camélée peut être récoltée pendant toute la belle saison. On la fait dessécher à l'ombre ou à l'étuve à une basse température.

Composition chimique. — Toutes les parties de la plante renferment un principe résineux très-actif, associé probablement à une substance volatile, car elle paraît perdre une portion de son action par la dessiccation; les feuilles et les tiges présentent une saveur âcre caustique très-prononcée, que l'on retrouve dans le fruit. Le nom générique vient très-probablement de κνεω, j'irrite, j'excorie, je ronge. Toutefois on a fait remarquer que le *Cneorum* de Linné diffère du κνεωρον des Grecs. Celui-ci appartiendrait au genre *Daphne* L.; mais on croit que le *Cneorum tricoccum* est le *Chamœlea* de Dioscoride.

Usages. — On est peu d'accord sur les effets physiologiques de la camélée. Lamarck, d'après Dodonœus, la représente comme un purgatif violent, très-âcre, très-irritant, et pour cette raison très-dangereux. Loiseleur Deslonchamps la regarde, au contraire, comme un purgatif doux; mais il paraît ne l'avoir employée qu'à l'état sec, et il prétend qu'à la dose de 40 centigrammes, elle détermine trois à quatre selles. Il pourrait bien se faire d'ailleurs que beaucoup d'auteurs anciens l'aient confondue avec le garou; mais il n'en est pas moins vrai que ses propriétés irritantes, et même vésicantes, ont été bien constatées, puisque lorsqu'on a voulu l'employer à l'extérieur, d'après Rondelet, contre l'hydropisie, en cataplasmes sur le ventre, on avait le soin de mitiger son action par les émollients. Pure, elle a été employée pour produire une forte révulsion dans les cas où celle-ci est indiquée, comme dans l'apoplexie, les paralysies, etc.

Malgré l'opinion de Jean Bauhin qui vantait le suc de camélée comme un bon hydragogue, celle de Gilibert qui l'a préconisé dans l'hydropisie, et celle de Biett qui le regardait comme un bon révulsif, il est aujourd'hui tout à fait abandonné.


# CAMOMILLE

*Anthemis nobilis* L.
(Composées-Sénécionidées.)

La Camomille noble ou odorante, appelée aussi vulgairement, mais à tort, Camomille romaine, est une plante vivace, à racines assez fortes, fibreuses et chevelues. Les tiges, hautes de 0ᵐ,20 à 0ᵐ,30, striées, anguleuses, grêles, vertes, velues, couchées, étalées, à rameaux dressés, portent des feuilles alternes, sessiles, irrégulièrement pennées, à folioles très-petites, aiguës, subulées, pubescentes. Les fleurs sont groupées en capitules solitaires à l'extrémité des rameaux, à réceptacle très-bombé, couvert d'écailles scarieuses et entourés d'un involucre presque plane, composé de folioles imbriquées, pubescentes, vert-blanchâtre, scarieuses sur les bords. Les fleurs du disque sont tubuleuses, jaunes, hermaphrodites, fertiles; celles de la circonférence, ligulées, blanches, femelles et fertiles. Le fruit est un akène allongé, surmonté d'un petit bourrelet membraneux (Pl. 26).

On trouve aussi dans ce genre les camomilles puante ou maroute (*A. cotula* L.) et pyrèthre (*A. pyrethrum* L.) (Voyez ce mot). Nous citerons encore la camomille jaune ou des teinturiers, vulgairement œil-de-bœuf (*A. tinctoria* L.).

La camomille ordinaire des officines est une espèce de matricaire (Voyez ce mot).

Habitat. — La camomille noble est très-répandue dans les régions chaudes et tempérées de l'Europe. On la trouve surtout dans les endroits frais et sablonneux, sur les pelouses, sur la lisière et dans les allées des bois, au bord des chemins, etc.

Culture. — On ne cultive que la variété à fleurs doubles, la plus recherchée en médecine. Elle demande une terre fraîche et une exposition chaude. On la propage par éclats de pied, ou par marcottes, qui s'enracinent facilement, grâce à la disposition étalée des tiges.

Parties usitées. — L'inflorescence ou capitule, quelquefois la plante entière.

Récolte. — Contrairement à ce que l'on fait habituellement, on préfère, pour l'usage médical, la camomille cultivée à fleurs doubles à la camomille à fleurs simples, récoltée dans les lieux arides où elle croît abondamment; cependant les propriétés thérapeutiques de cette dernière sont beaucoup plus prononcées. Comme dans toutes les plantes de la même famille, les fleurs sont ici doublées, non pas par la transformation des étamines en pétales, mais bien par le changement des fleurons en demi-fleurons.

La récolte des capitules de camomille se fait en juin et en juillet. On cultive la plante plus spécialement aux environs de Dieppe, où la culture a été établie sur les conseils et d'après les indications de Descroizilles. On recueille les capitules les plus petits et les moins blancs, parce que l'épanouissement s'achève au séchoir; si on prenait les plus gros capitules et les plus blancs, les fleurs se détacheraient pendant la dessiccation, et il ne resterait bientôt que les réceptacles. On dispose la plante par petites bottes, en conservant les tiges; on les fait sécher en guirlandes. Les herboristes et les pharmaciens détachent les capitules, et les disposent en couches minces sur des châssis en toile garnis de papier gris, et on fait sécher à l'étuve ou au soleil. Pour les conserver, il faut les comprimer et les placer à l'abri de la lumière.

On mélange quelquefois frauduleusement à la camomille les fleurs de matricaire, celles de camomille puante ou maroute (*A. cotula* L.) et celles de la camomille des champs (*A. arvensis* L.). On les distingue par les paillettes que la camomille romaine présente entre les fleurons, au prolongement du tube sur l'ovaire, et en ce que la camomille noble n'a pas d'appendice jaune à la base du demi-fleuron.

Composition chimique. — Les capitules de camomille ont une odeur aromatique agréable, une saveur amère, chaude; cette plante contient une matière amère soluble dans l'eau et dans l'alcool, et une huile essentielle bleue, d'une consistance visqueuse qui devient brunâtre à l'air. D'après Demarçay, cette huile est un mélange d'angélate et de valérate butylique et amylique.

Usages. — Quoiqu'on puisse faire et qu'on ait fait une poudre, une eau distillée, un sirop, une teinture, un vin et un extrait de camomille, les fleurs ne sont guère employées qu'en infusion à dose variable. C'est un remède populaire contre les coliques venteuses employé de 4 à 8 grammes pour un litre d'eau; avec 2 à 4 grammes pour la même quantité de liquide, on en fait souvent usage pour faciliter les vomissements; comme fébrifuge on emploie de 8 à 15 grammes.

La camomille facilite la digestion; elle convient dans les langueurs d'estomac, la dyspepsie, contre la diarrhée atonique, et surtout dans les fièvres muqueuses, putrides, continues et intermittentes; on l'a employée avec succès dans les névroses telles que l'hystérie, la chorée, dans la chlorose, les affections vermineuses, etc.

L'infusion de camomille à l'intérieur, en lotions et fomentations, a été vantée récemment contre les suppurations graves; elle paraît tarir les suppurations; elle pourra donc être avantageusement employée contre la diathèse purulente des amputés, dans les érysipèles phlegmoneux, etc.

Les propriétés fébrifuges de la camomille sont signalées par Galien; les Grecs l'employaient contre les fièvres sous le nom de *parthenion*; Dioscoride la recommandait pour *ôter les accès de fièvre;* Prosper Alpin et Ray en ont fait l'éloge, et Hoffmann la préférait au quinquina; Cullen, Schulz, Morton en faisaient un très-fréquent usage, et, de nos jours, Bodart, Dubois de Tournay, MM. Trousseau et Pidoux, M. Cazin, etc., ont constaté ses bons effets.


# CAMPANULE

*Campanula trachelium* **L.**
(Campanulacées-Campanulées.)

La Campanule gantelée, vulgairement Gant de Notre-Dame, est une plante vivace, à racine épaisse, charnue ou presque ligneuse. Les tiges, hautes de $0^m,60$ à $1^m,20$, fortes, dressées, anguleuses, velues, simples ou un peu rameuses, portent des feuilles alternes, pétiolées, ovales, rudes au toucher, velues; les radicales longuement pétiolées, cordées à la base, aiguës au sommet; les supérieures lancéolées et presque sessiles. Les fleurs sont solitaires, géminées ou ternées à l'extrémité de pédoncules axillaires, dont la réunion constitue une grappe terminale. Elles présentent un calice à cinq divisions lancéolées, velues, dressées; une corolle bleue, à cinq lobes lancéolés-aigus; cinq étamines; un ovaire terminé par trois stigmates. Le fruit est une petite capsule turbinée, à trois loges polyspermes.

La campanule raiponce (*C. rapunculus* L.) est une plante bisannuelle, à racine charnue, blanche, pivotante, à tige, haute de $0^m,40$ à $0^m,80$, dressée, effilée, ordinairement velue; à feuilles ovales-oblongues et pétiolées à la base de la tige, lancéolées-linéaires et sessiles au sommet. Les fleurs, réunies en panicule allongée et très-étroite, ont le calice glabre et la corolle bleue, à cinq lobes lancéolés.

Habitat. — Ces deux plantes sont abondamment répandues dans nos climats. Elles habitent les lieux couverts, la lisière des bois, les haies et les buissons, les endroits herbeux, le bord des chemins, les pâturages, etc.

Culture. — La campanule gantelée n'est cultivée que dans les jardins botaniques ou d'agrément. Elle vient dans tous les sols, et se multiplie facilement, soit de graines semées en place au printemps ou à l'automne, soit d'éclats de pieds. La raiponce est fréquemment cultivée dans les jardins potagers.

Parties usitées. — Les feuilles, les racines.

Récolte. — Un grand nombre de campanules peuvent être mangées dans leur jeunesse, plus tard elles deviennent dures et laiteuses, âcres et amères; la raiponce est arrachée dans sa jeunesse; on la lave, on pèle les racines, on les lave de nouveau, et on les mange en salade; c'est un légume peu estimé, dur et de digestion assez difficile.

Composition chimique. — Les campanules, dans leur jeunesse, ne présentent rien de particulier dans leur composition; lorsqu'elles sont en fleurs, les tiges et les feuilles, lorsqu'on les coupe, laissent écouler un suc blanc, laiteux, jaunissant au contact de l'air; ce suc est contenu dans des laticifères, et il a la composition ordinaire des latex. Quelques auteurs considèrent sa composition comme analogue à celle du caoutchouc.

Usages. — Quoique le suc blanc des campanules soit amer, il n'offre pas de propriétés médicales appréciables; aussi est-ce seulement comme aliment que ces plantes nous intéressent. Toutefois au nombre des nombreux remèdes employés par les empiriques contre la rage, on compte quelques campanules, et le plus souvent la *campanula glomerata* L. D'après Martius on mange en Sibérie, crue ou cuite, la *C. Liliifolia* L., que l'on trouve aussi aux Pyrénées; en France on mange souvent en salade de la *C. rapunculus* ou raiponce; cette plante croît dans nos prés, et au printemps on en fait une grande consommation; on mange également les feuilles et la racine de la *C. trachelium* L., ou gantelée, que l'on trouve le long des haies: elle a joui autrefois d'une certaine réputation comme vulnéraire, astringente et antiphlogistique, mais elle est complétement inusitée de nos jours.

## CAMPÊCHE

*Hæmatoxylon Campechianum* **L.**
(Légumineuses–Césalpiniées.)

Le Campêche est un arbre épineux, dont la tige, haute de 10 à 15 mètres, un peu cannelée, surtout dans la partie inférieure, recouverte d'une écorce gris-brunâtre, se divise en rameaux épineux, portant des feuilles alternes, stipulées, paripennées, à folioles ovales, petites, très-délicates, d'un beau vert et très-rapprochées entre elles. Les fleurs, disposées en grappes, sont petites et d'un jaune blanchâtre. Elles présentent un calice à cinq divisions profondes réfléchies; une corolle à cinq pétales presque égaux; dix étamines à filets libres, dressés ; un ovaire simple et uniloculaire. Le fruit est une gousse membraneuse, ailée, très-comprimée, renfermant deux ou trois graines aplaties.

Habitat. — Cet arbre croît dans l'Amérique équatoriale, notamment dans la baie de Campêche, d'où lui vient son nom. Naturalisé aux Antilles, il s'y est prodigieusement multiplié.

Culture. — Le campêche vient à peu près dans tous les sols, et se propage naturellement, dans son pays natal, par les graines qui tombent en abondance. Il a une croissance très-rapide et n'exige presque aucun soin de culture. On l'emploie pour faire des haies. Sous nos climats, il exige la serre chaude. On sème les graines dans des pots remplis de terre légère et sablonneuse, et plongés dans la tannée, ou bien sur couche et sous châssis. L'arbre croît d'abord assez vite et se garnit de feuilles, pourvu qu'on lui donne une chaleur constante. Mais ensuite ses progrès se ralentissent. On a beaucoup de peine à le conserver, et rarement il atteint la hauteur d'un grand arbrisseau.

Parties usitées. — Le bois.

Récolte. — Le bois de campêche ou bois d'Inde nous vient de Campêche et d'autres lieux, sous forme de bûches plus ou moins grandes, que l'on effile en très-petits fragments à l'aide de machines, pour les besoins de la teinture, au moment d'en faire usage. La forme des bûches et leur désignation varient suivant le pays qui le produit ; celui qui vient de Campêche porte le nom de *campêche coupe d'Espagne*, d'autres portent les noms de *coupe d'Haïti*, *coupe Martinique*, etc. On ne reçoit que le cœur du bois ou duramen, l'aubier qui est blanc et l'écorce ont été enlevés ; il est rouge-brun pâle, mais il devient rouge vif à l'air, et devient noir à l'air humide ; cette couleur distingue les bûches de celles du *bois de Brésil*, qui restent toujours rouges. Le campêche est lourd et peut être poli, il pèse plus que l'eau, sa texture est très-fine, il possède une odeur d'iris assez marquée et une saveur astringente sucrée légèrement parfumée.

Composition chimique. — La matière colorante du campêche a été isolée par M. Chevreul, qui lui a donné le nom d'*hématine* ou *hématoxyline*. Erdmann a montré que sa formule est $C^{16} H^{14} O^{6}$. On l'obtient en agitant l'extrait aqueux de bois de campêche avec de l'alcool ou avec de l'éther, qui enlève l'hématine. Un kilogramme d'extrait donne environ 125 grammes d'hématine cristallisée à 3 équivalents d'eau. En se desséchant, ils n'en conservent qu'un demi-équivalent.

L'hématine est soluble dans l'alcool et dans l'éther ; à la lumière solaire elle est colorée en rouge ; sa saveur est sucrée ; elle se dissout lentement dans l'eau froide, mais facilement dans l'eau bouillante, d'où elle cristallise par refroidissement en prismes tétraèdres rectangulaires.

La baryte précipite l'hématine de sa solution ; le précipité bleuâtre passe au violet et au brun au contact de l'air ; l'acétate de plomb la précipite en blanc, qui devient bleu à l'air : l'hématate de plomb ; traitée par l'hydrogène sulfuré, on obtient l'hématine presque incolore ; l'acide sulfurique étendu produit avec l'hématine une couleur rouge-jaunâtre qui devient jaune par l'addition de l'eau ; l'acide chlorhydrique la colore en pourpre ; les acides oxydants la détruisent.

Sous l'influence de l'ammoniaque et de l'air, l'hématine perd un équivalent d'hydrogène et se transforme en *hématéine*, $C^{16} H^{12} O^{6}, 3H^{2} O$, qui forme de beaux cristaux violacés à reflets métalliques, colorant l'eau en pourpre ; l'acide acétique la précipite de ses dissolutions, et l'acide sulfhydrique la ramène à l'état d'hématine.

Il est probable que l'hématine n'existe pas dans le bois de campêche et qu'elle n'est que le résultat de l'oxydation d'un principe non coloré.

Le bois de campêche donne, avec l'alcool, une teinture d'un jaune foncé, qui devient d'un beau rouge pourpre au contact des eaux calcaires ; aussi cette teinture a-t-elle été proposée par M. Dupasquier comme un bon réactif de ces mêmes eaux.

On trouve souvent sur les principales branches du campêche un suc rougeâtre formant une gomme friable, soluble dans l'eau avec coloration rouge.

Usages. — Les usages du campêche en teinture sont très-multipliés.

En médecine, on a beaucoup préconisé le campêche comme astringent, détersif et désinfectant ; on l'a employé en décoction ou en extrait pour combattre la diarrhée, la dysenterie et les flux en général.

# CAMPHRÉE

*Camphorosma Monspeliaca* L.
(Atriplicées - Cyclolobées.)

La Camphrée de Montpellier est une petite plante vivace, à racine ligneuse, brunâtre. Les tiges, longues de $0^m,35$ au plus, mais atteignant 2 mètres par la culture, sont cylindriques, sous-frutescentes à la base, pubescentes, étalées, couchées, à rameaux florifères, grêles et redressés. Les feuilles sont alternes, fasciculées, courtes, étroites, linéaires, aiguës, tomenteuses, épaisses, blanchâtres ou d'un vert cendré, accompagnées de stipules très-aiguës, subulées, presque épineuses. Les fleurs, verdâtres et très-petites, sont groupées en petite fascicules, dont la réunion constitue des épis lâches, terminaux. Elles sont accompagnées de bractées foliacées, ovales, aiguës, dressées, pubescentes, et présentent un calice urcéolé comprimé, à quatre lobes dressés, verdâtres, couverts de longs poils laineux ; quatre étamines saillantes, à filets longs, grêles, dressés ; un ovaire libre, arrondi, à trois angles mousses, à une seule loge uniovulée, surmonté d'un style simple et d'un stigmate bifide. Le fruit est un petit akène, renfermé dans le calice.

HABITAT. — Cette plante est très-commune dans les régions méridionales de la France et de l'Europe, et sur les bords du bassin méditerranéen. Elle habite surtout les lieux sablonneux, arides et secs, les bords des chemins, etc.

CULTURE. — La camphrée n'est guère cultivée que dans les jardins botaniques. Elle demande une terre légère, sablonneuse, et une exposition chaude. On la propage très-facilement par graines, et mieux par éclats de pieds faits au printemps. Elle exige l'orangerie, ou tout au moins un abri durant l'hiver.

PARTIES USITÉES. — Les feuilles et les sommités.

RÉCOLTE. — La plante cultivée n'a pas, ou n'a presque pas d'odeur ; il faut donc employer exclusivement la camphrée sauvage ; on la cueille à l'époque de la floraison ; on en fait de petits paquets que l'on dispose en guirlandes pour les faire sécher ; elle nous vient des environs de Montpellier sous forme de petits épis séparés, d'un vert blanchâtre ; son odeur est fort aromatique, surtout lorsqu'on la froisse ; sa saveur est âcre et légèrement amère.

COMPOSITION CHIMIQUE. — Quoique appartenant à une famille dénuée en général de propriétés thérapeutiques, la camphrée possède une odeur aromatique que l'on a attribuée, à tort sans doute, à du camphre, car jamais on n'en a isolé ce corps; mais il est certain qu'elle contient une substance amère et âcre de nature résineuse, et une huile essentielle qui lui donne sa saveur chaude.

Usages. — Les propriétés thérapeutiques de la camphrée de Montpellier ont été exaltées par un grand nombre d'auteurs, notamment par le docteur Burlet, qui préconise cette plante dans l'asthme pituiteux et dans certaines affections du poumon. Elle facilite l'expectoration, et Bodart l'a recommandée contre la coqueluche et contre les obstructions des viscères abdominaux, expression vague qui peut comprendre plusieurs affections bien distinctes. Comme toutes les plantes aromatiques, la camphrée jouit de propriétés excitantes dont on a souvent tiré parti. On l'a utilisée comme sudorifique et diurétique. Gilibert l'a préconisée dans l'hydropisie idiopathique, contre l'anasarque; il l'administrait infusée dans du vin blanc à la dose de 15 à 20 grammes pour un litre de liquide. Cette préparation a été aussi employée contre la diarrhée et la dysenterie qui ont pour cause une atonie du tube digestif; dans les rhumatismes chroniques, contre les affections de la peau, etc. Les propriétés emménagogues de la camphrée sont plus douteuses; elle n'agit certainement pas mieux alors que ne le font un grand nombre de plantes aromatiques plus communes et plus faciles à se procurer à l'état frais. Nous ne contestons pas qu'elle ne puisse être utile dans certains cas; mais il faut alors l'employer récemment récoltée, et non desséchée et privée de ses principes aromatiques, telle qu'on la trouve dans le commerce de la droguerie.

## CAMPHRIER

*Laurus camphora* L. *Persea camphora* Spr. *Camphora officinarum* Nées.
(Laurinées.)

Le Laurier Camphrier est un grand arbre dont le tronc, droit et simple à la base, porte des feuilles alternes, à pétiole canaliculé, à limbe ovale, arrondi, acuminé, entier, glabre, coriace, d'un beau vert brillant en dessus, glauque en dessous, marqué de trois fortes nervures. Les fleurs, renfermées avant leur épanouissement dans des bourgeons écailleux, roux, pubescents, sont blanchâtres et disposées en corymbes longuement pédonculés; la corolle est à cinq divisions ovales et profondes. Le fruit est une petite drupe ovoïde, d'un pourpre foncé, entourée à la base par le calice.

HABITAT. — Cet arbre croît au Japon et dans les régions orientales de l'Hindoustan. Il habite surtout les lieux montueux.

CULTURE. — Le camphrier, cultivé en grand dans son pays natal, exige chez nous la serre tempérée. On le multiplie de marcottes ou de boutures qui reprennent difficilement.

PARTIES USITÉES. — Le camphre, huile essentielle, concrète ou stéaroptène qu'on en extrait.

RÉCOLTE. — Le camphre s'obtient par distillation avec de l'eau de toutes les parties du laurier camphrier coupées par petits morceaux. On met les morceaux de la plante avec de l'eau dans de grandes cucurbites de fer, surmontées de chapiteaux en terre, dont on garnit l'intérieur avec de la paille de riz ; on chauffe modérément, et le camphre se volatilise et se sublime sur la paille. Il est sous la forme de grains grisâtres, agglomérés, huileux, humides, plus ou moins impurs, que l'on envoie en Europe sous le nom de *camphre brut*, pour être raffinés.

Un certain nombre de végétaux produisent un camphre analogue à celui du *Laurus Camphora*, notamment différentes Laurinées, quelques Labiées, Amomées, Synanthérées et Diptérocarpées.

Il existe une autre sorte de camphre inconnu dans le commerce européen et qui provient du *Dryobalanops aromatica* Gaertn., ou *Dryobalanops camphora* Rumph., arbre de la famille des Diptérocarpées, indigène des îles de Bornéo et de Sumatra, qui a été décrit par Breyn et Rumphius, que les indigènes de Sumatra appellent *Capur baros*, et que Correa de Serra a nommé *Pterigium costatum*. Les feuilles en sont alternes, opposées à la base des ramules, très-entières, coriaces ; les stipules caduques, les lacinies calicinales égales, dressées en cinq ailes foliacées ; le tube cupulaire ; la capsule vasculaire. Pour se procurer l'essence de camphre du *Dryobalanops aromatica*, laquelle est encore plus estimée que le camphre lui-même à Sumatra, il suffit de percer l'arbre ; elle coule par l'orifice. Pour obtenir le camphre concret, on abat l'arbre quand on y découvre de petits glaçons blancs, situés perpendiculairement, et en veines irrégulières, au centre ou près du bois. « Le camphre de cet arbre, nommé *Capur Baros*, du lieu où il croît, dit Rumphius, se concrète naturellement sous l'écorce et au milieu du bois, sous la forme de larmes plates, qui ont l'apparence de la glace ou du mica de Moscovie ; mais le plus souvent il est en fragments de la grandeur de l'ongle. Il est très-estimé et se nomme *Cabessa*. Viennent après, celui qui est en grains comme le poivre, ou en petites écailles que l'on appelle *bariga*, et celui qui est pulvérulent comme du sable ou de la farine, que l'on nomme *pee*. »

La quantité de camphre retirée d'un arbre est très-minime. D'après Colebrooke et Miquel, pour produire 100 livres de camphre il faut une dizaine d'arbres. En 1851, on n'a expédié de Bornéo que 7 piculs de ce camphre. En 1872, il en fut importé 23 piculs à Canton. On voit par ces chiffres que le camphre de Bornéo n'entre que fort peu dans le commerce. La totalité de la quantité produite ne sort pas des régions de la Chine, de la Cochinchine, du Laos, de Siam et de Bornéo ou Sumatra. On en fait usage dans les cérémonies funéraires.

Composition chimique. — Le camphre du Japon est une huile essentielle, oxygénée, solide, incolore, transparente, plus légère que l'eau ; inflammable, d'une odeur fort pénétrante, d'une saveur âcre et caustique, entièrement volatile, peu soluble dans l'eau, très-soluble dans l'alcool, l'éther, le vinaigre, les huiles fixes et volatiles.

Lorsqu'on dépose un fragment de camphre sur l'eau, il se vaporise en produisant un mouvement giratoire. Il dévie à droite la lumière polarisée. Sa formule est $C^{10}H^{16}O$. Distillé avec du chlorure de zinc, il donne du *cymène*, $C^{10}H^{14}$. Sous l'influence des agents oxydants, il se transforme en acide camphorique, $C^{10}H^{16}O^4$, et en *acide camphrétique*, $C^{10}H^{14}O^7$. En même temps, il y a élimination d'eau et d'acide carbonique. Sous l'influence du même traitement, un certain nombre d'huiles essentielles, de résines et de gommes-résines donnent lieu à la production des mêmes corps. Soumis à l'action d'oxydants moins énergiques, le camphre produit un *oxycamphre*, $C^{10}H^{16}O^2$, qui a l'odeur et la saveur du camphre.

La seconde espèce de camphre de laquelle nous avons parlé, est celle qui est produite par le *Dryobalanops aromatica* Gaertn. fils (*D. Camphora* Colebrooke), et qui ne paraît pas être entrée dans le commerce d'Europe. Le camphre de Bornéo, de Java et de Sumatra contient deux équivalents d'hydrogène de plus que le camphre du Japon, $C^{10} H^{16} O$.

Usages. — Hoffmann, Tralles, Collin, Cullen considéraient le camphre uniquement comme sédatif; mais des faits nombreux attestent que son action est complexe. Outre les effets d'excitation qu'il détermine tout d'abord, il produit, par suite de son absorption, tantôt des effets stimulants, tantôt des effets de sédation; il agirait même sur l'homme, comme il fait sur les animaux, par une sorte d'intoxication.

Il est peu d'affections dans lesquelles il n'ait été employé. On le classe dans les antispasmodiques et les antiseptiques; aussi en a-t-on fait usage à l'intérieur dans les névroses, les fièvres putrides et malignes; et à l'extérieur, sous forme d'huile ou d'alcool, contre les douleurs, les coups, les contusions, etc. Il a été employé avec succès pour calmer les érections nocturnes et contre la cystite cantharidienne. On s'en est servi en médecine vétérinaire contre les typhus contagieux et charbonneux, etc. Réduit sous la forme d'une pâte molle par le moyen d'une très-légère quantité d'alcool, on en a recommandé l'application lors de l'ouverture ou de la dilacération récente de la capsule articulaire du dernier phalangien, suite de l'opération du javart cartilagineux.

M. Raspail présente le camphre comme un insecticide puissant; de sorte que, dans son opinion qui semble être que toutes les maladies sont produites par des insectes, cette substance serait une panacée à tous les maux.

Les homœopathes font un fréquent usage du camphre. Son signe est⸺, son abréviation *camph.*


## CANNE A SUCRE

*Saccharum officinarum* L. *Arundo saccharifera* C. Baub.
(Graminées-Panicées.)

La Canne à sucre officinale, appelée aussi Canamelle ou Roseau sucré, est une grande et belle plante vivace, à racines fibreuses, fasciculées, traçantes. Ses tiges, hautes de 4 mètres et plus, dressées, cylindriques, pleines et comme charnues à l'intérieur, glabres, striées longitudinalement, à entre-nœuds rapprochés et un peu renflés, portent des feuilles engaînantes, planes, aiguës au sommet, longues d'environ 1 mètre sur $0^m,05$ à $0^m,06$ de largeur, un peu rudes au toucher et rapprochées entre elles. Les fleurs, petites, soyeuses, sont groupées en épillets, dont la réunion constitue une panicule terminale, très-grande, étalée, pyramidale. Elles sont dépourvues d'enveloppes florales proprement dites, et présentent trois étamines, à anthères oblongues, et un ovaire allongé, surmonté de deux styles. Le fruit est un cariopse oblong et pointu, à albumen farineux (Pl. 27).

La Canne à sucre violette (*Saccharum violaceum* Tussac), connue aussi sous le nom de Canne à sucre de Batavia, ne diffère guère de la précédente que par sa couleur violette, et le plus de rapprochement des nœuds de sa tige. Ses épillets sont plus petits et les valves de sa glume plus ciliées. Il y a une sous-variété à tige rubanée de beau violet et de jaune.

La Canne à sucre de Taïti (*Saccharum Taïtense* Hort. Par.) se distingue des précédentes par sa tige plus haute, par ses nœuds plus éloignés les uns des autres, par les poils plus longs qui entourent l'épillet.

Habitat. — La canne à sucre officinale et la canne à sucre violette passent pour être originaires des Indes orientales, d'où elles auraient été transportées, à la fin du treizième siècle, dans l'Arabie Heureuse, de là en Nubie, en Éthiopie, en Égypte, et vers la fin du siècle suivant en Syrie, dans l'île de Chypre, en Sicile; puis, dans la première moitié du quinzième siècle, à Madère et aux Canaries. Vers l'an 1506, on en planta en Amérique où elle se naturalisa, particulièrement aux Antilles. Au dix-huitième siècle, on trouva la canne à sucre à Otaïti, dans la mer du Sud. On ne sait si elle était indigène de ce pays où si elle y avait été apportée. Il est vraisemblable que plusieurs espèces ou plusieurs variétés de cannes à sucre croissent naturellement dans divers pays, sans y avoir été introduites. On en voit à Madagascar, où les insulaires ignorent la manière d'en obtenir le sucre; aux côtes de Coromandel et de Malabar, à Ceylan, au Bengale, au Pégu, à Siam, à Manille, au Japon, aux Moluques, à Java, à la Côte orientale d'Afrique. Aussi ne saurait-on affirmer, comme l'ont fait quelques auteurs, que la partie de l'Asie située au delà du Gange soit, exclusivement à toute autre, le lieu natal de la canne à sucre, qui a été cultivée et exploitée, au point de vue de l'extraction du sucre, par les Chinois, près de deux mille ans avant d'avoir été connue en Europe; car il n'en est question ni chez les Phéniciens, ni chez les anciens Égyptiens, ni chez les Juifs, les Grecs et les Latins.

Culture. — La canne à sucre officinale, la canne à sucre violette et la canne de Taïti sont à peu près les seules que l'on cultive pour la fabrication du sucre.

La canne à sucre croît dans des terrains très-variés ; elle préfère néanmoins un sol substantiel, léger, un peu limoneux, très-divisé ou susceptible de l'être facilement. On la propage ordinairement de boutures, prises dans la partie supérieure des tiges, et plantées, à l'époque de la récolte, dans des sillons, à la distance d'environ un mètre. Dans le cours de la végétation, on fait quelques sarclages ; six mois après la plantation, on enlève les bourgeons qui croissent au pied des cannes ; quelquefois même on effeuille celles-ci pour hâter leur maturité. Dans les terrains secs, il est bon d'arroser un peu. Du reste, la culture varie selon les pays et les climats. C'est la nature du sol, ce sont les saisons et le climat qui doivent déterminer l'espèce de préparation à donner à la terre, ainsi que l'époque et le mode de plantation. Malheureusement, on suit dans chaque pays des méthodes routinières bonnes ou mauvaises. Tandis qu'à Batavia on se servait depuis longtemps de charrues légères pour la culture de la canne, aux Antilles on n'employait encore que la houe, et tout se faisait à force de bras.

Récolte. — La récolte des cannes ne se fait pas en même temps dans les divers établissements européens en Amérique. Elle est nécessairement subordonnée à l'époque des plantations, qui varie beaucoup, comme il vient d'être dit. Si, dans la culture des cannes, on avait pour objet de recueillir leurs graines, il faudrait faire la récolte au moment de la maturité absolue ; mais comme le seul but qu'on se propose est l'extraction d'un sel précieux, on doit, pour les couper, choisir le moment où le sucre y est le plus abondant, et où il a acquis sa perfection.

Une fois coupées, les cannes, disposées en paquets, sont portées au moulin, écrasées et exprimées. Le résidu s'appelle *bagasse*. Le jus se nomme *vesou*. Celui ci est *déféqué* avec de la chaux. On chauffe à 60°, et on enlève l'écume. On fait passer le liquide successivement dans trois chaudières, en ajoutant de la chaux dans chacune, et écumant chaque fois. Lorsque le sirop est transparent, on le fait passer par une quatrième chaudière où l'évaporation et l'ébullition sont très-rapides. On chauffe jusqu'à ce que le sirop puisse cristalliser par le refroidissement.

Dans les possessions anglaises le sirop est placé dans une grande chaudière nommée *rafraîchissoir*; il y cristallise ; on agite pour rendre le grain plus fin, et on le place dans des tonneaux percés de trous bouchés en partie. Dans les possessions françaises, on distribue le sirop cristallisé dans des formes coniques en terre cuite percées d'un trou au sommet du cône et renversées sur d'autres vases ; le trou est bouché avec une cheville; le sucre y cristallise. On procède alors au *terrage*, lequel consiste à mettre sur le cône une couche d'argile humide qui cède son eau ; celle-ci entraîne le sirop incristallisable. Alors, le sucre étant, autant que possible, privé de sirop, on le retire des formes et on le laisse sécher à l'air pendant six semaines. En dernier lieu, on le met en poudre grossière, et on l'envoie en Europe, sous le nom de *sucre terré* ou de *cassonade*. Longtemps le sucre terré a été seul employé par les pharmaciens et les confiseurs : aujourd'hui ils se servent de sucre raffiné.

Le raffinage se pratique en Europe ; il consiste dans les opérations suivantes : 1° dissolution du sucre et clarification avec le sang de bœuf ; 2° décoloration par le charbon animal ; 3° évaporation et cristallisation ; 4° *clairçage* ; 5° séchage.

Le *vesou* contient 16 à 20 p. 100 de sucre ; on n'en extrait que 7 à 9 ; une portion est transformée en sucre incristallisable ou *mélasse*; celle-ci fermentée constitue le *tafia* et le *rhum*. Par les appareils perfectionnés à évaporer dans le vide et les turbines à rotation on perd moins de sucre.

COMPOSITION CHIMIQUE. — A l'état de pureté, le sucre est blanc, phosphorescent par la percussion, d'une pesanteur spécifique de 1,606. La forme primitive de sa cristallisation est le prisme tétraèdre, ayant un rhombe pour base. Ses éléments, selon Thénard et Gay-Lussac, sont en poids : carbone, 42,47; oxygène, 50,63 ; hydrogène, 6,90. Ils sont en volume, suivant Berzelius : carbone, 12; oxygène, 10 ; hydrogène, 21. Le sucre est soluble dans la moitié de son poids d'eau froide, et dans toute proportion d'eau bouillante. Il cristallise facilement, surtout par évaporation dans une étuve; on le nomme alors *sucre candi*. Il est insoluble à froid dans l'alcool pur ; mais il s'y dissout à chaud, et cristallise par le refroidissement. Il se dissout facilement à froid dans l'eau-de-vie, ce qui est un moyen de reconnaître s'il est mêlé de sucre de lait, ce dernier y étant insoluble. S'il est falsifié par un mélange de glucose ou sucre d'amidon, cette fraude se reconnaît au moyen de la potasse qui se combine avec le sucre de canne sans le colorer sensiblement, tandis qu'elle décompose le glucose en lui communiquant une couleur brune foncée. Le sucre exposé au feu, se fond, se boursoufle, brunit et exhale une odeur particulière ; il porte, en cet état, le nom de *caramel*. Chauffé plus fort, il brûle avec une belle flamme blanche, et laisse un charbon volumineux, lequel, incinéré, laisse un peu de cendre blanche, principalement composée de carbonate et de phosphate de chaux. L'acide nitrique dissout le sucre et le transforme, à l'aide du calorique, en une série d'acides dont les termes principaux sont : acide sacharrique, $C^6 H^{10} O^8$ ; acide oxalique, $C^2 H^2 O^4$ ; acide carbonique, $C O^2$. La formule du sucre pur cristallisé est $C^{12} H^{22} O^{11}$.

Le sucre dissous dans l'eau et additionné de levure ou d'un ferment azoté, se convertit en alcool et en acide carbonique, avec des phénomènes de chaleur et d'effervescence qui ont été désignés sous le nom de *fermentation vineuse* ou *alcoolique*.

La canne à sucre, comme un grand nombre de végétaux, laisse exsuder une substance qui a été désignée sous le nom de *cire végétale* ou *cérosie*. Cette cire abonde particulièrement sur la canne violette qui en donne beaucoup plus que les autres. On l'obtient en râclant les tiges. Un arpent qui produit environ 18,000 cannes, peut fournir 3 kilogrammes de cérosie. La cérosie est insoluble dans l'eau et à froid dans l'alcool rectifié. Elle se dissout dans l'alcool bouillant et le fait prendre en masse par le refroidissement. Elle est peu soluble dans l'éther ; elle fond entre 80 et 82 degrés, brûle avec une belle flamme blanche et serait très-avantageuse pour la fabrication des bougies. Elle est très-difficilement saponifiable. Elle est formée, au rapport de M. Dumas, de $C^{24} H^{48} O$.

Usages. — Le sucre est la base de tous les saccharolés. En médecine, on l'emploie comme émollient légèrement laxatif ; on s'en sert en poudre pour faciliter l'emploi d'autres médicaments, et pour insuffler sur les yeux, etc.

Le produit de la canne ne consiste pas seulement en sucre, mais encore en sirops qu'on distingue en *sirops fins*, *gros sirops*, *sirops bâtards* et *sirops amers*. Avec ces derniers on fabrique une sorte d'eau-de-vie nommée *rhum* par les Anglais et dans nos colonies *tafia*, très-recherchée et très-répandue dans le commerce. On obtient encore une espèce d'eau-de-vie avec le suc même de la canne soumis à la distillation, et ce suc, mis en fermentation dans des tonneaux, donne un vin assez agréable.

Les racines de la canne, brûlées sur le terrain, l'ameublissent et le fertilisent par leurs cendres. Les feuilles, qui tombent sur le champ, les cannes dont on a exprimé le suc et qui prennent en cet état le nom de *bagasses,* fournissent le chauffage nécessaire à l'entretien des fourneaux des sucreries et servent à la nourriture des bestiaux. On a pu même les employer pour faire du papier.

## CANNEBERGE

*Vaccinium oxycoccos* L. *Oxycoccus palustris* Pers.
( Éricinées – Vacciniées.)

La Canneberge, nom vulgaire d'une sorte d'Airelle ou Vaciet, est une petite plante vivace, à tiges ligneuses et très-menues, filiformes, rampantes, rameuses, souvent rougeâtres, pouvant atteindre jusqu'à 0<sup>m</sup>,25 et 0<sup>m</sup>,35 de longueur. Les feuilles sont persistantes, petites, longues de 0<sup>m</sup>,008 au plus, ovales ou ovales-oblongues, aiguës ou obtuses, entières, à bords enroulés en dessous, glabres, vertes et luisantes sur la face supérieure, blanchâtres sur la face inférieure. Les fleurs d'un beau rose, solitaires ou réunies par deux à l'aisselle des feuilles, sont portées par un pédicelle capillaire long de 0<sup>m</sup>,02 et plus ; le calice adhérent à l'ovaire est à quatre petites dents ; la corolle est petite, profondément divisée en quatre lanières ovales, très-aiguës et renversées ; les étamines, au nombre de huit, ont les filets rapprochés, presque soudés, et les anthères s'ouvrent par deux pores obliques. Le fruit est une baie de la grosseur d'un pois, ovoïde, de couleur rouge parsemée de points pourpres, d'une saveur acide.

Habitat. — La canneberge est une plante des lieux marécageux et couverts de l'Europe.

Culture. — Pour cultiver cette petite plante, il faut de grandes terrines qui retiennent un peu les eaux ; on la plante en terre de bruyères tourbeuse, mélangée de sphaigne hachée et recouverte de la même mousse des marais. On place ensuite à l'ombre en entretenant la terre constamment humide. La multiplication est très-facile par les rameaux rampants enracinés.

Parties usitées. — Les feuilles, les fruits.

Récolte. — On recueille les fruits à leur parfaite maturité.

Composition chimique. — Les feuilles de la canneberge, comme toutes celles des plantes de la même famille, sont riches en tannin ; elles contiennent en outre, en grande proportion, une substance analogue au tannin, colorant comme lui les persels de fer en noir, mais s'en distinguant en ce qu'elle ne précipite pas la solution de gélatine : ce principe a été nommé *quercitrin*. Les baies renferment un acide libre ou un sel acide.

Usages. — Les feuilles de canneberge jouissent des mêmes propriétés que celles de l'Airelle myrtille (t. I, p. 39) et de la Busserole (t. I, p. 209), c'est-à-dire qu'elles sont astringentes et considérées comme diurétiques. Les baies sont regardées comme rafraîchissantes, un peu astringentes et même styptiques. En Suède, on les mélange avec du sucre pour en faire des confitures. Leur matière colorante sert à colorer les vins en rouge.

## CANNELLIER

*Laurus cinnamonum* L. *Persea cinnamonum* Spr. *Cinnamonum Zeylanicum* Nées.
(Laurinées.)

Le Cannellier est un arbre dont la tige droite, haute de 8 à 10 mètres, couverte d'une écorce grisâtre en dehors, rougeâtre en dedans, porte des feuilles alternes ou irrégulièrement opposées, à pétiole court, canaliculé, à limbe ovale-lancéolé, long de $0^m,10$ à $0^m,12$, large de $0^m,05$, à $0^m,06$, entier, coriace, vert et lisse en dessus, glauque cendré en dessous, marqué de trois nervures longitudinales. Les fleurs, dioïques, petites, blanc jaunâtre, forment des panicules axillaires et terminales. Elles présentent un calice à six divisions profondes, ovales-obtuses, pubescentes. Les mâles ont neuf étamines ; les femelles, un ovaire libre, ovoïde, surmonté d'un style épais. Le fruit est une petite drupe ovoïde, violette, à pulpe verdâtre, entourée à sa base par le calice.

Habitat. — Cet arbre croît à Ceylan, d'où il a été introduit en Amérique, aux Antilles, à Cayenne, à l'île Maurice, etc. La Chine possède aussi le cannellier.

Culture. — Sous nos climats, le cannellier exige la serre chaude ; il vient en terre franche et se multiplie de boutures et de marcottes.

Parties usitées. — Les écorces, les fleurs non épanouies, les fruits.

Récolte. — Les cannelliers, dans une bonne exposition, peuvent

être exploités depuis cinq jusqu'à trente ans. On fait deux récoltes
par an : la première dure de janvier jusqu'en août ; la seconde, de
novembre en janvier ; on coupe les rameaux de plus de trois ans ;
on enlève l'épiderme, et on fend longitudinalement l'écorce que
l'on sépare du bois ; on insère les tubes, formés par l'écorce roulée,
les uns dans les autres ; on fait sécher au soleil ; les tubes menus,
distillés avec de l'eau salée, fournissent l'essence du commerce ; leur
couleur est blonde citrine ; leur saveur est agréable, aromatique,
chaude, piquante, un peu sucrée ; leur odeur est très-suave ; un
kilogramme d'écorce fournit environ 8 grammes d'essence. La cannelle de Chine en fournit davantage, mais elle est moins aromatique
et moins estimée.

La cannelle de Cayenne est produite par le même arbre qui fournit
celle de Ceylan ; cependant l'écorce en est plus courte et plus épaisse,
la couleur plus pâle, comme blanchâtre, marquée de taches brunâtres ; son odeur et son goût sont un peu plus faibles, moins persistants. Les écorces du même arbre, cultivé au Brésil, à la Trinité,
aux Antilles, fournissent des espèces commerciales variables en qualité, mais toujours moins estimées que celles de Ceylan. Celle du
Brésil est la moins recherchée ; elle est plus épaisse, comme spongieuse et presque inodore.

La *cannelle matte* est l'écorce du tronc et des grosses branches de
l'arbre qui produit la cannelle de Ceylan ; elle est privée de son épiderme, large de 27 millimètres, épaisse de 5, peu roulée ; l'extérieur est rugueux, jaune foncé, jaune pâle à l'intérieur ; cassure
fibreuse et brillante comme celle des Quinquinas jaunes ; odeur et
saveur de cannelle agréables, mais faibles. Elle doit être rejetée de
l'usage médical.

Les *fleurs de cannellier* paraissent venir de Chine. La plupart des
auteurs les attribuent au *Laurus cassia* L. (*Cinnamomum aromaticum*
Nées) ; mais il paraît certain que le cannellier de Ceylan en produit
également. Ce sont les fleurs femelles fécondées ou les fruits très-impar-
faits ; elles ressemblent un peu aux clous de Girofle ; elles sont formées d'un calice plus ou moins ouvert ou globuleux, rugueux à l'extérieur, brun, épais, compacte, s'amincissant en pointe ; au centre
on trouve le petit fruit avec un vestige de style. Ces fleurs jouissent
des mêmes propriétés que l'écorce de cannelle. On en retire de l'essence par distillation.

Le fruit mûr du cannellier ne se trouve pas dans le commerce. On extrait de l'amande, par expression, une huile concrète qui sert à faire, à Ceylan, des bougies odorantes très-estimées (Voyez au mot Cassia lignea, p. 287 de ce volume, pour les autres cannelles).

Composition chimique. — L'écorce de cannelle contient : huile volatile, tannin, mucilage, matière colorante, acide cinnamique, amidon. L'huile essentielle est jaune doré, d'une saveur aromatique, non brûlante. Elle est formée surtout d'*aldéhyde cinnamique*, $C^9 H^8 O$, mélangée d'une portion d'hydrocarbone. En remplaçant l'équivalent d'hydrogène par de l'oxygène, on obtient l'acide cinnamique, $C^9 H^8 O^2$, qui forme avec les bases des *cinnamates*. L'essence de cannelle est jaune clair ; plus lourde que l'eau, elle se solidifie à 0°, fond à + 5° ; par oxydation, elle se transforme en acide *cinnamique* qui ressemble à l'acide *benzoïque*.

Usages. — La cannelle est une épice très-employée en poudre comme condiment. On en fait un sirop, une teinture, un vin, des eaux distillées et des alcoolats simples et composés. Les uns et les autres sont très-usités comme stomachiques, digestifs, cordiaux, toniques, stimulants, et souvent employés avec succès dans les atonies du tube digestif, et surtout les fièvres putrides et adynamiques.


## CAOUTCHOUC (Arbre a)

*Hevea Guyanensis* Aubl. *Siphonia cahuchu* Willd. *Siphonia elastica* Pers.
(Euphorbiacées - Crotonées.)

L'Arbre à Caoutchouc, mieux appelé Siphonie élastique, Hévé de la Guyane, car bien d'autres végétaux donnent le caoutchouc, vulgairement nommé gomme élastique, atteint 15 à 20 mètres de hauteur. Sa tige, de 1 mètre environ de diamètre, couverte d'une écorce grisâtre, mince, écailleuse, se divise en nombreux rameaux, garnis à leur extrémité de feuilles alternes, trifoliées, réunies en rosette. Les fleurs sont monoïques et disposées en panicules terminales; elles présentent un calice à cinq divisions et sont dépourvues de corolle; les mâles ont cinq étamines; les femelles, un ovaire globuleux, allongé en cône, à trois loges, surmonté de trois stigmates bilobés; le fruit est une capsule oblongue, verdâtre, à trois loges, qui contiennent chacune deux semences (rarement une ou trois), à coque ou tégument fragile, renfermant une amande blanche.

Habitat. — Cet arbre croît à la Guyane et dans les régions voisines, sur les bords des lacs et des rivières, dans les bois, etc. Chez nous, on le trouve à peine dans les serres chaudes des grands jardins botaniques.

Parties usitées. — Le suc naturel ou lait, et le caoutchouc ou lait concrété et évaporé.

Récolte. — Le caoutchouc (mot indien qui signifie suc d'arbre) est une substance d'une nature toute particulière qui se trouve à l'état émulsif dans le suc laiteux de diverses plantes appartenant, pour la plupart, à des familles riches en végétaux vénéneux ou suspects : dans les Apocynées, l'Urcéole élastique (*Urceola elastica* Roxb.), vulgairement Vigne à caoutchouc, arbrisseau grimpant de l'Asie tropicale, le Camérier à larges feuilles (*Cameraria latifolia* L.), plante vénéneuse indigène des Antilles, le Vahé porte-gomme (*Vahea gummifera* Lamk.) de Madagascar, l'Arbre à lait de Demerara (*Tabernamontana utilis* Arnott) de l'Amérique méridionale; dans les Morées, les Figuiers élastiques (*F. elastica* L.), elliptique (*F. elliptica* K.) de l'Inde (*F. indica* L.), des pagodes (*F. religiosa* L.), vénéneux (*F. toxicaria* L.), verruqueux (*F. verrucosa* Vahl.), tous appartenant aux Indes orientales, le Figuier Toka (F. Toka Forsk) de l'Arabie. Parmi les Artocarpées, le *Castilloa elastica* Cerv., bel arbre de l'Amérique centrale, fournit en ce moment la majeure partie du caoutchouc qui nous vient de l'Amérique.

Cependant aucun arbre ne fournit naturellement le caoutchouc, qui est un laticifère répandu dans toute la plante avec autant d'abondance que la Siphonie élastique ou Hévé de la Guyane; il suffit d'une légère écorchure au tronc de cet arbre pour en faire couler le suc laiteux. Pour l'obtenir en grande quantité, on pratique une entaille profonde au bas du tronc; ensuite on incise l'écorce à partir de cette entaille jusqu'à l'origine des branches; enfin on fait encore, d'espace à autre, des incisions obliques de haut en bas, lesquelles viennent aboutir à l'incision longitudinale. Le latex qui s'écoule est reçu, à l'ouverture de l'entaille, dans des moules d'argile de formes variées, mais le plus souvent pyriformes; il doit sa couleur brune à la fumée à laquelle on l'expose en le faisant sécher couche par couche pour lui donner de la consistance; dès qu'il est sec, on brise le moule, dont les fragments sortent par l'ouverture réservée à cet effet. Aujourd'hui on emploie souvent un autre procédé, qui consiste simplement à recueillir le suc laiteux dans des flacons qu'on bouche hermétiquement pour les expédier en Europe. M. Anthoine a proposé d'ajouter à ce suc 2 à 3 centièmes de rhum ou d'eau-de-vie, puis de faire filtrer à travers le sable sur lequel on met une toile qui retient le caoutchouc.

Composition chimique. — Le caoutchouc a une couleur ordinairement brunâtre, quelquefois blonde ; il est sans odeur et sans saveur ; sa densité varie de 0,92 à 0,94 ; il est inaltérable à l'air, mou, flexible, imperméable, extrêmement élastique. Il se compose, pour la plus grande partie, de deux principes particuliers, renfermant du carbone et de l'hydrogène et qui ont été isolés par M. Payen, en 1852 : l'un éminemment tenace et presque insoluble, élastique, dilatable ; l'autre plus soluble et essentiellement adhésif. Soumis à l'action d'une douce chaleur, il se ramollit assez pour se souder avec lui-même ; à une température supérieure, il entre en fusion, prend la consistance du goudron, et conserve cet état, après le refroidissement, pendant des années ; une chaleur plus élevée encore le décompose. Mis en contact avec la flamme d'une bougie, il prend feu et brûle promptement. Il est insoluble dans l'eau et l'alcool ; mais il se dissout dans l'éther pur, ainsi que dans les huiles essentielles, telles que la benzine, l'essence de térébenthine, le sulfure de carbone : ce dernier agent, additionné de 6 à 8 parties d'alcool, constitue le meilleur dissolvant du caoutchouc. Les acides, à la température ordinaire, ont peu d'action sur lui.

Le caoutchouc a été étudié chimiquement par MM. Faradey, Payen, etc. Le lait de caoutchouc contient, d'après M. Faradey : caoutchouc, 31,70 ; albumine, 1,90 ; substance amère, azotée, soluble dans l'eau et dans l'alcool, 7,13 ; substance soluble dans l'eau et insoluble dans l'alcool, 2,90 ; cire, traces ; eau acide, 56,37 ; total, 100. Les produits de la distillation ont été observés par MM. Grégory, Bouchardat et Himly, qui ont obtenu divers carbures d'hydrogène, dont deux sont isomères du gaz oléfiant, la *caoutchène* et l'*hévééne* ; d'autres se rapprochent de l'essence de térébenthine ; leur point d'ébullition varie de 14°, 33°, 171° et 215° ; la plupart dissolvent le caoutchouc.

Usages. — Le caoutchouc n'est connu en Europe que depuis un siècle. La Condamine en envoya, en 1751, la première description scientifique. Cependant, il paraît que depuis longtemps on connaissait aux Indes Orientales et en Amérique une partie des avantages qu'on pouvait tirer du caoutchouc. Ce serait même aux Indiens que l'on devrait l'invention des tissus imperméables. En 1790, Fourcroy parvint à gonfler le caoutchouc et à le dissoudre dans l'éther. En 1791, Grassart en fit des tubes. En 1820, Nadler parvint à le découper en fils, et Mac Kintosch en fit des tissus imperméables, à l'imitation des Indiens. Mais la véritable révolution dans l'industrie du caoutchouc date de 1839, époque à laquelle Hayward et Goodeyar appliquèrent le soufre à la *vulcanisation*.

Les applications du caoutchouc sont innombrables; il n'est pas un art, une industrie, une profession, qui n'utilise cette précieuse substance. On s'en sert pour fabriquer des instruments de chirurgie, tels que sondes, canules, bouts de sein, pour faire des conduits acoustiques, pour confectionner des chaussures et des vêtements imperméables, pour effacer le crayon et adoucir le papier. On est parvenu à le réduire en fils très-minces avec lesquels on fait des tissus élastiques pour bretelles, jarretières, corsets, etc. En associant le caoutchouc, dissous et à l'état pâteux, à l'huile de Lin et à une certaine quantité de résine, on en fait un vernis pour les cuivres. On emploie beaucoup, au lieu de caoutchouc pur, le caoutchouc dit *vulcanisé*, c'est-à-dire auquel on a incorporé du soufre, soit directement, soit au moyen du sulfure de carbone ou du chlorure de soufre. Le caoutchouc entre aussi dans la composition de la *colle navale* ou *glu maritime*, employée dans les constructions navales et le calfatage des vaisseaux. On construit des instruments et jusqu'à des bateaux de sauvetage avec le caoutchouc.

Si le caoutchouc a contribué au développement de l'industrie, il n'a pas été moins utile au progrès des sciences. M. Liebig a dit, avec raison, que sans lui et sans la facilité qu'il donne de pouvoir disposer des appareils, un nombre considérable de découvertes qui ont enrichi la chimie n'auraient pu être faites. La chirurgie et l'art du dentiste lui sont redevables de plusieurs applications d'un intérêt capital.

Bien que l'on ait présenté le caoutchouc comme une sorte de spécifique de la phthisie pulmonaire, il n'a reçu aucune application dans notre médecine. Le lait de caoutchouc est difficile à se procurer, et ses dissolutions n'ont jamais été employées d'une manière assez méthodique pour qu'on puisse se prononcer sur les effets singuliers qu'on leur a attribués.

# CAPILLAIRE

*Adiantum capillus Veneris* L., et *A. pedatum* L.
(Fougères-Polypodiées.)

Le Capillaire commun, Capillaire de Montpellier, vulgairement Cheveux de Vénus, est une plante vivace, à rhizome traçant, muni, en dessous, de racines fibreuses et fasciculées; en dessus, de frondes ou feuilles, toutes radicales, pétiolées, longues de 0ᵐ,15 à 0ᵐ,25. Le pétiole commun ou rachis, brun noirâtre, glabre et lisse, nu dans sa partie inférieure, se ramifie plus haut, et porte de nombreuses pinnules ou folioles, alternes, cunéiformes, minces, très-glabres, d'un beau vert, plus ou moins découpées, dans leur moitié supérieure, en lobes qui se replient en dessous. Les sporanges, situées à la face inférieure des frondes et cachées par les replis des lobes, renferment un grand nombre de *sporules* (corps reproducteurs), petites, brunes, réunies en ligne marginale interrompue.

Le Capillaire du Canada (*A. pedatum* L.) est aussi vivace; il diffère du précédent par sa taille plus grande; ses pétioles plus longs et moins ramifiés; ses folioles plus larges, presque rhomboïdales, incisées vers le milieu, et n'offrant de sporanges qu'au bord supérieur (Pl. 28).

Le Capillaire noir des officines (*Asplenium adiantum nigrum* L.) est une Doradille (Voyez au mot DORADILLE dans ce volume).

HABITAT. — Le capillaire de Montpellier habite les parties méridionales de la France et de l'Europe; celui du Canada est originaire du nord de l'Amérique. Ces plantes croissent dans les lieux humides et ombragés, sur les murs des puits, au bord des fontaines, etc.

Nous signalerons en outre, comme jouissant de propriétés réputées identiques aux précédents : les Capillaires trapéziforme (*Adiantum trapeziforme* L.) des Antilles ou du Mexique; radié (*A. radiatum* L.); fragile (*A. fragile* Sw.) l'un et l'autre de la Jamaïque; d'Éthiopie (*A. Æthiopicum* L.).

CULTURE. — Les capillaires ne sont cultivés que dans les jardins botaniques; il suffit, pour les propager, de planter des fragments de rhizome dans une terre de bruyère un peu humide.

PARTIES USITÉES. — Toute la partie aérienne des plantes.

RÉCOLTE. — Le meilleur capillaire nous vient du Canada; ses folioles sont d'un beau vert, touffues, douces au toucher; leur odeur est agréable, leur saveur un peu styptique ; il vaut de 6 à 8 francs le kilogramme. On lui a longtemps substitué le capillaire trapéziforme, dit du Mexique, 'qui d'ailleurs est aussi aromatique, et fournit des médicaments agréables ; cependant il est moins estimé et ne vaut que 4 à 5 francs le kilogramme. Le capillaire qui nous vient de Montpellier ne vaut pas plus de 1 fr. à 1 fr. 50 c. Il est moins aromatique que les précédents, et ne peut les remplacer ; on les mélange quelquefois, mais celui de Montpellier se distingue par ses pétioles grêles, longs au plus de 20 à 30 centimètres.

La récolte des capillaires ne présente rien de particulier ; on doit les faire sécher à l'ombre ; en vieillissant, ils perdent la plus grande partie de leurs principes aromatiques et conséquemment de leurs propriétés.

COMPOSITION CHIMIQUE. — L'analyse des capillaires n'a pas été faite ; celui du Canada renferme un principe aromatique probablement de nature résineuse, auquel il doit ses propriétés expectorantes.

USAGES. — Le capillaire est employé en infusions (8 à 15 grammes pour 1 litre d'eau). On en fait un sirop. Il entre dans la composition de l'élixir de Garus. Les capillaires sont des remèdes populaires contre les affections de poitrine. Les infusions légères sont regardées comme béchiques et adoucissantes ; plus chargées, elles sont toniques et expectorantes. Le sirop est agréable à boire ; il aromatise bien les tisanes ; il entre dans la composition de la bavaroise au lait.


# CAPRIER

*Capparis spinosa* L. *C. sativa* Pers.
(Capparidées.)

Le Câprier épineux est un arbuste à racines nombreuses, ramifiées et traçantes ; à souche ligneuse, recouverte d'une écorce épaisse et devenant avec l'âge très-volumineuse. Ses tiges, ou mieux ses rameaux annuels, sont très-nombreux, longs ordinairement de 1<sup>m</sup>,50, mais atteignant jusqu'à 4 mètres, cylindriques, effilés, glabres, épineux, herbacés, diffus, présentant souvent une teinte rougeâtre ; ils sont couverts de feuilles alternes, pétiolées, cordées à la base, arrondies, réniformes ou acuminées, épaisses, très-entières, glabres, d'un beau vert brillant. Les boutons, portés sur des pédoncules de la longueur des feuilles, sont verts et gibbeux à la base, par suite de l'inégalité des sépales. Les fleurs sont hermaphrodites, irrégulières, solitaires à l'aisselle des feuilles, blanches, à étamines roses, très-nombreuses; l'ovaire est porté sur un long stipe. Le fruit est ovoïde, de la forme et de la grosseur d'une olive pointue, et renferme une pulpe remplie de nombreuses graines réniformes.

HABITAT. — Le Câprier croît spontanément dans les îles de l'Archipel, sur les côtes de l'Asie Mineure. Introduit de temps immémorial aux environs de Marseille, il est aujourd'hui cultivé en grand dans tout le midi de l'Europe.

Il est d'autres espèces de câpriers, auxquelles on a prêté des propriétés médicinales. Tels sont les Câpriers d'Égypte (*Capparis Ægyptia* Lamk), de Mithridate (*C. mithridatica* Forsk.), Dahi (*C. Dahi* Forsk.), tous trois d'Égypte ; ovale (*C. ovata* Desf.) de Barbarie ; ferrugineux (*C. ferruginea* L.), à long fruit (*C. Breynia* L.), à siliques (*C. siliquosa* L.), ces derniers des Antilles.

PARTIES USITÉES. — La racine, l'écorce, les fleurs non épanouies (boutons), les capsules vertes.

RÉCOLTE. — La racine et l'écorce, jadis employées en médecine, se récoltaient à l'automne et on les faisait sécher; on trouve encore la racine en droguerie ; elle perd ses propriétés en vieillissant. Le câprier fleurit en juillet, mais pour les usages économiques, on récolte les boutons avant l'épanouissement des fleurs.

COMPOSITION CHIMIQUE. — L'infusion aqueuse ou alcoolique des tiges de câprier épineux est un bon réactif chimique pour découvrir les acides et les alcalis. Avec les acides, cette infusion donne une couleur rouge de feu ; avec les alcalis, une fort belle couleur verte. Les boutons du câprier renferment un principe âcre et piquant.

USAGES. — Aujourd'hui presque uniquement employées comme condiment, quand on les a confites au vinaigre, les câpres sont considérées comme un stimulant de la digestion chez les individus faibles, d'une constitution lymphatique; elles conviennent peu aux personnes délicates, irritables et nerveuses. On les a vantées contre les engorgements des viscères abdominaux et plus spécialement contre ceux de la rate; cette propriété désobstruante se retrouve dans l'écorce, d'après Benivieni. Tronchin regardait les câpres comme antihypocondriaques. Le vinaigre dans lequel on les macérait était regardé comme résolutif et astringent. L'écorce faisait partie des cinq racines apéritives mineures. Les Arabes emploient les feuilles du *C. Ægyptiaca* en décoction contre l'odontalgie et les céphalalgies, appliquée sur les points douloureux, ainsi que le conseillait Dioscoride.

## CAPUCINE

*Tropæolum majus* L.
(Tropæolées.)

La Capucine est une plante vivace, mais connue seulement comme annuelle sous nos climats. Sa tige, très-longue, rameuse, couchée ou grimpante, glauque, un peu pubescente au sommet, porte des feuilles alternes, longuement pétiolées, peltées, arrondies, légèrement anguleuses, glabres et d'un vert foncé en dessus, légèrement pubescentes et d'un vert clair en dessous, à nervures rayonnant du point d'insertion du pétiole, qui est un peu excentrique. Les fleurs sont très-grandes, irrégulières, rouge orangé, portées sur de longs pédoncules axillaires, cylindriques, glabres. Elles présentent un calice irrégulier, pétaloïde, gamosépale, à cinq divisions profondes, ovales-lancéolées aiguës, les trois supérieures plus larges et prolongées, en arrière du point d'attache, en un long éperon grêle, creux et pointu ; une corolle à cinq pétales inégaux, ovales-arrondis, les trois inférieurs frangés à la base et portés sur un onglet très-long et très-étroit ; huit étamines courtes, déclinées ; un ovaire arrondi, à trois côtes saillantes et striées, à trois loges uniovulées, surmonté d'un style dressé, triangulaire, trifide au sommet. Le fruit se compose de trois coques, rapprochées par le côté interne qui est taillé en coin, tandis que la face externe est convexe et couverte de côtes irrégulières.

Nous citerons encore les Capucines : naine (*T. minus* L.), des Canaries (*T. peregrinum* Jacq.), tubéreuse (*T. tuberosum* R. et P.), etc.

Habitat. — La grande capucine, qui est la plus connue, est originaire du Pérou. Les autres espèces habitent le Mexique, le Vénézuela, la Colombie, le Chili, etc.

Culture. — Ces plantes ne sont cultivées que dans les jardins botaniques ou d'agrément. Elles viennent dans tous les sols, et se propagent de graines, qu'on sème au printemps, en place ou en pépinière.

**Parties usitées.** — Les feuilles, les fleurs et les fruits.

**Récolte.** — Les fleurs se récoltent à leur parfait épanouissement, les feuilles à l'époque de la floraison, les fruits lorsqu'ils sont encore très-jeunes ; plus tard ils sont trop durs pour être mangés ; mais on ne les récolte qu'à leur maturité lorsqu'on veut les employer comme purgatifs.

**Composition chimique.** — M. Cloëz a signalé dans la capucine l'existence d'une essence sulfurée analogue, sinon semblable, à celle de la moutarde; il est même probable que cette huile essentielle ne préexiste pas, car on ne la sent que lorsqu'on froisse la plante. Braconnot y a trouvé, outre des sels, une certaine quantité d'acide phosphorique libre ; ce chimiste est porté à attribuer à la production de cet acide les éclairs instantanés qui s'échappent des parties sexuelles de cette plante vers le crépuscule du soir, au mois de juillet surtout; on doit à la fille de l'illustre Linné la première observation de ce phénomène.

**Usages.** —La saveur particulière de toutes les parties de la capucine rappelle celle du cresson : aussi a-t-on nommé pendant longtemps la capucine, *cresson des Indes, du Pérou, du Mexique* et *cardamindum.* Toutes les plantes du genre *Tropæolum* jouissent des mêmes propriétés que la plupart de celles de la famille des Crucifères; on les regarde comme toniques, stimulantes et antiscorbutiques; elles ont été préconisées dans le scorbut, les scrofules, les cachexies, les infiltrations séreuses, etc.; nous serions assez disposés à les regarder, la fleur surtout, comme plus énergiques que le cresson, et à partager à cet égard l'avis d'A. Richard, avis qui a été, il est vrai, combattu par plusieurs auteurs ; la saveur piquante de la capucine est beaucoup plus prononcée que celle du cresson. S'il était exact, comme l'a dit Braconnot, que la capucine renferme (chose, à vrai dire, plus que douteuse), du *phosphore libre*, qui produirait en brûlant ces lueurs dont nous avons parlé, on aurait l'explication de son action stimulante très-énergique. Toutefois, nous sommes loin de partager l'enthousiasme de certains auteurs qui prétendent avoir guéri la phthisie avec du suc de capucine mêlé à la conserve de roses; mais avant la grande découverte de Laennec, combien de catarrhes pulmonaires n'avait-on pas confondus avec la phthisie des poumons ! C'est ce qui explique toutes ces prétendues guérisons. Les fruits de la capucine mûrs et desséchés sont purgatifs, d'après Arnold. M. Cazin s'est assuré que 60 centigrammes en poudre suffisent pour produire de quatre à cinq selles.

Les diverses parties de la capucine peuvent être mangées en salade comme assaisonnement ; les fleurs surtout sont recherchées pour cet usage ; les fruits très-tendres se confisent dans du vinaigre en guise de câpres ; on prépare les boutons et les fleurs de la même manière, mais en général on les mélange avec le piment des jardins, les cornichons, les jeunes épis de maïs, etc.

## CARAGAN

*Caragana frutescens* D. C. *Robinia Sibirica* L.
(Légumineuses - Lotées.)

**Le Caragan** arbrisseau, appelé aussi Aspalathe, Acacia de Sibérie, etc., est un arbrisseau dont la tige, haute d'environ 2 mètres, couverte d'une écorce jaunâtre, se divise en rameaux anguleux, diffus, portant des feuilles alternes, pétiolées, munies de stipules membraneuses ; le pétiole commun, terminé en pointe épineuse, présente quatre paires de folioles oblongues, étroites, obovales, cunéiformes, élargies au sommet. Les fleurs, jaunes, sont portées sur de longs pédoncules solitaires à l'aisselle des feuilles. Elles présentent un calice tubuleux, à cinq dents ; une corolle papilionacée, à cinq pétales d'égale longueur, dont le supérieur (étendard) est appliqué sur les ailes et sur la carène, qui est droite et obtuse ; dix étamines diadelphes ; un ovaire multiovulé, surmonté d'un style filiforme, terminé par un stigmate tronqué. Le fruit est une gousse terminée par le style persistant et endurci.

Le Caragan arborescent (*C. arborescens* Lamk., *Robinia Caragana* L.), connu aussi sous le nom d'Arbre aux pois, se distingue du précédent par sa taille plus élevée ; ses feuilles à stipules épineuses, à pétiole inerme, à folioles, au nombre de quatre à six paires, ovales-oblongues, velues ; ses fleurs jaunes, à pédoncules réunis en faisceau.

Nous citerons encore les Caragans altagan (*C. altagana* Poir.), de Chine (*C. Chamlagu* Lamk.), nain (*C. pygmea* D. C., *Robinia pygmea* L.).

Habitat. — Les trois premières espèces sont originaires de la Sibérie ; la quatrième, comme son nom l'indique, vient de la Chine.

CULTURE. — Les caragans croissent parfaitement en plein air sous nos climats; ils viennent dans tous les sols et à toute exposition, et se propagent très-facilement de graines et de boutures.

PARTIES USITÉES. — Le bois, l'écorce, les graines, les feuilles.

RÉCOLTE. — Les produits des divers caragans qui, au nombre de vingt environ, ont été érigés en genre par Lamarck aux dépens d'une partie des *Robinia*, sont très-rares dans le commerce. Ce qui nous en arrive est, en général, tiré de la Sibérie ou de diverses parties de l'Asie septentrionale. Les bois dits de *Boco* et de *Panacoco,* que l'on importe pour l'usage de l'ébénisterie, sont très-voisins des caragans et souvent confondus avec eux. Le Bois de Boco est attribué au *Bocoa prouacensis* d'Aublet; le Bois de Panacoco, appelé aussi Bois de fer, Bois de perdrix, qui est originaire de la Guyane, est fourni par le *Robinia Panacoco* d'Aublet (*R. tomentosa* Willd). Le Bois de Perdrix (*Heisteria coccinea*) est l'objet de la même confusion dans le commerce.

USAGES. — La présence de certaines plantes dans cette *Flore médicale* n'est quelquefois justifiée que par ses sous-titres d'*usuelle* et *industrielle.* Cependant les caragans mériteraient d'être mentionnés, même en l'absence de ces sous-titres, en raison de la confusion que l'on en a fait, comme on vient de le voir, avec certains Robiniers, tels que le Robinier Panacoco, dont on vient de parler et dont l'écorce est employée comme sudorifique. Le plan de cet ouvrage nous force à indiquer ici les Panacoco et Boco, à l'occasion des caragans; mais ils appartiennent à un groupe bien différent de la famille des Légumineuses. Le *Bocoa,* par exemple, est congénère des *Inocarpus* qu'il faut rapporter aux Dalbergiées.

Nous revenons d'ailleurs sur les propriétés des *Robinia* à l'article ROBINIER, (t. III, p. 222-224).

Quant aux caragans proprement dits, on les connaît surtout pour leurs usages industriels et alimentaires. Leur bois dur et jaune sert pour des ouvrages de tour. Les feuilles de quelques-uns donnent, par macération et putréfaction, une teinture bleue susceptible de remplacer l'indigo et le pastel. Avec l'écorce de caragan on fait de bonnes cordes. La racine et les feuilles servent de nourriture aux porcs. En Sibérie, au rapport de Pallas, ces feuilles servent de fourrage, et certaines tribus tatars mangent les fruits, que recherche aussi la volaille. Le même auteur signale encore le Caragan à feuilles argentées

*Caragana* ou *Robinia halodendron*) et le Caragan nain de la Daou-
rie (*Caragana* ou *Robinia pygmæa*), qui est un de ceux dont les
feuilles procurent une bonne teinture indigo, et qui sert, comme le
carangue épineux (*Caranga* ou *Robinia ferox*) à faire des haies épineuses infranchissables.

Disons, avant de finir, que, d'après Pallas, c'est à tort que l'on a
attribué aux caragans la résine caragne ou caraigne, qui serait produite par l'*Amyris Carana* ou une autre plante de la famille des
Burséracées.

## CARAPA

*Carapa guianensis* Aubl. *Persoonia guareoides* **W.**
(Méliacées–Trichiliées.)

Le Carapa ou Y-Andiroba est un grand arbre dont le tronc, à
écorce épaisse et grisâtre, s'élève droit et simple jusqu'à la hauteur
de 20 à 25 mètres, et peut acquérir de 1 mètre à 1$^m$,30 de diamètre.
Les branches qui composent sa cime sont rameuses, dressées au
centre, et s'étendent horizontalement à la circonférence. Les feuilles,
longues de 1 mètre environ, sont alternes sur les rameaux, et composées de huit à dix paires de folioles sans impaires; le pétiole commun est cylindrique, renflé et charnu à sa base, nu inférieurement
sur une longueur de 0$^m$,25 à 0$^m$,30. A cette distance du point d'attache sont des folioles généralement opposées ou par paires, de
forme elliptique-oblongue, longuement acuminées, très-entières,
coriaces, glabres, luisantes en dessus, d'un vert mat en dessous, pouvant atteindre 0$^m$,30 de longueur sur 0$^m$,08 de largeur; leur pétio-
lule est très-court, à peine 0$^m$,01 de longueur, renflé, charnu et ridé.
Les fleurs sont très-petites, mais très-nombreuses, et forment, par
l'ensemble des grappes, une ample.panicule qui termine les rameaux. Chacune de ces fleurs présente un calice court à quatre ou
cinq lobes; quatre ou cinq pétales réfléchis constituent la corolle;
les étamines, en nombre double de celui des parties de l'enveloppe
florale, sont monadelphes, et leur tube urcéolé est divisé au sommet
en huit ou dix dents portant chacune une anthère. L'ovaire, entouré
d'un disque, est à quatre ou cinq côtes qui correspondent à autant
de loges; le style est court, terminé par un stigmate discoïde. A cet
ovaire succède un gros fruit de 0$^m$,10 à 0$^m$,12 de diamètre, d'abord
charnu, prenant ensuite une consistance ligneuse; il est divisé en

quatre ou cinq loges contenant plusieurs graines ; quelquefois on le trouve uniloculaire par l'avortement des cloisons qui sont très-minces. Les graines sont grosses, anguleuses, convexes dorsalement, à testa dur et coriace de couleur roussâtre ; elles n'ont pas d'albumen ; l'embryon à deux cotylédons très-épais et charnus.

HABITAT. — Le carapa est commun dans toute la Guyane.

CULTURE. — Cet arbre ne peut croître en Europe qu'en serre chaude ; on le multiplie par graines tirées du pays originaire, ou par boutures faites à l'étouffée.

PARTIES USITÉES. — L'écorce, les graines.

RÉCOLTE. — Les graines ne se trouvent pas dans le commerce. L'huile qu'on en extrait par expression arrive quelquefois à Marseille où elle sert à fabriquer des savons. Celle qui est obtenue par expression est de consistance molle ; on en connaît une autre, plus liquide, qui est extraite par ébullition de l'amande dans l'eau, ou bien en réduisant les amandes en pâte et en l'exposant au soleil dans des vases de bois ou de faïence (Caïenne) ; mais cette huile liquide s'épaissit à l'air.

L'huile de carapa à 4 + 0 est de la consistance de l'axonge, d'une couleur ambrée ; sa saveur est extrêmement amère ; à + 18, elle se sépare en deux parties, l'une fluide, l'autre solide.

L'écorce de carapa est assez rare dans le commerce ; on y trouve quelquefois celle du *Carapa Touloucouna* Guill. et Perr., (*C. guianensis* Sweet ;) d'ailleurs, d'après M. E. Caventou, ces écorces se ressemblent beaucoup. Celle du *C. guianensis* est large, cintrée, épaisse de 7 à 8 millimètres, à surface rugueuse et à épiderme gris blanchâtre ; sous l'épiderme elle est rouge, devenant de plus en plus blanche à mesure qu'on arrive vers l'intérieur ; sa cassure est grenue à l'extérieur, un peu lamelleuse près du liber, où l'on trouve une série de fibres ligneuses, aplaties ; sa saveur est extrêmement amère.

L'écorce du *C. Touloucouna* se présente en morceaux longs de 15 à 25 centimètres et larges de 0ᵐ,04 à 0ᵐ,08, épais de 0ᵐ,01 ; leur surface externe est gris foncé, rugueuse, présentant par places des points rougeâtres, et quelquefois des plaques blanches qui paraissent formées par un lichen ; la surface interne est jaunâtre et unie ; elle est amère.

COMPOSITION CHIMIQUE. — L'huile de carapa a été étudiée par M. C.-L. Cadet : il y a trouvé un principe amer que l'on sépare faci-

lement, surtout dans l'huile préparée par la méthode des habitants
de Caïenne; elle contient, en outre, de la stéarine, de la margarine
et de l'oléine dans des proportions indéterminées. D'après M. Boullay,
le principe amer extrait de l'huile peut être considéré comme un
alcali organique.

MM. Pétroz et Robinet ont analysé l'écorce du *Carapa guianensis;* ils y ont trouvé un principe amer jouissant de propriétés alcalines, une matière rouge analogue au rouge cinchonique insoluble,
une matière rouge soluble, de la matière grasse, un sel de chaux.

D'après l'analyse de M. E. Caventou, l'écorce du *C. Touloucouna*
contiendrait une substance amère ou *touloucounin,* les matières colorantes rouges, soluble et insoluble, déjà signalées par MM. Pétroz et
Robinet, une matière colorante jaune, une graisse verte, une substance cireuse, de la gomme, des traces d'amidon et du ligneux.

Le *touloucounin* est un corps neutre qui peut être représenté par
$C^{20} H^{16} O^8$; il aurait plutôt une réaction acide, tandis que dans l'écorce
du *C. guianensis* il existerait un alcaloïde. M. E. Caventou a donné
des formules d'une teinture, d'un vin, et d'un sirop de carapa; l'extrait
hydroalcoolique préparé avec l'alcool à 26° paraît jouir de propriétés
fébrifuges.

Usages. — Le bois des *Carapa* est très-estimé pour l'ébénisterie;
il n'est jamais attaqué par les larves d'insectes. L'écorce est employée
comme fébrifuge à la dose de 20 à 30 grammes; elle n'agit d'ailleurs
pas mieux que les autres amers. L'huile, mêlée au rocou, est employée par les Indiens pour enduire leur peau et empêcher les mous-
tiques, les chiques, etc., de les piquer. On en frotte les meubles pour
les préserver des vers.

## CARDAMINE

*Cardamine pratensis* et *amara* L.
(Crucifères-Arabidées.)

La Cardamine des près, vulgairement Cresson des près, est une
plante vivace, à rhizome court, tronqué, oblique ou presque horizontal. Ses tiges, hautes de $0^m,25$ à $0^m,50$, cylindriques, simples,
glabres, dressées ou ascendantes, portent des feuilles alternes, pennatiséquées; les radicales à segments arrondis, obtus, anguleux, souvent velus, le terminal plus grand; les caulinaires sessiles, à segments
linéaires entiers. Les fleurs, assez grandes, rose-lilacé, quelquefois

blanches, forment une grappe terminale. Elles présentent un calice à quatre sépales ovales, obtus, dressés, disposés sur deux rangs et décussés; une corolle à quatre pétales onguiculés, trois fois plus longs que le calice, ovales, arrondis, un peu échancrés; six étamines tétradynames, accompagnées de quatre petites glandes nectariformes, verdâtres; un ovaire simple, allongé, terminé par un stigmate en tête, presque sessile. Le fruit est une silique allongée, linéaire, comprimée, glabre, terminée par un bec court et obtus (Pl. 29).

La Cardamine amère (*C. amara* L.) est aussi vivace; elle se distingue de la précédente par son rhizome allongé; ses feuilles toutes à segments obovales-anguleux, dentés ou crénelés; ses fleurs toujours blanches, et sa silique à bec grêle aigu. Nommons encore la Cardamine à feuilles de chélidoine (*C. chelidonia* L.)

HABITAT. — Ces plantes, qui sont assez communes en France, habitent surtout les bois, les lieux ombragés et herbeux, les prairies humides, les bords des ruisseaux, etc.

CULTURE. — Les cardamines ne sont cultivées que dans les jardins botaniques ou d'agrément. Elles demandent une terre franche, humide, et se propagent, soit par graines semées au printemps, en place ou en pépinière, soit par boutures et éclats de pieds.

PARTIES USITÉES. — La plante et les sommités fleuries.

RÉCOLTE. — Comme toutes les crucifères, la cardamine perd ses propriétés par la dessiccation : il faut donc autant que possible l'employer à l'état frais, et la récolter au moment où les fleurs commencent à s'épanouir; le nom de cardamine est celui du Cresson dans les anciens auteurs; il est même probable que ces deux plantes ont dû être souvent confondues entre elles.

COMPOSITION CHIMIQUE. — L'analyse de la cardamine n'a pas été faite, mais il est très-probable qu'elle contient une essence sulfurée, ou du moins que cette essence se forme lorsqu'on distille la plante avec de l'eau; nous l'avons déjà dit, les essences ne préexistent pas dans les crucifères, et lorsqu'on traite ces plantes par de l'alcool anhydre, on n'en obtient pas de traces.

USAGES. — Georges Baker a rapporté des observations qui tendraient à constater les bons effets de la cardamine dans les affections nerveuses et convulsives; mais Biett fait remarquer avec raison qu'on ne peut accepter ces prétendus faits de guérison de l'hystérie, de l'épilepsie sans répugnance, alors qu'aucune expérience ultérieure ne les a confirmés; quant à la chorée, nous savons que, dans un grand nombre de cas, chez les jeunes enfants surtout, on guérit cette maladie sans le secours d'aucune médication ; ce que dit Baker est d'autant plus surprenant qu'il faisait usage de la poudre, et que la plante perd ses propriétés par la dessiccation ; nous ne croyons pas davantage que la cardamine ait pu guérir la goutte, comme le dit Heberden ; mais nous sommes disposés à admettre, avec M. Cazin, qu'à petite dose elle peut exercer une action expectorante et être utile dans les catarrhes des vieillards. M. Pujade, d'Arles, a rapporté deux cas de guérison du scorbut par l'extrait aqueux du *Cardamine Chelidonia*, associé avec l'extrait de *Centaurea Centaurium* et avec l'acide sulfurique; quoi qu'il en soit, il eût certainement mieux valu avoir recours à une autre préparation qu'à l'extrait.

Les jeunes feuilles et les fleurs de la cardamine sont mangées en certains pays comme le cresson, dont elles possèdent toutes les propriétés anti-scorbutiques. Les graines sont oléagineuses, mais trop peu abondantes pour devenir l'objet d'une exploitation. Toutefois dans les prairies où la cardamine abonde, on pourrait en tirer quelque parti.

## CARDAMOMES

*Amomum Cardamomum* L. *A. Melaguetta* Rosc., etc., *Elettaria Cardamomum* Mat.
(Zingibéracées.)

Les Cardamomes sont des plantes vivaces, à rhizomes souterrains longs et noueux, d'où naissent des tiges simples, feuillées, hautes de 2 à 3 mètres. Les feuilles sont alternes, longuement engaînantes par le pétiole, étroites, ensiformes acuminées, minces, glabres et vertes sur les deux faces, longues de $0^m,30$ à $0^m,40$, sur $0^m,06$ à $0^m,07$ de largeur. Les fleurs, longues de $0^m,05$ à $0^m,06$, naissent sur des hampes radicales qui s'élèvent entre les tiges feuillées; elles sont disposées par trois ou quatre en épis lâches, et accompagnées chacune d'une spathe en forme d'oreille d'âne; le calice est tubuleux, à trois dents; la corolle a un tube court et deux lobes, dont le supérieur étroit et l'inférieur très-grand, simulant une sorte de labelle comme chez les Orchidées. Une seule étamine adnée au tube de la corolle a son filet dilaté et tronqué au sommet, rapproché par ses bords pour former une sorte de fourreau au style filiforme qui surmonte un ovaire infère à trois loges. Le fruit est une capsule plus ou moins charnue, s'ouvrant en trois valves, et contenant de nombreuses graines pourvues d'un arille pulpeux, souvent découpé en lanières.

Les espèces qui fournissent les diverses sortes de cardamomes du commerce appartiennent à deux genres très-voisins, le genre *Amomum* Schreber et le genre *Elettaria* Rheede, qui diffèrent l'un de l'autre seulement par la présence d'un appendice au sommet des anthères dans les *Amomum*, et son absence dans les *Elettaria*. Nous indiquerons plus bas les espèces qui fournissent chaque sorte de cardamome.

Habitat. — Toutes les espèces qui fournissent les cardamomes habitent les régions chaudes du globe, et particulièrement les contrées méridionales de l'Asie : Inde, Java, Sumatra, Cambodge, Siam, Cochinchine, Malabar, etc. Quelques espèces existent peut-être en Afrique.

Culture. — Ces plantes sont de serre chaude humide; on doit leur donner les mêmes soins qu'aux orchidées terrestres, c'est-à-dire humidité atmosphérique, et en plus, arrosements fréquents pendant la période active. La multiplication se fait par la division des souches souterraines, et par graines semées sur couche chaude et sous cloche.

Parties usitées. — Les fruits, les graines.

Récolte. — Nous distinguerons d'abord les cardamomes des Habzéli ou Maniguettes (voyez t. II, p. 131); nous désignerons ensuite les différentes espèces, et en dernier lieu nous insisterons sur celles que l'on trouve le plus fréquemment dans le commerce, et qui sont les plus usitées.

Nous conviendrons d'appliquer la dénomination de *Maniguette* ou *Malaguette* au produit de l'Habzéli d'Éthiopie, appelé aussi Kanang d'Éthiopie, qui est un *Xylopia* de la famille des Anonacées, tandis que le produit des cardamomes appartient aux Zyngibéracées. L'un et l'autre pourtant prennent quelquefois vulgairement les noms de *Maniguette,* de *poivre des nègres,* de *poivre de Guinée,* etc., etc.

Un grand nombre de sortes de Cardamomes ont été décrites par les pharmacologistes ; mais un nombre beaucoup moindre entre dans le commerce de l'Europe ou de l'Inde. Ce sont celles-là seulement qui nous intéressent.

Le **Cardamome rond** ou *en grappes,* connu aussi dans la pharmacologie sous les noms d'*Amomun verum* et *Amomum racemo-sum*, est fourni par l'*Amomum Cardamomum* L., plante originaire de Siam, du Cambodge, de Sumatra et de Java. Cette espèce n'a fait que paraître sur le marché européen, mais elle est d'un commerce courant dans l'Asie orientale. En 1871, il en a été embarqué à Bangkock, à destination de Singapoore et de la Chine, pour une valeur de près de 250,000 dollars. Java et Sumatra en exportent aussi pour des sommes importantes. Les fruits sont disposés en petites grappes compactes; ils sont globuleux et nettement trilobés; ils ont de 0ᵐ,010 à 0ᵐ,014 de diamètre; ils sont marqués de sillons longitudinaux. Le péricarpe est mince, fragile, un peu velu; il contient une masse trilobée de graines à saveur aromatique, camphrée, très-prononcée.

Le *Cardamome épineux* ou *cardamome sauvage, cardamome bâtard*, vient de Siam. Il figure assez abondamment sur le marché de Londres. Il est fourni par l'*Amomum xanthioides* Wall., plante qui croît dans le Siam et dans le Tennasserim. Les fruits sont remarquables par les épines charnues qui couronnent leur péricarpe.

Le *Cardamome du Bengale*, vendu dans l'Inde sous le nom de *Morung Elachi*, est fourni par l'*Amomum aromaticum* Roxb., plante indigène des vallées de la frontière orientale du Bengale. Le fruit est ovoïde, long de 0ᵐ,025 environ, imparfaitement triangulaire, muni dans le haut de neuf côtes en ailes étroites, visibles surtout après macération, et surmonté d'un mamelon tronqué, soyeux. Les graines ont une saveur très-aromatique et camphrée. Cette sorte n'entre que fort peu dans le commerce européen.

Le *Cardamome du Népaul* est souvent confondu avec le précédent; il provient de l'*Amomum subulatum* Roxb., que l'on cultive sur la frontière du Népaul, près de Darjilling. Le fruit ne diffère du précédent que parce qu'il est surmonté par un long calice tubuleux, et porté par un court pédoncule. La drogue ne sort pas de l'Inde.

Le *Cardamome de Java* est produit par l'*Amomum maximum* Roxb., plante indigène de Java. Les fruits forment une grappe globuleuse atteignant jusqu'à 0ᵐ,10 de diamètre. Ils sont ovoïdes ou coniques, pédonculés, munis de neuf ou dix ailes proéminentes, étendues de la base au sommet, grossièrement dentées. On cultive la plante non-seulement pour ses graines, mais encore pour la pulpe des fruits, qui est comestible. Cette drogue ne paraît pas entrer dans le commerce européen.

Le *Cardamome de Koharima* est le *Cardamomum majus* des anciennes pharmacopées, le *Heil* des anciens Arabes, le *Habhal Habashi* des Arabes modernes. La plante qui le produit n'a jamais été décrite. Le fruit est de la grosseur d'une petite figue. Il vient de l'Abyssinie.

On donne souvent à tort le nom d'*Amomum majus* aux *graines de Paradis*, qui sont produites par l'*Amomum Melagueta* de Roscoe, de l'Afrique occidentale tropicale. Les graines du Paradis sont peu aromatiques, mais elles ont une saveur brûlante.

Le *Cardamome du Malabar* est produit par l'*Elettaria Cardamomum* Mat., plante de la côte du Malabar. On en distingue une variété qui pousse à Ceylan et qui produit le *Cardamome de Ceylan.* Les fruits sont des capsules ovoïdes striées en long.

Composition chimique. — Les graines des cardamomes contiennent une huile grasse et une huile essentielle qui a l'odeur et la saveur des graines. La dernière est formée en majeure partie d'un corps oxygéné qui paraît avoir pour formule $C^{10}H^{22}O^3$.

Usages. — Les cardamomes sont des stimulants énergiques. On s'en est surtout servi dans les cas d'atonie de l'estomac. Ils entrent dans la composition de certains alcoolats composés. On s'en sert comme d'épices. La saveur des graines est très-vive et laisse dans la bouche un sentiment de fraîcheur agréable.


## CARDÈRE

*Dipsacus fullonum* L.
(Dipsacées.)

La Cardère à foulon, vulgairement Chardon à foulon, est une plante bisannuelle, à racine pivotante, blanchâtre. La tige, haute de $1^m$ à $1^m,50$, cylindrique, striée, noueuse, fistuleuse, munie d'aiguillons, droite, un peu rameuse au sommet, porte des feuilles opposées, connées, ovales-lancéolées, aiguës, glabres, presque entières, à bords un peu sinueux et irréguliers. Les fleurs, rose-lilacé ou blanc rosé, sont placées à l'aisselle de bractées roides très-aiguës et épineuses, formant par leur réunion des capitules très-gros, très-denses, ovoïdes et terminaux. Elles présentent un involucre court, prismatique, à quatre faces, tronqué au sommet; un calice ovoïde, surmontant l'ovaire qui est infère, une corolle monopétale, irrégulière, à tube long et évasé, à limbe bilabié; quatre étamines saillantes, à filets grêles, insérées à la gorge de la corolle; un ovaire uniloculaire, avec un seul ovule suspendu; surmonté d'un style simple terminé par un stigmate allongé et latéral. Les fruits sont des akènes ovoïdes, allongés, couronnés par le limbe du calice.

La Cardère sauvage (*D. sylvestris* L.) est aussi bisannuelle, et diffère de la précédente par ses feuilles plus largement connées et formant par leur soudure une cuvette profonde; son involucre à folioles plus longues, plus molles et plus recourbées.

La Cardère velue (*D. pilosus* L.), vulgairement Verge à pasteur, est vivace, et caractérisée par ses feuilles divisées en trois segments très-inégaux, non connés, ses involucres petits, globuleux, à folioles courtes, hérissées de longs poils, étalées et réfléchies.

Habitat. — Ces trois espèces habitent les régions tempérées et méridionales de l'Europe. On les trouve dans les bois, les buissons, les haies, les lieux incultes, au bord des champs, dans les lieux frais et ombragés, etc.

Culture et Récolte. — La cardère est cultivée aux environs des grandes villes où l'on fabrique des draps. A une époque, l'exportation en était défendue. A la fin de la seconde année, on pratique l'écimage, c'est-à-dire que l'on coupe la tête terminale aussitôt qu'elle apparaît; sans cela elle devancerait toutes les autres, acquerrait une grosseur supérieure à celle qui est recherchée par les fabricants, et attirerait à son profit une grande partie de la séve. Cette suppression favorise la formation des rameaux latéraux et des capitules qui la terminent; il arrive même, dans les terrains fertiles, que l'on soit obligé de retrancher les troisièmes et les quatrièmes têtes. Le fauchage à mi-tige a pu être pratiqué avec profit dans quelques circonstances exceptionnelles; mais cette opération, qui retarde et règle la maturité, ne peut être faite que dans les pays où le climat promet une durée de chaleur capable de mûrir la récolte. Si pendant la maturité on s'aperçoit que quelques têtes se flétrissent sur la tige, on les retranche encore; cela arrive lorsqu'elles sont attaquées par des larves d'insectes; on enlève enfin toutes les têtes trop grosses ou trop petites, ainsi que celles dont les bractées sont restées droites et non courbées en hameçon; on doit également arracher tous les pieds atteints de blanc ou de pourriture.

Il faut récolter les cardères avant leur maturité absolue, qui a lieu lorsque les graines se détachent d'elles-mêmes; on coupe les têtes d'un seul coup de serpe lorsqu'elles commencent à devenir roussâtres; on leur laisse un pédoncule de $0^m,14$ à $0^m,15$, nécessaire pour fixer le chardon aux cadres des cardes de la fabrique. L'ouvrier dépose les tiges coupées dans un panier suspendu à son cou, qu'il vide lorsqu'il est plein sur un linceul placé au bout du champ; on porte ensuite la récolte sur l'aire ou dans les greniers ou hangars pour achever la dessiccation; on répand les chardons en couches peu épaisses, et on les retourne une fois par jour avec une fourche de bois, en ayant soin d'éviter les mouvements brusques qui pourraient briser les arêtes. Lorsque les têtes sont sèches, on les empile la queue en dedans, de manière à former un tas qui, sous la forme d'un hérisson, empêche l'approche des rats. On les conserve dans un endroit à l'abri de l'humidité qui les altère et du vent sec qui diminue leur poids.

Un hectare donne de 500 à 1,000 kilogrammes de têtes de cardères sèches; leur prix varie de 80 à 120 francs les 100 kilogrammes.

Parties usitées. — L'inflorescence, les racines.

Usages. — On sait que les capitules de la cardère à foulon servent aux bonnetiers et fabricants d'étoffes de laine à carder et à peigner, et que c'est de là que la plante tire sa principale valeur. Avec les tiges, les tisseurs font souvent leurs bobines. Ces mêmes tiges servent encore à faire des clôtures, à chauffer des fours. Les abeilles recherchent avec avidité les fleurs des divers cardères. Les racines et les capitules, aujourd'hui inusitées en médecine, de la cardère à foulon, étaient employées autrefois comme toniques, diurétiques, apéritives et sudorifiques. D'après M. de Martius, on emploie aux environs de Kastoma, en Russie, l'extrait de la plante comme préservatif de la rage. Le godet formé par la réunion des limbes des deux feuilles opposées et qui a été nommé *Cuvette de Vénus,* contient toujours de l'eau dans laquelle on trouve d'habitude des insectes et autres petits animaux noyés. F. Darwin a montré que les poils de ces godets émettent des prolongements protoplasmiques qui plongent dans l'eau et qui paraissent y absorber les détritus nutritif provenant des animalcules noyés.

# CAREX

*Carex arenaria* L.
(Cypéracées – Caricées.)

Le Carex des sables, appelé aussi Laiche des sables, est une herbe vivace à souches souterraines ou rhizomes très-longs, grêles, très-rameux, garnis des débris frangés des anciennes gaînes de feuilles, et de nombreuses racines fibreuses très-menues. Les tiges qui naissent de ces rhizomes sont annuelles, triangulaires, grêles, hautes de $0^m,10$ à $0^m,30$, feuillées inférieurement, nues et rudes au toucher dans la partie supérieure. Les feuilles sont allongées, subulées, longues de $0^m,15$ à $0^m,20$, très-étroites, rudes sur les bords. Les fleurs unisexuées sont disposées en petits épis dressés et réunis par sept ou huit au sommet de chaque tige, où leur ensemble constitue un épi composé oblong et dense, ou allongé interrompu. Les épis supérieurs sont mâles, les inférieurs femelles, et les intermédiaires mâles au sommet et femelles à leur base. La bractée qui accompagne les épis est carénée, de couleur brune, longuement acuminée. Chaque fleur est constituée par une écaille lancéolée-allongée, très-aiguë, scarieuse sur les bords, de couleur fauve avec la nervure médiane verte, et de deux ou trois étamines situées à son aisselle pour la fleur mâle ; d'un ovaire surmonté de deux stigmates pour la fleur femelle. L'utricule qui renferme le fruit est brièvement stipité, de couleur fauve, plan-convexe, nervé, bordé dans sa moitié supérieure d'une aile membraneuse, ovale-lancéolée, denticulée, tronquée obliquement à la base, allongée supérieurement en un bec terminé par deux petites dents aiguës ; l'akène est ovale, lisse, de couleur jaunâtre.

Habitat. — Cette laiche croît dans les lieux sablonneux, et surtout dans les sables maritimes, où elle contribue à fixer le sol des dunes de nos provinces de Picardie, de Bretagne et de la Gascogne.

Culture. — Cette plante ne mérite guère d'être cultivée. On la trouve assez abondamment sur nos côtes pour fournir aux besoins de la médecine.

Parties usitées. — Les rhizomes, improprement appelés racines.

Récolte. — On récolte les rhizomes du *Carex arenaria* à la fin de l'automne, on les lave pour en détacher le sable et la terre qui y adhèrent ; on les râcle pour détacher les écailles, et on les fait sécher.

Quelquefois on les coupe par morceaux de 2 ou 3 centimètres de long, comme on le fait pour la Salsepareille.

Le *carex* des sables porte des rhizomes traçants qui sont de la grosseur du gros chiendent, articulés; mais les nœuds, non proéminents, portent des fragments ou des fibres déliées, qui sont les débris des écailles foliacées qui entourent chaque nœud; ils sont rougeâtres en dehors, blanchâtres et très-fibreux en dedans; leur saveur est douceâtre, désagréable, un peu vireuse. On leur substitue souvent sans inconvénient les rhizomes d'autres *carex*.

Les rhizomes du *Carex arenaria* portent souvent les noms de *Fausse salsepareille, Salsepareille d'Allemagne;* on a même prétendu qu'on les avait employés pour falsifier la vraie salsepareille; ce qui ne nous paraît guère possible, tant sont différents les caractères de ces deux rhizomes.

Composition chimique. — D'après Willdenow, les rhizomes frais ont une odeur de térébenthine assez prononcée qui disparaît par la dessiccation; leur saveur est nulle ou un peu camphrée.

Usages. — On a cru remarquer que les rhizomes de *carex*, très-développés, possédaient des propriétés diaphorétiques et résolutives; c'est pour cela que Gledisch, Murray et Reuss les considéraient comme supérieurs à la salsepareille. Merz en fait les plus grands éloges, et les regarde comme un des meilleurs sudorifiques.

Linné rapporte que les Lapons se couvrent les mains et les pieds avec les feuilles de *carex;* il ajoute que, malgré le froid excessif de leur pays, ils n'ont jamais d'angelures, grâce à ces feuilles.


# CARNAUBA
(Voyez le *Supplément* du T. I.)


# CAROBA
(Voyez le *Supplément* du T. I.)


# CAROTTE
*Daucus Carota* L.
(Ombellifères-Daucinées.)


La Carotte est une plante bisannuelle, à racine fusiforme, allongée, simple, dure et à peine charnue à l'état sauvage, pivotante, blan-

châtre. La tige, haute de 0^m,65 à 1 mètre, cylindrique, striée longitudinalement ou presque cannelée, hérissée de poils assez rudes,
rameuse, porte des feuilles alternes, à pétioles canaliculés, velus et
un peu embrassants à la base, à limbe assez grand, d'un beau vert,
un peu velu, trois fois ailé, à folioles très-petites, profondément découpées en petites lanières pointues, latérales. Les fleurs, assez petites, blanches, rarement rougeâtres, sont groupées en ombelles terminales, planes lors de la floraison, plus tard concaves, entourées
d'un involucre à folioles grandes, profondément découpées en segments lancéolés-linéaires et munies d'involucelles pareils; la fleur
centrale est souvent stérile et d'un pourpre foncé. Chaque fleur
présente un calice très-petit, à cinq dents; une corolle à cinq pétales
inégaux, à sommet replié en dessus, ceux de la circonférence plus
grands et planes. Le fruit est un diakène ovoïde-allongé, couvert de
poils blancs très-rudes et couronné par de petites dents.

Cette plante a été profondément modifiée par la culture, surtout
dans sa racine, qui est devenue très-volumineuse, charnue, sucrée et
d'une couleur rouge, jaune ou blanche, avec ou sans collet vert.

Nous citerons encore les carottes maritime (*D. maritimus* L.),
élevée (*D. maximus* Desf., *D. Mauritanicus* Lam.), gommifère
(*D. gummifer* Lam.), qui sont aussi bisannuelles.

HABITAT. — La carotte est abondamment répandue dans toutes les
régions de l'Europe. Elle habite les prairies et les pâturages, les
champs incultes, au bord des chemins, etc. On la cultive en grand,
dans les jardins potagers et les champs, comme plante alimentaire
ou fourragère.

PARTIES USITÉES. — La racine et les fruits.

RÉCOLTE. — La carotte fructifie à la fin de la seconde année. Les
fruits doivent être récoltés avant leur maturité; celle-ci s'achève au
séchoir. Les racines sont arrachées avant les gelées, mais le plus tard
possible; quelques jours avant l'arrachage, on coupe les fanes pour
les faire manger aux bestiaux; on se sert de la fourche de fer ou de
la bêche pour enlever les racines; on retranche les collets et on les
dispose en tas en mettant de la paille entre chaque lit de racines, le
tas doit être isolé et ne pas toucher aux murs; on peut également les
conserver en silos dans du sable sec; elles doivent être consommées
avant que la température soit remontée à + 9°, car alors les feuilles
repoussent et la racine s'altère.

COMPOSITION CHIMIQUE. — Les fruits de la carotte renferment une huile essentielle excitante; la racine a été examinée chimiquement par Bouillon-Lagrange, Margraff, Laugier, Fourcroy et Vauquelin; M. Braconnot en a extrait de l'acide pectique; Forster, Hunter et Hornby ont retiré de l'alcool de son suc fermenté; M. Sacc y a trouvé : sucre cristallisable (de canne), 8,13; fécule, 1,38; inuline, 1,0; albumine, 0,86; cellulose, 4,63; eau, 84,00 : total, 100. Son suc laisse 0,629 p. 100 de résidu, qui contient : albumine, 0,435 ; huile grasse, 0,100 ; carotine, 0,034 ; phosphates terreux, 0,060. La carotine de M. Wackenroder cristallise, elle est brun-rougeâtre, fond à 168°; elle est inflammable, insoluble dans l'eau, peu soluble dans l'alcool et dans l'éther. Son extraction est très-facile; c'est la matière colorante de la carotte. Sa formule est $C^{18} H^{24} O$.

USAGES. — La décoction de carotte est un remède populaire contre la jaunisse, la pulpe et le suc ont été regardés comme résolutifs, diurétiques, vermifuges et antiseptiques; on les a employés dans les irritations des voies digestives, dans les phlogoses et les ulcérations de l'estomac, contre les toux opiniâtres, l'asthme, les extinctions de voix, etc. En Allemagne, on fait manger les racines crues contre les vers; les effets anthelmintiques ont été constatés également dans les fruits par un grand nombre d'auteurs.

Nous n'insisterons pas sur la prétendue propriété que l'on a attribuée à la pulpe de carotte de guérir les tumeurs cancéreuses; il est pénible de voir des auteurs sérieux ajouter foi à de pareilles absurdités, indignes du médecin instruit; comme tous les émollients, elle peut calmer les douleurs lancinantes; malgré l'autorité de Boyer et celle de M. Ricord, qui l'ont préconisée dans le pansement des chancres phagédéniques, nous croyons que l'on fera mieux d'avoir recours à des moyens plus simples, tels que les cataplasmes de farine de lin ou de fécule.

Toutefois nous serions disposés à préférer les cataplasmes de pulpe de carotte pour le pansement des ulcères sanieux et fétides, de ceux qui sont de nature scorbutique, parce que l'huile essentielle odorante doit agir comme tonifiante et désinfectante; mais nous ne pensons pas que l'on puisse partager l'enthousiasme de Walther, de Hufeland pour cette médication, qui d'ailleurs est un remède populaire contre les eczémas, les brûlures, etc.

Les fruits de la carotte, improprement appelés semences, sont

employés par les Anglais contre les coliques néphrétiques, comme
diurétiques ; en infusion théiforme, ils se rapprochent du fenouil et
de l'anis par leurs propriétés.


# CAROUBIER

*Ceratonia Siliqua* L.
( Légumineuses-Césalpiniées.)

Le Caroubier ou Carouge est un arbre de 8 à 10 mètres environ
de hauteur, à tronc raboteux et à branches tortueuses, étalées, constituant une cime analogue à celle du pommier. Ses feuilles, alternes,
persistantes, imparipennées et longues de 0ᵐ,15 à 0ᵐ,20, sont composées de trois ou quatre paires de folioles épaisses, coriaces, obtuses,
longues de 0ᵐ,045 environ sur 0ᵐ,035 de largeur, presque sessiles,
lisses et d'un vert olive en dessus, veinées et vert-pâle en dessous.
Les fleurs, très-petites et d'un pourpre foncé, sont réunies en petites
grappes longues de 0ᵐ,04 à 0ᵐ,05, qui naissent sur les parties dénudées des branches ; elles sont tantôt hermaphrodites, tantôt unisexuées, et présentent : un calice très-petit, à cinq dents caduques ;
point de corolle ; cinq étamines étalées, insérées sur un disque
charnu, obscurément lobé, situé au-dessous de l'ovaire ; les filets
staminaux sont distincts, filiformes. L'ovaire est légèrement stipité,
un peu arqué, surmonté d'un stigmate sessile presque capité ou obscurément échancré en deux lobes. Le fruit est une gousse linéaire,
aplatie, obtuse, coriace, longue de 0ᵐ,15 à 0ᵐ,20 sur 0ᵐ,02 environ
de largeur, à bord très-épais, marqué d'un sillon marginal ; elle est
divisée intérieurement par des cloisons transversales en plusieurs
loges superposées et remplies d'une pulpe succulente, dans laquelle
est nichée une graine de forme elliptique, comprimée, à testa dur
et luisant.

Habitat. — La Provence est la patrie du caroubier ; il croît aussi
très-abondamment dans toute la région méditerranéenne, l'Andalousie, les provinces napolitaines, l'Algérie, l'Égypte, etc.

Culture. — Quoique originaire du midi de la France, le caroubier
ne peut plus être cultivé en plein air sous le climat de Paris. Il exige
l'orangerie pendant l'hiver. On le cultive en pot dans la terre à
oranger ; le rempotage annuel est indispensable. Pour le multiplier,
on sème ses graines au printemps en terrine tenue sur couche et sous

châssis; le plant est repiqué quand il a de $0^m,05$ à $0^m,06$ de hauteur.

PARTIES USITÉES. — Les fruits.

RÉCOLTE. — Les fruits du caroubier, que l'on nomme caroubes ou carouges, sont récoltés à leur maturité et employés à divers usages; quelquefois on les fait sécher sur des claies, ou bien on en extrait la matière pulpeuse sucrée qui entoure les graines.

COMPOSITION CHIMIQUE. —L'écorce du caroubier est riche en tannin; aussi sert-elle à la préparation des cuirs; la pulpe qui constitue le mésocarpe est riche en sucre analogue à celui de raisin; il est accompagné d'un acide, probablement d'un acide tartrique comme dans le tamarin; elle contient en outre de l'acide pectique.

USAGES. — Le bois du caroubier présente un aubier abondant et un duramen rouge foncé, dur, veiné, propre à l'ébénisterie et à la menuiserie.

Les fruits qui sont extrêmement abondants, puisqu'un seul arbre peut en donner de 8 à 900 livres, servent à la nourriture des hommes et des bestiaux, surtout à celle des ânes et des mulets; on en fait aux environs de Monaco un grand commerce; ils ont, lorsqu'ils sont frais, une odeur peu agréable, mais séchés on les mange avec plaisir. Les Espagnols et les Arabes en consomment beaucoup. Poiret ( *Voyage en Barbarie*, t. II, p. 267) rapporte que ces derniers en font pendant une partie de l'année la base de leur nourriture; avec de l'eau et par fermentation ils préparent avec ces fruits une boisson alcoolique très-estimée en Algérie, où elle est connue sous le nom de *vin de Caroubes;* au Caire, d'après Sonini, on en fait une sorte de limonade; en Égypte on se sert de la matière sucrée pulpeuse pour confire des tamarins, des myrobolans et autres fruits.

En médecine on fait rarement usage de la matière sucrée des caroubes; elle est cependant légèrement laxative, tempérante et adoucissante; on l'employait autrefois contre les rhumes, les catarrhes, dans les mêmes cas que la Casse et le Tamarin.

Les fruits du caroubier étaient connus des anciens : Galien et Paul d'Égine en font mention; les pharmacologistes les désignaient sous le nom de *Siliquæ dulces;* la plante était commune en Palestine, en Judée et en Égypte; il en est souvent question dans les Livres sacrés. Les caroubes sont un aliment laxatif dont il ne faut pas faire un trop grand abus.

# CARTHAME

*Carthamus tinctorius* L.
( Composées-Carduacées. )

Le Carthame des teinturiers, désigné aussi sous les noms de Safran bâtard, faux Safran, etc., est une plante annuelle, glabre sur toutes ses parties, à tige dressée, haute de 0ᵐ,45 à 0ᵐ,50, cylindrique, feuillée dès la base, rameuse vers la partie supérieure seulement. Les feuilles sont simples, ou entières, bordées de dents épineuses, glabres sur les deux faces, à nervures saillantes, très-aiguës à leur sommet ; les radicales oblongues, rétrécies en pétiole ; les caulinaires sessiles, un peu embrassantes et de forme ovale. Les fleurs de couleur safran sont disposées en capitules solitaires qui terminent chaque rameau ; l'involucre est composé de plusieurs rangées de bractées élargies inférieurement et prolongées supérieurement en un appendice foliacé, ovale, acuminé et bordé de dents épineuses comme les feuilles. Sur un réceptacle plan, garni de franges linéaires, sont insérées de nombreuses fleurs toutes tubuleuses, à tube long et étroit, mais évasé vers le limbe qui est à cinq lanières étroites ; les étamines ont les filets glabres distincts, et les anthères réunies en tube sont terminées par un appendice obtus. Le fruit est un akène obovale-tétragone, glabre, très-lisse, dépourvu d'aigrette.

Habitat. — Le carthame est originaire de l'Asie ; on le trouve à l'état sauvage en Égypte, dans l'Hindoustan, à Java. Il est cultivé dans plusieurs régions de l'Europe comme plante tinctoriale.

Parties usitées. — Les fleurons nommés fleurs, et les fruits nommés improprement semences.

Récolte. — Les fleurons de carthame se récoltent par un temps sec (car l'humidité les noircit) à l'époque de l'épanouissement des capitules ; on les sépare des ovaires et on les fait sécher à l'ombre. On s'en sert pour falsifier le Safran dont on les distingue en ce que les fleurons du carthame sont plus rouges que ceux de cette dernière plante et sont divisés supérieurement en cinq dents ; en outre le carthame est sec et cassant, peu odorant ; il colore à peine la salive. Lorsqu'on plonge la main dans du safran falsifié par des fleurons de carthame, ceux-ci s'attachent aux doigts au moyen de leurs calices plumeux. (Voir au mot Safran, t. III, p. 251-255).

Les fruits de carthame se récoltent après la chute des fleurons ;
on les fait sécher avant de les renfermer.

Composition chimique. — Lorsqu'on enferme les fleurons de carthame dans un sac, et qu'on les soumet à un courant d'eau, celle-ci
entraîne une matière colorante, jaune-rougeâtre, que l'on rejette ; le
résidu, bouilli avec un carbonate alcalin, donne une belle liqueur
rouge ou rose, selon l'état de concentration du liquide ; par l'addition
de quelques gouttes d'acide, surtout d'acide citrique, on obtient un
beau précipité rouge qui porte les noms de *carthamine*, *carthamite*,
*rouge végétal*, *rouge de carthame*, *rouge-vert d'Athènes*. Les fruits sont
oléagineux.

Usages. — Les fruits de carthame, appelés vulgairement *Graines
de perroquet*, passent pour être violemment purgatifs pour l'homme,
bien que les perroquets et la volaille s'en nourrissent. Émulsionnés
dans l'eau, ils ont été employés autrefois à la dose de 4 à 8 grammes
(Bichat, *Cours manuscrit*). La pulpe elle-même était administrée incorporée dans du miel. Ces fruits entraient dans les tablettes *Diacarthami*, auxquelles ils ont donné leur nom. Broyés et exprimés, ils
fournissent une huile employée dans certains pays contre les rhumatismes et pour le pansement des ulcères de mauvaise nature. D'après
de Candolle, cette huile n'est pas alimentaire, et elle purge à petite
dose. Sprengel (*Hist. méd.* t. I, p. 587) rappelle qu'Hippocrate l'employait comme purgative. Selon Loureiro, on en fait usage en Chine
et en Cochinchine. On la considère comme emménagogue.

A la Jamaïque, les fleurons du carthame sont employés contre la
jaunisse ; on les dit purgatifs à faible dose (8 à 10 grammes).

Fruits et fleurons ne sont plus usités dans la médecine française.

Dans les pays d'origine, on mange les jeunes pousses de carthame,
desséchées et réduites en poudre. Elles coagulent le lait. Les Égyptiens s'en servent pour faire leurs fromages.

Les fleurs, nommées *vermillon d'Espagne*, servent pour teindre en
rouge ou en jaune la soie, la laine, les plumes, etc. On les emploie
en peinture. Le principe colorant rouge (*carthamine*) est le plus souvent précipité directement sur les étoffes ; c'est une des plus belles
couleurs roses que l'on connaisse ; mais elle est peu solide. On trouve
la carthamine d'Égypte dans le commerce, sous la forme d'une laque
rouge, dure, compacte, et celle de la Chine sous la forme de petits
cartons recouverts d'une matière colorante qui, étant sèche, présente

la couleur vert-doré des élytres des cantharides; la couleur rose paraît lorsqu'on la mouille. On mêle la carthamine au talc finement
pulvérisé pour composer le fard des femmes, qui a reçu les noms de
*rouge végétal, rouge d'Espagne, rouge portugais, fard de la Chine*, etc.

M. Guibourt (*Hist. des drogues simples*, t. III, p. 22) fait remarquer que plusieurs auteurs, parmi lesquels nous citerons Duchesne
(*Répertoire des plantes utiles*, p. 130), disent que le Chardon bénit
des Parisiens est le Carthame laineux ( *Carthamus lanosus* L. ) de
France, dont la racine, peu usitée, passe pour sudorifique et fébrifuge. On ne sait, dit M. Guibourt, sur quoi cette assertion est fondée;
car le Chardon béni de nos officines est bien le *Cnicus benedictus*
de Gœrtner, et le *Carduus benedictus* de Blackwell.


## CARVI

*Carum carvi* L. *Seseli carvi* Lamk.
(Ombellifères-Amminées.)

Le Carvi est une herbe bisannuelle atteignant de $0^m,30$ à $0^m,60$ de
hauteur. Sa racine est pivotante, charnue et épaisse. Ses tiges dressées, cylindriques, glabres, sont fortement striées, rameuses, à rameaux longs et étalés. Les feuilles sont assez amples, alternes,
pétiolées, glabres, bipennées, c'est-à-dire découpées en pinnules lancéolées opposées, et divisées en nombreuses lanières étroites, linéaires, aiguës ; les feuilles supérieures moins décomposées, à lanières
presque filiformes ; le pétiole commun est engaînant, à gaîne allongée, entière, striée, scarieuse et blanchâtre sur les bords. Les fleurs
sont très-petites, blanchâtres, disposées en ombelles lâches, étalées,
accompagnées d'une seule bractée filiforme, qui constitue l'involucre
ou collerette; chaque ombelle est composée de 8 à 10 ombellules
inégales, dépourvues d'involucelles. Le calice, dont le tube est soudé
à l'ovaire, n'a pas de divisions sépaloïdes. Les pétales, au nombre de
cinq, sont obovales, échancrés au milieu, avec les lobes réfléchis.
Les étamines, insérées sur un disque qui couronne l'ovaire, sont en
nombre égal à celui des pétales. L'ovaire est infère à deux loges,
surmonté de deux styles épaissis à leur base pour constituer la stylopode. Le fruit est un bi-akène, comprimé latéralement, ovale ou
oblong, portant les restes des styles renversés; chaque akène (méricarpe ou moitié de fruit) présente cinq côtes filiformes, entre les-

quelles (vallecules) se trouve un canal résinifère ; la face commissurale, ou face par laquelle les deux akènes sont appliqués l'un à l'autre, est munie de deux canaux résinifères. Les grains sont convexes, à face intérieure à peu près plane.

Habitat. — Le carvi est une plante indigène aux contrées septentrionales de l'Europe ; on le rencontre dans les prairies sèches des pays montagneux, dans les Pyrénées, l'Orient, la Norwége, l'Islande, etc.

Culture. — A cause de sa racine allongée, fusiforme, le carvi exige un terrain profond et meuble. On sème les graines à la volée sur place, en recouvrant légèrement ; on éclaircit si le plant est trop dru.

Parties usitées. — Les fruits, rarement les racines.

Récolte. — La récolte du carvi se fait un peu avant la maturité des fruits, que l'on fait sécher à l'ombre et que l'on conserve en un lieu sec, dans des vases fermés.

Composition chimique. — Le principe actif des fruits du carvi est une huile essentielle que l'on obtient par distillation ; elle se compose de deux essences, le *carvène*, $C^{10}H^{16}$, et le *carvol*, $C^{10}H^{14}O$.

On peut séparer ces deux essences par une distillation fractionnée ; mais il est plus simple de les agiter avec du sulfhydrate d'ammoniaque ; il se forme du sulfhydrate de carvol, $2C^{10}H^{14}O, H^2S$, qui, traité par l'ammoniaque, donne le carvol. Celui-ci est un liquide bouillant à 250° ; sa densité est égale à 0,953 ; il se résinifie par l'acide azotique, et il forme avec l'acide chlorhydrique un camphre qui a pour formule $C^{10}H^{16}HCL$.

Le carvène est liquide, incolore, plus léger que l'eau, d'une odeur agréable, d'une saveur aromatique ; il bout à 173° ; il est presque insoluble dans l'eau, soluble dans l'alcool et dans l'éther ; il forme avec l'acide chlorhydrique un composé cristallisable.

L'essence de carvi, traitée par la potasse, produit un isomère du carvol que l'on a nommé *carvacrol* et que l'acide phosphorique anhydre transforme en carvène.

Usages. — Le carvi jouit des mêmes propriétés que l'Anis, le Fenouil, le Cumin, la Coriandre, etc. En Suède et en Allemagne on assaisonne les soupes, les ragoûts, la choucroûte, le pain avec le carvi ; les Anglais en mettent dans les pâtisseries, les confitures ; il sert à préparer des liqueurs de table, des dragées.

En médecine le carvi est considéré comme carminatif. On l'emploie dans la débilité des voies digestives, la cardialgie, les coliques venteuses, lorsque celles-ci ont pour causes l'atonie des muqueuses et non une phlegmasie. On l'a préconisé comme anthelmintique et emménagogue; dans ces cas, c'est surtout l'huile essentielle que l'on emploie en potions à la dose de 10 à 20 gouttes. Avec cette huile, mêlée aux huiles douces, on fait des liniments stimulants qui sont employés en frictions ou en embrocations contre les douleurs venteuses des intestins et les coliques nerveuses. Dioscoride et Galien parlent du carvi : ils le regardaient comme carminatif. Il faisait autrefois partie des quatre semences majeures chaudes.

# CASCARILLE

*Croton Eluteria* Benn.
(Euphorbiacées - Crotonées.)

La Cascarille, appelée aussi Quinquina aromatique ou faux Quinquina, est un arbrisseau dont la tige, haute de 2 mètres environ, cylindrique, très-rameuse, à écorce d'un gris cendré, porte des feuilles alternes, courtement pétiolées, lancéolées, aiguës, entières, à bords un peu ondulés, couvertes en-dessous de petites écailles étoilées, furfuracées, argentées. Les fleurs, monoïques, petites, verdâtres, forment des épis, ou mieux des spadices allongés, terminaux. Elles présentent un calice à cinq sépales et une corolle bien développée dans les deux sexes, formée de cinq pétales lancéolés, obtus, barbus. Les fleurs mâles occupent le sommet du spadice; elles ont douze à quinze étamines à filets soudés à la base; les femelles, situées au-dessous, ont un ovaire trigone, à trois loges, surmonté de trois styles bifides, dont chaque division se termine par un petit stigmate. Le fruit est une capsule à trois loges.

HABITAT. — La cascarille se trouve dans les régions centrales de l'Amérique, aux îles Lucayes, à Saint-Domingue, au Pérou, au Paraguay, etc. On la cultive en serre chaude, dans les jardins botaniques de l'Europe.

PARTIES USITÉES. — L'écorce.

RÉCOLTE. — L'écorce que l'on connaît dans le commerce sous le nom de Cascarille, *Eleutheriæ Cortex* de l'ancienne pharmacopée, n'est guère connue que dans les îles Bahama ou Lucayes, qui, seules ou à peu près seules, la fournissent aujourd'hui, sous le nom de *sweet wood bark* (écorce de bois doux). On a beaucoup discuté sur la plante qui fournit cette drogue. L'écorce de cascarille de l'ancienne pharmacopée pouvait être produite par le *Croton Cascarilla* Benn.; mais il est certain qu'actuellement celle des îles Bahama n'est pas fournie par cette espèce. D'après Bennett (1859), elle provient uniquement du *Croton Eluteria* Benn.

Cependant, d'autres espèces de *Croton* sont susceptibles de produire diverses sortes de cascarilles : tels sont les *Croton lineare, micans, humile, balsamiferum,* etc. Voici, d'après M. Guibourt, les caractères de ces sortes de cascarilles :

La *cascarille vraie* ou *officinale,* produite uniquement par le *Croton Eluteria* Benn., qui croît aux Bahamas, est en fragments de $0^m,03$ à $0^m,04$ de long, roulée, compacte, dure, pesante, à cassure nette, résineuse, finement rayonnée, de la grosseur du petit doigt ; elle est brune, terne ; sa saveur est âcre, aromatique ; son odeur rappelle celle du Benjoin, surtout lorsqu'on la chauffe ; elle est très-résineuse et donne à la distillation une essence.

La *cascarille blanchâtre* a la forme de longs tuyaux gros comme le doigt, et même comme le pouce, avec un épiderme blanc-grisâtre, uni ou marqué de légères fissures longitudinales, ni dur ni fendillé transversalement. Les grosses écorces ont une cassure rayonnée, d'un rouge brun du côté du centre, et blanchâtre dans la partie qui touche à l'épiderme ; les plus jeunes sont presque blanches. La poudre qu'elles fournissent est d'un blanc grisâtre ; l'odeur est aromatique ; la saveur est âcre, amère et camphrée ; l'infusion aqueuse précipite les sels de fer en vert noirâtre.

La *cascarille rougeâtre et térébinthacée* est en écorce large, quelquefois pourvue d'une croûte fongueuse, peu épaisse, jaunâtre, sillonnée longitudinalement, avec indice d'une couche blanche crétacée ; le liber est dénudé, rouge-pâle, marqué de profonds sillons longitudinaux, avec nervures proéminentes. La poudre qu'elle donne est rosée. L'odeur de l'écorce est térébinthacée, la saveur amère, piquante, rappelant celle du mastic. L'infusé aqueux est rouge, d'une odeur de mastic ou de térébenthine ; il précipite les sels de fer en noir verdâtre. Cette sorte de cascarille est moins aromatique et moins âcre, mais plus astringente que les précédentes.

La *cascarille noirâtre* ou *poivrée* est en longs tubes cylindriques ou en morceaux plats, presque entièrement privés d'épiderme ; elle est d'un gris noirâtre, et striée longitudinalement au dehors, unie et couleur de bois de Chêne en dedans. Sa cassure transversale est compacte et finement rayonnée. L'orsqu'on la pulvérise, son odeur est peu marquée en masse, mais elle se développe et devient aromatique et poivrée. La saveur en est âcre et très-amère.

A ces sortes encore mal connues d'écorces de cascarille, il faut joindre l'*écorce de Copalchi,* qui est formée par une espèce de *Croton* mal déterminée, le *C. niveus* Jacq. C'est un arbuste du Mexique, du Vénézuéla, de la Nouvelle-Grenade, des Antilles, haut d'environ 3 mètres, appartenant à la section *Eluteria* du genre *Croton,* c'est-à-dire possédant une corolle bien développée dans les fleurs des deux sexes.

L'écorce de copalchi est importée en Europe en tubes parfois longs de $0^m,30$ à $0^m,60$, cylindriques, unis à la surface, souvent enroulés les uns dans les autres. Extérieurement, elle est couverte d'un épiderme blanc, mince et adhérent. Quelques parties du liber sont dénudées ; celui-ci est dur, compacte, d'un rouge brun, offrant une structure fine et rayonnée. L'écorce entière a une odeur peu marquée ; pulvérisée, elle dégage une odeur de résine commune ou de térébenthine. Sa saveur est amère et térébinthacée. L'infusé aqueux est rougeâtre ; il précipite le fer en noir verdâtre. L'*écorce de copalchi* diffère de la cascarille rougeâtre plutôt par sa forme que par ses propriétés, qui sont à peu près identiques dans les deux sortes d'écorces.

Composition chimique. — M. Duval a extrait de la cascarille une matière cristalline qu'il a nommée *cascarilline ;* on y trouve en outre de l'albumine, du tannin, une matière colorante rouge, une substance grasse, une essence d'une odeur agréable, de la cire, de la résine, une matière gommeuse, de l'amidon, de l'acide pectique, du ligneux, un sel de chaux et du chlorure de potassium. La *cascarilline* cristallise en aiguilles prismatiques ou en lames hexagonales, amères, incolores, fusibles, peu solubles dans l'eau, plus solubles dans l'alcool, l'éther, l'acide chlorhydrique et l'acide sulfurique ; ce dernier avec coloration rouge foncé, prenant une teinte verte lorsqu'on y ajoute de l'eau ; l'acide chlorhydrique colore la *cascarilline* en violet, qui vire au bleu et au vert par l'addition d'eau ; les alcalis, le tannin, les sels de plomb ne précipitent pas les solutions aqueuses de *cascarilline.*

L'analyse de l'écorce de copalchi, faite par Brandes, Elliot, Howard, Manch, n'a donné que des résultats imparfaits. Manch en a retiré une huile essentielle et un principe amer incristallisable.

**Usages.** — L'*écorce de cascarille* est usitée en médecine humaine et vétérinaire comme stimulante, tonique et légèrement astringente. On a vanté ses propriétés fébrifuges, qui, d'autre part, ont été fort contestées. Elle convient dans les cas de débilité générale, quand on veut exciter les fonctions, particulièrement celles de l'estomac ; on la prescrit dans les diarrhées chroniques, les pollutions nocturnes, les hémorrhagies passives, etc. Bergius et Cullen, qui n'admettaient pas ses propriétés fébrifuges, reconnaissaient son utilité pour assurer l'action du quinquina dans les convalescences des fièvres intermittentes. Les feuilles se donnent en infusion théiforme, comme digestives.

L'écorce de cascarille entre dans la composition de certaines pastilles à brûler, et des encens composés ; on en met quelquefois dans les cigares et le tabac à fumer. Elle donne une belle teinture noire.

L'écorce de copalchi jouit des mêmes propriétés que l'écorce de cascarille, c'est-à-dire qu'elle peut être considérée comme tonique et stimulante. Elle est à peu près abandonnée, comme, du reste, l'écorce de cascarille et les autres écorces analogues produites par des espèces de croton.

## CASSE

*Cassia fistula* L. *Cathartocarpus fistula* D. C.
(Légumineuses-Césalpiniées.)

**La Casse** purgative ou Canéficier est un grand arbre à tige droite, rameuse au sommet, à feuilles alternes, ailées, composées généralement de cinq ou six paires de folioles opposées, presque sessiles, grandes, ovales, aiguës, glabres, un peu sinueuses sur les bords. Les fleurs, grandes, jaunes, sont groupées en longues grappes pendantes à l'aisselle des feuilles supérieures et munies de petites bractées. Elles présentent un calice caduc, profondément partagé en cinq divisions presque égales, d'un vert clair ; une corolle à cinq pétales longs, obtus, un peu inégaux ; dix étamines libres, dont sept supérieures, très-courtes, et trois inférieures déclinées, beaucoup plus longues ; un ovaire cylindrique, allongé, surmonté d'un style et d'un stigmate simples. Le fruit est une gousse cylindrique, longue de

0$^m$,30 à 0$^m$,40, brun-noirâtre, lisse, marquée de deux côtes longitudinales, et offrant intérieurement un grand nombre de cloisons transversales qui la divisent en loges, dont chacune renferme une graine entourée d'une pulpe rougeâtre ( Pl. 30).

Habitat. — La casse purgative se trouve en Égypte, aux Indes Orientales, en Amérique, etc.

Citons encore le *Cassia Brasiliana* Lamk., le *C. rugosa*, tous les deux du Brésil ; les *C. moschata, fistula*, etc.

Parties usitées. — Les gousses ou fruits, la pulpe qu'ils renferment.

Récolte. — La casse purgative nous venait autrefois des contrées du Levant, particulièrement de l'Égypte ; aujourd'hui il en arrive considérablement de l'Amérique.

La casse du nouveau continent ne diffère pas sensiblement de celle de l'ancien. Elle vient en gousses que l'on trouve représentées dans notre Atlas I$^{er}$ de la *Flore médicale*, Pl. 30. Ces gousses sont noires, unies, formées de deux valves réunies par deux sutures longitudinales non déhiscentes ; à leur intérieur sont plusieurs loges formées par de fausses cloisons qui ont pour origine l'accroissement considérable de la couche profonde de l'endocarpe ; à leur surface on trouve une pulpe noirâtre, douce et sucrée, au milieu de laquelle est placée la graine horizontale, elliptique, rougeâtre, polie, aplatie et dure.

Au rapport de M. Guibourt (*Histoire des drogues simples*), il arrive quelquefois d'Amérique des fruits de canéficier plus petits que les précédents, il les désigne sous le nom de *Petite casse*. Ils sont à l'extérieur d'un brun foncé et grisâtre ; leur pulpe est fauve, d'un goût amer, astringent, sucré ; les gousses sont amincies en pointes aux deux extrémités, tandis que dans la casse ordinaire elles sont arrondies aux deux bouts.

La *Casse du Brésil*, produite par le *Cassia Brasiliana*, présente des gousses recourbées en sabre, longues de 0$^m$,50 à 0$^m$65, larges de 0$^m$ à 0$^m$,08, en allant d'une suture à l'autre ; comprimées dans l'autre sens et offrant une surface entièrement ligneuse, rugueuse et marquée de fortes nervures ; l'une des deux sutures longitudinales offre deux côtés cylindiques et l'autre suture n'en offre qu'une ; les cloisons sont rapprochées et nombreuses ; la pulpe est amère ; rare en Europe, cette casse est très-usitée en Amérique.

La *Casse de la Nouvelle-Grenade,* produite par le *Cassia moschata* H. B. K., arbre de 9 à 12 mètres de haut, de la Nouvelle-Grenade, où il est connu sous le nom de *Cassia fistula de purgar,* se présente en gousses beaucoup plus minces que celles du *Cassia fistula,* et moins droites. Brisées et exposées à la chaleur d'une étuve, elles dégagent une odeur agréable de bois de santal.

Composition chimique. — La pulpe de la casse, qui est la partie active, est formée par les cellules les plus internes de la gousse, très-dilatées et gorgées de sucs. On n'y a trouvé aucun principe spécial, mais seulement du sucre, de la pectine, de la gomme, etc.

Usages. — C'est de la pulpe de la casse qu'on fait usage; on délaye dans de l'eau la matière noire que l'on trouve à la surface des cloisons et on la passe à travers un tamis; mêlée au sirop de violettes, à parties égales, elle constitue la *conserve de casse.*

Après qu'on a fait évaporer ce mélange en consistance de miel épais, par l'addition du sucre pulvérisé, on obtient la *casse cuite;* enfin, on fait encore une *eau de casse* et un *extrait.* La conserve et la pulpe du commerce contiennent quelquefois du cuivre, qui provient des vases dans lesquels on les a obtenues ; on doit donc, avant d'en faire usage en médecine, s'assurer de la bonne préparation et de la pureté de ces produits.

La pulpe de la casse est depuis un temps immémorial employée comme un laxatif doux, assez favorable dans les fièvres inflammatoires, les affections de poitrine, etc. ; elle convient aux vieillards et aux enfants; elle ne convient cependant pas aux tempéraments lymphatiques. Les Égyptiens l'emploient, mêlée avec du sucre candi et de la réglisse, dans les maladies des reins et de la vessie. Les nègres sont friands de casse verte; ils en abusent et se donnent souvent aussi des coliques. On fait avec la pulpe des confitures; on confit dans du sucre les fleurs que l'on dit purgatives; on a même confit des bâtons de casse encore verts. La pulpe entre dans l'*électuaire catholicum,* dans le *lénitif,* et dans la fameuse *médecine noire,* dont on faisait jadis un si fréquent usage. On mélange la casse avec le séné, la rhubarbe et la manne. Les graines sont également re-

gardées comme purgatives; on a aussi employé la racine comme fébrifuge, mais sans grand succès; elle contient un principe amer
particulier; les fruits de divers autres *cassia* peuvent remplacer la
*casse des boutiques.*


## CASSIA-LIGNEA

*Cinnamomum Cassia* Nées, *C. iners* Reinw., *C. Tamala* Nées et Eb., etc.
(Lauracées.)

Le Cassia-lignea ou Casse en bois est également connu sous le nom
de Cannellier de la Cochinchine. C'est un arbre de 8 à 9 mètres de
hauteur, très-rameux, à rameaux minces, ramuleux, glabres, à écorce
rougeâtre. Les feuilles sont persistantes, généralement alternes,
quelquefois presque opposées, toujours pétiolées, oblongues-lancéolées, longues de $0^m,12$ à $0^m,16$ sur $0^m,04$ à $0^m,05$ de largeur, aiguës,
atténuées à la base, glabres et luisantes sur la face inférieure, parcourues par trois nervures longitudinales rougeâtres ou pourprées,
et parsemées de quelques poils courts à la face inférieure. Les fleurs,
petites, blanchâtres et pédonculées, sont polygames, disposées en petites grappes lâches, axillaires, de la longueur des feuilles. Le calice
est coriace, à six dents et à tube en forme de cupule. Point de corolle.
Les étamines, au nombre de neuf, ont les anthères ovales, à quatre
logettes qui s'ouvrent chacune par une petite valvule. L'ovaire est
supère, uniloculaire et uniovulé, couronné par un stigmate discoïde. Le fruit est une sorte de drupe charnue, accompagnée à sa
base par la cupule persistante du calice.

HABITAT. — Le cassia-lignea croît spontanément sur les côtes de
Malabar, en Cochinchine, dans les îles de Sumatra et de Java.

CULTURE. — Tous les *Cinnamomum* sont des végétaux de serre
chaude sous notre climat; on les cultive en terre franche, et leur
multiplication ne peut se faire que par marcottes et boutures dont
la reprise est assez difficile, même sous cloche et à l'étouffée.

PARTIES USITÉES. — Les écorces, les fleurs non épanouies, l'essence.

RÉCOLTE. — L'écorce désignée dans le commerce sous le nom
d'*écorce de cassia-lignea,* ou souvent *écorce de cannelle de Chine,*
n'est très-probablement pas produite par une seule et même espèce de plantes; mais toutes ces espèces appartiennent au genre

*Cinnamomum*, et le *C. cassia* de Nées est certainement une des espèces qui fournissent cette drogue. Cette espèce, qui habite le Laos et peut-être le sud de la Chine, paraît fournir surtout le cassia-lignea de Chine ou cannelle de Chine, dont une partie est exportée vers la Chine, tandis que l'autre est dirigée vers Bangkock.

Mais on récolte encore des écorces de cassia-lignea dans d'autres parties de l'Asie orientale. On en récolte dans l'est du Bengale, dans les montagnes de Kashia, d'où on l'apporte à Calcutta. Or, dans cette région, entre 300 et 1,200 mètres d'altitude, existent trois espèces de *Cinnamomum*, qui probablement contribuent à fournir la drogue : les *C. obtusifolium* Nées, *C. pauciflorum* Nées, et *C. Tamala* Fr. Nées et Eberm.

Dans le sud de l'Inde, on retire probablement de l'écorce de cassia-lignea du *Cinnamomum iners* Reinw., qui croît sur le continent et à Ceylan, à Java, à Sumatra, etc.

Dans le nord de l'Inde, on récolte aussi de l'écorce de cassia-lignea, qui est fournie probablement par le *Cinnamomum Tamala*. Cette espèce croît, en effet, dans le Silhet, le Népaul, le Sikkim, etc.

On expédie de Manille une certaine quantité d'écorce de cassia, qui paraît être fournie par le *Cinnamomum Burmanni* Bl. Cette espèce, ainsi que le *C. cassia*, sont cultivés à Java, où ils fournissent très-probablement une certaine quantité d'écorce de cassia-lignea.

D'après M. Guibourt, le *Cassia* ou *Casia* des anciens serait notre cannelle actuelle ; plus tard, il prit le nom de *Syringis*, ou *Fistularis*, ou *Fistula*, à cause de sa disposition en tubes creux ; mais lorsque le nom de *Cassia fistula* eut été réservé exclusivement au fruit du canéficier, on distingua l'ancienne écorce de *Cassia* par le nom de *Lignea*, de sorte que pendant longtemps le nom de cassia-lignea servait à désigner la cannelle actuelle sans distinction d'espèces ; plus tard, le nom de cannelle fut réservé aux écorces plus fines, dépourvues d'épiderme, et celui de cassia-lignea aux écorces plus épaisses et recouvertes d'épiderme ; depuis lors, les meilleurs auteurs, tels que Valerius Cordus, Pomet, Lémery, Charas, Geoffroy, ont appliqué le nom de *cassia lignea* à la cannelle de Chine et à celles de Java et de Sumatra.

Toutes les variétés d'écorces de cassia-lignea se ressemblent en ce qu'elles sont en morceaux plus épais que la cannelle de Ceylan, pourvus de leur épiderme, non emboîtés les uns dans les autres, d'une odeur et d'une saveur moins délicates.

On importait autrefois des feuilles de *Cinnamomum,* décrites dans les traités de drogues sous le nom de *feuilles de Malaba-thrum.* Ces feuilles sont oblongues-lancéolées, atténuées aux deux extrémités, plus étroites et plus minces que celles des *C. zeylanicum* et *cassia,* plus minces que les unes et les autres, simplement trinerves, c'est-à-dire que les trois nervures, confondues d'abord, se séparent à partir du pétiole, et que les deux nervures latérales sont beaucoup plus voisines des bords de la feuille que de la nervure médiane; de sorte que la feuille n'est pas partagée en parties égales par les nervures comme dans le *Cinnamomum cassia.* Enfin les feuilles du *Malabathrum* sont lisses et lui santes en dessus, glabres en dessous; les nervures et le pétiole sont aussi lisses et luisants au lieu d'être pubescents comme dans le *Cinnamomum cassia;* elles sont inodores et n'offrent aucun goût de cannelle; elles conservent leur couleur verte qui résiste à la vétusté, ce qui tient à l'absence d'huile essentielle.

L'écorce de Culilawan est encore une espèce de cannelle; on l'attribue au *Laurus Culilawan* L., ou *Cinnamomum Culila-wan* Blume; elle est en morceaux peu longs, presque plats, fibreux, épais de 0<sup>m</sup>,005 à 0<sup>m</sup>,007; elle ressemble à du quinquina jaune; elle s'en distingue par son odeur de cannelle et de girofle mêlées; sa saveur est aromatique, chaude, piquante, astringente et mucilagineuse; elle donne peu d'huile essentielle. Les Malais la nomment *kulit lavang,* qui signifie écorce giroflée; quelques auteurs la nomment *cannelle giroflée.*

Composition chimique. — La composition chimique des écorces de cassia-lignea est la même que celle de l'écorce de Ceylan. Les propriétés aromatiques sont dues à une huile essentielle qui ressemble chimiquement à celle de la cannelle de Ceylan, mais qui jouit d'une odeur moins agréable. Les écorces de cassia-lignea contiennent une assez grand quantité de tannin et d'amidon. Quand on traite des tranches minces de ces écorces par une solution diluée de perchlorure de fer, toutes les cellules parenchymateuses deviennent brunes. Les écorces contiennent du mucilage.

Usages. — Toutes les cannelles sont employées aux mêmes usages. (Voy. Cannelle de Ceylan). Toutes agissent comme stimulantes par l'huile essentielle qu'elles contiennent ; toutes aussi sont plus ou moins aromatiques.

## CATAIRE

*Nepeta cataria* L. *Cataria major vulgaris* C. Bauh. Tourn. *Mentha cataria* J. Bauh.
(Labiées-Népétées.)

La Cataire, vulgairement nommée Herbe aux chats, est une herbe vivace, odorante, dont les tiges, atteignant de 0ᵐ,50 à 0ᵐ,80 de hauteur, sont quadrangulaires, dressées, rameuses et pubescentes. Les feuilles sont molles, pubescentes comme les tiges, opposées, assez longuement pétiolées, longues de 0ᵐ,040 à 0ᵐ,050, en forme de cœur, ou ovales, dentelées ou bordées de larges dents mucronulées, d'un vert gai en dessus, d'un vert pâle et même blanchâtre en dessous. Les fleurs blanches, ponctuées de rouge, sont disposées, à l'aisselle des feuilles supérieures, en glomérules brièvement pédonculés, simulant des sortes de verticilles dont l'ensemble constitue une espèce d'épi terminal, dense au sommet, lâche et même interrompu à la base. Le calice est velu, à tube ovoïde, à cinq dents inégales, lancéolées-subulées. La corolle monopétale, irrégulière, velue, a le tube dilaté vers la gorge ; le limbe est divisé en deux lèvres : la supérieure plane dressée, bifide, l'inférieure à trois lobes, dont celui du milieu est arrondi et concave. Les étamines sont au nombre de quatre, didynames, ascendantes, à anthères rapprochées par paires, biloculaires, à loges très-divergentes. Le style est divisé en deux lobes à peu près égaux.

Habitat. — La cataire est indigène à la France ; on la trouve très-communément sur les bords des chemins et dans les décombres.

Culture. — Cette espèce s'accommode de tous les terrains et de toutes les expositions ; on la multiplie par éclat de ses touffes.

Parties usitées. — Les sommités fleuries.

Récolte. — La cataire est très-commune en Europe et en Asie ; on la trouve fréquemment chez nous, dans les lieux arides, sur les bords des chemins, le long des haies ; on peut la récolter pendant tout l'été, mais elle est plus odorante et plus active à l'époque de la floraison ; on cueille les sommités fleuries, on les dispose par petits paquets, et en guirlandes que l'on fait sécher au soleil.

Dans le commerce, la cataire est toujours disposée en paquets ; elle se distingue par ses feuilles pubescentes, vertes en dessus, blanches en dessous. La tige est elle-même garnie de poils assez longs.

Composition chimique. — La cataire doit ses propriétés à une huile essentielle analogue à celle de la Menthe, mais moins suave que celle-ci. Avec l'essence, on trouve dans la cataire un principe amer.

Usages. — La cataire entre dans la composition du sirop d'armoise composé, qui est considéré comme emménagogue ; elle est elle-même regardée comme tonique et stomachique ; on l'a conseillée dans l'aménorrhée, l'hystérie, la chlorose, les catarrhes chroniques, la gastralgie, les flatuosités, etc. D'après Chaumeton, elle convient surtout dans les affections qui ont leur source principale dans l'utérus ; Hœrmann, Bœcler et Gilibert assurent avoir constaté ses bons effets dans l'hystérie ; mais nous savons aujourd'hui que toutes les substances à odeur forte agissent à peu près de même dans les affections nerveuses ; elles les calment quelquefois sans les guérir ; mais elles sont toutes bien infidèles dans leur action. Tabernæmontanous assure avoir calmé la toux et guéri l'ictère par la cataire bouillie dans l'hydromel ; mais l'eau chaude produit le même effet dans le premier cas, et l'ictère simple guérit tout seul ; nous croyons la cataire impuissante à combattre l'ictère grave. D'ailleurs les obstacles apportés au cours de la bile peuvent avoir plusieurs causes souvent bien opposées, et un seul médicament ne saurait convenir à tous les cas. Nous ne partageons donc pas l'enthousiasme de certains auteurs pour la cataire, et nous lui préférons l'hysope, la menthe, la mélisse, etc.

La décoction de cataire a été vantée par Gaspard Hoffmann contre la gale. En Russie, cette plante est un remède populaire contre les névralgies dentaires ; on en mâche quelques feuilles ; elle agit alors comme sialagogue.


## CATAYA

(Voyez le *Supplément* du T. I.)


## CAYAPONIA

(Voyez le *Supplément* du T. I.)

# CÉDRATIER

*Citrus Medica* Forst. *Citrus Medica Cedra* Desf.
(Aurantiacées.)

Le Cédratier est un très-joli arbre qui peut atteindre, en Europe, de 6 à 8 mètres de hauteur ; son tronc est droit, à écorce grise et rayée de blanchâtre ; ses branches sont nombreuses, rameuses, à rameaux roides, étalés, munis de longues épines. Les feuilles sont simples, épaisses, oblongues, aiguës, plus ou moins dentées, d'une belle couleur vert foncé, à l'état adulte, offrant généralement, dans leur premier développement, une teinte rouge violâtre, semblable à celle des jeunes rameaux ; le pétiole est court, épais, non ailé. Les fleurs qui naissent en bouquets, à l'aisselle des feuilles, sont blanches, lavées de rouge ou de violet en dehors, et présentent : un calice très-petit, cupiliforme, vert, à cinq dents obtuses ; une corolle à cinq pétales épais, oblongs, étalés ; des étamines nombreuses, à filets droits subulés, réunies inférieurement en plusieurs faisceaux (étamines polyadelphes), et un ovaire arrondi, libre, surmonté d'un style cylindrique épais, de la longueur des étamines, et terminé par un stigmate globuleux. Le fruit est une baie très-variable dans la forme et la grosseur, mais le plus ordinairement ovale ou oblong, plus renflé vers le sommet qu'à la base, plus ou moins profondément sillonné et raboteux, terminé par un mamelon souvent très-saillant ou par la portion inférieure persistante du style ; de couleur purpurine à l'état très-jeune, passant au vert et ensuite au jaune safran à sa maturité. Le péricarpe ou écorce, connu vulgairement sous le nom de *zeste*, est plus ou moins épais, variant de $0^m,010$ à $0^m,050$ ; extérieurement il présente des rugosités qui sont des vésicules saillantes, contenant une huile essentielle ; intérieurement il est composé d'un tissu mou, blanc, de saveur douce, qui entoure une partie centrale, divisée en dix à douze loges remplies de poils renflés, vésiculeux, oblongs, pleins d'eau acidulée. Les graines, au nombre de deux dans chaque loge, sont ovales, présentant une sorte de callosité à l'une de leurs extrémités.

Il existe plusieurs variétés de cédrats, qui ne diffèrent entre elles que par la forme et la grosseur du fruit.

Habitat. — Le pays originaire du cédratier est totalement inconnu. On suppose qu'il a été introduit de l'Assyrie et de la Médie, d'abord en Grèce, et de là dans les régions méridionales de l'Europe.

CULTURE. — Le cédratier, comme toutes les espèces du genre *Citrus*, ne peut se cultiver à l'air libre que dans les pays méridionaux, en Italie, en Espagne, où souvent même il souffre de l'abaissement de la température hivernale. Dans le centre de l'Europe, il faut le cultiver en caisse, et le rentrer en serre froide pendant l'hiver. Cet arbre est toujours en végétation; ses fleurs se montrent en hiver, et il porte de jeunes fruits en même temps que des fruits mûrs. Les soins de culture sont à peu près nuls; des arrosements seulement au fur et à mesure des besoins. On le multiplie très-facilement de ses graines; la terre qui lui convient particulièrement est la terre franche, sableuse, mélangée de terreau.

PARTIES USITÉES. — Les racines, le bois, les feuilles, les fleurs, les fruits.

RÉCOLTE. — Les fleurs du cédratier se récoltent avant leur parfait épanouissement; les fruits, qui varient beaucoup de grosseur, doivent être cueillis un peu avant leur maturité, surtout ceux qui sont destinés à être confits.

COMPOSITION CHIMIQUE. — Toutes les parties du cédratier répandent une odeur agréable de citron. L'essence qu'on extrait, par distil'ation, des fleurs, est analogue au *néroli* qu'on extrait du Bigaradier, de l'Oranger, des *Citrus* en général. Les feuilles sont aromatiques et servent aussi à préparer, par distillation, une essence très-employée en parfumerie. La partie jaune extérieure du fruit, nommée *zeste*, donne, par expression et par distillation, une essence d'une odeur très-suave de citron, mêlée d'un peu d'odeur de rose; elle est composée d'hydrogène et de carbone, et est analogue, sinon identique par sa composition et ses propriétés, à celle des autres citrons. La partie charnue du fruit donne, par expression, un jus acide renfermant de l'acide citrique dont nous parlons suffisamment aux mots BIGARADIER (t. I, p. 180), CITRONNIER (t. I, p. 350), et ORANGER (t. III, p. 459).

USAGES. — La médecine fait peu usage du cédratier, mais on pourrait, sans inconvénient, substituer ses diverses parties à celles du bigaradier et de l'oranger. Le suc et l'huile essentielle de cédratier ont été présentés comme vermifuges, les feuilles comme toniques et anti-spasmodiques. L'huile essentielle passe pour excitante.

Cette huile est employée chez les liquoristes et les parfumeurs.

Les dégraisseurs s'en servent pour détacher. Le bois et les racines de cédratier sont recherchés pour meubles, tabletterie et marqueterie ; on estime surtout les racines, parce qu'elles sont plus dures et mieux veinées.

On connaît les nombreux usages de l'acide citrique qu'on retire du cédrat, comme des autres fruits du genre *Citrus*.

La chair de quelques variétés de cédrats se mange, dans certains pays, au naturel ; mais on en fait surtout de délicieuses confitures. L'écorce du fruit se vend confite, par tranches, dans du sucre ; on fait même confire le fruit entier de certaines variétés. Les cédrats acquièrent souvent un poids considérable : ceux de la Calabre et de Gênes pèsent souvent de 1 à 3 kilogrammes ; ceux de Salo pèsent, dit-on, jusqu'à 12 kilogrammes et plus.

Théophraste paraît être le premier auteur qui ait parlé du cédrat, qu'il nomme Pomme de Perse ou de Médie. Virgile nomme aussi ce fruit Pomme de Médie, ce qui donne l'origine du nom linnéen *Citrus Medica*, que quelques auteurs ont traduit à tort par *Citronnier médicinal* (Guibourt, *Hist. des drogues simples*, 4ᵉ édit., t. III, p. 572.)

## CÈDRE

*Larix Cedrus* Mill. *Cedrus Libani* Barrel.
( Conifères - Abiétinées. )

Le Cèdre du Liban est un grand arbre de 25 à 35 mètres de hauteur, et dont le tronc, qui peut acquérir de 2 à 3 mètres de diamètre, se divise en grosses branches longues et presque horizontales. Ses feuilles sont aciculaires, aiguës, longues de 0ᵐ,015 à 0ᵐ,020, persistantes, coriaces, roides, presque tétragones, éparses sur les rameaux, et disposées en faisceaux à l'extrémité des ramules raccourcies. Les fleurs sont monoïques ; les mâles constituées par des anthères biloculaires, à connectif squamiforme, rapprochées en chatons solitaires, cylindriques, longs de 0ᵐ,04 à 0ᵐ,05 sur 0ᵐ,01 environ de diamètre, et de couleur roussâtre ; les chatons femelles sont dressés, coniques, obtus ou déprimés au sommet, moins longs que les chatons mâles, composés d'écailles très-brièvement onguiculées, faiblement denticulées, un peu écartées, ayant à leur base deux ovules nus renversés adhérents à leur onglet. Le fruit est un cône dressé, ovoïde, à peine renflé au milieu, long de 0ᵐ,06 à 0ᵐ,10, déprimé au sommet, où quelquefois il présente un mamelon obtus, composé d'écailles très-serrées, larges de 0^m,035 à 0^m,040, rétrécies vers leur base, épaissies supérieurement. Les graines sont longues d'environ 0^m,010, surmontées d'une aile membraneuse roussâtre, élargie au sommet, atteignant à peu près la longueur de l'écaille, à l'aisselle de laquelle elles sont insérées.

Habitat. — Le cèdre croît dans différentes régions de l'Asie Mineure, et particulièrement dans les montagnes du Liban et du Taurus ; il a été introduit en Europe en 1683.

Culture. — Le cèdre du Liban est un arbre très-rustique, qui supporte, sans souffrir, les rigueurs de nos hivers. Il vient dans les plus mauvais sols, où son accroissement est cependant plus lent. On sème ses graines aussitôt après leur récolte ou au printemps suivant, en terre légère ; on repique le plant très-jeune en pépinière, à la distance de 0^m,20, et tous les ans, vers le mois de mars, on relève les plants pour les replanter de suite, afin de faire développer les ramifications des racines ; la mise en place définitive a lieu quand les sujets ont assez de force pour résister à l'action des agents extérieurs.

Parties usitées. — Les feuilles, le bois, les fruits.

Récolte. — Les Hébreux, qui ont souvent parlé du cèdre, en ont fait l'emblème de la grandeur et de la puissance ; le bois était regardé comme incorruptible. On assure que le temple de Jérusalem, bâti par Salomon, avait été construit avec des cèdres coupés sur le mont Liban ; cependant son bois est léger, d'un blanc roussâtre, peu aromatique, se fendant facilement par la dessiccation ; mais il est possible qu'on ait confondu avec le bois de cèdre ceux du mélèze et du genévrier qui, en effet, sont plus beaux, plus aromatiques et plus durables.

Sous le nom de bois de cèdre, on entend, dans le commerce, le bois du *Juniperus Virginiana* L., que l'on nomme aussi *cèdre rouge* ou *cèdre de Virginie;* il sert surtout à préparer les cylindres des crayons en graphite.

Les fruits du cèdre du Liban, rarement employés, sont récoltés avant leur maturité.

Composition chimique. — On a extrait du bois de cèdre de Virginie, *J. Virginiana,* une essence concrète, étudiée par M. Walter, et qui a été représentée par $C^{32}H^{26}O^2$ ; elle cristallise dans l'alcool, fond à 74°, bout à 282°; distillée avec l'acide phosphorique anhydre, elle donne un hydrogène carboné appelé *cédrène*.

Pendant l'été, il découle du cèdre du Liban une résine liquide et odoriférante nommée *cedria* ; on facilite son excrétion par des incisions ; on l'a nommée *manne mastichine*.

L'huile de cade, si employée pour le traitement des maladies de peau, est le produit de la distillation sèche du bois de cèdre ; mais c'est surtout le *Juniperus oxycedrus* qu'on emploie pour la préparer.

Usages. — Le *cedria* est employé par les Égyptiens dans les embaumements avec plusieurs autres aromates ; on l'a encore appliqué topiquement comme sédatif pour les plaies.

Il n'est pas bien démontré que le bois de cèdre dont se servent les Anglais pour faire de petits barils, moitié bois blanc, moitié bois de cèdre, soient faits avec le bois du *Larix cedrus* ; c'est bien plutôt le bois du *Juniperus Virginiana* qu'ils emploient à cet usage. Quoi qu'il en soit, l'eau-de-vie et les liqueurs qu'ils renferment dans ces barils acquièrent une odeur et un goût qu'ils trouvent agréables. D'après M. de Préfontaine, on emploie aux Antilles et dans divers pays le bois de diverses espèces de cèdre pour faire des meubles et différents objets en tabletterie et en marqueterie ; il ajoute que ce bois n'est jamais attaqué par les insectes.

L'écorce de cèdre a été employée en Allemagne comme vermifuge. Cette écorce, ainsi que le bois, imprégnée de matières résineuses, a été préconisée sous forme de décoction contre la leucorrhée. Il est évident que ces produits doivent jouir des mêmes propriétés que les matières résineuses et que les bourgeons de sapin, par exemple ; on peut donc en faire usage contre les catarrhes pulmonaires, et ceux de la vessie, comme expectorants et diurétiques.

Le bois de cèdre réduit en poudre entre dans la composition des poudres aromatiques, que l'on brûle quelquefois dans les temples et les églises.

## CÉDRÈLE

*Cedrela odorata* L.
(Cédrélées.)

Le Cédrèle odorant, appelé aussi Caïl-Cédra, Faux Acajou, est un arbre dont la tige, haute de 20 mètres, porte des feuilles longues, à sept ou huit paires de folioles ovales-lancéolées, pointues, entières, glabres, luisantes en dessus, persistantes. Les fleurs, petites, nombreuses, blanchâtres, forment des grappes rameuses. Elles présentent un calice campanulé, très-petit, à cinq dents; une corolle à cinq pétales obtus, dressés, rapprochés; cinq étamines, à anthères oblongues; un ovaire à cinq loges, porté sur un disque annulaire, et surmonté d'un style simple, que termine un stigmate en tête, un peu aplati. Le fruit est une capsule ligneuse, de la grosseur d'un œuf de pigeon, à cinq loges renfermant chacune plusieurs graines munies d'une aile membraneuse latérale.

Nous citerons encore les cédrèles Toon (*C. Toona* Roxb.) et velouté (*C. velutina* D. C.).

HABITAT. — Le cédrèle odorant habite l'Amérique du Sud; les deux autres espèces se trouvent aux Indes orientales, au Népaul, etc.

PARTIES USITÉES. — Le bois, l'écorce.

RÉCOLTE. — Le bois de cédrèle ou cédrel odorant, appelé encore acajou femelle, acajou à planches, nous vient de l'Amérique du Sud; il est léger, poreux, rougeâtre, amer, inattaquable par les insectes; lorsqu'il est sec, il est pourvu d'une odeur résineuse analogue à celle du genévrier de Virginie. Il sert pour la charpente, les meubles communs; on en fait des barques légères, et surtout des boîtes à cigares. Lorsqu'on le frotte, il répand une odeur nauséabonde. L'écorce ne se trouve pas dans le commerce.

COMPOSITION CHIMIQUE. — Le fruit répand une odeur fétide alliacée qui passe, dit-on, dans la chair des perroquets qui s'en nourrissent; l'écorce est également imprégnée d'une odeur insupportable; il découle du bois une résine qui le défend de l'eau et des insectes.

Le *C. rosmarinus* Lour., *Itea rosmarinifolia* Poiv., présente des fleurs très-odorantes, renfermant une huile essentielle très-parfumée, analogue à celle de la lavande (Loureiro, *Flor. cochin.*, 199). M. Nées d'Esenbeck a analysé l'écorce du *C. febrifuga* Blume, *C. Toona* Roxb.; il y a trouvé une matière résineuse astringente, une substance gommeuse brune, astringente aussi, une autre matière gommeuse brune, insipide, de nature extractive, et de l'inuline; la substance gommeuse astringente a été comparée avec celle que Trommsdorff a trouvée dans le *ratanhia*.

USAGES. — Nous avons dit les usages de bois du *C. odorata* dans la charpente et l'ébénisterie; il n'a reçu aucune application en médecine. Les fleurs du *C. rosmarinus* sont considérées comme céphaliques, nervines, désobstruantes et diurétiques; on les a employées, d'après Loureiro, contre les catarrhes et les douleurs.

Le *C. febrifuga*, décrit par Blume dans les mémoires de la Société de Batavia, est commun à l'île de Java; son écorce passe pour être le *quinquina des Indes orientales;* les Javanais appellent l'arbre *suren.*

Roxburg, qui l'a trouvé sur la côte de Coromandel, l'a nommé *C. Toona.* Son bois est rougeâtre; il porte le nom de *bois de Toon.* L'écorce, longue de 0$^m$,20 à 0$^m$,30, épaisse de 0$^m$,04 à 0$^m$,06, est rugueuse, d'un brun rouge, d'une saveur astringente amère, roulée, très-fibreuse, peu odorante. Nées d'Esenbeck l'a figurée. D'après Blume, elle a été employée avec succès contre les fièvres intermittentes et même pernicieuses, et comme tonique dans les fièvres continues. On l'administre en poudre grossière à la dose de 15 à 20 grammes; on lui associe quelquefois l'écorce d'*Alyxia Reinwardtii,* ou la poudre amère des semences du *Guilandina bonducella* L.; on en prépare un, extrait que l'on emploie de préférence. Cette écorce jouit d'une très-grande réputation parmi les médecins hindous. Quelques auteurs croient que le *C. febrifuga* de Blume est la même plante que le *Swietenia febrifuga* de Roxburg; cependant les plantes de ce dernier genre ont dix étamines, tandis que les cédrèles n'en ont que cinq.

## CÉDRON

*Quassia Cedron* H. Bn (*Simaba Cedron* Planch., *Simaba Guyanensis* Aubl.).
(Rutacées-Simarubées.)

Le Cédron ou Simabe de la Guyane est un arbrisseau, dont les tiges dressées, hautes de 2 à 3 mètres, portent des feuilles alternes, composées de trois à sept folioles opposées, ovales-oblongues, échancrées. Les fleurs, blanches, portées sur de courts pédoncules et munies de petites bractées écailleuses, sont disposées en grappes axillaires. Elles présentent un calice en forme de cupule, à cinq dents très-petites; une corolle à cinq pétales, élargis à la base et beaucoup plus longs que le calice; dix étamines, à filets tubulés, velus à la base; un ovaire à cinq loges uniovulées, surmonté d'un style simple terminé par un stigmate à cinq divisions. Le fruit se compose de cinq carpelles coriaces, monospermes, ovoïdes, jaunâtres, soudés à la base et insérés sur un disque charnu.

Habitat. — Cet arbre se trouve à la Guyane. On le cultive quelquefois dans les serres chaudes. On le propage de boutures, qui reprennent assez facilement. Sa conservation exige beaucoup de soins; aussi est-il encore assez rare dans les collections.

Parties usitées. — Les graines.

Histoire et récolte. — Le docteur Luigi Rotinelli, qui avait habité l'Amérique du Sud, paraît avoir, le premier, mentionné le cédron, en 1846. Toutefois, la même année, sir W. Hooker, directeur du jardin royal de Kew, reçut une lettre de M. Purdie dans laquelle celui-ci disait « qu'il avait découvert le cédron, dont les semences, regardées comme le spécifique par excellence contre la morsure des animaux venimeux, surtout des serpents, et employées avec succès contre les fièvres intermittentes, sont vendues au prix d'un réal le cotylédon. » En 1850, M. Jomard, de l'Institut, présenta à l'Académie des sciences des graines de cédron, qui lui venaient de M. Herran, chargé d'affaires de Costa-Rica à Paris. M. Hooker écrivit, en 1851, une notice sur cette plante. M. Saillard, de Besançon, rapporta d'Amérique une quantité considérable de noix de cédron, dans le but, sans doute, de les soumettre à des expériences physiologiques et thérapeutiques. M. Lévi a fait mieux : il a apporté toutes les parties de la plante, et même un pied vivant qui a été soumis à la culture en France (*Pharmaceutical journal*, t. X, p. 344; *The dispens. of the Un. States phil.*, 1858).

On trouve dans le commerce tantôt les graines entières, tantôt les cotylédons isolés; ils sont longs de $0^m,03$ à $0^m,04$, larges de $0^m,15$ à $0^m,20$, d'une forme elliptique, un peu courbés, convexes du côté extérieur, aplatis du côté interne avec une petite cicatrice près du sommet. Par la dessiccation ils sont devenus jaune-foncé, noirâtres à l'extérieur; ils sont amylacés avec une apparence grise; ils possèdent une forte saveur amère (Guibourt, *Hist. des drogues simples*).

Composition chimique. — M. Lévy a extrait du cédron une substance amère, cristalline, entièrement soluble dans l'eau bouillante, neutre aux papiers réactifs; il a proposé de nommer ce principe *cédrine*; on l'extrait en traitant les semences, réduites en poudre, par l'éther et l'alcool et en faisant cristalliser (*Journal de pharm. et de chim.*, t. XIX, p. 335).

M. Bouchardat a extrait du cédron, par des traitements successifs, au moyen de l'éther et de l'alcool, une matière grasse, neutre, presque insoluble dans l'alcool froid, que MM. Rabot et Reveil ont reconnue pour de la cholestérine, plus le principe amer ou *cédrin*, qui cristallise en aiguilles soyeuses, et qui présente une saveur aussi amère et aussi forte que celle de la strychnine.

M. Tanret a retiré des fruits du *Quassia waldivia*, un principe actif, toxique, la *waldivine*. (Voyez WALDIVIA, t. III, Suppl.)

USAGES. — Les propriétés antivenimeuses du cédron étaient mentionnées dans l'*Histoire des boucaniers*, d'Alexandre Olivier OExmelin, qui parut en 1686; cette réputation s'est conservée par tradition; cependant les expériences faites au Muséum d'histoire naturelle, que M. L. Soubeiran nous a fait connaître, sont bien loin de confirmer cette propriété merveilleuse. On a beaucoup vanté le cédron contre l'hydrophobie, sans qu'on ait jamais eu l'occasion de l'essayer en France. Sir W. Hooker avait placé les graines de cédron à côté du *Simarouba* et du *Quassia amara*, plantes très-précieuses comme toniques et amères, mais qui ne jouissent certainement pas des propriétés merveilleuses qu'on a attribuées au cédron.

D'après le docteur Guier, de la ville de Cartago, dans l'État de Costa-Rica, le cédron aurait été employé par lui avec avantage contre le choléra-morbus, les coliques et les névralgies de la face. M. J.-B. Thompson, de Londres, prétend l'avoir administré avec succès contre la goutte. M. Rotinelli assure qu'il est tonique à haute dose. Nous en avons pris un et deux grammes sans avoir éprouvé aucun effet marqué, si ce n'est quelques nausées : cependant il paraît qu'on ne l'emploie en Amérique qu'à la dose de 5 à 10 centigrammes.

M. le docteur S.-S. Purple, de New-York, dit avoir constaté les bons effets du cédron contre les fièvres intermittentes; M. Rayer a affirmé son efficacité, dans ces cas, en l'administrant à la dose de 50 centigrammes à 1 gramme par jour (à dose plus élevée le cédron peut produire des nausées et la diarrhée).

MM. Dujardin, Beaumets et Respetro ont récemment étudié l'action physiologique de la cédrine et de la waldivine. La cédrine agit efficacement contre la fièvre intermittente, mais plus lentement et moins sûrement que le sulfate de quinine. Les deux substances produisent des vomissements et des vertiges.

# CENTAURÉE

*Centaurea Centaurium* L
(Composées – Cynarées.)

La Centaurée officinale ou Grande Centaurée est une plante vivace, à racine forte, allongée, charnue, rouge brunâtre. La tige, haute de 1 mètre à 1<sup>m</sup>,60, droite, glabre, rameuse, porte des feuilles alternes, grandes, pennées, à pétiole aplati en dessus, à folioles oblongues, lancéolées, dentées, décurrentes, glabres. Les fleurs, d'un rouge plus ou moins foncé, sont groupées en gros capitules terminaux, arrondis, formant par leur réunion une sorte de corymbe irrégulier. Chacun d'eux est entouré d'un involucre à écailles simples, lisses, ovales, obtuses, convexes, entières, un peu scarieuses sur les bords. Les corolles sont tubuleuses, à limbe quinquéfide, hermaphrodites au centre du capitule, neutres à la circonférence. Le fruit est un akène ovoïde, à aigrette sessile.

Les Centaurées Jacée ou Jacée des prés (*C. Jacea* L.) et noire (*C. nigra* L.) sont des espèces très-voisines de la précédente.

On remarque encore, dans ce genre, la Chausse-trape (*C. Calcitrapa* L.), vulgairement Chardon étoilé; le Bleuet ou Barbeau (*C. Cyanus* L.), la Centaurée bénie (*C. benedicta* L.) plus connue sous le nom de Chardon-béni, etc.

Habitat. — Toutes ces espèces sont très-répandues en Europe. La centaurée officinale habite les pâturages élevés et les bois des régions montagneuses. Les autres espèces sont communes dans les prairies, les lieux incultes, les friches, au bord des chemins, etc. La centaurée bénie est propre aux régions méridionales.

Culture. — Cette dernière espèce est la seule qui soit cultivée pour l'usage médical. Elle est annuelle, et se propage de graines semées au printemps en place, ou mieux sur couche; les jeunes plants sont repiqués avec quelques précautions. Le bleuet est assez souvent cultivé comme plante d'ornement. Les autres espèces ne se trouvent que dans les jardins botaniques.

Les propriétés médicinales des plantes du genre *Centaurea* sont peu importantes; nous pouvons sans inconvénient les étudier dans un seul chapitre.

Parties usitées. — Les inflorescences ou capitules, les feuilles, les racines.

Récolte. — Les capitules peuvent être recueillis avant leur parfait épanouissement ; les feuilles sont cueillies au moment de la floraison, et les racines pendant toute l'année, mais il vaut mieux les récolter au printemps et à l'automne : on les fend pour les faire sécher.

Composition chimique. — Toutes les centaurées renferment un principe amer. M. Nativelle a extrait de la centaurée bénie et de la centaurée chausse-trappe un principe nommé *cnicin*, analysé par M. Scribe, qui y a trouvé : carbone 62,9, hydrogène 7,1, oxygène 30 ; ce principe paraît exister dans toutes les Cynarées. Le *cnicin* cristallise en aiguilles incolores, d'un éclat soyeux, très-amères, peu solubles dans l'eau froide et dans l'éther, très-solubles dans l'eau chaude et dans l'alcool ; l'acide sulfurique le dissout à froid avec coloration rouge, l'acide chlorhydrique le colore en vert.

Usages. — Les centaurées grande, jacée et noire jouissent de propriétés identiques. Leur racine entrait dans la poudre anti-arthrique de La Mirandole, autrefois fort préconisée. Camerarius les prescrivait comme sudorifiques dans les affections cachectiques ; on les a employées dans les affections du foie, dans le catarrhe pulmonaire, etc.

La centaurée chausse-trappe ou chardon étoilé, est très-amère ; elle a été vantée par J. Bauhin, Tournefort, Geoffroy, Buchner, Linné, Gilibert, Chrestien de Montpellier, comme un des meilleurs succédanés de la Petite centaurée (*Erythræa Centaurium* Pers). (Voir au mot Érythrée, t. II, p. 23 de la *Flore médicale*) et de la Gentiane (Voir ce mot, t. II, p. 88), plantes fébrifuges auxquelles elle est bien inférieure ; elle est aujourd'hui à peu près abandonnée, malgré l'opinion de Roques, Clouet, Bertin, Cazin, etc., qui la considèrent comme un des plus recommandables fébrifuges indigènes. C'est sans doute à ces titres, contestés depuis, qu'on l'a substituée au *Quassia amara* dans la leucorrhée atonique, contre les fièvres automnales cachectiques ; or, on sait que tous les toniques amers agissent dans ces cas, et qu'ils échouent, sans en excepter la chausse-trappe, dans les cas de fièvre intermittente légitime. Les semences, ou pour mieux dire les fruits de chausse-trappe, ont été regardés comme diurétiques.

Le bleuet (*C. Cyanus*) devait son nom de *Casse-lunettes*, à la réputation dont il jouissait d'être un excellent astringent contre les ophthalmies ; on employait l'eau distillée qui ne renfermait pas le principe actif ; le bleuet a encore été employé dans les hydropisies ; il est aujourd'hui inusité.

Le chardon béni, *C. benedicta*, ou centaurée sudorifique, était considéré comme tonique, fébrifuge, sudorifique, diurétique, etc., etc. Hoffmann l'a comparé à tort à l'absinthe ; Pontedera le recommandait dans les coliques venteuses, les fièvres intermittentes, etc. De toutes les propriétés merveilleuses attribuées à toutes ces plantes par les auteurs les plus recommandables, parmi lesquels nous citerons le grand Linné, Hufeland, Ettmuller, Arnaud de Villeneuve, Simon Pauli, Gilibert, Michaélis, etc., etc., il ne reste que la certitude de leur parfaite inutilité.

Nous signalerons encore le *C. moschata*, dont les capitules à fleurons blancs exhalent une odeur très-prononcée de musc, mais cette odeur est peu diffusible ; elle ne se fait sentir qu'à une très-faible distance ; on a proposé ces capsules comme antispasmodiques. M. Nonat a employé avec succès le *cninin* contre les fièvres intermittentes parisiennes qui cèdent à l'usage des amers en général ; toutefois, il n'a pu porter la dose au-dessus d'un gramme, à cause d'une sensation de chaleur déterminant les vomissements et la diarrhée que les malades éprouvaient.

## CERFEUIL

*Chœrephyllum sativum* Lam. *Scandix cœrefolium* L. *Anthriscus cœrefolium* Hoffm.
(Ombellifères-Scandicinées.)

Le Cerfeuil commun est une plante annuelle, à racine simple, fusiforme, blanc jaunâtre. La tige, haute de 0<sup>m</sup>,35 à 0<sup>m</sup>,65, arrondie, un peu noueuse, striée, glabre, fistuleuse, dressée, rameuse, porte des feuilles alternes, longuement pétiolées, tripennées, à folioles ovales, incisées et dentées, étroites, d'un vert clair, à nervures pubescentes. Les fleurs, petites et blanches, forment des ombelles sessiles, de trois à cinq rayons, opposées aux feuilles, dépourvues d'involucres, mais ayant des involucelles d'une à trois folioles. Elles présentent un calice à limbe presque nul ; une corolle à cinq pétales égaux, cordiformes ; cinq étamines saillantes ; deux styles droits. Le fruit est un diakène allongé, lisse, glabre, terminé par les deux styles persistants.

Nous remarquerons encore dans ce genre le cerfeuil tubéreux ou bulbeux ( *C. bulbosum* L., *C. tuberosum* Var.); le cerfeuil sauvage

(*C. sylvestre* L., *Anthriscus sylvestris* Hoffm.), et le cerfeuil noueux ou tacheté (*C. temulum* L.).

Dans un genre voisin, nous trouvons le cerfeuil musqué (*Myrrhis odorata* Scop., *Scandix odorata* L.), plante vivace, à tige haute de 0^m,65 à 1 mètre, forte, velue, verte ou rougeâtre ; à feuilles très-découpées, mollement pubescentes ; à ombelles divisées en rayons nombreux, à diakène très-gros, noirâtre, luisant, oblong, acuminé, marqué de dix côtes fortement saillantes et presque tranchantes.

HABITAT. — Ces plantes sont assez répandues en Europe. Le cerfeuil commun croît dans les champs et les haies, au voisinage des habitations. Les cerfeuils sauvage et noueux se trouvent surtout dans les bois. Le cerfeuil musqué habite les pâturages des montagnes.

CULTURE. — Les cerfeuils commun, bulbeux et musqué, sont cultivés dans les jardins potagers ; les autres espèces ne se trouvent que dans les jardins botaniques.

PARTIES USITÉES. — La plante, les fruits, improprement nommés semences.

RÉCOLTE. — Le cerfeuil est quelquefois employé à l'état frais ; on doit le semer tous les quinze jours dans les jardins lorsqu'on veut l'avoir en bon état. Par la dessiccation, ses propriétés diminuent considérablement.

COMPOSITION CHIMIQUE. — L'odeur aromatique et agréable du cerfeuil est assez analogue à celle de l'anis ; elle disparaît par l'ébullition, aussi la trouve-t-on à peine dans le bouillon aux herbes dont il fait la base ; on la constate dans le suc, les infusions et les macérations ; elle est due à une huile volatile qui existe dans le fruit. C'est à elle qu'il faut attribuer l'odeur agréable que présente l'eau distillée de cerfeuil.

USAGES. — Les Athéniens faisaient un fréquent usage du cerfeuil ; Théophraste n'en fait aucune mention, quoique cette plante fût commune dans les champs de la Grèce ; ses usages économiques sont connus de tout le monde ; il est aromatique et stimulant ; il excite l'appétit et facilite la digestion ; ses vertus ont été beaucoup trop exaltées par divers auteurs, parmi lesquels nous citerons Hermann et Bœcler ; ils lui attribuaient la propriété de guérir la phthisie et le cancer. Desbois de Rochefort disait qu'il guérit la syphilis rebelle au mercure. C'est surtout contre les engorgements lymphatiques qu'il a été employé, ainsi que dans l'ictère, l'hépatite chronique, le catarrhe chronique, etc. A l'extérieur, c'est un remède populaire contre les engorgements des mamelles, les hémorrhoïdes, etc.; on l'applique bouilli dans l'eau sous forme de cataplasmes.

Lorsque Lallemand conseilla le jus de persil dans les pertes séminales, plusieurs médecins lui substituèrent avec succès le suc de cerfeuil, et on étendit son usage à d'autres maladies des voies urinaires; Hufeland le prescrivait dans la phthisie laryngée, et Rivière le donnait à la dose de 60 grammes, mêlé avec autant de vin blanc, contre l'hydropisie.

Un oculiste distingué de Paris a employé le cerfeuil en topique dans l'ophthalmie; il propose d'appliquer sur l'œil phlogosé des cataplasmes de cerfeuil, en même temps qu'on lotionne l'organe malade avec une décoction de la même plante. Les bons résultats de cette médication avaient déjà été indiqués par M. Demours et par MM. Chabrely et Florent Cunier. M. Dubois de Tournay emploie les fumigations de cerfeuil dans les érysipèles.

Les fruits de cerfeuil sont considérés comme excitants et carminatifs.

Le cerfeuil musqué (*C. odoratum*) est regardé comme plus actif; les asthmatiques fument les feuilles sèches pour calmer les accès; le cerfeuil sauvage (*C. sylvestre*) est très-âcre et peut produire des accidents.

## CERISIER

*Cerasus vulgaris* Mill. *Prunus cerasus* L.
(Rosacées-Amygdalées.

Le Cerisier commun est un arbre dont la tige, haute de 8 à 10 mètres, droite, cylindrique, couverte d'une écorce lisse et luisante, se divise en rameaux un peu étalés, dont l'ensemble forme une cime arrondie. Les feuilles sont alternes, pétiolées, ovales, aiguës, dentées, glabres, d'un beau vert. Les fleurs, blanches, longuement pédonculées, sont groupées en petits fascicules ou bouquets entourés à leur base par les écailles persistantes qui formaient les boutons. Elles présentent un calice campanulé, à cinq lobes courts et arrondis; une corolle à cinq pétales, des étamines nombreuses, un ovaire simple, ovoïde et libre. Le fruit est une drupe charnue, arrondie, d'un rouge vif, marquée d'un sillon latéral, et à saveur acide ou acidule.

Le mérisier ( *C. avium* Mœnch, *Prunus avium* L.) diffère du précédent par sa taille plus élevée; ses rameaux redressés, ses feuilles plus étroites, pubescentes en dessous; son fruit rouge foncé, souvent presque noir, à saveur douce plus ou moins sucrée. La guigne et le bigarreau sont des variétés de cette espèce.

Le cerisier de Sainte-Lucie (*C. Mahaleb* Mill., *prunus Mahaleb* L.) est un petit arbre très-rameux, à fleurs petites, odorantes, disposées en corymbes simples, à fruit petit, noir, d'une saveur amère, acerbe.

Le cerisier ou mérisier à grappes (*C. padus* D., *C. prunus padus* L.) diffère du précédent par ses fleurs groupées en longues grappes cylindriques.

Le laurier-cerise (voyez ce mot) appartient aussi à ce genre.

Habitat. — Le cerisier est originaire de l'Asie Mineure, où il habite surtout les bords de la mer Caspienne. Les autres espèces se trouvent en Europe, dans les bois. Toutes sont cultivées dans les vergers, les parcs, les jardins fruitiers ou d'agrément.

Parties usitées. — Les fruits, le bois.

Récolte. — Pour être mangées, les cerises sont récoltées à leur maturité; pour les conserver dans du sirop, de l'eau-de-vie, ou pour en faire des confitures, il vaut mieux les cueillir avant qu'elles soient parfaitement mûres; on les confit quelquefois au sucre, puis on les fait sécher; dans les ménages on les fait sécher sans les confire. Le bois des divers cerisiers est préféré par les ébénistes et les tourneurs lorsqu'il a été coupé l'hiver.

Composition chimique. — Les feuilles, les fleurs, les amandes et toutes les parties vertes des cerisiers répandent, lorsqu'on les froisse, une forte odeur d'amandes amères, due à la formation de l'essence d'amandes amères, ainsi qu'à celle de l'acide cyanhydrique; il est très-probable que ces principes ne préexistent pas, car l'odeur ne se fait bien sentir que lorsqu'on brise les feuilles; il se passe certainement là un fait analogue à celui dont nous avons parlé en traitant des amandes amères (voyez ce mot). Toutefois il est des cerisiers, et notamment le *C. Mahaleb* ou Sainte-Lucie, dans lequel les fleurs présentent, lorsqu'elles sont intactes, l'odeur prononcée d'amandes amères.

Tous les *cerasus* sont atteints d'une maladie qu'on nomme la gomme, dans laquelle ils laissent exsuder une matière rougeâtre,

gommeuse, formée de *cérasine* dont nous avons parlé ; ce produit
constitue la *gomme du pays* ou *gomme de France* (*gummi nostras*)
fournie d'ailleurs par tous les arbres à noyaux.

Les cerises renferment de la pectine, de l'acide pectique, de l'acide
malique et de l'acide citrique, et enfin du sucre.

Usages. — L'écorce de cerisier a été proposée comme fébrifuge,
mais elle est abandonnée aujourd'hui. Les queues de cerises sont
un remède vulgaire comme diurétiques ; elles sont recommandées
en infusion contre l'hématurie. Les fruits servent à préparer un
sirop rafraîchissant et tempérant. On employait autrefois l'eau distillée de cerises noires, qui n'est plus usitée, quoiqu'elle fût assez
active ; on l'a remplacée par l'eau de laurier-cerise. Les feuilles de
merisier sont employées comme thé dans le Nord.

Avec les fruits des divers cerisiers, mais plus particulièrement
avec les merises, on prépare la liqueur spiritueuse, et aussi claire et
transparente que l'eau la plus limpide, que l'on connaît sous le nom
de *kirsch* et *kirschen-wasser*. C'est dans la Forêt-Noire, en Allemagne ;
dans les cantons de Berne et de Bâle, en Suisse ; dans les départements de la Meurthe, de la Meuse, des Vosges, du Doubs, de la Haute-
Saône, en France, qu'on en distille le plus. La merise noire sauvage
passe pour donner le meilleur kirsch, et après elle les merises rouges
et les guignes passent pour fournir la liqueur alcoolique la plus forte.
Celle qu'on retire des cerises acides est d'une qualité inférieure. On
écrase les fruits, on pile en partie les noyaux, on laisse fermenter et
on distille avec précaution : c'est la préparation du véritable kirsch.
On fabrique des qualités inférieures en délayant le marc de l'opération précédente dans de l'eau, en pilant tous les noyaux, en ajoutant
du sucre, et en faisant fermenter pour distiller ensuite. Quelquefois
on se borne à distiller de l'alcool de betterave avec le marc de cerises. Enfin on fabrique artificiellement du kirsch avec des alcools
du Nord coupés d'eau de laurier-cerise, ou avec un mélange d'alcool
et d'eau additionnés d'essence d'amande amère. Avec une petite cerise acide, nommée *Marasca* en Italie, on fait le marasquin, liqueur
alcoolique beaucoup plus douce que le kirsch. On obtient cette liqueur en écrasant les fruits de manière à casser les noyaux et les
amandes ; en y mêlant un centième de leur poids de miel, et en les
distillant quand ils commencent à éprouver le même degré de fermentation que subit le raisin destiné à faire le vin : on rectifie au

bain-marie jusqu'à ce que l'alcool soit dépouillé de tout corps hétérogène ; on fait ensuite fondre du sucre blanc dans une quantité suffisante d'eau simple ; on le mêle avec l'esprit et on laisse vieillir. Le bon et vrai marasquin est rare.

Les bois des cerisiers sont très-recherchés par les ébénistes, les écorces par les tanneurs.

## CÉVADILLE

*Veratrum Sabadilla* Retz.
(Mélanthacées – Vératrées.)

La Cévadille est une plante vivace, à rhizome tubéreux, charnu, allongé, émettant des racines fibreuses. La tige aérienne porte des feuilles alternes, ovales, acuminées, plissées longitudinalement. Les fleurs, pourpre noirâtre, sont groupées en épi terminal un peu penché et unilatéral. Elles présentent un périanthe ou calice, à six divisions ovales, disposées sur deux rangs ; six étamines à filets élargis à la base et insérés sur la partie inférieure du calice ; un pistil composé de trois ovaires uniloculaires, multiovulés, à style très-court terminé par un stigmate simple. Le fruit consiste en trois follicules capsulaires, oblongs, déhiscents à la face interne, renfermant deux ou trois graines oblongues et tronquées au sommet.

Habitat. — Cette plante est originaire du Mexique.

Culture. — La cévadille demande une terre fraîche et une exposition chaude. On la multiplie de graines semées sur couche, ou d'éclats de rhizomes faits au printemps.

Parties usitées. — Les fruits.

Récolte. — Longtemps on n'a connu de la cévadille que des débris de fleurs, les capsules et les graines, seules parties de la plante que l'on employât en médecine et que le commerce apportât en Europe. Quelques auteurs, parmi lesquels Willdenow, attribuaient ces produits à une espèce de la Chine. M. Asa Gray avait pensé que le *Veratrum Sabadilla* de Retzius devait probablement former un genre à part. M. Lindley a proposé, en effet, d'en faire le type de son nouveau genre *Asagræa*. Telle que le commerce nous la fournit, la cévadille est formée par un fruit capsulaire d'un rouge brunâtre, à loges ouvertes par le haut, contenant des graines noirâtres, allongées, pointues, recourbées au sommet, qui sont amères, âcres, irritantes, fortement sternutatoires et purgatives.

Composition chimique. — La cévadille a été analysée par MM. Pelletier et Caventou : elle contient de la matière grasse, de l'acide cévadique, de la cire, du gallate acide de vératrine, une matière colorante jaune, de la gomme ; M. Merk en a isolé un acide volatil qu'il a nommé *acide vératrique*.

La vératrine découverte par MM. Pelletier et Caventou paraît exister seule dans la cévadille ; elle est accompagnée d'un autre alcaloïde dans l'ellébore blanc, la *Jervine*, et le colchique contient une base organique différente, la *Colchicine*, dont nous avons parlé à l'article Colchique ; toutes ces bases, autrefois confondues, sont aujourd'hui parfaitement distinctes.

D'après M. Couerbe la vératrine obtenue par MM. Pelletier et Caventou serait un mélange de plusieurs substances : 1° une matière grasse, poisseuse, qui lui communique sa grande fusibilité, 2° une matière brune, insoluble dans l'éther et dans l'eau, soluble dans les acides sans les neutraliser et qu'on a nommée *Vératrin*, 3° une troisième matière, que l'on croit être un alcaloïde cristallisable, et que M. Couerbe a nommée *Sabadilline ;* elle est très-âcre, elle fond à 200°, se dissout dans l'eau bouillante, est insoluble dans l'éther et très-soluble dans l'alcool ; mais d'après M. E. Simon, cette prétendue sabadilline serait un mélange de résine, de soude et de vératrine.

D'après Schmidt et Kœpper, la vératrine pure doit être représentée par $C^{32} H^{30} Az O^9$ ; elle est cristalline, verdâtre, fusible, insoluble dans l'eau, peu soluble dans l'éther et très-soluble dans l'alcool ; elle est très-vénéneuse, irrite fortement la membrane pituitaire et provoque des éternuements ; par l'acide sulfurique, elle est colorée en jaune, puis en rouge ; elle forme avec les acides des sels amers, vénéneux, difficilement cristallisables.

*L'acide cévadique* de MM. Pelletier et Caventou est blanc nacré, d'une odeur repoussante ; il forme des aiguilles blanches fusibles, volatiles, solubles dans l'eau, l'alcool et l'éther.

*L'acide vératrique* de M. Merk peut être représenté par $C^9 H^{10} O^4$ ; il cristallise en aiguilles quadrilatères, fusibles, volatiles, solubles dans l'eau et dans l'alcool, insolubles dans l'éther.

Usages. — C'est en 1522 que Monard fit connaître la cévadille ; Brera et Willemet ont constaté ses propriétés toxiques ; elle a été employée comme anthelminthique ; Losceline et Seeliger l'ont administrée contre les ascarides lombricoïdes ; Schmucker l a préconisée contre le tænia, Brewer et Bremser en firent souvent usage comme tænifuge ; mais, quoiqu'on l'ait toujours administrée à faible dose, on a eu souvent à constater des accidents qui ont fait renoncer à son emploi.

Sous le nom de *poudre de capucin*, on fait souvent usage dans les campagnes de la cévadille pulvérisée pour tuer les poux de tête ; on en saupoudre les cheveux, on en fait une pommade avec de l'axonge ; mais cet usage n'est pas sans danger, surtout lorsqu'il y a des gourmes ou des pustules teigneuses sur le cuir chevelu ; on lui substitue avec avantages la poudre de staphisaigre ; on a aussi employé la poudre de cévadille pour faire périr les punaises, et à la dose de 1 à 2 grammes contre l'épizootie des chiens.

Le docteur Bardsley a employé la cévadille contre les douleurs goutteuses et rhumatismales ; aujourd'hui on lui préfère généralement la vératrine.

La vératrine est un éméto-cathartique très-puissant ; elle détermine aussi une sécrétion très-abondante des glandes salivaires et nasales et des reins, et rarement des glandes sudoripares ; elle accélère d'abord les mouvements du cœur et la respiration, puis elle les ralentit et arrête le cœur en diastole, après avoir déterminé une altération manifeste du sang. Elle abaisse la température d'une façon manifeste. Elle détermine d'abord une excitation plus ou moins manifeste des muscles de relation pouvant aller jusqu'à la contracture ; puis elle les paralyse, exerçant ainsi une action opposée à celle de la strychnine. Cependant, la motricité des nerfs n'est pas influencée ; elle agit directement par l'intermédiaire du sang sur la fibre musculaire. Avec la paralysie des muscles, on voit se produire de l'anesthésie et de l'analgésie. L'intelligence n'est pas troublée. Ces propriétés font de la vératrine un médicament puissant, mais dont il est nécessaire de surveiller attentivement les effets. Elle peut être considérée comme l'antagoniste de la strychnine.

M. Piédagnel a employé avec succès la vératrine au traitement du rhumatisme articulaire aigu ; M. Aran, encouragé par les succès obtenus par lui dans les affections franchement inflammatoires, comme le rhumatisme articulaire, la pneumonie, les angines, la pleurésie, l'a employée contre les fièvres éruptives, telles que la variole et la scarlatine, ainsi que dans la fièvre typhoïde; mais MM. Trousseau et Pidoux l'ont exclue comme médication générale du traitement des fièvres éruptives et typhoïdes, tandis qu'ils reconnaissent les services qu'elle peut rendre dans les affections goutteuses et rhumatismales; dans tous les cas, elle doit être administrée avec la plus grande prudence.

## CHANTERELLE

*Cantharellus cibarius* Fries. *Agaricus cantharellus* L. *Merulius* Per..
(Champignons-Agaricinées.)

Le genre Chanterelle, intermédiaire entre les Agarics et les Mérules, renferme des champignons recouverts, sur l'une de leurs faces, d'un hyménium formé de lames en forme de plis, charnues, épaisses, ramifiées et à tranche obtuse; le pédicule est nu, et manque quelquefois. Ils se distinguent des agarics et des amanites, en ce qu'ils n'ont jamais ni volva ni anneau, que leur substance est généralement plus ferme, plus homogène, et que les individus se dessèchent assez facilement.

La chanterelle comestible (*C. cibarius* Fries) est un champignon d'une couleur chamois assez variable. Le pédicule, plein, charnu, épais, se dilate au sommet en un chapeau irrégulier, d'abord arrondi et convexe, puis en entonnoir, sinueux et déchiqueté sur les bords, à face inférieure marquée de plis bifurqués et décurrents sur le pédicule.

On trouve une variété de ce champignon caractérisée par sa couleur entièrement blanche.

On remarque aussi dans ce genre les chanterelles orangées (*C. aurantiacus* Fries, *Merulius aurantiacus* Pers.), cendrée (*C. cinereus* Fries, *Merulius cinereus* Pers.), en entonnoir (*C. infundibuliformis* Fries, *Merulius tubæformis*, Pers.), etc.

Habitat. — Ces champignons sont communs dans les bois et les forêts de presque toutes les régions de l'Europe. On les trouve plus particulièrement durant l'été, et quelquefois aussi au printemps ou à l'automne.

Parties usitées. — Toute la plante.

Récolte.—La chanterelle, nommée aussi *Girolle, Jaunet, Jaunelet,*

*Lécassine*, *Chevrette*, *Cassine*, etc., est extrèmement commune dans les bois ; c'est le premier champignon que l'on recherche au printemps, et il est un des derniers à disparaître ; il vient dans les bois, les lieux ombragés, sur les terres légères, sablonneuses ; on le trouve rarement isolé, toujours par groupes plus ou moins nombreux ; il est très-facile à reconnaître et ne peut être confondu avec aucun autre champignon ; au premier aspect il ressemble à l'hydne sinuée, *hydnum repandum*, mais celle-ci se distingue facilement par sa couleur moins jaune, par son pédoncule excentrique et surtout par les pointes pendantes ressemblant aux papilles de la langue de bœuf que l'on trouve sous le chapeau ; enfin la forme d'entonnoir est beaucoup plus prononcée dans la chanterelle que dans l'hydne ; de plus, le chapeau porte à sa face inférieure des feuillets sinueux très-rapprochés, et non des pointes ; entre les feuillets de la chanterelle on trouve souvent des insectes, des débris de substances organiques ; il est donc très-important de les nettoyer et de les laver avant de les manger ; mais après les lavages, il faut avoir le soin de les bien égoutter.

Composition chimique. — L'analyse chimique a démontré qu'il existait une différence entre la composition du pédoncule et du chapeau des champignons ; dans la chanterelle cette différence ne peut être faite, parce que la ligne de démarcation entre les deux parties n'est nullement tranchée ; la chanterelle contient en moyenne 84 à 86 pour 100 d'eau, elle renferme de la mannite en assez grande quantité ; par l'éther on en extrait une matière grasse un peu âcre, très-odorante, et dont l'odeur rappelle un peu celle du citron (Reveil).

Usages. — La chanterelle n'a reçu aucune application en médecine ; elle est extrêmement employée comme aliment, quoique moins délicate que l'agaric de couche, les bolets et surtout les oronges ; mais les habitants des campagnes en mangent beaucoup, parce qu'elle est très-abondante et facile à reconnaître ; c'est parmi les champignons jaunes, le seul que nous connaissions dont les feuillets du chapeau se prolongent sur le pédoncule, dont ils peuvent atteindre jusqu'à la moitié.

Quoique le genre *Cantharellus* soit composé d'espèces qui paraissent dépourvues d'âcreté et de propriétés vénéneuses, elles sont peu estimées, parce qu'elles sont coriaces et membraneuses ; la chanterelle commune seule est culinaire; on la mange frite dans l'huile, dans la graisse ou dans le beurre; aromatisée d'un peu d'ail ou de persil, c'est sous la forme d'omelette qu'elle est préférable; on l'emploie pour assaisonner les sauces.

## CHANVRE

*Cannabis sativa* L.
(Urticées-Cannabinées.)

Le Chanvre est une plante annuelle, à racine pivotante, un peu fibreuse. La tige, haute de 1 à 4 mètres, cylindrique, droite, simple, rude au toucher, porte des feuilles alternes, pétiolées, digitées, à cinq folioles lancéolées, étroites, très-aiguës, dentées en scie, pubescentes, d'un vert pâle en dessous. Les fleurs sont verdâtres et dioïques. Les mâles, formant de petites grappes à l'aisselle des feuilles supérieures, sont presque sessiles, et présentent un calice à cinq sépales étalés, lancéolés, étroits, et cinq étamines à filets très-courts et à anthères très-grosses. Les femelles, groupées en fascicules serrés à l'aisselle des feuilles supérieures, sont sessiles et ont un calice globuleux à la base, s'ouvrant latéralement au sommet, et un ovaire simple, à une seule loge uniovulée, surmonté de deux styles et de deux stigmates subulés. Le fruit est un akène ovoïde, crustacé, lisse, grisâtre, entouré par le calice, et contenant une amande blanche et huileuse.

HABITAT. — Originaire de l'Asie méridionale, le chanvre est aujourd'hui cultivé en grand dans toutes les régions de l'Europe.

PARTIES USITÉES. — La tige, les feuilles, l'inflorescence, les graines.

RÉCOLTE. — Pour les usages de la médecine, on cueille les feuilles de chanvre au moment de la floraison; on les fait dessécher à l'ombre; la dessiccation lui enlève une partie de ses propriétés. Les graines, destinées à divers usages, sont cueillies mûres; on les conserve dans des lieux secs.

Pour les usages économiques, on récolte les pieds femelles de chanvre au moment de la fructification; les pieds mâles acquièrent trop de développement; on en laisse subsister quelques pieds seulement autour des champs pour opérer la fécondation. Pour ne point briser le chanvre en le cueillant, il faut le tirer droit hors de terre brin à brin; on en fait des poignées que l'on secoue pour détacher la terre; on y met deux liens; ils sont portés hors de la chenevière, et on coupe les racines un peu au-dessus du collet; puis, avec un instrument en bois, on abat la couronne de feuilles qui termine chaque poignée. Le chanvre mâle se récolte plus tôt. On procède ensuite au *Rouissage*, qui consiste à faire macérer ces paquets dans une eau dormante ou courante; dans ce dernier cas surtout, cette opération cause l'insalubrité des pays où on la pratique, et détermine des fièvres intermittentes endémiques. Aussi est-il défendu d'établir des *Routoirs* auprès des habitations et dans les rivières qui servent à la boisson de l'homme et des animaux. Le chanvre est roui lorsque la filasse qui constitue l'écorce se détache de la tige, vulgairement appelée *Chenevotte*.

En retirant le chanvre du rouissoir, on le lave pour enlever la vase et la matière glutineuse qui le recouvre; on le fait sécher en gerbes debout au soleil; on le renferme dans des greniers, des granges, ou autres lieux secs et aérés, et pendant l'hiver on le teille; si la récolte est considérable, on le soumet à l'action très-rapide de la *Maque*.

La filasse obtenue est ensuite passée au *Seran*, sorte de peigne en fer; puis on la met en bottes, et on la conserve pour la fabrication des cordages, des voiles pour les navires; ou bien, en le peignant plus finement, on en fait des toiles aussi fines et aussi moelleuses que celles du lin.

Les inflorescences sont récoltées au moment de leur entier développement. On les fait sécher. Celles qui nous viennent de l'Inde sont comprimées pour faciliter leur conservation; elles constituent alors le *Haschisch*.

COMPOSITION CHIMIQUE. — Le chanvre a été analysé par M. Personne, qui en a isolé deux huiles essentielles : l'une, le *Cannabène* $C^{18}H^{20}$, bout à 95°, et l'autre, $C^{18}H^{22}$, serait un hydrure de cannabène. La substance résineuse du chanvre a reçu le nom de *cannabine*; elle est molle, à odeur vireuse, soluble dans l'alcool, l'éther, etc.

La graine de chanvre ou chènevis donne 15 à 25 pour 100 d'huile. D'après M. Boussingault, cette graine contient : huile, 33,6; matières organiques non azotées, 23,6; matières organiques azotées, 16,3; ligneux, 12,1; sels, 2,2; eau, 12,2. D'après MM. Soubeiran et Girardin, le tourteau contient : huile, 6,3 ; matières organiques, 69,4 ; sels, 10,5 ; eau, 13,8.

L'industrie apprécie, dans le chanvre, la matière fibreuse, qui est formée de cellulose et de matières incrustantes.

La médecine y recherche les principes actifs. La résine du chanvre indien est récoltée par un procédé assez singulier. Des hommes recouverts d'un vêtement en cuir parcourent les champs de chanvre en se frottant, autant que possible, contre les plantes ; la résine molle adhère au cuir, d'où elle est séparée et disposée en petites boules, que l'on nomme *Churrus* et *Cherris*. En Perse, le churrus s'obtient en exprimant la plante pilée dans une toile grossière. La résine adhère au tissu d'où on la détache. La plante sèche est vendue pour les fumeurs sous les noms de *Gauja*, *Gunjah* et de *Bang*. Le *Haschisch* est l'inflorescence. Ce mot veut dire *Herbe* ; mais on a donné aussi ce nom à l'extrait que l'on prépare avec du beurre et de l'eau. Le *Dawamesch* est un électuaire fait avec cet extrait gras, du miel, des aromates, des pistaches et quelquefois des cantharides. L'e xtrait alcoolique obtenu en épuisant le haschisch par l'alcool à 80° et faisant évaporer, a reçu le nom de *Haschischine*.

M. Hay a extrait récemment du *Cannabis indica* un alcaloïde cristallisable en aiguilles incolores, très-soluble dans l'eau et dans l'alcool, auquel il a donné le nom de *tétano-cannabine*, parce que ses propriétés physiologiques sont tout à fait analogues à celles de la strychnine. Ce corps est encore imparfaitement connu.

Usages. — Tous nos paysans savent qu'il y a danger à s'endormir dans un champ de chanvre. Les propriétés de cette plante sont extrêmement prononcées. L'huile de chènevis a été conseillée comme laxative corroborante et contre la galactorrhée et les engorgements laiteux. Elle est peu employée.

Les nègres du Brésil, les Hottentots, les mahométans de l'Inde, les Mahrates font usage des préparations de chanvre pour se procurer des hallucinations et des rêves agréables. Il est probable que le breuvage dont se servait le Vieux de la Montagne pour exalter les *Haschischins* et le *Nepenthès* dont parle Homère avaient le *Haschisch* pour base.

Malgré les espérances que l'on avait conçues sur l'emploi du haschisch, ou de ses préparations, en médecine, il est aujourd'hui tout à fait abandonné, en France, du moins ; c'est cependant une substance très-active, dont les effets physiologiques sont des plus remarquables.

On a fait, pendant ces dernières années, des expériences intéressantes sur l'emploi en thérapeutique de l'extrait de chanvre, comme sédatif du système nerveux ; son action est analogue à celle de l'opium ; mais il est supérieur à l'opium, parce qu'il ne détermine ni congestion ni constipation. Le tannate de cannabine, plus facile à administrer, jouit des mêmes propriétés ; il remplace avantageusement, dans certains cas, la morphine. C'est surtout dans la thérapeutique des enfants que l'extrait de chanvre peut rendre des services importants, en remplacement de l'opium qui agit trop énergiquement sur les enfants.

La teinture alcoolique de chanvre indica a été également employée avec succès pour combattre les hémorrhagies.

Si l'on en croit M. Preobrachenski, les propriétés narcotiques du chanvre seraient dues à la présence dans cette plante de la *nicotine ;* mais cette assertion a besoin d'être confirmée.

## CHARAGNE

*Chara hispida* et *fœtida* L.
(Characées.)

**La grande Charagne** (*C. hispida* L.) est une plante monoïque, à tiges opaques, très-fragiles après la dessiccation, longues de $0^m,30$ à $0^m,80$, opaques, robustes, assez grosses, sillonnées-tordues, grisâtres ou gris verdâtre, articulées, dépourvues de véritables feuilles, munies surtout dans leur partie supérieure de longues papilles plus ou moins fasciculées ; elles portent à chaque nœud des ramuscules verticillés, simples, présentant le long de leur face interne les organes reproducteurs, renfermés dans des involucres espacés. Ces organes sont de deux sortes : les *sporanges*, ovoïdes, solitaires au centre des involucres et entourés par les bractées ; les *anthéridies*, solitaires au-dessous des involucres, et reconnaissables à leur belle couleur rouge.

**La charagne commune** (*C. fœtida* L., *C. vulgaris* Smith) se distingue de la précédente par ses tiges moitié plus courtes, grêles, grisâtres, striées, et par ses bractées plus longues.

La Charagne fragile (*C. fragilis* Desvx, *C. vulgaris* L. non Smith, *C. pulchella* Wallhr.) a des tiges de 0^m,20 à 0^m,60, grêles, striées, vertes, dépourvues de papilles, et les sporanges plus longs que les bractées.

Toutes ces espèces présentent des variétés plus ou moins nombreuses, qui rendent souvent leur détermination assez difficile.

Habitat. — Les charagnes sont communes dans toutes les régions de l'Europe. Elles habitent les eaux stagnantes ou peu rapides, les mares, les canaux, les étangs, les fossés tourbeux, etc. Elles paraissent affectionner particulièrement le séjour des eaux calcaires, et le plus souvent on trouve leurs tiges et leurs rameaux incrustés de matières crétacées.

Parties usitées. — Toute la plante.

Récolte. — On peut récolter les charas à toutes les epoques ; ils s'altèrent promptement quand ils sont hors de l'eau.

Composition chimique. — La croûte calcaire dont les charas sont entourés est cristalline, quoique formant une enveloppe organique. D'après Brewster (*Bulletin* de Férussac, IV, 220), elle jouit de la double réfraction et de la polarisation, ainsi que de la propriété d'être phosphorescente dans l'obscurité. Certains charas ont une odeur fétide qui se répand dans les localités où ils sont abondants ; ils croissent avec rapidité, surtout les espèces à croûtes.

D'après MM. Chevalier et Lassaigne, la charagne commune contiendrait une matière animale dont les propriétés semblent la distinguer des autres connues jusqu'à présent ; une matière huileuse d'une couleur verte et d'une saveur poissonneuse (*Journ. de Pharm.*, IV, 153). Par l'expression du suc et probablement de beaucoup d'autres substances, il se dépose une fécule verte très-riche en carbonate de chaux.

Usages. — Bien que les charagnes ne soient pas employées en médecine, on a dit que l'odeur désagréable qu'elles dégagent convenait aux phthisiques. Le nom d'*Herbes à écurer* qui leur a été donné, vient de ce qu'on les emploie quelquefois pour fourbir, à cause de l'enveloppe dure, calcaire, granuleuse qui les entoure. D'après Bosc, les poissons se plaisent dans les eaux où croissent les charagnes. Elles sont, dit-on, utiles aux sangsues pour les aider à se débarrasser de leur épiderme.

Les Charas se multiplient asexuellement ou à l'aide d'organes reproducteurs mâles et femelles. La reproduction asexuée s'effectue, à l'aide de rameaux souterrains qui se détachent et produisent des plantes nouvelles.

Les organes mâles sont des *anthérozoïdes* ou cellules se mouvant à l'aide de cils vibratiles ; ils sont contenus dans des *anthéridies* à organisation très-complexe, colorés en rouge vif.

Les organes femelles, désignés sous le nom d'*oogemmes*, sont remarquables par leurs parois, qui sont constituées par des cellules allongées et contournées en spirale. Au centre de cette paroi se trouve une petite colonne cylindrique, formée de cellules juxtaposées bout à bout. C'est la cellule terminale de ce petit axe qui constitue l'élément femelle ou oospore. Après sa fécondation la cellule femelle germe et donne naissance à un filament cellulaire désigné sous le nom de *protonéma*. L'articulation inférieure de ce filament produit des poils radiculaires qui le fixent au sol. C'est à l'extrémité supérieure du protonéma que se développe la plante.

Toute la longueur des entre-nœuds des charagnes est occupée par une seule cellule végétale, comme un long cylindre qui paraît tordu sur son axe ; cette torsion est indiquée par les séries parallèles de granules verts qui tapissent à l'intérieur la membrane diaphane de cette longue cellule, et qui sont dirigées un peu obliquement ou en spirales lâches.

Ces grains verts sont ovoïdes, inégaux, longs de $0^m,004$, et marqués quelquefois d'un petit point rouge ; quelques-uns, plus allongés, paraissent formés par la soudure des globules primitifs. Pendant la vie, tant que l'entre-nœud n'a pas été blessé, on aperçoit au microscope un phénomène des plus remarquables : le liquide mucilagineux diaphane qui remplit la cellule se meut uniformément le long des bandes de granules verts ; ce mouvement régulier a été désigné sous le nom de *giration*. Il n'y a réellement qu'un courant qui ne pourrait être vu directement si le liquide n'entraînait sans cesse avec lui des masses de substance mucilagineuse détachée des parois ; mais il peut être décomposé en quatre courants : l'un descendant, l'autre ascendant ; un troisième qui va de droite à gauche, et le dernier de gauche à droite ; le liquide charrie en même temps des granules verts. Dans la racine et dans la tige très-jeunes, le mouvement a lieu sans granules verts ; on le distingue par l'amas de substances mucilagineuses entraînées par le courant.

# CHARDON-MARIE

*Silybum Marianum* Gærtn. *Carduus Marianus* L.
(Composées-Cynarées.)

Le Chardon-Marie, appelé aussi Chardon argenté, Artichaut sauvage, est une grande et belle plante annuelle ou bisannuelle, à racines
pivotantes, fibreuses. La tige, haute de $0^m,50$ à 1 mètre et plus, cylindrique, robuste, dressée, légèrement pubescente, rarement simple,
plus souvent rameuse, surtout à la partie supérieure, porte des
feuilles alternes, très-grandes, presque glabres ou un peu pubescentes
en dessous, luisantes, marbrées de blanc surtout le long des nervures, pinnatifides ou sinuées, à lobes courts anguleux, ciliés-épi-
neux; les radicales atténuées à la base en pétiole; les caulinaires
auriculées, amplexicaules, un peu décurrentes. Les fleurs, purpurines, sont groupées en capitules arrondis, très-gros, placés à l'extrémité de la tige et des rameaux, et entourés d'un involucre à
écailles imbriquées, un peu divariquées dans leur partie supérieure.
Le réceptacle est hérissé de soies. Chaque fleur présente un calice
en aigrette composée de longues soies, soudées en anneau à la base,
caduque et se détachant d'une seule pièce; une corolle tubuleuse,
régulière, à cinq dents; cinq étamines, à filets pubescents-papilleux,
soudés en tube; un ovaire simple, infère, surmonté d'un style renflé
en nœud à sa partie supérieure. Le fruit est un akène un peu comprimé, lisse, surmonté d'une aigrette caduque à soies scabres.

Habitat. — Cette plante est commune dans les régions chaudes et
tempérées de l'Europe. On la trouve dans les lieux incultes, au bord
des chemins, au voisinage des habitations, etc.

Culture. — Le chardon-marie, étant assez abondant à l'état sauvage, n'est cultivé que dans les jardins botaniques, et quelquefois
aussi dans les massifs d'agrément. On le propage facilement par ses
graines, semées en place en avril.

Parties usitées. — Les racines, rarement les feuilles, les fruits.

Récolte. — Les feuilles du chardon-marie ont été souvent employées comme aliment; on les récolte alors très-jeunes et on les débarrasse de leurs épines, qu'elles tendent d'ailleurs à perdre par la
culture ou même lorsque la plante pousse dans un lieu bien engraissé;
on a également mangé les réceptacles charnus et les tiges cuits dans
l'eau, en friture ou en salade. Les feuilles sont faciles à dessécher,

les racines sont longues, épaisses, fibreuses, cylindriques; on les arrache à l'automne, après les avoir lavées pour les débarrasser de la
terre, on les coupe par morceaux de 1 à 2 centimètres le long et on
les fait sécher; d'autres fois on les conserve entières.

COMPOSITION CHIMIQUE. — Le chardon-marie n'a pas été analysé; on
sait seulement que toute la plante est riche en tannin et en quercitrin; elle abonde en principe amer; les réceptacles, comme ceux
de l'artichaut, doivent contenir de l'inuline; peut-être aussi trouve-
rait-on dans les différentes parties de la plante le *Cnicin*, dont nous
avons parlé à l'article CENTAURÉE (Voyez ce mot) ou la cynarine de
l'artichaut.

USAGES. —Matthiole considérait la racine de chardon-marie comme
un excellent hydragogue; on l'employait contre l'hydropisie, la jaunisse, les maladies des voies urinaires; la racine était regardée comme
pectorale et apéritive; les feuilles comme toniques et amères. Macquart les prescrivait contre la leucorrhée; on a attribué aux fruits
des propriétés anti-pleurétiques, on les administrait en poudre ou
sous forme d'émulsions, mais c'est avec raison que Triller traite ces
prétendues propriétés de ridicules; il en est de même de leur emploi
contre l'hydrophobie annoncé par Licidanus (Ferrein, *Mat. méd.*,
t. II, p. 165) comme très-efficace; ils ne méritent pas plus cette
réputation que celle qu'on leur a donnée de guérir la scrofule, les
fièvres intermittentes, etc. Aujourd'hui le chardon-marie est tout à
fait inusité.

M. Lange a récemment préconisé la décoction des semences (fruits),
à la dose de 20 grammes pour 180 grammes d'eau, contre les hémorrhagies; il est vrai que ce médecin ajoute au liquide 4 grammes
d'acide sulfurique.

Le nom de *C. lacteus* avait été donné au chardon-marie, parce que,
d'après une ancienne superstition, les taches blanches que l'on trouve
sur les feuilles seraient dues à des gouttes de lait tombées du sein
de la Vierge. Le *C. acarna* L. était considéré autrefois comme sudorifique et apéritif. Le *C. Casabonæ* L., nommé encore *polyacantha*,
à cause de la quantité d'épines qui couvrent ses feuilles, est commun
en Italie et en Provence; il jouit des mêmes propriétés; d'après
J. Bauhin ses fleurs seraient coagulantes du lait. Enfin le *C. arvensis*
Auct. ou chardon hémorrhoïdal porte souvent sur la tige, les feuilles
ou sur les pétioles des galles auxquelles on a attribué la propriété de

guérir les hémorrhoïdes, lorsqu'on les portait en amulettes. Il nous arrive souvent de rire de ces anciennes croyances; nous en voyons tous les jours qui sont répandues et acceptées, et qui n'en sont pas moins absurdes.

## CHAULMOOGRA

(Voyez le *Supplément* du T. I.)

## CHAVIQUE

*Chavica Betle, officinarum, siriboa,* etc. Miq.
(Pipéracées.)

Le genre Chavique (*Chavica* Miq.), formé aux dépens du grand genre poivrier (*Piper* L.), renferme des arbustes et arbrisseaux à tige noueuse, grimpante, à feuilles alternes, pétiolées, coriaces ou membraneuses, de formes différentes suivant les espèces. Les fleurs sont dioïques et disposées en chatons très-serrés : les mâles moins nombreux, les femelles plus denses, et les fructifères renflés. Plusieurs fleurs mâles, situées à l'aisselle d'une écaille peltée, et présentant deux à dix étamines, à filets courts, à anthères portées par un connectif épais, entourent chaque fleur femelle, dont l'ovaire est surmonté de plusieurs stigmates. Les fruits sont des baies très-aromatiques, pulpeuses, très-serrées, un peu soudées, sessiles, oblongues, obovales, anguleuses, et surmontées des restes des stigmates.

Le bétel (*C. betle* Miq., *Piper betle* ou *betel* L.) est caractérisé par ses tiges flexibles, sous-ligneuses, rampantes ou grimpantes; ses feuilles à pétiole ailé, à limbe cordiforme, ovale, aigu, bidenté, marqué de sept nervures; ses fleurs en épis pendants.

Le poivre long (*C. officinarum* Miq., *Piper longum* Rumph. *non* L.) est aussi un arbuste grimpant, à tige noueuse, qui s'élève très-haut et porte des baies rouges, dont la pulpe est molle et douce au goût, tandis que les graines ont une saveur brûlante.

Le siriboa (*C. siriboa* Miq., *Piper siriboa* L.), le chaba (*C. chaba* Miq.), une autre espèce connue sous le nom de poivre long (*C. Roxburghii* Miq., *Piper longum* L. *non* Rumph.) ressemblent plus ou moins aux précédentes.

Habitat. — Ces diverses espèces se trouvent dans l'Asie méridionale, au Bengale, dans les îles de la Sonde, les Moluques, etc.

Culture. — Cultivées en grand sous leur climat natal, les *Chavica* se rencontrent quelquefois dans nos serres chaudes, où on les propage facilement de boutures faites en terre légère et humide.

PARTIES USITÉES. — Les feuilles, les fruits.

RÉCOLTE. — Les feuilles du poivre bétel ne se trouvent pas dans le commerce, mais seulement dans les collections de matière médicale; le poivre long, au contraire, y est très-commun; c'est le fruit que l'on emploie; il est formé par un grand nombre d'ovaires qui ont appartenu à des fleurs distinctes, rangées autour d'un axe commun, soudées les unes aux autres par l'intermédiaire des enveloppes florales, de manière à simuler un seul fruit; dans le commerce il présente la grosseur d'une plume de corbeau; il est sec, dur, pesant, tubuleux, d'un gris noirâtre; chaque tubercule représente un fruit contenant une graine rouge ou noirâtre, blanche à l'intérieur, avec un double albumen; sa saveur est âcre et brûlante.

COMPOSITION CHIMIQUE. — Le poivre long contient, d'après Dulong d'Astafort, les mêmes principes que le poivre noir; le principe âcre et actif a été isolé par OErstedt, qui l'a nommé *Pipérin* ou *Pipérine*. La pipérine, $C^{17} H^{19} Az O^{3}$, est blanche; elle cristallise en prismes quadrilatères; elle est insoluble dans l'eau froide, peu soluble dans l'eau bouillante et dans l'éther, très-soluble dans l'alcool; elle est fusible, et forme avec les acides énergiques des combinaisons qui sont détruites par l'eau, c'est donc une base organique très-faible; l'acide azotique la transforme en *pipéridine*, $C^{5} H^{11} Az$.

USAGES. — Le bétel que mâchent continuellement les Indiens est un mélange d'un quart environ de feuilles de bétel, un quart de chaux vive, et moitié de noix d'arec; ce masticatoire est devenu pour les habitants des contrées équatoriales un objet de première nécessité; on le mâche pendant les visites, on l'offre en présent renfermé dans des bourses de soie; on en tient dans la bouche et à la main en parlant aux grands; les femmes sont passionnées pour cette drogue. Il donne à la salive, aux dents et à la langue une couleur rouge-brique; il stimule les glandes salivaires et les organes digestifs, diminue la transpiration cutanée, mais il corrode rapidement les dents; d'après Péron, Hallé et Nysten, les Européens, à leur arrivée dans les pays chauds, doivent faire usage de ce masticatoire s'ils veulent conserver leur santé; cependant on peut se demander si cette irritation vive, cette phlegmasie permanente que détermine le bétel sur les organes de la digestion, n'est pas plutôt nuisible qu'utile, et Chaumetou croit que c'est à l'usage immodéré de cette drogue que l'illustre Péron dut sa mort prématurée, tandis qu'Adanson conserva sa santé en se privant de vin et en faisant usage de la décoction émolliente du baobab pendant son long séjour au Sénégal.

Dans l'Inde, et aux îles Moluques, le suc des feuilles de bétel est prescrit comme fébrifuge à la dose d'une cuillerée à café deux fois par jour; Ainslie ajoute qu'on l'administre, mêlé au musc, dans les congestions des enfants et contre l'hystérie ; les Javanais, qui nomment ces feuilles *Suroo*, les emploient comme nous faisons le tabac ; à Amboine on le remplace par le *P. Siriboa*.

Le *P. longum* croît dans l'Inde et aux Philippines; au Pérou on nomme la plante *Cagascas*, *Buyo* et *Bayo ;* le fruit est employé aux mêmes usages que le poivre noir; on en fait des infusions contre les maux d'estomac; celle-ci, mêlée au miel, est employée sur la côte de Coromandel contre les catarrhes pulmonaires.

La *Pipérine* a été préconisée à faible dose contre les fièvres intermittentes ; mais elle est loin de valoir le quinquina et ses préparations, quoiqu'elle ait paru bien agir dans un grand nombre de cas.

D'après M. Batka, sous le nom de poivre long on emploie dans le commerce les fruits de plusieurs espèces de piper, parmi lesquels il cite le *P. glabrum* Roxb. et ceux du *P. chaba* Hamilt.; aux Philippines, sous le nom de *Perrongnangnito,* on emploie une variété du *P. longum,* d'une saveur brûlante.

## CHÉLIDOINE

*Chelidonium majus* **L.**
(Papavéracées.)

La Chélidoine ou Éclaire est une plante vivace, laissant écouler, quand on la blesse, un suc laiteux, jaunâtre, très-abondant. Sa racine est rouge-brunâtre, oblongue, cylindrique, fibreuse et chevelue. Les tiges, longues de 0ᵐ,35 à 0ᵐ,65, rondes, droites, grêles, rameuses, fragiles, articulées et noueuses, d'un vert tendre, pubescentes, portent des feuilles alternes, pétiolées, ailées, découpées en lobes arrondis, mous, d'un vert glauque et bleuâtre, surtout en dessus. Les fleurs sont jaunes et forment de petits fascicules au sommet des rameaux. Elles présentent un calice à deux sépales ovales, concaves, glabres, caducs; une corolle à quatre pétales étalés en croix, entiers, arrondis au sommet, fugaces ; des étamines nombreuses, égales, jaunes ; un ovaire simple, terminé par un stigmate presque sessile. Le fruit est une capsule en forme de silique linéaire, grêle, uniloculaire, bivalve, contenant des graines noirâtres (Pl. 31).

HABITAT. — Cette plante est très-commune en Europe ; elle croît en abondance dans les lieux secs, incultes et couverts, dans les haies et les décombres, le long des murs, etc. On ne la cultive que dans les jardins botaniques.

PARTIES USITÉES. — Le suc, les racines, la plante et les fleurs.

RÉCOLTE. — On prétend, sans qu'aucune expérience l'ait démontré, que la plante, récoltée dans les lieux secs et arides, sur les vieux murs, est plus active ; il faut la choisir ni trop jeune ni trop grande et avant la floraison ; la dessiccation lui fait perdre de son âcreté, et augmente, dit-on, son amertume. La racine est plus active.

COMPOSITION CHIMIQUE. — La chélidoine fraîche exhale une odeur que Tournefort a comparée à celle des œufs couvés, et Murray à celle de la moisissure septique. La tige et les feuilles contiennent un suc jaune très-âcre qui devient rouge dans les racines ; ce suc est contenu dans des vaisseaux laticifères articulés, c'est-à-dire formés de cellules d'abord distinctes, dont les parois transversales se détruisent ultérieurement. Chevalier et Lassaigne, qui ont analysé la grande chélidoine, y ont trouvé une substance résineuse amère, jaune, une matière gommo-résineuse jaune orange, amère, nauséabonde, du citrate de chaux, du phosphate calcaire, de l'acide malique libre, de l'azotate de potasse, du chlorure de potassium, une substance mucilagineuse, de l'albumine et de la silice. On a trouvé plus récemment dans la chélidoine une base organique que l'on a nommée *chélidonine*.

Elle est amère, solide, incolore, cristallisable, insoluble dans l'eau, soluble dans l'alcool et l'éther ; elle est accompagnée dans la chélidoine d'une autre base, la *chélérythrine*, découverte par MM. Probst et Polex. D'après M. Schiel, elle serait identique avec la *sanguinarine*, que ce chimiste a extraite de la racine de la sanguinaire du Canada, et qui a pour composition $C^{17} H^{15} Az O^4$. Cet alcaloïde est pulvérulent et se colore en rouge par les vapeurs acides ; il forme avec les acides des sels rouges d'une saveur amère et très-solubles dans l'eau.

M. Probst a également trouvé dans la grande chélidoine un acide qu'il a nommé *Chélidonique*, $C^7H^4O^6$; il s'y trouve avec les acides malique et citrique, déjà signalés par MM. Chevalier et Lassaigne. L'acide chélidonique cristallise en aiguilles incolores, allongées, efflorescentes, et solubles dans l'eau, l'alcool et les acides; il est tribasique.

Usages. — Le suc de chélidoine est un caustique populaire pour détruire les verrues. A dose élevée, c'est un poison mortel; il détermine l'inflammation des tissus avec lesquels on le met en contact, et secondairement il agit sur le système nerveux. Dans les empoisonnements des animaux par la chélidoine, on trouve les poumons livides, peu crépitants et gorgés de sang. C'est ce qui a fait dire à Orfila que le principe actif agissait plus spécialement sur ces organes. Dans tous les cas, c'est un poison narcotico-âcre des plus puissants; mais on n'a jamais signalé chez l'homme aucun empoisonnement produit par cette plante.

Théophraste, Dioscoride et Galien parlent de la chélidoine; Linné, Murray, Gilibert, Bodard, Cazin, etc., s'étonnent avec juste raison de l'oubli dans lequel cette plante est tombée; M. Récamier la regardait comme possédant une sorte d'action élective, il l'employait contre les engorgements de la rate. Ses propriétés anti-ictériques et anti-fébrifuges sont signalées par les auteurs anciens; mais on a voulu lui attribuer la propriété de guérir les scrofules, la syphilis, les dartres, et même la goutte et la gravelle; ce qui n'a pas peu contribué sans doute à lui faire perdre sa réputation dans des maladies où elle aurait pu rendre de plus grands services.

Galien, Dioscoride et Forestus administraient la racine de chélidoine dans du vin blanc contre l'ictère. Il s'agissait sans doute de l'ictère simple et non de ces ictères graves si difficiles à guérir. On a aussi employé l'extrait de chélidoine contre les obstructions du foie, les fièvres intermittentes; mais, malgré l'opinion de Chomel, de Gilibert, de Garancière, etc., les affections du foie sont traitées aujourd'hui d'une manière plus rationnelle et plus en rapport avec les faits pathogéniques bien constatés.

Les paysans du Limousin emploient la décoction de chélidoine contre la dysentérie. C'est là, on le voit, une application de la méthode substitutive et de la loi de tolérance, antérieure à Rasori, mais que nous ne conseillerons pas d'appliquer dans la maladie dont il s'agit, et avec un médicament aussi âcre et aussi incertain dans ses effets que l'est la chélidoine.

Nous dirons de même pour l'action purgative de la chélidoine qui est incertaine et souvent dangereuse.

En Carniole, d'après Scopoli, on panse les plaies des chevaux avec la décoction de chélidoine.

Un professeur saxon, Rœssig, a retiré de cette plante une couleur bleue analogue à celle du pastel.

# CHÊNE

*Quercus robur* et *sessiliflora* Smith.
(Cupulifères.)

Sous le nom de Chêne ou de Chêne rouvre, on a souvent confondu deux espèces bien distinctes :

1° Le chêne à glands sessiles (*Q. sessiliflora* Smith, *Q. robur* L.) est un grand arbre à racines fortes et pivotantes. La tige, qui atteint des dimensions considérables en hauteur et en diamètre, se divise en rameaux forts et nombreux, souvent tortueux, couverts de feuilles alternes, pétiolées, oblongues-obovales, sinuées, à lobes inégaux obtus. Les fleurs sont verdâtres et monoïques; les mâles, en chatons filiformes, grêles, interrompus; les femelles solitaires et presque sessiles, ainsi que les fruits.

2° Le chêne à glands pédonculés (*Q. pedunculata* Ehrh., *Q. robur* Smith) se distingue du précédent par ses feuilles presque sessiles, ses fleurs femelles et ses fruits longuement pédonculés.

Nous citerons encore dans ce genre le chêne-liége (*Q. suber* L.), caractérisé par ses feuilles épineuses et persistantes, et surtout par l'épaisseur considérable de la couche subéreuse de son écorce (liége).

Le chêne à galles (*Q. infectoria* Olliv.) et le chêne nain ou au kermès (*Q. coccifera* L.) fournissent deux produits importants, la noix de galle et le kermès animal; les galles sont des excroissances qui résultent de la piqûre d'un insecte (*cynips*) et sont surtout du domaine de la zoologie.

Habitat. — Les chênes à glands sessiles et à glands pédonculés sont abondamment répandus dans les forêts de l'Europe. Le chêne-liége et le chêne au kermès sont propres aux régions méridionales, ainsi que les chênes vert (*Q. ilex* L.) et à glands doux (*Q. ballota* Desf.); on les trouve aussi sur les bords du bassin méditerranéen. Le chêne à galles est originaire de l'Orient. La culture de ces arbres appartient essentiellement à l'art forestier.

PARTIES USITÉES. — L'écorce, les fruits, les galles, rarement les feuilles.

RÉCOLTE. — L'écorce de chêne doit être prise pour l'usage médical, comme pour les besoins des tanneries, sur des sujets de six à huit ans; on l'enlève un peu avant la floraison, qui a lieu en avril et mai; les fruits se récoltent à l'automne à leur maturité; les feuilles pendant l'été.

On trouve souvent sur différentes parties des divers chênes des excroissances, résultat de la piqûre d'insectes du genre *cynips* : ce sont les *galles* ou *noix de galles*. La plus commune est celle d'Alep; on la trouve sur le chêne à galles (*Q. infectoria* Olliv.); elle est un peu plus grosse qu'une noisette, pesante, globuleuse, glabre, présentant des tubercules irréguliers à sa surface; elle est vert-noirâtre ou jaunâtre; récoltée avant la sortie de l'insecte, elle est verte et lourde; celles qui sont oubliées sur l'arbre sont blanches et présentent le trou par lequel le cynips s'est échappé; on les nomme *galles blanches*. Les galles de Smyrne ou de Morée sont plus grosses, moins pesantes et moins estimées.

Lorsqu'on coupe une galle, on trouve : 1° au centre une petite cavité renfermant la larve; 2° une couche spongieuse jaunâtre contenant de l'amidon destiné à nourrir l'animal (Guibourt); 3° trois ou quatre loges contenant de l'air et servant à la respiration de la larve; 4° une substance spongieuse à structure radiée; 5° à l'extérieur une enveloppe verte contenant de la chlorophylle et une huile essentielle.

La *galle lisse*, que Réaumur appelait *galle du pétiole du chêne*, croît sur les jeunes rameaux du chêne rouvre (*Q. robur, Q. sessiflora* Smith), et sur le tausin (*Q. tauza* Willd.); la *galle couronnée* ou *en couronne* est produite par la piqûre des bourgeons au commencement de leur développement; la *galle corniculée* se trouve au milieu des branches; la *galle hongroise* ou *gallon du Piémont* vient sur les glands du chêne rouvre après la fécondation de l'ovaire; la *galle squameuse* ou *galle en artichaut* se trouve également sur le chêne

rouvre. Voici comment M. Moquin-Tandon résume les caractères
des galles :

$$
\text{GALLES.}
\begin{cases}
\text{d'une seule} \\
\text{pièce. . .}
\begin{cases}
\text{régulières. .}
\begin{cases}
\text{sphériques.. . .}
\begin{cases}
\text{tuberculeuses. . . } & 1^\circ \text{ D'Alep.} \\
\text{non tuberculeuses. } & 2^\circ \text{ Lisse.}
\end{cases} \\
\text{non sphériques. . . . . . . . . . } 3^\circ \text{ Couronnée.}
\end{cases} \\
\text{irrégulières.}
\begin{cases}
\text{avec cornes.. . . . . . . . . . . } 4^\circ \text{ Corniculée.} \\
\text{sans cornes.. . . . . . . . . . . } 5^\circ \text{ Hongroise.}
\end{cases}
\end{cases} \\
\text{de plusieurs pièces.. . . . . . . . . . . . . . . . . . . . } 6^\circ \text{ Squameuse.}
\end{cases}
$$

COMPOSITION CHIMIQUE. — Le tannin domine dans toutes les parties du chêne et lui donne ses propriétés astringentes et tannantes.
Les fruits, riches en amidon, que l'on a transformés en sucre, ont
été proposés pour préparer des boissons alcooliques économiques.

Les noix de galle contiennent du tannin (60 p. 100 environ) ; les
acides gallique, ellagique et lutéo-gallique, de la chlorophylle, une
huile volatile, des matières extractives, de l'amidon, divers sels de
potasse et de chaux, de l'acide pectique, d'après Berzélius, et, selon
M. Laroque, de la pectase.

M. Braconnot a extrait du gland de chêne une substance neutre
se rapprochant de la mannite, qu'il a nommée *Quercite*, et qui a
pour formule $C^6 H^{12} O^5$ ; elle cristallise en prismes transparents,
inaltérables à l'air, solubles dans l'eau et dans l'alcool étendu.

M. Chevreul a isolé de l'écorce du *Q. nigra* ou *quercitron* un
matière colorante jaune, amère, cristalline, peu soluble dans l'eau,
très-soluble dans l'alcool, verdissant d'abord, puis jaunissant par
les alcalis ; elle a été nommée *quercitrin*, $C^{33} H^{30} O^{17}$ ; c'est un
glycoside, c'est-à-dire que les acides étendus la transforment en
glycose et en *quercétine*, $C^{27} H^{18} O^{12}$.

USAGES. — Le chêne a été constamment l'emblème de la force et
de la durée. Les poëtes, les philosophes, les romanciers, les agro-
nomes l'ont tour à tour célébré ; ses rameaux servaient à tresser
des couronnes destinées à ceindre la tête des triomphateurs ; et tout
le monde connaît les services que rend son bois, précieux dans les
constructions, l'art naval, la menuiserie, la charpente, etc.

L'écorce sert au tannage des cuirs ; les résidus de cette industrie
servent à fabriquer les mottes, si utiles pour entretenir la chaleur de
nos foyers de cheminée ; et la *jusée des tanneurs* a été employée
pour fabriquer un sirop et un extrait que l'on dit avoir été utiles
dans certaines affections de poitrine.

Le gland du chêne entre dans l'alimentation des animaux domestiques, du porc principalement, et dans celle des hommes, dans certains pays désolés par la famine; on en a fabriqué une boisson fermentée qui n'est pas désagréable et qui peut remplacer la bière. On prive les glands du principe âcre qu'ils renferment, par les lavages avec une eau alcaline. Quant au prétendu *Café de gland doux* tant vanté, il sert à préparer une infusion peu agréable qui ne présente ni le goût ni les propriétés de celle de café; il est vrai que, sous le nom de café de glands torréfiés, on vend souvent plusieurs choses, et notamment de l'orge ou de l'avoine grillées.

La poudre d'écorce de chêne est employée comme astringente et antiseptique, cicatrisante et détersive; on l'applique sur certaines plaies, soit seule, soit associée au charbon et au camphre; la décoction est employée à l'intérieur et à l'extérieur dans tous les cas où il s'agira de hâter la cicatrisation des plaies ou d'arrêter des flux muqueux ou sanguins. Le tannin et la noix de galle jouissent des mêmes propriétés.

C'est sur le *Q. coccifera* L. qu'on recueille le kermès animal, ou graine d'écarlate, qui n'est autre chose que le *Coccus ilicis,* insecte de l'ordre des hémiptères.

## CHÈVREFEUILLE

*Lonicera caprifolium* L.
(Caprifoliacées–Lonicérées.)

Le chèvrefeuille commun ou des jardins est un arbrisseau à racines fibreuses, traçantes. La tige, longue de plusieurs mètres, volubile, grimpe et s'enroule autour des corps voisins, ainsi que les rameaux, qui sont allongés, cylindriques, rougeâtres, lisses et glauques. Les feuilles sont opposées, sessiles, obovales, arrondies, obtuses, glabres, glauques en dessous; celles du sommet de la plante sont soudées par leur base ou connées. Les fleurs, odorantes, nuancées de rouge et de jaune, forment des fascicules denses à l'extrémité des rameaux. Elles présentent un calice globuleux, à tube adhérent avec l'ovaire, à limbe partagé en cinq petites dents; une corolle monopétale, tubuleuse, irrégulière, à tube très-long, obconique, à limbe divisé en deux lèvres, la supérieure large, plane, à quatre lobes obtus, peu profonds, tandis que l'inférieure est simple, allongée, obtuse et roulée en dessous. A l'intérieur on trouve cinq étamines saillantes, à filets grêles, et au-dessous un ovaire globuleux, infère, triloculaire, surmonté d'un style très-long. Le fruit est une petite baie charnue succulente, d'un rouge clair.

Le genre *Lonicera* renferme encore un grand nombre d'autres espèces, parmi lesquelles on remarque le chèvrefeuille sauvage ou des bois (*L. periclymenum* **L.**), arbrisseau grimpant, volubile, distinct du précédent par ses feuilles supérieures libres ; et le chamérisier ou camérisier (*L. xylosteum* **L.**), à tige dressée, non volubile, à tube de la corolle très-court et gibbeux latéralement, et à fruits géminés.

HABITAT. — Ces deux dernières espèces se trouvent communément dans les bois des régions tempérées de l'Europe. La première est originaire des contrées méridionales et naturalisée dans quelques localités.

CULTURE. — Les chèvrefeuilles sont fréquemment cultivés dans les jardins d'agrément ; ils viennent dans tous les sols, et se propagent très-facilement par graines, par boutures ou par éclats.

PARTIES USITÉES. — Les feuilles, les fleurs, les racines.

RÉCOLTE. — Les fleurs sont récoltées à leur parfait état d'épanouissement, les feuilles avant leur floraison, plus tard elles deviennent coriaces ; les racines, au printemps et à l'automne.

COMPOSITION CHIMIQUE. — Les fleurs du chèvrefeuille répandent une odeur suave, mais très-fugace, qui est détruite par la distillation ; pour l'usage de la parfumerie, on isole le principe odorant par la macération dans les corps gras, ou bien à l'aide du procédé d'*enfleurage* par le sulfure de carbone.

USAGES. — Le chèvrefeuille est très-rarement employé en médecine ; les fleurs ont été autrefois usitées en infusion théiforme comme béchiques, et légèrement sudorifiques (4 à 8 grammes pour un litre d'eau bouillante) dans les catarrhes pulmonaires et contre les affections nerveuses ; le sirop fait avec l'infusion était autrefois employé contre l'asthme, la toux, le hoquet ; Kœnig et Bœcher ont préconisé l'écorce comme succédané du gayac et de la salsepareille, et l'ont vantée contre la goutte et la syphilis. Les feuilles ont été regardées comme astringentes, et on les a quelquefois utilisées en gargarismes dans l'angine ; les fleurs, autrefois célébrées par Hoffmann, Rondelet, etc., comme cordiales, céphaliques et anti-spasmodiques ; l'eau distillée et le sirop ont été regardés comme souverains pour dissiper le hoquet ; Dioscoride leur attribuait des propriétés merveilleuses, les baies digérées dans du fumier de cheval en vase clos, se résolvent, dit-il, en une liqueur huileuse, que Georges Agricola regardait comme un baume universel, excellent pour le traitement des plaies.

D'après Reuss et Suckow, les baies et les racines du chèvrefeuille ont été utilisées dans la teinture; avec les tiges on fabrique des tuyaux de pipe et des peignes pour les tisserands, etc.

Les baies du *L. xylosteum* renferment un suc amer et fétide, elles sont vomitives et purgatives ; d'après Roques, elles peuvent, à dose élevée, déterminer l'empoisonnement ; on prétend que les Russes en retirent une huile empyreumatique qu'ils emploient contre la syphilis, le scorbut et la gale; les baies du *L. alpigena* L. sont également vomitives et cathartiques, et Lémery attribue les mêmes propriétés aux fruits du *L. chamœcerasus*, qui n'est autre que le *L. xylosteum*.

D'après Wilmet, les Américains font grand usage, contre les fièvres intermittentes, des jeunes branches réduites en poudre du *L. symphoricarpos* L.

Quoi qu'il en soit, les chèvrefeuilles ne sont plus employés en médecine, et nous dirons avec Roques : « Les médecins ont laissé le chèvrefeuille aux buissons, et ils ont bien fait ; heureux les malades qui peuvent, quand vient la convalescence, aller respirer son doux parfum dans quelque joli paysage! la pureté de l'air, les émanations balsamiques des fleurs sont aussi de fort bons remèdes. »

## CHICORÉE

*Cichorium intybus* L.
(Composées-Chicoracées.)

La Chicorée sauvage est une plante vivace, à racine oblongue, assez forte, pivotante, brunâtre. La tige, haute de $0^m,35$ à $0^m,75$, droite, herbacée, presque glabre, striée, un peu fistuleuse, se divise en rameaux divariqués. Les feuilles radicales, réunies en rosette à la base de la tige, sont ovales, allongées, obtuses, roncinées, à lobes aigus, écartés et pubescents; celles de la tige sont plus petites, à lobes plus marqués et dentées. Les fleurs, d'un bleu violacé clair, plus rarement blanches, forment de larges capitules, presque sessiles, solitaires ou géminés, dont la réunion constitue une sorte d'épi lâche, terminal. Chacun d'eux est entouré d'un involucre à deux rangs de bractées : cinq extérieures étroites, allongées, acuminées, ciliées, réfléchies; huit intérieures, de même forme, mais un peu plus longues et redressées. Le réceptacle est plane et présente des alvéoles où sont logées les fleurs. Celles-ci ont une corolle ligulée, linéaire, divisée au sommet en cinq dents égales; cinq étamines soudées par les anthères; un ovaire infère et un stigmate bifide. Le fruit est un akène petit, anguleux, surmonté d'une aigrette à soies très-courtes et obtuses.

Cette plante produit par la culture un certain nombre de variétés, dont les plus remarquables sont la chicorée à café et la barbe de capucin.

La chicorée endive (*C. endiva* L.) est annuelle; cultivée depuis longtemps dans les jardins, elle a produit aussi des variétés dites chicorée frisée, scarole, corne de cerf, etc.

HABITAT. — La chicorée sauvage habite les diverses contrées de l'Europe; on la trouve en abondance le long des chemins, dans les lieux incultes, les pâturages, les champs en friche, etc. La chicorée endive est originaire de l'Orient. Ces deux plantes sont cultivées en grand dans les jardins maraîchers.

PARTIES USITÉES. — Les racines, les feuilles.

RÉCOLTE. — Les feuilles fraîches peuvent être récoltées en tout temps; pour la conservation, on les cueille en pleine maturité; jeunes, elles sont peu amères et moins énergiques; les racines peuvent être récoltées en tout temps dès la fin de la première année.

La racine de chicorée torréfiée n'a certainement rien de commun avec le café, si ce n'est de teindre en noir l'eau bouillante et de lui communiquer un peu d'amertume; cependant en France, en Allemagne, en Suisse et en Angleterre, les populations peu aisées ont adopté le café de chicorée pour remplacer le café, ou l'y mélanger dans l'apprêt du café au lait. Le département du Nord seul exporte annuellement en Angleterre 10 à 12 mille kilogrammes de poudre de chicorée.

C'est en 1800 que M. Giraud introduisit la culture de la chicorée dans la commune d'Onnaing, près Valenciennes; aujourd'hui tous les départements du Nord et la Belgique se livrent à cette culture; d'après M. Poiteau, la variété cultivée pour remplacer le café est moins amère que la chicorée sauvage; sa racine est plus grosse, ses tiges et ses feuilles inférieures sont velues, plus grandes et plus

épaisses; elles ne sont pas découpées, c'est la même plante améliorée
par la culture.

Les racines arrachées sont transportées dans un lieu couvert; là
des femmes les coupent au collet, puis les fendent en long en deux ou
quatre morceaux, selon leur grosseur, au moyen d'un hache-paille;
un homme les divise ensuite en morceaux carrés que l'on nomme
*Cossettes;* celles-ci sont desséchées dans des toureilles pendant
24 heures. Un hectare de terre bien cultivée donne 4 à 5,000 kilogrammes de cossettes sèches; leur prix est de 8 à 22 francs les
100 kilos. Plus tard les cossettes sont torréfiées dans de grands brû-
loirs analogues à ceux du café, et on les pulvérise à l'aide de meules
mises en mouvement par des machines à vapeur; puis on place les
poudres dans des caves pour leur faire reprendre l'humidité, et on
les met en paquets.

Après avoir imaginé la racine de chicorée torréfiée pour falsifier le
café, on a inventé une terre ocreuse pour frauder la chicorée; ainsi
on a trouvé, il y a peu d'années, des chicorées donnant jusqu'à
80 pour 100 de cendres; aujourd'hui, d'après un arrêté ministériel,
elle ne doit laisser que 10 à 12 pour 100 de résidu à la calcination.
On a encore falsifié la chicorée torréfiée avec des céréales grillées;
celles-ci se reconnaissent par l'iode qui bleuit leur amidon, tandis
que la chicorée n'en renferme pas.

La chicorée mêlée au café colore l'eau et se précipite au fond; le
café pur nage à la surface sans colorer l'eau.

Composition chimique. — Les feuilles de chicorée contiennent de
l'extractif, de la chlorophylle, une matière sucrée, de l'albumine,
des sels, entre autres de l'azotate de potasse; la racine ne contient pas
de chlorophylle, mais, d'après l'observation de Watt, elle renferme
de l'*Inuline*.

Usages. — Les feuilles de chicorée entrent dans la composition de
sucs d'herbes; avec les racines, elles font partie du sirop de chicorée
composé; les fleurs entrent dans les *quatre fleurs cordiales*, autrefois employées, et les fruits dans les quatre *semences froides mineures*.

Les Égyptiens et les Grecs font une grande consommation de chicorée; les anciens l'utilisaient dans le traitement des affections
abdominales, et l'appelaient l'*amie du foie;* on l'emploie en tisane
contre les scrofules, les engorgements lents, abdominaux, les phlegmasies chroniques, l'ictère, les coliques hépatiques; Geoffroy croyait

que l'usage habituel de la salade de chicorée guérissait les fièvres intermittentes ; l'extrait de chicorée était réputé comme lithontriptique. En réalité, l'infusion de cette plante est un excellent amer dont les gens du peuple font avec raison un fréquent usage pour rappeler l'appétit perdu ou perverti.

# CHIENDENT

*Triticum repens* L.   *Agropyrum repens* Beauv.
(Graminées-Triticées.)

Le Chiendent ou Froment rampant est une plante vivace, à racines fibreuses, fasciculées, longues, grêles, rampantes, d'un blanc jaunâtre. Les rhizomes ou tiges souterraines (vulgairement *racines*) sont cylindriques, articulés, noueux, traçants et émettant des racines à chaque nœud. Les tiges aériennes, hautes de $0^m,65$ à 1 mètre, dressées, cylindriques, articulées, fistuleuses, glabres, portent des feuilles alternes, lancéolées-linéaires, longuement engaînantes, pubescentes en dessus, glabres en dessous, d'un vert clair et un peu glauque. Les fleurs, petites et verdâtres, sont groupées par quatre ou cinq en petits épis (épillets) alternes, sessiles, comprimés, espacés, dont la réunion constitue un long épi lâche, terminal. Les glumes et les glumelles sont aiguës au sommet. Le fruit est un cariopse allongé, ovale, obtus, convexe d'un côté et marqué, sur l'autre, d'un sillon longitudinal.

Le froment des chiens (*T. caninum* Schreb., *Agropyrum caninum* Beauv., *Elymus caninus* L.) est une espèce vivace, très-voisine de la précédente, dont elle diffère par sa souche cespiteuse, ses feuilles scabres sur les deux faces et ses glumelles terminées par de longues arêtes.

Le chiendent *pied-de-poule* (*Cynodon dactylon* Pers., *Panicum dactylon* L.) est aussi une plante vivace, à souche rameuse, à rhizomes très-longuement traçants; ses tiges, hautes de $0^m,20$ à $0^m,40$, portent des feuilles roides, un peu glauques, pubescentes surtout en dessous, se terminent par une panicule digitée, formée de trois à cinq épis filiformes, ordinairement d'un rouge violacé, à glumes scabres et aiguës.

Habitat. — Ces plantes, la première surtout, sont très-communes dans les lieux incultes, les buissons, au bord des chemins, dans les

champs mal cultivés ou négligés, etc. Ce sont des plantes nuisibles,
que l'agriculteur cherche à détruire par tous les moyens possibles.
Aussi ne les cultive-t-on que dans les jardins botaniques.

PARTIES USITÉES. — Les rhizomes, improprement nommés racines.

RÉCOLTE. — Le chiendent peut être récolté pendant tout l'été, mais
on le ramasse plus spécialement en septembre et octobre lorsqu'on
laboure les terres pour les semailles du froment; on le bat, on le
lave et on le fait sécher, puis on le dispose en petits paquets selon les
pays et les espèces.

A Paris, on n'emploie que le petit chiendent (*T. repens*). Les jets
des rhizomes sont longs, petits, ridés, droits, peu noueux et présentant peu d'écailles; par la dessiccation, il devient anguleux, presque
carré; il est peu farineux et très-sucré.

Dans le midi de la France, on se sert des rhizomes du grand chiendent ou *Chiendent pied-de-poule* (*Cynodon dactylon* Pers). Ces rhizomes sont plus gros, plus lisses, plus amylacées, moins sucrés que
ceux du précédent; secs, ils conservent leur forme cylindrique, leur
aspect luisant; ils présentent des nœuds nombreux, de chacun desquels partent trois écailles embrassantes qui recouvrent presque en
entier l'intervalle des deux nœuds.

Quelle que soit la sorte de chiendent employée, les pharmaciens
ont le soin de le ratisser pour enlever les écailles avant d'en faire
usage, non pas parce que, ainsi préparé, il est plus propre, mais surtout parce que les écailles renferment une matière résineuse âcre,
dont l'odeur présente une certaine analogie avec celle de la vanille.

COMPOSITION CHIMIQUE. — Le chiendent donne par décoction 15,6
pour 100 de sirop; M. Semmola en a extrait une substance cristallisable qu'il a nommée *Cynodine*.

On a plusieurs fois proposé de fabriquer de l'alcool avec la décoction fermentée du chiendent, mais les frais d'approvisionnement
absorbent la plus grande partie des bénéfices d'une telle fabrication.
Dans les temps de disette, les habitants du nord de l'Europe mélangent
le chiendent pulvérisé avec de la farine pour en faire du pain. En
Pologne on en fait du gruau; dans certains pays on fabrique avec le
chiendent et les fruits du genévrier une sorte de bière économique
assez agréable.

USAGES. — Les brosses dites de chiendent, les balais et les ver-
gettes sont faits avec les fibres de l'*Andropogon Ischœmum* L.

On préparait autrefois en pharmacie un extrait de chiendent, qui se distinguait par sa saveur sucrée ; il entrait dans le sirop de Fernel.

En médecine, c'est uniquement sous la forme de tisane que le chiendent est employé ; elle est émolliente, rafraîchissante et diurétique ; c'est la tisane de prédilection contre les phlegmasies ; on l'édulcore avec la réglisse ou le sucre, on y associe le sel de nitre ou les acétates alcalins comme diurétique.

Les feuilles de chiendent purgent les chiens. Fourcroy regardait leur suc comme très-actif contre les calculs biliaires, et Sylvius avait remarqué que les bœufs, qui pendant l'hiver étaient affectés de ces calculs, guérissaient au printemps par l'usage des feuilles fraîches du chiendent ; mais le changement d'alimentation peut être pour beaucoup dans ces prétendues guérisons.

# CHIRAYTA

(Voyez le *Supplément* du T. 1.)

# CHOU

*Brassica oleracea* L.

(Crucifères - Brassicées.)

Le Chou cultivé est une plante bisannuelle, à racine pivotante, presque simple, munie de nombreuses radicelles. La tige, haute de $0^m,40$ à $1^m,20$, dressée, glabre et glauque, comme le reste de la plante, porte des feuilles alternes, sessiles, grandes, épaisses et charnues ; les radicales sont ovales, arrondies, très-obtuses, bosselées, ondulées ; les caulinaires, ovales, allongées, à bords irrégulièrement dentés. Les fleurs, jaunes, assez grandes, forment de longues grappes terminales. Elles présentent un calice à quatre sépales opposés en croix, jaunâtres, dressés et appliqués sur le calice, et caducs ; une corolle à quatre pétales, aussi opposés en croix, à onglet dressé, de la longueur du calice, à limbe entier, arrondi, étalé ; six étamines tétradynames ; un ovaire simple, allongé, surmonté d'un style épais, très-court, que termine un stigmate bifide. Le fruit est une silique allongée, arrondie, terminée par une pointe ou un bec comprimé, et divisée intérieurement en deux loges qui renferment de nombreuses graines petites et globuleuses.

Cette plante a produit d'innombrables variétés et sous-variétés. La plus intéressante, au point de vue médical, est le Chou rouge (*Brassica capitata rubra*), caractérisé par ses feuilles larges, pommées, d'un rouge pourpre ou vineux, surtout au niveau des nervures.

Le Chou-navet (*Brassica Napus* L.) est une plante annuelle ou bis-annuelle, qui se distingue de la précédente par sa taille moins élevée, ses feuilles caulinaires amplexicaules, élargies et cordées à la base, et surtout par ses sépales étalés. Il présente aussi d'assez nombreuses variétés, parmi lesquelles nous citerons le Navet ordinaire.

HABITAT. — Originaires des régions tempérées de l'Europe, ces plantes sont aujourd'hui cultivées dans tous les jardins potagers.

PARTIES USITÉES. — Les feuilles.

RÉCOLTE. — Les feuilles du chou rouge se récoltent au moment où la pomme est bien formée.

COMPOSITION CHIMIQUE. — Les feuilles du chou présentent une odeur fade, une saveur herbacée et un peu âcre. Leur décoction communique à l'eau une odeur forte et repoussante. Schrœder a trouvé, dans le suc du chou, de la fécule verte, de l'albumine, de la résine, de l'extrait gommeux, de l'extractif soluble dans l'eau et l'alcool, et des sels parmi lesquels nous citerons du chlorure, du sulfate et du nitrate potassiques, du malate et du phosphate calciques, de la magnésie et des oxydes de fer et de manganèse. Mais l'odeur infecte que dégage le chou en putréfaction indique que cette plante renferme quelque principe sulfuré, analogue à celui que l'on trouve dans les autres Crucifères. Les feuilles de chou donnent une teinture sale qui, avec un excès d'alcali, devient d'un beau jaune après quelques heures, et, par les acides, d'un beau rouge.

USAGES. — Les anciens regardaient les choux comme une panacée universelle. Hippocrate les prescrivait, cuits dans du miel, contre la dysenterie et les coliques venteuses. Pythagore a exalté leurs mérites. Caton attribuait à la vertu de cet aliment d'avoir garanti sa famille de la peste. Les feuilles de chou étaient très-usitées à Rome comme vulnéraires. Dieuches, un des plus anciens médecins qui aient été cités par Galien, avait écrit sur les propriétés médicales du chou un traité qui n'est pas arrivé jusqu'à nous. Galien lui-même attribue à ce végétal la propriété de guérir la lèpre et une foule d'autres maladies. Pline assure qu'il guérit la goutte, et renchérit encore sur tous ces éloges. Suivant l'école de Salerne, dans le chou, le suc relâche le ventre et le parenchyme le resserre. Simon Paulli, Geoffroy, Hufeland ont recommandé les choux pour guérir les ulcères, les affections de la peau, les douleurs arthritiques, etc., pour faire disparaître les verrues. De nos jours, M. le docteur Massé a prétendu (*Journal des Conn. médico-chirurg.*, 1848) avoir constaté les bons effets des applications de feuilles de chou dans la goutte, les rhumatismes, les affections arthritiques, etc.; mais ses opinions n'ont pas été acceptées.

Il faut donc rabattre de beaucoup sur les vertus que l'on a prêtées si généreusement au chou, qui reste placé parmi les plantes antiscorbutiques, jouissant de légères propriétés expectorantes. Le sirop de chou rouge possède des qualités légèrement excitantes, qui l'ont fait employer dans les catarrhes chroniques; il est très-sensible à l'action des bases alcalines et des acides avec lesquels il se comporte comme le fait le tournesol. On prépare encore avec le chou rouge un bouillon qui est employé par les personnes qui ont la poitrine délicate.

Le Chou blanc, de la variété dite Chou quintal, ou gros Chou d'Allemagne ou d'Alsace, dont la grosseur est énorme, sert, coupé menu, salé, épicé, et ayant subi un commencement de fermentation, pendant laquelle il se forme de l'acide lactique, à faire la *choucroute*, cet aliment si populaire dans le nord de l'Europe, et que l'on considère comme excitant et antiscorbutique.

# CICUTAIRE

*Cicutaria aquatica* Lamk. *Cicuta virosa* L.
(Ombellifères – Amminées.)

La Cicutaire aquatique ou Ciguë vireuse est une plante vivace, à racine napiforme, cylindrique, blanchâtre, charnue, pivotante, fibreuse, présentant intérieurement des cavités remplies d'un suc laiteux, jaunâtre. La tige, haute de $0^m,65$ à 1 mètre, cylindrique, fistuleuse, glabre, striée, verte, rameuse, dressée, porte des feuilles alternes, grandes, à pétiole cylindrique, creux, strié, à limbe trois fois ailé, composé de folioles lancéolées, aiguës, étroites, surtout au sommet de la plante, vertes, glabres, profondément et irrégulièrement dentées en scie, quelquefois réunies par deux ou trois et confluentes par leur base. Les fleurs, blanches, petites, sont groupées en ombelles terminales de dix à vingt rayons presque égaux, à involucre nul ou formé d'une seule foliole linéaire, à involucelles composés de plusieurs folioles étroites, égalant ou dépassant en longueur les ombellules. Elles présentent un calice entier à cinq dents; une corolle à cinq pétales égaux ou inégaux, ovales, échancrés au sommet, un peu concaves et recourbés en dessus ; cinq étamines un peu plus longues que les pétales ; un ovaire simple, ovoïde, surmonté de deux styles assez courts et divergents. Le fruit est un diakène globuleux, presque didyme, couronné par les styles et par les cinq dents du calice, et offrant sur chacune de ses faces convexes et latérales cinq côtes saillantes.

La Cicutaire maculée (*C. maculata* L.) se distingue de la précédente par ses feuilles à pétioles membraneux, bifides au sommet, et à folioles dentelées-mucronées.

Habitat. — La cicutaire aquatique est commune dans les régions tempérées de l'Europe ; elle croît surtout dans les lieux humides, au bord des mares et des ruisseaux, etc. La cicutaire maculée habite les États-Unis. Ces deux plantes ne sont cultivées que dans les jardins botaniques, où on les propage de graines et d'éclats de pieds.

Parties usitées. — Les racines, les feuilles, les fruits.

Récolte. — Il est important de ne pas confondre la cicutaire ou ciguë aquatique avec une autre plante qui porte aussi le nom vulgaire de Ciguë aquatique, et qui est la Phellandrie aquatique (*Phellandrium aquaticum* L.), (voir t. III, p. 56).

Lamarck, qui regardait la Ciguë officinale (*Conium maculatum* L., *Cicuta major* Lamk), (voir plus loin, dans ce volume, p. 342-346) comme appartenant au genre *Conium*, a changé le nom de *Cicuta* en *Cicutaria*, afin de laisser celui de ciguë à la plante médicinale; il importe d'éviter les confusions qui pourraient résulter de ces changements de noms.

D'après Schwencke et Riedlinus, la ciguë vireuse, quoique très-peu employée en médecine, est plus active que la Ciguë officinale. Elle acquiert son plus haut degré d'activité à l'époque de la floraison. La racine ressemble assez à celle du Panais; cette ressemblance a été souvent la cause de confusions fâcheuses rapportées par Wepfer, lesquelles ont amené la mort de plusieurs enfan's.

Composition chimique. — L'analyse chimique de la cicutaire n'a pas été faite d'une manière satisfaisante. A l'état frais, la plante répand une odeur analogue à celle de l'Ache. La racine est âcre et piquante; elle est aussi plus active que les autres parties de la plante. L'écorce contient un suc âcre et jaunâtre qui se concrète sur les in-

cisions en une matière concrète, bleuâtre, transparente. D'après
Gadd, la ciguë vireuse produit à la distillation un principe volatil
âcre, d'une odeur très-désagréable ; il reste un résidu inerte ; selon
toutes probabilités, ce corps volatil est analogue, sinon identique, à la
*cicutine* du *Conium maculatum;* mais de nouvelles recherches sont
indispensables pour qu'on puisse se prononcer d'une manière positive sur la nature de ce liquide.

Usages. — Selon Haller et Bulliard, la cicutaire serait le poison
dont se servaient les Athéniens pour les condamnés à mort ; mais,
d'après Sibthorp (*Flora græca*), cette plante ne viendrait pas dans le
Péloponèse.

On a d'ailleurs cité un grand nombre d'empoisonnements d'animaux par la cicutaire vireuse, à laquelle Linné attribue la morta-
lité des bestiaux qui eut lieu à une certaine époque en Laponie ; elle
détermine une grande sécheresse à la gorge, une soif ardente, des
nausées, des vomissements, des douleurs épigastriques, des vertiges,
des céphalalgies intenses, suivies d'éblouissements, de convulsions,
de délire furieux, de défaillances, et enfin la mort. On combat ces
accidents par les vomitifs, les calmants, etc. La cicutaire perd la
plus grande partie de ses propriétés par la dessiccation. Murray re-
doutait tellement ses effets, qu'il n'a jamais osé l'employer.

En Sibérie et dans le Nord, on substitue la cicutaire à la Grande
ciguë qu'on ne trouve pas dans ces contrées. On l'a employée contre
les rhumatismes, la sciatique, certaines affection de la peau. On l'administre le plus souvent, à l'extérieur, en frictions ; au Kamtchatka
on s'en sert sous cette dernière forme contre le lumbago. M. Cazin
dit qu'il l'a employée quelquefois avec succès comme calmante et
résolutive. Quant à nous, nous ne pensons pas qu'on puisse la substituer à la Grande Ciguë.

En médecine homœopathique, c'est le *C. virosa* que l'on emploie ;
son signe est *Acu*, son abréviation *Cic : vir.*


## CIERGE

*Cereus grandiflorus* et *flagelliformis* Mill. *Cactus* L.
(Cactées.)


Le Cierge à grandes fleurs (*C. grandiflorus* Mill., *Cactus grandiflorus* L.) est une plante grasse, vivace, ou plutôt un arbrisseau à

racines fibreuses, fasciculées. Ses tiges, diffuses, charnues, marquées de cinq ou six angles fortement saillants, vertes, parsemées d'un duvet blanchâtre, se divisent en rameaux offrant les mêmes caractères et présentant, de distance en distance, des faisceaux d'épines qui occupent la place des feuilles et des rameaux avortés. Les fleurs, très-grandes, jaunes en dehors, blanches en dedans, exhalant une odeur de vanille, naissent au niveau des faisceaux d'épines ou des crénelures des angles. Elles présentent un périanthe à folioles multiples ; un calice et une corolle à peine distincts, composés de sépales et de pétales très-nombreux, imbriqués sur plusieurs rangs et unis en tube au-dessus de l'ovaire ; des étamines en nombre indéfini ; un ovaire infère, surmonté d'un style filiforme, à sommet multifide. Le fruit est une baie écailleuse ou tuberculeuse, présentant les vestiges des sépales, remplie d'une pulpe charnue, dans laquelle sont disséminées de nombreuses graines à testa osseux.

Le Cierge-fouet (*C. flagelliformis* Mill., *Cactus flagelliformis* L.) se distingue du précédent par ses tiges grimpantes où traînantes, de la grosseur du doigt, très-rameuses, à huit ou dix angles peu marqués, couvertes, ainsi que les rameaux, de tubercules sétifères très-rapprochés ; ses fleurs nombreuses, sessiles, d'un rouge carmin vif.

Nous citerons encore le Cierge à rameaux divariqués (*C. divaricatus* Mill., *Cactus divaricatus* L.), et le Cierge du Pérou (*Cereus peruvianus*), qui s'élève quelquefois à une hauteur de 15 à 20 mètres.

HABITAT. — Les cierges proprement dits sont en général originaires des régions chaudes de l'Amérique méridionale ; on les trouve surtout dans les endroits secs et découverts. Ils sont très-répandus dans les cultures d'agrément. Les cactiers, dont nous parlons incidemment dans cet article, sont, en grand nombre, indigènes de l'Afrique.

PARTIES USITÉES. — Les fibres, les fruits.

RÉCOLTE. — Les fruits des divers *Cereus* et *Cactus* sont récoltés à leur parfaite maturité. Par la macération des plantes dans l'eau on détruit toute la partie cellulaire, et on obtient un tissu fibreux anastomosé, avec lequel on fabrique divers objets, tels que vases, corbeilles, etc. D'ailleurs ces fibres sont trop grossières et trop peu résistantes pour qu'on puisse les filer et les tisser.

COMPOSITION CHIMIQUE. — Dans la famille des cactées on trouve souvent des plantes à suc blanc et laiteux : celui du Cactier mamillaire (*Cactus Mamillaria*) est doux, ce qui est rare dans les sucs de cette couleur. Celui de divers cierges est âcre, irritant et même vésicant. Les fruits renferment des acides végétaux et du sucre de fruits. Les Cactiers oponties ou Nopals (*Cactus Opuntia* Tourn.) fournissent une gomme, dite *gomme nopal*, que sa complète insolubilité dans l'eau rend tout à fait inutile aux arts. Elle est sous la forme de concrétions vermiculées ou mamelonnées, d'un blanc jaunâtre ou rougeâtre, translucides ou demi-opaques ; elle a une saveur fade mêlée d'un peu d'âcreté, et elle crie sous la dent. Mise à tremper dans l'eau, cette gomme se gonfle, blanchit, n'acquiert aucun liant. L'iode la colore superficiellement en bleu noirâtre. Divisée par l'eau et vue au microscope, elle a la forme d'une substance gélatineuse, plissée, à bords finis, d'une épaisseur et d'une consistance très-marquées. Elle offre constamment, qu'elle soit ou non additionnée d'iode, des groupes de cristaux bien finis, terminés par des biseaux aigus et exactement semblables à ceux que M. Turpin a observés dans le tissu même du *Cereus peruvianus*, et que M. Chevreul a reconnus pour être de l'oxalate de chaux. Ces cristaux caractérisent la gomme nopal et serviront toujours à la faire reconnaître (Guibourt, *Hist. des drogues simples*, 4ᵉ édit., t. III, p. 232-233).

Usages.— On mange les fruits du Cactier opontie ou Cactier en raquette (*Cactus Opuntia* ou *Opuntiacus*), connus sous les noms de *Figue d'Inde* et de *Figue de Barbarie;* ils sont très-pulpeux, rafraîchissants et légèrement laxatifs. Le suc de ce cactier donne, par fermentation, une boisson de laquelle on peut, par distillation, extraire un bon alcool. Le cactier cochenillifère ou à cochenille (*Opuntia cochinillifera*) dont on trouve la représentation dans l'Atlas de nos *Plantes agricoles et forestières,* comme on trouve le fruit du cactier en raquette dans l'Atlas de notre *Horticulture fruitière,* sert plus particulièrement à nourrir le *Coccus cacti* ou la Cochenille proprement dite, insecte hémiptère qui fournit à la teinture la plus belle couleur écarlate. On élève aussi la cochenille proprement dite, qui est originaire du Mexique et que l'on a propagée avec succès en Algérie, sur diverses autres espèces de cactiers.

On se sert du cierge, en Amérique, pour purifier l'eau, dans laquelle on le délaie après l'avoir écrasé. D'après Descourtilz (*Flore des Antilles*) on fait usage dans les Antilles, et particulièrement à Saint-Domingue, du suc laiteux qui découle des divers cactiers lorsqu'on leur fait des incisions : ce suc, appliqué sur la peau, l'irrite, l'enflamme, et, au bout de douze ou quinze heures, détermine une vive rubéfaction. On s'en sert pour tuer les vers qui se forment sur les ulcères, ainsi que pour détruire les cors. Il a été administré à petite dose, à l'intérieur, comme vermifuge. A la dose de quelques gouttes, il purge.

Récemment, M. Byrd a recommandé l'extrait liquide de *Cactus glandiflora* contre les affections cardiaques provoquées par le rhumatisme. Il l'emploie également contre le rhumatisme musculaire, lombaire ou chronique ; il prétend qu'aucun autre médicament ne lui a mieux réussi dans ces cas que celui-ci. Il paraît agir en diminuant l'inflammation et en empêchant les complications cardiaques.


## CIGUE

*Conium maculatum* L.
(Ombellifères - Smyrniées.)

La Grande Ciguë ou Ciguë tachetée est une plante bisannuelle, à racine fusiforme, blanche, pivotante. La tige, haute de 1 à 2 mètres, dressée, cylindrique, glabre, légèrement striée, marquée de taches brunâtres, porte des feuilles alternes, très-grandes, trois fois ailées, d'un vert sombre, glabres. Les fleurs, petites et blanches, forment des ombelles terminales, composées de dix à douze rayons, et entourées d'un involucre de quatre ou cinq petites folioles lancéolées ; les ombellules sont munies d'involucelles formés de deux ou trois petites folioles aiguës, soudées par la base. Chaque fleur présente un calice petit, à cinq dents ; une corolle à cinq pétales cordés, presque égaux, étalés ; cinq étamines saillantes ; un ovaire simple, surmonté de deux styles courts. Le fruit est un diakène globuleux, presque didyme, marqué de dix côtes longitudinales saillantes et crénelées.

Nous renvoyons aux mots *Cicutaire* ou *Ciguë vireuse* (t. I, p. 338), *Phellandrie* ou *Fenouil d'eau* (t. III, p. 56) pour certaines plantes qui se rapprochent de la grande ciguë. Pour la *Petite Ciguë*, appelée aussi *Ciguë des jardins, Faux Persil, Ache des chiens*, et enfin *Éthuse*, nous renvoyons à ce dernier mot (t. II).

HABITAT. — La grande ciguë est commune dans les régions tempérées de l'Europe. Elle habite surtout les lieux incultes et pierreux, les cours des fermes, les rues peu fréquentées des villages, les décombres, les haies et les bords des chemins, les endroits couverts et humides des bois, etc.

CULTURE. — Cette plante, étant assez abondante à l'état sauvage pour suffire anx besoins de la médecine, n'est cultivée que dans les jardins botaniques. Elle préfère les terres fraîches et substantielles. On sème ses graines au commencement du printemps, et l'on repique les jeunes plants en mai, à 1 mètre de distance.

PARTIES USITÉES. — Les feuilles, les fruits.

RÉCOLTE. — La récolte de la ciguë se fait en mai ou en juin avant que la floraison soit passée ; on fait dessécher rapidement et à l'obscurité ; la ciguë perd par la dessiccation une grande partie de ses propriétés ; on doit la choisir verte et odorante ; il faut rejeter celle qui est jaune ou noire, et peu odorante.

On a dit que la ciguë était d'autant plus active qu'elle était récoltée dans des pays plus méridionaux, et c'est en effet ce qui résulte des analyses des fruits, faites par M. Guillermond de Lyon ; mais il est inexact de prétendre qu'elle soit tout à fait inactive dans le Nord. Les fruits de ciguë sont récoltés à leur parfaite maturité, mais avant la séparation des deux akènes : ils doivent être desséchés avec le plus grand soin. On les a confondus avec les fruits de l'Anis vert ; on les en distingue à leur odeur nauséeuse, à leur couleur plus verte, à leur forme arquée et à leurs côtes crénelées. Les fruits du Persil, qui leur ressemblent, ont une odeur térébenthinée lorsqu'on les frotte, et leurs côtes sont droites, non crénelées.

On mélange souvent les feuilles de ciguë avec le Cerfeuil sauvage (*Chærophyllum sylvestre* L.). Le plus simple examen suffit pour distinguer les deux plantes. Nous résumons dans le tableau suivant les caractères distinctifs de quelques plantes qui ressemblent à la ciguë :

| NOMS. | *Conium maculatum* L. | *Cicuta virosa* L. | *Ænante Phellandrium.* | *Æthusa Cynapium* L. |
|---|---|---|---|---|
| Odeur . . . | Fétide. | De persil. | De cerfeuil. | Nauséeuse. |
| Racine. . . | Suc blanc. | Suc jaune. | Suc incolore. | Suc incolore. |
| Tige . . . . | Maculée de pourpre. | Sans taches. | Sans taches. | Violette à la base. |
| Involucre . | Un involucre. | Pas d'involucre. | Pas d'involucre. | Pas d'involucre, un involucelle unilatéral. |
| Fruits . . . | Globuleux, striés, crénelés. | Ovoïdes, striés, lisses. | Allongés, sans stries. | Globuleux, striés, lisses. |
| Durée . . | Bisannuelle. | Vivace. | Vivace. | Annuelle. |
| Habitat . . | Lieux stériles. | Bord des eaux. | Dans l'eau. | Lieux cultivés. |

COMPOSITION CHIMIQUE. — Le principe actif de la ciguë a été découvert, en 1826, par Giescke. Geiger l'obtint en 1831, pour la première fois, à l'état de pureté. M. Ortigosa en fit la première analyse exacte, en 1842. MM. Henry, Boutron, Christison, etc., l'ont aussi étudié. On le nomme *conine* ou *conicine*, $C^8 H^{15} Az$. Il existe dans toutes les parties de la plante, mais plus abondamment dans les fruits, surtout dans ceux qui ont été récoltés dans les pays chauds.

La conicine jouit d'une action alcaline très-prononcée ; elle est liquide, oléagineuse, plus légère que l'eau ; sa densité est de 0,89 ; son odeur est forte, pénétrante, désagréable ; elle bout à 170° ; elle se résinifie à l'air ; elle est peu soluble dans l'eau, soluble dans l'alcool et dans l'éther. Elle est accompagnée d'une autre base moins toxique , la *conhydrine*, $C^8 H^1 AzO$ et d'un hydrure de carbone, le *conylène*, $C^8 H^{14}$.

Usages. — Les préparations pharmaceutiques de la ciguë sont extrêmement variables dans leur composition et infidèles dans leur action. Il faut employer de préférence à toutes les préparations anciennes, la *conine* ou le bromhydrate de conine qui est le sel le plus fixe de cette substance.

La conine a été, dans ces dernières années, l'objet de curieuses observations de la part de MM. Tuloup (*Thèse de Paris*, 1879) et Bochefontaine. La conine exerce une action analogue à celle du curare en ce qu'elle abolit les mouvements et la sensibilité, mais accompagnée d'effets que ne produit pas le curare. La conine agit directement sur les centres nerveux céphalo-médulaires ; quand elle est indroduite dans l'organisme par absorption, elle n'agit pas sur les muscles, mais si elle est mise directement en contact avec la fibre musculaire elle abolit son excitabilité. La conine agit très-rapidement sur la respiration, qu'elle ralentit, et qu'elle finit par supprimer, déterminant ainsi la mort par asphyxie, mais elle n'agit presque pas sur le cœur. D'après M. Tuloup, les troubles de la respiration résulteraient de l'action par la conine sur le centre nerveux bulbo-médullaire.

La conine et surtout le bromhydrate de conine commencent à prendre place dans la thérapeutique. Ils paraissent produire d'excellents effets contre toutes les affections spasmodiques des organes respiratoires : coqueluche, asthme, dyspnée, emphysème pulmonaire, laryngite striduleuse, spasme de la glotte, etc. On peut aussi les administrer, avec des chances de succès contre l'éclampsie, le tétanos, l'épilepsie, les maladies des enfants, les névralgies accompagnées de mouvements convulsifs.

La ciguë a joui autrefois d'une grande réputation contre le cancer.

Hoffmann et Hufeland l'employaient en bains contre le cancer de la matrice. Hallé faisait préparer avec la ciguë une pommade dont il recouvrait les cancers, les ulcères et les plaies scrofuleuses. MM. Trousseau et Pidoux prescrivent l'application de cataplasmes préparés avec la poudre de ciguë ; on leur substitue quelquefois la plante fraîche pilée, qui est beaucoup plus active. Si la ciguë est impuissante pour guérir le cancer, elle rend d'incontestables services contre les engorgements scrofuleux et viscéraux. Elle a été employée comme calmante dans la phthisie et les maladies nerveuses. On l'a préconisée contre quelques maladies de la peau, telles que les dartres invétérées et la teigne, et pour le traitement des ulcères. Aujourd'hui elle est beaucoup moins employée qu'autrefois, ce qui doit être attribué à l'infidélité de ses préparations.

On traite l'empoisonnement par la ciguë, au moyen des vomitifs et des lavements purgatifs, afin de provoquer des déjections alvines abondantes, dans le cas où l'on croit que le poison a pénétré dans les intestins, et l'on combat ensuite la stupeur par du café et des boissons excitantes.

Il ne paraît pas que le poison employé chez les Athéniens pour faire périr les condamnés, celui par lequel moururent Socrate et Phocion, fut de la ciguë pure. Les symptômes indiqués ressemblent plutôt à un empoisonnement par l'opium ou la belladone, ou encore par une combinaison de plusieurs plantes.

## CIMICAIRE

*Cimicifuga fœtida* L. *Actœa Cimicifuga* L.
( Renonculacées - Pæoniées.)

La Cimicaire fétide, appelée aussi Actée fétide ou Herbe aux punaises, est une plante vivace, dont la tige, haute de 1$^m$,50 à 2 mètres, dressée, striée, divisée en rameaux renflés à leur point d'insertion, porte des feuilles découpées, à segments incisés-dentés, quelquefois décomposées, à foliole terminale trilobée, toutes d'un vert sombre. Les fleurs, blanches, sont disposées en panicules rameuses axillaires. Elles présentent un calice à quatre ou cinq sépales; une corolle dont les pièces peuvent manquer, ou être en nombre variable, et représentent des étamines transformées; des étamines nombreuses, blanches, en houppe, à anthères jaunes; un ovaire composé de trois à huit carpelles libres, à styles courts. Le fruit se compose de trois à huit follicules, libres, polyspermes (Pl. 32).

Habitat. — Cette plante se trouve en Sibérie, dans les lieux humides. On ne la cultive que dans les jardins botaniques.

Parties usitées. — Souche, feuilles et fleurs.

Récolte. — Cette plante qui, d'après Dietrich, tirerait son nom du latin *Cimex*, au pluriel *Cimices*, punaises, et *fugo*, je mets en fuite, je chasse les punaises, se rencontre rarement dans le commerce de la droguerie. Sa souche ressemble beaucoup à celle de l'*Actæa spicata*.

Usages. — La cimicaire a été regardée comme éméto-cathartique, résolutive et répercussive. Swediaur lui attribuait des propriétés antispasmodiques et résolutives. Gmelin dit qu'en Sibérie on l'emploie contre l'hydropisie, les scrofules, les spasmes. Linné la considérait comme très-active; il conseillait de l'employer dans les hémorrhoïdes, les panaris, les engorgements glandulaires, et même le cancer. On a beaucoup vanté son emploi à l'extérieur contre la goutte. Elle est aujourd'hui à peu près abandonnée chez nous, ce qui tient très-probablement à ce que, cultivée dans les jardins, elle perd ses propriétés, et aussi à ce qu'elle devient inactive ou beaucoup moins active par la dessiccation. Cependant la racine sèche est quelquefois employée en poudre à faible dose, 5 à 10 centigrammes, et à celle de 25 à 50 centigrammes en infusion dans 250 grammes d'eau. Linné, Desvaux, Endlicher disent qu'en Suède cette plante qui, dans ses pays d'origine, a une odeur très-forte et répulsive, sert à chasser les punaises. A l'état de culture, elle devient à peu près inodore. « Différentes espèces du genre Actée, dit M. le docteur Baillon, dans sa *Monographie des Renonculacées* (Paris, 1866, in-8°, p. 80), ont été employées en médecine, surtout dans l'Amérique du Nord. Les *A. brachypetala, racemosa, Cimifuga*, sont considérés comme astringents, irritants; ils possèdent, sans doute, à peu près les mêmes propriétés que l'*A. spicata* de nos pays, qui a été prescrit comme astringent, antispasmodique, évacuant, insecticide et vénéneux. »

# CIRCÉE

*Circœa lutetiana* et *alpina* L.
( Onagrariées. )

La Circée parisienne ( *C. lutetiana* L.), appelée aussi vulgairement Herbe aux sorcières, Herbe de Saint-Étienne, etc., est une plante vivace, à souche rampante, émettant des stolons souterrains. La tige, haute de $0^m,40$ à $0^m,60$, dressée, simple ou rameuse, pubescente surtout au sommet, porte des feuilles opposées, à long pétiole canaliculé, à limbe ovale, aigu ou lancéolé, tronqué à la base, lâchement denté, opaque, luisant, glabre ou à peine pubescent. Les fleurs, blanches, sont disposées en grappes terminales, effilées, dressées, à pédoncules étalés, réfléchis après la floraison. Elles présentent un calice à tube ovoïde, soudé avec l'ovaire, brusquement étranglé au-dessus, prolongé en un limbe à deux divisions réfléchies, caduques ; une corolle à deux pétales bifides, insérés sur un disque qui occupe toute la partie supérieure du tube calicinal ; deux étamines insérées comme la corolle ; un ovaire infère, à deux loges uniovulées, surmonté d'un style filiforme terminé par un stigmate épais, échancré. Le fruit est sec, coriace, indéhiscent, à deux loges monospermes.

La Circée des Alpes ( *C. alpina* L.) est aussi vivace, et diffère de l'espèce précédente par ses dimensions beaucoup plus petites ; ses feuilles transparentes, cordiformes, à pétiole plane, ailé ; ses fleurs munies de bractées, et ses pétales atténuées en coin à la base.

HABITAT. — La circée parisienne habite l'Europe centrale ; on la trouve surtout dans les endroits humides des bois, le long des ruisseaux ombragés, etc. La circée des Alpes habite les forêts des hautes montagnes. Ces deux plantes ne sont cultivées que dans les jardins botaniques, où on les propage par éclats de pieds.

PARTIES USITÉES. — Les feuilles, la plante entière.

RÉCOLTE. — La circée se récolte au moment de la floraison ; on la sèche au soleil.

USAGES. — Cette plante inodore et insipide, emprunte son nom de la fameuse magicienne Circé, parce que la superstition et l'ignorance lui ont longtemps attribué des propriétés magiques ; aussi l'at-on également appelée Herbe des magiciennes, Herbe aux sorcières, Herbe enchanteresse. Il paraît d'ailleurs que Dioscoride et Pline donnaient le nom de *Circœa* à une plante que nous ne connaissons pas aujourd'hui, et que l'on a supposé être la Morelle commune (*Solanum nigrum* L.). La plante qui nous occupe a été jadis donnée comme vulnéraire, détersive, résolutive et anodine. Elle était employée bouillie dans l'eau et réduite en cataplasmes. On l'appliquait sur les tumeurs hémorrhoïdales dont elle calmait, disait-on, les douleurs.

## CISTE

*Cistus creticus* L.
(Cistinées.)

Le Ciste de Crète est un arbuste à racines ramifiées, traçantes. Les tiges, hautes de 1 à 2 mètres, dressées, rameuses, pubescentes, portent des feuilles opposées, à pétiole large et membraneux, à limbe ovale, aigu, sinueux sur les bords et pubescent. Les fleurs, grandes, d'un beau rouge ponceau, sont pédonculées et réunies par bouquets de deux à quatre au sommet des rameaux. Elles présentent un calice à cinq divisions très-profondes, ovales, aiguës, pubescentes, persistantes ; une corolle à cinq pétales très-grands, minces, un peu crispés, étalés en rose, tombant de très-bonne heure ; des étamines nombreuses, très-courtes, d'un beau jaune d'or ; un ovaire globuleux, à cinq loges très-incomplètes multiovulées, surmonté d'un style simple. Le fruit est une capsule globuleuse, pubescente, à cinq placentas pariétaux polyspermes, et recouverte par le calice (Pl. 33).

On remarque aussi dans ce genre les cistes ladanifère (*C. ladanifer* L.), à feuilles de laurier (*C. laurifolius* L.), blanchâtre (*C. albidus* L.), à feuilles de sauge (*C. salviæfolius* L.), etc.

Habitat. — Le ciste de Crète se trouve non-seulement, comme l'indique son nom, dans l'île de Crète ou de Candie, mais encore dans plusieurs îles de l'Archipel et jusqu'en Syrie. Il habite surtout les endroits secs et pierreux. Les autres espèces croissent dans le midi de l'Europe et sur les bords du bassin méditerranéen.

Culture. — Ces arbustes ne sont cultivés que dans les jardins botaniques et quelquefois aussi dans les jardins d'agrément. Ils exigent l'orangerie, ou tout au moins une exposition chaude, un terrain sec et une couverture de feuilles durant l'hiver. On les propage de graines, semées sur couche en avril, ou bien de boutures, qui reprennent facilement, si on les fait dans l'été.

Parties usitées. — Le *labdanum* ou *ladanum*, substance gommo-résineuse, d'un roux noirâtre et d'une odeur assez agréable, qui découle spontanément des feuilles et des rameaux.

RÉCOLTE. — Les Grecs récoltent le *ladanum* avec un instrument particulier semblable à un râteau sans dents, mais auquel sont attachées des lanières de cuir. Dans les grandes chaleurs et par un temps calme, ils traînent, à plusieurs reprises, ces lanières sur les buissons de ciste ; la substance gluante qui enduit alors les feuilles, s'attache aux cuirs, et on l'en retire en la raclant avec des couteaux.

On distingue plusieurs sortes de *ladanum* : 1° le vrai, qu'on ne possède que sur les lieux de récolte, est en masses noirâtres, adhérant aux doigts, noircissant à l'air, d'une odeur agréable, amer au goût ; 2° le *ladanum* en masses du commerce, qui est, comme le précédent, mêlé de résines et de gommes ; 3° le *ladanum in tortis*, ou noueux, roulé en spirale de la grosseur du pouce, lourd, terreux, amer, cassant, grenu, friable ; il est fait de toutes sortes de pièces avec du ladanum pur, du sable ferrugineux, de la terre, etc. ; 4° le *ladanum d'Espagne*, obtenu par l'ébullition du *Cistus ladanifer* ; la matière qui surnage se concrète par le froid ; on la conserve dans des outres ; ce *ladanum* ne contient pas de sable, mais par l'ébullition il a perdu son huile volatile, et les parties solubles ont dû se dissoudre dans l'eau ; on ne l'a jamais guère recherché ; on le connaît dans la droguerie sous le nom de *baume noir*. On y ajoutait quelquefois des poils de chèvre pour le faire ressembler à celui du Levant, mais il est massif, plus noir et plus coulant ; il ressemble au *Storax noir*.

COMPOSITION CHIMIQUE. — On comprend, d'après ce que nous venons de dire, que la composition des *ladanum* varie selon les sortes. Pelletier y a trouvé : résine, 20 ; gomme contenant un peu de malate de chaux, 3,60 ; acide malique, 0,60 ; cire, 1,90 ; sable ferrugineux, 72 ; huile volatile et perte, 1,90 : total, 100. Il est évident que ce ladanum était très-impur. M. Guibourt, qui a opéré sur un produit plus pur, a constaté qu'il contenait : résine et huile volatile, 86 ; cire, 7 ; extrait aqueux, 1 ; matière terreuse et poils, 6 : total, 100. La cire paraît venir des végétaux sur lesquels le ladanum a été récolté. (Guibourt, *Histoire des drogues simples*, 4ᵉ édit., t. III, p. 612.)

USAGES. — Le *ladanum* était autrefois assez employé en médecine. Il faisait partie de la *thériaque*, des *clous fumants*, du *baume hystérique*, de l'*emplâtre stomacal*, etc. On lui a attribué des propriétés excitantes et toniques. On l'a employé contre l'engorgement des viscères, les cathares chroniques. A l'intérieur, on s'en est servi comme résolutif, fortifiant et fondant. Quoiqu'il soit doué de propriétés actives, il n'est plus usité, du moins en France; ce qui pourrait bien être attribué aux fraudes nombreuses qu'on lui a fait subir.


## CITRONNIER

*Citrus medica* L. *C. Limonium* Riss.
(Hespéridées ou Aurantiacées.)

Le Citronnier, ou mieux Limonier, est un arbre de moyenne grandeur, dont la tige droite, élancée, porte de nombreux rameaux anguleux, souvent violacés, épineux, surtout à l'état sauvage, garnis de feuilles à pétiole élargi et articulé, à limbe ovale, oblong, acuminé, denté, vert-jaunâtre. Les fleurs, nombreuses, de moyenne grandeur, blanches, rouge violacé en dehors, forment de petits bouquets axillaires et terminaux. Elles présentent un calice court, presque plane, à cinq dents; une corolle à cinq pétales sessiles ; des étamines nombreuses, souvent libres; un ovaire globuleux. Le fruit (*hespéridie*) est ovoïde, jaune-citron, à peau plus ou moins fine, et parsemée de petites glandes, terminé au sommet par un petit mamelon conique, et rempli d'une pulpe acidule très-abondante.

Habitat.— Originaire des Indes orientales, d'où il a été transporté dans l'Asie Mineure, le citronnier est répandu sur tout le pourtour du bassin méditerranéen, où on le cultive en grand.

Parties usitées. — Les racines, les bois, les fleurs, le fruit.

Récolte. — On coupe, pour l'usage de l'ébénisterie, les racines et le bois du citronnier pendant l'hiver, au moment où la séve n'est pas en mouvement. On recueille les fruits à leur maturité, c'est-à-dire quand l'épicarpe est devenu jaune dans toute son étendue. Dans le Nord, on préfère les citrons à épicarpe très-épais, quoique ce ne soient pas les meilleurs, parce qu'ils résistent mieux au froid. L'hiver, on les met à l'abri du froid, et on sépare avec soin des fruits sains ceux qui commencent à se gâter. Les feuilles doivent être récoltées à l'automne et desséchées soigneusement. Les fleurs se récoltent avant leur entier développement ; on les fait sécher, comme celles du Bigaradier, dans des lieux obscurs et chauds (voir au surplus aux articles Bigaradier, t. I, p. 180, Cédratier, t. I, p. 292, et Oranger, t. II, p. 459).

Composition chimique. — Toutes les parties du citronnier répandent une odeur des plus agréables ; mais cette qualité se perd bientôt au contact de l'air. Deux produits intéressants sont extraits du citronnier : ce sont l'essence de *citron* et l'*acide citrique*.

Les essences de citron ou de limon sont des hydrogènes carbonnés plus ou moins purs. Celle qui est obtenue par expression du zeste est plus estimée ; elle renferme un peu de matière colorante jaune. La seconde, extraite par distillation, est incolore et moins suave ; à l'état parfait de pureté elle est représentée par $C^{10}H^{16}$ pour quatre volumes de vapeur ; elle a donc la même composition que les essences de térébenthine, de genièvre, de copahu et de tous les autres fruits des Aurantiacées et des Conifères. L'essence de citron dévie le plan de polarisation de la lumière de 80° vers la droite, tandis que l'essence de térébenthine le dévie de 43° vers la gauche. Traitées par l'acide chlorhydrique, toutes ces essences forment des combinaisons cristallisables que l'on désigne sous le nom de *camphre artificiel*. Exposées à l'air, elles s'oxydent, se résinifient, et forment de l'eau, de l'acide acétique et une résine cristallisable.

Les essences de citron sont quelquefois mélangées frauduleusement avec des essences oxygénées, de l'alcool, etc. On reconnaît ces mélanges par le potassium et le sodium, qui se conservent très-bien dans les huiles essentielles pures, et qui s'oxydent dans les liquides oxygénés. La falsification par l'essence de térébenthine parfaitement rectifiée est plus difficile à reconnaître ; cependant on la constate soit par la distillation, soit par l'évaporation lente, pendant laquelle on peut percevoir les différentes odeurs des diverses essences.

Voici, d'après M. Raybaud, quelles sont les quantités d'essences fournies par les zestes des divers fruits d'Aurantiacées :

| FRUITS DE NICE. | | POIDS. | | ESSENCES. | |
| --- | --- | --- | --- | --- | --- |
| | | | | Par expression. | Par distillation. |
| Bergamotes........ | N° 100 | 3.550 gr. de pulpe. | | 80 grammes. | » grammes. |
| Cédrats.......... | Id. | 3. » | — | 50 — | 72 — |
| Citrons.......... | Id. | 3.500 | — | 60 — | 44 — |
| Limettes......... | Id. | 3.500 | — | 30 — | 34 — |
| Oranges.......... | Id. | 2.600 | — | 80 — | 88 — |
| Curaçao sec du commerce... | | 100 kilogrammes. | | » — | 190 — |

L'acide citrique, $C^6H^8O^7$, est tribasique et tétratomique, c'est-à-dire que trois de ses atomes d'hydrogène sont facilement remplaçables par des métaux ou des radicaux positifs.

C'est ainsi que se forme le citrate de magnésie neutre purgatif. Cet acide cristallise en prismes rhomboïdaux ; on le distingue de l'acide tartrique, avec lequel il peut être confondu, en ce qu'il ne précipite pas par la potasse et l'eau de chaux à froid ; on l'obtient, sur les lieux de production des citrons et des oranges, en saturant le suc par de la craie, et décomposant le *citrate de chaux* formé par de l'acide sulfurique ; il se fait du sulfate de chaux, et l'acide citrique reste en dissolution ; par évaporation on fait cristalliser, et quelquefois on décolore au charbon.

Usages. — Le bois des divers *Citrus* est employé dans l'ébénisterie et la tabletterie ; il est très-dense, d'un jaune serin, veiné, susceptible d'un beau poli ; celui du bigaradier est d'un blanc grisâtre, peu agréable, et celui de l'oranger est blanc, lavé de rougeâtre au centre. Avec le jus de citron on prépare, par simple solution, un sirop désigné sous le nom de sirop de limon ; il sert à faire les limonades cuites et crues : la première s'obtient en faisant bouillir, avec de l'eau sucrée, des tranches de citron privées de leur zeste ; la seconde se fait à froid. On les aromatise avec l'oléo-saccharum que l'on obtient en frottant un morceau de sucre sur le zeste frais ; on emploie ces boissons comme tempérantes et rafraîchissantes. Le jus de citron sucré, mêlé avec son volume d'eau, est un excellent désaltérant employé avec succès contre la migraine, le scorbut, etc. ; les tranches du fruit servent à panser et à désinfecter les plaies scrofuleuses et gangréneuses ; le zeste entre dans la composition des alcoolats de mélisse, ammoniacal aromatique de Sylvius, de citrons simple et de citrons composé ; mais ceux-ci sont le plus souvent obtenus par dissolution des essences dans l'alcool.

Le citron entre dans la composition d'un grand nombre de préparations culinaires ; on s'en sert en pâtisserie et en confiserie.

# CLÉMATITE

*Clematis Vitalba* L. *C. sepium* Lamk. *C. dumosa* Salisb. *C. vulgaris* C. B.
(Renonculacées - Clématidées.)

La Clématite commune, vulgairement appelée Herbe aux gueux, Viorne, Vigne blanche, Clématite des haies, est un arbuste grimpant, dont la tige sarmenteuse, longue de plusieurs mètres, porte des feuilles opposées, à pétioles contournés en vrilles, à limbe ailé, divisé en folioles grandes, ovales, acuminées, cordées à la base, entières, dentées ou presque lobées. Les fleurs, blanches, dépourvues de corolle, forment des panicules axillaires ; elles présentent un calice à quatre pétales oblongs, tomenteux ; des étamines et des pistils en nombre indéfini. Le fruit se compose d'akènes très-nombreux, terminés par de longues arêtes soyeuses que forment les styles persistants (Pl. 34).

Ce genre renferme encore un grand nombre d'autres espèces, parmi lesquelles nous citerons les Clématites odorante (*C. Flammula* L.), droite (*C. erecta* L.), à fleurs bleues (*C. Viticella* L.), etc.

La Clématite droite (*C. recta* L., *C. erecta* D. C.) se distingue par ses tiges cylindriques, par ses feuilles formées de cinq à neuf lobes, longuement pétiolées ; ses fleurs sont blanches et disposées en panicule terminale.

La Clématite odorante (*C. Flammula* L.) a les feuilles deux fois ailées ; les fleurs sont blanches, très-odorantes, plus petites que dans les espèces précédentes.

La clématite bleue (*C. Viticella* L.) présente des tiges anguleuses ; les pétioles s'enroulent comme des vrilles autour des corps environnants ; les fleurs sont bleues ou rougeâtres, longuement pédonculées, solitaires ; les pistils sont dépourvus d'aigrettes plumeuses.

HABITAT. — La clématite commune habite presque toute l'Europe ; elle croît dans les haies, les bois et les buissons. On ne la cultive que dans les jardins botaniques ou d'ornement.

PARTIES USITÉES. — Les feuilles, les fleurs, l'écorce.

RÉCOLTE. — La clématite perd une partie de son âcreté par la dessiccation ; les feuilles sont plus âcres avant la floraison ; les fleurs sont difficiles à conserver blanches ; elles prennent facilement une teinte noirâtre ou jaunâtre ; il faut donc les faire sécher rapidement et à l'ombre, et les recueillir le matin lorsque la rosée de la nuit est dissipée. L'écorce est très-âcre et même caustique ; on doit la récolter au printemps ou à l'automne, avant ou après la floraison.

COMPOSITION CHIMIQUE. — Toutes les parties des diverses clématites renferment un principe âcre, irritant, caustique, qui détermine une ardeur brûlante de la langue et de l'arrière-bouche lorsqu'on les mâche. Par distillation on a retiré des feuilles une huile essentielle jaunâtre, d'une saveur âcre et brûlante, dont la nature n'a pas été déterminée.

Les fleurs de la clématite commune répandent une odeur agréable et suave, se rapprochant de celle des amandes amères, mais qui paraît encore plus délicate; il y a certainement là une huile essentielle qui mériterait d'être étudiée. Par la distillation de ces fleurs avec l'eau, M. Guibourt a obtenu un liquide limpide et incolore, qui a laissé déposer après quelques jours une matière pulvérulente, d'une saveur d'abord amylacée, puis âcre, insoluble dans l'eau, l'alcool et l'éther; en redistillant sur ce dépôt le liquide qui l'avait laissé déposer, l'eau a passé seule, et le résidu s'est réuni en une masse glutineuse, devenant pulvérulente par la dessiccation, soluble dans l'ammoniaque et dans la potasse en dissolution bouillante. En traitant les fleurs de la clématite odorante par le sulfure de carbone et par évaporation spontanée de la dissolution, l'un de nous a obtenu une huile essentielle d'une odeur très-agréable, dont la composition n'a pas été déterminée, mais qui pourrait certainement être utilisée en parfumerie.

Usages. — La clématite commune tire son nom d'*herbe aux gueux*, de ce que les mendiants l'employaient autrefois pour déterminer des ulcérations superficielles faciles à guérir, et pour provoquer ainsi la commisération publique. Les feuilles écrasées et appliquées sur la peau y déterminent une irritation locale très-vive, suivie de phlyctènes. Les aigrettes plumeuses des fruits ont servi à préparer un beau papier.

La clématite commune est la seule qui ait été employée en médecine; on lui a attribué des propriétés diaphorétiques, purgatives et drastiques; on l'a vantée dans les maladies vénériennes, l'hydropisie, les scrofules et bien d'autres maladies. Dioscoride dit qu'elle guérit la lèpre, Matthiole l'a citée comme fébrifuge. Tragus l'employait contre l'hydropisie.

Les propriétés antipsoriques de la clématite ont été signalées par les auteurs anciens : Pline, Dioscoride et Galien en font mention; plusieurs médecins ont employé les feuilles ou l'écorce chauffées dans l'huile contre la gale; Vicari d'Avignon, Schwilgué, Curtel, etc., en faisaient grand usage. M. Cazin a constaté l'action purgative de la clématite fraîche en infusion, à la dose de 1 à 3 grammes pour 200 grammes d'eau; il l'associe à l'Anis vert, et il compare son action à celle de la Gratiole; mais elle est certainement plus énergique, plus irritante, et c'est avec d'autant plus de raison qu'on l'a abandonnée que M. Orfila a constaté que si on l'administre fraîche, elle enflamme l'estomac et tue les animaux.

Cependant, dans les cas urgents, dans les campagnes, les feuilles hachées pourront servir à déterminer des vésications.

La décoction de la racine a été employée quelquefois dans les campagnes comme purgatif, contre l'enflure des bestiaux ; on s'en servait également pour laver et déterger les ulcères sanieux.

La décoction dans l'eau enlève toute l'âcreté de la clématite; aussi en Toscane et en Ligurie les paysans mangent-ils, dit-on, les jeunes pousses ainsi accommodées.

## COAJINGUVA

(Voyez le *Supplément* du T. I.)

## COCA

*Erythroxylon Coca* Lamk.
(Érythroxylées.)

La Coca est un arbrisseau dressé, qui atteint à une hauteur de 2 mètres; son tronc est très-rameux, couvert d'une écorce rugueuse, blanchâtre. Les feuilles sont alternes, molles, à peine pétiolées, longues de $0^m,04$ à $0^m,10$ sur $0^m30$ à $0^m,045$ de largeur, elliptiques, un peu allongées, aiguës ou obtuses-mucronées, entières, glabres, luisantes sur les deux faces, d'un vert d'émeraude en dessus, plus pâles en dessous, parcourues longitudinalement par trois nervures, dont la médiane plus saillante. Des stipules interpétiolaires, au nombre de deux, accompagnent chaque feuille; elles sont ovales-triangulaires-subulées, persistantes, après la chute des feuilles; ce qui donne aux jeunes rameaux un aspect écailleux et tuberculeux. Les fleurs sont d'un blanc jaunâtre, petites, nombreuses, naissant sur les tubercules écailleux de jeunes rameaux dépouillés de feuilles. Le calice est très-petit, monosépale, marcescent, à cinq lobes ovales-triangulaires, aigus, glabres. La corolle est à cinq pétales égaux, ovales-oblongs, obtus, offrant à leur base une petite écaille membraneuse. Les étamines, au nombre de dix, sont soudées entre elles inférieurement et insérées sur le réceptacle. L'ovaire est supère, obové, à six angles, à trois loges, dont deux stériles, surmonté de trois styles filiformes, distincts jusqu'à la base, terminés chacun par un stigmate capité. Le fruit est une petite drupe peu charnue, ovoïde-oblongue, aiguë, à une seule loge, par avortement, et à une seule graine.

HABITAT. — L'*Erythroxylon Coca* habite les régions inférieures et tempérées de la chaîne des Andes, en Bolivie, au Pérou, dans la Nouvelle-Grenade, etc., où il est cultivé en grand.

CULTURE.— L'arbre à la Coca ne peut pas être cultivé en plein air en Europe ; il demande la température de la serre chaude. Peut-être supporterait-il le climat de l'Algérie. Avant de le planter, on défonce le sol par un bon labour, et de novembre à janvier on sème les graines, par trois ou quatre ensemble, en sillons ou en fossettes. Si toutes ces graines germent, on ne laisse qu'un pied en place, et on transplante les autres au moment des pluies. Dans nos serres, on sème en terrines pour repiquer en pot.

PARTIES USITÉES. — Les feuilles.

RÉCOLTE. — Les feuilles de la coca sont très-rares dans le commerce. Elles varient de grandeur ; elles sont glabres, entières, lisses, unies, quelquefois très-chagrinées à leur surface supérieure qui est d'un vert foncé, tandis que l'inférieure est d'un vert pâle ou blanchâtre. Cent feuilles pèsent en moyenne 12 grammes ; elles sont très-hygrométriques, et elles noircissent par l'humidité ; à leur état de siccité, elles se pulvérisent facilement. De la nervure médiane très-proéminente, partent presque à angles droits des nervures latérales alternes qui s'anastomosent entre elles à peu près à moitié de leur point d'émergence et de la circonférence du limbe, de manière à former un premier rang d'arcades ; de la convexité de celles-ci naissent des nervures plus déliées, qui, en se réunissant, forment une deuxième rangée d'arcades plus nombreuses, mais d'un moindre rayon ; ce deuxième rang, à son tour, en forme un troisième constitué de la même manière, mais ordinairement dans le dernier les nervures ne se réunissent pas au sommet ; de chaque côté de la nervure médiane part une ligne saillante sur la surface inférieure, en dépression sur la supérieure, ligne non interrompue par les nervures, et qui paraît formée par un plissement ou plutôt par un condensement du parenchyme. D'après M. Gosse, ces lignes disparaissent en tout ou en partie sur les feuilles qui ont pris un certain accroissement, et, d'après M. Demarle, cette disparition serait due à l'effet de l'humidité prolongée ; Lamarck (*Encyclop. méthod.*) explique ces lignes par l'application des bords de la feuille l'un sur l'autre dans leur jeunesse.

C'est en 1750 que les premières feuilles de coca furent envoyées par Joseph de Jussieu, lors de son voyage au Pérou avec La Condamine ; elles furent étudiées par Antoine Laurent de Jussieu, et plus tard par Lamarck. Depuis, la plante a été observée et décrite par MM. de Martius, Gosse et Demarle. Elle avait été mentionnée, dès le seizième siècle et le commencement du dix-septième, par Charles de Lécluse et Monardès.

Composition chimique. — M. Niemann a extrait de la coca un alcali organique qu'il a désigné sous le nom de *cocaïne*, et qui a pour formule $C^{17}H^{21}O^4$, elle est peu soluble dans l'eau, soluble dans l'alcool, surtout bouillant, et dans l'éther ; sa réaction est fortement alcaline ; sa saveur est amère ; elle fond à 98° ; chauffée plus fort, elle se colore et se volatilise en partie avec une odeur ammoniacale. Elle forme avec les acides des sels déliquescents difficilement cristallisables, qui n'agissent pas sur la pupille ; ces sels frappent d'engourdissement et presque d'insensibilité la partie de la langue sur laquelle on les applique.

On suppose que la cocaïne n'est pas le seul principe actif de la coca, puisque celle-ci dilate la pupille et que la première n'agit pas sur elle.

Traitée par l'acide chlorhydrique, la cocaïne se dédouble en acide benzoïque et une base nouvelle, l'*ecgonine* $C^9H^{15}O^3$ (Lössen). Au moyen de l'alcool amylique, on en a extrait de la coca un alcaloïde volatil, l'*hygrine*, qui est très-alcalin et qui donne des fumées blanches au contact des acides volatils ; cette base n'est pas vénéneuse, et elle se dégage, lorsqu'on chauffe les feuilles de coca avec une lessive alcaline.

Usages. — Quoiqu'on ait employé la coca et la cocaïne dans les troubles digestifs et contre les fièvres intermittentes, leur histoire thérapeutique est à faire. Pour les Péruviens, c'est une panacée universelle ; ils en emploient des infusions dans toutes les maladies ; ils la mâchent seule ou mélangée aux cendres du *Chenopodium Chinon* Willd., et d'autres plantes, mélange que les Indiens nomment *llipta* ; quelquefois on remplace ces cendres par un peu de chaux vive ; la *llipta* joue le même rôle aux Indes occidentales que le bétel dans l'Hindhoustan ; elle éloigne la faim, fait supporter l'abstinence, la fatigue et l'ennui ; les voyageurs s'en munissent et on en distribue aux ouvriers des mines. Blas Valeva, Alonzo de la Pena, Julian, le docteur Unanué, Montegazza, la recommandent comme conservateur par excellence des dents, pour calmer, prévenir et dissiper les douleurs, combattre l'engorgement des gencives, surtout celui du scorbut et la stomatite aphtheuse. Il semble résulter des témoignages les plus irrécusables que la mastication de la coca ou de la *llipta* soutient les forces malgré une alimentation insuffisante ; qu'elle permet en effet une abstinence plus prolongée et des fatigues plus grandes. Beaucoup de personnes ne croient pas à cette action singulière, et cependant elle a été attribuée au Café dont les ouvriers mineurs belges font si grand usage, ainsi qu'au Maté (*Ilex paraguarensis*), et dont une infusion permet de supporter les plus grandes fatigues et une abstinence de vingt-quatre, et même quarante-huit heures.

La coca passe pour être un excellent aphrodisiaque.

La coca et la cocaïne semblent destinées à prendre une place importante dans la thérapeutique. Il résulte des expériences récentes de M. Candwell, que le coca et la cocaïne sont, à faibles doses, sédatives du système nerveux cérébral, tandis qu'à doses plus élevées elles exercent une action excitante très marquée de ce système. Avec 60 grammes de l'extrait fluide des feuilles, cet observateur obtint sur lui-même des vertiges et de l'incertitude dans la marche pendant dix minutes environ, puis une sensation générale de bien-être, une grande facilité de travail et une insomnie qui dura toute la nuit.

La cocaïne a été préconisée dans ces derniers temps comme anesthésique local. En instillant dans l'œil une solution de chlorhydrate de cocaïne on insensibilise l'organe et l'on peut le soumettre à des opérations qui sans cela produisent de vives douleurs. On s'en est servi aussi pour insensibiliser les dents avant leur ablation. MM. Randolph et Dixon ont signalé qu'elle annihile la douleur produite par la cautérisation à l'aide des acides ; l'acide nitrique concentré, saturé de chlorhydrate de cocaïne et appliqué sur la peau détermine la sensation d'une simple piqûre, tout en produisant une escharre. D'après H. Millaud, une solution de chlorhydrate de cocaïne à 4 p. 100 en injection sous-cutanée et une application externe supprime la douleur que produit le thermo-cautère.

D'après le D⁰ Unna, la solution aqueuse de cocaïne serait le meilleur remède topique des gerçures du mamelon chez les nourrices.

## COCHLÉARIA

*Cochlearia officinalis* et *armoracia* **L.**
(Crucifères-Alyssinées.)

Le Cochléaria officinal, vulgairement appelé Herbe aux cuillers, est une plante bisannuelle, à racine fusiforme, longue, assez mince, un peu chevelue, blanchâtre. Les tiges, hautes de $0^m,30$, un peu anguleuses, glabres, faibles, rameuses, couchées ou ascendantes, portent des feuilles alternes, luisantes, d'un vert foncé ; les radicales longuement pétiolées, cordiformes, obtuses, entières ; les caulinaires, sessiles, allongées, prolongées à la base en deux petites languettes et irrégulièrement dentées. Les fleurs, petites, blanches, sont groupées en corymbes terminaux. Elles présentent un calice à quatre sépales obtus, creux et concaves en dedans, convexes en dehors ; une corolle à quatre pétales plus longs que le calice, arrondis, obtus, entiers, onguiculés, dressés ; six étamines tétradynames, à anthères comprimées ; un ovaire simple, surmonté d'un style court et d'un stigmate obtus. Le fruit est une silicule arrondie, à deux loges polyspermes (Pl. 35).

Le Cochléaria de **Bretagne** (*Cochlearia armoracia* L.), appelé aussi Cranson, Raifort sauvage ou Grand raifort, est vivace, et se distingue du précédent par sa racine charnue, rameuse, de la grosseur du bras ; ses feuilles radicales atteignent la longueur de $0^m,30$ et la largeur de $0^m,10$ pétiolées, elliptiques, sinueuses-dentées, veinées, à nervure moyenne fortement saillante en dessous ; sa tige, haute de $0^m,65$ à 1 mètre ; ses fleurs disposées en longues panicules à l'extrémité des rameaux.

Habitat. — Ces deux espèces croissent dans les régions occidentales tempérées de l'Europe, particulièrement en Bretagne et en Normandie. On les trouve au bord des ruisseaux, mais plus fréquemment sur les rivages de la mer.

Culture. — Les cochléarias sont quelquefois cultivés dans les jardins maraîchers. Ils demandent une terre fraîche et une exposition un peu couverte. On propage facilement la première espèce par graines, semées au printemps, et la seconde par tronçons de racines.

Parties usitées. — Les feuilles, les sommités fleuries, les racines, les semences.

RÉCOLTE. — Le cochléaria officinal se récolte pendant sa floraison, en mai, juin et juillet. Pour les usages des pharmacies, on le cultive, pendant l'hiver, dans des pots, parce qu'il importe de l'employer à l'état frais.

On arrache la racine de cochléaria de Bretagne ou raifort sauvage, après la floraison de la plante, à la fin de la deuxième année ; plus tard, elle devient trop ligneuse ; on conserve cette racine, après en avoir coupé le collet, dans du sable sec et à la cave.

COMPOSITION CHIMIQUE. — L'odeur forte et piquante que présentent les plantes du genre cochléaria quand on les écrase, la saveur vive, âcre et un peu amère qu'elles possèdent, sont dues à une huile essentielle qui ne préexiste pas dans ces plantes, et qui se forme par une réaction analogue, sinon identique, à celle qui produit l'essence de moutarde (voyez MOUTARDE, t. II, p. 373-378). D'après Einoff, le raifort contient une résine amère, du soufre, de l'albumine, de la fécule et des sels. L'essence que, d'après M. Hubalka, l'on obtient par distillation des racines coupées par morceaux, avec les deux tiers de son poids d'eau, est limpide et possède toutes les propriétés de l'huile essentielle de moutarde. Dobereiner a trouvé dans le cochléaria officinal une substance âcre particulière qu'il nomme *cochléarine*. MM. Henry et Garot y ont découvert une substance âcre neutre qu'ils ont nommée *sulfo-sinapisine*.

USAGES.—Le cochléaria officinal et le cochléaria de Bretagne sont considérés comme éminemment antiscorbutiques. On les emploie souvent simultanément ; ils entrent dans *le sirop, le vin, la teinture antiscorbutiques*. Avec chacune de ces plantes on fait aussi des vins et des alcoolats simples et composés, des alcoolés ou teintures. La dessiccation et la décoction leur enlèvent toutes propriétés.

Le cochléaria est encore considéré comme diurétique et expectorant ; on l'a employé contre les catarrhes chroniques, l'asthme, les scrofules, les engorgements atoniques des viscères, certaines maladies cutanées chroniques, etc.

Quoique Sydenham l'ait vanté dans le rhumatisme chronique, des Bois de Rochefort contre les maladies calculeuses, et Stahl dans les fièvres quartes, etc., il n'est plus employé dans ces cas. Il est bon d'en éviter l'usage dans les affections hémorrhoïdales, les toux sèches et spasmodiques, l'hémoptysie, les congestions sanguines, cérébrales, etc. Outre l'emploi des différentes préparations pharmaceutiques dites antiscorbutiques, que l'on fait dans le scorbut, on conseille dans cette maladie de faire mâcher du cochléaria ou d'en boire le suc. La plante pilée est quelquefois employée à l'extérieur comme rubéfiante.

La racine de cochléaria de Bretagne jouit absolument des mêmes propriétés que les feuilles de cochléaria officinal, mais elle est plus irritante et plus active. Son suc est vomitif, et, d'après Rivière, les semences, à la dose de 15 à 24 grammes en décoction, sont pareillement émétiques et purgatives. Ettmuller employait la racine macérée dans du vin blanc contre l'hydropisie ; Bartholin l'administrait dans de la bière. Bergius faisait prendre chaque matin aux goutteux une cuillerée à bouche de pulpe de racine. Linné préférait la forme de sirop préparé à froid. Sydenham l'employait souvent dans les hydropisies qui suivent les fièvres intermittentes. M. Rayer n'a eu qu'à se louer de cette médication, même dans les cas de néphrite albumineuse chronique. M. Martin Solon a vanté les préparations de raifort sauvage dans l'albuminurie.

En Suède, on prépare un petit-lait médicamenteux en jetant du lait bouilli sur de la râpure de raifort sauvage humectée avec du vinaigre ; puis on filtre, et on administre cette boisson comme diurétique dans les hydropisies, le scorbut, les catarrhes chroniques, etc. Nous savons aujourd'hui que le vinaigre s'oppose au développement de l'essence, principe éminemment actif du raifort; aussi, dans les cas urgents, on prépare un excellent sinapisme avec la râpure de raifort ; l'addition du vinaigre qu'on faisait autrefois, dans le but de le rendre plus actif, en mitige au contraire l'action,

En médecine vétérinaire, le raifort sauvage est employé comme médicament stimulant.

La racine de cette plante râpée fraîchement, remplace souvent la moutarde en Allemagne, en Alsace et en Flandre.


# COCOTIER

*Cocos nucifera* L.
(Palmiers - Cocoïnées.)

Le Cocotier est un grand arbre, à racines fibreuses, grêles, fasciculées. Sa tige ou stipe, qui atteint la hauteur de 25 à 30 mètres sur 0$^m$,50 de diamètre, est droite, cylindrique, régulière, marquée,

dans toute sa longueur, d'anneaux parallèles formés par les cicatrices
que les feuilles anciennes ont laissées en tombant. Elle se termine
par un gros bourgeon, vulgairement appelé *chou*, qui, en se développant, donne naissance à un bouquet ou à une couronne de feuilles,
longues de 1ᵐ,50 à 2 mètres, pennées, à nervure médiane ou *rachis*
très-fort, à folioles nombreuses, lancéolées-linéaires, aiguës, d'un
vert foncé. Les fleurs, renfermées avant leur épanouissement dans
une spathe axillaire, longue de 1 mètre à 1ᵐ,50, sont monoïques,
portées sur des pédoncules d'abord blancs, puis jaune-doré, et disposées en longues grappes ou *régimes*. Elles présentent un calice à six
divisions, disposées sur deux rángs, et sont dépourvues de corolle.
Les mâles, situées au sommet de l'inflorescence, ont six étamines. Les
femelles, placées à la base, renferment un ovaire globuleux. Le fruit
est une énorme drupe fibreuse, renfermant un noyau globuleux ou
ovoïde, ligneux, à l'intérieur duquel se trouve une énorme amande
blanche.

HABITAT. — Le cocotier, dont la véritable patrie est inconnue, est
aujourd'hui répandu aux Indes orientales, à Ceylan, dans la Malaisie,
l'Afrique occidentale, au Mexique, etc. Il croît de préférence aux
bords de la mer.

CULTURE. — Le cocotier est cultivé en grand dans les régions tropicales. Sous nos climats, il ne peut vivre qu'en serre chaude. Il
demande une terre fraîche et substantielle. On le propage par ses
graines, dont la germination est très-lente, et sa conservation demande beaucoup de soins.

PARTIES USITÉES. — La plante entière.

RÉCOLTE. — Les fruits mettent un an à mûrir ; mais les arbres en
étant toujours chargés, puisque les fleurs se renouvellent sans cesse,
on les récolte en tout temps.

COMPOSITION CHIMIQUE. — Les feuilles et les tiges du cocotier sont
riches en faisceaux de fibres qui peuvent être facilement isolées,
blanchies, filées, tissées et travaillées de mille manières. Les tiges
renferment de la fécule, du sucre et du tannin. L'huile, appelée aussi
*beurre de coco,* que l'on extrait de l'amande, est saponifiable ; elle
forme avec la soude un savon sec, cassant, moussant fortement avec
l'eau, et qui ne peut être employé qu'avec d'autres savons plus mous
et plus onctueux. Décomposé par un acide, ce savon produit un
acide gras particulier, nommé acide *cocinique,* fusible à 35°, **qui**

peut être distillé sans altération, et qui, d'après M. Georgey,
serait identique à l'acide laurique. D'après M. Saint-Èvre, en
décomposant l'huile de coco par un excès d'acide sulfurique, on
obtient de la glycérine, et les six acides suivants : l'acide *caproïque*,
$C^6H^{12}O^2$; l'acide *caprylique*, $C^8H^{16}O^2$; l'acide *caprique*, $C^{10}H^{20}O^2$;
l'acide *lauro-stéarique,*, $C^{12}H^{24}O^2$; l'acide *myristique*, $C^{14}H^{28}O^2$,
et l'acide *palmitique*, $C^{16}H^{32}O^2$; ce qui ferait supposer que cette
huile contient six principes immédiats neutres différents.

Trommsdorff a trouvé le *lait de coco* composé d'eau, de sucre, de
gomme, de carbonate et de chlorures salins ; mais il est probable que
ce lait contient, en outre, une matière grasse ou analogue au caoutchouc ; il peut éprouver la fermentation alcoolique.

Usages. — Les usages du cocotier sont innombrables pour les
habitants des pays où il croît. Ils sont à la fois propres à la médecine,
à l'économie domestique et à l'industrie.

Parlons d'abord des usages en médecine, quoique ce soient les
moindres. Les racines du cocotier, réduites en poudre et mêlées à la
poudre d'anis vert, passent pour astringentes. On les emploie contre
la diarrhée et les dysenteries chroniques. Les fleurs épanouies sont
pectorales. On se sert du réseau filandreux que l'on trouve à la
base des feuilles en guise d'amadou pour arrêter les hémorragies.
Les fruits verts, non mûrs, sont estimés comme astringents ; râpés,
ils entrent dans un onguent très-employé contre l'œdème : en poudre
ou en décoction, l'on s'en sert contre la diarrhée, la dysenterie et les
flux en général. Le liquide blanc, doux, sucré, frais, un peu aigrelet, nommé *lait de coco*, que l'on fait couler en perçant les trois petits
trous qui sont à la base du fruit, est un rafraîchissant des plus
agréables, qui est très-recommandé dans les maladies de poitrine, et
auquel on attribue des propriétés diurétiques. Toutefois Lesson reproche à ce lait de causer de vives cuissons dans la gonorrhée et de
provoquer un écoulement qui teint le linge en noir. Lorsque les
fruits mûrissent, le lait se durcit en amande, de la circonférence au
centre ; la partie dure est recouverte d'une crême fort agréable au
goût ; il reste souvent un peu de lait ; on y trouve, mais rarement,
une matière concrète, pierreuse, analogue aux tabaschirs des
Bambous, d'un blanc bleuâtre, que les Européens nomment *pierre
de coco*, et à laquelle on attache de fabuleuses propriétés médicales : on dit que les Chinois portent cette sorte de *pierre* en

amulette dans le but de se préserver d'une foule de maladies. Avec l'amande on fait des émulsions et des loochs. C'est de l'amande qu'on extrait l'*huile* ou *beurre de coco* qui est très-usité comme émollient, dans les pays chauds, et que l'on emploie aussi comme purgatif et vermifuge. La coque ligneuse du coco, distillée, donne une huile volatile, dont on se sert contre les maux de dents.

Dans l'économie domestique et l'industrie, les usages du cocotier sont de toutes sortes. Les tiges jeunes renferment une séve comestible sucrée; quand elles sont plus anciennes, on trouve au centre un amas de fibres abondant que l'on utilise de diverses manières. Les troncs servent de bois de charpente très-solide; on en fait des pieux, des meubles, des chevrons. Près de la racine, le bois est très-dur et prend bien le poli ; on l'emploie en marqueterie ; il ressemble à de l'agate polie. La séve de la tige fermentée sert à préparer, par fermentation, une boisson agréable connue sous le nom de *vin de coco* et qui se transforme facilement en vinaigre. Les jeunes fleurs triturées donnent aussi une boisson agréable, qui peut être également fermentée pour faire du vin, et ensuite de fort vinaigre. Aux îles Mariannes, on concentre la séve de la tige pour en tirer une matière sucrée noirâtre, qui sert à faire des confitures. A Madras, cette séve, unie à la chaux et au blanc d'œuf, forme un stuc. Les feuilles sont employées à nourrir les éléphants, à faire des toitures, des nattes, des corbeilles, des voiles pour les pirogues, des chapeaux, des parasols, des éventails, etc. La toile naturelle, disposée en filaments entrecroisés à la base des pétioles, sert à fabriquer des vêtements; on l'utilise encore comme filtres et tamis grossiers. Le bourgeon, crû ou cuit, est un aliment très-délicat; on le confit en *Atchar* dans du vinaigre. L'enveloppe ou spathe de l'inflorescence sert à faire des sacs, des bonnets. Le fruit du cocotier est la partie la plus utile. Son enveloppe extérieure, qui est très-grossière et qui se nomme *caire* ou *bastin*, sert à fabriquer des étoffes fortes, de bons cordages pour les vaisseaux, des brosses, des balais; elle donne une étoupe que l'on emploie pour calfater les navires, pour laver la vaisselle et nettoyer le parquet des appartements. La coque du fruit est très-dure; on en fait des tasses, des plats, des assiettes, des cuillers à pot, des vases d'ornement, des chapelets, mille petits objets tournés ou sculptés. En brûlant l'enveloppe ligneuse du coco, on obtient un charbon velouté usité en peinture, et aussi une huile empyreumatique, dont les habitants de l'île de Sumatra se servent pour teindre leurs dents en noir. En laissant fermenter le *lait de coco*, on obtient des boissons agréables, nommées *calou*, et même de l'alcool. Aux Antilles, les cuisiniers se servent de ce lait pour relever leurs sauces, les dames pour relever leur beauté en s'en lavant le visage. L'huile que l'on extrait de l'amande est susceptible d'être mangée quand elle est fraîche ; mais elle rancit promptement, et bientôt n'est plus bonne que pour l'éclairage et la fabrication des savons. Quant à l'amande elle-même, qui est blanche, ferme et compacte, elle rappelle, par sa saveur, celle de la noisette et de la rave ; on l'assaisonne de diverses manières ; les émulsions que l'on en fait remplacent les émulsions d'amandes.

## COIGNASSIER

*Cydonia vulgaris* Rich. *Pyrus Cydonia* L.
(Rosacées – Pomacées.)

Le Coignassier est un arbre dont la tige, haute de 4 à 6 mètres, se divise en rameaux nombreux, blanchâtres, cotonneux, portant des feuilles alternes, pétiolées, stipulées, grandes, ovales, arrondies, obtuses, entières, molles, cotonneuses en dessous. Les fleurs, très-grandes, blanchâtres, sont solitaires au sommet des jeunes rameaux. Elles présentent un calice cotonneux, renflé à la base, à cinq divisions réfléchies ; une corolle à cinq pétales presque arrondis et concaves ; des étamines nombreuses ; un ovaire globuleux, pubescent, surmonté de cinq styles. Le fruit est une pomme arrondie, pointue aux deux extrémités, jaune, cotonneuse, odorante, présentant, au centre, cinq loges renfermant plusieurs graines entourées d'un mucilage visqueux.

Habitat. — Originaire de l'île de Crète, le coignassier est aujourd'hui répandu dans toutes les parties chaudes et tempérées de l'Europe, où on le cultive surtout comme arbre fruitier.

Parties usitées. — Les fruits, les pépins ou semences.

Récolte. — Les fruits doivent être cueillis avant leur parfaite maturité, lorsqu'ils ont pris une teinte jaune uniforme et acquis une odeur agréable ; les pépins sont entourés d'une couche mucilagineuse abondante, de consistance tremblante ; on les sépare du péricarpe, on les lave et on les fait sécher au soleil.

Composition chimique. — La pulpe charnue contient de l'acide malique, du sucre, de la pectine, de l'acide pectique, une matière azotée, du tannin en petite quantité; l'épicarpe renferme un principe très-odorant, fugace, très-agréable, que l'un de nous a séparé au moyen du sulfure de carbone et qui pourrait recevoir d'utiles applications en parfumerie; la graine contient une huile fixe.

Usages. — Les semences de coings sont très-mucilagineuses; macérées dans l'eau, elles donnent un liquide visqueux filant, souvent employé pour préparer des collyres émollients. Ce mucilage entre dans la composition de la *Bandoline*, liquide épais, employé par les dames pour fixer les cheveux en bandeaux; il s'altère rapidement; pour le conserver on y ajoute de l'alcool.

Le suc sert à préparer un sirop. Après avoir essuyé les fruits pour enlever le duvet qui les recouvre, on les réduit en pulpe au moyen d'une râpe; on exprime le jus qui est soumis à une légère fermentation; on filtre et on fait fondre à une douce chaleur, dans 100 parties de suc, 188 parties de sucre blanc; on peut conserver le jus dans des bouteilles par le procédé d'Appert, ou par l'acide sulfureux, ou le sulfite de chaux, ou bien encore en recouvrant le liquide d'une faible couche d'huile qui le soustrait au contact de l'air.

Les fruits privés de leur péricarpe servent à préparer des gelées et des marmelades très-agréables au goût, dont on fait un fréquent usage dans les ménages et qui jouissent de légères propriétés astringentes; les tranches du péricarpe peuvent être confites dans du sirop ou dans du sucre, et servies en conserves.

Le coing, sous toutes les formes, convient dans les diarrhées, la dysenterie, l'hémoptysie, la métrorrhagie, les flux hémorrhoïdaux, la leucorrhée atonique, la faiblesse des organes digestifs, etc. C'est le sirop dissous dans de l'eau ou dans la décoction de riz que l'on emploie le plus souvent; on fait quelquefois usage du fruit bouilli dans l'eau.

La pulpe a été préconisée, sous forme de cataplasmes, contre les chutes du rectum et sur les tumeurs hémorrhoïdales. Solenander employait la décoction des feuilles en lotions contre l'ophthalmie chronique.

Le mucilage de coing sert dans les collyres à modérer l'activité des substances irritantes; on lui substitue souvent celui de graine de lin, de semences de Plantain psyllion ou de racine de Guimauve.

Le jus de coing fermenté produit un vin peu agréable, que l'on a conseillé dans les cas de faiblesse générale, dans les convalescences des vieillards; il est resserrant et amène la constipation; à l'extérieur, il a été employé comme astringent, dans les chutes de l'utérus, le boursouflement des gencives, etc. Malheureusement, il se conserve mal.

## COLCHIQUE

*Colchicum autumnale* L.
(Mélanthacées - Colchicées.)

Le Colchique d'automne, appelé aussi Safran des prés ou faux Safran, Veillotte, Tue-chien, etc., est une plante vivace, à bulbe solide et charnu. Les feuilles, qui ne se montrent que longtemps après les fleurs, sont engaînantes, planes, lancéolées, obtuses, d'un vert foncé et luisant. Les fleurs, qui paraissent dès l'automne, sont grandes, longues de 0^m,20 à 0^m,30; elles présentent un périanthe en entonnoir, à tube très-long, à limbe pourpre rosé, partagé en six divisions profondes; six étamines saillantes, ainsi que les styles, qui sont filiformes et terminés par un stigmate crochu. Le fruit est une capsule ovoïde, glabre, trifide au sommet, à trois loges polyspermes.

HABITAT. — Le colchique est répandu dans presque toutes les régions de l'Europe. Il habite surtout les prairies humides. On ne le cultive que dans les jardins botaniques.

PARTIES USITÉES. — La tige souterraine, nommée bulbe; les semences; rarement les fleurs.

RÉCOLTE. — Les fleurs doivent être récoltées en septembre, époque de leur épanouissement; les bulbes en novembre, après la chute des fleurs; les graines au printemps, lorsque le fruit est mûr, et avant la déhiscence; on doit avoir soin de faire parfaitement sécher toutes ces parties, car elles moisissent facilement; il faut les conserver dans un lieu très-sec. Toutefois, les médecins anglais, qui font grand usage des bulbes de colchique, prétendent qu'on doit les récolter au printemps, parce que, après cette époque, ils donnent naissance à un nouveau bulbe qui se nourrit aux dépens du premier. Stolze a trouvé plus d'amidon et moins de matière amère (2 p. 100) dans le bulbe récolté en automne que dans celui que l'on recueille en mars, celui-ci renfermant 6 pour 100 de matière amère. Quoi qu'il en soit, il faut faire sécher ces bulbes au soleil ou à l'étuve avant de les enfermer. Nous ne partageons nullement l'opinion de Vigan, qui conseille de les réduire en poudre aussitôt après leur récolte, et de les mélanger avec trois fois leur poids de sucre.

Le bulbe de colchique du commerce est un corps ovoïde, de la grosseur d'un marron, convexe et ridé d'un côté, présentant sur l'autre face un sillon longitudinal dû à la tige qui y a laissé une empreinte, gris-jaunâtre à l'extérieur, blanc et farineux à l'intérieur, inodore, d'une saveur âcre et mordicante. Stoerck et d'autres médecins conseillent de l'employer frais, et c'est sous cet état que M. Want, chirurgien anglais, l'a fait entrer dans l'*Eau minérale d'Husson*, très-employée comme anti-arthritique. Les graines sont petites, globuléuses, deux fois plus grandes à peu près que celles de la Moutarde noire, un peu plus grosses que celles du Colza; leur enveloppe est brun-rougeâtre, rugueuse; leur saveur est amère et très-âcre; l'albumen a une consistance cornée et élastique, ce qui le rend très-difficile à pulvériser.

Sous le nom d'*Hermodacte* (d'*Hermès*, Mercure, et *dactylos*, doigt, de la forme digitée qu'on a cru trouver dans le bulbe dont il est ici question), on employait jadis en médecine, comme purgatif, un corps globuleux, amylacé, cordiforme, mucilagineux, d'une saveur douceâtre et en même temps un peu âcre. Ce bulbe a été attribué par quelques auteurs à l'*Iris tuberosa*; mais le plus grand nombre le regardent comme provenant d'une espèce de colchique (*Colchicum illyricum*).

Composition chimique. — Toutes les parties du colchique ont une odeur désagréable et nauséabonde. Les bulbes frais contiennent un suc laiteux, dont la saveur est âcre et brûlante, et qui est un violent poison pour l'homme et pour plusieurs animaux. Le bulbe du colchique a été analysé par MM. Pelletier et Caventou, qui y ont trouvé une matière grasse, composée d'oléine et de stéarine, et un acide volatil particulier; un alcaloïde végétal qu'ils avaient cru être de la *vératrine*, mais que MM. Hesse et Geiger en ont distingué, et qu'ils ont nommé *colchicine*; une matière colorante jaune, de la gomme, de l'amidon, de l'inuline et du ligneux.

La colchicine cristallise en prismes ou en aiguilles incolores, fusibles à une douce chaleur, solubles dans l'eau, l'alcool et l'éther; elle est très-amère et très-vénéneuse; l'acide azotique la colore en violet, qui vire bientôt au vert olive, puis au jaune; l'acide sulfurique la colore en brun; elle forme des sels cristallisables solubles dans l'eau et dans l'alcool. La vératrine se distingue par son insolubilité dans l'eau et par la coloration violette qu'elle prend au contact de l'acide sulfurique.

Usages. — Le colchique est un purgatif énergique. Il en est de même, à un plus haut degré encore, de la colchicine. Les semences sont les parties les plus actives de la plante, parce que ce sont celles qui contiennent le plus de colchicine ; ensuite viennent les bulbes et les fleurs. Ce sont surtout les graines et les fleurs qui sont utilisées pour la préparation des teintures et des vins de colchique.

L'effet purgatif est toujours tardif, et les selles sont toujours accompagnées de coliques, de nausées et souvent de vomissements et d'une dyspnée qui peut durer deux ou trois jours. Le colchique ne doit donc être employé à dose purgative que dans des cas très-rares et lorsqu'il est nécessaire de produire sur le tube digestif une action très-énergique, notamment dans les affections cérébrales et pulmonaires et dans les maladies arthritiques. La sécrétion urinaire paraît ne pas être augmentée par le colchique. Il ne paraît pas non plus avoir d'action sur le cœur ni sur la respiration.

À haute dose, le colchique et la colchicine peuvent déterminer la mort en paralysant les centres nerveux moteurs, arrêtant consécutivement les mouvements respiratoires et déterminant l'accumulation de l'acide carbonique dans le sang. La colchicine est toxique chez l'homme à la dose de 3 à 4 centigrammes. C'est donc un médicament qu'il ne faut manier qu'avec la plus grande prudence.

On est, du reste, fort peu d'accord sur sa valeur thérapeutique. Depuis longtemps déjà il passe pour agir très-efficacement contre le rhumatisme et la goutte ; mais cependant des observateurs de la plus grande valeur lui dénient, à peu près complètement, toute action utile contre ces maladies. D'après Mauvert, lorsqu'il paraît agir efficacement contre le rhumatisme, son action semble être due à une simple révulsion produite sur le tube digestif, révulsion qui, d'après ce qui a été dit plus haut, ne serait pas sans danger, surtout chez les personnes dont le tube digestif est facilement irritable. Quelques auteurs ont proposé d'ajouter au colchique, dans le rhumatisme aigu, l'opium, qui dissimulerait l'action irritante sur l'intestin. D'après MM. Lécorché et Talamour, le colchique serait le médicament par excellence de la goutte. Ils le considèrent comme le seul qui soit capable d'enrayer une attaque de goutte aiguë ou chronique ; mais ils ne donnent aucune explication de sa manière d'agir ; il est probable que c'est par la révulsion énergique qu'il exerce sur le tube digestif. C'est donc un médicament dont il ne faudrait pas abuser et qu'il ne faut employer qu'au moment où les attaques menacent de se produire. Ajoutons que cette propriété lui est encore contestée par quelques médecins. Nous connaissons cependant plus d'un goutteux chronique qui en font usage depuis de nombreuses années, et qui déclarent en éprouver des effets que n'a jamais produit sur eux aucun autre médicament.

On a quelquefois fait usage de la teinture colchique en frictions dans la goutte et le rhumatisme.

On peut retirer des bulbes de colchique une fécule analysée qui, séparée par des lavages réitérés du principe vénéneux qui y est contenu, est susceptible d'être employée comme aliment.


## COLOMBO

*Charmanihera palmata* H. Rn (*Jateorhiza palmata* Miers, *Menispermum Colombo* Roxb.).
*Menispermum palmatum* Lamk.
(Ménispermacées.)


Le Colombo est un sous-arbrisseau, à racines fusiformes, rameuses, fasciculées. Les tiges simples, cylindriques, grêles, volubiles, sont couvertes de longs poils roux, ainsi que les feuilles, qui sont alternes, pétiolées, arrondies, à cinq lobes écartés, acuminés, entiers, palmés, présentant chacun une forte nervure. Les fleurs sont dioïques : les mâles portées sur de longs pédoncules, simples ou rameux, accompagnées de bractées lancéolées, ciliées et caduques. Elles présentent un calice à six pétales égaux, oblongs, obtus, glabres, disposés sur deux rangs ; une corolle à six pétales petits, oblongs, cunéiformes, obtus, concaves, épais et charnus ; six étamines saillantes, à anthères quadriloculaires. Le fruit est une petite drupe, velue, terminée par une saillie glanduleuse et noire, et renfermant une seule graine réniforme (Pl. 36).

Habitat. — Le colombo croît aux Indes Orientales, sur la côte australe de l'Afrique et à Madagascar, où il habite les forêts et n'est pas cultivé. Chez nous, on ne le trouve que dans les serres des jardins botaniques.

PARTIES USITÉES. — La racine.

RÉCOLTE. — Les racines de colombo, telles qu'elles existent dans le commerce, sont en rouelles de 3 à 8 centimètres de diamètre, plus rarement en tronçons de 5 à 8 centimètres de long ; elles présentent un épiderme gris-jaunâtre ou brunâtre, presque uni, ou profondément rugueux ; les rugosités sont irrégulières, sans apparence de stries circulaires parallèles. Les deux surfaces sont rugueuses, déprimées au centre ; elles offrent des dépressions concentriques comme dans la Bryone desséchée ; quelquefois on y remarque des raies convergeant vers le centre ; leur couleur est jaune-verdâtre, elle va en s'affaiblissant de la circonférence au centre ; et on remarque une zone plus foncée sur la limite des couches ligneuses et de la partie corticale ; elle donne une poudre gris-verdâtre.

On a substitué il y a quelques années au colombo vrai, une racine qui vient des États-Unis d'Amérique, où elle porte le nom de colombo ; elle est produite par le *Frasera* de Walter (*Frasera Walteri* Michx), de la famille des Gentianées ; on la nomme aussi Colombo d'Amérique, Faux Colombo ; sa saveur est peu amère, son odeur peu prononcée ; cette racine est surmontée par un collet arrondi, terminé par un bourgeon central écailleux ; elle ne contient pas le principe gélatineux (*pectine*) que l'on trouve dans la Gentiane.

Le Faux colombo présente des rouelles plus minces, plus jaunes, plus lisses et moins régulières dans leur forme que le colombo vrai ; sa poudre est jaune, tirant sur le fauve ; elle ne bleuit pas par l'iode ; elle colore l'éther et l'alcool en jaune, tandis que le colombo vrai est coloré en bleu par l'iode, ne colore pas l'éther, et forme avec l'alcool une teinture jaune-verdâtre foncée.

COMPOSITION CHIMIQUE. — La racine de colombo doit ses propriétés à trois principes distincts : la *berbérine,* qui existe aussi dans l'Épine-vinette, et qui donne à la racine de colombo sa coloration jaune ; l'*acide colombique,* $C^{22}H^{24}O^7$, et la *colombine.* La colombine a été découverte par Wittstock. Elle est neutre, cristallisable en prismes brillants, incolores et inodores, amers, fusibles, peu soluble dans l'eau froide, l'alcool, l'éther, les essences, assez soluble dans l'alcool bouillant et dans la potasse ; l'acide acétique chaud le dissout et le laisse cristalliser par le refroidissement ; l'acide sulfurique le dissout avec une coloration jaune orangé qui passe bientôt au rouge ; l'eau versée dans la solution le sépare en flocons brunâtres ; les sels métalliques et le tannin ne le précipitent pas de ses dissolutions.

Usages. — Le colombo est un tonique amer ; sur la côte de Malabar on l'emploie contre la dysenterie et dans les dyspepsies, pour fortifier l'estomac ; on le considère avec juste raison comme tonique et antiseptique ; on l'a administré dans les fièvres bilieuses, soit seul, soit associé aux purgatifs salins. Le docteur Reyde et le docteur Schneider ont indiqué le colombo mêlé à l'opium comme un remède certain contre les coliques opiniâtres. M. Chrestien, de Montpellier, l'a employé pour combattre les vomissements. Gaubius et Percival lui attribuaient des propriétés calmantes. MM. Trousseau et Pidoux ont employé le colombo avec succès dans les troubles fonctionnels de l'estomac accompagnés d'inflammation légère de la muqueuse, d'amertume de la bouche, de douleur et de chaleur à la région épigastrique, de nausées et d'un peu de diarrhée.

Le colombo s'administre à la dose de 30 centigrammes à 2 grammes ; à cette dernière dose en infusion, décoction ou macération. On en fait une teinture et un extrait qui sont peu usités.

L'infusion de colombo à dose égale est plus active que la décoction ; celle-ci enlève une partie de la matière amylacée qui masque les propriétés toniques.

On emploie le colombo en homœopathie ; son signe est *Ocm,* son abréviation *Columb.*

## COLOQUINTE
*Citrullus Colocynthis* Schrad. (*Cucumis Colocynthis* L.)
(Cucurbitacées.)

La Coloquinte est une plante annuelle, dont la tige grêle, cylindrique, charnue, cassante, couverte de poils très-rudes, est couchée à terre ou grimpe le long des corps voisins, à l'aide des nombreuses vrilles extra-axillaires dont elle est munie. Les feuilles sont alternes, longuement pétiolées, réniformes, aiguës, à cinq lobes pubescents, fortement velus le long des nervures. Les fleurs, jaune-orangé, sont monoïques, solitaires et extra-axillaires. Elles présentent un calice hérissé de poils blancs et rudes, à tube campanulé et soudé avec la corolle, à limbe divisé en cinq lanières étroites, aiguës, libres ; une corolle, à tube campanulé-étalé, adhérent avec le calice, à limbe divisé en cinq lobes ovales, aigus, subulés. Les fleurs mâles, dont le fond est tapissé d'un bourrelet jaunâtre, présentent cinq étamines, dont quatre intimement unies deux à deux, la cinquième libre, à anthères linéaires, contournées, uniloculaires, rapprochées et formant une sorte de cône. Les femelles ont trois appendices ou rudiments d'étamines; un ovaire infère, adhérent, ovoïde, renflé au sommet, à une seule loge renfermant un grand nombre d'ovules, surmonté d'un style gros, charnu, glabre, trifide, terminé par trois stigmates bifides et irréguliers. Le fruit est une péponide globuleuse, jaune, de la grosseur d'une orange, glabre, recouvert d'un épicarpe dur, coriace, assez mince, renfermant une pulpe blanche et spongieuse, qui contient de nombreuses graines ovales, aplaties et blanchâtres.

HABITAT. — Cette plante est originaire de l'Orient et des îles de l'Archipel. On la cultive dans les jardins.

CULTURE. — La coloquinte demande une exposition chaude et une terre substantielle. On la propage de graines semées en place, ou mieux sur couche, et arrosées fréquemment durant les grandes chaleurs. Elle se ressème souvent d'elle-même.

PARTIES USITÉES. — Les fruits.

RÉCOLTE. — Les fruits de la coloquinte nous arrivent d'Espagne et de l'Archipel, dépouillés de leur enveloppe dure et crustacée.

COMPOSITION CHIMIQUE. — D'après Vauquelin, la coloquinte contient une matière résinoïde amère, plus soluble dans l'alcool que dans l'eau (*colocynthine*). Meisner y a trouvé une huile grasse, une résine amère, un principe amer particulier, de l'extractif, de la gomme, de l'acide pectique, de l'extrait gommeux et des sels. L'eau froide enlève à la coloquinte 16 pour 100 de principes solubles, tandis que l'eau bouillante en prend 45 pour 100.

D'après Walz, la *colocynthine* a pour formule $C^{56} H^{84} O^{23}$. Elle est jaune brunâtre, translucide, friable, amère, soluble dans l'eau, l'alcool et l'éther; sa dissolution aqueuse est troublée par le chlore, les acides, l'acétate de plomb, etc.; les alcalis n'y forment aucun précipité.

USAGES. — La coloquinte est un des purgatifs drastiques des plus puissants; les anciens la plaçaient dans les *Panchimagogues*, médicaments violents, auxquels ils attribuaient la propriété de chasser

les humeurs ; elle entrait dans une foule de préparations polypharmaques, tels que les extraits cathartique et panchimagogue, dans la
confection d'hamech et l'onguent d'Arthanita ; elle entre encore à
présent, croit-on, dans les pilules antidartreuses de Lartigue.

A dose peu élevée, la coloquinte détermine des douleurs aiguës à
l'épigastre, des vomissements, la soif, de la sécheresse à la gorge,
des coliques violentes, des déjections alvines répétées et abondantes,
des douleurs abdominales, du délire, des vertiges, des rétentions
d'urine, le priapisme, la concentration et la petitesse du pouls, de
l'anxiété, des crampes, une respiration pénible et haletante, le
hoquet, le refroidissement des extrémités et la mort. La coloquinte
irrite et enflamme vivement les muqueuses ; elle détermine des ulcérations intestinales, et l'inflammation s'étend jusqu'au foie, aux reins
et à la vessie. A dose moins élevée, elle produit des diarrhées rebelles,
la dysenterie accompagnée d'affaiblissement et d'amaigrissement.
Toutefois, il est rare que la coloquinte détermine la mort. D'après
Fordyce, Tulpius, Christison, Caron d'Annecy, Orfila, tout se borne,
dans le plus grand nombre des cas, à des vomissements violents et à
des déjections alvines abondantes. Wauters a vu que les émollients,
l'eau de guimauve, la décoction de graine de lin, etc., faisaient disparaître les accidents.

Par son action thérapeutique, la coloquinte doit être placée à côté
de la Bryone, de la Gomme-gutte, de l'*Elaterium*, etc. Murray la
proscrivait comme trop active ; elle doit être administrée avec prudence ; on en a obtenu de bons résultats dans tous les cas où les purgatifs violents sont indiqués, et lorsqu'il s'agit de déterminer une
réaction puissante sur l'intestin. Boerhaave assure qu'elle produit les
meilleurs effets dans les maladies de langueur ; Lieutaud ajoute qu'il
faut en donner longtemps à de très-petites doses, c'est-à-dire de 1
milligramme à 2 centigrammes.

Il est peu de maladies chroniques dans lesquelles la coloquinte
n'ait été employée en Angleterre. C'est surtout contre les affections
du foie qu'on en fait usage ; on l'associe alors au calomel. Les pilules
d'Abernethy, que les Anglais emploient, sont composées de 40 centigrammes d'extrait de coloquinte, d'autant de calomel, de 30 centigrammes d'extrait de pavot blanc. Rademacher préfère la teinture
de coloquinte, qu'il administre par gouttes.

Dioscoride administrait la coloquinte en lavement pour provoquer les flux hémorrhoïdaux. On a proposé de l'appliquer en cataplasmes sur le ventre, lorsqu'on craignait son action sur l'intestin. Chrestien, de Montpellier, prescrivait la teinture en friction sur l'abdomen et sur les cuisses. C'est surtout comme anthelminthique qu'on l'a proposée sous ces formes. Redi a démontré qu'elle expulsait les vers intestinaux par son action purgative. Le vin de coloquinte est un remède populaire contre la gonorrhée; il résulte souvent de son emploi des accidents très-graves.

En médecine homœopathique on fait usage de la coloquinte; son signe est *Scy*, son abréviation *Coloc.*


## CONCOMBRE

*Cucumis sativus* L.
(Cucurbitacées.)

Le Concombre cultivé est une plante annuelle, à racines grêles et fibreuses. Les tiges, très-longues, assez minces, anguleuses, couchées ou grimpantes à l'aide de vrilles extra-axillaires, sont velues et rudes au toucher, ainsi que les pétioles, qui portent des feuilles un peu cordées à la base, palmées, à lobes anguleux, aigus, sinués, irrégulièrement dentés, scabres et d'un vert foncé. Les feuilles, jaunes et de moyenne grandeur, sont monoïques et portées sur des pédoncules axillaires, les mâles souvent fasciculées, les femelles solitaires. Elles présentent un calice à tube campanulé, uni avec la base de la corolle, à limbe divisé en cinq lobes aigus; une corolle également campanulée dans sa partie inférieure, où elle est unie avec le tube du calice, et partagée au sommet en cinq divisions arrondies. Les mâles ont cinq étamines, dont quatre rapprochées deux par deux, la cinquième restant libre, à anthères conniventes; les femelles ont des rudiments d'étamines; un ovaire infère, adhérent, ovoïde-allongé, hispide, à trois loges multiovulées, surmonté d'un style épais, bifide, que surmontent trois stigmates en fer à cheval. Le fruit est une péponide très-grosse, oblongue, ordinairement un peu arquée, à trois angles mousses, lisse ou presque lisse, ordinairement luisante, couverte de tubercules peu saillants; l'intérieur est divisé en trois loges incomplètes, contenant une pulpe blanche, aqueuse, d'une saveur fade, dans laquelle se trouvent des graines nombreuses.

Ce fruit présente de grandes différences de volume, de forme et de couleur, dans les nombreuses variétés obtenues par la culture.

Habitat. — On ignore la vraie patrie du concombre, qui est cultivé aujourd'hui dans tous les jardins potagers.

Parties usitées. — Les fruits.

Récolte. — Parmi les nombreuses variétés du concombre qui existent, deux nous intéressent plus particulièrement : ce sont le *Concombre vert* ou *Cornichon* et le *Concombre jaune* ou *blanc*.

Le concombre vert est petit ; on le recueille dans sa jeunesse ; il est hérissé d'aspérités ; sa chair est ferme : c'est celui que l'on confit dans du vinaigre. Après l'avoir essuyé avec un linge rude, fait dégorger dans du gros sel, on le jette dans du vinaigre bouillant, additionné d'épices diverses, telles que poivre, piment de la Jamaïque, galanga, estragon, ail, etc. Dans le commerce, il est souvent verdi artificiellement au moyen d'un sel de cuivre ; on reconnaît cette fraude en plongeant dans le cornichon une aiguille à coudre : celle-ci se recouvre bientôt d'une couche de cuivre métallique dans le cas où la coloration serait due à la présence de ce métal.

Le concombre jaune ou blanc acquiert un volume beaucoup plus considérable ; il est plus lisse, moins ferme ; on le recueille à la maturité.

Composition chimique. — Le fruit du concombre cultivé répand une odeur particulière, nauséeuse ; sa saveur est fraîche, aqueuse et fade ; il n'a pas été analysé. Les graines contiennent une huile fixe.

Usages. — Hippocrate considérait le concombre comme rafraîchissant et laxatif. Les anciens l'employaient, dit-on, dans les maladies fébriles accompagnées de chaleur. Oribase, le célèbre médecin de l'empereur Julien, l'a vanté dans la phthisie, et lui a attribué une certaine efficacité dans la fièvre hectique, les hémoptysies, les fièvres bilieuses, etc. Le fruit, réduit en pulpe, a été conseillé, sous forme de cataplasmes, dans la céphalite, la méningite, les fièvres ataxiques, dans le cas de brûlures superficielles, etc. Les graines, émulsionnées dans l'eau, forment un lait que l'on a quelquefois employé comme calmant et rafraîchissant ; on a préconisé ce lait dans les fièvres bilieuses et inflammatoires, dans les phlegmasies séreuses aiguës, dans les inflammations du foie, des reins, la blenorrhagie aiguë ; mais l'émulsion d'amandes douces, plus agréable à prendre, produit absolument les mêmes effets. Les concombres verts ou cornichons

confits au sel, aujourd'hui exclusivement employés dans l'art culinaire, ont été regardés comme antiscorbutiques et astringents.

Le concombre n'est plus guère usité chez nous, en dehors de l'alimentation, que sous la forme d'une pommade que l'on prépare avec
son jus mêlé au saindoux et à la graisse de veau ; c'est un cosmétique
des plus répandus qui, s'il ne mérite pas les éloges excessifs qu'on
lui a donnés, fait néanmoins disparaître les éruptions légères qui se
manifestent à la surface de la peau. L'eau de concombre elle-même
a été employée avec succès pour calmer le prurit des dartres.

Avec les graines de concombre on prépare un sirop analogue
au sirop d'orgeat. Ces graines faisaient jadis partie des fameuses
quatre semences froides.


# CONSOUDE

*Symphytum officinale* L.
(Borraginacées-Borragées.)

La Consoude officinale ou Grande Consoude, vulgairement appelée
aussi Oreille d'âne, est une plante vivace, à racine longue, pivotante,
de la grosseur du doigt, peu rameuse, très-chevelue, brun-noirâtre
au dehors, blanche et visqueuse à l'intérieur. La tige, haute de
$0^m,35$ à $0^m,65$, anguleuse, presque simple, ailée, succulente, dressée,
est couverte de poils rudes, ainsi que les feuilles, qui sont alternes,
décurrentes des deux côtés sur la tige, ovales-lancéolées, aiguës,
entières, un peu ondulées sur les bords et d'un vert foncé. Les
fleurs, pourpre-violacé ou blanches, courtement pédonculées, sont
groupées en cymes scorpioïdes, simulant des grappes lâches, unilatérales, recourbées, pendantes à l'extrémité des rameaux. Elles présentent un calice à cinq divisions profondes, étroites, lancéolées-
aiguës, dressées, velues ; une corolle campanulée, à tube court, à
limbe ventru, divisé en cinq dents, dont chacune recouvre un appendice écailleux-glanduleux, conoïde, situé sur la gorge de la
corolle ; cinq étamines, à anthères oblongues ; un ovaire composé de
quatre demi-carpelles uniovulés, du milieu desquels s'élève un style
gynobasique, saillant, terminé par un stigmate simple. Le fruit est
un tétrakène, entouré par le calice persistant. Les faux akènes ou
nucules sont rugueux et munis à la base d'un rebord épais,
saillant et plissé ; chacun contient une seule graine.

HABITAT. — La consoude est commune en Europe ; elle habite de préférence les endroits humides, le bord des ruisseaux, les prés et quelquefois aussi le bord des chemins.

CULTURE. — Cette plante, étant très-abondante à l'état sauvage, n'est cultivée que dans les jardins botaniques, où il suffit de semer ses graines aussitôt après leur maturité. Elle se propage ensuite d'elle-même, souvent au point de devenir incommode.

PARTIES USITÉES. — La racine, rarement les feuilles et les fleurs.

RÉCOLTE. — On peut cueillir la racine de consoude en tout temps lorsqu'on veut l'employer fraîche ; pour la faire sécher, il vaut mieux la récolter au printemps ou à l'automne. Après l'avoir arrachée, on la lave pour la débarrasser de la terre ; on la coupe en tronçons de 1 à 2 centimètres de long et quelquefois longitudinalement ; les surfaces divisées deviennent jaunes, l'extérieur est noir avec des stries dans le sens de la longueur. Dans le commerce, on la trouve souvent entière ; elle est de la grosseur du doigt, succulente, facile à rompre, noire en dehors, blanche, pulpeuse et mucilagineuse en dedans ; sa saveur est fade et visqueuse.

COMPOSITION CHIMIQUE. — Les propriétés astringentes que l'on a attribuées à la consoude sont dues au tannin qu'elle renferme et à des traces d'acide gallique ; elle est d'ailleurs riche en principe mucilagineux. MM. Blondeau et Plisson en ont extrait une substance cristalline qu'ils ont regardée comme du *malate acide d'althéine* (*Journal de pharm.*, t. XIII) ; mais on sait aujourd'hui que la prétendue althéine n'est autre chose que de l'*asparagine*, corps neutre qui cristallise parfaitement.

USAGES. — La racine de grande consoude ne doit pas être confondue avec la Consoude royale ou Pied-d'alouette des moissons (*Delphinium Consolida*), qui appartient à la famille des Renonculacées. Elle est considérée comme mucilagineuse, adoucissante, émolliente, béchique et un peu astringente. C'est un remède populaire contre les hémoptisies et les métrorrhagies ; on l'emploie encore dans l'hématurie, la dysenterie, la diarrhée. Autrefois on lui attribuait la propriété de consolider les plaies ; c'est de cet usage que vient son nom. On lui a donné l'épithète de *grande*, pour la distinguer d'autres plantes auxquelles de semblables propriétés, vraies ou supposées, avaient fait donner le même nom : c'est ainsi qu'on nommait *Consolida media* la Bugle (*Ajuga reptans* L.); le *Consolida minor* était la Pàquerette (*Bellis perennis* L.), et le *Consolida regalis* n'était autre que le Pied-d'alouette (*Delphinium Consolida* L.).

La racine et les feuilles de grande consoude entrent dans le sirop de ce nom. Le plus souvent c'est sous la forme de tisane qu'on l'emploie; cette tisane se fait par décoction à la dose de 60 grammes pour un litre d'eau. On applique quelquefois les feuilles contusées sous forme de cataplasmes, comme émollient, sur les tumeurs enflammées, douloureuses, etc.

Les propriétés vulnéraires de la consoude étaient très-vantées par les anciens; mais on les a exagérées, à ce point que, au rapport de Sprengel, Paracelse aurait prétendu qu'elle guérit les fractures sans appareil. On l'a encore regardée comme propre à guérir les hémorrhoïdes, à rapprocher les parties (Murray, *Appar. med.*, t. II, p. 120), à réduire les luxations, à guérir la sciatique et la goutte. Aujourd'hui on a fait justice de toutes ces erreurs. La racine de consoude n'est plus guère usitée que comme léger astringent et comme émollient. Les femmes de la campagne s'en servent quelquefois pour guérir les gerçures du mamelon. Réduite en pulpe, on l'applique aussi sur les brûlures pour en hâter la cicatrisation.

La consoude est employée en médecine homœopathique; son signe est *Msh*, son abréviation *Symph.*

## CONTRA-YERVA

*Dorstenia Contrayerva* L.
(Artocarpées.)

Le Contra-yerva ou *Dorstenia Contrayerva* est une plante vivace, à racine allongée, fusiforme, de la grosseur du doigt, peu rameuse, rougeâtre. Les feuilles, toutes radicales et pétiolées, sont larges, palmées, à lobes lancéolés, irrégulièrement dentés, un peu rudes au toucher. Du milieu de ces feuilles s'élèvent deux ou trois pédoncules, hauts de $0^m,15$ environ, cylindriques, pubescents, élargis à la partie supérieure et formant un réceptacle plan, carré, de $0^m,04$ de largeur, irrégulier et à bords sinueux. Les fleurs, monoïques, sont réunies et comme enfoncées dans les petits alvéoles qui couvrent la surface du réceptacle. Les mâles ont une ou deux étamines, rarement plus; les femelles ont un ovaire à une seule loge uniovulée, sur monté d'un style filiforme terminé par deux stigmates subulés. Le fruit est une petite capsule bivalve et blanchâtre.

Habitat. — Le contra-yerva croît dans les régions tropicales de l'Amérique. On le cultive, mais rarement, dans les serres chaudes des grands jardins botaniques.

Parties usitées. — Les racines.

Récolte. — La racine que l'on trouve dans le commerce de la droguerie sous le nom de Contra-yerva (ce qui veut dire en espagnol *herbe-contre*, et par extension *contre-venin*), n'est pas fournie, comme on l'a cru longtemps, par le *Dorstenia Contrayerva* de Linné, qui croît au Mexique et au Pérou, mais bien, au rapport de M. Guibourt, par le *Dorstenia brasiliensis* Lam., qui a seul la racine tubéreuse, allongée et terminée par une forte radicule recourbée. Cette racine est d'une couleur fauve rougeâtre à l'extérieur, blanche à l'intérieur, d'une odeur aromatique faible et agréable, d'une saveur peu marquée d'abord, mais qui acquiert de l'âcreté par une mastication prolongée.

Quant à l'autre racine qui porte aussi le nom de *Contra-yerva*, comme du reste bien d'autres plantes des régions intertropicales auxquelles on attribue la propriété d'être des contre-poisons, elle est d'une forme noueuse, tout à fait irrégulière, noirâtre en dehors, blanche en dedans, et porte çà et là des fibres menues, dont les plus grosses, dures et ligneuses, donnent naissance à d'autres nodosités semblables aux premières; elle est inodore, douée d'une saveur un peu astringente d'abord, qui laisse dans la bouche une acrimonie légère et suave.

Composition chimique. — La racine de *Dorstenia Contrayerva* n'a pas été analysée; elle doit son odeur à une substance résineuse aromatique.

Usages. — Le contra-yerva a joui d'une très-grande réputation comme cordial, stomachique, excitant, diaphorétique, et surtout comme antivenimeux. Rien ne justifie cette prétendue propriété que les Espagnols lui avaient attribuée. Loin d'admettre cette plante comme contre-poison, Charles de Lécluse va jusqu'a dire que ses feuilles sont extrêmement vénéneuses; il est vrai qu'il ajoute que la racine même en est le contre-poison.

Willis, Pringle et Huxham attribuèrent au contra-yerva des propriétés souveraines contre les fièvres putrides et nerveuses. Mertens et Cullen doutèrent de son efficacité. Geoffroy lui accorda la propriété de hâter la circulation, d'agir sur l'estomac et sur l'intestin en activant leurs fonctions, de favoriser l'expulsion des vents et de faciliter les éruptions cutanées ; aussi Huxham recommandait-il cette plante dans certains cas de variole. Murray l'a conseillée dans l'angine gangréneuse.

En réalité les propriétés physiologiques et thérapeutiques de la racine de contra-yerva sont loin d'être constatées par l'observation clinique ; celles qu'on lui a attribuées appartiennent à peu près à toutes les substances aromatiques ; quant à ses propriétés antidysentériques, elles n'ont pas été non plus suffisamment établies.

On employait la racine de contra-yerva en poudre, à la dose de 2 à 8 grammes, en décoction à dose double, pour un litre d'eau ; on en faisait une teinture et un sirop ; elle entrait dans un grand nombre de préparations composées.

Il paraît que ce serait le Père Plumier qui, le premier en France, aurait vanté le contra-yerva comme guérissant subitement la morsure des serpents, en lavant la plaie avec une décoction de la plante ; mais ses assertions ont paru douteuses. Toutefois, on dit que le contra-yerva est encore employé en Amérique dans ce cas. On dit aussi qu'en Amérique la Dorsténie caulescente (*D. caulescens* L.) est employée pour remplacer la Pariétaire.

Chez nous le contra-yerva est, médicinalement, à peu près tombé en désuétude.

## CONYZE

*Inula Conyza* D. C. *Conyza squarrosa* L.
( Composées-Astérées.)

La Conyze commune, vulgairement Herbe aux mouches, est une plante bisannuelle, à racines fortes, fibreuses, fasciculées. La tige, haute de 0$^m$,50 à 1 mètre, droite, simple à la base, rameuse au sommet, ferme, rougeâtre, velue, porte des feuilles alternes, pétiolées dans le bas de la plante, sessiles dans le haut, ovales-oblongues, lancéolées, aiguës, légèrement dentées, assez grandes, à peine pubescentes en dessus, très-velues en dessous. Les fleurs, jaunes, sont groupées en capitules nombreux, arrondis, dont la réunion constitue un large corymbe terminal. Les folioles extérieures de l'involucre sont très-courtes, ovales-aiguës ou lancéolées, herbacées, recourbées

au sommet; les intérieures sont linéaires-aiguës, rougeâtres et scarieuses au sommet, dressées, dépassant de beaucoup les extérieures.
Le réceptacle, nu et presque plan, porte de nombreuses fleurs presque égales. Chacune d'elles a un calice en aigrette soyeuse; une
corolle en tube; cinq étamines, soudées par les anthères; un ovaire
infère, presque cylindrique, surmonté d'un style simple terminé par
un stigmate bifide. Le fruit est un akène presque cylindrique, velu,
surmonté d'une aigrette blanche à soies capillaires un peu scabres.

Habitat. — Cette plante croît dans toute l'Europe; on la trouve
sur la lisière des bois, dans les terrains secs et montueux, sur les
coteaux arides, au bord des chemins, le long des murs, etc.

Culture. — La conyze commune est assez abondante à l'état sauvage pour suffire aux besoins de la médecine; aussi ne la cultive-t-on
que dans les jardins botaniques. Elle demande un sol un peu sec, et
se propage très-facilement, par ses graines semées au printemps, en
place ou sur couche.

Nous mentionnerons, comme espèces exotiques, deux Conyzes
odorantes, l'une des Indes orientales (*Conyza balsamifera* L.; *Bac-
charis Salvia* Lour.), l'autre des Antilles (*C. odorata* L., *Pluchea
odorata* H. Cass.); la Conyze lobée (*C. lobata* L.), aussi des Antilles;
la Conyze à feuilles de saule (*C. salicifolia* L.) et la Conyze émoussée
(*C. retusa* Lamk), des îles Bourbon et Maurice.

Parties usitées. — Les feuilles.

Récolte. — Les feuilles de conyze commune ressemblent beaucoup à celles de la Digitale avec lesquelles on les mêle quelquefois;
mais, au lieu d'être douces au toucher, elles sont très-rudes; elles
sont presque entières sur les bords, et lorsqu'on les froisse, elles
exhalent une odeur fétide. On récolte les feuilles pendant la floraison; on les réunit en petits paquets que l'on dispose en guirlandes,
et on les fait sécher au soleil. On prétend que l'odeur qu'elles dégagent éloigne les mouches, d'où lui est venu le nom d'*Herbe aux
mouches*.

Composition chimique. — On n'a pas analysé cette plante; on sait
seulement que la racine contient de l'*inuline*, principe que nous
avons décrit en parlant de l'Aunée (*Flore méd.*, t. I, p. 132-134).
C'est un principe analogue à l'amidon, qui en diffère en ce qu'il
ne forme pas empois avec l'eau, et en ce que l'iode le colore en jaune
et non en bleu.

Usages. — Les feuilles de conyze commune ont été regardées comme vulnéraires, carminatives, emménagogues, sudorifiques; mais elles ne sont plus employées. On leur attribuait aussi la propriété de chasser les puces et les moucherons. Cette plante teint en jaune foncé.

Aux Indes orientales, on emploie la Conyze odorante dans les bains chauds contre la paralysie; ses feuilles sont usitées comme pectorales à Java, et on les mêle aux aliments comme stomachiques; on les fume comme celles du tabac. Les feuilles et les sommités de la conyze odorante des Antilles servent comme toniques et stomachiques. Toute la plante de Conyze lobée, appelée aussi Herbe à pique, est usitée, aux Antilles, en décoction, comme fébrifuge; on l'a indiquée comme un succédané du Quinquina. Les feuilles de la Conyze à feuilles de saule sont souvent employées, dit-on, comme vulnéraires à Bourbon. Les feuilles de la Conyze émoussée se confisent au vinaigre et servent comme aliment à l'île Maurice. La Conyze gommifère de Roxburg (*C. gummifera*) et la Conyze robuste (*C. robusta* Roxb.), l'une et l'autre de Sainte-Hélène, donnent, lorsqu'on les incise, une gomme qui pourrait être utilisée.

## COPAHU

*Copaifera officinalis* Jacq.
(Légumineuses - Cæsalpiniées.)

Le Copahu ou Copayer officinal est un arbre dont la tige, haute de 8 à 10 mètres, couverte d'une écorce épaisse et grisâtre, se divise en rameaux flexueux, portant des feuilles alternes, paripennées, composées de quatre à huit folioles ovales, presque sessiles, acuminées, entières, ponctuées, très-glabres et un peu luisantes. Les fleurs, blanches, sont groupées en grappes rameuses, à l'aisselle des feuilles. Elles sont dépourvues de corolle, et présentent un calice pétaloïde profondément divisé en quatre lobes un peu inégaux, étalés; dix étamines libres, égales, étalées; un ovaire simple, surmonté d'un style filiforme terminé par un stigmate simple. Le fruit est une gousse comprimée, arrondie, bivalve, contenant ordinairement une ou deux graines (Pl. 37).

Nous nommerons encore les Copahus à feuilles oblongues (*Copaifera oblongifolia* A. S.-H.), à feuilles en cœur (*C. cordifolia*), de

Martius (*C. Martii* A. S. H.), de Sellow (*C. Sellowii* A. S. H.), de la Guyane (*C. Guianensis*), de Langsdorf (*C. Langsdorfii*).

HABITAT. — Tous les copahus appartiennent aux régions chaudes de l'Amérique méridionale. En Europe, ils ne se rencontrent guère que dans les jardins botaniques, où ils exigent la serre chaude.

PARTIES USITÉES. — L'oléo-résine ou térébenthine qui découle par incisions.

RÉCOLTE. — Plusieurs arbres appartenant au genre copahier fournissent le copahu, improprement appelé *baume,* puisqu'on réserve cette dénomination aux résines contenant des acides benzoïque ou connamique; le nom de térébenthine convient beaucoup mieux au copahu, qui est une résine tenue en dissolution dans une huile essentielle. Le produit du copahier officinal (*C. officinalis* Jacq.) est le plus répandu dans le commerce de la droguerie. Pour l'obtenir on fait à l'arbre des incisions ou des trous avec des tarières, et l'on récolte le suc résineux qui en découle; on ferme l'ouverture avec un gros bouchon en bois que l'on enlève de temps en temps, en avivant le bord des plaies. Chaque arbre en pleine force peut donner six kilogrammes de copahu à chaque incision; on fait deux ou trois récoltes par année.

Le copahu ainsi obtenu varie par sa couleur plus ou moins foncée, par sa consistance, son odeur, sa saveur plus ou moins âcre et amère, et aussi par ses propriétés chimiques et thérapeutiques. Les trois espèces principales, décrites par M. Guibourt (*Histoire des drogues simples,* 4ᵉ édit., t. III, p. 432, 434), sont le Copahu du Brésil, le Copahu de Cayenne, et le Copahu de Colombie.

Le *copahu ordinaire du Brésil* est jaune, peu foncé, aussi liquide que l'huile; son odeur est forte, désagréable; son goût âcre et amer; il fournit à la distillation 40 à 45 p. 100 d'essence incolore; il se dissout dans l'alcool rectifié, mais la solution reste un peu laiteuse; un seizième de magnésie le solidifie en quelques jours; toutefois ce caractère n'a pas une grande valeur : un copahu *pur et jeune* peut ne pas être solidifié, tandis que, par l'addition de la térébenthine de Bordeaux, qui constitue une fraude, il devient solidifiable.

Le *copahu de Cayenne* est transparent, d'un jaune foncé, plus dense que le précédent; il est moins amer, son odeur est assez agréable; on pense que c'est la première sorte décrite par Geoffroy.

Le *copahu de Colombie* est connu sous le nom de *Maracaïbo;* il se distingue par un dépôt d'une matière résineuse cristallisée qui se forme dans les tonneaux ; on a cru d'abord qu'il contenait des matières résineuses étrangères, et il a donné lieu à des contestations. M. Guibourt pense que ces dépôts sont formés par des hydrates d'essences. Ce copahu est très-abondant dans le commerce.

Le baume de copahu se vend un prix assez élevé ; on le mélange quelquefois avec des huiles fixes, solubles dans l'alcool, principalement avec de l'huile de ricin ; on y ajoute encore par fraude de la térébenthine et des huiles pyrogénées de résines.

Composition chimique. — La résine qui se dépose dans les tonneaux dans lesquels on transporte le copahu, est acide et cristallisable. D'après M. Fehling elle peut être représentée par la formule $C^{20} H^{28} O^3$ ; on lui a donné le nom d'*acide oxycopahuvique*.

Gerber et Stolze ont déterminé la composition chimique du copahu ; ils y ont trouvé une huile essentielle hydro-carbonée, isomère de l'essence de citron, et une résine acide, qu'ils ont nommée acide *copahivique* on *résinique*, $C^{20} H^{30} O^2$, plus une résine.

L'acide copahivique a été étudié par MM. Rose et Schweitzer ; il est inodore, soluble dans l'éther et dans l'alcool.

L'essence de copahu, d'après M. Blanchet, doit être représentée par $C^{10} H^{16}$ ; elle est limpide, d'une densité égale à 0,91 ; elle bout à 245°, et dévié à gauche la lumière polarisée.

Strauss a retiré d'un baume de copahu importé de Maracaïba, un acide particulier, différent de l'acide copahuvique, auquel il a donné le nom d'*acide métacopahuvique*, $C^{22} H^{34} O^4$.

Voici quels sont les caractères chimiques que présente un bon copahu : il doit être complétement soluble dans l'alcool absolu ; bouilli dans l'eau, il doit laisser un résidu résineux, sec et cassant ; mêlé à une solution de potasse, il s'émulsionne et produit un mélange blanc homogène, duquel le copahu se sépare bientôt avec sa transparence, tandis que le mélange reste opaque s'il a été fraudé par l'huile de ricin ; avec un cinquième d'hydrocarbonate de magnésie, il doit former un mélange épais, transparent, qui reste opaque s'il y a de l'huile de ricin ; en agitant dans un tube une partie d'ammoniaque à 22° et 2,5 de copahu, le mélange, après avoir blanchi, reprend sa transparence ; mais il est indispensable d'opérer à la température de + 15°. Nous devons ajouter que les copahus de *Maracaïbo* donnent, avec de l'ammoniaque, des mélanges qui restent opaques, mais qui se maintiennent liquides ; tandis que ceux qui sont additionnés de térébenthine se prennent en masse compacte et épaisse par l'alcali volatil. Enfin, en chauffant sur du papier sans colle deux ou trois gouttes de copahu pur, il doit rester un résidu qui se brise quand on froisse le papier, tandis qu'il reste une aréole grasse et huileuse, s'il y a de l'huile de ricin ou des huiles pyrogénées de résine.

Usages. — Le copahu a été employé autrefois comme vulnéraire pour le pansement des plaies, excepté pour celles des armes à feu. On l'émulsionne avec un jaune d'œuf, et on l'administre en lavements. Il entre dans la *potion de Chopart*. Le baume de copahu est essentiellement irritant ; son action se porte principalement sur les membranes muqueuses ; il détermine souvent une diarrhée abondante. On l'emploie dans les catarrhes de vessie, mais surtout contre les gonorrhées, à la dose de 6 à 30 grammes, soit seul, soit mélangé au cubèbe et à d'autres substances. C'est Cullen qui, le premier, a indiqué son emploi contre la gonorrhée et la blennorrhagie. Depuis, on en a fait usage avec succès contre les catarrhes pulmonaires et vésicaux, dans la leucorrhée, etc. On lui a substitué, sans beaucoup d'avantages, l'essence de copahu. Le copahu solidifié, dont on fait des pilules pour le traitement des maladies vénériennes, contient un seizième de son poids de magnésie.

Dans l'Inde, un certain nombre de médecins substituent au copahu, dans le traitement des maladies des voies urinaires et des bronches, l'huile de Diptérocarpes (Voy. ce mot).

## COQUE DU LEVANT

*Anamirta Cocculus* Colebr. [*Menispermum Cocculus* L. *Coccubus suberosus* D. C.]
(Ménispermées.)

L'Anamirte Coque du Levant, appelée quelquefois Pareire à feuilles rondes, est un arbuste ou un arbrisseau, dont la tige, volubile, de la grosseur du bras, couverte d'une écorce épaisse, subéreuse, rude, ridée et crevassée, porte des feuilles alternes, pétiolées, cordées et comme tronquées à la base, entières, ovales, obtuses, épaisses, glabres et luisantes. Les fleurs sont dioïques et réunies en longues grappes rameuses, pendantes. Elles présentent un calice à trois divisions ; une corolle à six pétales disposés sur deux rangs ; six étamines ou plus, à anthères quadriloculaires ; un pistil composé de trois carpelles à une seule loge uniovulée, surmontées chacune d'un style simple, très court, terminé par un stigmate en tête. Le fruit est une petite drupe un peu réniforme, rouge-pourpre, renfermant un noyau arrondi et rugueux (Pl. 38).

Habitat. — Cette espèce habite les Indes orientales et l'île de Ceylan, où elle croît dans les bois. Elle se trouve rarement dans nos serres chaudes. Elle demande une terre graveleuse et se multiplie de boutures étouffées.

Parties usitées. — Le fruit.

Récolte. — Telle qu'elle existe dans le commerce, la coque du Levant est plus grosse qu'un pois, arrondie, légèrement réniforme, recouverte d'un brou desséché, mince, noirâtre, rugueux, d'une saveur légèrement âcre et amère, et d'une coque blanche, ligneuse, à deux valves, au milieu de laquelle s'élève un placenta rétréci par le bas, élargi par le haut, et divisé intérieurement en deux petites loges. Tout l'espace compris entre ce placenta central et la coque est rempli par une amande creuse à l'intérieur, et ouverte sur le côté pour recevoir le placenta. L'embryon est formé d'une radicule cylindrique, supère, de deux cotylédons foliacés, écartés et recourbés comme les branches d'un forceps, et plongeant, de chaque côté du placenta, dans une loge plate et longitudinale, pratiquée dans l'albumen (Guibourt, *Hist. des drogues simples*, 4ᵉ édit., t. III, p. 673).

Dans les vieilles coques du Levant, l'amande est détruite, et les coques sont complétement vides ; il faut donc les choisir récentes et lourdes.

Composition chimique. — Le principe vénéneux de la coque du Levant a été isolé par M. Boullay ; il existe dans l'amande et nullement dans l'enveloppe : on le nomme *picrotoxine*. D'après ce chimiste, l'enveloppe, qui est vomitive, ne contient qu'une matière jaune extractive, sans picrotoxine ; mais MM. Pelletier et Couerbe y ont trouvé une base alcaline cristallisable, qu'ils ont nommée *ménis-permine*, substance insipide et sans action sur l'économie animale.

D'après l'analyse de M. Boullay, la coque du Levant contient la moitié de son poids d'une huile concrète, formée d'oléine et de stéarine, de l'albumine, une matière colorante particulière, 0,02 de *picrotoxine*, des malates acides de chaux et de potasse, du sulfate de potasse, etc. D'après MM. Lecanu et Casaceca, la matière grasse est formée en grande partie d'acide oléique et d'acide margarique libres ; mais, comme le dit M. Guibourt, il est probable que l'état de liberté de ces acides tient à la rancidité de l'amande.

La *picrotoxine*, analysée par M. Oppermann, peut être représentée par $C^{12}H^{14}O^5$ ; elle cristallise en prismes quadrilatères, incolores, inodores, inaltérables à l'air, neutres aux réactifs colorés ; leur saveur est amère ; ces cristaux sont plutôt acides que basiques ; les acides les dissolvent sans former de sels ; ils sont solubles dans l'eau, l'alcool et l'éther ; la baryte, la chaux, la strontiane, l'oxyde de plomb, se combinent avec la picrotoxine ; elle est très-vénéneuse.

La *ménispermine*, d'après MM. Pelletier et Couerbe, peut être représentée par la formule suivante : $C^9H^{13}AzO$, elle est blanche, cristalline, fusible à 120°, insoluble dans l'eau, soluble dans l'alcool et dans l'éther ; elle est pas vénéneuse.

Usages. — Aux Indes orientales, la coque du Levant est employée pour empoisonner le poisson ; on la fait entrer dans des appâts que les poissons mangent, avant de venir tournoyer et mourir à la surface de l'eau. M. Goupil dit s'être assuré, par des expériences, que l'emploi d'un pareil moyen peut avoir de graves inconvénients, surtout si l'on n'a pas le soin de vider les poissons aussitôt qu'on les a pris ; la chair, selon lui, peut acquérir les propriétés vénéneuses de la coque elle-même. En France, cette pêche est clandestinement pratiquée ; les règlements sur la police de la pêche l'interdisent formellement. Nous devons dire que contrairement à l'opinion émise par MM. Goupil et Cadet-Gassicourt, il est généralement admis que les poissons ainsi empoisonnés n'ont jamais produit d'accidents, lorsqu'ils avaient été parfaitement vidés.

Les expériences récentes ont montré que la coque du Levant et son principe actif, la picrotoxine, sont des poisons convulsionnants qui agissent puissamment sur les centres nerveux. Il y a d'abord diminution de la sensibilité et de l'intelligence, accompagnée d'une sorte de stupeur ; puis il se produit des convulsions d'abord toxiques, puis chorigères, tout à fait semblables à celles de l'épilepsie, accompagnées de perte de connaissance, d'écume à la bouche, de morsure de la langue, d'émission involontaire d'urine, et parfois de paralysies partielles passagères, semblables à celles qu'on observe dans certains cas d'épilepsie. Si la dose n'était pas trop élevée, il survient, après ces accidents, une période de calme, puis une nouvelle attaque se produit, et la succession de ces accès peut se terminer par la mort.

Dans ces dernières années, on a fait usage, non sans succès, paraît-il, de la picrotoxine et de la teinture des graines contre l'épilepsie, l'éclampsie et la chorée.

## COQUELICOT

*Papaver Rhœas* L.
( Papavéracées.)

Le Coquelicot, appelé aussi Pavot rouge des champs, Ponceau, etc., est une plante annuelle, à racines pivotantes, grêles, fibreuses, blanchâtres. Les tiges, hautes de 0^m,35 à 0^m,65, cylindriques, grêles, munies de poils rudes, rameuses, dressées, portent des feuilles alternes, pennées, profondément divisées en segments étroits, allongés, aigus, dentés, velus, d'un vert plus ou moins foncé, quelquefois jaunâtre. Les fleurs, grandes, d'un rouge vif, sont solitaires à l'extrémité de longs pédoncules terminaux, dressés et hérissés de poils roides. Elles présentent un calice à deux sépales ovales, concaves, tombant de très-bonne heure; une corolle à quatre pétales décussés sur deux rangs, d'un rouge vif, avec une tache noire à la base; des étamines très-nombreuses, à filets grêles et à anthères noirâtres; un ovaire conique, surmonté d'un stigmate pelté, sessile. Le fruit est une capsule ovoïde-conique, glabre, couronnée par le stigmate et renfermant un grand nombre de petites capsules brunâtres.

Habitat. — Le coquelicot se trouve dans toute l'Europe; il est très-abondant, surtout dans les moissons, et n'est pas cultivé.

Parties usitées. — Les fleurs ou pétales isolés.

Récolte. — On récolte les pétales de coquelicot le matin, lorsque la rosée est bien dissipée. On les étale en couches minces dans un séchoir à l'ombre, en ayant le soin de les remuer souvent, parce que pendant la dessiccation les pétales s'agglomèrent ensemble et forment des paquets plus ou moins volumineux, qui conservent l'humidité, ce qui en rend la dessiccation plus difficile. On peut aussi les dessécher à l'étuve. Lorsqu'ils sont secs, on les tamise pour en distraire les impuretés et les œufs d'insectes auxquels on attribue à tort une action toxique. Les fleurs sont ensuite enfermées chaudes dans des sacs où on les tasse fortement; on les conserve dans un endroit sec, car elles attirent fortement l'humidité atmosphérique, et, lorsqu'elles sont humides, elles moisissent et fermentent très-rapidement en dégageant une odeur des plus infectes.

Le coquelicot cultivé dans nos jardins présente un grand nombre de variétés : il double souvent, c'est-à-dire que les étamines sont transformées en pétales. Pour l'usage médical, il faut préférer le coquelicot rouge non cultivé et simple; les pétales de cette fleur sont très-caducs : aussi doit-on les récolter aussitôt épanouis.

En se desséchant, les pétales de coquelicot ne conservent pas leur belle couleur écarlate : ils deviennent d'un rouge violacé.

COMPOSITION CHIMIQUE. — Les fleurs fraîches du coquelicot ont une odeur vireuse assez prononcée; leur saveur est mucilagineuse et amère. Lorsqu'on incise la tige, il en découle un suc blanc laiteux, qui, par évaporation spontanée, donne un extrait ayant la plus grande analogie avec l'opium, mais duquel on n'a pas isolé de la morphine; la présence de cet alcaloïde a été annoncée plusieurs fois dans le coquelicot, mais sans qu'on l'ait démontrée jusqu'à présent d'une manière positive. Le suc blanc est surtout accumulé dans la capsule.

D'après M. Riffard, les fleurs de coquelicot renferment sur 100 parties : 40 de matière colorante rouge; 12 de matière grasse jaune; 20 de gomme; 28 de fibre végétale. Ce chimiste dit y avoir trouvé de la morphine. M. L. Meier en a extrait deux acides qu'il a nommés *rhéadique* et *papavérique*. Ils se présentent l'un et l'autre sous forme de masses amorphes de couleur rouge; ils sont d'ailleurs mal déterminés. Hesse en a retiré de la rhœadine cristallisable : $C^{21} H^{21} AzO^6$.

USAGES. — Le coquelicot, d'après Peyrilhe, a été introduit dans la matière médicale vers la fin du seizième siècle. On lui a de tout temps attribué des propriétés calmantes et adoucissantes; aussi l'a-t-on employé presque exclusivement contre les affections pulmonaires, dans les toux anciennes, contre la coqueluche, dans certains maux de gorge, toutes les fois qu'on voulait calmer une vive douleur et procurer le sommeil. Peyrilhe pensait que les fleurs de coquelicot pouvaient remplacer l'opium. Loiseleur Deslongchamps avait proposé d'extraire le suc blanc des capsules pour obtenir un extrait qui pourrait remplacer l'opium exotique; mais la récolte d'une pareille préparation coûterait plus cher que l'opium lui-même ; d'ailleurs nous verrons plus loin que ce produit peut être obtenu, avec de grands avantages, du Pavot à œillette ou Pavot noir (*Flore méd.*, t. III, p. 25-35).

L'expérience n'a pas confirmé les éloges que l'on avait donnés au coquelicot. Toutefois son action légèrement diaphorétique et calmante l'a fait employer avec avantage dans les phlegmasies aiguës de la poitrine, par M. Biett. Baglivi en associait les fleurs à la graine de lin dans la pleurésie. Fouquet en a administré le suc contre la coqueluche et même contre l'épilepsie, chez les enfants.

Les pétales de coquelicot entrent dans la composition des *fleurs* dites *pectorales*. On les emploie en infusion théiforme. On fait un sirop avec l'infusion concentrée. Quant à l'extrait des capsules, il est tout à fait inusité.

On emploie les fleurs de coquelicot pour colorer en rouge le vin, les compotes, le fromage de Hollande. Elles teignent la laine en beau rouge lorsque celle-ci est traitée par l'alun et l'acide acétique ; elles la teignent en brun de noix lorsqu'elle est traitée par le bismuth.


# CORIANDRE

*Coriandrum sativum* L.
(Ombellifères-Coriandrées.)

Le Coriandre est une plante annuelle, à racine fusiforme, grêle, fibreuse, blanchâtre, pivotante. Les tiges, hautes d'environ $0^m,65$, cylindriques, légèrement striées, un peu noueuses, glabres, rarement simples, plus souvent rameuses, dressées, portent des feuilles alternes, pétiolées, deux fois ailées, glabres et d'un beau vert ; les radicales presque entières ou incisées et cunéiformes ; les caulinaires inférieures, longuement pétiolées, grandes, à folioles larges, ovales ou arrondies, lobées ou dentées ; les supérieures à pétioles un peu élargis, courts, amplexicaules, à folioles découpées en segments très-étroits, linéaires, écartés. Les fleurs, blanches ou blanc-rosé, sont groupées en ombelles terminales, composées de cinq ou six rayons inégaux, à involucre nul ou consistant en une seule foliole, à involucelles formés de quatre à huit folioles linéaires aiguës. Les fleurs de la circonférence sont irrégulières, à pétales extérieurs plus grands. Toutes ont un calice à cinq dents ; une corolle à cinq pétales ; cinq

étamines à anthères arrondies ; un ovaire biloculaire, surmonté de
deux styles simples, terminés chacun par un stigmate en tête. Le fruit
est un diakène globuleux, marqué de dix côtes longitudinales.

HABITAT. — Originaire du midi de l'Europe, le coriandre est
aujourd'hui naturalisé dans diverses parties de la France, et jusqu'aux environs de Paris. Il croît de préférence dans les lieux secs.

CULTURE. — Cette plante est cultivée, non-seulement dans les jardins, mais même en plein champ, dans plusieurs localités. Elle demande une exposition chaude, une terre légère et substantielle. On
la propage de graines récoltées aussitôt après leur maturité et semées
en place dans le courant d'avril. Elle ne demande plus ensuite d'autres soins que de légers sarclages.

PARTIES USITÉES. — Les akènes, improprement appelés semences.

RÉCOLTE. — On récolte les fruits de coriandre à leur maturité ; on
les fait sécher à l'ombre et on les conserve à l'abri de l'humidité.

COMPOSITION CHIMIQUE. — Les fruits fournissent 1 1/2 pour 100
d'une huile essentielle qui a pour formule $C^{10}H^{10}O$. Privée des
éléments de l'eau par l'anhydride phosphorique, elle se convertit en une essence d'odeur désagréable, qui a pour formule
$C^{10}H^{16}$. L'huile essentielle qu'on retire des fruits a elle-même
une odeur désagréable de punaise qui est offerte par les fruits.

USAGES. — Les fruits du coriandre sont employés, dans certains
pays, particulièrement en Hollande, comme condiment culinaire.
Quelques peuples du Nord en mêlent dans la pâte avant de faire le
pain. Quelques brasseurs en mettent dans la bière. D'autres personnes en mettent dans le cidre. Dans le Midi, on les mâche pour
rendre l'haleine agréable. Au Pérou, d'après Feuillée, on cultive la
plante pour en assaisonner les viandes, les ragoûts, etc.

En médecine, les fruits de coriandre jouissent des mêmes propriétés que ceux de l'Anis vert ; ils sont considérés comme carminatifs,
c'est-à-dire propres à faire évacuer les gaz intestinaux ; on les conseille comme digestifs et stomachiques. L'huile essentielle, qui est
jaunâtre, a été administrée, à la dose de quelques gouttes, dans du
vin et des potions. Itard, au rapport d'Alibert, a employé l'infusion
des fruits dans les maladies du conduit auditif. Les anciens croyaient
que l'usage du coriandre pouvait présenter quelques dangers ; il est
vrai qu'on est dans l'incertitude sur la plante qu'ils employaient
sous ce nom, et l'on ne sait pas si elle était connue de Dioscoride et

de Théophraste. D'après Cullen, les propriétés médicales des feuilles n'ont point encore été déterminées; elles diffèrent beaucoup de celles des fruits.

C'est surtout dans le cas d'atonie du tube digestif et de débilité de l'estomac que le coriandre a été employé. On dit en avoir obtenu de bons résultats dans certaines céphalalgies et dans l'hystérie. On l'a administré comme excitant dans la scrofule. Cullen pense que, lorsqu'on l'associe au Séné, il prévient les coliques; c'est d'ailleurs une propriété qu'on a également attribuée à l'anis vert. Quoi qu'il en soit, il est certain que le coriandre corrigeait l'odeur et le goût, souvent insupportables, des purgatifs autrefois employés sous le nom de *médecines noires*.

Les fruits de coriandre entrent dans la fabrication de l'eau de mélisse composée et de plusieurs élixirs toniques. On en aromatise des boissons alcooliques de ménage. On en met quelquefois dans la bière. Les confiseurs les recouvrent de sucre, comme on le fait pour l'anis de Verdun. Mais c'est surtout en infusion qu'on l'emploie, à la dose de 1 à 4 grammes pour un litre d'eau.

# CORNOUILLER

*Cornus mas, sanguinea, florida,* etc. **L.**
(Cornées.)

Le Cornouiller mâle ou Cornier (*C. mas* **L.**) est un petit arbre dont la tige, haute de 4 à 5 mètres, couverte d'une écorce ridée, se divise en nombreux rameaux opposés, presque glabres, portant des feuilles opposées, courtement pétiolées, ovales-aiguës, entières, luisantes en dessus, glabres ou légèrement pubescentes en dessous. Les fleurs, qui paraissent avant les feuilles, sont jaunes, et groupées en petites ombelles entourées d'un involucre à quatre folioles. Elles présentent un calice très-petit, à quatre dents; une corolle de quatre petits pétales, allongés, pointus, insérés au sommet du tube du calice; quatre étamines, à anthères ovoïdes; un ovaire simple, ovoïde, biloculaire, surmonté d'un style court terminé par un stigmate obtus. Le fruit est une drupe ovoïde, rouge ou jaunâtre, ombiliqué, à pulpe acidule, renfermant un noyau osseux.

Le Cornouiller sanguin (*C. sanguinea* **L.**), désigné vulgairement sous le nom impropre de Cornouiller femelle, est un arbrisseau qui se distingue de l'espèce précédente par sa taille moins élevée ; ses branches ordinairement rougeâtres ; ses fleurs blanches, assez grandes, paraissant après les feuilles, et groupées en corymbes rameux, dépourvus d'involucre. Son fruit noir, petit, globuleux, couronné par le limbe du calice, a une saveur amère.

Le Cornouiller à grandes fleurs (*C. florida* L.), connu aux États-Unis sous le nom de *Dogwood* (Bois de chien), est un petit arbre à rameaux lisses, portant des feuilles ovales, pointues, pâles et velues en dessous ; à fleurs petites, jaune verdâtre, naissant après les feuilles et groupées en ombelles, entourées d'un involucre assez grand ; à fruit ovoïde, écarlate.

Habitat. — Les deux premières espèces se trouvent dans presque toutes les régions de l'Europe. Le Cornouiller mâle habite surtout les bois, et le Cornouiller sanguin, les haies. Le Cornouiller fleuri est originaire de l'Amérique du Nord. Nous citerons aussi les Cornouillers à fruit bleu (*C. cœrulea* Lamk), à feuilles rondes (*C. circinata* L'Hérit.), du Canada (*C. canadensis* L.), tous de l'Amérique septentrionale, et le Cornouiller du Chili (*C. chilensis* Molina).

Parties usitées. — Les fruits, le bois.

Récolte. — Les fruits, désignés sous les noms de *Cornes* et *Cornouilles*, sont recueillis à leur maturité. Le bois est coupé à la fin de l'automne ; on le fait sécher avant de l'employer aux travaux des ébénistes et des tourneurs.

Composition chimique. — Les fruits possèdent une saveur aigrelette et acerbe ; ils contiennent du sucre de fruits, du tannin et probablement de l'acide malique. D'après M. Carpentier, l'écorce du cornouiller à feuilles rondes, de l'Amérique, contient de l'acide gallique, de la gomme, du mucilage, une huile essentielle et une matière saline particulière, qu'il a désignée sous le nom de *cornine* et qu'il a comparée à la quinine. Les graines de tous les cornouillers sont oléagineuses ; l'amande du cornouiller sanguin contient le tiers de son poids d'huile qui peut servir à l'éclairage et à la fabrication du savon.

Usages. — D'après Willemet (*Monographie des plantes étoilées*, p. 94), Siton aurait guéri un hydrophobe avec le cornouiller sanguin ; mais il en est de ce fait comme de tant d'autres qui ont été mal observés et desquels on ne peut raisonnablement tirer aucune conclusion.

Les fruits du cornouiller sont vantés par Hippocrate comme astringents. Dioscoride et Pline les conseillent contre la diarrhée. On en préparait autrefois par fermentation une sorte de boisson. L'écorce a été également regardée comme astringente, et même comme fébrifuge; on a poussé l'exagération jusqu'à dire qu'elle pouvait remplacer le quinquina.

Le cornouiller à grandes fleurs a été aussi regardé comme un succédané du quinquina. L'écorce, la racine et la tige sont très-amères et astringentes. Elles contiennent, d'après Chapmann et Bigelow, de l'acide gallique et du tannin. On s'en sert dans les épidémies malignes des chevaux. Avec les fruits infusés dans l'eau-de-vie, on prépare une boisson assez agréable, quoique amère. L'infusion des fleurs est employée par les Indiens contre les coliques venteuses. Aux États-Unis, on attribue les mêmes propriétés au cornouiller à fruit bleu (*C. cærulea*), dont, en outre, l'écorce est employée dans les mêmes pays comme astringente et fébrifuge.

M. Robinson a vérifié par lui-même les propriétés toniques et astringentes de l'écorce du cornouiller et l'a recommandée contre les diarrhées rebelles.

On mange les fruits du cornouiller du Chili et, avec eux, on prépare une boisson nommée *Theca*. Le suc des feuilles, qui est désigné sous le nom de *Maqui*, est administré, au Chili, contre l'angine (Molina, *Chili*, p. 144).

Plusieurs auteurs se sont occupés des cornouillers au point de vue économique. C'est à tort que l'on a prétendu que l'huile s'extrayait du péricarpe qui est charnu et sucré, et nullement oléagineux, tandis que l'amande renferme réellement une huile fixe. L'huile de cornouiller se mange, en Italie, dans les soupes et les fritures. Les feuilles et les branches de la plante peuvent servir au tannage. Les feuilles sont une bonne nourriture pour les bestiaux. Le bois est employé à différents usages, pour chauffer les fours, pour manches de marteaux, échalas, etc., etc.


## COROSSOL

*Anona muricata* L. *A. sylvestris* Burm.
(Anonacées.)

Le Corossol ou Corossolier, à fruit hérissé, appelé aussi Cachiman, Sapadille, Anone hérissée, Anone en bouclier, est un petit arbre dont la tige, haute de 5 à 6 mètres, couverte d'une écorce brune, porte des feuilles alternes, longues et larges, ovales, lancéolées, pointues, entières, lisses, d'un vert sombre et luisant, persistantes, à l'aisselle desquelles se trouvent des bourgeons orangés. Les fleurs, grandes, vertes au dehors, jaunes au dedans, odorantes, se succédant pendant toute l'année, sont portées sur des pédoncules solitaires qui naissent sur le tronc et les vieux rameaux. Elles présentent un calice à trois sépales caducs; une corolle à six pétales, disposés sur deux rangs, les extérieurs cordiformes et pointus, les intérieurs obtus; des étamines en nombre indéfini, à filets très-courts et renflés en massue, terminés par des anthères à deux loges linéaires, unies par un connectif saillant; un pistil composé de nombreux ovaires à une seule loge uniovulée, surmontés chacun d'un style libre, très-court ou presque nul, terminé par un stigmate en tête. Le fruit est très-gros, charnu, en forme de cœur, couvert d'une écorce mince, vert jaunâtre, hérissée de pointes molles, et renfermant des graines ovoïdes à test coriace et crustacé (Pl. 39).

Nous citerons encore le Corossol à fruits écailleux, appelé aussi Hattier, Pommier-cannelle (*A. squamosa* L.; *A. tuberosa* Rumph); le Corossol à trois pétales (*A. cherimolia* Lamk; *A. tripetala* H. Kew), du Pérou; le Corossol réticulé (*A. reticulata* L.), appelé aussi Mamilier, de l'Amérique méridionale; le Corossol trilobé (*A. triloba* L.), connu également sous le nom d'Assiminier de la Caroline; le Corossol glabre ou des marais (*A. glabra* Dun.; *A. palustris* L.), de l'Amérique méridionale; le Corossol muscade ou Faux-muscadier (*A. Myristica* Gærtn.), de la Jamaïque; le Corossol ponctué (*A. punctata* Aubl.); le Corossol du Sénégal (*A. senegalensis* Lamk); le Corossol des bois (*A. sylvatica*, A. S. H.), du Brésil, le Corossol ponctué (*A. punctata* Aubl.), le Corossol asiatique (*A. asiatica* Vahl).

HABITAT. — Les corossols habitent les régions tropicales de l'Asie, de l'Afrique et de l'Amérique. Cultivés en grand dans leur pays natal, on ne les trouve, en Europe, que dans les serres chaudes, où ils sont aujourd'hui peu répandus.

PARTIES USITÉES. — Toutes les parties de la plante.

RÉCOLTE. — On cueille en général les fruits à leur maturité. Il est cependant des espèces dont on récolte les fruits avant leur maturité, pour qu'ils deviennent blets et soient employés ainsi.

COMPOSITION CHIMIQUE. — M. Lassaigne a fait l'analyse du fruit du corossol : il y a trouvé de la cire, de la chlorophylle, une matière amère, du sucre incristallisable, une matière mucilagineuse, de l'acide malique, des malates acides de chaux et de potasse. Les fleurs sont très-odorantes et les écorces plus ou moins aromatiques et stimulantes.

Usages. — La baie du corossol à fruit hérissé, que l'on nomme *Cœur de bœuf*, est très estimée des habitants des Antilles lorsqu'elle est bien mûre. Les fleurs, les bourgeons et les fruits ont été employés, dans ces mêmes îles, comme béchiques. Les fruits du corossol à muscade ou faux muscadier, nommés *Muscades américaines*, servent en Amérique comme la vraie muscade. Ceux du corossol glabre ou des marais, nommés *Pommes de serpent*, passent pour narcotiques; les nègres les mangent néanmoins. Le bois de ce corossol est employé par les Galibis au lieu de liége, pour boucher les calebasses. Ces mêmes Galibis se servent avec avantage du bois du corossol ponctué pour faire des lattes et des chevrons. Aux Moluques, on mange le fruit astringent, nommé *Cachiman-cœur-de-bœuf*, du corossol reticulé; il remplace dans les sauces les fonds d'artichaut; ce fruit sec et non mûr sert aussi comme astringent à Saint-Domingue; la racine du corossol réticulé est, dit-on, employée par les Indiens contre l'épilepsie. Le fruit, peu estimé, du corossol trilobé, sert pourtant de nourriture aux sauvages; en Pensylvanie, on fait avec ce fruit une liqueur spiritueuse; la pulpe est quelquefois employée, en topique, sur les ulcères, pour mûrir les abcès, etc. Le fruit du corossol du Sénégal est très-estimé des indigènes. Le corrosol à fruits écailleux donne un fruit nommé *hatte* ou *pomme-cannelle*, qui est recherché aux Antilles; la pulpe fournit une liqueur fermentée assez analogue au cidre, mais qui ne peut se conserver. On mange, au Brésil, le fruit du corossol des bois, dont le bois est propre aux ouvrages de sculpture, et serait bon, dit-on, pour faire des planches à imprimer des étoffes d'indiennes. Les nègres mangent les fruits du corossol glabre. Ceux du corossol à trois pétales sont très-estimés au Pérou et employés dans la dysenterie. On cultive aux Philippines un corossol que l'on croit être une variété du corossol trilobé, dont les fruits cueillis avant maturité et blets sont regardés comme rafraîchissants et laxatifs, et dont les feuilles sont employées en cataplasmes comme la pulpe du fruit même, pour faire mûrir les abcès. Le corossol asiatique a des fruits astringents que l'on mange; sa racine sert à teindre en rouge à Ceylan. Les fruits de ces divers corossols renferment une sorte de gelée dans laquelle on trouve des graines assez nombreuses; cette gelée bouillie est douce, sucrée et assez agréable, mais peu estimée des Européens, qui lui trouvent un goût de térébenthine. La partie extérieure du fruit contient un suc acide assez actif. Duhamel observe que lorsqu'on porte aux yeux les doigts imprégnés du suc de corossol trilobé, il s'y déclare une inflammation. Les graines de la plupart des espèces précédentes sont usitées, réduites en poudre, pour détruire la vermine de la tête des enfants.

## CORYDALIS

*Corydalis bulbosa* D.C. *Fumaria bulbosa* Retz. non L.
(Fumariacées.)

Le Corydalis bulbeux, appelé aussi Corydalis à racine solide, vulgairement Fumeterre bulbeuse, est une plante vivace, à souche bulbiforme, pleine, charnue. La tige, solitaire, haute de $0^m,10$ à $0^m,20$, simple, dressée, porte inférieurement une écaille qui n'est que le rudiment d'une feuille avortée. Les feuilles sont alternes, pétiolées, triséquées, à segments longuement pétiolés, divisés eux-mêmes en trois segments courtement pétiolés, palmés, cunéiformes, partagés en trois à cinq lobes entiers ou incisés. Les fleurs, pourpre violacé, rarement blanches, sont groupées en grappes terminales et accompagnées de bractées cunéiformes, incisées. Elles présentent un calice à deux sépales pétaloïdes, caducs; une corolle irrégulière comme bilabiée, à quatre pétales inégaux, le supérieur plus grand, échancré, prolongé à la base en un long éperon arqué; six étamines, à filets soudés presque jusqu'au sommet en deux faisceaux; un ovaire libre, biloculaire, terminé par un style persistant. Le fruit est une petite capsule ou silique, comprimée, déhiscente, renfermant plusieurs graines lisses, luisantes et munies d'un arille (Pl. 40).

Le Corydalis jaune (*C. lutea, Fumaria lutea* L., *C. capnoides* Pers.), vulgairement Fumeterre jaune, est également vivace, et se distingue du précédent par sa souche cespiteuse; ses tiges nombreuses, plus hautes, rameuses, diffuses; ses feuilles à segments oblongs ou obovales cunéiformes; ses bractées lancéolées-linéaires, plus courtes que les pédicelles; ses fleurs jaunes, à pétale supérieur entier, à éperon court, et enfin par ses graines finement granuleuses.

Nommons encore le Corydalis tubéreux ou Corydalis à racine creuse (*C. tuberosa* D. C.), dont l'analyse chimique sera donnée plus loin.

HABITAT. — Ces plantes sont répandues dans l'Europe centrale : le corydalis se trouve dans les bois et les lieux ombragés ; le corydalis jaune, sur les vieux murs, les décombres, dans le voisinage des habitations, etc.

CULTURE. — Les corydalis ne sont cultivés que dans les jardins botaniques ; on les propage facilement par graines ou par éclat de pied.

PARTIES USITÉES. — Les tubercules.

RÉCOLTE. — Les corydalis se distinguent des Fumeterres proprement dites, par leurs fruits en forme de silique, uniloculaires, bivalves, polyspermes (voir au mot FUMETERRE, *Flore méd.*, t. II, p. 67-69). Les espèces de corydalis à racines bulbeuses les plus communes sont : le corydalis bulbeux ou à racine solide (*C. bulbosa* D. C., *Fumaria solida* L.) ; le corydalis à racine creuse (*C. tuberosa* D. C.), et le corydalis à fleurs jaunes (*C. lutea* D. C.).

On récolte les tubercules des corydalis après la chute des fleurs, et on les conserve dans un endroit sec, ou dans du sable.

COMPOSITION CHIMIQUE. — Le tubercule du corydalis tubéreux a été analysé par M. Wackenroder, qui y a trouvé pour 100 parties : albumine, 1,84 ; malate de *corydaline*, sucre, chlorure de potassium, 17,78 ; amidon, 21,10 ; résine et matière grasse, 0,84 ; gomme et malate de chaux, sulfate de potasse, 9,21 ; fibre ligneuse, 49,20.

Lorsqu'on traite une solution d'extrait aqueux de corydalis tubéreux par un alcali, on précipite la corydaline impure ; pour la purifier, on reprend le précipité par l'alcool, on fait évaporer à siccité ; on reprend par l'eau acidulée, par l'acide sulfurique, on filtre et on précipite par la potasse. La corydaline pure est incristallisable, d'un blanc grisâtre, fusible au-dessous de 100°, peu soluble dans l'eau, assez soluble dans les alcalis et l'éther ; elle brunit sous l'influence des rayons solaires et rougit par l'acide azotique bouillant ; elle forme des sels cristallisables avec les acides chlorhydrique, sulfurique et acétique. M. Wackenroder l'a trouvée dans la racine de l'Aristoloche serpentaire, dont il est traité dans ce volume (p. 104). Elle est encore peu connue.

Usages. — L'analogie de forme du *Corydalis* bulbeux avec l'Aristoloche Clématite a fait croire à une analogie de propriétés avec cette plante : aussi l'a-t-on regardé comme emménagogue, antiseptique, vermifuge, etc.; on a préconisé sa poudre contre la carie des os et contre les ulcères sanieux; la plante jouit encore, dit-on, des mêmes propriétés que la Fumeterre officinale. Toutes ces propriétés sont absolument problématiques et le bulbe du Corydalis n'est plus aujourd'hui employé par personne, même dans les campagnes où il était autrefois populaire.

On mange rarement en France les tubercules des *Corydalis;* ils sont riches en fécule.


# COTONNIER

*Gossypium herbaceum* L.
(Malvacées-Hibiscées.)

Le Cotonnier, improprement dit Cotonnier herbacé, est un arbuste qui n'est guère cultivé et connu que comme plante annuelle. Sa tige, haute de 1 à 2 mètres, droite, lisse, rameuse, porte des feuilles alternes, pétiolées, glanduleuses à la base, à cinq lobes arrondis, mucronés. Les fleurs, jaunes, tachées de pourpre au centre, sont solitaires à l'extrémité de pédoncules axillaires. Elles présentent un calicule à trois folioles larges, cordiformes, incisées, dentelées, cohérentes à la partie inférieure; un calice à cinq pétales unis en sac dans presque toute leur longueur; une corolle à cinq pétales onguiculés, obovales, inéquilatéraux; des étamines en nombre indéfini, unies par leur filet en un tube dilaté à la base et recouvrant l'ovaire; un ovaire à trois loges pluriovulées, surmonté d'un style simple, terminé par un stigmate en massue marqué de trois à cinq sillons. Le fruit est une capsule coriace, s'ouvrant par plusieurs valves, et contenant des graines anguleuses, à testa spongieux, recouvertes de longs poils (*coton*). Le coton est blanc pur ou jaunâtre dans l'espèce décrite.

Le Cotonnier arborescent (*G. arborescens*) est haut de 5 à 6 mètres; sa tige est ligneuse par le bas; ses rameaux, glabres dans leur partie inférieure, sont pubescents au sommet; ses feuilles, portées sur des pétioles allongés, sont divisées en cinq lobes profonds; ses fleurs sont axillaires et solitaires, tout à fait purpurines; le coton qui recouvre les graines est d'excellente qualité. Le Cotonnier de l'Inde (*G. indicum* Lamk) est une espèce qui paraît tenir le milieu entre les deux précédentes : il est haut de 3 à 4 mètres ; sa tige vivace est ligneuse par le bas ; ses feuilles, généralement petites, sont à trois ou cinq lobes allongés et aigus ; ses fleurs sont tantôt purpurines, tantôt jaunâtres avec l'onglet pourpre. Le Cotonnier velu (*G. hirsutum* L.), à tige herbacée, rameuse, velue, est une plante annuelle ou bisannuelle ; les pétioles de ses feuilles sont également velus ; ses fleurs sont jaunes et solitaires. Le Cotonnier à feuilles de vigne (*G. vitifolium* L.) a des feuilles très-amples, découpées en cinq lobes profonds, semblables à ceux de la vigne ; ses fleurs sont grandes, pédonculées, solitaires, jaunes avec une tache rouge à l'intérieur de l'onglet. Le Cotonnier religieux (*G. religiosum* L., *G. tricuspidatum* Lamk) est un petit arbuste de 1 mètre à 1 mètre et demi, dont les caractères distinctifs sont : un style extrêmement long et faisant saillie hors de la corolle ; des fleurs solitaires et pédonculées, blanches dans les premiers temps de leur épanouissement, ensuite rousses et enfin rouges ; le coton qu'il produit est ou d'une blancheur éclatante, ou de couleur rousse, suivant la variété. Les autres espèces sont : les *Gossypium micranthum* Cav., *eglandulosum* Cav., *latifolium* Murr., *barbadense* L., *peruvianum* Cuv., *purpurascens* Poir. , *racemosum* Poir. Les espèces douteuses, signalées comme telles par De Candolle, sont les *Gossypium obtusifolium* Roxb., *acuminatum* Roxb., *glandulosum* Rœusch.

Habitat. — Le cotonnier herbacé, aujourd'hui cultivé dans toutes les régions chaudes du globe et jusque dans le midi de la France, est originaire de l'Orient. Le cotonnier arborescent se trouve aux Indes Orientales, en Chine, en Arabie ; il a été transporté aux Canaries et en Amérique où on le cultive depuis très-longtemps. L'Amérique est la patrie du cotonnier velu. Le cotonnier à feuilles de vigne est originaire des Indes Orientales. Quant au cotonnier religieux, Cavanilles le croit originaire du Cap, et Lamark de l'Amérique. Le cotonnier paraît avoir été cultivé aux Indes Orientales de toute antiquité. Son introduction en Europe remonte au neuvième siècle, et est due aux Arabes d'Espagne.

Culture. — Le sol qui convient aux cotonniers doit être meuble, bien divisé, et permettre aux racines de s'étendre. On sème les cotonniers en ligne ou en quinconce dans des trous en entonnoir de

. 25 à 30 centimètres de profondeur, et d'un mètre d'écartement pour la variété herbacée; on met de 4 à 5 graines par trou, à une profondeur d'environ 3 centimètres; au bout de huit jours le cotonnier lève.

PARTIES USITÉES. — Les poils ou la bourre qu'on trouve autour des semences, les graines, l'écorce, rarement les fleurs et les feuilles.

RÉCOLTE. — Depuis la floraison du cotonnier jusqu'à la maturité de sa graine, il s'écoule environ soixante-dix jours. Quand la capsule est ouverte, le coton s'en échappe, et pour éviter qu'il se ternisse, on ne le laisse pas plus de huit jours sur l'arbre après sa maturité, sans quoi la pluie et les vents le rendraient gris et sans éclat. La cueillette se fait par un temps sec, en tirant avec les doigts les flocons des capsules, sans enlever aucune particule sèche du calicule. Quand les corbeilles dans lesquelles on recueille le coton sont pleines, on l'étend pour le faire sécher avant de l'entrer en magasin. Comme tous les fruits ne sont pas mûrs à la fois, la cueillette dure longtemps : ainsi, au Brésil, elle commence en mai et ne finit qu'en août. Rien de plus vicieux que la coutume, encore en usage dans le Levant, de cueillir le coton avec la capsule; car il reste toujours des folioles caliculaires difficiles à séparer. On procède ensuite au moulinage du coton, mais par des procédés divers, suivant les localités, sur lesquels nous nous étendons dans la *Flore agricole*, qui fait partie du *Règne végétal*.

Les planteurs, moins scrupuleux que les botanistes sur le choix de l'expression, ont tout simplement divisé les cotonniers en trois groupes, fondés sur les différences de la taille, à savoir : Cotonniers-herbacés, Cotonniers-arbustes et Cotonniers-arbres. Dans le commerce, on les désigne sous le nom du pays de provenance et avec la double dénomination de cotons à longue soie et de cotons à soie courte. Nous les distinguerons plus en détail, au point de vue commercial, dans la *Flore agricole*.

COMPOSITION CHIMIQUE. — Comme toutes les Malvacées, les cotonniers sont riches en mucilage, et par conséquent ils sont émollients. Les semences renferment une huile verdâtre, qu'on extrait par expression. Quant au coton lui-même, il est constitué par de la cellulose à peu près pure.

En 1846, M. Schœnbein découvrit la poudre-coton. Plusieurs chimistes, entre autres M. Otto, à Brunswick, crurent que cette matière était analogue à la *xyloïdine*, découverte antérieurement par

M. Braconnot et étudiée par M. Pelouze; mais on reconnut bientôt qu'elle en différait par sa composition et par ses propriétés; on vit qu'elle constituait une substance particulière que l'on nomme *pyroxyle*, *pyroxyline* ou *fulmi-coton*.

Le coton-poudre ou pyroxyle peut être représenté par la formule $C^6H^7(AzO^2)^3O^5+6H^2O$; on l'obtient en immergeant, pendant quelques minutes, le coton sec dans l'acide azotique monohydraté, ou dans un mélange d'acide azotique et d'acide sulfurique du commerce ; on lave ensuite à grande eau, et on fait dessécher.

La pyroxyline est complétement insoluble dans l'eau, soit à chaud soit à froid ; elle ne se dissout pas dans l'alcool et dans l'éther concentrés, mais elle se dissout dans un mélange de ces deux liquides ; l'acétate de méthylène, l'éther acétique, l'acétone la dissolvent ; mais la plupart de ces liquides la dédoublent ; la dissolution dans l'éther alcoolisé porte le nom de *collodion*.

Le coton se dissout dans le réactif de Schweitzer ou *ammoniure de cuivre*, que l'on obtient en arrosant avec de l'ammoniaque liquide de la tournure de cuivre, placée sur un entonnoir en verre (Péligot). Ce réactif est d'un très-grand secours pour distinguer la cellulose des matières avec lesquelles elle peut être confondue.

Usages. — Le duvet qui enveloppe les semences des cotonniers, nommé *coton* ou *gossypine*, sert, comme tout le monde le sait, à faire le plus populaire et le plus utile des tissus. L'huile dite *huile de coton*, qu'on retire par expression des graines, sert à l'assaisonnement des aliments au Brésil, à l'éclairage et à la fabrication du savon. L'écorce du cotonnier sert, en Chine, à faire du papier. La graine est employée pour engraisser les volailles et les bestiaux.

On a fait des essais qui ont démontré que la pyroxyline ou poudre-coton pourrait remplacer les poudres à canon, de chasse et de mine ; mais par sa combustion elle donne des gaz qui attaquent et altèrent les armes ; de plus, elle est brisante. C'est surtout pour les mines qu'elle est susceptible de rendre des services.

Le *collodion* dont il a été question au paragraphe *Analyse chimique*, a puissamment contribué au perfectionnement de l'art du photographe.

Passons aux usages médicinaux. Le coton cardé, surtout celui qui est préparé sous le nom de *ouate*, est d'un usage fréquent en médecine, particulièrement en chirurgie ; on en enveloppe les membres endoloris, dans la goutte et les rhumatismes ; on l'applique sur les parties que l'on veut tenir chaudes. Les fils de coton portent des crochets qui irritent les plaies ; mais le coton cardé peut être employé avec avantage dans le traitement des plaies, des brûlures, des vésicatoires, etc.

Avec les graines on fait des émulsions mucilagineuses, rafraîchissantes, des fomentations, des fumigations et des injections émollientes. On prépare avec ces mêmes graines des tisanes que l'on fait prendre dans les fièvres malignes et les engorgements lymphatiques. Les feuilles, macérées dans du vinaigre, s'appliquent sur la tête dans l'hémicrànie ; au Brésil elles sont employées en décoction comme émollientes, et contre la morsure des scorpions et des vipères. Aux Indes Orientales, d'après Ainslie, on se sert des fleurs pour les mêmes usages que celles de Mauve et de Guimauve en Europe, et l'on emploie les racines dans les maladies des voies urinaires. Le collodion ordinaire a été utilisé en médecine comme contentif et comme moyen de soustraire les parties malades au contact de l'air ; mais comme, en séchant, il s'écaille et contracte mécaniquement les tissus, on lui préfère le collodion élastique, c'est-à-dire additionné de 5 pour 100 d'huile de ricin.

## COTYLÉDON

*Cotyledon Umbilicus* L. *Umbilicus pendulinus* D. C.
(Crassulacées.)

Le Cotylédon à fleurs pendantes, vulgairement Nombril de Vénus, Cotylet, Cotylier, etc., est une plante vivace, à racines tubéreuses, fasciculées. La tige, haute de $0^m,20$ à $0^m,30$, simple, charnue, molle, succulente, ordinairement courbée à la base, puis redressée, porte des feuilles charnues ; les radicales longuement pétiolées, arrondies, réniformes, presque peltées, à face supérieure concave, ombiliquée, à bords crénelés ; groupées en rosette ; les caulinaires alternes et rétrécies en coin. Les fleurs, d'un jaune blanchâtre ou verdâtre, sont réunies en grappes pendantes. Elles présentent un calice à cinq divisions ; une corolle à cinq pétales ovales, aigus, dressés, unis en tube à la base ; dix étamines saillantes ; cinq écailles obtuses ; un gynécée composé de cinq ovaires amincis au sommet en style subulé. Le fruit est formé de cinq follicules polyspermes.

HABITAT. — Cette plante habite les régions méridionales de la France et de l'Europe. Elle croît particulièrement sur les rochers et les vieux murs. On ne la cultive guère que dans les jardins botaniques.

Citons aussi, dans la famille des Crassulacées, le Cotylédon corymbifère (*C. lutea* H. Kew., *C. lusitanica* Lamk) d'Angleterre ; le Cotylédon penné (*Cotyledon pinnata* Lamk, *C. calyculata* Solenander, *Bryophyllum calycinum* Salisb.) des Moluques ; le Cotylédon lacinié ou Kalanchoë (*Cotyledon laciniata* L., *Kalanchoë laciniata* D. C.), originaire de l'Hindoustan et de l'Égypte.

PARTIES USITÉES. — Les feuilles, le jus exprimé de la plante.

RÉCOLTE. — On recommande de récolter le cotylédon avant la floraison : on pile les feuilles, on extrait le jus par expression et on filtre ; le liquide obtenu est visqueux, épais et filant.

COMPOSITION CHIMIQUE. — L'analyse du cotylédon n'a pas été faite ; on sait seulement qu'elle est très-riche en mucilage ; mais l'abondance de ce corps est insuffisante pour expliquer les propriétés qu'on a attribuées à cette plante.

USAGES. — D'après Vogel, le cotylédon à fleurs pendantes ou le cotylédon corymbifère devrait entrer dans l'Onguent *populeum*. Les feuilles de ces deux plantes sont très-anciennement employées comme émollientes et rafraîchissantes ; on les a souvent appliquées, pilées et réduites en cataplasme, sur les tumeurs, les adénites, pour calmer les douleurs ; on en a fait une sorte d'onguent en les broyant avec de l'huile ; Solenander les a vantées contre les fleurs blanches ; on les a aussi considérées comme diurétiques et lithontriptiques ; aussi les a-t-on conseillées contre les hydropisies et les calculs.

Il n'y a pas encore longtemps que M. Thos Salter, de Poole, a préconisé le jus exprimé du cotylédon à fleurs pendantes comme un spécifique de l'épilepsie (*London med. Gaz.*, mars 1849); il a été appuyé par les docteurs Bullan, de Southampton, et Graves, de Dublin ; ce dernier a même renchéri, en disant qu'il est de connaissance vulgaire, en Irlande, que l'emploi de ce cotylédon est non-seulement bon pour l'épilepsie, mais encore pour l'asthme. Mais le docteur Ranking, de Norwich, quelques années après (*London med. Gaz.*, avril 1854), publia une série d'observations pour combattre l'inanité de ces assertions et prouver que le cotylédon n'était d'aucune utilité dans le traitement de l'épilepsie. Il paraît toutefois que le jus de la plante exerce une action tonique sur le système nerveux ; dans ce but, on l'administre à la dose de 20 à 30 grammes deux fois par jour. On a aussi employé un extrait de jus évaporé à sec, et donné à la dose de 25 centigrammes. Le traitement par ce médicament doit être poursuivi longtemps et à dose progressivement augmentée.

Aux Indes Orientales, on emploie le cotylédon lacinié ou **Kalanchoë lacinié** à peu près aux mêmes usages qu'on emploie en Europe les cotylédons à fleurs pendantes et corymbifères, et on applique ses feuilles sur les plaies de mauvaise nature. Ainslie (*Mat. med. ind.*, t. II, p. 490) assure qu'elles apaisent parfaitement l'inflammation.

On a prétendu que le *Bryophyllum calycinum* présente ce phénomène assez singulier que ses feuilles sont acides le matin, insipides à midi et amères le soir. Le docteur Heyne attribue ces changements à une désoxydation qui se produit à mesure que le jour avance ; mais cette opinion aurait besoin d'être étudiée. Une autre singularité de la feuille du *Bryophyllum*, c'est que celle-ci, étendue sur la terre humide, possède la propriété de prendre racine par les points noirs qu'on observe à la base de chacune de ses dentelures, non pendant sa croissance, mais après sa chute. Un botaniste essayant de dessécher un échantillon de la plante, fut tout surpris d'y remarquer peu après une grande quantité de bourgeons folifères. Les feuilles de *Bryophyllum* sont rafraîchissantes à l'intérieur ; on les dit utiles, à l'extérieur, dans les inflammations de la peau.

## COUMAROUNA

*Dipterix odorata* Willd. *Coumarouna odorata* Lamk, *Baryosma Tongo* Gaertn. non Roëm.
(Légumineuses-Papilionacées.)

Le Coumarouna est un arbre dont le tronc, à écorce lisse, blanchâtre, atteint souvent jusqu'à 25 mètres de hauteur et 1<sup>m</sup>,25 de diamètre à sa base ; il se divise au sommet en un grand nombre de grosses branches rameuses et tortueuses, qui se dirigent en tous sens. Les feuilles sont alternes, longues de 0<sup>m</sup>,45 à 0<sup>m</sup>,50, composées généralement de six folioles disposées alternativement sur un pétiole commun ailé de couleur roussâtre ; elles sont largement oblongues, entières, arrondies ou brusquement acuminées, obtuses au sommet, à base inégale, brièvement pétiolées, parcourues longitudinalement par une nervure peu saillante qui ne partage pas le limbe en deux portions égales ; leur longueur varie de 0$^m$,10 à 0$^m$,20. Les fleurs, de couleur pourpre lavée de violet et de la grandeur à peu près de celles du robinier, sont disposées en petites grappes à l'aisselle des feuilles supérieures des rameaux. Le calice est rougeâtre, gamosépale, à deux lèvres, dont la supérieure est large, bilobée, et l'inférieure très-courte, obtusément trilobée. La corolle est irrégulière, composée de cinq pétales : les trois supérieurs sont larges, veinés, étalés ; les deux inférieurs sont plus courts et forment la carène. Les étamines, au nombre de huit à dix, sont toutes réunies par les filets en un tube fendu. L'ovaire est oblong, comprimé, renfermé dans la gaîne formée par les filets staminaux ; le style est simple, arqué, terminé par un stigmate obtus. Le fruit est une gousse monosperme, ovoïde, indéhiscente, ou plutôt une sorte de noix à péricarpe épais, charnu, fibreux, de couleur jaunâtre, contenant une graine oblongue, à testa roussâtre, et dont l'embryon présente deux cotylédons trèsépais, blancs. Cette graine, désignée sous le nom de *Fève tonka,* exhale une odeur agréable.

Habitat. — Le coumarouna croît abondamment dans les grandes forêts de la Guyane.

Culture. — Cet arbre n'est cultivé en Europe que par curiosité ; car il n'y produit même pas de fleurs. On le tient en serre chaude au milieu d'une atmosphère très-humide. Sa multiplication se fait par boutures ou par graines venues du pays originaire ; on sème en terrine tenue en serre et sous cloche ; on repique le plant quand il a atteint 0$^m$,10 de hauteur.

Parties usitées. — Le bois, l'écorce, les graines.

Récolte. — On trouve rarement le fruit du coumarouna dans le commerce ; il a la forme d'une très-grosse amande couverte de son brou. La graine, que l'on vend isolée de son péricarpe, a la forme d'un haricot d'Espagne très-allongé ; elle est formée d'une enveloppe mince, légère, luisante, ridée, noirâtre. L'amande est presqu'entièrement composée de deux cotylédons gras et onctueux, entre lesquels on trouve, vers l'extrémité, une tigelle et une gemmule volumineuse.

Composition chimique. — La fève tonka, ou graine du *Coumarouna odorata,* doit son odeur, presque analogue à celle du Mélilot, à un principe immédiat que M. Guibourt a isolé le premier et nommé *coumarine ;* principe que M. Vogel, de Munich, avait pris pour de l'acide benzoïque, et qui est réellement un corps distinct, comme l'ont prouvé les recherches de MM. Boutron-Charlard et Boullay. On trouve encore la coumarine dans le Mélilot officinal, dans la Flouve odorante (*Anthoxanthum odoratum*), dans l'*Orchis fusca*, dans la Vanille, dans l'Aspérule odorante, etc.

MM. Delalande et Bleibtren, qui ont étudié la coumarine, lui assignent la formule suivante : $C^9 H^7 Az O^2$ ; chauffée avec un excès de potasse, elle se transforme en acide coumarique, $C^9 H^8 O^3$.

La coumarine est blanche ; elle fond à 68°, et non à 50°, comme la plupart des auteurs l'ont écrit, et bout à 270° ; son odeur est très-agréable ; elle est plus soluble dans l'eau bouillante que dans l'eau froide, et elle cristallise en prismes droits appartenant au système rhomboïdal (de la Prévostaye). Le chlore et le brome forment avec elle des composés blancs cristallisables ; l'iode la convertit en une matière cristalline d'un vert bronzé.

MM. Boullay et Boutron-Charlard ont trouvé dans la fève tonka, outre la coumarine, une matière sucrée fermentescible, de l'acide malique libre, du malate acide de chaux, de la gomme, de l'amidon, un sel à base d'ammoniaque, du ligneux (*Journal de pharmacie*, t. XI, p. 487).

Usages. — Le bois et l'écorce de coumarouna sont employés, à la Guyane, comme ceux du Gaïac officinal, c'est-à-dire comme sudorifiques. La fève tonka, qu'on appelle aussi *fève à tabac*, est presque exclusivement employée à parfumer le tabac ; on l'y mêle réduite en poudre ; on la met entière dans les vases qui contiennent le tabac à priser. On en fait des colliers odorants. Les créoles enferment la fève tonka dans leurs armoires pour en chasser les insectes. Le bois de coumarine est dur, jaune, rosé, composé de fibres fines, simulant une chevelure ondoyante. Il pourrait servir à faire de beaux meubles s'il n'était percé, étant encore vert, par un insecte qui s'y forme des galeries.

## COURBARIL

*Hymenæa Courbaril* L.
(Légumineuses – Césalpinées.)

Le Courbaril est un arbre assez élevé. Sa tige, haute de 10 mètres et plus, couverte d'une écorce épaisse, raboteuse, ridée, d'un roux noirâtre, se divise en branches étalées et très-rameuses, portant des feuilles alternes, pétiolées, à deux folioles ovales-lancéolées, aiguës, inéquilatérales, coriaces, glabres, luisantes, d'un beau vert, à nervures peu apparentes. Les fleurs, d'un jaune pâle rayé de pourpre, sont disposées en panicules terminales. Elles présentent un calice turbiné, coriace, à cinq divisions caduques, les deux supérieures plus ou moins soudées entre elles ; une corolle à cinq pétales presque égaux, insérés au sommet du tube calicinal, le postérieur grand et ordinairement courbé ; dix étamines libres, coudées, à anthères grandes et penchées ; un ovaire simple, surmonté d'un style subulé terminé par un stigmate obtus. Le fruit est une gousse ligneuse ou coriace, ovale-oblongue, indéhiscente, ordinairement lisse, brun-rougeâtre, remplie d'une pulpe fibreuse qui renferme des graines ovoïdes-arrondies.

Le Courbaril de De Candolle (*H. Candolleana* H. B. et K.) se distingue du précédent par ses folioles coriaces, inégales, oblongues, échancrées ; par ses fleurs blanches et sa taille plus élevée.

Le Courbaril verruqueux (*H. verrucosa* Willd) se reconnaît à ses feuilles plus petites, veinées, inégales à la base ; à ses panicules flexueuses, divergentes ; à ses fruits plus petits et verruqueux.

Habitat. — La première espèce habite l'Amérique méridionale et les Antilles ; la seconde se trouve au Mexique, et la troisième à Madagascar. Les courbarils sont quelquefois cultivés dans nos serres chaudes, où leur conservation est assez difficile.

Parties usitées. — Le bois, la *Résine copal* ou *animé.*

Récolte. — Le bois de courbaril ressemble au Santal ; il est rouge, très-dur, pesant ; il présente des lignes creuses dirigées en tous sens. Il ne faut pas le confondre avec le bois du Brésil, dit *de Courbaril,* qui sert à faire de très-beaux meubles ; ce dernier est le *Gonzalo-alvez,* produit par l'*Astronium fraxinifolium* (Térébinthacées).

D'après M. Guibourt, c'est Jean Rodriguez de Castel-Blanco, plus connu sous le nom d'Amatus Lusitanus, qui a le premier fait mention de la *Résine animé* sous le nom d'*Aniimium.* Il en distinguait deux sortes : une blanche qu'il disait être le *Cancame* de Dioscoride, et une noirâtre et odorante, qu'il croyait être le *Mirrha aminnea.* Cette dernière est très-probablement le *Bdellium* d'Afrique, produit par un arbrisseau épineux du Sénégal, appelé *Balsamodendron africanum;* et la première est l'*Animé orientale* ou *Copal dur,* résine à laquelle les Anglais ont conservé le nom de *Gomme* ou *Résine animé.*

C'est à M. Guibourt (*Revue scientifique*, t. XVI, février 1844, p. 177) que l'on doit d'avoir jeté une vive lumière sur l'histoire des résines copal et animé, si obscurcie par ses prédécesseurs, et surtout par Monardès, célèbre médecin, botaniste et voyageur, de Séville, au seizième siècle (*Simplicium medicamentum*, etc.; ou *Traité des drogues simples d'Amérique*, traduit en français par Colin, Lyon, 1619). Il paraît bien établi que les trois sortes de copal dites *de Madagascar*, *de Bombay* et *de Calcutta*, sont une seule et même résine, recueillie à Madagascar, et vendue sur la côte d'Afrique aux Arabes qui la transportent à Surate, d'où elle est ensuite envoyée à Bombay, à Calcutta, jusqu'en Chine; ce qui avait fait croire d'abord qu'elle était originaire du Mexique, et plus tard de l'Hindoustan.

Le copal dur (*Gum animi* des Anglais) est produit par l'*Hymenœa verrucosa*, qui porte à Madagascar le nom de *Tanrouk-Rouchi* ou *Tanroujou*, et qui est cultivé à Maurice (île de France) sous le nom de Copalier.

A Maurice, on cultive aussi l'*Hymenœa Courbaril*, de Cayenne, qui produit une résine ayant beaucoup de rapports avec le copal, mais qui est moins dure et moins estimée.

Il serait donc oiseux ou contraire à la vérité, dit M. Guibourt, de distinguer aujourd'hui les résines copal de différentes provenances. Il faut se borner à dire que le copal présente divers aspects, suivant qu'il a été récolté suspendu aux arbres, à l'abri de toute impureté, ou qu'il a été recueilli sur terre ou enfoui dans le sable; ce dernier pouvant présenter encore plusieurs aspects, selon qu'il est brut ou mondé au couteau.

On trouve dans le commerce du copal *en larmes* ou *en stalactites*, quelquefois longues et grosses comme le bras, telles que la larme recueillie par un voyageur sur l'*Hymœnea verrucosa*, dans la forêt d'Yvoudho, à Madagascar; et dont M. Bonastre a fait don à l'École supérieure de pharmacie de Paris. Ce copal, dit *de Madagascar*, est lisse, poli, transparent, très-dur, inodore à froid, il se ramollit au feu et y devient un peu élastique, mais sans pouvoir être tiré en fils; il ne fond d'ailleurs qu'à une température très-élevée, et il exhale une odeur aromatique analogue à celle du Bois d'Aloès ou mieux à celle du Copahu de Maracaïbo.

Le copal trouvé à terre ou enfoui dans le sable, outre le sable ou la terre qui peuvent y adhérer, présente ordinairement une croûte blanche, opaque, friable, due à l'altération qu'il a subie au contact de l'air et de l'humidité. Mondé de cette croûte à l'aide d'un instrument tranchant, il constitue le *Copal* dit *de Bombay*. Si, au contraire, on enlève cette croûte au moyen du carbonate de potasse en solution, on obtient le *Copal* dit *de Calcutta*, qui se compose de morceaux plats, d'un jaune très-pâle ou presque incolores, très-durs, vitreux, transparents à l'intérieur, mais à surface terne et fortement chagrinée par l'impression du sable grossier qui s'y trouvait adhérent. (Guibourt, *Hist. des drogues simples*, 4ᵉ édit., t. III, p. 425-428).

L'Animé dure, ou Copal dur, ressemble au succin, mais il s'en distingue par des caractères physiques et par l'action des dissolvants, par celle de la chaleur, et par les produits de distillation.

L'*Animé tendre orientale* a porté pendant longtemps le nom de *Copal tendre*; mais depuis qu'on a donné le même nom à la résine de *Dammar tendre*, produite par le *Dammara selanica* de Rumphius, arbre gigantesque de 50 à 70 mètres de hauteur, qui, selon M. Blume, ne diffère pas de l'*Engelhardtia spicata* (*Fl. Jav.*, t. II, p. 5), l'animé tendre orientale porte le nom de *Copal demi-dur*. Cette résine se présente sous la forme de larmes globuleuses, quelquefois du volume du poing, qui, privées de la croûte opaque dont elles sont recouvertes, sont presque aussi transparentes et incolores que le cristal ; elle jaunit en vieillissant.

L'*Hymenœa Courbaril* produit la *Résine animé tendre d'Amérique*, qui se présente sous plusieurs formes désignées par les noms suivants : 1° *Ambre blanc de Cayenne*; 2° *Ambre blanc du Brésil*, 3° *Ambre tendre de Hollande*; 4° *Copal tendre du Brésil*, 5° *Résine animé de Carthago*. Les *animés tendres* d'Amérique sont presque toujours mélangées d'*animé dure*.

Composition chimique. — Le copal a été étudié chimiquement par Unverdorben, Berzelius, et surtout par M. Filhol, directeur de l'école de médecine de Toulouse. Ce sont des mélanges résineux qui ont été considérés comme formés de trois corps oxydés principaux : un premier, soluble dans l'alcool anhydre ; un second, insoluble dans l'alcool et dans l'éther ; un troisième, insoluble dans tous les dissolvants ordinaires.

Usages. — On a attribué aux résines copal des propriétés excitantes, mais qui sont plutôt fondées sur l'analogie que sur l'observation. On s'en est servi contre les maladies de poitrine. Au Brésil, les nègres en font des fumigations contre la faiblesse des membres ; ils les emploient aussi pour les maladies de la tête et pour les plaies et les ulcères. Les Indiens en font un fréquent usage comme masticatoire ; ils s'en servent en fumigations contre les catarrhes, les rhumatismes, la paralysie, l'asthme suffocant, et aussi comme vulnéraire. Pison et Marcgraff (*Historia naturalis Brasiliæ*, 1648) assurent que l'écorce de Courbaril est purgative, et que les feuilles de cette plante, appliquées en cataplasmes sur le ventre, étaient en usage, de leur temps, pour tuer les vers intestinaux. Mais le fait est que le courbaril et sa résine ne sont chez nous d'aucun emploi médicinal.

Il n'en est pas de même en industrie. Les résines copal entrent dans la composition de tous les vernis à l'huile, à l'essence, à l'alcool. Le cœur du bois de courbaril sert à faire des meubles, de la charpente, des ustensiles ; l'aubier n'est pas employé. Les gousses, à l'époque de leur maturité, renferment une pulpe farineuse que les Indiens mangent, et dont on fait, par fermentation, une sorte de bière pour les nègres. D'après Valmont de Bolmare, à Saint-Domingue, les esclaves en faisaient un pain aromatique assez agréable. Les résines copal servent, dans les pays de production, à préparer des torches à éclairer ; mais il est probable qu'on les mélange, pour cela, à d'autres substances, car à elles seules ses résines brûlent mal.


## COURGE

*Cucurbita maxima* Duch. *C. Pepo* L. *Pepo macrocarpus* Rich.
(Cucurbitacées.)

La Courge, appelée aussi Potiron, Pépon, Citrouille, etc., est une grande plante annuelle, à racines fasciculées, fibreuses. Les tiges, longues de plusieurs mètres, cylindriques, charnues, fistuleuses, hérissées de poils roides, couchées, portent des feuilles alternes, à pétiole épais fistuleux, à limbe très-grand, réniforme, arrondi, à cinq lobes peu marqués, obtus, couverts de poils rudes. Les fleurs, monoïques, grandes, d'un beau jaune, sont solitaires à l'aisselle des feuilles. Elles présentent un calice campanulé, à cinq divisions ; une corolle campanulée, très-grande, unie à la base avec le calice, à cinq lobes étalés-réfléchis. Les mâles, longuement pédonculées, ont cinq étamines, soudées à la fois par les filets et par les anthères, et au centre un disque glanduleux jaune. Les femelles ont un ovaire à trois ou cinq loges incomplètes multiovulées, surmonté d'un style court, à trois divisions terminées chacune par un stigmate bifide. Le fruit, qui atteint jusqu'à 0^m,65 de diamètre, est variable de forme, souvent globuleux, déprimé, charnu, pulpeux, renfermant de nombreuses graines ovales et aplaties.

HABITAT. — Cette plante est originaire des Indes orientales; on la cultive en grand dans les jardins maraichers et quelquefois aussi dans les champs.

PARTIES USITÉES. — La partie charnue du péricarpe, les graines.

RÉCOLTE. — Les variétés extrêmement nombreuses de la courge ou potiron sont récoltées à leur maturité ou un peu avant; on les conserve pendant l'hiver dans un lieu sec et à l'abri de la gelée.

COMPOSITION CHIMIQUE. — La partie parenchymateuse des fruits présente toujours une coloration jaune plus ou moins foncée, qui est due, d'après M. Filhol, à la présence d'une quantité plus ou moins considérable d'une matière colorante jaune nommée *xanthine*; on y trouve, en outre, du sucre analogue à celui de la canne ; enfin elle renferme aussi de la pectine et de l'acide pectique. Les graines contiennent une huile fixe qu'on extrait par expression.

USAGES. — La citrouille, comme aliment, convient aux tempéraments pléthoriques et bilieux. Elle ne convient pas aux tempéraments lymphatiques et aux estomacs affaiblis. Hippocrate signale les prétendues propriétés réfrigérantes et détersives de la citrouille. Autrefois, on employait la pulpe en épithèmes sur la tête pour dissiper les céphalalgies. On s'en est aussi servi contre les brûlures, les inflammations des yeux, pour calmer les douleurs de certains phlegmons, etc. Les graines de citrouille faisaient jadis partie des *Quatre semences froides majeures* si employées alors en médecine, aujourd'hui complétement inusitées. Ces graines ont été employées en émulsions comme rafraîchissantes. Elles conviennent dans les phlegmasies aiguës, la cystite, la néphrite, la blennorrhagie, l'hépatite, les fièvres bilieuses, en un mot dans tous les cas où l'on a conseillé le lait d'amandes. Mais c'est surtout comme vermicides que les graines de citrouille, réduites en pulpe avec du sucre, ont été préconisées, en 1845, par les docteurs Brunet et Sarramea. Depuis, M. le docteur Debout a fortement insisté sur la propriété que posséderaient l'émulsion et la pulpe de semences de citrouille, de tuer et d'expulser, non-seulement les ascarides lombricoïdes, mais encore les tænias. D'après M. le docteur Hoarau, l'emploi de ce remède serait d'un usage populaire à Maurice (île de France). La dose est de 60 grammes de semences privées d'épisperme pour un demi-litre d'eau. Un de nos amis, M. le docteur Jourdanet, qui a pendant vingt ans exercé la médecine au Mexique, nous a assuré que ce remède y était souvent employé avec le plus grand succès; il ajoute qu'il faut administrer la pulpe délayée dans l'eau sans la passer à travers un linge. Maintenant il s'agirait de savoir quelle est l'espèce ou la variété de citrouille employée au Mexique et à Maurice. Il paraîtrait, toutefois, d'après les faits rapportés par MM. Brunet, Sarramea, Cazin, Debout, etc., que nos courges jouiraient des mêmes propriétés que les courges exotiques. On a fait dragéifier les amandes de la citrouille, ce qui rend leur administration plus facile, surtout pour les enfants. De nombreuses expériences faites dans ces dernières années établissent d'une façon incontestable les propriétés tænicides des graines de la citrouille. Elles sont en même temps purgatives.

L'huile que l'on retire des graines de citrouille, et qu'on distinguait autrefois, en Anjou, de l'huile de noix, sous le nom d'*huile de terre*, se prête volontiers aux usages domestiques.

La citrouille est souvent cultivée dans les fermes pour la nourriture des bestiaux. Les porcs en sont très-friands; on l'emploie crue ou cuite pour les vaches; on recommande d'en distraire préalablement les graines qui, dit-on, sont très-nuisibles à la qualité du lait. La citrouille, pour ses qualités nutritives, pourrait être assimilée à la betterave; on lui suppose un dosage de 0,20 d'azote pour 100. Les fanes ont été recommandées comme engrais par Martigui et François de Neufchâteau. On peut obtenir 100,000 kilogrammes de fanes fraîches par hectare, dosant 1,58 d'azote à l'état sec; ces fanes contiennent 75 p. 100 d'eau; elles dosent par conséquent 0,395 d'azote à l'état frais, ce qui ferait pour la totalité de la récolte 395 kil. d'azote, valant 2,646 kil. de blé. C'est un beau produit, digne de fixer l'attention des cultivateurs.

En Auvergne, on fabrique avec la citrouille et du sucre une espèce de pulpe qui est vendue pour de la *pâte d'abricots*, et dans laquelle, de fait, les abricots entrent pour fort peu de chose.

# CRAMBÉ

*Crambe maritima* L. *Cochlearia maritima* Crantz.
(Crucifères-Raphanées.)

Le Crambé maritime, vulgairement Chou marin, est une plante vivace, à racines fortes, pivotantes, rameuses. La tige, haute de 1 mètre à 1$^m$,30, dressée, glauque, rameuse, porte des feuilles alternes, pétiolées, grandes, épaisses, ovales ou arrondies, quelquefois profondément lobées ou pinnatifides, sinuées, glabres et très-glauques. Les fleurs, blanches, à odeur de miel, sont disposées en grappes terminales. Elles présentent un calice à quatre sépales disposés sur deux rangs ; une corolle à quatre pétales disposés en croix ; six étamines tétradynames, les quatre plus grandes à filets bifurqués ; un ovaire simple, surmonté d'un style très-court, terminé par un petit stigmate. Le fruit est une silicule globuleuse, indéhiscente, épaisse, renfermant une seule graine arrondie, déprimée, irrégulière (Pl. 41).

Le Crambé de Tartarie (*C. tatarica* Jacq., *Tataria ungarica* Clus.), vulgairement Kâtram, est aussi vivace ; sa tige est haute de 1 mètre environ ; les feuilles radicales sont décomposées, multifides, à fissures dentées-incisées.

Nous citerons encore les Crambés à feuilles en cœur (*C. cordata* Willd), oriental (*C. orientalis* L.), âpre (*C. aspera* Bieb.), d'Espagne (*C. hispanica* L.), etc.

HABITAT. — Le crambé maritime habite les régions occidentales et méridionales de l'Europe ; il se trouve surtout dans les sables des bords de la mer. Les autres espèces sont répandues dans diverses parties de l'ancien continent.

CULTURE. — Le crambé maritime est cultivé comme plante alimentaire dans les jardins maraîchers, surtout en Angleterre. Le crambé de Tartarie est beaucoup moins répandu. Les autres espèces ne sont cultivées que dans les jardins botaniques.

PARTIES USITÉES. — Les feuilles, les graines, les racines.

RÉCOLTE. — Les racines charnues du crambé de Tartarie se récoltent lorsqu'elles sont bien développées et pendant qu'elles sont encore tendres ; les graines sont cueillies avec les siliques, avant la déhiscence de celles-ci.

COMPOSITION CHIMIQUE. — Le crambé maritime, comme la plupart des Crucifères, renferme un principe sulfuré ; les graines sont oléagineuses ; on peut en extraire l'huile par expression.

Usages. — Les feuilles du crambé maritime sont considérées comme vulnéraires, les graines comme anthelmintiques. On mange les jeunes pousses de cette plante, surtout en Angleterre, soit en salade, soit cuites.


# CRESCENTIA

**(Voyez le *Supplément* du T. I.)**


# CRESSON

*Nasturtium officinale* R. Br. *Sisymbrium Nasturtium* L.
( Crucifères - Arabidées. )

Le Cresson officinal, vulgairement appelé Cresson de fontaine ou Cresson d'eau, est une plante vivace, à racines blanches, fibreuses. Ses tiges, longues de 0<sup>m</sup>,30 à 0<sup>m</sup>,40, cylindriques, striées ou anguleuses, glabres, quelquefois rougeâtres, rameuses, diffuses, rampantes, étalées, redressées aux extrémités des rameaux, souvent nageantes, émettent de distance en distance des faisceaux de racines adventives. Elles portent des feuilles alternes, imparipennées, glabres ; les inférieures à folioles ovales, un peu arrondies, la terminale plus grande, presque cordiforme ; les supérieures pétiolées, simples, cordiformes. Les fleurs, blanches, petites, sont disposées en grappes terminales. Elles présentent un calice à quatre sépales ovales, obtus, concaves, dressés ; une corolle à quatre pétales égaux, disposés en croix, à onglets minces, dressés, à limbe arrondi, obtus, entier, étalé ; six étamines tétradynames ; deux nectaires ; un ovaire cylindrique, surmonté d'un style très-court, épais, terminé par un stigmate bilobé. Le fruit est une silique cylindrique, courte, à deux valves droites, terminée en pointe obtuse et contenant de très-petites graines campulitropes (Pl. 42).

On remarque aussi dans ce genre les Cressons sauvages (*Nasturtium sylvestre* R. Br.), et ambigu (*N. anceps* D.C.).

On donne encore le nom de cresson à quelques plantes, telles que la Cardamine (*Cardamine pratensis* L.), le Nasitor (*Lepidium sativum* L.), le Spilanthe (*Spilanthus oleracea* L.), etc. (Voyez ces mots, t. I, p. 263 ; t. II, p. 410 ; t. III, p. 339.)

Habitat. — Le cresson est répandu dans toutes les régions tempérées et méridionales de l'Europe. Il habite surtout les eaux courantes. On le cultive en grand, comme plante alimentaire ou condimentaire, dans certaines localités.

Parties usitées. — Les feuilles, les sommités fleuries, rarement les graines.

Récolte. — Le cresson n'est employé, pour les usages de la médecine et de la pharmacie, qu'à l'état frais. On le récolte avant la floraison; il est alors plus actif. Les pharmaciens pourront toujours en avoir à leur portée, en jetant des débris de tiges ou de racines dans de l'eau courante. Lorsque le cresson est desséché, il perd toutes ses propriétés.

Composition chimique.— Le cresson contient beaucoup d'eau de végétation ; il est peu odorant ; sa saveur est piquante et assez agréable; le jus contient une huile essentielle, très-probablement sulfurée, se rapprochant beaucoup de celles des autres Crucifères. M. Chatlin, professeur à l'École de pharmacie de Paris, a constaté que le cresson et toutes les plantes d'eau douce renferment le plus souvent de l'iode en petite quantité. Il a vu que celles de ces plantes qui vivent dans les eaux courantes contiennent plus d'iode que celles qui végètent dans les eaux stagnantes. Récemment, M. Dupuy a extrait des semences du cresson alénois une substance résinoïde, blanc jaunâtre, inodore, très-amère, insoluble dans l'eau froide, l'éther, le chloroforme, à laquelle il a donné le nom de *cressine*. Cette substance se combine avec les acides dilués.

Usages. — Le cresson fait partie des plantes dites antiscorbutiques; il entre dans la composition des sucs, apozème, sirop, teinture, et vin antiscorbutiques. Le jus, dépuré à froid par filtration, est souvent administré dans le scorbut et dans la stomatite simple ou ulcéreuse, etc. On fait aussi mâcher le cresson dans les mêmes circonstances. C'est un bon dépuratif dont on fait un fréquent usage au printemps. Ce n'est peut-être pas sans raison que le peuple de Paris a donné au cresson le nom de *santé du corps*. Le suc du cresson est quelquefois associé à celui de Beccabunga, à celui de Fumeterre, etc.

Le cresson est utile encore dans les maladies de la peau, les engorgements des viscères abdominaux; on le prescrit aux personnes faibles, à celles dont les digestions sont difficiles; on l'a employé dans

les maladies de poitrine, et plus spécialement dans la phthisie com-
mençante ; il peut être utile dans les catarrhes chroniques, lorsqu'il
n'y a ni fièvre ni irritation.

Depuis Galien, qui vantait le cresson dans les maladies de la vessie, Zwinger l'a préconisé dans la néphrite calculeuse. On l'a conseillé aux hypocondriaques, aux mélancoliques. Tournefort prétendait que son suc, injecté dans les narines, guérissait les polypes
muqueux. Dans certaines localités, on applique les feuilles de cresson
pilées sur la tête des enfants atteints de la teigne. On en a fait des
cataplasmes dont on a conseillé de couvrir les tumeurs blanches des
articulations. Le jus a été donné en gargarisme contre les aphthes et
les angines catarrhales, etc. Mais c'est surtout comme aliment et
comme condiment, que le cresson est très-employé. Il perd toutes
ses propriétés par la coction.


## CROISETTE

*Galium cruciatum* Scop. *Valantia cruciata* **L.**
(Rubiacées-Aspérulées.)

La Croisette est une plante vivace, à racines grêles, brunâtres,
rampantes. Les tiges, longues de $0^m,35$ à $0^m,65$, carrées, faibles, ascendantes, diffuses, simples ou peu rameuses, couvertes de longs poils
étalés, portent des feuilles verticillées, sessiles, ovales-oblongues, obtuses, entières, vert-jaunâtre, pubescentes et ciliées. Les fleurs, petites, jaunes ou verdâtres, polygames, sont groupées en cymes axillaires, munies de petites bractées herbacées, presque sessiles. Elles
présentent un calice très-petit, à quatre dents; une corolle rotacée, à
quatre divisions ; quatre étamines à anthères ovoïdes, arrondies ; un
pistil globuleux, à ovaire assez gros, surmonté d'un style bifide dont
chaque division est terminée par un stigmate arrondi. Le fruit est
globuleux, glabre, lisse et assez gros, caché sous les feuilles à l'époque
de la maturité.

Habitat. — Cette plante est commune dans toute l'Europe. Elle
habite les haies, les buissons, les clairières des bois, les bords des
chemins, etc. On ne la cultive que dans les jardins botaniques.

Parties usitées. — Les sommités fleuries, la racine.

Récolte. — On recueille la croisette en pleine floraison ; on la
fait sécher dans un lieu chaud et sec, à l'abri de la lumière.

**Composition chimique.** — Aucune analyse chimique de la croisette n'a été faite. Spielmann a observé que sa racine, ainsi que celle de plusieurs autres Rubiacées, a la propriété de colorer en rouge les os des animaux qui en font usage. Il est probable qu'elle peut donner, lorsqu'elle est sèche, une matière colorante rouge, analogue à celle de la garance, qui a été isolée par MM. Robiquet et Colin, et qu'ils ont nommée *alizarine*. Ce principe colorant peut être représenté par la formule $C^{10}H^6O^3$. On l'a trouvé également dans le *Chaya-vair*, racine de l'*Oldenlandia umbellata*, appartenant aussi à la famille des Rubiacées, et qui est indigène de plusieurs parties des Indes orientales. Ajoutons encore qu'il résulte des recherches de M. Decaisne, que tant que les plantes qui fournissent de l'*alizarine* ne sont pas séparées de la tige, elles ne contiennent pas de matière colorante rouge : elles renferment seulement un liquide jaunâtre, d'une couleur d'autant plus foncée et abondante que l'âge de la plante est plus avancé ; aussitôt que la racine est coupée, le liquide, soumis à l'influence de l'air, se trouble, devient granuleux, et se colore en rouge ; l'alizarine serait donc le résultat de l'oxydation des matières jaunes que l'on trouve dans la Garance, le Chaya-vair, et très-probablement dans la Croisette. On sait quel parti M. Flourens a retiré de la coloration des os sous l'influence de la Garance mêlée aux aliments pour étudier les fonctions du périoste (*Recherches sur le développement des os et des dents*, t. II, p. 315-460, des *Archives du Muséum d'histoire naturelle*); mais la coloration elle-même avait été reconnue antérieurement par Spielmann.

**Usages.** — Étienne-François Geoffroy (*Tractatus de materiá medicá*, etc.) attribuait à la croisette des propriétés astringentes, et il la plaçait parmi les plantes vulnéraires. On l'a préconisée à tort pour le traitement des hernies. Aujourd'hui, elle n'est plus usitée dans la médecine française.

M. Dambournay, qui a étudié la matière colorante de la racine de la croisette, dit qu'elle peut remplacer celle de la Garance. Plusieurs autres plantes de la section des Aspérulées (ainsi appelée par Achille Richard, mais désignée par beaucoup d'auteurs sous le nom de Galiées ou sous celui d'Étoilées) donnent des matières colorantes analogues.

# CROTON

*Croton Tiglium* L.
(Euphorbiacées-Crotonées.)

Le Croton tiglion est tantôt un petit arbre, tantôt un grand arbrisseau dont la tige simple porte des feuilles alternes, pétiolées, ovales,
aiguës, finement dentées, glabres, lisses et luisantes, à nervures très-
marquées. Les fleurs, monoïques, forment des épis ou des grappes de
cymes à l'extrémité des rameaux. Elles présentent un calice à cinq
divisions et une corolle de cinq pétales alternes. Les fleurs mâles,
placées au sommet des spadices, ont dix à vingt étamines, et, en dehors, cinq glandes nectariformes ; les femelles, situées en dessous,
ont un ovaire trigone, surmonté d'un style à trois branches bifides.
Le fruit est une capsule de la grosseur d'une noisette, à trois angles
mousses, à trois loges contenant chacune une graine ovoïde-allon-
gée, un peu anguleuse, obtuse aux deux extrémités, grisâtre, unie
ou finement tiquetée de brun.

Habitat. — Le croton tiglion croît dans diverses contrées de la
Chine, des Indes orientales, au Malabar, à Ceylan, aux Moluques, etc.
On ne le voit, en Europe, que dans les jardins botaniques, où il exige
la serre chaude.

Parties usitées. — Les graines, le bois.

Récolte. — Le bois du croton tiglion, qui est léger et purgatif,
se nomme *Bois purgatif*, *Bois des Moluques* ou de *Pavane*. La graine
est nommée, dans le commerce, *Petit pignon d'Inde*, *Graine de tili*,
de *tigli*, ou *tilly*, *Graine des Moluques*, *Graine de Croton Tiglium*.
Il ne faut pas confondre, comme l'ont fait certains auteurs, le *Petit
pignon d'Inde* avec le *Grand pignon d'Inde*, qui est produit par le
Médicinier purgatif (*Jatropha Curcas* L., *Curcus purgans* Adans.),
appartenant à la même famille (voir t. II, p. 313) ; la graine de cette
dernière plante est deux fois plus grosse que l'autre ; elle est moins
âcre, et nous arrive d'Amérique, tandis que celle du croton tiglion
vient des Indes orientales. Quant aux graines de Ricin, quoique leur
forme apparente soit à peu près la même que celle du croton tiglion,
on les distinguera toujours par leur épisperme dur, coriace, lisse et
marbré, par leur coloration plus foncée, et par l'absence d'âcreté de
leur albumen huileux.

Composition chimique. — L'huile que l'on tire des graines du croton tiglion est le seul produit de cette plante qui soit employé en médecine. Elle est contenue dans le périsperme ou albumen qui est très-volumineux ; on l'extrait par simple expression, à froid ou à chaud, de l'amande réduite en pulpe après la séparation des téguments externes, ou bien par l'alcool concentré ou par l'éther. L'huile de croton du commerce varie beaucoup en activité, suivant son origine ; celle qui vient de l'Inde est beaucoup moins active que celle qui est fabriquée en Europe, sans doute parce qu'on la mélange d'huile de ricin. Celle qu'on prépare en France est d'une grande causticité. Elle purge à la dose de 1 à 2 gouttes ; son odeur est un peu rance ; sa saveur est huileuse, très-âcre.

L'huile de croton contient des acides stéarique, palmitique, myristique et laurique, ainsi que des acides gras plus volatils, notamment les acides buthyrique, valérianique, acétique et un acide que Geuther et Frolich (1869) ont désigné sous le nom d'*acide triglinique,* en lui assignant la formule $C^5H^8O^2$. Schlippe a retiré de l'huile de croton un autre acide qu'il nomme *acide crotonique,* $C^4H^6O^2$, dont les auteurs cités plus haut nient l'existence. Ce serait un produit artificiel auquel ils donnent le nom d'*acide quarténylique.*

D'après Schlippe, la matière vésicante de l'huile de croton serait une huile brune, foncée, qu'il nomme *crotonol,* et à laquelle il assigne la formule $C^{18}H^{28}O^4$. On la retirerait plus facilement du bois et des feuilles de la plante que de l'huile. Cependant, lorsqu'on agite l'huile de croton avec de la soude alcoolique, puis avec de l'eau, la solution alcoolique abandonne, d'après Schlippe, sous l'influence d'une addition d'acide sulfurique, une petite quantité d'huile brune qui est le crotonol et qui jouit de propriétés vésicantes très-énergiques.

Pendant la préparation de l'huile de croton, il faut garantir les parties découvertes du corps, parce qu'il se dégage un principe volatil très-irritant, et qui peut produire la vésication.

Usages. — Appliquée sur la peau, l'huile de croton détermine une vive inflammation suivie de vésication. Lorsqu'on veut irriter la peau dans un but thérapeutique, on obtient le résultat au moyen de cette huile avec moins de douleur et moins d'inconvénients que si on employait des cantharides. C'est surtout comme irritant de la muqueuse du canal digestif que l'huile de croton est usitée ; son passage dans la bouche, le pharynx et l'œsophage, laisse un sentiment d'ardeur et d'âcreté difficile à calmer ; dans l'estomac, au contraire, elle produit une légère chaleur ; bientôt après il survient de vives coliques, suivies de diarrhée abondante et de cuissons à la marge de l'anus, et quelquefois au scrotum. La rapidité d'effet est extrêmement variable ; aussi MM. Trousseau et Pidoux conseillent-ils les doses fractionnées, c'est-à-dire 5 centigrammes en pilules toutes les heures, jusqu'à production de l'effet désiré. Ces pilules se font le plus souvent par incorporation dans de la mie de pain ; on les enveloppe pour les faire prendre dans du pain azyme ou dans de la confiture. On administre bien plus souvent l'huile de croton dans des potions ou associée à l'huile de ricin. Pour l'usage externe, l'huile de croton s'emploie en frictions, à dose variable, selon l'étendue de la surface à frictionner. Pour le devant du sternum, le creux épigastrique ou la gorge, la dose est de 20 à 40 gouttes. On l'emploie tantôt pure, tantôt mêlée à l'huile d'amandes, selon le degré d'inflammation que l'on veut obtenir. Ces frictions doivent être faites avec les doigts couverts d'un gant ; il arrive quelquefois que chez les personnes chargées de faire les frictions, il se développe une éruption vésiculeuse au visage. Quant à l'action purgative obtenue par les frictions d'huile de croton, elle est très-rare et très-inconstante. M. Rayer dit avoir obtenu de nombreuses évacuations en versant 1 ou 2 gouttes d'huile sur une surface dénudée par un vésicatoire. Burmann (*Herbarium amboinense*, t. IV, p. 98), dit qu'aux Indes orientales on fait usage depuis longtemps de l'huile de croton comme purgatif. C'est le docteur Cromwel, médecin de la Compagnie des Indes, à Madras, qui en répandit l'usage en Angleterre. M. Friedlander est le premier qui l'ait fait connaître en France dans une notice publiée en 1824. On l'emploie toutes les fois que l'on veut purger vite et fortement, et en frictions dans les rhumatismes, les laryngites, dans certaines affections d'estomac comme irritante et dérivative. L'huile de croton est aussi employée dans l'art vétérinaire pour purger les chevaux. Le bois de croton tiglion passe pour sudorifique. La racine purge violemment.

Parmi les autres espèces de croton, nous citerons le Croton graisseux (*Croton adipatum* Kunth), de la rivière des Amazones, de l'écorce duquel il découle une résine balsamique qui sert d'encens dans le pays ; le Croton antisyphilitique (*C. antisyphyliticum* Mart.) du Brésil, dont on emploie les feuilles en décoction et aussi en cataplasmes résolutifs dans ce pays; le Croton à feuilles de Tilleul (*C. tili-folium* Lamk), de Bourbon, dont le suc est employé comme vul-néraire dans cette île; le Croton Camaza (*C. Camaza* Perrottet), des Philippines, dont le fruit passe pour astringent, les graines pour pur-gatives à petites doses, pour vénéneuses à hautes doses; les Croton des champs (*C. campestris* A. S. H.); le Croton fauve (*C. fulvum* Mart.), et le Croton à pied de perdrix (*C. perdicipes* A. S. H.), qui sont em-ployés, au Brésil, comme antisyphilitiques; le Croton à feuilles de noisetier (*C. corylifolium* Lamk), des Antilles, qui passe pour avoir des propriétés excitantes et antispasmodiques; le Croton entrelacé (*C. plicatum* Delile), dont la décoction est employée, dans l'Hindous-tan, contre la lèpre; le Croton subéreux (*C. suberosum* Humb. et Bonpl.), du Mexique, qui, selon quelques auteurs, fournirait l'écorce dite *Copalchi,* employée comme fébrifuge (voir t. I, p. 283); le Cro-ton panaché (*C. variegatum* L.), des Indes orientales, dont la racine et l'écorce, âcres et caustiques, purgent violemment; le Croton à feuilles de Châtaignier (*C. castaneifolium* L.), et le Croton laccifère ou Laquier (*C. lacciferum* L.), qui laisse exsuder une résine parais-sant avoir les propriétés de la laque; le *Croton Eluteria,* vulgaire-ment Bois de musc, des Antilles, dont l'écorce, appelée *écorce éleu-thérienne* paraît aussi fournir la *cascarille* du commerce, et dont les feuilles sont employées en infusions théiformes, comme digestives; enfin le Croton Cascarille (*C. Cascarilla* L.), et le Croton porte-suif ou Stillingie, qui font chacun le sujet d'un article dans cet ouvrage (Voir aux mots Cascarille, t. I, p. 281-284, et Stillingie, t. III, p. 347).

## CUBÈBE

*Piper Cubeba* L. fils (*Cubeba officinalis* Miq.)
(Pipéracées.)

Le Cubèbe ou Poivre à queue, est un arbrisseau dont la tige arti-culée, flexueuse, glabre, sarmenteuse, grimpante, porte des feuilles alternes, pétiolées, ovales, oblongues, quelquefois lancéolées, entiè-res, un peu inéquilatérales, coriaces. Les fleurs, dioïques, longue-ment pédonculées, sont groupées en épis allongés et pendants, oppo-sés aux feuilles, grêles sur les pieds mâles, plus épais, plus fournis et légèrement courbes sur les individus femelles. Elles sont accom-pagnées de bractées peltées et persistantes. Les fleurs mâles ont cinq étamines, à filets courts, à anthères portées par un connectif épais. Les femelles ont un ovaire ovoïde, à une seule loge uniovulée, surmonté d'un stigmate sessile, court, épais, recourbé. Le fruit est une baie pyriforme, un peu arrondie, ridée à la surface, brunâtre au dehors, blanche et huileuse au dedans, d'une odeur aromatique particulière, et renfermant des graines jaunâtres.

Habitat. — Cet arbuste se trouve à Java, dans quelques régions voisines et jusqu'à Maurice. On ne le voit guère, en Europe, que dans les jardins botaniques, où il exige la serre chaude.

Parties usitées. — Le fruit desséché.

Récolte. — Dans les pharmacies, on connaît sous le nom de Cubèbe et sous celui de *Poivre à queue*, de petites baies globuleuses, sèches, de couleur brune ou grisâtre, de la grosseur d'un grain de poivre ordinaire, lesquelles, mâchées, impriment sur la langue un sentiment de chaleur et de légère amertume, et rendent l'haleine agréable. On a longtemps ignoré l'arbre qui produisait ces fruits apportés des Indes orientales. Quelques-uns ont cru que c'était le *Pindaibo* du Brésil mentionné par Pison ; d'autres ont pensé que c'était une espèce de Fagarier, soit le *Fagara* d'Avicenne, figuré par Clusius dans ses *Exoticarum*, etc. (Anvers, 1605, in-fol.), soit le *Fagara heterophylla* Lamk, de Bourbon, soit le *Fagara piperita* L., décrit par Kœmpfer dans ses *Amœnitates* (p. 892 et 893), soit le *Fagara capensis* Thunb., dont le fruit est employé, au Cap, dans la colique venteuse et la paralysie, soit enfin le *Fagara Elophrium glabrum* Jacq., qui, d'après quelques auteurs, fournit la *résine tacomaque commune* ou *d'Amérique*, lesquels sont tous pourvus d'un goût de poivre aromatique et brûlant ; mais la plupart des auteurs ont attribué les fruits en question à une espèce de Poivrier, ce qui paraît avoir été confirmé par Bergius, d'après qui Linné fils l'a nommé *Piper cubeba*. Miquel lui a donné le nom de *Cubeba officinarum*. Ce serait donc cette dernière plante qui produit le vrai cubèbe ; mais, d'après M. Blume, le fruit d'une espèce voisine (*Cubeba canina* Miq.) fait aussi partie du cubèbe du commerce.

Le cubèbe est plus gros que le Poivre commun ou Poivre noix (*Voyez* t. III, p. 98). Il s'en distingue par son pédicelle ; la partie corticale ridée, qui était charnue avant la dessiccation, est moins épaisse et moins succulente ; au-dessous on trouve une coque ligneuse, dure et sphérique, renfermant une semence isolée de la cavité qui la contient, et recouverte d'un épiderme brun ; la semence contient un double albumen blanchâtre et huileux, d'une saveur forte, piquante, amère et aromatique ; la coque est peu active.

Composition chimique. — Le cubèbe contient principalement une huile volatile, dans la proportion de 6 à 15 pour 100, une résine formée en majeure partie d'acide cubébique, et une substance neutre, la *cubébine*.

C'est à l'huile volatile que le fruit du Cubèbe doit l'odeur trèsforte qu'il dégage. Elle est polymérique de l'essence de térébenthine ; elle dévie à gauche les rayons de la lumière polarisée. Par les temps froids, elle laisse déposer des cristaux octaèdres rhombiques d'une substance à laquelle on a donné le nom de *camphre de cubèbe* ou *hydrate de cubébine*, et qu'on traduit par la formule $C^{30} H^{48} 2H^2 O$. Mais la portion la plus importante de l'huile volatile du cubèbe est un hydrocarbure auquel on assigne la formule $C^{15} H^{24}$, et que l'on décrit sous le nom d'*essence de cubèbe*. Elle est incolore, visqueuse, d'une odeur aromatique assez analogue à celle du camphre. A l'air, elle s'épaissit et se résinifie. Quand on la distille avec de l'acide sulfurique, elle se transforme en une huile isomère, à laquelle on a donné le nom de cubébine.

La *cubébine*, autre principe constituant du cubèbe, a été découverte par Soubeiran et Capitaine. Elle existe assez fréquemment dans le péricarpe du fruit, à l'état de cristaux visibles à la loupe. Elle cristallise en petites aiguilles ou en écailles; elle est neutre ; elle n'a ni odeur ni saveur ; elle est à peu près insoluble dans l'eau froide, peu soluble dans l'eau chaude ; très-soluble dans l'alcool bouillant, d'où elle se dégage sous l'influence du refroidissement : elle se dissout dans 30 parties d'éther. Sa formule est encore indécise. D'après Flückiger et Hanbury, elle serait $C^{33} H^{34} O^{10}$ ou peut-être $C^{30} H^{30} O^9$. Elle jouit de propriétés thérapeutiques notables.

La résine qui existe dans le cubèbe est formée, dans la proportion de 3 pour 100, d'une substance indifférente, et, dans la proportion de 1 pour 100, d'*acide cubébique*.

Le cubèbe renferme encore, d'après Schmidt, une huile grasse, de la gomme, et des malates de magnésium et de calcium.

Usages. — Le poivre cubèbe se pulvérise sans résidu ; la poudre est à peu près la seule forme sous laquelle on l'emploie, tantôt pure à la dose de 6 à 30 grammes, tantôt associée au copahu ou à d'autres substances. On l'administre encore en injections uréthrales ou vaginales, en lavements ou sous forme de mixtures, d'opiats, etc. L'huile essentielle de cubèbe est très-rarement employée. Il n'en est pas de même d'une préparation très-active, proposée par M. Dublanc jeune sous le nom d'*extrait oléo-résineux*, que l'on obtient en distillant la poudre de cubèbe avec de l'eau pour avoir l'essence, épuisant le résidu par l'alcool, distillant les liqueurs alcooliques et évaporant en consistance de miel. L'extrait obtenu est ensuite mélangé avec l'essence isolée pendant la première opération.

Aux Indes orientales, le cubèbe entre dans la composition de certains masticatoires. Dans ces pays, il est d'un usage populaire contre la gonorrhée. C'est à M. Delpech que l'on doit, en France, de l'avoir fait connaître. Il paraît, en effet, démontré aujourd'hui que le cubèbe est efficace dans toutes les formes et à toutes les périodes de la gonorrhée. D'après le docteur Crowport, il agit mieux dans les gonorrhées aiguës que dans les chroniques. Selon M. Will, il agit bien en injections, associé à l'extrait de belladone.

Il ne faut cependant pas faire trop grand abus de ce médicament ; il trouble souvent les fonctions digestives, et on l'a vu déterminer des ardeurs d'uriner, de la fièvre avec inflammation de la face, des inflammations de l'urèthre, de la vessie, des testicules, des éruptions cutanées, etc. Aussi M. Velpeau a-t-il proposé de l'administrer en lavements dans les cas surtout où il y a une certaine propension à l'inflammation.

Le poivre cubèbe a été employé quelquefois avec succès dans les cas de leucorrhées rebelles. Il résulte d'une statistique publiée par le docteur Broughton (*Bulletin des sciences médicales*, t. I, p. 95), qu'il agit parfaitement contre la blennorrhagie, même lorsqu'elle est accompagnée de phénomènes inflammatoires alarmants, tels que la tuméfaction douloureuse du pénis, l'abondance et la virulence de l'écoulement, la fièvre, etc. Chez les femmes, on a proposé de faire des injections avec l'eau distillée de cubèbe.

# CUMIN

*Cuminum Cyminum* L.
(Ombellifères-Cuminées.)

Le Cumin, appelé aussi Faux Aneth ou Faux Anis, est une plante annuelle, à racines grêles, fibreuses, peu ramifiées. La tige, haute de 0^m,30 à 0^m,40, striée, glabre à la base, légèrement velue au sommet, dressée, rameuse, presque dichotome, porte des feuilles alternes, pétiolées, deux fois ternées, composées de segments ovales, lancéolées, découpées en lanières étroites, presque capillaires, très-glabres. Les fleurs, blanches ou purpurines, sont groupées en ombelles terminales composées d'un petit nombre de rayons, entourées d'un involucre formé de trois ou quatre folioles linéaires ; les ombellules sont munies d'involucelles pareils. Chaque fleur présente un calice supère, à cinq dents; une corolle à cinq pétales presque égaux, cordiformes, échancrés au sommet et réfléchis en dedans; cinq étamines; un ovaire arrondi, à deux loges uniovulées, surmonté de deux styles courts. Le fruit est un diakène ellipsoïde, allongé, strié, un peu pointu, vert foncé, glabre, plus rarement velu, rappelant le fruit du Fenouil, mais un peu plus volumineux.

Dans quelques localités, on donne le nom de Cumin des prés à diverses espèces du genre *Seseli*.

HABITAT. — Le cumin est originaire d'Orient; il croît particulièrement en Égypte et en Éthiopie. On dit même qu'il se trouve dans le midi de la France, où il est probablement naturalisé. Il habite de préférence les lieux secs et exposés au soleil.

CULTURE. — Le cumin se cultive en grand à Malte et dans quelques régions voisines. On le sème, vers la fin mars, sur trois labours; on sarcle et on éclaircit le jeune semis. Sous nos climats, on sème les graines, aussitôt après la maturité, en terrines qu'on rentre en hiver. On peut aussi semer en avril en terre chaude légère.

PARTIES USITÉES. — Les akènes, improprement appelés semences dans le commerce.

RÉCOLTE. — Les akènes du cumin se récoltent un peu avant leur maturité.

COMPOSITION CHIMIQUE. — Par la distillation du cumin, on obtient une huile essentielle qui, d'après MM. Cahours et Gerhardt, est formée de deux essences : l'une, le *cymène*, est un hydrogène carboné, dont la composition est représentée par $C^{10}H^{14}$; l'autre, le *cuminol* ou *hydrure de cuminyle*, est oxygénée, isomérique avec l'essence d'Anis, et composée de $C^{10}H^2O$; celle-ci, en absorbant deux molécules d'oxygène, se transforme en *acide cuminique hydraté* dont la composition égale $C^{10}H^{12}O^2$.

Le *cuminol* est liquide; il bout à 220°; son odeur est forte et persistante; la densité de sa vapeur est 5,24; les corps oxydants et la potasse le transforment en *acide cuminique;* celui-ci, lorsqu'il est cristallisé et distillé avec de la baryte, forme un nouvel hydrogène carboné, le *cumène,* représenté par $C^9H^{12}$; il existe dans les produits de la distillation de la houille, et dans l'huile que l'on sépare de l'esprit de bois.

Le *cymène* est l'hydrogène carboné qui existe dans l'essence du cumin; il est liquide, incolore, très-réfringent; son odeur agréable rappelle celle de l'essence de citron; il bout à 175°; sa densité est de 0,861 ; la densité de sa vapeur est égale à 4,64.

Usages. — Cullen regardait le cumin comme un puissant carminatif; il est stimulant et aromatique; on l'a quelquefois employé comme stomachique, emménagogue et résolutif; on a conseillé de l'appliquer en cataplasmes sur les engorgements des mamelles et des testicules; il fait partie des *Quatre semences chaudes.* Des Bois de Rochefort l'a souvent employé comme sudorifique; on le conseille en infusion injectée dans le conduit auditif externe, ou bien sous forme de tisane, dans la tympanite, la leucorrhée, les coliques venteuses, l'aménorrhée, etc., etc. La médecine vétérinaire en fait un fréquent usage; mais il ne possède aucune propriété qui ne soit commune au Carvi, au Fenouil et à l'Anis vert. L'essence du cumin a été quelquefois employée comme stimulante et légèrement rubéfiante sous forme de liniment. La poudre des fruits entrait dans la composition de l'*emplâtre de cumin,* autrefois appliqué sur l'épigastre pour fortifier l'estomac.

On mélange les fruits au pain en Allemagne, et aux fromages en Hollande.

L'huile essentielle est employée en parfumerie.

# CURCUMA

*Curcuma longa* L. *Curcuma tinctoria* Guib. *Amomum Curcuma* Jacq.
(Amomées.)

Le Curcuma long, appelé aussi Safran des Indes ou Safran bâtard, est une plante vivace, à rhizome (vulgairement *racine*) tubéreux, oblong, noueux, coudé, gris, souvent un peu verdâtre, rarement jaune, n'étant jamais gros comme le petit doigt, émettant en dessous des nœuds, des racines fibreuses, charnues, et, en dessus, des feuilles lancéolées, longues de 0ᵐ,30 et plus, engaînantes à la base, glabres, à nervures latérales obliques. Du centre de ces faisceaux de feuilles naissent des hampes ou pédoncules très-courts, épais, portant des épis floraux, couverts d'écailles imbriquées, dont chacune recouvre deux fleurs entourées de spathes très-courts. Le périanthe présente six divisions inégales, disposées sur deux rangs, les extérieures courtes, les intérieures plus longues, l'inférieure (*labelle*) trilobée. A l'intérieur, on trouve une étamine, à filet pétaloïde et éperonné, et un ovaire à trois loges, surmonté d'un style grêle, terminé par un stigmate concave. Le fruit est une capsule à trois loges polyspermes (Pl. 43).

Habitat. — Le curcuma est originaire des Indes orientales. En Europe, il se propage dans les serres chaudes, par ses rhizomes placés dans des pots que l'on enfonce dans la tannée et qui sont remplis de bonne terre de potager; en été, lorsque les plantes poussent, on arrose fréquemment, mais avec économie; on donne beaucoup d'air pendant les chaleurs; quand les feuilles sont fanées, on arrose peu, et l'on tient à une chaleur tempérée, sans quoi les plantes périraient. On retire de terre les rhizomes quand les fleurs sont passées.

Parties usitées. — Les rhizomes.

Récolte. — Le rhizome de curcuma est connu en droguerie française sous le nom de *Terra merita,* et en droguerie anglaise sous celui de *Turmeric.*

On distingue aujourd'hui dans le commerce deux sortes de curcuma :

1° Le Curcuma long (*Curcuma longa* L.; Blackw, tab. 396 *Herm. lug.* t. VI, tab. 209; Rheede, *H. malab.,* XI, tab. 11; Rumph., *Herb. amb.,* V, tab. 67). C'est le plus recherché par la thérapeutique et l'industrie, et c'est celui que nous avons décrit, comme type, au commencement de cet article. Ses rhizomes ont une odeur agréable de Gingembre et une saveur très-aromatique, quoique douce et nullement amère; ils sont à l'intérieur d'une couleur très-foncée, en apparence d'un rouge brun, même noire.

2° Le Curcuma rond (*Curcuma rotunda* L.; *Manjaskua* Rheede, *II. malab.*, XI, tab. 10). Ses rhizomes sont charnus, tubéreux, ronds, ovales ou turbinés, de la grosseur d'un œuf de pigeon et plus, d'un jaune sale à l'extérieur, couleur de gomme gutte au dedans et offrant, lorsqu'on les coupe transversalement, des cercles jaunes et rouges. Ils ont la saveur et l'odeur du Safran et du Gingembre, mais moins forts que dans les rhizomes de curcuma long. Ils produisent des feuilles légèrement pétiolées, ovales-lancéolées, assez larges, des fleurs blanches, peu nombreuses, placées entre les feuilles et formant à peine un épi. On trouve dans le commerce des rhizomes de curcuma rond, de Java et de Sumatra, non mondés, c'est-à-dire formés tout à la fois des matrices et des radicules.

M. Guibourt a désigné sous le nom *Curcuma oblong*, les articles latéraux des rhizomes du curcuma rond. Le même auteur parle aussi (*Histoire des drogues simples*, 4ᵉ édit., t. II, p. 207.) de petits tubercules ronds, de la grosseur d'une aveline, souvent didymes, ou offrant les restes de deux stipes foliacés, qui offrent d'ailleurs tous les caractères des précédents.

Composition chimique. — Le curcuma contient une huile essentielle qui, d'après Suida et Danbe, serait formée en majeure partie d'un liquide identique au carvol, et auquel ils assignent la formule $C^{10}H^{14}O$. Ce liquide est toujours accompagné d'une petite quantité d'un hydrocarbure qui n'a pas été déterminé.

Le curcuma contient encore, indépendamment d'un peu de gomme et de sels organiques, notamment de l'oxalate de potassium, une matière colorante spéciale, isolée par Persoz, qui lui a donné le nom de *curcumine*, et à laquelle Danbe, qui l'a étudiée plus récemment, assigne la formule $C^{10}H^{10}O^{13}$.

Le *curcumine* est la seule matière colorante qui se fixe sur les tissus sans le secours des mordants. On l'obtient en traitant la racine de curcuma par l'alcool, et en reprenant l'extrait alcoolique par l'éther. C'est une matière résinoïde, plus lourde que l'eau, insoluble dans ce liquide, soluble dans les acides sulfurique, chlorhydrique, phosphorique, acétique, fondant à 40°; elle est colorée en rouge par les alcalis, et les acides rétablissent la couleur jaune; aussi fait-on dans les laboratoires de chimie un papier de curcuma destiné à reconnaître la présence des alcalis.

L'acide boracique donne à la curcumine une belle coloration orange, qui passe au bleu sous l'influence d'une solution alcaline. Le borax, ajouté à la curcumine, produit une substance rose, cristalline que Schlomberg nomme *rosocyanine*.

Usages.—D'après Bontius, le curcuma serait un remède souverain contre l'ictère. C'est sans doute à sa couleur jaune et à la propriété qu'il possède de colorer les urines en jaune qu'il doit cette réputation, ainsi que celles, aussi peu fondées, d'être diurétique et de dissoudre les calculs urinaires. On l'a encore vanté comme incisif, apéritif et emménagogue. On l'a préconisé dans les hydropisies, l'aménorrhée, les fièvres intermittentes. On prétend l'avoir associé avec succès aux fébrifuges dans le but d'en augmenter l'activité. Ce qui est certain, c'est que le curcuma, comme le plus grand nombre des racines d'Amomées, possède simplement des propriétés toniques et stimulantes, qui peuvent rendre quelques services dans les digestions difficiles, pour augmenter la tonicité et faciliter le fonctionnement du canal digestif.

Les Chinois, d'après Murray, emploient le curcuma comme sternutatoire. Les Hindous s'en servent comme cosmétique et condiment. Ils le mêlent à l'huile pour se frictionner la peau et donner plus d'éclat à leur teint. Ils l'associent constamment au riz et aux sauces, dans le double but de les colorer et de les aromatiser. Les Anglais mêlent aussi le curcuma à certains de leurs condiments; ils fabriquent une moutarde de table jaune, très-estimée, et qui doit sa couleur et une partie de ses propriétés excitantes à de la poudre de curcuma.

Le rhizome de curcuma sert à teindre les pommades aromatisées au citron et d'autres encore. C'est à lui que la pommade épispastique jaune des pharmacies doit sa couleur.

On s'en sert aussi pour teindre en jaune les parquets, les papiers, le bois, le cuir, les pâtisseries, le beurre, le fromage, les huiles, certains vernis. On l'emploie comme couleur de fond dans la dorure.

Nous avons déjà dit que le *curcumine* est la seule matière colorante qui se fixe sur les tissus sans le secours des mordants.

## CURRALEIRA

(Voyez le *Supplément* du T. I.)

# CUSCUTE

*Cuscuta Epithymum* Murray. *C. minor* D.C.
( Convolvulacées – Cuscutées. )

La Cuscute, appelée aussi Teigne, Goutte ou Angure de Lin, Cheveux de Vénus, etc., est une plante parasite, annuelle, à tiges filiformes ou capillaires, volubiles, rameuses, rougeâtres, dépourvues de feuilles, se fixant par des crampons ou suçoirs sur les tiges des plantes autour desquelles elles s'enroulent. Les fleurs, d'un blanc verdâtre, sont groupées en glomérules globuleux, sessiles. Elles présentent un calice campanulé, verdâtre, court, à cinq divisions; une corolle campanulée, à cinq lobes étalés, brièvement acuminés, munie en dedans de cinq écailles très-grandes, conniventes, fermant le tube de la corolle; cinq étamines saillantes, à anthères ovoïdes, jaunâtres; un ovaire à deux carpelles, à deux loges bi-ovulées, surmonté de deux styles très-longs, libres, terminés par deux stigmates linéaires rouge foncé. Le fruit est une capsule, ou mieux une pixide membraneuse, à deux loges, contenant chacune deux graines anguleuses, dont l'embryon est dépourvu de cotylédons.

On remarque aussi dans ce genre la Cuscute à fleurs serrées (*C. densiflora* Soy.-Will., *C. Epilinum* Weih.), la Grande Cuscute (*C. major* D. C., *C. europœa* L.), la Cuscute d'Amérique (*C. americana* Jacq.), etc.

Habitat. — Ces plantes croissent dans les lieux incultes, les Bruyères, les prairies artificielles, les champs de Lin, etc. La première vit en parasite sur le Trèfle, la Luzerne, le Thym, le Genêt à balais, les Bruyères, etc.; la deuxième, sur le Lin; la troisième, sur le Houblon, les Orties, les Vesces, etc.

Culture. — Les cuscutes sont un des fléaux de l'agriculture, qui s'occupe des moyens de les détruire. On ne les cultive que dans les jardins botaniques. Elles se propagent avec une trop grande facilité. Il suffit d'en arracher des touffes, par un temps humide, et de les jeter sur les plantes aux dépens desquelles elles se nourrissent.

Parties usitées. — La plante entière.

Récolte. — On coupe la plante sur laquelle vit la cuscute; on en sépare celle-ci et on la fait sécher à l'ombre. Dans le commerce, où on la rencontre rarement, elle s'offre sous la forme de longs filaments, d'un jaune d'or ou d'un jaune rougeâtre, lisse, présentant de distance en distance des fleurs verdâtres. Autrefois on en trouvait dans les droguiers de deux sortes : celle de Candie et celle de Venise; la première est rougeâtre, la seconde est jaunâtre, mais elles ne forment pas des espèces distinctes; leur apparence varie suivant qu'elles végètent à la lumière vive ou dans les lieux frais et à l'abri du soleil.

COMPOSITION CHIMIQUE. — La composition chimique de la cuscute n'est pas connue; mais il est probable que son analyse ne présenterait rien de particulier. On a prétendu qu'elle pouvait acquérir les propriétés des plantes sur lesquelles elle vivait; mais aucun fait, aucune analyse n'ont démontré l'exactitude de cette assertion.

USAGES. — La cuscute a joui anciennement d'une grande réputation. Elle entrait dans un grand nombre de préparations pharmaceutiques, parmi lesquelles nous citerons la *poudre de joie*, les *électuaires de Psyllium et de Séné*, la *confection Hamech*, le *sirop apéritif de Charas*, etc. Hippocrate, Galien, Aetius, Oribase, l'employaient dans un grand nombre de maladies de poitrine. On l'a préconisée aussi contre les engorgements viscéraux. Simon Paulli, Etmuller, Wedelius, l'ont regardée comme apéritive et laxative, et ils l'administraient contre les obstructions qui suivent les fièvres intermittentes; on l'a même vantée contre la goutte et le rhumatisme. On l'administrait en infusion aqueuse ou vineuse.

Murray a prétendu que la cuscute empruntait ses propriétés aux plantes sur lesquelles elle vivait; on regardait celle de l'Ortie et celle du Genêt comme diurétiques, celle du Lin comme émolliente, celle des Euphorbes comme purgative, etc. Quelques auteurs tiennent cette opinion comme n'étant pas dénuée de fondement; mais, comme nous l'avons dit plus haut, rien ne la justifie.

Jacquin rapporte qu'aux Antilles, la Cuscute d'Amérique passe pour être hépatique, expression bien vague qu'il serait difficile de définir, et pour être également apéritive, laxative et hydragogue. D'après Pallas, la Cuscute d'Europe, pilée dans un mortier de bois, donne un jus que l'on emploie dans certains pays contre la rage, à la dose d'une cuillerée à bouche. Le suc des *C. miniata* Mart., *C. racemosa* Mart., et *C. umbellata* K., serait donné, d'après Martius, contre le crachement de sang et l'enrouement. Au Brésil, on répand la poudre de cuscute sur les plaies pour en accélérer la guérison. En France, la cuscute n'est plus usitée dans la médecine.

Les habitants des campagnes, en Suède, emploient cette plante pour teindre les étoffes de lin en pourpre faible.

# CYCAS

*Cycas revoluta* Thg.
(Cycadées.)

Le Cycas roulé du Japon est un arbre à racines fasciculées, traçantes. La tige, haute de plusieurs mètres, cylindrique, dressée, ordinairement simple, rarement un peu rameuse au sommet, couverte par les cicatrices que laisse la chute des feuilles, à moelle abondante, rappelle par sa forme extérieure le stipe des palmiers. Les feuilles, réunies au sommet, roulées en crosse avant leur développement, comme les frondes des Fougères, et persistantes, sont longues de 1 à 2 mètres, ailées, à pétiole commun anguleux, un peu épineux, portant de chaque côté de nombreuses folioles longues, étroites, pointues, à bords roulés en dessous. Les fleurs sont dioïques. Les mâles sont groupées en chatons coniques, formés d'écailles cunéiformes, charnues, très-serrées, portant inférieurement des anthères ovoïdes. Les fleurs femelles consistent en ovules nus insérés sur les parties latérales de feuilles avortées, réunies en couronne au sommet de la tige. Le fruit est ce qu'on appelait un strobile ou cône ovoïde-allongé, drupacé, renfermant dans un brou charnu et peu épais des coques ligneuses, minces, uniloculaires, qui contiennent chacune une seule graine dure, marquée d'une fossette à sa base (Pl. 44).

Le Cycas en éventail ou des Indes (*C. circinalis* L.) ressemble beaucoup au précédent, dont il se distingue surtout par ses feuilles longues de 1 mètre à 1ᵐ,50, à pétiole commun plus épineux, à folioles linéaires-lancéolées, planes, recourbées en dehors, fermes et luisantes.

HABITAT. — Ces arbres croissent dans les régions chaudes de l'Asie orientale ; la première espèce habite le Japon ; la deuxième se trouve dans l'Hindoustan.

CULTURE. — Cultivés en grand dans leur pays natal, les *Cycas* ne se trouvent guère en Europe que dans les jardins botaniques ou chez quelques amateurs. On les tient souvent en serre chaude ; mais ils se contentent de la serre tempérée, ou même de l'orangerie.

Parties usitées. — Pour l'alimentation, la partie féculente contenue dans les tiges, qui sert à faire une sorte de sagou ; pour l'usage industriel, les feuilles.

Récolte. — Le sagou nous vient principalement des îles Moluques, des îles Philippines, des îles Maldives, de la Nouvelle-Guinée et quelquefois de l'Hindoustan. Il est produit par plusieurs plantes de la famille des Cycadées et de celle des Palmiers : le Cycas en éventail (*C. circinalis* L.), le Cycas roulé ou des Indes (*C. revoluta* Thg), l'Arec comestible (*Areca oleracea* L.), le Dattier farinifère (*Phœnix farinifera* Roxb.), l'Areng saccharifère (*Arenga saccharifera* Labill.), et surtout par les Sagouiers ou Sagoutiers (*Sagus genuina* et *farinifera*), dans le tissu cellulaire desquels le sagou existe en abondance. Le sagou des *Cycas* ne paraît pas être très-répandu dans le commerce ; il sert plus particulièrement à la consommation locale. Dans ces plantes, la fécule est accompagnée d'une gomme abondante qui lui donne un caractère particulier. Pour obtenir le sagou, en général, on fend l'arbre dans sa longueur ; on enlève ensuite le tissu cellulaire ; on retire la fécule que l'on mélange avec 50 pour 100 d'eau ; on la fait passer légèrement à travers un châssis garni de toiles métalliques ; elle est ainsi moulée en petits cylindres que l'on agite dans un vase, afin de leur donner la forme sphérique. On place ces globules sur un tamis, et on les expose pendant une minute au contact de la vapeur d'eau ; on les dessèche ensuite à l'étuve, où le sagou reste blanc si l'on chauffe à 100°, et devient jaune si la température atteint 200°.

Composition chimique. — Le sagou des *Cycas*, comme celui des Palmiers, est composé de fécule à grains agglomérés formant des granules plus ou moins volumineux et colorés par l'iode ; macérés dans l'eau et agités, ils se séparent les uns des autres, donnent un liquide qui, étant filtré, n'est pas coloré en bleu par l'iode, et des grains qui, examinés au microscope, présentent une forme ovoïde-elliptique ou elliptique-allongée ; ils sont souvent rétrécis en forme de col de bouteille à une extrémité ; souvent aussi les granules paraissent coupés par un plan perpendiculaire à l'axe ou par deux ou trois plans inclinés entre eux ; le hile est dilaté. Tous les sagous ne sont pas également colorés en bleu par l'iode. Le sagou de fécule de Pomme de terre, qui d'ailleurs se reconnaît facilement à son goût de fécule, prend une belle coloration ; mais les vrais sagous des Palmiers et des *Cycas*, au contact de l'iode, acquièrent une couleur qui varie du pourpre au café au lait. Une solution de potasse ou de soude étendue gonfle cette fécule, mais pas autant que celle de Pomme de terre. La partie charnue du fruit est douceâtre et astringente. Fermentée dans l'eau, elle donne un liquide alcoolique. Les individus femelles laissent secréter une gomme blanche ressemblant à la gomme adragante, mais plus soluble.

Usages. — Le sagou est la nourriture de populations entières dans les pays où on le récolte. Les *Cycas* des Moluques et du Japon en fournissent. Dans l'Afrique australe, les tiges de l'*Encephalartos*, qui est de la famille des Cycadées, et qui a reçu des colons hollandais le nom de *Broodboom* ou *Arbre de pain* (*Cycas cafra* Thg), en donnent aussi. Les amandes ou graines de la plupart des Cycadées sont alimentaires ; en Amérique et aux Indes orientales on les mange comme des Châtaignes, mais grillées ; autrement ces amandes sont vomitives.

Avec le duvet des feuilles de *Cycas*, les insulaires font des étoffes ; ces mêmes feuilles servent pour couvrir des habitations, et leurs nervures tiennent lieu de Chanvre pour fabriquer des cordes.


## CYCLAMEN

*Cyclamen europœum* L.
(Primulacées.)

Le Cyclamen, vulgairement appelé Pain de pourceau, est une petite plante vivace, à rhizome tuberculeux, globuleux ou déprimé, de couleur brune. Les feuilles qui naissent de ce rhizome apparaissent avant les fleurs ; elles sont longuement pétiolées, ovales-aiguës ou réniformes-obtuses, entières ou plus ou moins profondément denticulées, à dents obtuses, échancrées à la base ; glabres sur les deux faces, d'un beau vert foncé et souvent marquées de taches blanches en dessus, d'un pourpre violet en dessous. Les fleurs sont odorantes, penchées, roses, à gorge purpurine, portées par un pédoncule radical de la longueur des feuilles, et qui s'enroule en spirale après la fécondation. Le calice, à peine aussi long que le tube de la corolle, est gamosépale, à cinq lobes ovales, aigus, denticulés. La corolle est gamopétale, à tube largement urcéolé, contracté à la gorge qui est entière et très-ouverte ; le limbe est divisé en cinq lobes lancéolés, oblongs, aigus, ayant trois ou quatre fois la longueur du tube, dressés et contournés en spirale dans le bouton, réfléchis après l'épanouissement. Les étamines sont au nombre de cinq, opposées aux lobes de la corolle, à anthères cuspidées. L'ovaire est supère, globuleux, uniloculaire, à placenta central libre, surmonté d'un style simple, filiforme. Le fruit, de la grosseur d'un pois, est une capsule globuleuse, s'ouvrant longitudinalement en cinq valves qui se renversent au moment de la déhiscence. Les graines sont nombreuses, implantées sur un placenta globuleux.

Habitat. — Le cyclamen d'Europe est indigène à la France ; on le trouve dans les montagnes du Jura, en Provence et dans le Dauphiné.

Culture. — Il faut à ce cyclamen de la terre de bruyère sablonneuse et un sol bien drainé. Pendant l'hiver, il est prudent de le couvrir d'une bonne couverture de feuilles ou litière sèche, pour le garantir, sinon des froids, au moins de l'humidité du sol qui résulte des pluies ou des dégels. On le multiplie de semis. Les graines doivent être semées en juin dans des terrines remplies de terre de bruyère, et placées sous châssis froids pour faire hiverner le jeune plant, qu'on ne repique que l'année suivante en petits godets ; on rempote en pots plus grands, au fur et à mesure de l'accroissement du rhizome et du développement des racines.

Parties usitées. — Les rhizomes, appelés improprement racines.

Récolte. — On récolte le rhizome après la chute des fleurs ; il a la forme d'un pain orbiculaire aplati ; il est brun en dehors, blanc en dedans, garni de radicules noirâtres ; sa saveur est très-âcre et caustique. D'après Geoffroy, le rhizome de cyclamen perd toute son âcreté par la dessiccation. Celui que nous avons vu était très-âcre et très-caustique. D'ailleurs l'usage que l'on en fait et que nous indiquerons plus loin, démontre son action toxique. Le nom vulgaire de Pain de pourceau vient à la plante de la forme de ses rhizomes et de la recherche que les porcs en font pour leur nourriture.

Composition chimique. — M. de Luca a analysé le rhizome du cyclamen. Il a constaté qu'il contenait 80 p. 100 d'eau et 20 de matière sèche ; par l'incinération il laisse 1/2 p. 100 de cendres ; on y a trouvé une matière sucrée fermentescible, de l'amidon, et des substances âcres, irritantes et toxiques, dont une, parfaitement définie, a reçu le nom de *cyclamine*.

La *cyclamine*, isolée par M. de Luca, est une substance amorphe, blanchâtre, inodore, opaque, friable, absorbant rapidement l'humidité de l'air et jusqu'à 45 p. 100 d'eau; mise dans l'eau, elle se gonfle et devient transparente; par l'évaporation de la solution alcoolique faite à l'aide de la chaleur ou spontanément, on obtient une agglomération amorphe qui brunit au contact de la lumière, qui se dissout facilement dans l'eau en produisant une mousse abondante par l'agitation, et qui possède la singulière propriété de se coaguler par la chaleur, comme le ferait l'albumine. Cette coagulation s'opère à 60 ou 75° par le refroidissement et le repos; le coagulum se redissout dans l'eau, et peut se coaguler de nouveau par la chaleur. Elle n'est pas azotée; elle est soluble dans l'alcool; brûlée sur une lame de platine, elle ne laisse aucun résidu fixe; sous l'influence de la sinaptase, elle se dédouble en produisant de la glycose; elle doit, par conséquent, être rangée dans le groupe des *glycosides*. L'acide sulfurique concentré produit avec la cyclamine une coloration intense d'un rouge violet, qui disparaît par l'addition de l'eau.

La cyclamine possède une saveur très-âcre qui prend à la gorge; elle est extrêmement vénéneuse. Un centimètre cube de jus de cyclamen produit en quelques minutes la mort des petits poissons.

Usages. — Le rhizome du cyclamen a été regardé comme émétique, purgatif et hydragogue; on prétendait qu'il agissait même appliqué à l'extérieur. Les paysans s'en servent dans certains pays pour se purger; mais il produit souvent des gastro-entérites violentes, des sueurs froides, des vertiges, des mouvements convulsifs, la mort même (Bulliard, *Plantes vénéneuses,* p. 105). Il entrait autrefois dans l'onguent d'*arthanitha,* dont on se servait pour frotter le nombril des enfants que l'on voulait purger; mais ce rhizome est tellement actif, que l'on a jugé prudent d'en abandonner l'usage.

On ne sait pas comment la cyclamine agit, mais elle paraît exercer une action excitante sur la peau.

## CYNANQUE

*Cynanchum Ipecacuanha, monspeliacum,* etc.
(Asclépiadées-Cynanchées.)

Le Cynanque ipécacuanha (*C. Ipecacuanha* Rich., *C. vomitorium* Lamk, *Asclepias asthmatica* L.), vulgairement Ipécacuanha de l'Ile de France, est un arbuste grimpant, à racines longues, fibreuses, touffues, blanchâtres. Les tiges, longues de 0^m,65 à 1 mètre, effilées, glabres ou velues, sarmenteuses, volubiles, portent des feuilles opposées, presque sessiles, cordiformes, aiguës, entières, glabres ou velues. Les fleurs, petites et blanchâtres, sont réunies en grappes axillaires. Elles présentent un calice à cinq dents; une corolle rotacée, à cinq divisions aiguës, offrant à sa gorge une sorte de couronne monophylle à cinq ou dix lobes; cinq étamines monadelphes, à anthères membraneuses, à pollen réuni en masses solides, renflées et pendantes; un ovaire à deux carpelles multiovulés. Le fruit est un follicule allongé, renfermant des graines munies d'une aigrette.

Le cynanque de Montpellier (*C. monspeliacum* L.) est une plante vivace, caractérisée par ses tiges volubiles; ses feuilles pétiolées, cordiformes, grandes, glabres et d'un vert clair. Toutes ses parties sécrètent, quand on les coupe, un suc laiteux, blanchâtre, très-abondant.

Ce genre renferme encore un grand nombre d'autres espèces, parmi lesquelles on remarque l'Arghel (*C. Arghel* Del.), le Dompte-venin (*C. Vincetoxicum* L.), etc. (Voyez ces mots dans ce volume.)

Habitat. — Le cynanque de Montpellier croît sur les bords de la Méditerranée, surtout dans les lieux sablonneux. Le cynanque ipécacuanha croît aux îles de France et de la Réunion.

Culture. — Ces deux espèces ne sont cultivées que dans les jardins botaniques. Elles demandent un sol sec et meuble, et une bonne exposition. On les propage aisément de graines ou d'éclats de pied. Le cynanque ipécacuanha demande la serre tempérée ou même la serre chaude.

Parties usitées. — La racine, le suc évaporé.

Récolte. — La racine du cynanque ipécacuanha est employée aux Indes orientales sous les noms de *Binunga, Binouge,* et à l'Ile de France sous celui d'*Ipecacuanha faux;* d'après Lémery, elle est blanche, ni tordue, ni raboteuse, et elle ressemble beaucoup à la racine du dompte-venin (*C. Vincetoxicum*). Il ne faut pas non plus la confondre avec la racine de Pombalie ipécacuanha ou Faux ipécacuanha du Brésil, de la famille des Violariées (Voyez Pombalie, t. III, p. 110). Le cynanque ipécacuanha ou ipécacuanha de l'Ile de France est inconnu dans le commerce de la droguerie française.

Le cynanque de Montpellier produit la *scammonée de Montpellier*
ou *scammonée en galettes*, que l'on obtient par l'évaporation du suc
exprimé auquel on ajoute des résines et autres substances purgatives.
D'après quelques auteurs, ce serait souvent un mélange artificiel de
poix noire, de résine d'Euphorbe, de Jalap, mêlés à l'extrait de la
plante ; la scammonée de Montpellier peut donc beaucoup varier
dans ses caractères physiques. Elle est le plus souvent en galettes
entières ou coupées par moitié ou par quart ; les galettes entières ont
environ 10 centimètres de diamètre et $0^m,250$ d'épaisseur ; cette
scammonée est noire à l'intérieur et à l'extérieur, dure, compacte ;
elle possède une faible odeur de baume du Pérou, et elle forme,
avec la salive, un liquide gris foncé, gras, onctueux. La scammonée
de Montpellier doit être rejetée de l'usage médical.

Composition chimique. — La racine du cynanque ipécacuanha n'a
pas été analysée, car il ne faut pas la confondre avec celle que M. Pelletier a étudiée sous le nom d'Ipécacuanha blanc et qui est la racine
de la Pombalie Ipécacuanha (voir t. III, p. 110).

M. Laval, dans une thèse soutenue devant l'École de pharmacie de
Montpellier, a décrit la scammonée provenant du cynanque de Montpellier. Le suc obtenu par expression des tiges se partage en deux couches : l'une, blanche, supérieure, est de consistance butyreuse ; l'autre,
inférieure, est incolore. La scammonée que ce pharmacien a obtenue
lui-même diffère de celle qui vient d'Allemagne, et qui paraît être un
produit falsifié, en ce qu'elle est plus riche en résine, et en ce qu'elle
ne contient pas d'amidon. D'ailleurs, l'extrait bien préparé est peu
purgatif à la dose de deux grammes, tandis que la scammonée de
Montpellier du commerce est très-active ; aussi l'a-t-on réservée exclusivement pour l'usage des animaux ; mais son action est si variable,
qu'elle est aujourd'hui tout à fait abandonnée.

Usages. — La racine de cynanque ipécacuanha possède des propriétés vomitives très-prononcées ; on l'emploie, à l'île de la Réunion
et à l'île de France, aux mêmes doses et dans les mêmes cas que
l'Ipécacuanha vrai. Dans l'Hindoustan on s'en sert pour combattre les
accès d'asthme.

Quant au cynanque de Montpellier, il donne un suc blanc, laiteux,
qui est, dit-on, purgatif à la dose de un à deux grammes. Wauters
et Bodart ont proposé la scammonée de Montpellier comme succédané de la Scammonée d'Alep (voyez *Flore méd.*, t. III, p. 296) ;

elle purge tout aussi bien, disent-ils, et on doit la préférer parce qu'elle est indigène; mais nous avons vu que le produit pur, obtenu par évaporation du suc, était loin d'être aussi purgatif que le produit du commerce, qui est un mélange frauduleux de plusieurs substances résineuses et purgatives, et qui, pour cette raison, est très-infidèle dans ses effets; on a donc eu raison de l'abandonner.

Les feuilles et les fruits de tous les cynanques possèdent des propriétés purgatives plus ou moins prononcées; on leur reproche de déterminer de vives coliques.

Voyez aux mots ARGHEL, ASCLÉPIADE, DOMPTE-VENIN, dans ce volume.


# CYNOGLOSSE

*Cynoglossum officinale* L.
( Borraginées – Borragées. )

La Cynoglosse est une plante bisannuelle, à racine pivotante, grosse, longue et rameuse, brune ou gris foncé en dehors, blanche au dedans. La tige, haute d'environ 0$^m$,65, cylindrique, striée, velue, dressée, très-rameuse, porte des feuilles alternes, ovales-lancéolées, aiguës, entières, molles et velues, surtout en dessous, d'un vert grisâtre; les radicales très-grandes, longuement pétiolées et groupées en rosette; les caulinaires plus petites et sessiles. Les fleurs, d'une nuance qui varie du rouge au bleu, quelquefois blanches, sont groupées, au sommet des rameaux, en cymes unipares scorpioïdes. Elles présentent un calice gamosépale, persistant, profondément partagé en cinq divisions ovales, allongées, velues en dehors; une corolle gamopétale, régulière, courte, en entonnoir, à cinq divisions très-obtuses, à gorge fermée par cinq appendices obtus, veloutés, connivents; cinq étamines, renfermées dans la corolle; un pistil composé de quatre demi-carpelles arrondis en dehors, anguleux en dedans, uniovulés, couverts de poils glanduleux; surmonté d'un style court, terminé par un stigmate très-petit, échancré. Le fruit est un tétrakène aplati, hérissé de poils rudes et blanchâtres, laissant passer au milieu le style et entouré par le calice persistant.

HABITAT. — Cette plante est très-commune dans toute l'Europe centrale et méridionale; elle croît surtout dans les lieux secs et sablonneux, dans les haies, au bord des chemins, dans les friches, sur la lisière des bois, etc.

CULTURE. — La cynoglosse, étant assez abondante à l'état sauvage pour suffire aux besoins de la médecine, n'est cultivée que dans les jardins botaniques. Elle demande un sol sec et une exposition chaude. On la propage de graines, semées au printemps ou à l'automne, en place, car les jeunes pieds ne supportent pas bien la transplantation.

PARTIES USITÉES. — Les racines, l'écorce de la racine, les feuilles.

RÉCOLTE. — Les feuilles ne sont employées que fraîches. Les racines doivent être récoltées après la floraison ; leur saveur est fraîche ; leur odeur est vireuse et se manifeste surtout dans l'écorce : c'est sans doute ce qui leur a fait attribuer des propriétés narcotiques ; on rejette la partie ligneuse ; on doit repousser les racines qui sont piquées des vers ; bien desséchées, elles ont une apparence un peu cornée ; elles sont très-hygrométriques et doivent être conservées dans un endroit très-sec ; leur poudre fait partie des pilules de cynoglosse.

COMPOSITION CHIMIQUE. — D'après M. Cenedilla, le principe actif de l'écorce de racine de cynoglosse serait une substance odorante qui passe avec l'eau à la distillation ; elle contient une matière colorante grasse, de la matière résineuse, du bioxalate de potasse, de l'acétate de chaux, du tannin, une matière extractive, une autre de nature animale, de l'inuline, une matière gommeuse, de l'acide pectique et des sels. On voit qu'il n'y a rien dans cette analyse qui puisse expliquer l'action énergique que l'on a attribuée à la racine de cynoglosse.

USAGES. — Deux opinions tout à fait opposées ont été avancées au sujet de la cynoglosse. Haller, Scopoli, des Bois de Rochefort assurent qu'elle est plutôt inerte que dangereuse. Vogel et Murray, au contraire, la regardent comme un végétal suspect, à cause de son odeur fétide et vireuse. Morison prétend avoir vu une famille entière empoisonnée par les feuilles de cynoglosse, et Chaumeton assure en avoir éprouvé les funestes effets en plaçant des échantillons de la plante dans un herbier. M. Cazin croit que la cynoglosse est réellement très-active lorsqu'elle est fraîche, mais qu'elle perd ses propriétés délétères par la dessiccation ; cependant il assure avoir administré les racines et les feuilles à la dose de 30 à 60 grammes pour un litre d'eau dans les affections catarrhales, les diarrhées avec tranchées, les toux sèches et nerveuses. Quant aux pilules de cynoglosse si souvent et si utilement employées, ce serait une grande erreur que d'attribuer leur action à la poudre de racine de cynoglosse qu'elles renferment; leurs effets calmants doivent être rapportés à l'opium et aux semences de Jusquiame, et l'action expectorante au Safran, au Castoréum, à la Myrrhe et à l'Oliban. Ces pilules renferment le dixième de leur poids d'extrait d'opium et de semences de jusquiame.

D'après M. Tournon, la cynoglosse détruit le venin des animaux. Hagen assure que la poudre de la racine, administrée à la dose de 50 centigrammes, trois fois par jour, lorsque cette racine a végété dans un endroit marécageux et a été séchée à l'ombre, peut guérir la rage; il ajoute qu'il faut laver la plaie à l'eau froide et la recouvrir d'un emplâtre de Mélilot. C'est un remède populaire dans le gouvernement de Tver, en Russie (*Bull. des sciences méd.* de Férussac, t. XVI, p. 237).

Les feuilles et les racines fraîches de cynoglosse en cataplasmes ou en décoction concentrée, ont été quelquefois employées contre les brûlures, les inflammations superficielles, les engorgements inflammatoires ; on les applique sur les plaies gangréneuses. Aujourd'hui, en France, la cynoglosse, sauf dans les pilules auxquelles elle a donné son nom, est à peu près inusitée.

## CYPRÈS

*Cupressus sempervirens* L. *C. pyramidalis* Targ.
(Conifères-Cupressinées.)

Le Cyprès pyramidal est un arbre de 12 à 20 mètres de hauteur, à branches dressées très-rapprochées, formant une cime conique. Les rameaux sont chargés de petites feuilles opposées, en forme d'écailles, imbriquées et appliquées, carénées, convexes sur le dos. Les fleurs sont unisexuelles, monoïques, disposées en chatons. Les chatons mâles sont constitués par des étamines nues, à connectif membraneux, en forme de bouclier, ovale; à filets courts, épais, portant chacun une anthère à quatre loges qui s'ouvrent par une fente longitudinale. Les chatons femelles sont solitaires, terminaux, composés de six à dix écailles également en forme de bouclier, mais épaisses, mucronées en dessus, s'amincissant en dessous en une sorte de pédicule autour duquel sont insérés de nombreux ovules nus, allongé d'un côté en un col (micropyle) raccourci ; ce qui leur donne à peu près la forme d'une bouteille. Le fruit est un petit cône globuleux nommé strobile, de 0ᵐ,02 à 0ᵐ,03 de grosseur, composé d'écailles ligneuses, peltées, anguleuses, mucronées au milieu, d'abord très-rapprochées, s'écartant ensuite au moment de la maturité, qui n'a lieu que la seconde année. Les graines sont nombreuses, comprimées, étroitement ailées, à tégument osseux, disposées à la base et tout autour de la partie amincie des écailles.

HABITAT.—Le cyprès pyramidal est d'origine asiatique ; on le trouve en Grèce et dans toute l'Asie Mineure ; il est cultivé dans la région méditerranéenne.

CULTURE. — Comme tous les cyprès, cette espèce aime les sols légers et chauds, préférablement ceux de nature calcaire. On sème les graines en terrines ou en pleine terre au printemps qui suit la récolte ; le plant ne doit être repiqué que la seconde année, et de préférence en pots, car il supporte difficilement la transplantation.

Nous citerons encore le Cyprès horizontal (*C. horizontalis*) qui n'est souvent considéré que comme une variété du précédent ; le Cyprès pendant ou Cyprès de Goa (*C. pendula* L'Hér., *C. glauca* Lamk. *C. lusitanica* Willd.) ; le *Cupressus Thyoides* L. (*Thuya sphæroidalis* Rich) ou Faux Thuia, appelé aussi Cèdre blanc, de l'Amérique septentrionale.

PARTIES USITÉES. — Les feuilles, le bois, les fruits.

RÉCOLTE. — Le bois et les feuilles peuvent être récoltés pendant toute l'année. Les fruits, nommés vulgairement *noix de cyprès*, doivent être cueillis lorsqu'ils sont encore verts et charnus ; plus tard, ils deviennent durs et ligneux, et perdent la plus grande partie de leurs propriétés ; on les fait dessécher au soleil.

COMPOSITION CHIMIQUE. — Toutes les parties du cyprès répandent une odeur térébinthacée très-prononcée ; dans certaines contrées chaudes, on en obtient par incision une résine analogue à celle du Pin, qui, soumise à la distillation, fournit une essence semblable à l'huile essentielle de térébenthine, et qui laisse pour résidu une matière résineuse analogue à la colophane.

USAGES. — Les anciens croyaient que le cyprès purifiait l'air : aussi envoyaient-ils les malades, et surtout les phthisiques, dans l'île de Crète (Candie) pour respirer ses émanations. Hippocrate faisait usage du bois de cyprès dans les affections de l'utérus. Galien recommandait les fruits de cet arbre pour arrêter la diarrhée. Quoique peu employés en médecine, ces fruits ont été vantés contre les flux séreux et les hé-

morrhagies passives. Leur amertume et leur astringence les ont fait
employer contre les fièvres intermittentes ; Lanzoni les comparait au
Quinquina. On leur a attribué des propriétés vulnéraires. On a été
jusqu'à prétendre que les feuilles fraîches étaient un spécifique des
hernies ; on préparait avec ces feuilles des décoctions vineuses qu'on
faisait boire aux malades, et en même temps on recouvrait la tumeur
herniaire avec la pulpe des feuilles. C'est un remède tout à fait abandonné, malgré l'autorité de Matthiole. Les *noix de cyprès* entraient
dans la composition de l'*emplâtre contre la rupture*, et de l'*onguent de la comtesse* qui ne vivent plus que pour mémoire. Il n'était
guère de vertus médicinales qu'on n'attribuât jadis aux différentes
parties du cyprès pyramidal et du cyprès horizontal mais aujour-
d'hui, du moins en France, la plupart de ces vertus, pour ne pas
dire toutes, sont niées.

Le cyprès a été, de temps immémorial, regardé comme l'emblème
de la mort, le symbole de la douleur; c'est l'arbre des tombeaux. Il
était seul employé dans l'antiquité pour les bûchers destinés à l'incinération des morts. Son bois compacte et très-dur, de longue conservation, servait, chez les Grecs et les Romains, à faire les cercueils des
personnes de distinction. Ce bois est très-bon pour meubles, tabletterie, charpentes, palissades, etc.


# CYTISE

*Cytisus Laburnum* L.
(Légumineuses–Lotées.)

Le Cytise à grappes, appelé aussi vulgairement Aubour, Ébénier
des Alpes, Faux ébénier, etc., est un petit arbre à racines pivotantes.
La tige, haute de 3 à 6 mètres, cylindrique, couverte d'une écorce
lisse et verdâtre, se divise en rameaux cylindriques, blanchâtres,
glabres ou un peu pubescents. Les feuilles, fasciculées sur le vieux
bois, alternes sur les jeunes pousses, sont pétiolées, à trois folioles
ovales-elliptiques, mucronées, à peine ciliées, d'un vert gai en dessus, plus pâles en dessous. Les fleurs, assez grandes, d'un jaune clair,
sont groupées en grappes axillaires lâches, pendantes, feuillées à la
base et munies de petites bractées vers le sommet. Elles présentent
un calice pubescent-soyeux, à tube campanulé court, à limbe divisé
en deux lèvres très-écartées; une corolle à étendard ovale, redressé,

dépassant les ailes et la carène; dix étamines monadelphes; un ovaire simple, surmonté d'un style ascendant, terminé par un stigmate oblique. Le fruit est une gousse pubescente, soyeuse, comprimée, bosselée, à bord supérieur épais, caréné; contenant plusieurs graines brunes.

Ce genre renferme encore un grand nombre d'autres espèces, parmi lesquelles on remarque les Cytises des Alpes (*Cytisus alpinus* Mill.), noirâtre (*C. nigricans* L.), d'Autriche (*C. austriacus* L.), en tête (*C. capitatus* Jacq.), à feuilles sessiles (*C. sessilifolius* L.), etc.

Habitat. — Le cytise à grappes, originaire des montagnes de l'Europe centrale et méridionale, est aujourd'hui naturalisé dans les plaines. Les autres espèces habitent en général les régions montueuses.

Culture. — Le cytise à grappes est surtout cultivé comme arbre d'ornement. Il vient dans tous les sols, et se propage de graines semées en pépinière, au printemps. Les autres espèces se cultivent de la même manière.

Parties usitées. — Les jeunes pousses, l'écorce, les graines, le bois.

Récolte. — Les graines de cytise doivent être récoltées avant la déhiscence de la gousse.

Composition chimique. — D'après M. Caventou, les fleurs du cytise contiennent une matière huileuse, odorante, de l'acide gallique, de la gomme, des traces de sulfate de chaux et de chlorure de calcium (*Journ. de pharm.*, t. III, p. 309).

MM. Chevallier et Lassaigne ont trouvé dans les semences une matière particulière qu'ils ont nommée *cytisine* (*Journ. de pharm.*, t. IV, p. 554); c'est une substance neutre, non azotée, déliquescente, incristallisable, soluble dans l'eau et dans l'alcool, insoluble dans l'éther; sa saveur est amère et nauséabonde; à petites doses, elle purge fortement, produit des vomissements, des convulsions et la mort. D'après les chimistes que nous venons de nommer, le principe actif des fleurs d'Arnica et celui de la racine d'Asaret (*Asarum europæum*), seraient identiques à la *cytisine*; ce qui, à notre avis, est peu probable. D'après Peschier (*Journ. de chim médic.*, t. VI, p. 65), la cytisine serait identique à la *cathartine* du Séné.

Usages. — Plusieurs cas d'empoisonnement par différentes parties du cytise ont été signalés; elles irritent le canal digestif, produisent des vomissements, des déjections alvines abondantes, des purgations violentes ; elles agissent postérieurement sur le système nerveux, et déterminent une véritable intoxication.

Haller avait signalé les propriétés vénéneuses du cytise à grappes ; Christison a démontré que l'écorce de cet arbre était très-délétère. On a cité des cas d'empoisonnement survenus chez des enfants qui avaient mangé des fleurs de cytise ; on avait observé, dans ces cas, des douleurs épigastriques, des vomissements, la pâleur de la face, la gêne de la respiration, un ralentissement et un affaiblissement considérables du pouls, des spasmes dans les muscles de la face, etc.

D'après MM. Tollard et Vilmorin, les jeunes pousses du cytise à grappes sont purgatives et vomitives ; aussi Wauters (*Repertor. med. ind.*, etc., p. 294) avait-il proposé de les employer pour remplacer le Séné ; mais de nouvelles expériences sont nécessaires avant d'admettre définitivement cette substance dans la matière médicale, d'autant plus que son emploi n'est pas toujours sans danger.

Les expériences, peu nombreuses, faites avec la *cytisine* sur les animaux, semblent avoir démontré qu'elle exerçait d'abord une action irritante prononcée sur le canal digestif, et secondairement des effets hyposthénisants très-marqués.

Les autres cytises, et principalement le cytise des Alpes, employé par Wauters, jouissent absolument des mêmes propriétés que le cytise à grappes.

Dans l'industrie, le bois de cytise est recherché par les tabletiers et les tourneurs ; avec ce bois on fabrique des instruments de musique, des arcs, des chaises ; avec les rameaux on fait des cercles, des échalas, des rames.

# DAMIANA

(Voyez le *Supplément* du T. I.)

# DANAIS

(Voyez le *Supplément* du T. I.)

# DAPHNÉ

*Daphne Mezereum* et *Laureola* L.
(Thymélées.)

Le Daphné Mézéreon, appelé aussi Bois-Gentil, Thymélée, Malherbe, Trentanel, Lauréole gentille, Lauréole femelle, etc., est un
arbuste à tige rameuse, haute de $0^m,65$ à 1 mètre, couverte d'une
écorce grisâtre, portant des feuilles sessiles, lancéolées, entières,
glabres, un peu glauques en dessous, rapprochées au sommet des rameaux. Les fleurs, qui paraissent longtemps avant les feuilles, sont
réunies en petits fascicules terminaux renfermés, avant leur développement, dans un bouton formé d'écailles concaves, imbriquées.
Dépourvues de corolle, elles présentent un calice coloré, pétaloïde,
rose vif, tubuleux, à limbe quadrilobé ; huit étamines incluses ; un
ovaire arrondi, à une seule loge uniovulée, surmonté d'un style très-
court terminé par un stigmate en tête. Le fruit est une petite baie
ovoïde, lisse, d'un rouge vif (Pl. 45).

Le daphné lauréole (*D. Laureola* L.) se distingue de l'espèce précédente par sa tige robuste, flexible ; ses feuilles plus grandes, plus
aiguës, coriaces, glabres, luisantes, d'un vert foncé, persistante ; ses
fleurs verdâtres, en grappes axillaires ; ses fruits, noirs à maturité.

Habitat. — Les daphnés mézéréon et lauréole habitent l'Europe
centrale et méridionale ; ils se trouvent surtout dans les bois montueux, où ils fleurissent de très-bonne heure.

Culture. — Ces deux arbustes sont quelquefois cultivés dans les
jardins. Ils demandent une terre légère, substantielle, fraîche et ombragée. On les propage de graines, semées aussitôt après la maturité,
et recouvertes d'environ $0^m,05$ de terreau ; on peut aussi semer en
terrines, en terre de bruyère, et repiquer les jeunes plants quand ils
sont assez forts.

Parties usitées. — Le bois, l'écorce, les baies.

Récolte. —On préfère l'écorce fraîche à celle qui a été desséchée.
Elle doit avoir été détachée des tiges récentes, et non des rameaux

secs que l'on a fait tremper dans de l'eau ou dans du vinaigre, comme cela se pratiquait autrefois.

S'il est vrai que dans le Nord on n'emploie que l'écorce du daphné mézéréon, nous pouvons assurer que dans le Midi, notamment dans la Provence et dans les Pyrénées, c'est de celle du garou que l'on fait le plus souvent usage. Le premier est sans doute par sa taille susceptible de fournir des écorces larges et longues telles que l'on en rencontre dans le commerce ; mais le second ne prend pas un moindre accroissement et n'en donne pas de moins belles. On a prétendu, il est vrai, que les écorces du garou se détachaient facilement, tandis que celles du daphné mézéréon étaient tenaces ; nous pouvons certifier qu'à une certaine époque de l'année, au moment où la séve est en mouvement la séparation, dans le garou, se fait avec la plus grande facilité.

Telle qu'elle existe dans le commerce, l'écorce du daphné mézéréon est longue de 50 à 60 centimètres, large de $0^m,03$ à $0^m,07$, roulée sur elle-même dans le sens de sa longueur ; elle est mince, sèche, inodore ; l'épiderme rougeâtre se sépare facilement ; la face interne est d'un blanc jaunâtre ; sa saveur, d'abord presque nulle, devient bientôt légèrement amère, puis âcre, poivrée, insupportable. Les Anglais préfèrent l'écorce de la racine à celle du tronc.

Les baies du daphné mézéréon sont assez grosses, ce qui les distingue de celles du garou.

Composition chimique. — D'après une analyse de Gmelin et de Baer, l'écorce du daphné mézéréon contient les matières suivantes : cire, résine âcre, *daphnine*, matière colorante jaune, extractif sucré, extractif non sucré, gomme. Les résultats de M. Dublanc paraissent différents : il a trouvé dans cette écorce : une matière cristalline, une matière résinoïde sans âcreté, une sous-résine insipide, une matière demi-fluide âcre. Nous revenons sur la *daphnine* à l'article Garou dans le t. II de cette *Flore médicale*; elle a été découverte par Vauquelin. Nous devons faire remarquer que c'est à tort que M. Soubeiran (*Traité de pharmacie*, t. I, p. 348, 4ᵉ édition) indique le *Daphne Mezereum* comme fournissant l'écorce de garou ; il est certain que cette écorce est produite à peu près exclusivement par le *Daphne Gnidium*, et que c'est à celle-ci qu'il faut rapporter les analyses de Gmelin et de Bar, de MM. Dublanc, Coldefy, etc. Ajoutons encore qu'il ne faut pas confondre la *daphnine* avec le principe âcre des Daphnés.

D'après L. Villert, le péricarpe du daphné mézéréon contient une matière colorante rouge, une résine, de l'extractif, du tannin, du mucilage, du ligneux, etc. ; la chair ou pulpe renferme une matière extractive acidulée amère, du mucilage, une fécule rougeâtre, du ligneux. M. Colinsky a trouvé dans les semences du daphné mézéréon 56 pour 100 d'huile âcre, une matière extractive, du mucilage, de l'amidon, du gluten, de l'alumine.

On peut substituer aux écorces du daphné mézéréon celles des *Daphne Thymelæa* L., *pontica*, *alpina*, etc.

Usages. — L'écorce de daphné mézéréon, macérée dans du vinaigre, ou lorsqu'elle est fraîche, sert à appliquer des vésicatoires. Elle entre dans la composition des pommades irritantes épispastiques. D'après Linné, on applique l'écorce sur les piqûres des serpents venimeux et les morsures des animaux enragés. Selon Hufeland, on l'a employée à l'extérieur contre la syphilis, les douleurs ostéocopes, les exostoses, etc. Pallas rapporte qu'en Sibérie les vétérinaires appliquent l'écorce contusée sur les enflures des pieds des chevaux.

Le bois de daphné mézéréon a servi à faire des *pois à cautères*, qui sont peu usités aujourd'hui. Les baies sont employées en gargarismes en Sibérie.

## DATTIER

*Phœnix dactylifera* L.
(Palmiers - Coryphinées.)

Le Dattier cultivé est un grand et bel arbre, à racines fibreuses, fasciculées, traçantes. La tige ou stipe, haute de 15 à 25 mètres, droite, cylindrique, simple, couverte d'anneaux formés par les cicatrices que laisse la chute successive des feuilles anciennes, se termine au sommet par un bouquet de feuilles longues de 2 à 3 mètres, engaînantes à la base, à pétiole prolongé en nervure médiane (rachis) très-forte, à trois angles plus ou moins marqués, portant de chaque côté un grand nombre de folioles longues, étroites, ensiformes. Les fleurs sont dioïques, groupées, à l'aisselle des feuilles, en longs régimes rameux, renfermés, avant l'épanouissement, dans une grande spathe monophylle, coriace, fendue latéralement d'un seul côté. Elles sont dépourvues de corolle, et présentent un calice à six divisions disposées sur deux rangs. Les fleurs mâles ont six étamines ; les femelles ont trois ovaires, terminés chacun par un style recourbé, dont deux avortent presque toujours. Les fruits, disposés en longues grappes rameuses, ou régimes, sont des drupes ovoïdes-allongées, longues de $0^m,03$ à $0^m,05$, charnues, sucrées, et renfermant chacune une graine cornée, très-dure, marquée d'un sillon longitudinal.

Habitat. — Le dattier se rencontre sur presque tout le pourtour du bassin méditerranéen; mais il ne croît et ne fructifie bien que dans les parties chaudes, sablonneuses et humides.

Culture.— Cet arbre est cultivé en grand dans le nord de l'Afrique, en Orient et dans les parties les plus chaudes du midi de l'Europe. On le propage de graines semées au printemps, et mieux de rejetons pris sur les racines ou aux aisselles des feuilles. On a soin de les arroser fréquemment et de les garantir des ardeurs du soleil, jusqu'à ce qu'ils soient bien enracinés.

Parties usitées. — Les fruits en médecine; toutes les parties du végétal dans l'industrie et l'économie domestique.

Récolte. — Les dattes se récoltent un peu avant leur maturité, lorsque leur couleur est encore un peu verdâtre. Exposées au soleil, elles mûrissent et prennent une teinte rougeâtre, en même temps que leur saveur devient sucrée et succulente. Le plus souvent on récolte les inflorescences entières que l'on nomme *régimes*. Les meilleures dattes nous viennent de l'Afrique, par voie de Tunis. On doit les choisir récentes, fermes, demi-transparentes. On les conserve dans un endroit sec et dans des bocaux bien fermés. Elles sont souvent attaquées par les mites. On apporte aussi de Vieux-Salé, petit port de la province de Fez, des dattes blanchâtres, petites, sèches, peu succulentes, et peu estimées. Il en vient de Provence, qui sont fort belles, mais qui ne se conservent pas.

Composition chimique. — D'après l'analyse de M. Bonastre, les dattes contiennent du mucilage, une gomme analogue à la gomme arabique, du sucre cristallisable, du sucre incristallisable, de l'albumine, du parenchyme.

Usages.—Le pollen du dattier est conseillé, dans l'Atlas, comme prolifique. Il sert ou il a servi à opérer des fécondations artificielles des pieds femelles. On mange les jeunes pousses cuites en salade; la moelle du tronc et le bourgeon terminal sont aussi bons à manger. Par incision, on extrait de cet arbre un liquide qui, étant fermenté, est connu sous le nom de *vin de palmier* ou de *dattier*, et qui est assez agréable à boire ; mais ces incisions se pratiquent rarement, parce qu'elles nuisent aux fruits. Le tronc produit un bois de charpente. Avec la bourre ou les débris des pétioles, ainsi qu'avec les pétioles fendus, on fabrique des cordes, des nattes, des sacs. En liant les feuilles du sommet, on les fait étioler et on obtient ainsi les *palmes*, c'est-à-dire des feuilles moins longues, plus jaunes, que l'on emploie dans les cérémonies religieuses, que l'on portait autrefois devant les triomphateurs, et que les peintres mettent quelquefois dans les mains des martyrs.

D'après Rivière, les noyaux qui sont durs et coriaces, étaient vantés autrefois pour hâter l'accouchement. Leur usage actuel est plus vulgaire : on les ramollit dans l'eau bouillante, on les pile et on les fait manger aux chevaux et aux chèvres. Les noyaux des dattes et les feuilles de l'arbre sont combustibles.

Les dattes constituent un des aliments les plus précieux pour un grand nombre de peuplades de l'Afrique et des Indes orientales. Elles sont considérées comme stomachiques, émollientes et adoucissantes. Hippocrate les employait contre la diarrhée. On les a beaucoup trop vantées comme propres à fortifier l'estomac. On les a recommandées contre le marasme, l'épuisement, les hémorrhagies, etc. ; contre les maladies de la vessie et même contre la goutte. Aujourd'hui on les regarde comme pectorales. On les fait entrer, mais rarement, dans la composition de cataplasmes émollients et maturatifs qui étaient autrefois plus en usage qu'à présent. Elles entrent dans l'*Électuaire diaphœnix*. Elles font aussi partie, avec les figues, les jujubes et les raisins secs, des quatre fruits pectoraux souvent employés sous diverses formes, telles que tisane, sirop, pâte, comme calmants et adoucissants, contre la toux, les catarrhes et les maladies de poitrine et du larynx.

C'est à tort que l'on attribue à l'alimentation par les dattes certaines maladies ; il est plus rationnel de rapporter les coliques, les pesanteurs d'estomac, les douleurs de tête, les ophthalmies, etc., à l'extrême misère des habitants de plusieurs contrées de l'Afrique, qui oblige ceux-ci à coucher par terre, et à être sans cesse exposés à toutes les intempéries des saisons.

Les dattes servent à faire des confitures. Par expression, on en retire un sirop gras, qui est employé, en guise de beurre, à la préparation du riz et des sauces. Le résidu du tourteau est mangé par les gens pauvres.

# DENTELAIRE

*Plumbago europœa* L.
(Plumbaginées.)

La Dentelaire d'Europe, vulgairement appelée Malherbe, Mauvaise Herbe, ou Herbe au cancer, est une plante vivace, à racine fusiforme, pivotante, longue, fibreuse, un peu rameuse, blanc rougeâtre. Les tiges, hautes de 0ᵐ65 à 1 mètre, arrondies, cannelées-striées, glabres, dressées, très-rameuses, portent des feuilles alternes, amplexicaules, ovales-oblongues, aiguës, un peu ondulées, finement dentées, d'un vert pâle ou grisâtre, velues, rudes au toucher. Les fleurs, d'un pourpre violacé ou bleuâtre, sont sessiles, accompagnées de petites bractées et groupées en cymes terminales. Elles présentent un calice tubuleux, à cinq angles, à limbe partagé en cinq divisions, aiguës, très-étroites, couvert de poils glanduleux et visqueux; une corolle en entonnoir, à tube deux fois plus long que le calice, à limbe divisé en cinq lobes ovales, obtus, étalés; cinq étamines saillantes, à anthères oblongues; un ovaire simple, à une seule loge uniovulée, surmonté d'un style partagé à son sommet en cinq divisions, terminées chacune par un stigmate filiforme. Le fruit est une petite capsule monosperme, ovoïde, pointue, renfermée et recouverte par le calice.

La Dentelaire à feuilles de patience (*Plumbago lapathifolia* W.), découverte dans le Levant par Tournefort, a beaucoup de rapports avec la précédente; mais elle en diffère par sa tige plus élevée, ses rameaux plus allongés, plus étalés, par ses feuilles glabres, beaucoup plus grandes, et par ses fleurs beaucoup plus petites.

Les dentelaires sarmenteuses (*Plumbago scandens* L.) vulgairement Herbe au Diable, à fleurs roses (*Pl. rosea* L.), auriculée (*Pl. auriculata* Lamk), de Ceylan (*Pl. zeylanica* L.), du Cap (*Pl. capensis* Thunb.) sont des espèces exotiques qui jouissent des mêmes propriétés que les précédentes.

HABITAT. — La dentelaire d'Europe croît dans les régions méridionales de l'Europe et de la France. On la trouve surtout dans les lieux stériles, au bord des chemins, etc. La dentelaire sarmenteuse croît dans les bois et les haies de l'Amérique méridionale et des Antilles. Les dentelaires à fleurs roses, auriculées et de Ceylan sont indigènes des Indes orientales. La dentelaire du Cap appartient au Cap de Bonne-Espérance.

CULTURE. — La dentelaire d'Europe est très-rustique et vient dans tous les sols ; elle préfère néanmoins les terres profondes et un peu chaudes. On la propage de graines, semées en pots, sur couche, au printemps. Dans le Nord, et en général dans les localités où la graine est rare, on multiplie la dentelaire par éclats de pieds ; mais ce mode de multiplication ne donne pas d'aussi bons résultats. Les dentelaires exotiques se cultivent chez nous en serres chaudes.

PARTIES USITÉES. — Racines et feuilles.

RÉCOLTE. — A l'époque où la dentelaire était en usage, on préférait celle qui était fraîche. Par la dessiccation elle perd son âcreté et son action. Cependant on la trouve sèche dans le commerce de l'herboristerie. On l'arrache à l'automne, et après l'avoir lavée pour la débarrasser de la terre, on la fait sécher. A l'état sec, elle est encore un peu caustique, elle prend une teinte rougeâtre. Son écorce est ridée longitudinalement ; elle se sépare facilement du ligneux. Celui-ci est épais et présente des fibres rayonnées. Quand on conserve de la dentelaire dans un bocal fermé avec une étiquette en papier, ce papier prend une teinte rougeâtre plombée ; lorsqu'on écrase la plante entre les doigts, on remarque la même couleur : de là lui viennent les noms de *Plumbago* et de *Molybdène*, qui ont la même signification, c'est-à-dire *masse de plomb*. Quant au nom de *Dentelaire*, il vient de la propriété qu'on a attribuée à la racine de cette plante, employée sous forme de masticatoire, de calmer les douleurs de dents.

COMPOSITION CHIMIQUE. — M. Dulong d'Astafort (*Journal de pharmacie*, t. XIV, p. 441) a analysé la racine de dentelaire. Au moyen de l'éther il en a retiré un principe immédiat qu'il a nommé *plumbagin* ; il cristallise en cristaux angulaires orangés, d'une saveur âcre et brûlante, peu solubles dans l'eau et l'alcool ; les alcalis et le sous-acétate de plomb les colorent en rouge ; ces cristaux sont neutres ; ils se volatilisent sans altération à une température un peu élevée ; fusibles à une plus douce chaleur, ils sont solubles dans l'alcool concentré et dans l'éther ; ils n'ont pas été analysés, de sorte que l'on ne sait à quel groupe de composés chimiques ils doivent être rapportés.

USAGES. — Quelques auteurs ont cru trouver dans la dentelaire le *Tripolion* de Dioscoride, et on l'a rapportée au *Molybdena* de Pline (lib. XXV, cap. 13). Peyrilhe, et avant lui Wedelius, avaient constaté les propriétés éméto-cathartiques de la dentelaire : aussi l'avait-on appelée *Ipecacuanha nostras*. Elle détermine les vomissements à la dose de 15 à 50 centigrammes ; mais comme elle produisait souvent des accidents, on a renoncé à son emploi.

Bauhin et Linné attribuaient à la dentelaire des propriétés odontalgiques ; il est certain qu'elle excite la sécrétion salivaire ; elle agirait alors à la manière de la Pyrèthre (voyez ce mot, t, III, p. 147). D'après Schreiber et Sauvage-Delacroix, on a souvent employé contre d'anciens ulcères de l'huile dans laquelle on avait fait digérer de la dentelaire. Quant à la propriété qu'on a attribuée à cette même huile de guérir le cancer, d'où lui est venu le nom d'Herbe au cancer, nous savons ce que l'on doit penser de ces prétendues guérisons, qui ne s'appliquaient très-certainement qu'à des tumeurs bénignes prises pour des cancers, à une époque où le microscope n'avait pas encore permis d'établir avec certitude le diagnostic des tumeurs cancéreuses. On a préconisé la racine de dentelaire contre la dysenterie et les coliques des enfants ; mais nous croyons peu à l'efficacité de ce remède.

Pendant longtemps, en Provence, on a employé la racine et les feuilles de dentelaire contre la gale ; son usage, dans ce cas, a été suivi d'accidents graves qui ont été signalés par Garidel et Sauvages. C'est pourquoi Sumeire a proposé d'obvier à cet inconvénient en employant l'huile de dentelaire en onctions sur la peau. Les bons effets de ce traitement ont été constatés par MM. Hallé, Jeanron, de Jussieu et Lalouette. Toutes les parties de la dentelaire peuvent être employées à l'extérieur en guise de vésicatoires. Les différentes espèces du genre *Plumbago* peuvent être substituées à la dentelaire d'Europe.

## DICTAMNE BLANC

*Dictamnus albus* L.
(Diosmées.)

Le Dictamne blanc ou Fraxinelle est une plante vivace, à racines fibreuses, longues, de moyenne grosseur, inégales et blanchâtres. La tige, haute de 0^m,50 à 0^m,65, cylindrique, simple, roide, dressée, verte dans le bas, rougeâtre et glanduleuse dans le haut, porte des feuilles alternes, imparipennées, à pétiole ailé, à folioles variant

de sept à onze, sessiles, ovales, aiguës, un peu dentées, inéquilatérales, d'un beau vert brillant ; ces feuilles rappellent un peu par leur
aspect celles du frêne. Les fleurs, purpurines ou blanches, assez
grandes, pédonculées, forment une longue grappe de cymes terminale. Elles présentent un calice monosépale, à cinq divisions profondes, étroites, linéaires, aiguës, pourprées ou blanches, étalées, couvertes, ainsi que les pédoncules et la face externe des pétales, d'un
nombre infini de petites glandes globuleuses, rougeâtres, qui sécrètent
une huile essentielle très-abondante. La corolle est irrégulière, à cinq
pétales ovales, étalés, inégaux, les quatre supérieurs dressés, aigus,
rétrécis en onglet à la base, l'inférieur pendant, rétréci à la base et
au sommet. A l'intérieur, on trouve dix étamines longues, inégales,
déclinées vers la partie supérieure de la corolle, à filets pubescents
à la base, glanduleux, rougeâtres et recourbés au sommet, à anthères
obtuses ; un pistil à ovaire stipité, globuleux, à cinq angles arrondis,
couvert de poils et de glandes d'un rouge très-foncé, à cinq loges
triovulées, surmonté d'un style court. Le fruit est une capsule loculicide à cinq côtes, saillantes et étoilées (Pl. 46).

HABITAT. — Cette plante croît dans le midi de la France, en Alsace ;
on la trouve surtout dans les bois.

CULTURE. — Le dictamne blanc demande une terre franche et une
exposition chaude. On le propage de graines semées, aussitôt après
la maturité, en terrines ou en plates-bandes, et repiquées en pépinière.
On le multiplie aussi par éclats de pieds.

PARTIES USITÉES. — Les racines.

RÉCOLTE. — Plusieurs drogues, dans la matière médicale, portent le
nom de dictamne : la fécule, connue sous le nom d'*Arrow-root des
Antilles*, est nommée parfois *Dictamne des Barbades ;* les anciens
employaient contre les blessures les feuilles d'une plante qui croît
dans les îles de Crète et de Candie, et qui est encore aujourd'hui
connue sous le nom de *Dictamne de Crète ;* elles sont produites par
l'*Origanum Dictamnus,* de la famille des Labiées (Voyez au mot ORI-
GAN, t. II). Mais le véritable dictamne est le *Dictamnus albus* que
nous venons de décrire. C'est l'écorce mondée du méditullium de
cette plante que l'on emploie en médecine ; elle arrive toute préparée
du Midi, roulée sur elle-même comme la cannelle ; elle est blanche
irrégulière, longue de 3 à 5 centimètres ; son odeur est presque nulle,
et sa saveur est amère. On vend quelquefois dans le commerce du mé-

ditullium de dictamne blanc privé de son écorce; cette tromperie est très-facile à reconnaître.

COMPOSITION CHIMIQUE. — La racine de dictamne blanc ou de fraxinelle n'a pas été analysée; elle renferme un principe amer, un peu aromatique, âcre et résineux.

La plante fraîche exhale une odeur aromatique qui se rapproche de celle du citron; cette odeur est due à une huile essentielle contenue dans des glandes vésiculeuses qui recouvrent toute la plante; pendant les grandes chaleurs et surtout vers le crépuscule du soir, cette essence s'échappe des cellules qui la renferment, se condense à la surface de la plante, et s'enflamme, si on approche une bougie allumée, sans endommager la plante; mais cette expérience, dont les résultats sont même niés par quelques naturalistes, notamment par M. Fée (*Encyclopédie méthodique*, Botanique, t. IX, p. 658), ne réussit pas toujours.

USAGES.—La racine de dictamne blanc entre dans l'*Orviétan*, l'*opiat de Salomon*, la *poudre de guttète*, le *baume de Fioraventi*, l'*eau générale*, la *confection d'hyacinthe*, etc. Elle est aujourd'hui très-peu employée. Storck l'a préconisée contre les névroses et les fièvres intermittentes; on l'a administrée autrefois contre les scrofules et le scorbut; on la regarde comme stomachique et cordiale. C'est la poudre de cette racine que l'on emploie; on l'administre à la dose de 4 à 8 grammes; on double cette dose en infusion. D'après Joh. Georg. Gmelin (*Flora sibir.*, t. IV, p. 177), l'eau distillée est regardée comme cosmétique. Les feuilles ont été prises en infusion et considérées comme succédanées du Thé. L'électuaire antiépileptique de Redius était composé de 15 grammes de poudre de fraxinelle, de 60 grammes de Menthe poivrée, et de quantité suffisante de sucre et d'eau.


# DIGITALE

*Digitalis purpurea* L.
(Scrofulariées – Digitalées.)

La Digitale pourprée, appelée aussi Gantelée, Doigtier, Gant de Notre-Dame, etc., est une grande et belle plante bisannuelle ou vivace, à racines fusiformes, rameuses, très-fibreuses, brun rougeâtre. La tige, haute de 0$^m$,65 à 1 mètre et plus, cylindrique, simple ou à peine rameuse, velue, dressée, porte des feuilles alternes, ovales-lancéolées, aiguës, un peu onduleuses, dentées, molles, un peu ridées, blanchâtres et velues, surtout à la face inférieure; les radicales, grandes et pétiolées; celles du sommet, plus petites et presque sessiles. Les fleurs, grandes, pédonculées, blanches, ou plus souvent d'un rouge plus ou moins vif, pendantes à l'aisselle d'une bractée ovale-aiguë, forment un long épi terminal et unilatéral. Elles présentent un calice à cinq divisions profondes, ovales-lancéolées, aiguës, un peu étalées, persistantes, une corolle campanulée, irrégulière, à tube renflé au milieu, à limbe partagé en cinq lobes courts, inégaux et obtus, tachetée intérieurement de points bruns, entourés de poils longs et mous; quatre étamines incluses et didynames; un ovaire simple, à deux loges multiovulées, surmonté d'un style simple, long, terminé par un stigmate bifide. Le fruit est une capsule ovoïde, acuminée, à deux loges polyspermes (Pl. 47).

Nous citerons la Digitale à grandes fleurs ou Digitale ambiguë (*D. ambigua* Murr., *D. ochroleuca* Jacq.), dont la tige visqueuse s'échappe d'une touffe de feuilles très-vertes, longues de 32 centimètres, et s'allonge en épi de fleurs nombreuses, d'un brun jaune; la Digitale laineuse (*D. lanata* Ehrhr.), à fleurs blanches, lavées de rose à l'extérieur qui est velu; la Digitale ferrugineuse (*D. ferruginea* L.), à fleurs d'un jaune rougeâtre, à gorge poilue; la Digitale-sceptre (*D. sceptrum* L.; *Isoplexis sceptrum* Lindl.) garnie au sommet de ses branches d'une large rosette de feuilles blanchâtres, et à fleurs jaunes mêlées de rouge; la Digitale des Canaries (*D. canariensis* Lindl.), que Plukenet et Jean Commelin ont les premiers décrite, dont la tige unique s'élève rarement au-dessus de 1 mètre et demi, dont les fleurs, d'un beau jaune safrané, ont une forme qui rappelle celle de l'Acanthe, et dont les feuilles oblongues ou lancéolées, sont persistantes.

Habitat. — La digitale pourprée croît abondamment dans l'Europe centrale et méridionale; elle habite surtout les lieux élevés, montueux, secs, arides et sablonneux. La digitale à grandes fleurs se trouve dans les Vosges, les Basses-Alpes, les bois sablonneux de la Suisse, de l'Autriche. La digitale laineuse est originaire de Hongrie. La digitale ferrugineuse se trouve dans le Piémont et dans plusieurs contrées de l'Orient. La digitale-sceptre habite l'île de Madère. La digitale des Canaries croît sur les berges et dans les ravins qui aboutissent aux montagnes des îles de ce nom.

**Culture.** — Les digitales pourprée, ferrugineuse, laineuse, à grandes fleurs, sont souvent cultivées dans les parcs et les jardins d'agrément; il suffit de semer leurs graines vers la fin de l'hiver et de repiquer les jeunes plants en juin; la plante ne demande plus ensuite aucun soin et se resème d'elle-même.

La digitale des Canaries, quoique supportant un froid de 3 à 4 degrés, demande, pendant l'hiver, l'orangerie ou la serre tempérée. Il en est de même de la digitale-sceptre. L'une et l'autre ont besoin de beaucoup de lumière et d'air. Il leur faut un sol substantiel poreux, bien drainé et peu d'arrosements pendant le repos. On les multiplie de graines que l'on sème à l'automne, aussitôt après la récolte; on peut recouvrir les graines et placer les pots en serre tempérée près du jour, ou sous châssis froid.

**Parties usitées.** — Les feuilles, les graines, autrefois les racines et les fleurs.

**Récolte.** — Les feuilles de digitale doivent être récoltées au moment de la floraison, et non à la fin de la première année, comme cela se pratique souvent à tort; à cette époque, toute la plante consiste dans une simple rosette de feuilles, dans lesquelles les sucs ne sont pas encore suffisamment élaborés; à la fin de la seconde année, au contraire, lorsque la plante a pris tout son développement et que les fleurs commencent à s'ouvrir, les feuilles caulinaires sont grandes et bien développées; on rejette celles de la base : on les rassemble en petits paquets très-peu serrés, et on les dispose en guirlandes que l'on fait sécher promptement au soleil ou à l'étuve; on doit les conserver dans un lieu sec et à l'abri de la lumière. La digitale qui croît dans les lieux élevés et qui reçoit l'influence solaire, doit être préférée à celle qui croît dans les lieux bas et ombragés.

On regarde la digitale cultivée comme moins active que celle qui pousse spontanément. A tort ou à raison, celle de Suisse jouit d'une grande réputation. Par la dessiccation, les feuilles perdent leur teinte verte et surtout leur odeur vireuse; elles diminuent des trois quarts ou des quatre cinquièmes de leur poids. Quand on les réduit en poudre, on rejette le dernier tiers qui est composé de nervures et de débris du pétiole.

Les feuilles de digitale ont été souvent frauduleusement mélangées avec celles de Grande-Consoude, de Bouillon-blanc, de Bourrache, et surtout de Conyze squarreuse (Voir au mot Conyze dans ce volume).

Les feuilles de conyse squarreuse, qui sont celles qui ressemblent le plus à la digitale, s'en distinguent en ce qu'elles sont rudes au toucher, presque entières, non dentées; elles ont une odeur sèche lorsqu'on les froisse.

Les jardiniers et les marchands appellent souvent Fausse-Digitale le Dracocéphale de Virginie (*Dracocephalum virginianum* L.) vulgairement nommé Cataleptique, plante qui offre un phénomène dont il est facile de se procurer le spectacle pendant les mois de juillet, août et septembre. Ce phénomène a été observé par de la Hire, et consiste dans la propriété qu'ont les fleurs d'obéir à la main qui les fait aller et venir horizontalement dans l'espace d'un demi-cercle, de prendre la position que la main veut leur donner et d'y rester tant qu'elle ne leur en impose pas une nouvelle. C'est de cette sorte de similitude avec la maladie dite catalepsie que le dracocéphale de Virginie tire son nom vulgaire de cataleptique; il a même été employé comme anti-cataleptique. Les fleurs de cette plante ressemblent beaucoup comme organisation à celle de la Digitale pourprée.

Sous le nom de Digitale orientale, qui appartient à une espèce du genre Digitale, originaire du Levant et portant de grandes fleurs blanchâtres, on confond quelquefois le Sésame (*Sesamum orientale* L.) et une plante de Haïti que Desportes et Nicholson appellent *Gigeri*.

Enfin, le nom de Petite-Digitale est vulgairement donné à l'espèce la plus commune du genre Gratiole, la Gratiole officinale (voyez ce mot, t. II, de la *Flore médicale*), à cause de la ressemblance des fleurs de cette dernière plante avec celles de plusieurs Digitales.

Composition chimique. — Peu de plantes ont été l'objet d'études chimiques aussi nombreuses, mais peu ont autant résisté que la digitale aux recherches des chimistes. D'après Quévenne et Homolle (1844), on trouve dans la digitale les corps suivants : digitaline, digitalose, digitalin, digitalide, acides | digitalique, antirrhinique et digitaléique, tannin, amidon, sucre, pectine, matière colorante rouge orange, huile volatile, chlorophylle et matières albuminoïdes. De son côté, Schmiedeberg y signale : digitaline, digitanine, digitaléine, digitoxine, digitalise, digitalin, digitalide ; acides digitalique, antirrhinique, digitaléique, tannique ; amidon, sucre, pectine, huiles volatiles, matière colorante, chlorophylle, matières albuminoïques.

Le plus important de tous ces corps est la digitaline. Entrevue par Henry, puis isolée, à l'état impur et amorphe, par Quévenne et Homolle, la digitaline n'a été obtenue à l'état cristallisé que par M. Nativelle, en 1868. La digitaline amorphe de Quévenne et Homolle, nommée aussi *digitaline française*, était un mélange de digitaline et de digitaléine. On connaissait alors une autre forme de digitaline, désignée sous le nom de *digitaline allemande,* ou de Kosman ; celle-ci était constituée par de la digitaléine impure. Quant à la digitaline de Nativelle, quoiqu'elle soit cristalline, il n'est pas démontré qu'elle soit absolument pure. On lui assigne la formule $(C^5 H^8 O^3)^n$. D'après Kosman, la formule de la digitaline de Nativelle serait $C^{27} H^{45} O^{15}$, et cette substance serait de la digitalirétine provenant de la digitaline soluble ou digitaléine, par perte de deux molécules de glucose. Le même chimiste admet qu'il existe dans la plante un ferment sous l'influence duquel la digitaline se décomposerait en digitalirétine et en glucose. La digitaline serait donc une sorte de glucoside, et son dédoublement serait exprimé par l'équation suivante :

$$C^{27} H^{45} O^{15} + 2H^2 O = C^{15} H^{25} O^5 + 2C^6 H^{12} O^6.$$

Digitaline      Eau.      Digitalirétine.      Glucose.

La digitaline de Nativelle se présente en aiguilles courtes et grêles, très-blanches, groupées autour d'un centre commun. Sa saveur est très-amère et très-persistante. Elle est peu soluble dans l'eau, soluble dans l'alcool à 90° à froid, à peine soluble dans l'éther sulfurique, très-soluble dans le chloroforme pur ; elle est sans odeur. Sa réaction est neutre.

La digitaline est le principe actif par excellence de la digitale. Elle est surtout abondante dans le limbe des feuilles.

Usages. — Van-Helmont, MM. Andral, Bouillaud, Homolle, L. Corvisart, etc., ont étudié la digitale au point de vue médical.

La feuille de digitale est à peu près la seule partie employée de la plante. D'après MM. Homolle et Quévenne, la racine est beaucoup moins active; les fleurs et les semences le sont très-peu aussi. C'est surtout de la poudre et de l'extrait des feuilles que l'on use. On prépare avec la digitale un sirop aqueux, un sirop au vinaigre, qui n'est plus usité, une teinture alcoolique, une alcoolature, une teinture éthérée, un vinaigre et une pommade, etc. La plante doit être bien desséchée, et la poudre récemment préparée.

La digitale produit des nausées et une sécrétion salivaire abondante; elle stimule les organes digestifs, le système nerveux et les sécrétions; elle diminue promptement la vitesse du cours du sang : aussi l'a-t-on placée parmi les contre-stimulants. A haute dose elle irrite la muqueuse gastro-intestinale, stupéfie le système nerveux, produit des nausées, des vomissements, des cardialgies, des vertiges, du délire, des hallucinations, une grande faiblesse musculaire; le pouls devient petit, rare et intermittent, la respiration lente; il survient ensuite des syncopes, un refroidissement plus ou moins général, un coma profond et la mort; le plus souvent les déjections alvines sont abondantes, mais il peut y avoir aussi constipation; quelquefois les pupilles sont contractées, rarement dilatées; le plus souvent elles restent à l'état normal; les urines sont généralement augmentées, mais il peut y avoir aussi diminution. L'empoisonnement par la digitale doit être combattu par les vomitifs, par la solution étendue de tannin ou l'iodure de potassium ioduré. Giacomini, au rapport de Rasori, administrait les excitants, c'est-à-dire le vin, l'alcool, etc.

A dose thérapeutique, la digitale augmente d'abord les mouvements du cœur, mais ils sont bientôt diminués; elle est par conséquent contre-stimulante; sous son influence le pouls peut baisser jusqu'à 45 et 50 pulsations. Broussais a remarqué que, lorsqu'il y avait irritation gastrique, la sédation ne s'opérait pas. La digitale est regardée comme un modificateur de l'action du cœur, et un régulateur de la circulation; aussi l'emploie-t-on dans tous les cas où l'on veut ralentir le cours du sang, par exemple dans certaines affections cardiaques. Elle est aussi considérée comme diurétique. On en fait usage contre les hydropisies non symptomatiques, dans l'anasarque, en général contre les infiltrations cellulaires; on l'emploie, dans ce cas, tantôt à l'intérieur, tantôt à l'extérieur, en frictions.

La digitale est employée dans certaines affections des reins et des voies urinaires. M. L. Corvisart a constaté son action hyposthénisante sur les organes génitaux, et il l'a employée avec succès contre les pollutions. On l'a encore préconisée contre les fièvres intermittentes, les maladies scrofuleuses, l'épilepsie, etc. Mais c'est surtout dans les maladies du cœur qu'elle est considérée comme un remède souverain, mais qui ne doit être administré qu'avec la plus grande prudence.

Aujourd'hui on emploie surtout la digitaline; on en fait de petits granules contenant chacun un milligramme de principe actif ; on administre 1 à 4, rarement 5 de ces granules. La teinture éthérée de digitale, considérée comme plus énergique, serait, d'après MM. Homolle et Quévenne, une simple teinture de chlorophylle peu ou point active.

Les homœopathes font un fréquent usage de la digitale. Ils considèrent la noix vomique et l'opium comme son antidote. Ils l'emploient, comme les allopathes, dans les affections du cœur. Nous trouvons son indication dans la médecine homœopathique de Jahr, pour la mélancolie par affection organique du cœur, pour la gastrite, le rétrécissement de l'urètre, le ténesme de la vessie, les affections organiques du cœur, les fièvres bilieuses, muqueuses, etc., etc. Le signe homœopathique de la digitale est *Sdg*, et son abrévation *Digit*.

## DILLÉNIE

*Dillenia speciosa* Thunb. *D. indica* L.
(Dilléniacées.)

La Dillénie élégante est un arbre dont la tige, haute de 12 à 15 mètres, se divise en rameaux épais, couverts d'une écorce ridée et cendrée. Les feuilles sont alternes, à pétiole élargi et un peu embrassant à la base, épais, long de $0^m,03$ à peine, à limbe très-grand, long de $0^m,35$ sur $0^m,15$ de largeur, ovale-arrondi, denté, glabre et d'un beau vert en dessus. Les fleurs, blanches et très-grandes, sont solitaires à l'extrémité des rameaux. Elles présentent un calice à cinq divisions arrondies, persistantes et accrescentes ; une corolle à cinq pétales alternes ; des étamines en nombre indéfini, inégales, disposées sur plusieurs rangs, à anthères allongées, linéaires ; un pistil composé d'une douzaine d'ovaires verticillés, uniloculaires, multiovulés, surmontés de styles radiés et divergents, qui portent intérieurement un stigmate dans toute leur longueur. Le fruit est une baie pluriloculaire, de la grosseur d'une pomme, couronnée par les styles, remplie d'une pulpe charnue et acidule, et contenant de nombreuses graines à bords poilus et dépourvus d'arille (Pl. 48).

Parmi les autres espèces, nous citerons les Dillénies dorée (*Dillenia aurea*), à feuilles elliptiques (*Dillenia elliptica* Thunb.), à feuilles dentées (*D. serrata* Thunb.), à feuilles entières (*D. integra* Thunb., *non* Mœnch), etc.

La famille des Dilléniacées tire son nom du botaniste allemand Jacques Dillen, né à Darmstadt en 1687, mort à Oxford en 1747; qui fut surtout célèbre comme cryptogamiste.

Habitat. — La dillénie élégante est originaire de Malabar, de Ceylan et de Java. La dillénie à feuilles elliptiques, qui donne des fruits plus gros, d'une saveur plus douce, légèrement acides et remplis d'un suc jaunâtre, se trouve plus particulièrement à Amboine et aux îles Célèbes. La dillénie dorée abonde dans l'Hindoustan. Au reste les Dilléniacées appartiennent pour moitié à peu près à l'Amérique et à l'Asie tropicale, pour moitié à la Nouvelle-Hollande. L'Afrique en possède, mais en très-petit nombre.

Culture. — Sous nos climats, les dillénies ne peuvent se cultiver qu'en serre chaude. Elles demandent une terre substantielle, mélangée d'un tiers de sable de rivière. On les multiplie de graines, semées aussitôt après leur maturité, ou de boutures, sur couche chaude.

Parties usitées. — Les fruits, l'écorce.

Composition chimique. — L'usage que l'on fait comme astringent des écorces et des feuilles de quelques dillénies fait supposer que ces plantes renferment du tannin. Les fruits sont acidules et sucrés.

Usages. — Les fruits acidules des dillénies sont employés aux Indes orientales comme rafraîchissants. On use surtout des fruits des dillénies élégantes, à feuilles elliptiques, et à fleurs dentées. On en fait des boissons acides qu'on emploie dans les fièvres. Par fermentation, on obtient des dillénies des liqueurs alcooliques qui, dans les pays de production, sont usitées dans certaines maladies.

Le genre *Curatella,* voisin des *Dillenia,* donne des plantes qui sont quelquefois utilisées. Au Brésil on emploie la seconde écorce du *Curatella Cambaiba* A. S.-H., qui est astringente, en décoction, pour laver les plaies et hâter leur cicatrisation.

## DIPTÉROCARPE

( Voyez le *Supplément* du T. I. )

## DIRGA

(Voyez le *Supplément* du T. I.)

## DOLIARIA (ou GAMELLEIRA)

(Voyez le *Supplément* du T. I.)

# DOMPTE-VENIN

*Vincetoxicum officinale* Mœnch. ***Cynanchum vincetoxicum*** R. Br. *Asclepias vincetoxicum* L.
( Asclépiadées - Cynanchées.)

Le Dompte-Venin, appelé aussi Asclépiade blanc, Ipécacuanha des Allemands, est une plante vivace, à rhizome tubéreux, horizontal, blanchâtre, qui donne naissance à de nombreuses racines fibreuses, cylindriques, allongées. La tige, haute de 0$^m$,35 à 0$^m$,65, cylindrique, simple, glabre, faible, flexible, dressée, porte des feuilles opposées, décussées, courtement pétiolées, cordiformes, aiguës, entières, lisses et d'un vert sombre en dessus, plus pâle en dessous, et allant en diminuant de grandeur à mesure qu'elles s'élèvent. Les fleurs, petites, blanches, tirant quelquefois sur le jaunâtre ou sur le verdâtre, sont groupées en ombelles simples, pédonculées, à l'aisselle des feuilles supérieures. Elles présentent un calice petit, à cinq divisions aiguës; une corolle à cinq lobes étalés, munie à la gorge d'une couronne de cinq appendices pétaloïdes, charnus; cinq étamines, à anthères membraneuses, à pollen en masses; un pistil composé de deux carpelles terminés chacun par un stigmate ombiliqué, charnu. Le fruit consiste en deux follicules géminés, oblongs, ventrus, longuement acuminés, striés, glabres, renfermant de nombreuses graines ovales, aplaties, marginées, rougeâtres, munies d'une aigrette soyeuse et nacrée.

Le Dompte-venin noir ( *Vincetoxicum nigrum* Mœnch, *Cynanchum nigrum* R. Br.) est également vivace ; il se distingue du précédent par ses tiges un peu volubiles au sommet, et sa corolle d'un pourpre noirâtre à lobes pubescents à la face interne.

HABITAT. — Le dompte-venin est abondant en France, et en général dans l'Europe centrale et méridionale. Il croît surtout dans les bois sablonneux ou pierreux, sur les coteaux incultes, etc.

CULTURE. — Cette plante n'est cultivée que dans les jardins botaniques. Elle demande une terre douce, franche, un peu fraîche. On la propage facilement de graines semées aussitôt après leur maturité, ou d'éclats de pieds, de drageons et de rejetons, plantés en mars.

PARTIES USITÉES. — Les racines, les feuilles.

RÉCOLTE. — La racine doit être récoltée en automne ou pendant l'hiver. Les feuilles se cueillent au moment de la floraison ; par la dessiccation elles perdent une partie de leurs propriétés.

La racine que l'on trouve dans le commerce, est composée de longues fibres, blanches et menues, tenant à une souche ligneuse irrégulière, ou à une partie de la tige devenue souterraine ; lorsqu'elle est récente, son odeur est forte, sa saveur âcre et désagréable ; sèche, elle perd presque complétement sa saveur et son odeur, tout en conservant sa blancheur naturelle.

Composition chimique. — L'odeur de la racine de dompte-venin se rapproche de celle de la Valériane sauvage. M. Feneulle, qui l'a analysée (*Journal de pharmacie*, t. XI, p. 305), y a trouvé une substance vomitive différente de l'émétine, de la résine, du muqueux, de la fécule, une huile grasse, consistante, presque sirupeuse, une huile volatile, de l'acide pectique, du ligneux et des sels.

Usages. — La racine de dompte-venin est un poison énergique (on en pourrait dire autant de toute la plante); Orfila (*Toxicologie*, t. II, p. 97) l'a administrée à des chiens, qui en sont tous morts en peu de temps. D'après Coste et Willemet (*Mat. méd. indigène*), on l'emploie, dans certains pays, comme un purgatif doux, à la dose de 1 gramme à 2 grammes. Wauthers conseille cette racine comme succédané de l'Ipécacuanha, dont elle est bien loin d'égaler les propriétés ; toutefois, à dose élevée, elle est vomitive et purgative ; à dose faible, elle agit, dit-on, sur les voies urinaires et sur le système cutané ; aussi l'a-t-on employée dans les scrofules, la syphilis, les dartres, comme résolutive dans les engorgements lymphatiques et glanduleux, et dans les abcès froids. Gilibert condamne son usage. Néanmoins, M. Cazin dit l'avoir employée en décoction dans un grand nombre de cas, sans le moindre inconvénient; il a constaté qu'elle avait eu des effets diurétiques et qu'elle détergeait les plaies. A dose vomitive, elle agit, dit encore M. Cazin, comme l'Ipécacuanha ; toutefois, ce praticien lui préférait la racine d'Asaret, dont l'action est plus constante. On a employé le dompte-venin comme diurétique et diaphorétique, dans l'anasarque scarlatineuse.

Toute la plante teint la laine non alunée en olive pâle, la soie en jaune faible.

Dans divers pays, on emploie, aux mêmes usages médicinaux que le dompte-venin, les racines du *Vincetoxicum nigrum* et des *Asclepias undulata* L., *volubilis* L., *vomitoria* Kœnig, *procera* Ait., *prolifera* Rottl., *spiralis* Forsk., *stipitacea* Forsk., *tuberosa* L., *decumbens* L., *lactifera* L., etc., etc. Sous le nom de *racine de Mudar*, on trouve quelquefois la racine d'Asclépiade gigantesque (*A. gigantea* L., *Calo-tropis gigantea* Hamilt.), usitée, dit-on, dans l'Hindoustan, contre l'éléphantiasis et d'autres affections cutanées, comme la plante elle-même est usitée dans les mêmes pays contre la syphilis (Voir : ASCLÉPIADE, p. 118 de ce vol., et MUDAR.)

## DORADILLE

*Asplenium Ruta-muraria, Trichomanes, Ceterach* L., etc.
(Fougères – Polypodiées.)

Les Doradilles, Dauradilles ou Daurades, noms vulgaires des Fougères du genre Asplénie, sont de petites plantes vivaces, croissant en touffes serrées. Leurs frondes ou feuilles, pennatiséquées, souvent très-découpées, naissent d'une souche cespiteuse, et portent, à leur face inférieure, des sporanges disposés en groupes linéaires solitaires et épars sur les nervures secondaires, à indusium membraneux , se continuant d'un côté avec la nervure secondaire, libre du côté de la nervure moyenne du lobe.

La Doradille Rue-des-murailles, appelée aussi Capillaire blanc, (*Asplenium ruta-muraria* L.), a des frondes ordinairement nombreuses, en touffes, longues de 0ᵐ,10 au plus, à pétioles verts, pennatiséquées, à segments peu nombreux, cunéiformes ou obovales, entiers ou crénelés. Les groupes de sporanges, d'abord linéaires et isolés, s'élargissent plus tard et se réunissent entre eux, de manière à couvrir toute la face inférieure des segments.

La Doradille polytric (*Asplenium trichomanes* L.), vulgairement Polytric des boutiques, Capillaire rouge, se distingue de la précédente par ses frondes, longues de 0ᵐ,10 à 0ᵐ,20, linéaires, simplement pennatiséquées, à segments nombreux, ovales-rhomboïdaux, crénelés, presque égaux, portés sur un pétiole commun ou rachis d'un brun noir luisant, plan en dedans, convexe en dehors.

La Doradille noire (*Asplenium adianthum nigrum* L.), vulgairement Capillaire noir, est caractérisée par ses frondes, longues de 0ᵐ,10 à 0ᵐ,30, longuement pétiolées, triangulaires, lancéolées, très-découpées, à segments lancéolés-aigus, divisés en lobes, puis en lobules oblongs, dentés au sommet.

On peut encore rapporter à ce genre le Cétérach, appelé aussi Doradille d'Espagne, Herbe dorée, Scolopendre vraie (*Asplenium ceterach* **L.**, *Ceterach officinarum* **Willd.**), qui se reconnaît à ses sporanges dépourvus d'indusium, rapprochés en groupes linéaires ou oblongs, entremêlés d'un grand nombre d'écailles scarieuses brunâtres.

HABITAT. — Ces plantes croissent abondamment sur les rochers humides, les vieux murs, etc. On ne les cultive que dans les jardins botaniques.

Parmi les espèces exotiques, on compte l'*Asplenium arboreum* **Willd.**, qui a environ deux mètres et demi de hauteur, et que l'on rencontre à Caracas; l'*Asplenium rhyzophyllus* **L.**, des États-Unis; et l'*Asplenium serratum* **L.** qui croît aux Antilles.

PARTIES USITÉES. — Toute la plante.

RÉCOLTE. — On récolte les doradilles rue-des-murailles et noire, ainsi que les doradilles polytric et célérach, lorsque ces plantes sont parfaitement développées; on les fait sécher, et on sépare les écailles qui se détachent et qui recouvrent les fructifications.

La doradille rue-des-murailles a les frondes moins larges et moins développées que le célérach. La plante est le plus souvent brisée et accompagnée de fructifications nombreuses. La doradille polytric des officines ressemble beaucoup aux Capillaires; ses folioles sont petites et chargées d'écailles fauves qui couvrent les fructifications.

COMPOSITION CHIMIQUE. — Les doradilles n'ont pas été analysées; elles ont une odeur agréable, une saveur astringente semblable à celle de la racine de Fougère; on prétend qu'elles ont un arrière-goût de suif.

USAGES. — Le célérach a été autrefois assez employé en médecine contre les maladies du poumon; on l'administrait en décoction comme adoucissant et expectorant. Moranel l'a préconisé contre la colique néphrétique et les maladies de la vessie. M. Bouillon-Lagrange dit l'avoir employé avec succès dans la gravelle, le catarrhe vésical et la dysurie. Matthiole prétendait que la poussière des fructifications du célérach était utile dans la gonorrhée. On a prêté à ses feuilles des propriétés astringentes.

La doradille rue-des-murailles était autrefois vantée contre une foule de maladies, mais surtout comme expectorante dans les affections de poitrine. Elle était aussi préconisée dans les maladies des voies urinaires. On la regardait comme fondante et lithotriptique. Aujourd'hui elle est à peu près abandonnée.

La doradille noire, qui pousse sur les vieux murs et dans les puits, est souvent substituée, par les gens du peuple et dans les hôpitaux, aux Capillaires du Canada, du Mexique et de Montpellier, dont elle est loin d'avoir l'odeur agréable et les propriétés. On l'emploie dans les mêmes cas que les précédentes.

Les feuilles de la doradille polytric ont été employées comme béchiques.

Aux Antilles, on emploie souvent l'Asplénie dentée (*Asplenium serratum* L.) contre les obstructions, les diarrhées rebelles, à la dose de 4 à 15 grammes (*Flore médicale des Antilles*, t. II, p. 337).

La décoction des doradilles, surtout celle du cétérach, préparée avec l'eau des forgerons, dans laquelle ils éteignent leur fer, est un remède populaire contre les engorgements de la rate et l'œdème qui suivent ou accompagnent les fièvres intermittentes.

# DORÈME

*Dorema ammoniacum* Don. *Heracleum gummiferum* Willd.
( Ombellifères - Peucédanées. )

Le Dorème ammoniac est une grande plante bisannuelle, à racine fusiforme, pivotante. La tige, haute de 1 à 2 mètres, droite, rameuse au sommet, porte des feuilles alternes, à pétiole canaliculé, un peu embrassant à la base, à limbe très-grand, bipenné. Les fleurs sont disposées en une ombelle allongée, un peu racémiforme, composée d'ombellules presque globuleuses, portées sur des pédoncules très-courts ; elles sont presque sessiles et entourées de longs poils laineux, et présentent un calice à cinq dents ; une corolle à cinq pétales échancrés ; cinq étamines ; un ovaire simple, à deux loges uniovulées, surmonté d'un disque épigyne en forme de coupe. Le fruit, d'après A. Richard, est un diakène comprimé, mince sur ses bords, offrant de chaque côté trois côtes linéaires séparées par des sillons étroits, contenant chacun un vaisseau rempli de suc propre ; la commissure offre quatre de ces vaisseaux.

Habitat. — Cette plante est originaire du nord de la Perse et de l'Arménie. Elle n'est pas cultivée dans son pays natal, et on ne la trouve, en Europe, que dans les serres des grands jardins botaniques.

Parties usitées. — La gomme-résine ammoniaque qu'on obtient par incision.

Récolte. — La Gomme-ammoniaque est une des cinq gommes-résines fournies par la famille des Ombellifères. Elle tire son nom du temple de Jupiter-Ammon, dans la Libye cyrénaïque, aux environs duquel la plante croissait, au dire de Dioscoride. Selon le même auteur, elle découlait d'une espèce de Férule; il appelle cette plante *Agasyllis*, et Pline la nomme *Metopion*. Or, Dioscoride attribue le *Galbanum* au *Metopion*. Tous les auteurs, jusqu'à Murray, ont répété ce qu'avait dit Dioscoride sur l'origine de la gomme-ammoniaque. Murray la fait venir des Indes orientales, par la Turquie. Un voyageur anglais, Jackson, dit qu'elle arrive du Maroc, et qu'elle est produite par une plante ressemblant au Fenouil, et nommée *Faskook* ou *Feskouk*; aujourd'hui on croit qu'elle vient de la Perse et de l'Arménie. Don pense que son épithète *ammoniacum* ou *armoniacum*, est une corruption d'*Armeniacum* (d'Arménie), ce qui changerait singulièrement l'étymologie puisée dans Dioscoride. Ce botaniste a formé le genre *Dorema*, voisin des *Ferula*, de la plante rapportée de Perse par le colonel Wright.

D'après Chardin (*Voyage en Perse*, t. III, p. 299), la plante qui produit la gomme-ammoniaque est très-commune dans l'ancienne Parthie (aujourd'hui l'est de l'Irak-Adjémi et l'ouest du Khoraçan), où on la nomme *Ouscioe*, *Ouchag*. Lémery (*Dict.*, I, p. 32) dit qu'elle est produite par le *Ferula ammonifera*. Peyrilhe, traducteur de la *Matière médicale* de Linné, l'attribuait avec doute à un *Pastinaca* (*Tab. méth. d'un cours*, etc., p. 481). Quelques auteurs ont écrit qu'elle était fournie par le *Bubon gummiferum* L., ou par le *Selinum gummiferum* Spreng. Olivier crut qu'elle était donnée par le *Ferula persica*, qui, d'après Wildenow, produit le *Sagapenum* (Voyez à l'article FÉRULE, t. II). C'est ce dernier auteur qui, le premier, dans son *Hortus berolinensis*, figura, en 1787, la plante qui produit la gomme-ammoniaque; il l'appela *Heracleum gummiferum*.

On trouve dans le commerce la gomme-ammoniaque en larmes, et la gomme-ammoniaque en masses. La première est en larmes isolées, de grosseur variable, dures, blanches, et opaques à l'intérieur; leur cassure est conchoïde et présente l'aspect du lait caillé; leur odeur est forte, leur saveur âcre, amère et nauséeuse; elles sont blanches à l'intérieur, mais elles deviennent jaune rougeâtre à la lumière. La gomme-ammoniaque en masses est formée de larmes agglomérées dans une gangue jaunâtre ; son odeur est plus forte, mais elle est moins estimée et moins pure que la gomme en larmes ; toutefois, elle peut servir pour la préparation des emplâtres.

M. Guibourt décrit sous le nom de *Fausse gomme-ammoniaque de Tanger* une gomme-résine qui est probablement celle que Jackson a prise pour la gomme-ammoniaque vraie, et qu'il disait venir du Maroc, où on la désigne sous le nom de *fusògh* ou de *fasògh ;* elle serait produite, non pas par le *Ferula orientalis*, auquel Sprengel rapporte le *Faskook* de Jackson, mais bien, d'après M. Lindley, par le *Ferula tingitana.* Cette gomme-résine ressemble à la gomme-ammoniaque, mais les larmes sont moins blanches et moins opaques, et on trouve souvent sur leur contour une teinte bleuâtre ; elles sont aussi moins dures ; la masse est presque inodore ; la saveur, nulle d'abord, devient bientôt amère, sans présenter l'âcreté de la gomme-ammoniaque.

M. Guibourt ne croit pas que le *fusògh* soit la gomme-ammoniaque de Dioscoride qui signale l'odeur très-forte de la gomme-ammoniaque ; tandis que le *fusògh* est peu odorant. De plus, Dioscoride distingue la gomme en larmes, qu'il nomme *thrausa,* et celle qui est en masses, qu'il appelle *phriama* ou *phurama.* C'est donc notre gomme-ammoniaque que Dioscoride a connue ; seulement il s'est trompé sur sa provenance (*Hist. des drogues simples*, t. III, p. 224-226).

Composition chimique. — La gomme ammoniaque est formée d'un mélange de résine, d'huile essentielle et de gomme. L'huile essentielle est encore peu connue. D'après Flückiger et Hanbury, elle ne contiendrait pas de soufre ; cependant Vigier affirme qu'elle noircit l'argent. La résine existe dans la proportion de 70 pour 100 de la drogue. Przeciszewski la considère comme formée par le mélange de deux résines, l'une neutre, l'autre acide. La gomme ammoniaque ne donne pas d'ombelliférine.

Usages. — La gomme-ammoniaque est très-souvent employée comme incisive et expectorante sous forme d'émulsions, de potions et de pilules ; à l'extérieur, comme maturative et résolutive : en lavements, comme antispasmodique. Connue dès la plus haute antiquité, employée à toutes les époques, elle a été, avec raison, préconisée dans tous les cas où les antispasmodiques sont utiles ; on l'a considérée

comme expectorante, anticatarrhale, antiasthmatique et antispasmodique. Dans l'asthme, MM. Trousseau et Pidoux conseillent d'unir la
gomme-ammoniaque au savon médicinal, lorsque surtout l'expectoration est empêchée par la viscosité des crachats. Combinée avec
l'oxymel scillitique, on l'a vantée dans les affections atoniques des
organes respiratoires. Alibert, après lui avoir refusé toute propriété,
avait été conduit, en raison de son action sur l'utérus, à la placer
dans les emménagogues. Cullen lui attribuait des inconvénients;
cette opinion a été victorieusement combattue par Murray.

La gomme-ammoniaque entre dans l'emplâtre diachylon gommé,
dans celui de Ciguë et dans les pilules de Bontius.

Voyez les articles Assa-fetida, t. I; Férule, t. II de la *Flore médicale*.

## DORONIC

*Doronicum pardalianches* L.
(Composées – Sénécionidées.)

Le Doronic à feuilles en cœur ou Pardalianches, vulgairement appelé Mort aux panthères, est une plante vivace, à souche traçante, à
rhizomes terminés en bulbe charnu, muni de fibres radicales épaisses.
La tige, haute de 0<sup>m</sup>,60 à 1 mètre, rarement simple, le plus souvent
rameuse au sommet, pubescente, dressée, porte, dans toute sa longueur, des feuilles alternes, à pétiole velu, à limbe sinué ou denté ; les
radicales longuement pétiolées, ordinairement très-grandes, ovales et
profondément échancrées en cœur à la base; les caulinaires élargies
à la base et amplexicaules, rétrécies vers le milieu; les supérieures
amplexicaules, ovales-lancéolées. Les fleurs, jaunes, sont groupées
en capitules assez amples, terminaux, rarement solitaires à l'extrémité de la tige, plus souvent réunis en corymbe, à pédoncules munis
de bractées, à involucre formé de folioles linéaires-acuminées,
presque égales, disposées sur deux rangs. Elles sont insérées sur un
réceptacle un peu convexe, nu ; celles du centre sont hermaphrodites et tubuleuses; celles de la circonférence femelles et en languette. Les fruits sont des akènes oblongs-cylindriques, pubescents,
munis d'une aigrette, qui manque quelquefois sur ceux de la circonférence.

Le Doronic à feuilles de Plantain (*D. plantagineum* L.) est aussi
vivace, et se distingue du précédent par sa taille moins élevée ;

sa tige simple, nue dans sa partie supérieure; ses feuilles radicales ovales; ses capitules toujours solitaires au sommet de la tige.

On peut citer encore les Doronics du Caucase (*D. Caucasicum* Bieb.), d'Autriche (*D. Austriacum* Jacq.), scorpion (*D. scorpioïdes* Willd.). L'Arnica, autrefois rapporté aux doronics, forme aujourd'hui un genre particulier (Voyez au mot ARNICA dans ce volume).

HABITAT. — Les doronics sont assez répandus dans l'Europe centrale et méridionale; ils habitent surtout les bois montueux, les taillis, les lieux sablonneux. On ne les cultive que dans les jardins botaniques, et quelquefois aussi dans les massifs d'agrément.

PARTIES USITÉES. — Les racines, les fleurs.

RÉCOLTE. — La racine est récoltée après la floraison; elle est rameuse, oblique, rampante, fibreuse, noueuse, brune, marquée d'anneaux ou d'écailles nombreuses, blanche en dedans, un peu odorante, d'une saveur douceâtre.

Les fleurs de doronic sont souvent mélangées à celles d'arnica, quoique certains auteurs aient dit le contraire, non pas parce que le doronic est plus commun et coûte meilleur marché, mais bien parce que les ramasseurs de plantes confondent, par ignorance, les deux inflorescences entre elles.

La racine du Doronic à feuilles de Plantain, lequel est abondant dans les taillis des environs de Paris, est souvent donnée pour celle du Doronic à feuilles en cœur; on y mêle aussi celles du Doronic d'Autriche et du Doronic scorpion; la racine de ce dernier se distingue par sa forme, qui est en queue de scorpion; les inflorescences de ces mêmes plantes sont mêlées avec celles de l'Arnica.

USAGES. — Les anciens regardaient le doronic, dont l'analyse chimique n'a d'ailleurs pas encore été faite, comme très-délétère. On dit qu'ils lui avaient donné le nom de *Pardalianches* (de πάρδος, panthère, ἄγχω, étrangler), en français *Mort aux panthères*, parce qu'ils s'en servaient pour tuer les bêtes féroces dans les cirques; il y aurait lieu de croire, d'après Dioscoride et Pline, que la plante employée à cet usage était l'*Aconitum Pardalianches*; mais il est plus probable encore que l'on se servait de la racine d'un véritable Aconit pour faire périr les animaux sauvages. Spielmann fait d'ailleurs remarquer qu'il n'est pas certain que la plante usitée chez les anciens sous le nom de doronic soit la même que nous appelons ainsi. Toutefois Cortusus, Matthiole et d'autres auteurs affirment que des chiens et même des hommes ont succombé à l'action du doronic; Matthiole dit avoir fait périr un chien en quelques heures avec quatre grammes de poudre de la racine de cette plante; c'est pourquoi, ajoute-t-il, ce n'est pas *Doronicum*, mais *Dæmoniacum*, qu'il conviendrait de l'appeler (*Comment.*, lib. IV, c. 73). Au contraire, Gessner dit avoir avalé deux gros (8 grammes) de cette racine sans avoir éprouvé d'autre accident qu'un gonflement de l'épigastre et de la faiblesse; il dit également avoir mangé sans inconvénients les feuilles de la plante. Johnson apporte son opinion à l'appui de celle de Gessner. D'où il faut conclure qu'il règne une grande incertitude sur les propriétés du Doronic. Somme toute, il convient de n'user qu'avec prudence de cette plante, en raison de ses affinités avec l'Arnica.

Camerarius, Lobel, Schrœder, etc., ont employé la racine de doronic comme alexipharmaque. Gessner la conseillait contre les vertiges, et l'on raconte que les danseurs de corde en prenaient avant leurs exercices. Albinus la prescrivait contre l'épilepsie. Les médecins anglais l'ont employée comme emménagogue à la dose de 2 à 4 grammes. Les médecins français n'en font plus usage.

# DOUCE-AMÈRE

*Solanum dulcamara* L.
(Solanées.)

La Douce-amère, appelée aussi Morelle grimpante, Vigne de Judée, Vigne sauvage, etc., est un sous-arbrisseau à racines ligneuses, chevelues. La tige, haute de 1ᵐ,50 à 2 mètres, ligneuse à la base, herbacée au sommet, cylindrique, pubescente, grêle, cassante, sarmenteuse et grimpante, porte des feuilles alternes, pétiolées, lisses, d'un vert peu foncé, cordiformes, pointues; le plus souvent profondément divisées en trois lobes, un médian, plus grand, ovale-aigu, entier, et deux latéraux opposés, plus petits, irréguliers, plus rarement divisés en cinq lobes. Les fleurs, assez grandes, violettes, jaunes au centre, portées sur des pédoncules colorés, sont disposées en grappes terminales, pendantes, opposées aux feuilles. Elles présentent un calice très-petit, turbiné, violet noirâtre, à cinq lobes, aigus, persistant; une corolle rotacée, à tube très-court, à limbe partagé en cinq divisions profondes, étroites, aiguës, étalées, marquées à leur base de deux petites taches glandulaires, vertes et luisantes ; cinq étamines, à anthères oblongues, rapprochées en cône ; un ovaire simple, ovoïde, surmonté d'un style filiforme terminé par un stigmate en bouton. Le fruit est une petite baie ovoïde, polysperme, rouge et charnue à la maturité, et entourée à sa base par le calice persistant.

HABITAT. — Cette plante est abondamment répandue dans presque toutes les régions de l'Europe ; elle habite surtout les lieux humides, les haies, les buissons, la lisière des bois, les décombres et les vieux murs.

CULTURE. — On ne cultive guère la douce-amère que dans les jardins botaniques ou dans les parcs d'agrément. Elle croît dans tous les sols, mais mieux à l'exposition de l'ouest, et se propage très-facilement par graines, par boutures, par marcottes ou par éclats de racines.

PARTIES USITÉES. — Les tiges, les sommités et les fleurs.

RÉCOLTE. — On cueille la douce-amère au printemps ou à l'automne ; on choisit les tiges dures, ou au moins on rejette celles dont l'écorce est verte, ou celles qui sont trop ligneuses. Dans le Midi, on préfère la douce-amère sauvage à celle qui vient dans les jardins et dans les lieux bas et humides. Lorsque les tiges sont un peu grosses, on les fend longitudinalement. Dans tous les cas, avant de les faire sécher au soleil, on les coupe en morceaux de 2 centimètres de longueur environ. C'est toujours sous cette forme qu'on trouve la douce-amère dans le commerce. On la distingue à sa partie médullaire très-développée, à sa couche herbacée, verte, volumineuse, et à son épiderme mince et grisâtre.

COMPOSITION CHIMIQUE. — Les effets de la douce-amère sont dus à la *solanine*, qui a été extraite de cette plante, en 1821, par M. Desfosses, de Besançon. La solanine a pour composition $C^{43}H^{69}AzO^{16}$. Elle se dépose d'une solution alcoolique en prismes quadrangulaires, aplatis ; sa réaction est faiblement alcaline ; elle forme avec les acides des sels cristallisables ; elle est pulvérulente, blanche, nacrée, inodore, d'une saveur nauséeuse, un peu amère, insoluble dans l'eau froide, peu soluble dans l'eau chaude et dans l'alcool. D'après Gmelin, ce serait un composé d'un alcaloïde cristallisable, la *solanidine*, $C^{25}H^{39}AzO$, et de glucose. La solanidine se transforme, sous l'action de l'acide chlorhydrique, en un composé basique, amorphe, la *solanicine*, $C^{50}H^{76}Az^{2}O^{5}$. Geissler a retiré de la douce-amère un principe amorphe, amer, la *dulcamarine*, $C^{22} H^{34} O^{10}$.

Usages. — La douce-amère n'est guère employée qu'en tisane (20 grammes pour un litre par infusion); on fait plus rarement usage de l'extrait et du sirop.

D'après Dioscoride et Matthiole, on peut manger les jeunes pousses de douce-amère. On croit que c'est elle que le premier de ces auteurs a eue en vue sous le nom d'*Ampelos agria*, Vigne sauvage, qu'il signale comme propre à guérir l'hydropisie. Avant Boerhaave on ne l'employait qu'à l'extérieur; cet illustre médecin la mit en vogue pour l'usage interne; depuis lui, Linné, Sauvages, Carrère, Razoux, Lagrésie, en firent de fréquents usages comme sudorifique et dépurative. D'après Hallemberg et Vilet, elle doit être préférée à la Salsepareille et au Gaïac. Starke, Poupart, Wauthers, Fages, Murray, etc., l'ont regardée comme un des meilleurs moyens à employer contre les maladies de la peau. Sebezius et Fuller ont préconisé les feuilles comme anodines et calmantes; on les emploie encore quelquefois comme telles sous forme de cataplasmes. Un des meilleurs observateurs de notre époque, M. Bretonneau, de Tours, considère la douce-amère comme très-efficace dans les dermatoses chroniques; c'est, dit-il, le meilleur de tous les dépuratifs; cette opinion est contraire à celle de des Bois de Rochefort, d'Alibert, de Cullen et de Hanin, qui regardaient cette plante comme n'ayant qu'une action à peu près insignifiante. Linné et Carrère citent le rhumatisme articulaire aigu comme cédant parfaitement à l'usage de la douce-amère; nous savons aujourd'hui à quoi nous en tenir sur la valeur de cette médication, que l'on doit dans ces cas considérer comme une simple expectation. Mais la douce-amère rend très-certainement de grands services dans les affections de la peau et dans les maladies syphilitiques, où elle agit aussi bien, sinon mieux que la salsepareille tant vantée. M. Guersant en a retiré de bons effets dans les catarrhes chroniques sans fièvres. Tragus employait la décoction de douce-amère dans les engorgements glandulaires. Hufeland s'en servait contre la coqueluche, ce qui n'a pas lieu de surprendre, lorsqu'on se rappelle les excellents effets de la Belladone, à très–petites doses, contre cette névrose.

Les insuccès de quelques médecins qui ont fait usage de la douce-amère devraient être attribués, d'après M. Guersant, aux faibles doses auxquelles ils l'auraient administrée. Gardner dit positivement qu'elle n'agit qu'à haute dose ; il faut, ajoute-t-il, qu'elle produise le vertige. Il en faisait prendre 100 grammes par jour. D'après Carrère (*Traité de la douce-amère*, p. 118), elle produit des pesanteurs de tête, des étourdissements, de la chaleur à la gorge et aux parties génitales, mais ces accidents disparaissent rapidement. Linné, Carrère, Starke et Dehaen ajoutent qu'elle détermine souvent des démangeaisons à la peau. M. Bretonneau considère la douce-amère, en tant que plante vireuse, comme inférieure aux autres Solanées ; mais il la recommande aux praticiens comme dépurative ; il ajoute qu'il faut commencer par la dose la plus faible et augmenter graduellement jusqu'à ce que le médicament produise un léger trouble de la vue, des nausées, quelques vertiges, etc.

## DUONDAKÉ

(Voyez le *Supplément* du T. I.)

## DRACONTIUM (ou SYMPLOQUE)

(Voyez le *Supplément* du T. I.)

## DRAGONNIER

*Dracœna Draco* L., *Asparagus Draco* L.
(Liliacées-Asparagées.)

Le Dragonnier, ou Sang-dragon, est un arbre qui peut acquérir des proportions colossales. Le tronc, relativement peu élevé, mais très-épais, se divise au sommet en rameaux dichotomes, marqués, ainsi que la tige, de cicatrices semi-annulaires laissées par la chute successive des feuilles. Celles-ci, qui naissent en faisceaux à l'extrémité des rameaux, sont longues d'environ $0^m,65$, larges de $0^m,03$ à $0^m,05$, lancéolées, terminées par une pointe dure et piquante, entières, épaisses, consistantes, striées longitudinalement. Les fleurs, polygames, blanc verdâtre, sont groupées en panicules terminales. Elles présentent un périanthe tubuleux, profondément divisé en six lobes linéaires, égaux, obtus, connivents à la base, réfléchis au sommet, six étamines saillantes, à filets amincis au sommet ; un ovaire simple, à trois loges uniovulées, surmonté d'un style grêle, trigone, dépassant les étamines, et terminé par un stigmate trilobé. Le fruit est une baie, renfermant de une à trois graines, à tégument crustacé, noirâtre et lustré.

Nous citerons encore les dragonniers réfléchi (*D. reflexa* Lam.),
penché (*D. cernua* Jacq.), parasol (*D. umbraculifera* Jacq.), odorant
(*D. fragrans* Gawl.), terminal ou pourpre (*D. terminalis* Jacq.,
*D. ferrea* Willd.), etc.

Habitat. — Le dragonnier sang-dragon est originaire des îles
Canaries, où il prend des proportions colossales, quoique croissant
très-lentement; Léopold de Buch l'a vu à l'état sauvage dans l'île
de Ténériffe. Il est cultivé de temps immémorial aux Canaries, à
Madère, à Porto-Santo. Il n'est certainement pas originaire, comme
on l'a cru pendant longtemps, des Indes orientales. Les autres
espèces sont disséminées dans les régions chaudes de l'ancien continent. La forme des *Dracæna*, dit Humboldt (*Tableaux de la nature*,
nouvelle édition in-8, 1865, p. 443), se retrouve au cap de Bonne-
Espérance, à l'île Bourbon, en Chine et à la Nouvelle-Zélande; on
rencontre dans ces contrées lointaines différentes variétés appartenant au même genre; mais il n'en existe aucune dans le nouveau
monde, où elles sont remplacées par le genre Yucca.

Culture. — Sous nos climats, les dragonniers exigent la serre
chaude. On les tient dans des pots bien drainés, et remplis d'une
terre franche, douce, un peu légère. On les multiplie de graines ou
de rejetons. Les arrosements, très-modérés en hiver, doivent être au
contraire assez fréquemment renouvelés dans la belle saison.

Parties usitées. — Autrefois, le suc désigné sous le nom de
*sang-dragon des Canaries*.

Récolte. — Lors de la découverte de Madère et de Portosanto,
le sang-dragon, fourni par le *Dracæna Draco*, fut l'un des produits qui frappèrent le plus l'attention des Européens. On le
retirait de l'arbre par incisions. Les indigènes en faisaient usage.
Il semble même qu'à cette époque une certaine partie du sang-
dragon du commerce était fournie par ce dernier végétal, qui a été
particulièrement décrit par Sabin-Berthelot, auteur d'une *Flore
des îles Canaries*. Ce voyageur et Valmont de Bomare font mention d'un suc gommeux, mou d'abord, puis sec, friable, inflammable, de couleur rouge foncé comme le sang, qui découle du
stipe du dragonnier des Canaries. Mais il est devenu impossible
de s'en procurer, même dans ces îles.

Le sang-dragon du commerce européen est actuellement fourni
à peu près exclusivement par le *Calamus Draco* L., plante de la

famille des Palmiers, qui atteint de grandes dimensions en restant si grêle qu'elle est contrainte de prendre un point d'appui sur les corps voisins, à la façon des plantes sarmenteuses. Les fruits sont écailleux et recouverts, à la maturité, d'une résine rouge qu'on recueille en les râclant ou en secouant et qu'on met en boules ou en bâtons après l'avoir ramollie au soleil ou dans l'eau bouillante. Dans le commerce, le sang-dragon se présente *en bâtons* longs de $0^m,32$ à $0^m,35$ ou *en masses,* soit irrégulières, soit rectangulaires, volumineuses. Il nous vient surtout de Singapoore et de Batavia.

En Chine, le *Dracæna terminalis* fournit une sorte de sang-dragon. Dans l'île de Socotra, il paraît en découler aussi d'une espèce indéterminée de *Dracæna.*

COMPOSITION CHIMIQUE. — Le sang-dragon est une résine presque pure qui, d'après Johnston, répond à la formule $C^{20} H^{20} O^4$. Par condensation de sa vapeur, on obtient un liquide aqueux, acide, des cristaux d'acide benzoïque, une huile lourde et des produits encore mal déterminés. On a signalé parmi eux du *toluol*, $C^7 H^8$ (*Dracyl* de Glénard et Boudault), du *styrol*, $C^8 H^8$ (*Dracinyl*). Hlasiwetz et Barth, en le faisant chauffer avec de la potasse, ont obtenu de la phloroglucine, des acides protocatéchique, malique, etc.

USAGES. — Le sang-dragon a été employé autrefois contre les hémorrhagies de l'utérus et la dysenterie ; à l'extérieur, on en faisait usage dans le pansement des ulcères et des plaies. Il n'est plus utilisé aujourd'hui qu'à la préparation de quelques poudres dentifrices et à la fabrication de certains vernis.

Les peintres chinois font entrer la gomme du dragonnier terminal dans le vernis rouge dont ils colorent leurs boîtes et leurs coffres de luxe. On prétend que cette épithète de *terminal* donnée au dragonnier pourpre lui vient de l'emploi qu'on en fait pour marquer les limites des propriétés. Avec la racine de dragonnier terminal on fait, dans certains pays, un sirop dont on extrait du sucre. On en compose même une sorte de rhum, d'après Dumont d'Urville, et, d'après Gaudichaud, une boisson enivrante. Cette racine, dite de *Tii*, a été employée contre la dysenterie et la diarrhée dans ces mêmes pays. où elle est usitée aussi comme sudorifique.

# DRIMYS

*Drimys Winteri* Forst. *Wintera aromatica* Murr.
( Magnoliacées – Illiciées. )

Le Drimys aromatique ou de Winter, appelé aussi Cannelle de Magellan ou de Winter, Costus âcre, etc., est un arbre de moyenne grandeur. Sa tige, qui atteint 12 mètres de hauteur, est couverte d'une écorce épaisse, d'un gris rougeâtre. Ses feuilles sont alternes, pétiolées, ovales, allongées, obtuses, glabres, un peu coriaces, d'un beau vert en dessus, glauques ou blanchâtres en dessous. Les fleurs, assez petites, sont ordinairement unies, par trois ou quatre, au sommet des rameaux, et portées sur des pédoncules articulés. Elles présentent un calice à deux ou trois sépales caducs; une corolle à six pétales étalés, disposés sur deux rangs; des étamines nombreuses, hypogynes, sur plusieurs rangs, insérées sur un disque très-court; un pistil composé de quatre à six ovaires sessiles, libres, uniloculaires, disposés en verticille, et renfermant plusieurs ovules; chacun de ces ovaires est surmonté d'un stigmate sessile, latéral, mamelonné. Le fruit se compose de quatre à six petites baies globuleuses-ovoïdes, glabres, d'un vert clair, contenant plusieurs graines noires, luisantes et aromatiques (Pl. 49).

Nous citerons encore les Drimys de la Nouvelle-Grenade (*D. Granatensis* L.), à fleurs axillaires (*D. axillaris* Forst.), ponctué (*D. punctata* Lamk.), du Chili (*D. Chilensis* D. C.), du Mexique (*D. mexicana* D. C.).

Habitat. — Le Drimys aromatique croît dans l'Amérique méridionale, sur les bords du détroit de Magellan et dans l'ile des États ; il habite surtout les lieux bas, exposés au soleil. Le drimys à fleurs axillaires est de la Nouvelle-Zélande. Les autres espèces habitent diverses régions de l'Amérique centrale et méridionale.

Culture. — Les drimys de Winter et de la Nouvelle-Grenade exigent, sous nos climats, la serre chaude; les autres se contentent de la serre tempérée. Le sol qui leur convient est un mélange de terre franche, de gravier et de sable. On les multiplie par boutures étouffées.

Parties usitées. — L'écorce.

Récolte. — L'écorce de Winter, qui a été longtemps confondue avec la Cannelle blanche (*Canella alba*), tire son nom du capitaine Winter, qui accompagna, en 1577, François Drack, jusqu'au détroit de Magellan, et qui la rapporta le premier en Europe. Ce fut Charles de Lécluse, plus connu sous le nom de Clusius, qui la décrivit le premier (*Exoticorum*, etc., Anvers, 1605, in-fol., p. 75). D'après cet auteur elle est semblable à la Cannelle commune, mais plus épaisse et d'une couleur cendrée à l'extérieur, rude au toucher, présentant des gerçures nombreuses à l'intérieur; son odeur est fort désagréable, sa saveur très-âcre et poivrée. D'après Sebalde de Wert, capitaine de navire, cité par Lécluse, l'arbre qui la produit croît sur toute l'étendue des terres qui bordent le détroit de Magellan. Solander l'a nommé *Winterana aromatica* et Murray *Wintera aromatica*; mais le nom de *Drimys Winteri* que lui a donné Georges Forster est seul admis aujourd'hui.

M. Guibourt (*Histoire des drogues simples*, 4ᵉ édit., t. III, p. 681-683), a décrit deux écorces qui lui ont été données comme appartenant au *drimys Winteri*; elles diffèrent tellement de celle décrite par Clusius, qu'il doute que ces écorces aient la même origine.

En 1842, on a rapporté du Mexique sous le nom d'écorce de *chachaca*, ou de *Palo piquante*, une écorce si analogue à celle de Winter, que M. Guibourt ne doute pas qu'elle n'appartienne à un drimys, qu'il suppose être le *D. mexicana* D. C. Elle est en fragments de la grosseur du petit doigt; son épiderme est blanchâtre, un peu fongueux; le liber est rougeâtre, peu serré, fibreux, présentant à l'intérieur des rides et des replis proéminents; son odeur est particulière; sa saveur est aromatique astringente, âcre et brûlante.

L'écorce dite de *Malambo*, qui est venue de Maracaïbo, port du Vénézuéla, et que l'on reçoit aussi des provinces de Choco, d'Antioquio et de Popayan, dépendant de la Nouvelle-Grenade, sous le nom d'*écorce de palo matros*, et aussi sous celui de *matias bark*, a été considérée par quelques auteurs comme provenant du *Drymis granatensis*, par d'autres comme fournie par un arbre voisin du *Cusparia febrifuga* Humb. et Bonpl. (*Bonplandia trifoliata* Willd.; *Galipea Cusparia* D. C.). Ce n'est pas l'opinion de M. Guibourt qui refuse à l'*écorce de Malambo* l'une et l'autre origine, et qui l'attribue (comme l'écorce de *Paratudo aromatique*, nom signifiant *propre à tout*, et donné, dans le Brésil, à plusieurs substances auxquelles on attribue de grandes propriétés médicales) au *Canella axillaris*, de M. de Martius, dont M. Endlicher a formé son genre *Cinnamodendron*. M. Guibourt, d'ailleurs, paraît reconnaître lui-même que ces données sont bien vagues. Les échantillons d'écorce de Malambo qui ont passé sous ses yeux variaient d'aspect. L'écorce dite de *Paratudo aromatique* possède une odeur grasse, un peu analogue à celle du poivre, et une saveur amère tellement âcre et brûlante que le poivre et la pyrètre n'en approchent pas. L'écorce de Malambo, dont M. Guibourt a dû un échantillon à M. Morin, pharmacien de Paris, a une odeur analogue à celle de l'Acore vrai, mais beaucoup plus forte, et une saveur très-amère, âcre et aromatique. M. Guibourt pense que l'écorce de Malambo du commerce, qui vient sous le nom de *palo matras*, et qui est moins épaisse que cette dernière, a pour origine des troncs plus jeunes ou des rameaux de l'arbre; elle est toujours très-amère, mais moins aromatique, moins âcre, inférieure en qualité à l'échantillon précédent.

Sous le nom d'*écorce de Canello*, on trouve dans le commerce un produit que M. Guibourt attribue au *Drimys Chilensis* D. C. Elle est longue, en morceaux aplatis, larges de $0^m,025$ environ, cintrés, épais de $0^m,002$ à $0^m,003$; l'épiderme est gris, marqué de tubercules blanchâtres, arrondis et aplatis; le liber est léger, très-fibreux, formé de longues fibres aplaties qui se séparent facilement sous forme de lames, lesquelles sont difficiles à rompre transversalement. Sous ce rapport, cette écorce diffère beaucoup des précédentes. Elle possède une odeur de Cannelle camphrée faible, et un goût semblable accompagné d'âcreté (*Hist. des drogues simples*, t. III, p. 567, et p. 679-683).

On confond assez souvent avec l'écorce de Winter une autre écorce qui cependant en est très-distincte, celle du *Cinnamodendron corticosum* Miers (Voyez, pour les caractères et les figures de ces écorces la traduction publiée par M. de Lanessan du *Traité des Drogues d'origine végétale*, par Hanbury et Flückiger, t. I, p. 46).

L'écorce de Winter véritable, c'est-à-dire celle qui provient du *Drimys Winteri* Forst., se présente en morceaux toujours très-courts, ayant à peine quelques centimètres de long, pliés en gouttière ou même enroulés sur eux-mêmes, épais de $0^m,003$ à $0^m,005$, d'un diamètre de $0^m,02$ à $0^m,03$. Dans les jeunes écorces, la surface externe est cendrée; dans les vieilles, elle est plus ordinairement colorée en brun de rouille et couverte de petits lichens. La surface interne est colorée en brun foncé; elle est

couverte de petites crêtes longitudinales, courtes, fixes, formées
par les terminaisons des faisceaux libériens. Ce caractère permet de la distinguer de toutes celles que l'on confond avec
elle. Sa cassure est courte, non fibreuse ; elle montre, par le
microscope, un très-grand nombre d'amas de cellules siliceuses,
extrêmement dures, qui rendent les coupes fort difficiles. Sa saveur est très-brûlante, peu aromatique et âcre ; son odeur est
faible, assez comparable à celle de la térébenthine.

L'écorce de Winter véritable ne se trouve plus du tout dans le
commerce, et il est même difficile de se la procurer dans les dro-
gueries. Les échantillons qu'on peut se procurer proviennent, les
uns du détroit de Magellan, les autres du Pérou, du Chili, de la
Nouvelle-Grenade et du Mexique.

Composition chimique. — L'analyse complète de l'écorce de Winter
n'a pas été faite. On sait seulement que cette écorce est riche en tannin et en huile essentielle aromatique. M. Henry y a trouvé en
outre de la résine, une matière colorante et des sels.

Usages. — Les marins anglais se servirent d'abord de l'écorce de
Winter, confite avec le vinaigre ou avec le sucre, ou desséchée et
réduite en poudre, dans leurs mets, à la place de la Cannelle ou
d'autres aromates. Ensuite, ils l'employèrent avec succès contre le
scorbut. On s'en est servi en Angleterre comme alexipharmaque,
stomachique, antiscorbutique et sudorifique, comme favorable dans
la paralysie, le scorbut et les catarrhes. Ferrein (*Mat. méd.*, t. III,
p. 279) dit qu'on l'emploie pour combattre une maladie de la peau
produite par la chair du Phoque. D'après Hendagel, les feuilles du
drimys de Winter sont usitées en décoction dans les mêmes cas que
l'écorce de la plante.

Dans certaines parties de l'Amérique du Sud, on fait usage de
l'écorce de Winter dans le traitement de la diarrhée. On l'administre contre la débilité de l'estomac. Elle constitue en réalité
un excitant aromatique analogue à la cannelle de Ceylan et à
la cannelle blanche, mais beaucoup plus énergique, et dont il
ne faudrait pas abuser. Sa richesse en tannin est asez grande
pour qu'on en fasse usage au Chili dans le tannage.

# DROSÈRE

*Drosera rotundifolia* et *longifolia* L.
( Droséracées. )

La Drosère à feuilles rondes, vulgairement appelée Herbe de la rosée, Rosée du soleil, Rossolis, Herbe aux goutteux, etc., est une petite plante vivace, à racines fibreuses et capillaires, à souche verticale, portant des feuilles toutes radicales, étalées sur le sol et groupées en rosette; le pétiole, long, rougeâtre, un peu velu au sommet, se termine par un limbé arrondi, couvert en dessus et sur les bords de poils glanduleux, rouges, entremêlés de glandes sessiles. Du centre de ces feuilles s'élève une hampe (vulgairement tige) haute de 0ᵐ,10 à 0ᵐ,20, dressée, grêle, nue, rougeâtre à la base et portant au sommet des fleurs petites, blanches, réunies en grappe unilatérale dressée, roulée en crosse avant l'épanouissement. Chacune de ces fleurs présente un calice à cinq sépales légèrement soudés à la base; une corolle à cinq pétales marcescents; cinq étamines à filets linéaires subulés; un pistil à ovaire uniloculaire, multiovulé, à trois ou cinq placentas pariétaux, surmonté de trois à cinq styles libres, profondément bifides. Le fruit est une capsule uniloculaire, renfermant de nombreuses graines fusiformes, très-allongées, à testa réticulé très-lâche (Pl. 50).

La Drosère à feuilles longues (*D. longifolia* L.) est pareillement vivace; mais elle se distingue de la précédente par ses feuilles dressées, à limbe linéaire-oblong insensiblement atténué en pétiole, et par ses graines oblongues. Elle présente une variété à feuilles obovales-cunéiformes, que plusieurs auteurs ont élevée au rang d'espèce.

De Candolle (*Prodromus*, t. I, p. 317) compte trente-deux espèces de drosère.

Habitat. — Les drosères habitent en général les régions tempérées de l'Europe; on les rencontre aussi dans les régions tropicales; on les trouve surtout dans les terrains tourbeux et marécageux, dans les prairies spongieuses. Elles sont assez communes dans les marais d'Enghien et de Saint-Gratien près Paris. On ne les cultive que dans les jardins botaniques.

Parties usitées. — Les feuilles fraîches.

Récolte. — Les feuilles de drosère se récoltent lorsqu'elles ont acquis leur parfait état de développement.

Composition chimique. — Les feuilles des *Drosera* sont couvertes, au niveau du limbe, de poils serrés, cylindriques, terminés par une tête arrondie et glanduleuse. La surface de ces renflements pileux est toujours couverte de gouttelettes d'un liquide visqueux, brillant, qui a fait donner à la plante le nom de *Ros solis* (Rosée du soleil). Lorsqu'un insecte vient se poser sur le limbe, la sécrétion des glandes devient plus abondante, et si l'insecte est de petite taille, il se trouve englué par le liquide visqueux qu'elles versent. En même temps, les poils voisins se rabattent autour de lui, s'appliquent contre son corps et contribuent à le retenir. Après sa mort, qui ne tarde pas à survenir, il est dissocié par le liquide des glandes et même digéré en partie; toutes les parties qui sont devenues diffusibles sont absorbées par la plante de la même façon que les aliments transformés et modifiés par les liquides de l'estomac ou de l'intestin sont absorbés par les organes. De là, le nom de *plantes carnivores*, qui a été donné aux Droseras. L'analyse chimique a montré que le liquide acide versé par les glandes de ces plantes contient un principe analogue à la pepsine des animaux.

Usages. — Les feuilles de drosère, autrefois préconisées contre les hydropisies, les fièvres intermittentes, les ophthalmies et les maladies de poitrine, sont aujourd'hui inusitées en médecine allopathique. Cette médecine, malgré les cures dont se flattent les homœopathes, n'admet pas l'efficacité de l'alcoolature de drosère contre les tubercules pulmonaires.

Dans la médecine homœopathique, au contraire, la drosère joue un rôle considérable. Son signe est A*ds*, et l'abréviation *Droser.* Les feuilles de cette plante sont regardées comme un spécifique de la tuberculisation en général et en particulier des tubercules pulmonaires. C'est l'alcoolature préparée avec ces feuilles que les homœopathes emploient le plus souvent, à dose variant de 6 à 40 gouttes, augmentant progressivement jusqu'à 30 grammes et même plus, le traitement continuant pendant deux ans au moins, jusqu'à ce que les tubercules soient convenablement modifiés.

## DUBOISIA

(Voyez le *Supplément* du T. I.)

FIN DU PREMIER VOLUME DE LA FLORE MÉDICALE.

# FLORE MÉDICALE

## DU XIXe SIÈCLE

---

SUPPLÉMENT AU TOME PREMIER

# FLORE MÉDICALE DU XIX<sup>e</sup> SIÈCLE



## ACANTHOSPERME

*Ac nthospermun xanthoides* DC. (*Centhrospermum xanthoides* H. B. K., *Melampodium australe* L.), *A. hirsutum* DC., *A. humile* DC.
(Synanthéracées-Sénécionidées.)

L'Acanthosperme xanthoïde (*Picâo da Praia* des Brésiliens) est une plante herbacée, à tige pubescente, ramifiée dichotomiquement ; à feuilles opposées, pétiolées, entières ou légèrement dentées, ovales ; à fleurs jaunes, disposées en capitules multiflores, hétérogames, solitaires à l'extrémité des rameaux, pourvus d'un réceptacle convexe garni d'aigrettes diaphanes, caduques, et d'un involucre double : l'extérieur formé de trois à cinq écailles planes, l'intérieur formé d'écailles plus petites, ordinairement en même nombre que les fleurs du rayon. Celles-ci sont ligulées, femelles ; celles du disque sont tubuleuses, mâles, à limbe quinquefide, régulier. L'ovaire des fleurs femelles est uniloculaire, uniovulé, surmonté d'un style profondément bifide. Les étamines des fleurs mâles sont synanthérées, à anthères biloculaires. Le fruit est un achaine ovale, légèrement recourbé, couvert d'aiguillons fins et courbes.

L'*A. hirsutum* DC. (*Carrapichincho do Campo* des Brésiliens) ne se distingue du précédent que par ses feuilles velues sur la face inférieure. L'*A. humile* DC. est remarquable par sa petite taille.

Habitat. — Les A. xanthoïde et hirsute habitent le Brésil, particulièrement les provinces de Rio et de San-Paulo. L'A. humble est indigène des Indes occidentales.

PARTIES USITÉES. — Les feuilles et la tige, particulièrement les sommités.

RÉCOLTE. — On arrache la plante quand elle est en pleine floraison.

COMPOSITION CHIMIQUE. — Les feuilles de ces plantes sont douées d'une saveur amère et aromatique et d'une odeur agréable, perceptible surtout quand on les froisse.

USAGES. — Les feuilles et les tiges des Acanthospermes sont employées, dans l'Amérique du Sud et dans les Antilles, comme toniques et diurétiques, dans les cas d'anémie et contre les fièvres paludéennes. On les prend à l'état d'infusion, à raison de 4 grammes pour 180 grammes d'eau. Ces plantes figurent dans les formulaires brésiliens.

Depuis quelque temps l'Acanthosperme xanthoïde est employé en France par quelques médecins, sous son nom brésilien de *Picâo da Praia,* non seulement comme tonique et diurétique, mais encore et surtout comme antiblennorrhagiqne : on prend l'infusion à la dose de 0 gr. 20 de Piçao pour 150 grammes d'eau, en répétant cette dose trois fois par jour. Ce médicament paraît produire de très bons effets ; il a l'avantage d'être plus agréable à prendre que la plupart des drogues analogues et de ne pas fatiguer l'estomac comme le font le copahu et le cubèbe.


# ALETRIS

*Aletris farinosa* WILLD.
(Liliacées.)


L'Aletris farineux est une plante à souche vivace, émettant une rosette de feuilles qui s'étalent en étoile à la surface du sol, d'où les noms de *star grass, blazing star, mealy starwort* (herbe étoilée, étoile flamboyante, herbe étoilée farineuse) qui lui sont donnés par les Américains. La souche est petite, courbée, ramifiée ; les feuilles sont entières, sessiles, lancéolées, pointues au sommet, très lisses, munies de nervures parallèles, de tailles très inégales, les plus grandes atteignant $0^m,12$ à $0^m,15$. Au centre de la rosette de feuilles s'élève une hampe dressée, haute de $0^m,30$ à $0^m,60$, ne présentant que des écailles parfois développées en feuilles, et terminée par un petit épi grêle, lâche, de fleurs blanches portées par de courts pédicelles et accompagnées de petites bractées. Le périanthe est tubuleux, oblong, divisé au sommet en six lobes étalés, blancs, devenant comme farineux quand ils vieillissent. L'androcée est formé de six étamines insérées sur le haut du tube périanthique, incluses, à filets très courts, à anthères sagittées, biloculaires, introrses, déhiscentes par des fentes longitudinales. L'ovaire est à demi infère, aminci au sommet en un style allongé, triangulaire, terminé par un stigmate obtus; il est divisé en trois loges pluriovulées. Le fruit est une capsule à demi infère, pyramidale, triangulaire, divisée en trois loges et déhiscente par trois valves qui restent adhérentes entre elles dans le bas; les graines sont nombreuses, très petites, arquées, striées.

Habitat. — L'*Aletris farinosa* se trouve dans presque toutes les parties des États-Unis, dans les champs et sur la lisière des bois.

Culture. — Cette plante n'est l'objet d'aucune culture.

Parties usitées. — Le rhizome.

Récolte. — On arrache la plante ordinairement après la floraison. Le rhizome est petit, recourbé, ramifié, noirâtre en dehors, brun en dedans; sa saveur est très amère.

Composition chimique. — Nous ne connaissons aucune analyse chimique de cette plante. Nous ne serions pas étonné qu'elle contînt de la *Convallarine*, comme le Muguet (Voy. ce mot, t. II, p. 383). Quand on a fait macérer le rhizome dans l'alcool, il perd son amertume par dissolution du principe qui lui donne cette saveur, et la teinture ainsi obtenue se trouble quand on ajoute de l'eau. La décoction du rhizome est beaucoup moins amère que la teinture alcoolique, ce qui indique une moindre solubilité du principe amer dans l'eau que dans l'alcool; la décoction ne donne pas de précipité par les sels de fer.

Usages. — A faible dose, l'Aletris agit seulement comme tonique amer. A dose plus élevée, il est cathartique et émétique; il produit, en outre, des effets narcotiques très prononcés. On prescrit, en Amérique, la teinture de cette plante contre le rhumatisme articulaire aigu et chronique, contre l'hydropysie, contre les douleurs intestinales accompagnées de constipation, et,

comme tonique, contre l'anémie consécutive aux maladies chroniques. En réalité, on ignore encore exactement quels sont les
effets physiologiques et thérapeutiques de ce médicament, mais
il n'est pas douteux qu'il possède des propriétés énergiques et
qu'il mérite d'être l'objet d'une étude approfondie.

## ALSTONIA

*Alstonia scholaris* R. Br. (*Echites scholaris* L.), **A.** *constricta* F. Müller,
**A.** *spectabilis* R. Br., **A.** *alexicaca* Mart.

(Apocynacées - Plumériées.)

L'*Alstonia scholaris* R. Br. est un bel arbre atteignant jusqu'à
20 et même 25 mètres de haut, glabre, les inflorescences seules
étant velues. Les feuilles sont verticillées en nombre variable
(de 5 à 7), simples, entières, coriaces, luisantes et vertes en
dessus, plus pâles en dessous, oblongues ou ovales-oblongues,
atténuées à la base en un pétiole court. Les fleurs sont relativement petites, blanchâtres, disposées en panicules de cymes
ombelliformes, axillaires. Le calice est gamosépale, pubescent,
court, découpé en cinq petites dents ; la corolle est gamosépale,
pubescente, formée d'un tube cylindrique et d'un limbe divisé en
cinq lobes étalés ; elle est dépourvue de couronne ; l'androcée est
formé de cinq étamines à filets courts, insérés sur le tube de la
corolle en alternance avec ses lobes, et à anthères biloculaires,
introrses, déhiscentes par des fentes longitudinales ; le gynécée
est formé de deux carpelles distincts dans la partie ovarienne,
velus, unis au-dessus de l'ovaire en un style cylindrique que termine un stigmate renflé en boule. Les deux loges ovariennes contiennent un nombre indéfini d'ovules anatropes, insérés dans
l'angle interne. Le fruit est formé de deux follicules, atteignant
jusqu'à 0ᵐ,30 de long, distincts, contenant chacun de nombreuses graines peltées, couvertes sur les bords de longs poils,
contenant un albumen peu abondant et un embryon à cotylédons
aplatis.

Nous nous bornons à citer les espèces suivantes : *A. constricta*
F. Müller, qui habite l'Australie, *A. spectabilis* R. Br. (*Blape-
ropus venenatus* DC.), *A. venenata* R. Br., et *A. costata* (*Echites
costata* Forst.), qui sont très voisines de la précédente et qui
paraissent jouir des mêmes propriétés.

L'*Alstonia alexicaca* (*Echites alexicaca* Mart.), du Brésil, est une plante à tige sous-frutescente, haute de 0<sup>m</sup>,30 à 0<sup>m</sup>,45; à feuilles opposées, presque rondes, amincies; à fleurs terminales, solitaires ou paniculées, colorées en rose; à racine tubéreuse, noirâtre en dehors, blanche en dedans.

Habitat. — L'*Alstonia scholaris* est commun dans les forêts de l'Inde, depuis l'Himalaya jusqu'à la Birmanie; on le trouve également à Ceylan, à Java, à Timor, dans les Philippines, dans l'est de l'Australie et dans l'Afrique tropicale. Dans l'île de Luçon, on lui donne le nom de *Dita*. L'*Alstonia alexicaca* habite le Brésil, où il porte le nom de *Purga do campo*.

Culture. — Les *Alstonia* exigent, dans notre pays, la serre chaude. Dans leurs pays d'origine, ils ne sont l'objet d'aucune culture.

Parties usitées. — L'écorce du tronc et des branches.

Récolte. — On recueille l'écorce en tout temps; on ne trouve dans le commerce que des fragments paraissant venir de branches de moyennes dimensions. Cette écorce se présente en fragments irréguliers, souvent enroulés sur eux-mêmes, longs de 0<sup>m</sup>,05 à 0<sup>m</sup>,06 ou 0<sup>m</sup>,10, épais de 0<sup>m</sup>,002 à 0<sup>m</sup>,005, spongieux et se brisant facilement, avec une cassure grossière et courte. La surface extérieure de cette écorce est très rugueuse, colorée en brun clair ou en gris foncé, souvent parsemée de taches blanchâtres; sa surface interne est colorée en chamois clair, ainsi que la tranche; son odeur est à peu près nulle; sa saveur est amère, non aromatique ni âcre.

Structure microscopique. — Sur une coupe transversale examinée au microscope, on observe, de dehors en dedans : 1° une couche de suber formée de petites cellules tabulaires, aplaties, à parois minces, sèches et brunes; 2° une couche de cellules sclérenchymateuses de même forme que les précédentes, mais se distinguant par des parois épaisses, dures, jaunâtres, fortement ponctuées. Le bord intérieur de cette zone est ordinairement irrégulier; 3° un parenchyme cortical épais, formé en majeure partie de cellules à parois minces, allongées tangentiellement. Dans l'épaisseur de cette zone sont distribués des groupes de grandes cellules sclérenchymateuses, à contours irréguliers, à parois épaisses, jaunâtres, ponctuées, à cavité parfois très réduite. Vers la partie interne du parenchyme cortical sont dispersés des éléments prosenchymateux, fusiformes, à contours elliptiques sur la coupe transversale, à cavité capillaire et à parois très épaisses offrant de nombreux cercles concentriques qui répondent à les couches de densités différentes; 4° un liber formé en majeure partie de parenchyme à parois épaisses et contenant de nombreux vaisseaux lactifères qui, sur des coupes longitudinales, se montrent fréquemment anastomosés et contiennent un latex blanchâtre, granuleux.

COMPOSITION CHIMIQUE. — Le premier, un pharmacien de Manille, Gruppe, a retiré de l'*Alstonia scholaris* un principe actif qu'il appela *Ditaïne,* du nom que porte l'arbre à Luçon. Il considérait ce corps comme un alcaloïde ; mais Heldwins et Gorup-Besanez montrèrent qu'il représente simplement un extrait à composition complexe, dont Gorup-Besanez retira un corps cristallisable en trop faible quantité pour que l'analyse en fût faite. En 1880, Hesse et Jobst retirèrent de l'écorce de la même espèce 0,04 pour 100 d'un alcaloïde auquel ils donnèrent le nom de *Ditamine* et assignèrent la formule $C^{16} H^{19} Az O^2$. La ditamine n'a été obtenue qu'à l'état amorphe ; elle est jaunâtre, facilement soluble dans les alcalis dilués, d'où elle est précipitée par l'ammoniaque à l'état de flocons blancs et amorphes ; elle est soluble dans l'alcool, l'éther, le chloroforme, la benzine ; mais on n'a pu la faire cristalliser à l'aide d'aucune de ces dissolutions; à 70°, elle fond en un liquide jaune qui, à 130°, devient rouge. Sa saveur est très amère. On retire des eaux mères dont on a extrait la ditamine, un autre corps auquel on a donné le nom d'*Échitamine* et assigné la formule $C^{22} H^{28} Az O^4 + 4H^2 O$. C'est un alcaloïde cristallisable en prismes brillants, soluble dans l'eau, l'alcool, l'éther, le chloroforme, peu soluble dans la benzine, nettement alcalin. Hesse et Jobst ont encore extrait des eaux mères de l'échitamine un autre corps qui a pour formule $C^{20} H^{27} Az O^4$, et auquel ils ont donné le nom d'*Échiténine ;* ce corps est brunâtre, amorphe, très amer, fusible au-dessus de 120°, soluble dans l'alcool, le chloroforme, l'éther, moins soluble dans l'eau, soluble dans l'acide sulfurique auquel il donne une coloration violet rougeâtre, et dans l'acide nitrique qu'il colore en pourpre passant au vert pomme ou au jaune. D'autres prin-

cipes ont été encore extraits de l'écorce de l'*Alstonia scholaris*
par Hesse et Jobst. En épuisant cette écorce par le pétrole léger,
puis évaporant le pétrole et traitant le résidu par l'alcool bouillant, on obtient une résine qui a reçu le nom d'*Échicaoutchine,*
et qui a pour formule $C^{25} H^{40} O^2$ ; elle est élastique, soluble dans
le chloroforme et dans la benzine en se gonflant, insoluble dans
la potasse. Les eaux mères dont on a extrait cette substance laissent déposer des cristaux blancs, formés par un mélange d'*Échitine,* $C^{32} H^{52} O^2$, et d'*Échicérine,* $C^{30} H^{48} O^2$.

L'échitine est un corps neutre, anhydre, fusible à 172°, cristallisable en lamelles blanches, presque insoluble dans l'alcool
froid, moins soluble dans l'éther, l'acétone et le pétrole. L'échicérine est également neutre, fusible à 175° et amorphe après
cette fusion ; après solution dans l'alcool, elle cristallise en petites aiguilles étoilées, presque insolubles dans l'alcool froid,
très solubles dans l'éther, la benzine, le chloroforme, le pétrole,
insolubles dans l'eau, les acides et les alcalis étendus. Enfin, on
extrait, par un traitement approprié, des eaux mères de l'échicérine et de l'échitine, un autre corps neutre, anhydre, fusible
à 195°, sublimable en aiguilles déliées, cristallisable dans l'alcool
en aiguilles rhombiques, très soluble dans l'éther et le chloroforme ; on a donné à ce corps le nom d'*Échitéine,* et on lui a assigné la formule $C^{42} H^{70} O^2$. Comme les corps précédents, l'échitéine forme divers composés.

L'analyse de l'écorce de l'*Alstonia spectabilis* R. Br. a également permis de retirer de cette écorce de la *Ditamine ;* elle contient aussi, probablement, les autres corps dont nous avons parlé
plus haut.

L'écorce de l'*Alstonia constricta* F. Müll. a d'abord fourni à
Palm une substance amère à laquelle il donna le nom d'*Alsto-
nin,* et qu'il considéra par erreur comme ne contenant pas
d'azote. Hesse y ayant trouvé de l'azote la considéra comme un
alcaloïde et lui donna le nom d'*Alstonine.* Oberlin et Schlagdenhauffen constatèrent de nouveau la nature de l'alstonine et trou-
vèrent dans la même écorce un autre alcaloïde, l'*Alstonicine.*
Hesse y trouva ensuite d'autres corps : la *Porphyrine,* la *Porphyrosine* et l'*Alstonidine.* L'alstonine, nommée aussi *Chlorogé-
nine,* est un alcaloïde amorphe, brun, ayant pour formule

$C^{22} H^{20} Az^2 O^4$; elle est soluble dans le chloroforme, surtout avant qu'elle ait été desséchée, soluble dans l'alcool, peu soluble dans l'éther, formant facilement des sels avec les acides. L'alstonidine de Hesse est également un alcaloïde; elle cristallise en aiguilles incolores groupées; elle est soluble dans l'alcool, l'éther, l'acétone; avec les acides, elle donne une fluorescence très intense; sa réaction est alcaline; sa saveur est très amère. La porphyrine, $C^{21} H^{26} Az^3 O^2$, est amorphe, blanche, soluble daus l'alcool, l'éther et le chloroforme. La porphyrosine est également amorphe, colorée en rouge chair.

Usages. — L'écorce de l'*Alstonia scholaris* jouit de propriétés toniques et anthelmintiques incontestables. On la considère aussi comme antipériodique; mais il n'a pas été fait suffisamment d'expériences sérieuses pour établir nettement la valeur, à cet égard, soit de l'écorce elle-même, soit de ses principes actifs. Comme anthelminthique, on administre la poudre de l'écorce à la dose de 20 à 25 grammes. L'infusion de l'écorce est employée comme tonique à la dose de 25 à 30 grammes pour 300 grammes d'eau, chaque jour. Dans l'Inde on l'a considère comme un remède excellent contre la diarrhée et la dysenterie chroniques, et contre l'anémie et la débilité de l'estomac qui succèdent à ces maladies et à la fièvre paludéenne.

Les écorces des *Alstonia spectabilis* et *constricta* jouissent des mêmes propriétés.

Quant à l'*Alstonia (Echites) alexicaca* du Brésil, sa racine tubéreuse est employée, par les habitants du pays d'origine de cette espèce, comme purgative, à la dose de 4 à 8 grammes. Elle agit principalement sur la sécrétion biliaire; aussi l'emploie-t-on de préférence dans la jaunisse et dans l'engorgement des viscères abdominaux.

Ces plantes, encore peu employées en Europe, sont, sans aucun doute, dignes d'attirer l'attention des physiologistes et des médecins.

Les *Alstonia* contiennent un latex laiteux et visqueux qui jouit de propriétés analogues à celles de la gutta-percha; mais ce suc n'a pas été exploité. Le bois de ces plantes est blanc et d'un grain fin; on l'estime beaucoup dans l'Inde pour les petits ouvrages de menuiserie.

# AMARANTE

*Amarantus spinosus* L., *campestris* WILLD., *polygamus* L., *frumentaceus* BUCH.,
*oleraceus* L., *polygonoides* ROXB.

(Amarantacées.)

L'Amarante épineux (*Amarantus spinosus* L.) est une herbe dressée, haute de $0^m,30$ à $0^m,90$ et 1 mètre, glabre, rougeâtre, légèrement striée, à feuilles alternes, simples, longuement pétiolées, rhomboïdes-ovales ou lancéolées, munies dans leur aisselle de deux épines qui représentent des stipules axillaires. Les fleurs sont disposées en panicules peu ramifiées d'épis dressés, cylindriques, d'autant plus longs qu'ils sont plus rapprochés du sommet de la panicule. Les épis portent de petites fleurs apétales, monoïques ou polygames-monoïques, pressées les unes contre les autres, vertes, insérées chacune dans l'aisselle d'une bractée, et accompagnées de deux bractées latérales, inégales, barbues. Le calice est persistant, en forme d'utricule, divisé au sommet en deux ou trois lobes. Les étamines sont habituellement au nombre de trois, indépendantes, à anthères bilobées, déhiscentes par des fentes longitudinales. Le gynécée est formé d'un ovaire supère, uniloculaire, uni-ovulé, à ovule anatrope, inséré dans le fond de la loge, et d'un style à deux ou trois branches. Le fruit est sec, enveloppé par le calice, déhiscent par une fente transversale ; il contient une seule graine lenticulaire, lisse, noire, à périsperme crustacé, à embryon enroulé autour d'un albumen farineux.

A côté de cette espèce, nous nous bornerons à citer les *A. campestris* WILLD., *polygamus* L., *frumentaceus* BUCH., *oleraceus* L., *polygonoides* ROXB.

HABITAT. — Toutes ces espèces habitent l'Inde orientale. L'*A. spinosus* se trouve aussi à Maurice.

CULTURE. — Dans le district de Coimbatore, on cultive sur une grande échelle l'*A. frumentaceus* pour la farine de ses graines, qui est très recherchée par les indigènes. On cultive aussi, dans diverses parties de l'Inde, comme légume, l'*A. oleraceus*, particulièrement sa variété, *giganteus*, qui atteint de $1^m,20$

à 2^m,50 de hauteur, et dont la tige succulente est mangée en guise d'asperges.

Les autres espèces croissent à l'état sauvage.

PARTIES USITÉES. — On emploie surtout, comme médicament, les feuilles de l'*A. spinosus* et des *A. campestris* et *polygamus*.

RÉCOLTE. — On cueille les feuilles au moment où elles ont atteint tout leur développement, et on les emploie fraîches.

COMPOSITION CHIMIQUE. — Nous ne savons rien de la composition chimique des Amarantes.

USAGES. — On emploie dans l'Inde les feuilles de l'*A. spinosus* pour faire des cataplasmes émollients. A Maurice, on fait usage de leur décoction comme diurétique. Cette décoction jouit, dans l'Inde, d'une grande réputation, parmi les médecins anglais, comme spécifique contre la blennorrhagie. Ce médicament n'a pas encore été essayé en Europe. La décoction des feuilles de l'*A. polygamus* est employée comme apéritive ; on l'administre surtout contre les troubles de la fonction hépatique.

# AMENDOIRANA

*Cassia rugosa* DON.
(Légumineuses-Cæsalpiniées-Cassiées.)

Le *Cassia rugosa* DON est un petit arbuste haut de 2 à 4 mètres, à rameaux pubescents, à feuilles composées, formées de folioles opposées, ovales-oblongues, à peu près sessiles, munies d'une glandule à la base de chaque paire, inégales à la base, à face supérieure glabre ou pourvue seulement de poils épars, à face inférieure pubescente ou villeuse ; les feuilles sont accompagnées de stipules linéaires, villeuses, caduques. Les fleurs sont jaunes, grandes, disposées en panicules terminales, foliées à la base ; elles sont accompagnées de bractées petites, caduques ou subpersistantes. Le calice est formé de sépales obtus, colorés, pubescents ; la corolle est formée de pétales obovales, courtement contractés à la base, pubescents ; l'androcée est formé de dix étamines indépendantes, dont trois manifestement plus longues que les autres, à filets velus, à anthères biloculaires, introrses, déhiscentes par des fentes longitudinales. Le gynécée est formé d'un ovaire velu, uniloculaire, pluriovulé. Le fruit est une gousse stipitée, droite ou courbée, cylindrique, obtuse à la base, longue de 0^m,15 à 0^m,18, contenant un grand nombre de graines.

HABITAT — Le *Cassia rugosa* habite le Brésil, où il est connu sous les noms de : *Amendoirana, Alcaçus Bravo, Bico do Corvo ;* dans la province de San Paulo, on le nomme *Paratudo ;* dans celle de Minas, il porte le nom de *Boi gordo.*

CULTURE. — Il n'est l'objet d'aucune culture sérieuse ; on le trouve cependant parfois à l'état de plante d'ornement.

PARTIES USITÉES. — La racine et les folioles. La racine est succulente, jaunâtre en dedans.

RÉCOLTE. — On récolte les feuilles quand elles sont entièrement formées, et on les fait sécher. Quant à la racine, elle provient d'arbustes arrachés en tout temps.

COMPOSITION CHIMIQUE. — Il n'existe aucune analyse de cette plante. Il est probable qu'elle contient les mêmes principes que les *Cassia acutifolia* DEL., *angustifolia* WAHL., et autres espèces employées sous les noms de Sénés (Voy. ce mot, T. III, p. 312).

USAGES. — La racine et les feuilles du Cassia rugueux sont employées au Brésil comme purgatives, principalement sous la forme de décoction, à la dose de 8 à 16 grammes de la drogue pour un verre de liquide. Ce médicament n'a pas encore été introduit en Europe, mais il figure dans les formulaires brésiliens ; vu l'abondance de la plante au Brésil et son action purgative incontestable, il y aurait peut-être avantage à la substituer ou du moins à l'adjoindre au Séné.

## ANCHIETEA

*Anchietea salutaris* A. S^t-HIL. (*Noisettia pyrifolia* MART.).
(Violacées.)

L'*Anchietea salutaris* est un arbrisseau dressé, rameux, très grêle, haut de 2 à 3 mètres, à feuilles alternes, simples, penninerviées, ovales, accompagnées de petites stipules caduques. Les fleurs sont petites, blanches, disposées en petits fascicules axillaires, courtement pédonculés. Le calice est formé de cinq sépales inégaux, indépendants, sans appendices ; la corolle est composée de cinq pétales indépendants, caducs, très inégaux, les deux supérieurs rudimentaires, l'inférieur très grand, unguiculé et muni d'un éperon au-dessus du point de son insertion. L'androcée est formé de cinq étamines alternes avec les pétales, à filets libres, à anthères subsessiles, biloculaires, introrses ; les deux étamines inférieures sont munies d'appendices. Le gynécée est formé d'un ovaire uniloculaire, à deux placentas pariétaux multiovulés et d'un style court, claviforme, à stigmate oblique. Le fruit est une grosse capsule vésiculeuse, polysperme, déhiscente longtemps avant la maturité des graines qui sont bordées d'une large aile membreuse.

Habitat. — Cette espèce habite le Brésil, particulièrement les provinces de San Paulo et de Minas. Dans la première de ces localités, on lui donne le nom de *Cipo Suma*, dans la seconde celui de *Piraguia*.

Culture. — En Europe, cette plante exige la serre chaude. Elle n'est, au Brésil, l'objet d'aucune culture.

Parties usitées. — L'écorce de la racine.

Récolte. — On arrache la plante en tout temps pour obtenir l'écorce de la racine. Les racines ont la grosseur du doigt et plus, avec un parenchyme coloré en rose.

Composition chimique. — Peckolt a tiré de l'écorce de la racine de l'*Anchietea salutaris* un principe actif, encore imparfaitement connu, auquel il a donné le nom d'*Anchiétine*. Cette substance cristallise en aiguilles jaune paille, sans odeur, mais douées d'une saveur très désagréable, insolubles dans l'eau et dans l'éther, facilement solubles dans l'alcool, légèrement alcalines. Elle forme des sels dont quelques-uns paraissent être cristallisables. Peckolt la retire de la racine fraîche préalablement réduite en bouillie, puis exposée à l'air jusqu'à ce qu'il se produise une fermentation très manifeste ; il épuise alors la racine par l'acide chlorhydrique étendu qui dissout l'anchiétine ; celle-ci est précipitée de sa dissolution par l'ammoniaque.

Usages. — L'écorce de la racine de l'*Anchietea salutaris* est employée au Brésil comme purgative, à la dose de 8 grammes, en poudre ou en infusion. Son emploi n'a pas encore été introduit dans la pratique médicale européenne.

# NADIRA

*Andira anthelminthica* Benth., *A. inermis* L., *A. retusa* H. B. K., *A.vermifuga* H. B. K.,
*A. Aubletii* Benth., *A. legalis* Vell.; *A. Araroba* Agu.
(Légumineuses-Papilionacées-Dalbergiées.)

L'*Andira anthelminthica* est un bel arbre inerme, à feuilles alternes, composées, imparipennées, à folioles opposées, stipellées. Les fleurs sont disposées en belles panicules de grappes; elles sont pourpres, petites, odorantes, courtement pédicellées. Le calice est urcéolé, divisé en cinq dents à peu près égales, pointues, dressées; la corolle est papilionacée, avec un étendard arrondi, échancré, horizontal, plus long que la carène; l'androcée est formé de 10 étamines diadelphes (9 et 1), à anthères biloculaires, introrses, déhiscentes par des fentes longitudinales; le gynécée est formé d'un ovaire stipité, contenant ordinairement trois ou quatre ovules, et surmonté d'un style terminé en pointe. Le fruit est une drupe stipitée, ovoïde ou obovoïde, à sarcocarpe charnu-fibreux, à noyau ligneux, contenant une seule graine descendante, à embryon charnu, formé de deux cotylédons plan-convexes, huileux, et d'une courte radicule droite, sans albumen.

L'*A. Araroba* est un arbre magnifique, atteignant jusqu'à 30 mètres de haut, à tronc cylindrique, à cime peu fournie, arrondie, à écorce peu épaisse, à bois coloré en jaune. Les feuilles sont grandes, à 20, 22, 24 folioles articulées, oblongues, obtuses, entières. Les fleurs sont pourprées, assez grandes, courtement pédonculées, disposées en panicules. Le bois offre de nombreux canaux longitudinaux, visibles à l'œil nu, remplis d'une substance pulvérulente à laquelle on donne le nom d'*Araroba*, et qui constitue la base de la *Poudre de Goa*.

L'*A. inermis* DC. (*Geoffroya inermis* Willd.) a des feuilles pennées, à six ou sept paires de folioles ovales-lancéolées, pointues, lisses, pétiolulées; ses fleurs sont roses, disposées en panicules terminales et portées par des pédoncules très courts.

Habitat. — L'*Andira anthelminthica* habite le Brésil où il porte le nom d'*Angelin amargozo;* il en est de même des *Andira vermifuga* et *spinulosa* qui jouissent des mêmes propriétés.

L'*A. Aubletii* est indigène de la Guyane où son bois est connu sous le nom de *Bois d'Angélin*. L'*A. inermis* habite la Jamaïque; son bois est connu depuis longtemps sous le nom de *Bois palmiste des Antilles*. Son écorce a été célèbre sous le nom de *Cortex Geoffroyæ Jamaicensis* s. *Cabbagii*. L'*A. Araroba*, vulgairement *Arariba* ou *Araroba*, auquel on attribue l'action de la *poudre de Goa* est un arbre de l'Amérique du Sud. On le trouve particulièrement entre le 13° et le 15° degré de latitude, au sud de Bahia, dans les forêts de Camauri, Igrapinna, Santoren, Tapeora, Valeneia. L'*A. legalis* du Brésil y porte le nom d'*Angelin Coco*.

CULTURE. — Les *Andira* ou Angelins ne sont pas cultivés dans leurs pays d'origine. En Europe, ils exigent les uns la serre tempérée, les autres la serre chaude.

PARTIES USITÉES. — L'embryon, l'écorce, le bois.

RÉCOLTE. — On cueille le fruit à la maturité.

L'écorce de l'*A. inermis* se présente d'ordinaire en morceaux plats, plus rarement roulés comme certains quinquinas gris. Elle est cassante, fibreuse, grise en dehors, rougeâtre sur la face interne; sans odeur ni saveur.

COMPOSITION CHIMIQUE. — L'écorce de l'*Andira inermis*, la seule qui paraisse avoir été analysée, contient du tannin et une substance spéciale, du groupe des glucosides, l'*Andirine*. Cette substance a été également trouvée par Peckolt dans le bois de l'*Andira anthelminthica*. Elle est amorphe, colorée en jaune brunâtre. On a extrait du produit de sécrétion (*Araroba*) contenu dans les canaux du bois de l'*Andira inermis*, une substance à laquelle on a donné le nom de *Chrysarobine*, et assigné la formule $C^{30}H^{26}O^{7}$. On l'extrait de la poudre de Goa par la benzine bouillante qui la dissout et qui l'abandonne ensuite par évaporation. Après des cristallisations répétées dans l'acide acétique, on obtient la chrysarobine à l'état de lamelles cristallines jaunes, insolubles dans l'eau et dans l'ammoniaque, solubles dans les alcalis très dilués auxquels elle donne une coloration jaune et une fluorescence verdâtre. Quand on abandonne ces solutions à l'action d'un courant d'air, il se forme de l'*acide Chrysophanique*, $C^{15}H^{16}O^{4}$, qui est considéré comme un produit d'oxydation de la chrysarobine. L'acide chrysophanique se dissout dans l'acide

sulfurique en donnant une couleur rouge, tandis que la chrysarobine donne au même acide une coloration jaune. L'acide chrysophanique donne également une coloration rouge en se dissolvant dans la potasse étendue, tandis que celle-ci ne dissout pas
la chrysarobine. L'acide chrysophanique a été primitivement
retiré de divers Lichens, notamment du *Parmelia parietina* Ach.
On l'a extrait aussi de la Rhubarbe.

Usages. — La graine de l'*Andira anthelminthica* est employée
au Brésil comme anthelminthique; mais on doit apporter beaucoup de précautions dans son usage parce qu'elle est puissamment purgative et vomitive. On l'administre comme vermifuge, à
la dose de 0 gr. 50 à 1 gramme, chez les enfants de quatre à cinq
ans. Les graines des *Andira inermis, vermifuga, Aubletii,* etc.,
jouissent des mêmes propriétés.

A la Jamaïque, on emploie de préférence l'écorce de l'*Andira
inermis*, à l'état de décoction. On fait bouillir 30 grammes
d'écorce dans 1 litre d'eau jusqu'à ce que la décoction prenne
la couleur du madère. On passe et on édulcore. Quatre cuillerées
à soupe de cette décoction suffisent pour un adulte. A l'état de
poudre, l'écorce est administrée à la dose de 1 gramme à
1 gr. 50 chez les adultes. Pour les enfants il faut employer des
doses plus faibles.

La *poudre de Goa* doit ses propriétés à l'acide chrysophanique. Elle est employée au Brésil, dans l'Indo-Chine, et, depuis
quelque temps, en Europe, contre les maladies parasitaires de la
peau, particulièrement contre l'herpès circiné, le pityriasis ver-
sicolore, le psoriaris, l'herpès tonsurant, etc. On fait des frictions
avec la poudre elle-même ou bien avec une pommade dans la
composition de laquelle elle entre avec de la vaseline ou de
l'axonge. L'acide chrysophanique et la chrysarobine jouissent des
mêmes propriétés que la poudre de Goa contre les maladies
parasitaires de la peau. On a aussi essayé l'acide chrysophanique
contre la diarrhée de Cochinchine, que quelques médecins considèrent comme de nature parasitaire, mais il n'a pas produit
les effets qu'on en attendait.

Le suc des feuilles du *Cassia alata* et la poudre de ces feuilles
jouissent des mêmes propriétés que la poudre de Goa et sont
employées en Cochinchine aux mêmes usages. C'est encore à

l'acide chrysophanique, contenu en quelque abondance dans le *Cassia alata,* que cette plante doit ses propriétés. En résumé, l'acide chrysophanique et la chrysarobine ont acquis le droit de figurer parmi les médicaments capables de rendre des services incontestables contre les maladies parasitaires de la peau et contre les maladies produites par des parasites internes. Mais cette dernière partie de leur rôle est moins bien établie que la première (Voy. Dujardin-Beaumetz, *Dict. de Thérapeut.*, art. Goa, pour les détails de cette question et la bibliographie qui s'y rapporte).

## ANDROGRAPHIS

*Andrographis paniculata* Nees ab Esenb. (*Justicia paniculata* Roxb.).
(Acanthacées.)

L'Andrographis paniculé est une herbe annuelle, à racine pivotante, à tige haute de 0<sup>m</sup>,30 à 0<sup>m</sup>,60, droite, noueuse, obscurément quadrangulaire, ramifiée, épaisse de 0<sup>m</sup>,005 environ à la base, sillonnée dans le sens de la longueur. Les feuilles sont opposées, pétiolées, lancéolées, entières, longues de 0<sup>m</sup>,06 à 0<sup>m</sup>,08 et larges de 0<sup>m</sup>,005 environ, plus pâles en dessous qu'en dessus, glabres comme la tige, minces, cassantes. Les fleurs sont disposées en grappes terminales, unilatérales, lâches. Elles sont portées par de longs pédoncules alternes sur l'axe principal, dressés, laineux, situés dans l'aisselle de larges bractées opposées, et munis chacun de deux bractéoles plus petites que le calice. Celui-ci est formé de cinq sépales étroits, presque libres, égaux. La corolle est formée d'un tube recourbé et d'un limbe divisé en deux lèvres linéaires et réfléchies, la supérieure plus ou moins bifide, l'inférieure plus large, divisée en trois dents. La corolle est colorée en rose. L'androcée est formé seulement des deux étamines antérieures. Leurs filets sont connés au tube de la corolle, aussi longs que les lèvres de cette dernière, velus, supportant chacun une anthère à deux loges introrses, obovales, barbues et unies à la base. Le gynécée est formé d'un ovaire biloculaire, atténué en un style terminé par une extrémité stigmatique aiguë. Chaque loge de l'ovaire contient de deux à quatre ovules anatropes. Le fruit est une capsule loculicide, déhiscente en deux valves. Chaque loge contient trois ou quatre graines scrobiculées, alvéolées, tronquées à la base, et munies d'un prolongement placentaire arqué. La graine renferme sous ses téguments un embryon sans albumen.

Habitat. — L'Andrographis paniculé est commun dans toute l'Inde, à Ceylan et à Java; il a été aussi transporté dans les Indes occidentales. Il croît volontiers à l'ombre des arbres.

Culture. — Il est cultivé dans quelques parties de l'Inde, particulièrement dans le Tinnevelly. On le désigne dans l'Inde sous les noms de *Kiryat*, *Charayetah*, *Kiriatha*, *Mahatita*, etc. Ce dernier nom signifie, d'après Roxburg, en hindoustani, « roi des amers ».

Parties usitées. — La plante entière, mais plus particulièrement les sommités et la racine.

Récolte. — On arrache la plante avant la maturité des fruits; on la fait dessécher avec soin.

Composition chimique. — L'Andrographis doit son extrême amertume à un principe amer, probablement neutre, qui n'a pas encore été isolé. La réaction de l'infusion aqueuse de la plante est légèrement acide; les réactifs ordinaires n'y décèlent la présence d'aucun alcaloïde; l'acide tannique y produit un précipité abondant, constitué par une combinaison de l'acide avec le principe amer de la plante; elle est à peine altérée par les sels de fer, ce qui indique l'absence à peu près absolue de tannin; mais elle contient une grande quantité de chlorure de sodium.

Usages. — L'Andrographis est prescrit dans l'Inde comme tonique amer et stomachique. On administre l'infusion de la plante particulièrement celle de la racine, contre la dysenterie chronique et l'anémie qui succède à la fièvre paludéenne. Comme apéritif et tonique, c'est surtout la teinture qui est usitée. Le jus exprimé des feuilles est un remède populaire contre les coliques des enfants. Le nom de *Mahatita*, c'est-à-dire « roi des amers » qu'on donne à cette plante dans l'Inde, indique la grande réputation dont elle jouit; ajoutons que cette réputation est méritée et que l'Andrographis peut lutter, sans désavantage, avec la gentiane, le quassia et les autres amers les plus renommés de notre pharmacopée. Cette plante n'est pas encore entrée dans les habitudes de la médecine européenne, mais elle commence à être prescrite par quelques praticiens.

# ARROWROOT

*Maranta arundinacea* L.
(Amomacées - Marantées.)

Le *Maranta arundinacea* L. est une plante à souche vivace, fibreuse, produisant au niveau de sa couronne de nombreux tubercules fusiformes, charnus, écailleux. Sa tige aérienne est herbacée, très ramifiée, grêle, haute de 0<sup>m</sup>,30 à 0<sup>m</sup>,60, finement velue, renflée au niveau des feuilles qui sont alternes, ovales-oblongues, acuminées, velues en dessous, vertes sur les deux faces, accompagnées de grandes gaines foliacées et velues. Les fleurs sont hermaphrodites, irrégulières, disposées en panicules terminales lâches, étalées, munies de bractées engainantes. Le calice est formé de trois sépales verts. La corolle est petite, blanche, formée de pétales connés dans le bas. L'androcée est composé de trois étamines pétaloïdes, dont une seule est fertile et pourvue d'une seule loge anthérique; les deux autres étamines sont des lames pétaloïdes dont l'une reste simple, tandis que l'autre se dédouble en deux lames. L'ovaire est infère, triloculaire, à loges uniovulées; il est surmonté d'un style tubuleux, recourbé, divisé en trois lobes stigmatiques. Le fruit est d'abord charnu, puis il se dessèche et ne renferme, par avortement, qu'une seule graine à albumen corné et à embryon recourbé.

Habitat. — Le *Maranta arundinacea* habite les régions tropicales de l'Amérique, depuis le Mexique jusqu'au Brésil; sur les bords de l'Amazone, on le nomme *Araruta*. On le trouve aussi dans les Antilles. Il existe dans les Indes orientales, notamment dans le Bengale, à Java, dans les Philippines, une forme de cette espèce que l'on considère parfois comme une espèce distincte sous le nom de *M. Indica* Tuss. Il est probable que cette forme provient de celle de l'Amérique ou réciproquement. Dans certaines parties de l'Inde on la cultive pour l'amidon de son rhizome, amidon tout à fait semblable à celui du *M. arundinacea* (Voy. Flückiger et Hanbury, *Hist. des Drogues d'orig. végét.*, trad. franc., t. II, p. 421).

Culture. — Le *M. arundinacea* et sa forme *Indica* sont depuis longtemps cultivés en Amérique et dans l'Inde. On les multiplie par des fragments de rhizomes. Dans notre pays, ces plantes exigent la serre chaude.

Parties usitées. — L'amidon extrait du rhizome.

Récolte. — On arrache la plante au moment où les fruits sont entièrement mûrs; on enlève avec soin les écailles qui recouvrent le rhizome; on lave celui-ci, on le broie dans un moulin, puis on lave la pulpe pour en enlever l'amidon, qu'on laisse déposer dans l'eau. On le fait ensuite égoutter, puis sécher à une chaleur douce. Les bons rhizomes fournissent environ un sixième de leur poids d'amidon. L'arrowroot des Bermudes est la sorte commerciale la plus estimée. Viennent ensuite les arrowroots de Saint-Vincent, de Natal, de la Jamaïque, du Brésil, etc.

Composition chimique. — L'amidon du *Maranta arundinacea* se présente, à l'état de pureté, sous l'aspect d'une poudre blanche, brillante, inodore et insipide, craquant entre les doigts avec un son clair. Cette poudre est formée de grains arrondis ou ovoïdes, souvent irrégulièrement anguleux et parfois agglomérés en petites masses qui peuvent atteindre jusqu'au volume d'un pois. Ils présentent un hile ordinairement ponctiforme, situé soit au centre, soit à l'une des extrémités du grain, et des stries concentriques très visibles.

Les caractères chimiques de cet amidon sont les mêmes que ceux de toutes les autres sortes d'amidon. Sa composition est représentée par la formule $C^6 H^{10} O^5$. L'acide chromique, le chlorure de calcium, la solution ammoniacale d'oxyde cuprique rendent plus manifestes les couches concentriques des grains. Quand on fait agir la salive sur le grain d'amidon, celui-ci est dissout en partie; il reste un résidu qui offre les caractères de la cellulose; ce résidu conserve la forme générale du grain, mais celui-ci est devenu plus petit et poreux. Nœgeli a donné le nom de *granulose* à la partie dissoute; celle qui forme le résidu a reçu le nom de *cellulose amylacée* ou *amylose*. La granulose est soluble dans les solutions étendues d'acide sulfurique, d'acide chromique, de chlorure de sodium étendu d'acide chlorhydrique, etc.; elle est colorée en bleu par l'iode en présence de l'eau; elle est naturellement insoluble dans l'eau, mais elle s'y dissout quand on fait bouillir les grains dans l'eau pendant quelque temps; l'alcool la précipite de sa solution aqueuse sous la forme de flocons blancs, amorphes. L'amylose est beaucoup moins abondante dans le grain d'amidon que la granulose ; l'iode la colore en jaune rougeâtre ou pas du tout ; elle est dissoute par la solution ammoniacale d'oxyde de cuivre ; l'acide sulfurique concentré et le chlorure de zinc la transforment en granulose. Quand on fait bouillir l'amidon dans une solution étendue de potasse ou d'acides minéraux, il subit une série d'importantes modifications : l'amylose se transforme en granulose d'abord insoluble puis soluble ; celle-ci se dédouble ensuite en *Amylo-dextrine* et en *Maltose;* puis l'amylo-dextrine se dédouble en *Érythro-dextrine* et en maltose ; enfin, l'érythro-dextrine se dédouble en maltose et en *Dextrine*. La dextrine, à son tour, absorbe un équivalent d'eau et se transforme tout entière en maltose. Quant à la maltose, elle s'hydrate et se transforme en glucose. Dans les cellules des plantes, l'amidon subit des transformations semblables à celles que nous venons de décrire.

Usages. — L'arrowroot est surtout utilisé dans l'alimentation des convalescents, bouilli dans le lait ou dans l'eau. En Angleterre on l'estime beaucoup pour la fabrication des puddings.

## ASPIDOSPERME

*Aspidosperma Quebracho* Schl.cht.
(Apocynacées-Plumériées).

L'Aspidosperme Quebracho ou *Quebracho bianco* de la République Argentine, est un arbre de 6 à 15 mètres de haut, à rameaux étalés, peu feuillus. Les feuilles sont alternes, éparses, petites, coriaces, oblongues ou lancéolées-oblongues, réticulées, brièvement pétiolées. Les fleurs sont disposées en cymes racémiformes, terminales ; elles sont hemaphrodites et régulières. Le calice est gamosépale, à cinq divisions. La corolle est gamopétale, subinfundibuliforme, petite, jaunâtre, ventrue à la base, nue à la gorge, à limbe divisé en cinq lanières lancéolées. L'androcée est formée de cinq étamines, dont les filets sont insérés sur le milieu du tube de la corolle, à anthères ovales, presque sessiles, biloculaires, introrses, déhiscentes par des fentes longitudinales. Le gynécée est composé de deux carpelles libres, pluriovulés, unis par le style qui est renflé en massue recourbée à son extrémité stigmatique. Le fruit, par suite de l'avortement d'un des ovaires, est un follicule asymétrique, renfermant des graines nombreuses, striées, presque orbiculaires, entourées d'une aile membraneuse striée.

HABITAT. — Le Quebracho habite la République Argentine. Il paraît que l'arbre de la province de Cordova diffère sous quelques rapports, particulièrement par les feuilles, de celui qu'on désigne sous le même nom dans la province de Salta.

CULTURE. — Il n'est l'objet d'aucune culture.

PARTIES USITÉES. — L'écorce des branches et du tronc.

RÉCOLTE. — On détache l'écorce ordinairement après avoir abattu l'arbre.

L'écorce du *Quebracho bianco* est généralement d'un blanc jaunâtre; sur les arbres jeunes, elle est lisse extérieurement; mais sur les arbres plus âgés, et par suite d'une abondante formation de suber, elle est raboteuse et fendillée.

COMPOSITION CHIMIQUE. — M. Fraud a extrait de l'écorce de Quebracho blanc un alcaloïde nouveau, auquel il a donné le nom d'*Aspidospermine*, et assigné la formule $C^{22} H^{30} Az^2 O^2$. L'aspidospermine cristallise en petits prismes brillants; elle est peu soluble dans l'eau; une partie exige pour se dissoudre 6,000 parties d'eau; elle est soluble dans l'alcool; un peu moins dans l'éther anhydre. Sa saveur est très amère. Elle forme avec les acides des sels difficilement cristallisables.

L'écorce de Quebracho blanc a été soumise récemment à de nouvelles analyses par C. Hesse (*Annalen der Chemie*, t. CCXI, p. 249). Elle renferme un certain nombre d'alcaloïdes combinés avec un acide, particulièrement l'acide tannique. La proportion de ces alcaloïdes est variable; elle est parfois de 0,80 pour 100; mais, dans les jeunes écorces, elle s'élève à 1,40 pour 100, pour retomber à 0,30 dans les écorces âgées. D'un autre côté, une écorce récoltée par M. Schickendoz, près de Pilciao, ne renfermait pas moins de six alcaloïdes, tandis qu'une autre n'en contenait que trois. L'auteur a, du reste, constaté ces variations dans les différentes écorces commerciales.

On obtient les alcaloïdes en faisant bouillir l'écorce pulvérisée avec l'alcool, enlevant l'alcool par la distillation, puis après avoir ajouté un excès de soude caustique, traitant le résidu par l'éther ou le chloroforme. Par évaporation de la solution on obtient un résidu brunâtre, lequel, traité par l'acide sulfurique chaud, forme une solution d'un brun rougeâtre. En ajoutant, après filtration, un excès de soude caustique, on obtient un précipité blanc rougeâtre, composé des alcaloïdes suivants : *Aspidospermine*, *Aspidospermatine*, *Aspidosamine*, *Hypoquebrachine*, *Quebrachine*, *Quebrachamine*. Dans certaines écorces, l'un ou l'autre ou plusieurs de ces alcoïdes peuvent manquer.

Ces variations dans la quantité et le nombre des alcaloïdes, expliquent suffisamment les différences que l'on a remarquées dans les effets thérapeutiques des écorces de Quebracho du commerce.

L'*Aspidospermine*, $C^{22}H^{30}Az^2O^2$, a été découverte par Fraud (*Berichte*, XI, 2189; XII., 1560). Elle se présente sous forme de prismes aigus incolores ou en aiguilles délicates. Elle peut être exposée à l'air pendant longtemps sans perdre sa blancheur; elle fond à 205-206° C, et une petite partie se sublime en aiguilles fines; à une température plus élevée elle brunit puis se décompose. L'aspidospermine se dissout facilement dans l'alcool, moins facilement dans l'éther, la ligroine (partie du pétrole qui bout entre 70 et 120°, d'une densité de 0,685 à 0,690), complètement dans la benzine et le chloroforme. Elle est lévogyre. C'est une base très faible, neutralisant difficilement les acides, et se séparant en partie de ses sels par l'éther, le chloroforme, etc.

L'*Aspidospermatine*, $C^{22}H^{28}Az^2O^2$, cristallise en aiguilles délicates; elle fond à 162°; se dissout dans l'alcool, l'éther, le chloroforme. Sa saveur est amère. Elle diffère de l'alcaloïde précédent en ce que lorsqu'on la dissout dans l'acide sulfurique concentré, elle ne donne pas de coloration par l'addition d'un petit cristal de bichromate de potassium. L'aspidospermatine neutralise les acides dilués dans lesquels elle se dissout fort bien, et forme des sels amorphes.

L'*Aspidosamine*, $C^{22}H^{28}Az^2O^2$, récemment précipitée, est cristalline et incolore. Mais, après un certain temps d'exposition à la lumière, elle prend une teinte jaune, parfois rougeâtre. Elle fond à 100° en une masse jaune; se dissout dans l'éther, le chloroforme, la benzine; ces liquides l'abandonnent par évaporation à l'état amorphe. Elle se dissout difficilement dans la ligroine et l'éther de pétrole, et fort peu dans l'eau, l'ammoniaque et la soude caustique. Sa saveur est amère. Sa réaction est fortement alcaline, et elle se combine avec les acides pour former des sels. Elle se dissout dans l'acide sulfurique en lui donnant une couleur bleue, qui devient plus foncée quand on ajoute un cristal de bichromate de potassium.

L'*Hypoquebrachine*, $C^{21} H^{26} Az^2 O^2$, se présente sous forme d'un vernis jaunâtre, dont l'odeur, qui rappelle celle de la chivoline, disparaît par la chaleur. Elle fond à 80°, et, par refroidissement, elle devient solide et friable. Elle est soluble dans l'alcool, l'éther, le chloroforme. C'est une base puissante, probablement la plus énergique de toutes celles du Quebracho. Elle forme avec les acides des sels amorphes, jaunes, solubles dans l'eau.

La *Quebrachine*, $C^{21} H^{26} Az^2 O^3$, se présente sous forme d'aiguilles délicates, incolores, mais devenant légèrement jaunes à la lumière ; elle se dissout facilement dans l'alcool bouillant, moins aisément dans l'alcool froid ; elle est peu soluble dans l'éther et la ligroine, davantage dans le chloroforme ; elle est insoluble dans l'eau, la soude caustique et l'ammoniaque. Elle est dextrogyre. Ses sels se distinguent de ceux des autres alcaloïdes du Quebracho par leur facilité à cristalliser.

La *Quebrachamine* cristallise en écailles satinées, allongées, anhydres, fondant à 142° et se dissolvant dans l'alcool, la benzine, le chloroforme et l'éther. L'eau en dissout fort peu. Sa saveur est extrêmement amère. Dans l'acide sulfurique additionné de bichromate de potasse cristallisé, elle prend une couleur violet foncé.

Outre ces alcaloïdes, O. Hesse a retiré du Quebracho bianco une matière neutre, le *Quebrachol*, en traitant la poudre d'écorce par l'éther, le chloroforme ou l'éther de pétrole. Le Quebrachol est cristallin, lévogyre ; il fond à 125° ; il est représenté par la formule $C^{20} H^{34} O$.

Usages. — L'écorce de Quebracho blanc et son alcaloïde l'aspidospermine sont employés depuis quelque temps par les médecins européens, pour combattre la dyspnée qui accompagne les maladies pulmonaires et cardiaques. On a obtenu de très bons effets de l'emploi de la poudre de l'écorce contre la dyspnée de l'asthme convulsif, contre celle de l'emphysème pulmonaire et

contre celle qui accompagne l'insuffisance mytrale et la dégénérescence graisseuse du cœur, et même contre la dyspnée de la
phtisie. Dans la plupart des observations on a fait usage de
l'extrait aqueux, à la dose de 5 grammes pour 25 grammes d'eau
distillée. Picot a observé sur lui-même un effet excellent du Quebracho contre la difficulté de la respiration qui accompagne
l'ascension des montagnes. Trois jours de suite il fit l'ascension
de la même montagne, dans les mêmes conditions de température et de pression barométrique. Avant l'ascension, son pouls
était à 64 et sa respiration à 16; le premier jour, n'ayant pas pris
de Quebracho, sa respiration s'éleva, pendant l'ascension, à 42 et
son pouls battit 94 pulsations; il éprouvait une sensation désagréable d'haleine courte; le deuxième il prit, une demi-heure
avant l'ascension, une quantité de poudre de Quebracho équiva-
lente à 15 grammes de teinture; le nombre des respirations fut
de 30 seulement et celui des battements de son pouls de 80; il
n'éprouva pas de sensation désagréable et put même fumer pendant l'ascension, ce qu'il n'avait pas pu faire le premier jour;
le troisième jour il fit de nouveau l'ascension sans prendre de
Quebracho, les symptômes furent les mêmes que le premier jour.
L'administration prolongée du Quebracho présenterait, d'après
quelques médecins, des inconvénients graves. D'après Laquer, il
survient bientôt de la céphalalgie, de l'hébétude des organes des
sens, des vertiges, une salivation abondante et un grand dégoût
du médicament. En résumé, le Quebracho et son alcaloïde l'aspidospermine paraissent être appelés à rendre à la thérapeutique
des services importants, mais leur étude a besoin d'être complé-
tée par des observations plus rigoureuses que celles qui ont été
faites jusqu'à ce jour.


## ATHÉROSPERME

*Athérosperma moschata* Labill., *A.* (*Doriphora*) *Sassafras* Endl.; *A. sempervirens* H. Bn.
(Monimiacées-Athérospermées.)


L'Athérosperme musqué (*A. moschata* Labill.) est un grand
arbre à feuilles opposées, entières, lancéolées, pétiolées, velues
sur la face inférieure, à fleurs axillaires, solitaires, courtement

pédonculées, enveloppées chacune dans deux bractées velues qui forment une sorte de calicule autour du bouton. Les fleurs sont unisexuées, à réceptacle en forme de sac, plus profond dans les mâles que dans les femelles. Dans les fleurs des deux sexes, les bords du réceptacle portent un nombre variable de folioles insérées en spirale, d'autant plus pétaloïdes qu'elles sont plus intérieures, reliées par des formes intermédiaires qui ne permettent pas de distinguer un calice et une corolle. Les fleurs mâles offrent, en dedans de ce périanthe, un nombre indéfini d'étamines insérées sur la face interne de la cupule réceptaculaire, jusque dans son fond ; les filets staminaux sont indépendants les uns des autres ; ils sont munis à la base de deux appendices latéraux foliacés et terminés par une anthère extrorse, à deux loges déhiscentes chacune par un panneau qui se relève de bas en haut. La fleur femelle présente, en dedans du périanthe, des filets staminoïdes stériles et, dans le fond de la coupe réceptaculaire, de nombreux ovaires unicarpellés, uniloculaires, uniovulés, surmontés chacun d'un style effilé, velu comme l'ovaire. Le fruit se compose de nombreux achaines plumeux, entourés par le réceptacle devenu ligneux. Chaque achaine contient une graine à albumen charnu et huileux et à embryon petit, pourvu de cotylédons divariqués. Toutes les parties de la plante exhalent un odeur aromatique très prononcée et agréable.

L'*Atherosperma* (ou *Doryphora*) *Sassafras* ENDL. se distingue par ses fleurs hermaphrodites, par ses étamines à anthères surmontées d'un très long appendice filiforme, par ses inflorescences en grappes de cymes bipares, insérées dans l'aisselle de bractées caduques. Toutes les parties de la plante sont aromatiques.

L'*Atherosperma sempervirens* H. BN (*Laurelia sempervirens* TUL., *Pavonia sempervirens* R. et PAV.) est remarquable par ses fleurs polygames ou dioïques et par son réceptacle en forme de gourde à col allongé, se divisant en panneaux nombreux au moment de la maturité. Ses fleurs sont disposées en grappes de cymes axillaires ou terminales, simples ou rameuses.

A côté de ces plantes, nous nous bornerons à citer le *Siparuna Guianensis* AUBL., de la Guyane, le *S. Thea* SEEM., du Brésil, le *Calycanthus floridus* L. ou *All-Spice,* de la Caroline, les *Tambourissa* des îles Mascareignes, toutes plantes de la même famille, à feuilles et à écorce très aromatiques et jouissant de propriétés analogues à celles des *Atherosperma*.

Habitat. — L'*Atherosperma moschata* et l'*A. Sassafras* sont des arbres de l'Australie orientale et méridionale. Le dernier se trouve aussi dans la Tasmanie. L'*A. sempervirens* habite le Chili; une espèce voisine, l'*A. Novæ-Zelandiæ* est indigène, comme son nom l'indique, de la Nouvelle-Zélande.

Culture. — Ces espèces sont peu cultivées.

Parties usitées. — Les feuilles, et surtout l'écorce.

Récolte. — On enlève l'écorce en tout temps, en choisissant de préférence celle des jeunes branches. On cueille les feuilles après leur entier développement.

L'écorce de l'*A. moschata,* qui est la plus usitée, se présente sous l'aspect de lames minces, cassantes, rugueuses, d'un gris blanchâtre en dehors, brunes en dedans, blanchâtres sur la cassure. Elle est douée d'une odeur forte, aromatique, rappelant à la fois celles de la badiane, du camphre, de la muscade et de l'écorce de Winter; sa saveur est aromatique, amère, poivrée et camphrée.

Composition chimique. — L'écorce de l'*Atherosperma moschata,* analysée en 1861 par Zeyer, contient une huile essentielle, une résine aromatique, un tannin qui verdit les sels de fer, et un alcaloïde encore imparfaitement connu, l'*Athérospermine*. Celle-ci se présente sous la forme d'une poudre amorphe, grisâtre, légère, très amère, fusible à 128°, insoluble dans l'eau, soluble dans l'alcool et dans le chloroforme, à réaction faiblement alcaline; elle forme avec les acides des sels incristallisables dont les solutions précipitent par les réactifs des alcaloïdes. L'étude de cette écorce et celle des plantes dont nous avons parlé plus haut mérite d'attirer l'attention des chimistes.

Usages. — L'écorce de l'Athérosperme musqué possède au plus haut degré les propriétés propres à tout ce groupe de plantes; aussi est-ce celle qu'on emploie de préférence. Sa décoction est prescrite par les médecins australiens comme tonique, stimulante, antiscorbutique et apéritive. En France, on commence à prescrire la teinture de cette écorce, à la dose de trente à soixante gouttes par jour, comme diaphorétique et diurétique. On l'administre aussi, sans doute à titre de stimulant, contre l'asthme et la bronchite chronique. En Australie, on emploie souvent les feuilles de la même espèce, fraîches ou desséchées, comme substitutif du thé; on en prépare des infusions légères que l'on boit seules ou mélangées avec du thé.

L'écorce de l'*A. Sassafras,* dont l'odeur rappelle un peu celle du fenouil, est employée en Australie, comme la précédente, à titre de médicament stimulant, sodorifique et carminatif. Au Chili, on se sert, dans la cuisine, de l'écorce et du fruit de l'*A. sempervirens,* dont l'odeur et la saveur, surtout celles du fruit, sont à peu près semblables à celles de la muscade. L'écorce du *Calycanthus floridus* L. est employée, dans les Carolines, sous le nom de *All-Spice,* comme tonique, digestive et apéritive; on l'y substitue souvent à celle de la Cannelle de Ceylan. Les *Siparuna,* particulièrement le *S. Guianensis* AUBL., sont employés, à la Guyane, comme aromatiques et stimulants. Les *Tambourissa* des îles Mascareignes donnent une gomme-résine odorante, parfois employée comme stimulante (Voyez l'article BOLDO, dans le supplément du t. I^er).

## ATIS

*Aconitum heterophyllum* WALL.
(Renonculacées-Aquilégiées.)

L'Aconit hétérophylle, *Atis* ou *Atees* des Anglais de l'Inde, est une plante vivace, herbacée, à racine tubéreuse, oblongue-ovale; à feuilles radicales largement pétiolées, réniformes ou cordées-sagittées, acuminées, divisées en cinq ou un plus grand nombre de lobes peu marqués; à tige aérienne haute de 0^m,30 à 1 mètre, obscurément angulaire, lisse dans le bas, pubescente dans le haut, terminée par une longue grappe de fleurs ordinairement bleues, plus rarement d'un jaune foncé, parfois veiné de pourpre. La fleur est irrégulière comme dans tous les Aconits; le calice est formé de cinq sépales inégaux; l'un, supérieur, en forme de casque arqué, légèrement acuminé; deux, latéraux, de même dimension que le casque, obliquement triangulaires; deux inférieurs, lancéolés, lisses. L'androcée est formé de staminodes (pétales de certains auteurs) stériles et d'étamines à anthères biloculaires, toutes ces pièces indépendantes et insérées en spirale, les postérieures plus grandes que les antérieures. Le gynécée est composé d'un petit nombre de carpelles indépendants, pluriovulés. Le fruit est formé de follicules plurispermes, à graines albuminées.

HABITAT. — L'Aconit hétérophylle habite les régions tempérées de l'ouest de l'Himalaya, à une altitude de 8,000 à 10,000 pieds, le Simla, le Kumaon, le Kashmir.

CULTURE. — Il n'est l'objet d'aucune culture, sauf dans les jardins botaniques de l'Inde.

PARTIES USITÉES. — La racine et la courte souche que forme sa partie supérieure.

RÉCOLTE. — On arrache la plante lorsque la racine a atteint son entier développement.

La racine de l'Aconit hétérophylle est ovoïde, oblongue, fusiforme ou obconique, longue de $0^m,01$ à $0^m,04$, épaisse de $0^m,005$ à $0^m,01$ ; elle pèse de 5 à 10 et jusqu'à 45 grammes. Extérieurement elle est colorée en gris cendré clair, ridée, chargée de cicatrices laissées par les radicules, et munie à la base de restes écailleux des feuilles ; intérieurement elle est blanche et farineuse ; sa saveur est très amère et légèrement astringente, sans âcreté. Sur une coupe transversale, elle offre de quatre à cinq ou sept faisceaux libéro-ligneux, jaunâtres. On la vend dans les bazars de l'Inde soit entière, soit, plus souvent, réduite en une poudre fine, blanche.

COMPOSITION CHIMIQUE. — Broughton a découvert récemment dans l'Aconit hétérophylle un alcaloïde spécial, auquel il a donné le nom d'*Atisine* et assigné la formule $C^{46} H^{74} Az^2 O^5$. La saveur de ce corps est très amère. L'Aconit hétérophylle contiendrait également, paraît-il, une petite quantité d'*Aconitine;* mais la présence de ce corps n'est pas entièrement démontrée.

USAGES — La racine de l'Aconit hétérophylle est employée dans l'Inde contre la fièvre intermittente, contre la fièvre rémittente et, en général, contre toutes les fièvres à paroxysmes. On l'administre généralement en poudre, à la dose de 0 gr. 20 à 0 gr. 30. Le Dʳ Balfour (*Ind. Ann. of médic. sc.*, 1858, V, p. 548) affirme en avoir obtenu d'excellents effets contre la fièvre intermittente. Il l'administre à doses fractionnées, dans l'intervalle des accès, en commençant l'administration dès le début de la période d'apyrexie. Il l'associe souvent à la narcotine. Il déclare avoir pu remplacer entièrement la quinine par la poudre de la racine d'Atis. A une dose moindre, 0 gr. 05 à 0 gr. 10, on la prescrit comme tonique. En Europe, ce médicament n'a pas encore été expérimenté.

## BAPTISIA

*Baptisia tinctoria* R. Br. (*Sophora tinctoria* L., *Podalyria tinctoria* MICH.), *B.alba* R. Br. (Légumineuses-Papilionacées.)

Le *Baptisia tinctoria* de Robert Brown est une plante à souche vivace, émettant des tiges aériennes herbacées, hautes de 0$^m$,60 à 0$^m$,90, très ramifiées, glaucescentes. Les feuilles sont alternes, composées-ternées, formées d'un pétiole commun très court, non stipulé et de folioles stipulées, arrondies à l'extrémité, cunéiformes à la base. Les fleurs sont jaunes, disposées en grappes terminales lâches, et portées par des pédoncules articulés à la base. Le calice est gamosépale, campanulé, découpé en quatre ou cinq lobes réunis en deux lèvres. La corolle est dialypétale, pentamère, à étendard arrondi, crénelé, réfléchi sur les côtés, à ailes obovales, à carène formée de deux folioles obovales, légèrement unies. L'androcée est formé de dix étamines à peu près de même taille, aussi longues que la carène, distinctes, caduques, à filets grêles et lisses, à anthères incombantes, biloculaires, introrses, déhiscentes par des fentes longitudinales. Le gynécée est formé d'un ovaire lisse, stipité, uniloculaire, pluriovulé, surmonté d'un style grêle que termine un stigmate simple. Le fruit est une gousse longuement pédiculée, ventrue, courte, contenant plusieurs graines de petite taille, subréniformes.

Le *Baptisia alba* (*Crotalaria alba* L., *Sophora alba* WALT., *Podalyria alba* WILLD.) est une plante herbacée, glabre, à folioles elliptiques, oblongues-obtuses, à stipules caduques. Les fleurs sont blanches, en grappes terminales. Le calice est bilabié, à quatre ou cinq dents. La corolle est formée de cinq pétales subégaux, les latéraux réfléchis vers l'étendard. L'androcée est formé de dix étamines libres, caduques. L'ovaire est glabre. La gousse est pédicellée, polysperme, ventrue.

HABITAT. — Le *Baptisia tinctoria* est très répandu dans les bois et dans les lieux élevés et incultes des diverses parties des

États-Unis, où on le connaît sous le nom de *Wild Indigo* (Indigo sauvage). Le *Baptisia alba*, particulièrement abondant dans les prairies du nord-ouest des États-Unis, a reçu le nom de *Prairie Indigo* (Indigo des prés).

Culture. — Ces espèces ne sont l'objet d'aucune culture.

Parties usitées. — La souche vivace et la racine. Les parties herbacées.

Récolte. — On arrache la plante, pour avoir la souche, lorsqu'elle est en plein développement. Quant aux parties herbacées, dont on peut extraire une matière colorante analogue à l'indigo, il faut les couper lorsqu'elles sont en plein développement, avant que la floraison soit achevée.

Composition chimique. — Les parties aériennes du *Baptisia tinctoria* contiennent des matières chromogènes semblables, ou du moins très analogues à celles de l'Indigo (Voy. ce mot). On prépare avec cette plante une matière colorante bleu pâle, presque aussi belle que l'indigo.

On extrait de la racine du *Baptisia* une résine impure qui est entrée dans la pratique médicale sous le nom de *Baptisin*. C'est une substance pulvérulente, jaunâtre, d'aspect terreux, douée d'une odeur aromatique forte, vireuse, rappelant un peu celle du podophyllin, et d'une saveur acidule, saline. On ignore la composition exacte de ce corps.

D'après le D$^r$ Von Schrœder (*Chem. Zeit.*, oct. 1874, p. 1481), on trouve dans le *Baptisia* les corps suivants : la *Baptisine*, glucoside insoluble dans l'eau, amer, sans action physiologique ; la *Baptine*, glucoside soluble dans l'eau, cristallisant en aiguilles, doué d'une action légèrement purgative ; la *Baptitoxine*, vénéneuse, même à faibles doses. Sur les grenouilles, cette dernière produit la cessation de la respiration et la paralysie ; sur les animaux à sang chaud, elle diminue la respiration et augmente l'irritabilité reflexe de la moelle.

Usages. — Beaucoup de médecins américains prescrivent la décoction aqueuse de la racine de *Baptisia* contre la dysenterie, la diarrhée, les coliques. A dose élevée, elle est émétique et purgative ; à faible dose, elle est simplement purgative. On emploie aujourd'hui, de préférence, la substance résineuse impure, décrite plus haut sous le nom de baptisin ; on la prescrit surtout comme purgatif drastique et cholagogue, dans les cas où il est nécessaire d'exciter la sécrétion et l'excrétion biliaires (Voy. Davet, Thèse; *Ann. th.* 1881, p. 178; *The Dispensatory of the U. States,* 1883, p. 1581).

# BELA

*Ægle Marmelos* Corr. (*Cratæva Marmelos* L.).
(Rutacées-Aurantiées.)

Le Bela (*Ægle marmelos* Corr.) est un arbre haut de 10 à 12 mètres, armé d'épines fortes, très aiguës, axillaires, solitaires ou géminées. Les feuilles sont alternes, trifides, la foliole médiane étant plus grande que les autres; les folioles sont oblongues ou oblongues-lancéolées, atténuées en pointe, crénelées sur les bords. Les fleurs sont grandes, odorantes, hermaphrodites, disposées en panicules axillaires. Le réceptacle est convexe; le calice est gamosépale, à 4-5 dents; la corolle est formée de quatre ou cinq pétales alternes avec les sépales, très développés, blancs; l'androcée est composé d'une quarantaine d'étamines indépendantes, à filets courts, dressés, à anthères linéaires, biloculaires, intorses, déhiscentes par des fentes longitudinales; le gynécée est formé d'un nombre indéfini de capelles pluriovulés. Le fruit est une baie pluriloculaire, de la grosseur d'une orange, à écorce ligneuse, contenant une pulpe mucilagineuse qui devient très dure en se desséchant; il est divisé en dix à quinze loges contenant chacune plusieurs graines laineuses.

Habitat. — Le Bela est répandu dans toute presque toute la péninsule indienne où on le plante souvent autour des temples. On le trouve à l'état sauvage dans les forêts du Coromandel et le long de la chaîne de l'Himalaya, jusqu'à une altitude de 1,200 mètres, depuis le Jelam jusqu'à l'Assam.

Culture. — Cet arbre est cultivé comme plante sacrée ou ornementale dans une grande partie de l'Inde, autour des temples.

Parties usitées. — Le fruit, l'écorce de la racine et de la tige, les fleurs, le suc exprimé des feuilles.

Récolte. — On cueille le fruit à la maturité, ou avant la maturité, les écorces et les feuilles en tout temps. Dans les bazars indiens on vend le fruit en tranches minces et desséchées dont la couche extérieure, mince, grisâtre, enveloppe une pulpe devenue gommeuse et dure, colorée en orange ou en rouge à la surface, à peu près incolore en dedans. Ces tranches proviennent de fruits cueillis avant la maturité complète. On vend aussi le fruit entier et mûr. D'autres fois on attend qu'il soit mûr pour le cueillir et on le coupe en tranches ou en morceaux irréguliers qui ne tardent pas à durcir en se desséchant.

Composition chimique. — La pulpe desséchée est mucilagineuse, un peu acide, presque insipide ; quand le fruit a été cueilli avant la maturité, elle est astringente. Dans l'eau, la pulpe du fruit se gonfle beaucoup en une masse élastique dans laquelle on peut observer au microscope de grandes cellules séparées par de vastes méats intercellulaires. Les graines sont entourées d'un mucilage analogue à celui de la graine de lin et de la graine de moutarde blanche, formé en majeure partie par le gonflement des longs poils qui donnent à la graine fraîche l'aspect laineux. Quand on concentre par l'évaporation le liquide coloré en rouge obtenu par la macération de la pulpe du fruit dans l'eau, on obtient un mucilage et de la pectine. Le mucilage n'est pas coloré par l'iode ; il est précipité par l'alcool et par l'acétate neutre de plomb ; par filtration on peut le diviser en deux parties : l'une tout à fait soluble, l'autre, plus abondante, glutineuse, transparente, susceptible de se gonfler sans se dissoudre comme la gomme adragante. Flückiger et Hanbury n'ont trouvé dans cette pulpe aucune trace appréciable de tannin, contrairement aux observations de Collas, qui avait signalé ce corps ; il est probable que le tannin existe avant la maturité du fruit, alors que celui-ci offre une saveur astringente prononcée, et qu'il disparaît ensuite, par transformation en d'autres corps, comme cela est facile à constater sur un grand nombre de fruits.

Usages. — A l'état de maturité complète, la pulpe du fruit de Bela sert à préparer une boisson rafraîchissante, agréable, à laquelle on ajoute habituellement de la pulpe de tamarin qui la rend légèrement laxative. Avant la maturité, elle sert à préparer des décoctions astringentes, prescrites contre la diarrhée et la dysenterie. On fait usage, dans l'Inde, de la décoction de l'écorce de la racine contre la fièvre intermittente et de celle des feuilles contre les ophtalmies. L'eau distillée des feuilles est très odorante; elle est considérée dans l'Inde comme alexipharmaoue. Ces médicaments ne sont pas encore entrés dans la pratique médicale de l'Europe, où ils rencontreraient de nombreux concurrents.

# BIBIRU

*Nectandra Rodiæi* Schomb.
(Lauracées-Ocotéées.)

Le Bibiru (*Nectandra Rodiœi* Schomb.) est un bel arbre, atteignant jusqu'à 25 et 30 mètres de hauteur, à tronc droit, indivis, terminé par une belle cime de branches. Les feuilles sont opposées, penninerviées, glabres, coriaces, ovales-oblongues, arrondies ou aiguës à la base, aiguës ou courtement acuminées au sommet, repliées sur les bords. Les fleurs sont disposées en panicules courtes, presque sessiles, couvertes de poils tomenteux, fauves; elles exhalent une odeur agréable de jasmin; elles sont hermaphrodites ou polygames. Le réceptacle est cupuliforme, étalé. Le périanthe est soyeux, charnu, étalé, formé de six folioles, dont les trois inférieures sont plus grandes, toutes valvaires dans la préfloraison et caduques. L'androcée est formé de neuf étamines munies chacune d'une grande anthère à quatre logettes; celles-ci sont introrses dans les six étamines extérieures, latérales ou sub-extrorses dans les trois intérieures. Le fruit est une baie entourée par la base persistante du réceptacle.

Habitat. — Le Bibiru croît dans les forêts des terrains rocheux de la Guyane anglaise, jusqu'à une dizaine de kilomètres dans l'intérieur des terres; on le trouve en abondance sur les bords élevés des rivières Essequibo, Cuyuni, Demerara, Pomeroon, Berbice.

Culture. — Il n'est l'objet d'aucune culture. En Europe il exige la serre chaude.

Parties usitées. — L'écorce et le bois.

Récolte. — On récolte l'écorce en tout temps. On coupe l'arbre, pour le bois de charpente qu'il fournit, lorsqu'il a atteint 25 à 30 mètres de hauteur; on peut alors en retirer des poutres de 10 à 20 mètres de long.

L'écorce, employée dans la pratique médicale, se présente en morceaux aplatis, grossiers, souvent larges de 0$^m$,08 à 0,$^m$12 et épais de 0$^m$,005 à 0$^m$,015, colorés en brun grisâtre clair en dehors et en brun cannelle sur la face interne qui offre des stries longitudinales très saillantes. Cette écorce est dure, cassante, à cassure grossière et grenue ; elle est un peu foliacée en dehors, fibreuse en dedans ; elle est recouverte d'une couche subéreuse mince ; sa saveur est très amère, non aromatique. Au microscope, on remarque la grande quantité de cellules scléreuses que renferme cette écorce et l'épaisseur relativement considérable des parois de la majeure partie des éléments qui la constituent. Les fibres libériennes sont remarquables par les saillies en forme de dents de scie qu'elles présentent.

Composition chimique. — On a extrait de l'écorce du Bibiru un alcaloïde auquel on a donné le nom de *Bibirine* ou *Bébirine* et assigné la formule $C^{19} H^{21} AzO^3$. La bibirine est une substance pulvérulente, amorphe, incolore, soluble dans 5 parties d'alcool absolu, dans 13 parties d'éther et dans 1,400 parties d'eau bouillante, facilement soluble dans le sulfure de carbone et dans les acides dilués ; sa saveur est amère, persistante ; sa réaction est alcaline ; l'acide nitrique concentré, chaud, la transforme en une poudre jaune ; l'acide chromique l'oxyde, en fournissant une résine noire ; elle forme avec les acides des sels inscristallisables. Walz a montré que la bibirine est identique avec la *Buxine* du Buis (*Buxus sempervirens* L.) et M. Flückiger a établi l'identité de ces deux corps avec la *Pélosine* du *Cissampelos Pareira* L. et du *Chondrodendron tomentosum* R. et Pav.

Maclagan a retiré des graines du Bibiru un *acide Bibirique* qui coexiste avec la bibirine dans l'écorce de l'arbre. Cet acide se présente sous l'aspect de cristaux blancs, à reflets cireux ; il se liquéfie à l'air en devenant sirupeux ; il fond à 200° et se sublime ensuite en aiguilles. Il forme un grand nombre de sels. Maclagan a encore extrait du bois du Bibiru un autre alcaloïde auquel il a donné le nom de *Nectandrine* et assigné la formule $C^{20} H^{23} AzO^4$ ; ce corps est encore incomplètement connu, de même que d'autres alcaloïdes retirés du bois par le même chimiste.

Usages. — L'écorce de Bibiru est employée depuis longtemps, en Amérique, comme tonique amer et comme fébrifuge. On fait

aussi et même davantage usage du sulfate de bibirine qui est
considéré par quelques médecins comme un excellent succédané
du sulfate de quinine et qui n'est, en réalité, que du sulfate de
buxine. Les propriétés antipyrétiques qu'on lui attribue sont, en
réalité, problématiques.

Le bois du Bibiru est excellent pour les constructions navales.

## BOLDO

*Peumus Boldus* MOLIN.
(Monimiacées-Hortoniées)

Le Boldo ou Boldu (*Peumus Boldus* MOLIN.) est un arbre de
petite taille, très aromatique, à feuilles opposées, sans stipules,
courtement pétiolées, ovoïdes, arrondies au sommet et à la base,
entières sur les bords, épaisses, coriaces, cassantes, rendues
rudes au toucher par des bouquets de poils qu'on trouve aussi
sur les rameaux jeunes. Les fleurs sont dioïques, jaunâtres, disposées en grappes composées, au sommet des rameaux. Le réceptacle est concave, couvert sur sa face interne de poils raides qui
persistent autour des fruits. Sur les bords du réceptacle s'insère
un périanthe formé de folioles disposées en spirale, imbriquées
dans le bouton, les plus extérieures courtes, épaisses, verdâtres,
velues; les plus intérieures prenant peu à peu la consistance et
la coloration blanchâtre d'une véritable corolle. En dedans du
périanthe, dans la fleur mâle, la face interne du réceptacle porte
un grand nombre d'étamines, insérées en spirale, d'autant plus
courtes qu'elles sont plus rapprochées du fond du réceptacle,
formées chacune d'un filet incurvé, muni à la base de deux
glandes latérales, et d'une anthère biloculaire, introrse, déhiscente par deux fentes longitudinales. La fleur femelle présente,
en dedans du périanthe, des staminodes stériles, dispersés sur
la face interne du réceptacle, et, dans le fond de ce dernier,
de trois à cinq carpelles indépendants, uniloculaires, surmontés
chacun d'un style articulé à la base, papilleux. Chaque carpelle
contient un seul ovule inséré dans l'angle interne. Après l'épanouissement de la fleur, le réceptacle se fend circulairement au-
dessus du point d'insertion des carpelles et toute sa partie supérieure se détache. Le fruit, porté par la base cupuliforme et

persistante du réceptacle, est constitué, habituellement, par une ou deux drupes courtement pédiculées, à chair peu épaisse, à noyau très dur, renfermant une seule graine. Celle-ci contient un albumen abondant, oléagineux, enveloppant un embryon à radicule supère, à cotylédons écartés et séparés par une partie de l'albumen.

HABITAT. — Le Boldo habite le Chili.

CULTURE. — Il n'est que peu cultivé dans son pays d'origine. En Europe il exige la serre chaude.

PARTIES USITÉES. — Les feuilles. On pourrait aussi employer l'écorce de la tige et des rameaux.

RÉCOLTE. — On récolte les feuilles quand elles sont entièrement développées. Elles sont longues alors de $0^m,05$ à $0^m,06$ et larges de $0^m,04$ environ, épaisses et coriaces, très riches en glandes unicellulaires remplies d'huile essentielle. Les glandes existent aussi dans l'écorce. Quand on froisse les feuilles, elles exhalent une odeur aromatique, très prononcée, agréable, rappelant à la fois celle de la menthe et de la mélisse. Les glandes sont répandues au-dessous de la zone des cellules en palissade, dans la zone des cellules parenchymateuses irrégulières qui est située au-dessus de l'épiderme inférieur.

COMPOSITION CHIMIQUE. — Les feuilles et l'écorce du Boldo sont riches en une huile essentielle dont l'étude n'a pas encore été faite. Elles renferment aussi un alcaloïde, la *Boldine*, signalé en 1876 par Bourgoin et Vence, et un glucoside. La composition de la boldine n'est pas encore exactement déterminée. C'est un corps solide, amorphe, très peu soluble dans l'eau, soluble dans l'alcool, l'éther, le chloroforme, la benzine, les alcalis caustiques et les acides ; sa réaction est alcaline ; sa saveur est amère ; l'acide azotique et l'acide sulfurique la colorent en rouge. Le glucoside du Boldo a été découvert par M. Chapoteaut qui le considère comme un composé éthéré dans lequel la glucose remplace un acide, et qui lui assigne la formule $C^{30} H^{52} O^8$ ; chauffé avec l'acide chlorhydrique dilué, il se dédouble en glucose et en un corps sirupeux, insoluble dans l'eau, soluble dans l'alcool et la benzine, ayant pour formule $C^{19} H^{28} O^3$.

USAGES. — Les feuilles du Boldo jouissent, au Chili, d'une grande réputation, comme toniques et stimulantes. Dans la République Argentine on emploie de préférence l'écorce. Par son huile essentielle, le Boldo est stimulant, comme toutes les plantes riches en essence, et il paraît convenir dans le traitement des maladies des organes génito-urinaires. D'après M. Laborde, la boldine, administrée, soit en injections hypodermiques, soit par la bouche, détermine rapidement un sommeil tranquille, sans aucun trouble dans les fonctions cérébrales ou autres, et d'une durée proportionnée à la dose administrée. Elle excite les sécrétions de de la bile, de la salive et de l'urine, même sous la forme d'injections hypodermiques. On peut donc considérer la boldine comme un hypnotique et un cholagogue. Cette substance mérite des études plus complètes que celles qui ont été faites jusqu'à ce jour.

## BONDUC

*Cæsalpinia Bonducella* FLEM. (*Guilandina Bonducella* L.).
(Légumineuses-Cæsalpiniées.)

Le Bonduc est un arbuste grimpant, pubescent, armé de nombreux aiguillons forts, courts, recourbés à la pointe. Les feuilles sont alternes, composées, bi-paripennées, à pétiole principal portant sept paires de pétioles secondaires munis chacun de sept à huit paires de folioles ovales-oblongues, plus ou moins laineuses, accompagnées d'un ou deux petits aiguillons. A la base des feuilles sont de grandes stipules pinnatifides. Les fleurs sont disposées en grappes simples, axillaires. Le réceptacle est cupuliforme, peu profond. Le calice est formé de cinq sépales irréguliers, unis à la base; la corolle est à cinq pétales libres, presque égaux; l'androcée est composé de dix étamines indépendantes, très inégales, les cinq oppositipétales plus petites, toutes à filets velus et à anthères biloculaires, introrses, déhiscentes par des fentes longitudinales; l'ovaire est uniloculaire, pluriovulé, sessile, atténué au sommet en un style cylindrique que termine un stigmate cupuliforme. Le fruit est une gousse bivalve, comprimée, ovale, épineuse, longue de $0^m,05$ à $0^m,08$, contenant d'une à trois ou quatre graines à peu près globuleuses, du volume d'une petite noisette, très dures, grises, lisses, comme vernies, contenant un embryon à gros cotylédons, sans albumen.

Habitat. — Le Bonduc est très répandu dans les régions tropicales de l'Asie, de l'Amérique et de l'Afrique, où il habite le voisinage de la mer.

Culture. — On ne le cultive pas dans les pays où il vit à l'état sauvage; en Europe, il exige la serre chaude.

Parties usitées. — Les graines, les feuilles.

Récolte. — On récolte les fruits à la maturité complète; on cueille les feuilles en tout temps.

Les graines sont ovoïdes ou globuleuses, parfois un peu comprimées sur une ou deux faces; elles ont de $0^m,01$ à $0^m,02$ de diamètre et pèsent de 1 gramme à 2 gr. 50. Leur enveloppe est très dure, cassante, colorée extérieurement en gris bleuâtre, très lisse, luisante, marquée de quelques lignes horizontales saillantes et d'une teinte plus foncée; l'ombilic est légèrement déprimé et entouré d'une petite tache semi-lunaire, colorée en brun foncé. L'épiderme qui forme la surface de l'enveloppe est formé de cellules très allongées dans le sens du rayon de la graine, aplaties par pression réciproque de manière à offrir un contour elliptique; elles sont munies d'une paroi très épaisse et d'une cavité linéaire; ces cellules sont disposées en deux couches superposées dans le sens du rayon et produites sans doute par segmentation tangentielle d'une couche cellulaire primitivement unique. L'amande représente 40 à 50 pour 100 du poids total de la graine; elle est blanche, formée de deux cotylédons très épais, d'une radicule courte et d'une petite gemmule logée entre les deux cotylédons; ceux-ci, dans les graines sèches, présentent souvent entre eux un assez grand espace vide.

Composition chimique. — On ne sait que peu de chose relativement à la composition chimique du Bonduc.

M. Flückiger en a extrait une substance amère, ne possédant pas les propriétés des bases et qu'il n'a pas pu suffisamment déterminer; c'est une poudre blanche, amorphe, soluble dans l'eau, facilement soluble dans l'alcool, soluble dans l'acide sulfurique concentré auquel elle donne une coloration jaunâtre ou brunâtre devenant ensuite violette. L'acide nitrique n'exerce sur elle aucune action; le tannin ne précipite pas sa solution aqueuse (Voy. *Hist. des Drogues d'orig. vég.*, trad. fr., I, p. 382). Cette substance existe probablement en plus grande quantité dans l'écorce de la racine que dans les graines, car cette écorce passe pour jouir de propriétés plus énergiques que celles des graines.

Usages. — Dans l'Inde, on considère l'amande, très amère, du Bonduc, comme un excellent tonique; on l'administre, principalement dans les fièvres intermittentes, en poudre, souvent mélangée à du poivre et à d'autres épices. A Amboine, on donne la préférence à l'écorce de la racine; cependant on emploie les graines comme anthelminthiques. En Cochinchine, on administre la racine comme astringente, dans la diarrhée et la dysenterie, et les feuilles comme emménagogues.

La pharmacopée de l'Inde a consacré l'usage officiel de ce médicament sous la forme de Poudre composée (*Pulvis Bunducellæ compositus*).

Les semences du Bonduc ont pénétré depuis quelque temps dans la thérapeutique européenne. On administre la poudre de l'amande, à la dose de 0 gr. 50 à 0 gr. 75, deux fois par jour, comme antipériodique. Certains médecins prétendent que cette poudre agit aussi efficacement et aussi rapidement que la quinine, mais ces assertions ont besoin d'être confirmées par des expériences sérieuses.

## BOUSSINGAULTIA

*Boussingaultia Baselloides* H. et B.
(Chénopodiacées.)

Le *Boussingaultia baselloides* d'Humboldt et Bonplan est une plante à souche vivace, tubéreuse, et à rameaux volubiles, munis de feuilles alternes, pétiolées, entières, très charnues, à nervures non apparentes. Les fleurs sont petites, blanches, pédicellées, disposées en grappes axillaires géminées ou ternées, simples ou ramifiées; les pédicelles floraux sont munis d'une bractée à la base et de deux bractées au sommet. Les fleurs sont hermaphrodites, à réceptacle concave, portant sur ses bords un périanthe pentamère unique et cinq étamines à filets indépendants, à anthères biloculaires, introrses, déhiscentes par des fentes longitunales; l'ovaire est libre, uniloculaire, uniovulé, surmonté de deux branches stigmatiques. Le fruit est monosperme, à graine renfermant un embryon enroulé en spirale, sans albumen.

Habitat. — Cette plante habite l'Amérique du Sud; on la

trouve particulièrement, à l'état sauvage, aux environs de Quito.

Culture. — On pourrait cultiver le *Boussingaultia baselloides* pour sa racine, qui est riche en amidon, si la substance mucilagineuse et astringente qu'elle renferme ne lui donnait une saveur désagréable.

Parties usitées. — La souche tubéreuse.

Récolte. — On arrache la plante quand la souche a atteint une assez grande taille.

Composition chimique. — Il n'a pas encore été fait d'analyse chimique de la souche du *Boussingaultia baselloïdes*. On sait seulement qu'elle est très riche en amidon et en une substance mucilagineuse âcre et astringente.

Usages. — Depuis quelque temps, certains médecins français emploient la décoction de la souche ou rhizome du *Boussingaultia baselloïdes* comme styptique, contre les hémorrhagies utérines qui suivent l'accouchement. On prépare la décoction à l'aide de 90 grammes de la souche pour 500 grammes d'eau ; on en prend une petite tasse, trois fois par jour, dans les cas graves ; une fois par jour seulement dans les cas ordinaires. Cette drogue a besoin d'être étudiée plus sérieusement qu'elle ne l'a été jusqu'à ce jour. Nous en avons parlé ici surtout pour attirer sur elle l'attention des chimistes et des physiologistes.

## CAFERANA

*Tachia Guianensis* Aubl. (*Myrmecia Tachia* Gmel.).
(Gentianacées).

Le *Tachia Guianensis* d'Aublet (*Myrmecia Tachia* de Gmelin, *T. scandens* de Willdenow) est un arbuste haut d'environ 2 mètres, à rameaux opposés, décussés, quadrangulaires; à feuilles opposées, simples, entières, coriaces, grandes, oblongues, acuminées au sommet, atténuées à la base. Les fleurs sont grandes, jaunes, solitaires dans l'aisselle des feuilles, sessiles. Le calice est tubuleux, à cinq angles, à limbe divisé en cinq dents courtes, aiguës, carénées dans le dos. La corolle est jaune, infundibuliforme, à limbe divisé en cinq lobes ovales, aigus, repliés en dehors. L'androcée est formé de cinq étamines insérées au-dessus du fond de la corolle, à anthères dressées, sagittées, non apiculées, introrses, déhiscentes par des fentes longitudinales. L'ovaire est supère, entouré d'un disque annulaire à cinq glandes; il est oblong, imparfaitement divisé en deux loges par deux placentas qui portent chacun deux séries longitudinales d'ovules; il est surmonté d'un style dressé, persistant, terminé par un stigmate bilamellé. Le fruit est une capsule oblongue, trivalve, imparfaitement divisée en deux loges, à déhiscence septicide; il contient un grand nombre de graines très petites, immergées dans les placentas.

Habitat. — Cet arbuste habite les forêts humides de la Guyane et du Brésil. Il est connu dans ce dernier pays sous le nom de *Caferana, Jacaré-arú, Jacurnarú, Quassia do Para*. A la Guyane il porte le nom de *Tachia*, du mot galibi *Tachi*, qui veut dire « nid de fourmis », parce que les fourmis se logent volontiers dans la cavité du tronc et des rameaux.

Culture. — Il n'est l'objet d'aucune culture.

Parties usitées. — La racine et le bois de la tige.

Récolte. — On arrache la plante quand elle est arrivée à son entier développement. On coupe la racine et le bois en morceaux.

Composition chimique. — Nous ne connaissons aucune analyse chimique de cette plante. La racine et le bois sont très amers. Leur composition doit se rapprocher de celle des autres Gentianées.

Usages. — Au Brésil, on emploie la poudre ou l'infusion du Caférana comme tonique et même comme fébrifuge. Le Caférana est indubitablement un excellent tonique amer. Il n'a pas encore été importé en France, mais il figure dans les formulaires brésiliens. C'est dans le but d'attirer l'attention sur cette plante que nous la faisons figurer ici.


# CALOPHYLLUM

*Calophyllum inophyllum* **L.**
(Clusiacées-Mammées.)


Le *Calophyllum inophyllum* de Linné est un joli arbre atteignant une quinzaine de mètres de haut, à branches cylindriques, à cime assez touffue. Les feuilles sont opposées, entières, elliptiques ou obovales, obtuses, très lisses, épaisses et coriaces, grandes, remarquables par les nombreuses et fines nervures parallèles, transversales, qu'elles présentent. Les fleurs sont disposées en grappes insérées dans l'aisselle des feuilles terminales des rameaux et plus longues que ces feuilles, ou bien en panicules terminales. Elles sont blanches, assez grandes, très odorantes, hermaphrodites ou rendues polygames par avortement des organes femelles dans un certain nombre d'entre elles. Le réceptacle est convexe. Le calice est formé de quatre sépales décussés, libres. La corolle est formée de quatre pétales alternes avec les sépales, concaves, blancs, imbriqués dans la préfloraison. L'androcée est constitué par un nombre indéfini d'étamines à filets indépendants ou unis en partie à la base, filiformes, courts, à anthères biloculaires, introrses, déhiscentes par des fentes longitudinales. Le gynécée est composé d'un ovaire supère, divisé en deux à quatre loges, souvent uniloculaire par avortement, contenant dans chaque loge un seul ovule bien développé, anatrope, ascendant. Le fruit est une drupe sphérique, toujours uniloculaire et monosperme, à graine sans albumen, avec un embryon à radicule courte et à cotylédons très épais, plan-convexes.

Habitat. — Le *Calophyllum inophyllum* est répandu dans toute la péninsule indienne, dans la péninsule malaise, en Cochinchine, etc.

Culture. — Cet arbre est cultivé dans beaucoup de parties de l'Asie orientale, à cause de la beauté de son feuillage, de l'abondance et du parfum suave de ses fleurs. En Europe, on le trouve dans la plupart des serres chaudes des grands jardins publics.

Parties usitées. — La résine qui découle du tronc et des grosses branches, l'huile fixe contenue dans les cotylédons de l'embryon, les feuilles, le bois.

Récolte. — L'huile des graines est obtenue par pression. La résine s'écoule du tronc et des grosses branches, soit spontanément, soit à la suite d'incisions faites à l'écorce.

Composition chimique. — La résine qui s'écoule du tronc et des branches du *Calophyllum inophyllum* a souvent été confondue avec la *résine Tacamaque*, qui provient de plantes de la famille des Térébinthacées, appartenant au genre *Bursera* ou à l'ancien genre *Elaphrium*. La résine du *Calophyllum inophyllum* est désignée par Loureiro sous le nom de *Baume de Marie* (*Balsamum Mariæ*) ; elle est assez dure, colorée en vert jaunâtre ou en brun jaunâtre ; son odeur est aromatique ; sa saveur est amère et âcre. Nous n'en connaissons aucune analyse.

Les graines fournissent par pression une huile fixe, de coloration vert foncé, douée d'une odeur désagréable ; elle est liquide à la température ordinaire ; mais elle se congèle au-dessous de 10° C. L'embryon contient jusqu'à 60 pour 100 de cette huile.

Usages. — La résine du *Calophyllum* est employée dans l'Inde et en Cochinchine dans le pansement des vieux ulcères ; elle donne de bons résultats. Son usage n'a pas pénétré en Europe, où, du reste, elle ne parvient pas, à cause de la faible quantité qui en est récoltée.

L'huile fixe des graines est employée, dans certaines parties de l'Inde, notamment dans le Travancore, sous le nom de *Pinnay oil* (Pinnay est le nom tamul de l'arbre), à l'éclairage et à d'autres usages domestiques ou industriels. Mais c'est surtout comme médicament qu'elle jouit dans l'Inde d'une réputation très ancienne. On l'emploie, principalement, en applications externes contre le rhumatisme ; elle sert aussi, comme la résine, dans le traitement des ulcères. M. Heckel, à l'hôpital de Nouméa, et M. Beau, à l'hôpital militaire de Toulon, ont fait usage de cette huile, sous le nom d'*huile de Tamanou* (nom de l'arbre en Nouvelle-Calédonie), contre les plaies de mauvaise nature, contre les ulcères phagédéniques, etc., et ils en ont obtenu d'excellents effets (Voy. Heckel et Schlagdenhauffen, in *Journal de Thérap.*, 1875).

L'huile des graines et la résine d'un certain nombre d'autres espèces de *Calophyllum* jouissent de propriétés analogues à celles dont nous venons de parler. On mange, dans l'Inde, les baies rouges et de saveur douce du *Calophyllum spurium* Choisy ; on se sert pour l'éclairage de l'huile des graines de cette espèce et on emploie dans la menuiserie son bois, qui est dur, rougeâtre et d'un grain très fin. Le *Calophyllum elatum* Bedd., des jongles de la côte occidentale de l'Inde, fournit un bois rouge et dur très estimé.

## CALOTROPIS (MUDAR)

*Calotropis procera* R. Br. (*C. Hamiltonii* Wight), *C. gigantea* R. Br. (*Asclepias gigantea* Willd.).
(Asclépiadacées-Cynanchées.)

Le Calotropis gigantesque (*C. gigantea* R. Br.) et le Calotropis élevé (*C. procera*) indistinctement désignés sous le nom de *Mudar* sont de petits arbres à feuilles opposées, décussées, sessiles ou subsessiles, à laticifères contenant un latex blanc et âcre.

Le Calotropis gigantesque est un arbuste haut de 2 à 3 mètres, atteignant la grosseur de la cuisse d'un homme. Ses feuilles sont sessiles, embrassantes, larges, obovales, longues de 0<sup>m</sup>,10 à 0<sup>m</sup>,15, munies de poils sur la portion de la face supérieure voisine du pétiole, glabres et à peu près lisses sur le reste de cette face, couvertes sur la face inférieure de poils blancs et laineux. Les jeunes pousses sont également couvertes de poils laineux, mous et blancs. Les fleurs sont grandes, belles, panachées de rose et de pourpre, disposées en cymes ombelliformes, simples et composées, insérées alternativement entre les paires de feuilles opposées et atteignant la moitié de la longueur de ces dernières. Le réceptable est convexe; le calice est gamosépale, à cinq lobes profonds; la corolle a plus de 0<sup>m</sup>,05 de diamètre, elle est gamopétale, à tube légèrement campanulé, anguleux et à limbe formé de cinq lobes étalés, oblongs-obtus, réfléchis au niveau de l'extrémité; les angles du tube corollaire sont creusés en sac inférieurement; la corolle est munie, au niveau de la gorge, d'appendices arrondis. L'androcée est formé de cinq étamines dont les anthères sont appliquées contre le stigmate et terminées chacune par un appendice membraneux. La couronne staminale est formée de cinq appendices plus longs que la colonne staminale, et adossés à elle, étroits, couverts de poils. Les masses polliniques sont comprimées, pendantes, fixées par une caudicule grêle. Le gynécée est formé de deux carpelles distincts, pluriovulés. Le fruit est composé de deux follicules ventrus, lisses, polyspermes, à graines contenant un embryon droit et un albumen peu abondant.

Le *Calotropis procera* R. Br. se distingue par les dimensions

moins considérables de sa tige qui est couverte de poils, par sa
fleur plus petite, par sa corolle pourpre, bordée de blanc sur la
face supérieure et argentée en dessous, campanulée, à lobes
dressés; les appendices de la corolle sont terminés par une pointe
dirigée en haut; les appendices de la couronne ne sont pas plus
longs que la colonne staminale, presque aussi larges que longs,
ordinairement glabres. Les feuilles sont cordées, obovales ou
obovales-oblongues.

Habitat. — Le Calotropis gigantesque habite les parties basses
du Bengale, le sud de la péninsule indienne, la péninsule malaise, l'île de Ceylan, les îles des Moluques. Le Calotropis élevé
habite les parties sèches de l'Inde, particulièrement le Decan,
les provinces septentrionales du Bengale, le Punjab, le Sind;
il s'étend de là jusque dans la Perse, la Palestine, l'Arabie,
l'Egypte, l'Abyssinie, les oasis du Sahara et du Soudan, la région
du lac Tsad, etc.; il a été introduit dans les Indes occidentales.

Culture. — Ces espèces sont souvent cultivées pour leurs fleurs.
En Europe, elles exigent la serre chaude ou tempérée.

Parties usitées. — L'écorce de la racine, sous le nom d'*Écorce
de Mudar*, le latex frais, obtenu par des incisions faites à l'arbuste.

Récolte. — On récolte l'écorce des racines en tout temps, après
avoir arraché l'arbuste. Cette écorce se trouve en petite quantité dans le commerce européen; elle est en fragments courts, pliés
en gouttière ou presque plats, épais de $0^m,003$ à $0^m,005$, revêtus
d'une couche épaisse de suber spongieux, fendillé, coloré en gris
jaunâtre, souvent en partie détaché de l'écorce moyenne qui
est blanche et farineuse. Cette écorce est cassante et on la pulvérise sans peine. Son odeur est à peu près nulle; sa saveur est
amère, âcre, un peu mucilagineuse.

Examinée au microscope, en coupe transversale, l'écorce
de Mudar offre, de dehors en dedans : 1° une couche de suber à
cellules aplaties, à parois minces et brunes; 2° une couche
épaisse de tissu parenchymateux, à grandes cellules irrégulières,
incolores, laissant entre elles des méats et entremêlées de canaux
laticifères; 3° une couche de liber, formée, à peu près exclusivement d'éléments à parois minces et incolores, et entrecoupée par
des rayons médullaires à cellules allongées dans le sens radial.

On ne voit pas de laticifères dans la couche libérienne ; 4° le bois est formé de faisceaux d'éléments à parois jaunâtres, peu épaisses et peu dures, à cavités larges, séparées par des rayons médullaires clairs. La structure est la même pour les écorces des deux espèces de Calotropis décrites plus haut.

Composition chimique. — Duncan a retiré de l'écorce de Mudar un principe spécial, encore peu connu, auquel il a donné le nom de *Mudarine*. Flückiger n'a pas retrouvé ce principe, mais il a obtenu une résine âcre, soluble dans l'éther et dans l'alcool, à réaction acide, presque incolore quand on la prépare par l'évaporation de sa solution éthérée. De cette résine, Flückiger a retiré du mucilage et une substance amère qu'il considère comme le principe actif de la drogue, mais qu'il n'a pas pu suffisamment étudier.

Usages. — L'écorce de Mudar est très employée dans l'Inde comme tonique, altérante et diaphorétique, particulièrement contre les maladies vénériennes et cutanées. A la dose de 40 à 50 grammes, la poudre de l'écorce constitue un excellent émétique. Sa réputation contre les maladies vénériennes est si grande dans l'Inde qu'on lui donne parfois le nom de *Mercure végétal*. Le Dʳ Playfair fait un grand éloge du latex du Calotropis contre l'herpès, la lèpre, le tænia et même contre les rhumatismes et les fièvres intermittentes. L'écorce de Mudar n'a été encore que peu employée en Europe. Il n'est pas douteux qu'elle mérite d'attirer l'attention des thérapeutistes et des physiologistes. C'est particulièrement comme émétique qu'elle paraît être susceptible de rendre des services.

La tige du Calotropis gigantesque fournit des fibres excellentes pour la fabrication de fils très propres au tissage et à la couture.


## CARNAUBA

*Copernicia cerifera* Mart. (*Corypha cerifera* Mart.).
(Palmiers-Coryphées.)


Le Carnauba cérifère est un beau Palmier à tronc atteignant de 10 à 13 mètres de hauteur, cylindrique, couvert, dans sa partie inférieure, par les bases des pétioles persistantes, durcies, rigides, longues de 0ᵐ,05 à 0ᵐ,06, terminé par un bouquet de feuilles

longues de 1^m,50 à 2 mètres ; les plus inférieures tombantes, les
supérieures dressées, les moyennes étalées. Les feuilles sont formées d'un pétiole allongé, muni à la base d'une gaine, portant
sur toute sa longueur, de chaque côté, des épines courtes, recourbées en haut et terminé par un éventail de folioles linéaires,
aiguës, toutes adhérentes les unes aux autres dans le tiers ou la
moitié inférieure de leur longueur. Ces folioles sont couvertes
d'une exsudation cireuse, blanche, sous la forme de grains
épars. Les spadices floraux sont longs de 2 à 3 mètres, formés
d'un axe principal cylindrique duquel partent des axes secondaires alternes, entourés d'une gaine au niveau de leur base,
eux-mêmes ramifiés en ramuscules secondaires et tertiaires, munis chacun d'une gaine aplatie, et portant les fleurs sur leurs
bords. Les fleurs sont ordinairement hermaphrodites, parfois
unisexuées par avortement du gynécée. Le calice est formé de
trois sépales verdâtres. La corolle est formée de trois pétales
beaucoup plus longs que les sépales, blanchâtres, connés en tube
dans une grande partie de leur étendue. L'androcée est formé de
six étamines à filets courts, insérés sur une couronne lamelleuse
qui adhère à la gorge de la corolle ; les étamines alternent avec
les lobes périanthe ; les anthères sont biloculaires, introrses,
déhiscentes par des fentes longitudinales. Le gynécée est formé
d'un ovaire triloculaire, triovulé, surmonté d'un style court,
cylindrique, à stigmate simple. Le fruit est une baie ellipsoïde,
longue de 0^m,02 environ, colorée en bleu cendré à la maturité,
triloculaire, à loges contenant chacune une graine ruminée.

HABITAT. — Le *Copernicia cerifera* est répandu dans toutes
les parties du Brésil, soit à l'état isolé, soit en forêts plus ou moins
considérables. On le trouve particulièrement dans les provinces
de Maranhao, de Ceara, de Pernambuco et de Piauhy, où il
porte les noms vulgaires de *Carnauba* ou *Carnahiba*. Dans la
province de Mato-Grosso et dans les régions voisines de la Bolivie
et de la République Argentine, on lui donne le nom de *Caranda*.

CULTURE. — Le Carnauba cérifère n'est encore que peu cultivé,
malgré les ressources considérables qu'il offre à l'industrie et à
l'économie domestique.

PARTIES USITÉES. — La cire exsudée par les feuilles, les fruits,
les graines, le bois, les feuilles, les racines.

Récolte. — Pour obtenir la cire que sécrètent les feuilles, on coupe ces dernières après leur entier épanouissement, et on les secoue pour en faire tomber les concrétions cireuses qui couvrent leur surface. On fait fondre sur un feu doux la matière pulvérulente, et l'on obtient par le durcissement des morceaux de cire. Dans la seule province de Ceara, on récoltait, il y a quelques années, pour près de trois millions de francs de cire de Carnauba ; on estime que chaque arbre adulte peut donner annuellement 90 à 100 feuilles et jusqu'à 2 kilogrammes de cire végétale.

Composition chimique. — La cire de Carnauba est dure, cassante, à cassure lisse et luisante ; elle est soluble dans l'alcool bouillant et dans l'éther ; quand on la laisse refroidir après fusion, elle se prend en une masse cristalline ; elle fond à 83°,5 ; elle contient du carbone, de l'hydrogène et de l'oxygène ; sa formule chimique exacte n'est pas connue.

Quant aux racines, dont l'usage a été introduit récemment dans la médecine européenne, il n'en a pas été fait d'analyse sérieuse.

Usages. — La cire de Carnauba se prête à tous les usages de la cire d'abeilles ; elle est susceptible de devenir l'objet d'un important commerce. Le fruit et la graine sont comestibles.

Depuis quelques années, on a introduit dans la médecine européenne l'usage des racines de Carnauba comme diurétiques et antisyphilitiques. Elles ont la même action que la Salsepareille.


# CAROBA

*Jacaranda procera* Spr. (*Bignonia Copahia* Aubl.), *J. obtusifolia* H. et B., *J. Brasiliana* Pers., etc.


Le Caroba des Brésiliens (*Jacaranda procera* Spr.) est un bel arbre à feuilles opposées, bipennées, à folioles alternes, ovales, oblongues, colorées en vert foncé sur la face supérieure, et en vert clair sur la face inférieure, munies de nervures latérales très saillantes. Les fleurs sont grandes, disposées en grandes et belles panicules terminales ; elles sont bleues, pédonculées, réunies par cinq ou six au sommet des branches de la panicule. Le calice est gamosépale, cupuliforme, charnu, vert bleuâtre, divisé en cinq dents courtes et aiguës. La corolle est gamopétale, irrégulière, tubuleuse, crénelée, velue en dedans, à limbe divisé en cinq lobes inégaux, les deux supérieurs étant plus grands que les trois inférieurs. L'androcée est formé de cinq étamines insérées sur la partie inférieure du tube de la corolle, à filets inégaux, deux grandes et deux plus petites, la cinquième stérile, terminée par une touffe de poils qui ferme la gorge de la corolle, les quatre premières portant chacune une anthère biloculaire, à loges déhiscentes par des valves. L'ovaire est entouré d'un disque annulaire ; il est comprimé, pourvu de chaque côté d'un sillon longitudinal, divisé en deux loges pluriovulées. Le fruit est une capsule biloculaire, à loges plurispermes, déhiscentes en deux valves. Les graines sont comprimées, imbriquées, entourées d'une aile membraneuse.

Le *Jacaranda Brasiliana* Pers. (*Bignonia Brasiliana* Lamk), est un arbre à feuilles opposées, ou verticillées par trois, bipari-pennées, à 10-12 paires de pétioles secondaires, portant chacun 18 à 25 paires de folioles et terminés par une foliole impaire ; le pétiole commun est articulé ; les folioles sont sessiles, entières, lancéolées, elliptiques, aiguës, inéquilatérales à la base, à bords involutés. Les fleurs sont pourpres, disposées en panicules racémiformes, terminales.

Le *J. obtusifolia* H. et B. est un arbre à feuilles abruptipennées, pubescentes, à folioles ovales-oblongues, obtuses, entières, sessiles. Les fleurs sont violacées, disposées en panicules axillaires et terminales.

Habitat. — Les espèces de Jacaranda dont nous venons de parler habitent le Brésil ; le *J. procera* se trouve aussi à la Guyane où les Galibis lui donnent le nom de *Copaïa*. Les Français de la Guyane l'appellent souvent *Onguent Pian*.

On donne, au Brésil, le nom de *Caroba* à un grand nombre de plantes. On nomme *Caroba de flor verde* le *Bignonia antisyphilitica;* le nom de *Caroba branca* est donné au *Sparatospermum lithonthripticum* Mart.; celui de *Caroba roxa* ou *preta* est attribué au *Bignonia obovata* Vellos.; celui de *Caroba do matto* est donné au *Jacaranda paulistina* Manso; celui de *Caroba minda* ou *Carobinha* est donné au *Bignonia Caroba* Vellos.; enfin on donne celui de *Caroba do campo* au *Jacaranda ruffa* Manso.

CULTURE. — Les *Jacaranda* ne sont pas cultivés.

PARTIES USITÉES. — Les feuilles.

RÉCOLTE. — On cueille les feuilles lorsqu'elles sont entièrement développées et on les fait sécher avec soin.

COMPOSITION CHIMIQUE. — Nous ne connaissons aucune analyse de cette drogue.

USAGES. — Les feuilles de Caroba figurent dans certains formulaires brésiliens comme antisyphilitiques : on en fait des décoctions à la dose de 8 grammes. A la Guyane, les nègres préparent avec ses feuilles un extrait avec lequel ils traitent le « pian ».

# CATAYA

*Polygonum antihœmorrhoidale* MART.
(Polygonacées-Polygonées).

Le Poligonum antihémorroïdal de Martius, connu au Brésil sous les noms de *Herva de Bicho, Persicaria, Pimenta d'Agua, Acataya, Cataya, Capetiçova,* est une herbe à tige haute de $0^m,30$ à $0^m,40$, ligneuse, très noueuse, dressée ou ascendante, lâchement ramifiée. Les feuilles sont subsessiles, atténuées aux deux extrémités, ciliées ; elles sont accompagnées d'ocréas membraneuses, étroites, couvertes de poils apprimés en glabres. Les fleurs sont petites, disposées en épis terminaux, assez longs, et très grêles ; elles sont accompagnées de bractées plus ou moins ciliées. Le périanthe est formé de six ou huit folioles glanduleuses, disposées sur deux verticilles. L'androcée est formé de six à huit étamines sur deux verticilles concentriques ; les filets staminaux sont lisses ; les anthères sont biloculaires, déhiscentes par des fentes longitudinales. L'ovaire est uniloculaire et uniovulé, à ovule orthotrope. Il est surmonté d'un style tripartit. Le fruit est un achaine trigone, entouré d'un calice persistant ; il contient une graine albuminée.

HABITAT. — Le Polygonum antihémorroïdal habite le Brésil ; on le trouve dans les lieux humides et marécageux, sur le bord des ruisseaux.

CULTURE. — Il n'est l'objet d'aucune culture.

PARTIES USITÉES. — Les feuilles et le sommet des tiges. Fraîches,

ces parties ont une saveur âcre, pimentée, brûlante, très prononcée.

Récolte. — On cueille la plante lorsqu'elle est entièrement
développée et en fleurs.

Composition chimique. — Nous ne connaissons aucune analyse
chimique de cette plante. Elle doit probablement sa saveur à une
huile essentielle.

Usages. — Les feuilles et la tige du Polygonum antihémorroïdal figurent dans les formulaires brésiliens comme stimulantes et diurétiques. On en fait usage contre les maladies
des organes urinaires. On les prescrit sous la forme d'infusion, à
la dose de 4 grammes par 300 grammes d'eau. Leur décoction
prise en lavement constitue un remède populaire contre les hémorrhoïdes. On prescrit le suc frais, obtenu par expression de
la plante, à la dose de 30 à 60 grammes, contre la dysenterie.


# CAYAPONIA

*Cayaponia diffusa* Manso, *C. Cabocla* Mart. (*C. globosa* Manso), *C. elliptica* Manso.
(Cucurbitacées).

Le *Cayaponia diffusa*, de Manso (*C. pilosa* Mart.), est une
plante grimpante, à rameaux grêles, villeux, à rhizome vivace.
Les feuilles sont alternes, simples, longues de 0^m,12 à 0^m,20,
palmatilobées, à lobes ovales-triangulaires, ou lancéolés-aigus.
Les vrilles sont grêles, courtes et villeuses. Les fleurs sont dioïques. Les mâles grandes, solitaires, à calice gamosépale, 5-fide,
verdâtre, à corolle gamopétale, campanulée, divisée en cinq
segments ovales. L'androcée est formée de trois étamines insérées
sur le tube de la corolle, à filets linéaires, à anthères dissembla-
bles: l'une uniloculaire, les autres biloculaires, à loges repliées longitudinalement. Les fleurs femelles de cette espèce sont inconnues.
Le fruit est ovoïde, rougeâtre, un peu pubescent, bacciforme; il
contient des graines oblongues, comprimées, jaunes, tachées de
blanc.

Le *Cayaponia Cabocla* de Martius (*C. globosa* Manso) a des
rameaux velus seulement au niveau des nœuds, des feuilles
longues de 0^m,14 à 0^m,20, larges de 0^m,12 à 0^m,18, palmatilobées, à lobes divergents, entiers; des vrilles robustes,

allongées, villeuses. Les fleurs mâles sont grandes, ordinairement solitaires, plus rarement géminées ou ternées ; leur calice est coloré en vert pâle ; leur corolle est vert jaunâtre, tomenteuse, à segments peu profonds, ovales-orbiculaires. Les fleurs femelles sont solitaires, plus petites que les mâles ; elles ont cinq staminodes liguliformes. L'ovaire est subglobuleux, villeux, ordinairement triloculaire, surmonté d'un style que terminent trois lobes stigmatiques dilatés et réfléchis. Il contient dans chaque loge d'un à trois ovules. Le fruit est ovoïde, jaunâtre, un peu pubescent, charnu-subéreux ; il a de $0^m,025$ à $0^m,03$ de long et de $0^m,02$ à $0^m,025$ de large, il est indéhiscent ; il contient un petit nombre de graines ovales, comprimées, bilobées à la base, à bord épais.

Habitat. — Ces espèces habitent le Brésil méridional, notamment les provinces de Rio-Janeiro, de San Paulo, de Minas Geraes.

Les Cayaponias sont souvent désignés au Brésil sous le nom de *Cayapo*. Le *Cayaponia globosa* reçoit plus particulièrement des Indiens le nom de *Capitao do mato* (capitaine de la forêt). Le *Cayaponia Cabocla* est connu dans les provinces de Rio-Janeiro et de Minas Geraes sous le nom de *Caboclo* ou *Purga do gentia* (purgatif des Indiens).

Culture. — Ces plantes ne sont l'objet d'aucune culture dans leur pays natal. En Europe, elles exigent la serre chaude.

Parties usitées. — Le fruit, les graines et la racine.

Récolte. — On cueille le fruit à la maturité ; on arrache la plante pour avoir la racine lorsqu'elle est entièrement développée.

Composition chimique. — Nous ne connaissons aucune analyse chimique de ces plantes qui, cependant, méritent d'attirer l'attention des observateurs.

Usages. — Les fruits et les racines des *Cayaponia* sont employés au Brésil comme purgatifs. Un seul fruit de *Cayaponia diffusa*, de la taille d'un œuf de pigeon, suffit pour déterminer des effets purgatifs énergiques ; 5 à 10 semences produisent la même action. On administre la poudre de la racine à la dose de 4 à 8 grammes (Voy. *Ann. de th.*, 1875, p. 150 ; *Formulaire brésilien* du D<sup>r</sup> Chernevicz). On n'a pas encore fait usage en Europe de cette drogue ; elle est cependant susceptible de rendre des services.

# CHAULMOOGRA

*Gynocardia odorata* R. Br. (*Chaulmoogra odorata* Roxb.).
(Bixacées-Pangiées.)

Le *Chaulmoogra* ou Gynocarde odorant est un grand arbre
très glabre, à feuilles alternes, entières, oblongues ou linéaires-
acuminées, coriaces, luisantes en dessus, fortement réticulées sur
la face inférieure. Les fleurs sont dioïques, jaunâtres, tantôt en
petit nombre ou solitaires à l'aisselle des feuilles, tantôt en fascicules volumineux insérés sur le tronc. Les fleurs femelles sont
plus grandes que les mâles. Le calice est coriace, gamosépale,
cupuliforme ; il est divisé en cinq dents valvaires, ou se déchire
d'une façon irrégulière. La corolle est formée de cinq pétales
imbriqués ou tordus. En face de chacun est une écaille ciliée.
Dans les fleurs mâles, les étamines sont très nombreuses, introrses, biloculaires, déhiscentes par deux fentes longitudinales ; les
filets sont épaissis à la base, à demi charnus, laineux, atténués
au sommet. Il n'existe pas de rudiment d'ovaire. Dans les fleurs
femelles, il existe de dix à quinze staminodes villeux. L'ovaire est
globuleux, sessile, uniloculaire, surmonté de cinq stigmates
larges, cordés ; il contient de nombreux ovules anatropes, insérés sur cinq placentas pariétaux. Le fruit est une baie subglo-
leuse, de $0^m,07$ à $0^m,13$ de diamètre, à parois épaisses, dures,
rugueuses. Les graines ont près de $0^m,03$ de long ; elles sont
immergées dans la pulpe de la baie. Elles contiennent, sous leurs
téguments épais, un albumen huileux et un embryon à cotylédons
aplatis et à radicule ovoïde.

Habitat. — Le Gynocade odorant habite les forêts de la péninsule Malaise et de l'Inde orientale jusqu'au pied de l'Himalaya,
entre l'Assam et le Sikkim.

Culture. — Cet arbre n'est l'objet d'aucune culture.

Parties usitées. — Les graines.

Récolte. — On cueille les fruits à la maturité et on enlève les
graines qu'on fait sécher soigneusement.

Les graines de Gynocarde sont elliptiques ou ovoïdes, plus ou
moins aplaties par pression réciproque ; elles sont longues de
$0^m,02$ à $0^m,03$, et épaisses de $0^m,01$ environ ; elles pèsent en

moyenne 2 grammes. Leur tégument est mince, sec, cassant, lisse, coloré en gris foncé; elles renferment un albumen abondant, huileux, et un embryon formé d'une radicule volumineuse portant deux gros cotylédons plats, foliacés, cordiformes. L'albumen ne renferme pas d'amidon.

Les téguments de la graine sont formés de trois zones concentriques d'éléments à formes distinctes. La zone extérieure se compose de trois ou quatre couches de cellules polygonales, pas plus longues que larges; la zone moyenne est formée de quatre à six couches concentriques de cellules allongées radialement, polyédriques, à extrémités coniques enclavées les unes entre les autres; la zone interne se compose de cellules allongées dans le sens du grand axe de la graine et presque cylindriques. Tous ces éléments ont des parois jaunâtres, très épaisses, criblées de ponctuations, et des cavités extrêmement étroites. En dehors de la zone extérieure, se voient, dans certains points, une ou plusieurs couches de cellules parenchymateuses à parois minces. L'albumen est formé de grandes cellules irrégulières, polygonales, remplies de gouttelettes d'huile grasse, de granulations, de matières albuminoïdes et de cristaux d'oxalate de calcium, sans amidon.

Composition chimique. — La partie utile des graines de Chaulmoogra est l'huile fixe qu'elles contiennent en grande quantité. La coloration de cette huile est chamois clair; son odeur et sa saveur sont très désagréables; sa réaction est acide; elle fond à 42° C. et présente alors une densité de 0,930. Lorsqu'on l'agite avec l'eau chaude elle mousse, et, après le repos, laisse à la surface une émulsion laiteuse; elle se dissout dans l'éther, le chloroforme, le sulfure de carbone et la benzine, en ne laissant qu'un résidu formé surtout d'oxalate et de phosphate de chaux, de sels de sodium et de potassium, et de matières albuminoïdes. D'après M. John Moss, elle contient de l'*acide Palmitique*, de l'*acide Hypogéique*, $C^{16} H^{30} O^2$; de l'*acide Coccinique*, et un acide nouveau qui se présente sous la forme de cristaux jaunes, fusibles à 29°,5; M. Moss nomme ce corps *acide Gynocardique* et lui assigne la formule $C^{14} H^{24} O^2$. C'est à ce corps que serait due la couleur verte caractéristique que prend l'huile de Chaulmoogra quand on l'additionne d'acide sulfurique. MM. Heckel et Schlag-

denhauffen attribuent à l'huile de Chaulmoogra la réaction caractéristique suivante qui n'est pas présentée par les huiles de palme,
de césame, d'olive, d'œillette, de coco : on ajoute à l'huile une
solution éthérée de chlorure ferrique, puis on évapore au bain-
marie ; on recommence cette opération deux ou trois fois jusqu'à
ce que l'huile prenne une teinte vert sale ; on la laisse alors refroidir, puis on y ajoute quelques gouttes d'acide sulfurique ; il se
produit une teinte bleu verdâtre, très belle, qui se dissout dans
le chloroforme en présentant un dichroïsme rouge. Les mêmes
chimistes ont trouvé dans les graines de Chaulmoogra une petite
quantité de glucose (Voy. *Nouv. Remèdes*, 1885, p. 267, 346).

Usages. — Les graines de Chaulmoogra sont employées, dans
l'Inde, pulvérisées, en pilules, contre les maladies de la peau, particulièrement contre la lèpre, à la dose de 0 gr. 30 en trois fois,
chaque jour. On prend l'huile à la dose de 5 à 30 gouttes par
jour, en augmentant graduellement, chaque jour, le nombre des
gouttes. Dans l'Inde et à Maurice, les médecins anglais en font
grand cas contre la phtisie ; ils l'ajoutent souvent au lait ou à
l'huile de foie de morue. On s'en sert aussi pour faire des frictions, soit seule, soit incorporée dans des pommades, pour combattre la teigne et une foule de maladies de la peau. Depuis
quelque temps, l'huile de Chaulmoogra a pénétré dans la médecine enropéenne qui commence à en faire un usage assez important contre les maladies de la peau. Ses effets auraient besoin
d'être étudiés suivant une méthode rigoureusement scientifique.


## CHIRAYTA

*Ophelia Chyraita* Griseb. (*Gentiana Chyraita* Roxb.).
(Gentianacées-Gentianées.)


Le Chirayta ou Chiretta des Indiens (*Ophelia Chyraita* Griseb.)
est une herbe annuelle, à tige ordinairement simple, haute de
$0^m,60$ à $0^m,70$, épaisse de $0^m,005$ à $0^m,02$, cylindrique dans ses
parties inférieure et moyenne, quadrangulaire dans le haut, à
feuilles opposées et à ramification abondante, décussée. Les
feuilles sont sessiles, semiamplexicaules, ovales, acuminées, cordées à la base, entières, formant une sorte de panicule ombelli-
forme, d'une longueur de $0^m,02$ à $0^m,03$. Les fleurs sont régulières,

hermaphrodites, à calice tétramère, gamosépale, ne dépassant pas en longueur le tiers de la corolle, valvaire dans la préfloraison. La corolle est tétramère, rosacée, marcescente, jaune, munie de glandes à la base de chaque lobe. L'androcée est formé de quatre étamines alternes avec les pétales, connées au tube de la corolle, pourvues d'anthères incombantes. L'ovaire est uniloculaire, à deux placentas pariétaux, pluriovulé, surmonté de deux stigmates sessiles. Le fruit est une capsule uniloculaire, bivalve, septicide, contenant de nombreuses graines sans albumen. Toutes les parties de la plante sont très amères.

On vend souvent, dans les bazars indiens, sous le nom de *Chiretta*, quelques autres plantes du genre *Ophelia*, très voisines de la précédente : les *O. pulchella* Don, *angustifolia* Don, *densifolia* Griseb. On vend aussi, sous le même nom, une Acanthacée que nous avons décrite séparément, l'*Andrographis paniculata* Nees *ab* Esenb. (Voir dans le Supplément du tome I$^{er}$ le mot Andrographis).

Habitat. — Le Chirayta habite les régions montagneuses du sud de l'Inde, depuis le Simla jusqu'au sud-est du Népaul, y compris le Kumaon.

Culture. — Cette plante n'est l'objet d'aucune culture.

Parties usitées. — La plante entière, mais plus particulièrement les sommités fleuries.

Récolte. — On arrache la plante lorsqu'elle est en fleur, ou mieux lorsque déjà ses fruits sont formés; on en fait des paquets qu'on lie avec des cordes de bambou et qu'on laisse sécher.

Composition chimique. — L'analyse du Chirayta a été faite, en 1869, par M. Höhn. L'amertume de la drogue est due, en majeure partie, d'après ce chimiste, à l'*acide Ophélique*, $C^{13} H^{20} O^{10}$, corps amorphe, jaune, visqueux, doué d'une saveur acide et amère, et d'une odeur agréable, semblable à celle de la Gentiane, soluble dans l'eau, l'alcool et l'éther; il produit, avec l'acétate basique de plomb, un précipité jaune abondant ;il ne forme pas de précipité insoluble avec l'acide tannique. Ce caractère le distingue d'un autre principe acide trouvé par M. Höhn, la *Chiratine*, $C^{26} H^{48} O^{15}$ ; celle-ci forme, avec l'acide tannique, un composé insoluble; elle est pulvérulente, amorphe, jaune, neutre, soluble dans l'alcool, dans l'éther et dans l'eau chaude ; sous l'influence de l'acide chlorhydrique bouillant, elle se décompose en *acide Ophélique* et en *Chiratogénine*, $C^{13} H^{24} O^3$. Celle-ci est amorphe, brunâtre, insoluble dans l'eau, soluble dans l'alcool ; sa décomposition ne donne pas de sucre. Les sels de potassium et de sodium dominent dans les acides du Chirayta.

Usages. — Le Chirayta est un tonique amer, analogue à la Grande Gentiane, à la Petite Centaurée, etc., mais son amertume est beaucoup plus grande que celle de ces plantes, ce qui permettrait de le substituer à elles avec avantage, soit dans la préparation des décoctions amères, soit dans celle des vins toniques amers. En Angleterre on en fait usage depuis un assez grand nombre d'années; ce n'est que récemment qu'il a été introduit en France.

## COAJINGUVA

*Ficus anthelminthica* Mart. (*Pharmacophyce anthelminthica* Miq.).
(Ulmacées-Artocarpées.)

Le Figuier anthelminthique de Martius est un arbre gigantesque, à rameaux cylindriques, lisses et couverts d'une écorce ferruginéo-cendrée. Les feuilles sont alternes, simples, entières, coriaces, lisses, elliptiques-oblongues, aiguës ou courtement apiculées au sommet, aiguës à la base, accompagnées de stipules lancéolées. Les fleurs sont disposées sur la face interne de réceptacles charnus, creux, globuleux, solitaires ou géminés dans l'aisselle des feuilles, glabres, lisses, munis à la base de trois bractées connées et pourvus au sommet d'un orifice fermé par de petites bractées. Les fleurs femelles sont très nombreuses, pédicellées, formées d'un périanthe profondément divisé en cinq lobes lancéolés, aigus, velus, l'un d'eux concave et embrassant l'ovaire qui est subsessile, surmonté d'un style latéral, à stigmate inégalement bilobé. Le fruit est un nucule obovoïde, contenant une seule graine. Les fleurs mâles sont formées d'un périanthe à quatre divisions profondes et d'un même nombre d'étamines opposées aux lobes du périanthe, formées chacune d'un filet très court et d'une anthère biloculaire, déhiscente par deux fentes longitudinales. Parvenu à la maturité le réceptacle a la taille d'une cerise.

Habitat. — Le Figuier anthelminthique habite le Brésil, particulièrement le Para, l'Amazone, Pernambuco, Bahia, etc. On le connaît sous les noms de *Coajinguva, Cuáxinguba, Lombrigueira, Uapuim-assu.*

Culture. — Il n'est l'objet d'aucune culture. Cependant on le plante parfois comme arbre d'ornement à cause de sa grande taille et de son magnifique feuillage.

Parties usitées. — Le latex qui s'écoule du tronc et des branches.

Récolte. — On obtient le latex par incision de l'écorce. On l'emploie surtout frais, sous le nom *leite de Coajinguva.* Il est blanc, liquide, un peu visqueux et tenant aux doigts.

Composition chimique. — Nous ne connaissons aucune analyse de ce produit qui, sans doute, doit ses propriétés à une résine. Il contient aussi, probablement, un ferment analogue à la papaïne.

Usages. — Le Coajinguva figure dans le *Formulaire brésilien* du docteur Chernovicz (édit. de 1884, p. 339), comme médicament anthelminthique, employé surtout contre les anchylostomes qu'on observe très fréquemment au Brésil. On prescrit le suc de Coajinguva à la dose de 1 à 2 grammes, mélangé avec une quantité égale d'eau-de-vie de canne et additionné de 15 grammes de lait de vache ou de chèvre sucré; cette mixture est administrée chaque matin à jeun, pendant douze à quinze jours; il faut cette persistance dans le traitement pour triompher des anchylostomes qui existent toujours en très grand nombre, et qui, étant fixés à la muqueuse du duodénum par la bouche, offrent une grande résistance à l'action de tous les médicaments usités pour les détruire. Le suc de Coajinguva est considéré comme l'un des meilleurs parmi ces derniers, mais il faut apporter quelques ménagements dans son emploi, parce qu'à doses un peu élevées il provoque rapidement une vive irritation de l'estomac.


## COPTIS

*Coptis* (*Helleborus*) *Teeta* Wall., *C. trifolia* Salisb.
(Renonculacées-Helléborées.)

Le *Coptis* (ou *Helleborus*) *Teeta* de Wallich, nommé par les Indiens du Sind *Mahmira*, est une petite plante herbacée, à rhizome vivace, de la grosseur d'une plume, couché au-dessous du sol, souvent divisé à son extrémité en deux ou trois branches d'où partent les organes aériens. Ceux-ci sont constitués par des feuilles et par des hampes florales. Les feuilles sont pédalées, à trois lobes pétiolés, divisés en lobes secondaires pennés, incisés et munis sur les bords de dents très aiguës. Les fleurs sont peu nombreuses, portées par une hampe sur laquelle on ne voit qu'un petit nombre de bractées tripartites. L'organisation de la fleur est la même que dans les Hellébores. Le périanthe est pétaloïde, pentamère. L'androcée est formé d'un nombre variable d'étamines indépendantes, insérées en spirale sur un réceptacle convexe, pourvues d'anthères biloculaires, introrses. Le gynécée est formé d'un petit nombre de carpelles indépendants, stipités, pluriovulés, surmontés d'un stigmate sessile et contenant chacun un petit nombre d'ovules anatropes. Le fruit est constitué par des follicules plurispermes, à graines albuminées et à embryon droit, de petite taille.

Le *Coptis trifolia* a, comme l'espèce précédente, les feuilles pédalées, à trois segments principaux ; mais ces derniers sont obovales, alternes, à peine subtrilobés, et la hampe ne porte qu'une seule fleur.

Habitat. — Le *Coptis Teeta* habite la partie occidentale du royaume d'Assam, dans les montagnes de Ninhmi ; on le trouve aussi dans les parties montagneuses du Sind, où il est employé sous le nom de *Mahmira*. Le *Coptis trifolia* de Salisbury se trouve dans les États-Unis de l'Amérique du Nord, dans l'Amérique arctique, dans la Russie d'Asie et dans quelques parties du nord de l'Europe.

Culture. — Ces plantes ne sont l'objet d'aucune culture.

Parties usitées. — Le rhizome.

Récolte. — On arrache la plante en tout temps ; on rejette les parties aériennes et on fait sécher le rhizome.

On trouve ce dernier dans les bazars indiens, enfermé dans de petits sacs fabriqués avec des lanières étroites de rotin. Le rhizome est de la grosseur d'une plume, à peu près cylindrique, souvent contourné, rendu rude et comme épineux par la base persistante de radicules nombreuses ; il est coloré extérieurement en brun jaunâtre ; sa cassure est nette ; sa coloration intérieure

est blanchâtre, avec des rayons de faisceaux libero-ligneux colorés en jaune brillant ; sa saveur est très amère, sans arome.

Ce rhizome ne parvient que rarement en Europe ; cependant
Flückiger et Hanbury l'ont vu en vente à Londres, en 1858, sous
le nom d'*Olen* ou *Mishmee*.

Composition chimique. — La coloration jaune des faisceaux du
rhizome du Coptis est due à la *Berbérine*, que la drogue contient
dans la proportion considérable de 8 à 9 pour 100. La berbérine
pure étant à peine soluble dans l'eau, tandis que la matière colorante jaune du rhizome se dissout très rapidement dans ce
liquide, on suppose que la berbérine est combinée, dans la
drogue, avec un acide, en un sel soluble ; mais on ignore quel
est l'acide avec lequel elle est ainsi combinée. La berbérine,
$C^{20} H^{17} Az O^4$, est un alcaloïde répandu dans un grand nombre de
plantes des familles des Berbéridacées et des Renonculacées ;
elle se présente à l'état de petits prismes groupés autour d'un
centre commun, ou d'aiguilles soyeuses colorées en jaune clair ;
elle est très peu soluble dans l'eau et dans l'alcool froid, tout à
fait insoluble dans l'éther. A 100°, elle perd 10 molécules d'eau ;
vers 200°, elle dégage des vapeurs jaunes, odorantes, qui, en se
condensant, forment un corps solide insoluble dans l'eau, très
soluble dans l'alcool. Elle est colorée en brun par l'ammoniaque.
Distillée avec un lait de chaux ou avec de l'hydrate de plomb, elle
donne de la *Quinoléine*. Elle forme avec les acides un grand
nombre de sels.

Usages. — Les *Coptis Teeta* et *trifolia* jouissent, dans les pays
qui les produisent, de la réputation méritée de toniques amers. Ils
ne sont pas employés en Europe.


## CRESCENTIA

*Crescentia Cujete* L., *C. alata* H. et B., *C. edulis* Desv., *C. cucurbitina* L.
(Gesnéracées-Crescentiées.)


Le *Crescentia Cujete* L. ou *Arbre à calebasse*, nommé dans
l'Amérique du Sud *Cuiete* et *Chayte*, est un arbre de 6 à 8 mètres
de haut, à branches horizontales, volumineuses, peu ramifiées,
portant des fascicules épais de feuilles largement lancéolées, longues de 0ᵐ,12 à 0ᵐ,18, aiguës au sommet, atténuées à la base, à

peu près sessiles. Les fleurs se développent sur le tronc et sur les vieilles branches ; elles sont grandes, blanchâtres, violacées, odorantes, fasciculées par deux ou trois, portées chacune par un pédoncule allongé et recourbé, pendantes. Le calice est gamosépale, bilabié, chaque lèvre n'étant, en apparence, formée que d'un seul lobe. La corolle est gamopétale, campanulée, assez nettement bilabiée, à tube court, recourbé vers le milieu de la hauteur, dilaté dans le bas, divisé en cinq lobes arrondis. L'androcée est formé de cinq étamines, la postérieure rudimentaire, stérile, courte, les quatre autres didynames, toutes plus courtes que la corolle, à filets subulés, connés au tube de cette dernière, à anthères biloculaires, introrses, déhiscentes par des fentes longitudinales. L'ovaire est uniloculaire, à quatre placentas pariétaux, surmonté d'un style bilamellé au sommet. Le fruit est une grosse baie ovale ou arrondie, à enveloppe dure, ligneuse, remplie d'une pulpe abondante, dans laquelle sont noyées un petit nombre de graines comprimées, sans albumen, à embryon droit.

Les *Crescentia alata, edulis* et *cucurbitina* sont très voisins du précédent.

HABITAT. — Le *C. Cujete* est répandu dans les Indes occidentales et dans l'Amérique du Sud. Le *C. alata* habite le Mexique, où on lui donne les noms de *Guiro, Cuanticomate, Tecomate.* Le *C. edulis* est également originaire du Mexique, où il est connu sous le nom de *Ray de Cuajilate.* Le *C. cucurbitina* habite les îles de la Jamaïque et de Cuba.

CULTURE. — Plusieurs espèces de *Crescentia* sont cultivées dans les jardins.

PARTIES USITÉES. — Le fruit vert ou mûr, l'écorce.

RÉCOLTE. — On cueille le fruit à la maturité ou avant la maturité.

COMPOSITION CHIMIQUE. — Le docteur Peckolt a retiré de la pulpe du fruit, qui est acidule et âpre, des acides citrique et tartrique, de l'acide tannique, une substance amère encore indéterminée, une matière colorante également peu connue, ayant quelque analogie avec celle de l'indigo, et un acide nouveau, l'*acide Crescentique*, qui cristallise en lamelles tabulaires.

USAGES. — La pulpe du *C. Cujete* est employée par les indigènes comme laxative, avant la maturation complète ; ils emploient tantôt la pulpe elle-même, tantôt seulement le suc retiré de la pulpe par compression. On a préparé, dans ces derniers temps, un extrait alcoolique de la pulpe du fruit, que l'on prescrit à la dose de 0 gr. 10 comme apéritif. A la dose de 0 gr. 50, il purge à la façon des drastiques sans provoquer aucun inconvénient. La décoction de l'écorce de l'arbre est préconisée en France, depuis quelque temps, contre les diarrhés muqueuses, ainsi que cela se pratique au Venezuela. On la prépare avec 30 grammes d'écorce, qu'on fait bouillir dans un litre d'eau jusqu'à réduction de moitié. On en prend une tasse à thé deux ou trois fois par jour (Voy. *Nouv. Remèdes*, 1885, p. 141).

Le bois du *C. Cujete*, connu sous le nom de *bois de calebasse*, a le grain fin et convient très bien à l'ébénisterie.

La pulpe du fruit du *C. alata* est douée d'une saveur amère et désagréable ; on en prépare un sirop officinal qui est employé avec succès, dit-on, contre les phlegmasies pulmonaires. On mange, au Mexique, la pulpe du fruit du *C. edulis*, et on la prescrit avec avantage comme diurétique. On utilise de la même façon, à la Jamaïque, le fruit du *C. cucurbitina* L. (*C. latifolia* LAMK), et, à Cuba, celui du *C. acuminata* H. et B.

# CURRALEIRA

*Croton anti-syphiliticus* MART.
(Euphorbiacées-Crotonées.)

Le Croton antisyphilitique de Martius est un arbuste dressé, ramifié, à feuilles alternes, simples, courtement pétiolées, stipulées, glanduleuses à la base, à bords inégalement dentés. Les fleurs sont monoïques, petites, verdâtres, disposées en épis au sommet des rameaux, les mâles au sommet de l'épi et les femelles à la base. Les fleurs mâles sont au nombre de une à deux à l'aisselle de chaque bractée ; elles sont formées d'un calice à cinq divisions, d'une corolle à cinq pétales spatulés-lancéolés, ciliés dans le haut, glabres sur les deux faces, et d'une dizaine d'étamines à filets glabres, à anthères ellipsoïdes, biloculaires, déhiscentes par des fentes longitudinales. Les fleurs femelles ont un calice à divisions très inégales, triangulaires-ovales, non accrescentes ; l'ovaire est triloculaire, velu, surmonté de trois styles profondément bipartis. Le fruit est une capsule globuleuse, triloculaire, à graines lisses, globuleuses-ellipsoïdes.

Habitat. — Le Croton antisyphilitique habite le Brésil, particulièrement les provinces de San Paulo et de Minaz Geraes. Dans la première de ces localités, il porte les noms de *Curraleira* et de *Herva mular;* dans la seconde, ceux de *Pé de perdiz* et d'*Alcamphoreira*.

Culture. — Les feuilles et la racine.

Récolte. — On cueille les feuilles quand elles sont entièrement développées et on les emploie fraîches ; on arrache la racine en tout temps.

Composition chimique. — Il n'existe aucune analyse chimique de cette plante. Elle doit probablement ses propriétés à une résine qui doit être mélangée d'une certaine quantité d'huile essentielle déterminant l'odeur aromatique des feuilles et de la racine.

Usages. — On emploie, au Brésil, les feuilles et la racine du Curraleira en infusions, comme sudorifiques et stimulantes. Le formulaire brésilien du D' Chernovicz indique comme dose 4 grammes de la drogue par 180 grammes d'eau. C'est particulièrement dans les maladies syphilitiques qu'on en fait usage. La même infusion est employée pour laver les ulcères, en vue de détacher les tissus gangrénés et d'exciter la surface ulcérée. On emploie les feuilles fraîches ou sèches, pilées, dans le pansement des plaies, pour hâter leur guérison. Cette plante n'a pas été introduite dans la pratique européenne où elle aurait à lutter contre une foule de produits égaux, sinon supérieurs à elle.


# DAMIANA

*Turnera aphrodisiaca.* Ward.
(Turnéracées.)


Le *Turnera aphrodisiaca*, auquel on a attribué récemment la drogue connue en Amérique sous le nom de Damiana, est une plante à tige grêle, ligneuse, rougeâtre, ramifiée et couverte de poils au sommet et sur les branches. Les feuilles sont obovales ou lancéolées, longues de 3 à 8 lignes, larges de 1 à 3 lignes, découpées sur les bords en dents aiguës, lisses, ou munies seulement en dessous d'un petit nombre de poils, au niveau des nervures, à nervure médiane saillante, accompagnée tantôt de nervures droites se terminant entre les dents, tantôt de nervures ramifiées plus fines et envoyant leurs branches terminales dans le sommet des feuilles. Les fleurs sont jaunes, régulières, hermaphrodites, à réceptacle convexe. Le calice est tubuleux, à cinq divisions; la corolle est dialypétale, pentamère. L'androcée est formé de cinq étamines à anthères biloculaires, introrses, déhiscentes par des fentes longitudinales. L'ovaire est supère, uniloculaire, formé de trois carpelles et offrant trois placentas pariétaux pluriovulés. Le fruit est une capsule plurisperme.

HABITAT. — Le Turnera aphrodisiaque habite le Brésil, la côte occidentale du Mexique et la Californie.

PARTIES USITÉES. — Les sommités des rameaux et les feuilles.

RÉCOLTE. — On récolte la plante au mois d'août, à l'époque où les feuilles sont couvertes d'une gomme-résine, dont l'odeur rappelle celle des feuilles de Buccu.

COMPOSITION CHIMIQUE. — Nous ne connaissons aucune analyse chimique de cette plante. Il est probable qu'elle doit ses propriétés à une huile essentielle.

USAGES.—Le Damiana est employé depuis longtemps par les habitants du Mexique comme tonique, comme stimulant du système nerveux et comme aphrodisiaque. Ils l'emploient sous la forme de décoction des sommités feuillées. Ils le considèrent également comme diurétique et comme laxatif. Si l'on en croit les quelques renseignements qui ont pénétré dans la science européenne, le Damiana serait un excellent aphrodisiaque ; il agirait non pas à la façon du phosphore et de la cantharide, en irritant les muqueuses génito-urinaires, mais en stimulant les centres nerveux qui régissent les appareils génital et urinaire. Il conviendrait dans l'impuissance ou l'affaiblissement des organes génitaux qui accompagne la spermatorrhée, l'incontinence d'urine. Il serait aussi emménagogue. A haute dose, il produit une sorte d'ivresse avec un léger sentiment de pesanteur dans la région prostatique.

Le formulaire brésilien du D$^r$ Chernovicz prescrit l'infusion, à titre aphrodisiaque, à la dose de 1 gramme de la plante pour

100 grammes d'eau bouillante, et il indique, pour la préparation de la teinture, 1 partie de la plante pour 8 parties d'alcool. On administre l'extrait fluide à la dose de 2 à 4 grammes, dans une potion qu'on prend en trois ou quatre fois chaque jour. Il est nécessaire que des observations précises indiquent la part de vérité qui existe dans les louanges prodiguées au Damiana par quelques médecins (Voy. *Ann. de Thérap.*, 1883, p. 38 ; *Nouv. Remèdes*, 1885, p. 326).

# DANAÏS

*Danaïs flagrans* Commers.
(Rubiacées-Cinchonées.)

Le Danaïs odorant (*Danaïs flagrans*) de Commerson (*D. rotundifolia* DC., *D. laxiflora* Boy., *Melanea verticellata* Sieb.) est un arbuste grimpant, vivace, à tige et rameaux grêles. Les feuilles sont opposées, coriaces, brièvement pétiolées, oblongues ou obovales, obtuses ou subaiguës, cunéiformes à la base, longues de 2 à 4 pouces, glabres, penninerviées, munies de stipules interpétiolaires, triangulaires, aiguës. Les fleurs sont dioïques ou polygames, petites, odorantes, disposées en cymes axillaires, corymbiformes, plus courtes que les feuilles, accompagnées de bractées petites, sans bractéoles. Le calice est gamosépale, tubuleux-campanulé, persistant, à limbe partagé en cinq dents petites, deltoïdes. La corolle est rouge orangé, très odorante, infundibuliforme, à tube cylindrique, villeux au niveau de la gorge, à limbe divisé en cinq petites dents valvaires, plus courtes que le tube, réfléchies après l'anthèse. L'androcée est formé de cinq étamines insérées sur la gorge de la corolle, à filets filiformes, à anthères biloculaires, dorsifixes, introrses, versatiles, déhiscentes par des fentes longitudinales. L'ovaire est infère, à deux loges renfermant chacune de nombreux ovules insérés sur un placenta pelté ; il est surmonté d'un style grêle, longuement exsert, divisé en deux branches stigmatiques grêles et longues. Le fruit est une capsule de la grosseur d'un petit pois, glabre, couronnée par le calice, loculicide, à deux valves ; elle contient des graines petites, imbriquées, peltées, bordées d'une aile orbiculaire, albuminées.

HABITAT. — Le Danaïs odorant habite les îles de Maurice, La Réunion, Madagascar.

CULTURE. — Cette plante est parfois cultivée comme arbuste d'ornement, à cause de ses fleurs orangées et très odorantes. En Europe, il exige la serre chaude.

PARTIES USITÉES. — La racine.

RÉCOLTE. — On arrache la plante en tout temps. La racine a ordinairement le diamètre d'un porte-plume, et elle se trouve en morceaux de $0^m,05$ à $0^m,06$ de long. A l'état frais, elle contient un latex jaune orangé, abondant. Sèche, elle offre une écorce colorée en rouge brun foncé, profondément striée dans le sens de la longueur; la surface de la cassure de l'écorce est colorée en jaune orangé vif; celle du bois est jaune pâle. La saveur de la racine est douceâtre, sans arrière-goût prononcé.

COMPOSITION CHIMIQUE. — D'abord analysée, en 1882, par M. Bourdon, qui avait cru y trouver un alcaloïde auquel il donna le nom de *Danaïdine*, la racine du Danaïs odorant a été étudiée tout récemment par MM. Heckel et Schlagdenhauffen. Ils nient l'existence de tout alcaloïde. Ils ont retiré seulement un glucoside auquel ils donnent le nom de *Danaïne,* et auquel ils assignent la formule $C^{14}H^{14}O^5$. C'est la danaïne qui constitue la matière colorante de la racine. A l'état amorphe, elle est colorée en brun verdâtre; chauffée dans un tube, elle donne des vapeurs jaunes qui se condensent en cristaux jaunes sur la partie refroidie des parois du tube. Ceux-ci rougissent fortement au contact de l'ammoniaque et deviennent cramoisis quand on ajoute de la potasse. Sous l'influence des acides chlorhydrique et sulfurique étendus, la danaïne se dédouble en glucose et en un autre corps, la *Danaïdine,* auquel les auteurs assignent la formule $C^{22}H^{20}O^6$. La danaïne paraît être le principe actif de la racine; elle est susceptible de se fixer sur la laine et sur la soie, en donnant une belle coloration rouge orangé, très solide (Voy. *Nouveaux Remèdes,* 1885, p. 386).

USAGES. — La racine du Danaïs odorant est depuis longtemps employée, dans les pays d'origine de la plante, comme matière tinctoriale et comme vulnéraire. Son suc frais, surtout, agirait, d'après un grand nombre de témoignages, comme un médicament cicatrisant d'une grande valeur. On emploie également la racine

fraîche ou sèche comme tonique et même comme fébrifuge. Cette
drogue n'a encore été que peu étudiée au point de vue physiologique et thérapeutique. Elle mérite, sans aucun doute, l'attention
des savants et des praticiens.

## DIPTÉROCARPES

*Dipterocarpus turbinatus* Gærtn., *D. incanus* Roxb., *D. alatus* Roxb.,
*D. Zeylanicus* Thw., *D. trinervis* Bl., etc.
(Diptérocarpacées-Dryobalanopsidées.)

Le Diptérocarpe turbiné (*Dipterocarpus turbinatus* Gærtn.),
que nous étudierons comme type du genre, est un bel arbre à
tronc droit, haut de 15 à 20 mètres, terminé par une superbe cime
arrondie. Les feuilles sont alternes, coriaces, lisses sur les deux
faces ou un peu pubescentes, surtout en dessous, au niveau des
nervures, ovales ou lancéolées, larges, aiguës au sommet, arrondies à la base, entières ou sinueuses-crénelées, penninerviées; le
pétiole est accompagné de deux stipules latérales très développées qui recouvrent le bourgeon et tombent bientôt en laissant
une cicatrice annulaire. Les fleurs sont disposées, au nombre
de trois à cinq, en petites grappes terminales; elles sont hermaphrodites, à réceptacle convexe. Le calice est formé de cinq sépales unis en tube à la base et très inégalement développés, trois
d'entre eux restant très petits tandis que les deux autres s'accrois-
sent en grandes ailes ovales; le tube du calice est obconique;
il se développe en même temps que le fruit et l'enveloppe
étroitement. La corolle est formée de cinq pétales alternes, à peu
près de même taille, un peu périgynes, tordus dans la préfloraison
et colorés en blanc rosé. L'androcée se compose d'étamines en
nombre indéfini, insérées sur plusieurs rangées, à anthères allongées, acuminées, formées de deux loges linéaires, introrses,
déhiscentes par des fentes longitudinales. L'ovaire est très légèrement infère à la base, triloculaire; il est surmonté d'un style filiforme, entier ou légèrement tridenté au sommet. Chaque loge
contient deux ovules anatropes, collatéraux, descendants, à
micropyle dirigé en haut et en dehors, insérés dans l'angle interne de la loge. Le fruit est une noix pubescente, sphéroïde, de
0$^{m}$,12 et demi de diamètre; il est entouré par le tube du calice qui

est blanchâtre, pubescent, reserré au niveau de la gorge et surmonté de deux sépales développés en grandes ailes linéaires-lancéolées, obtuses, trinerviées. Le péricarpe du fruit est sec, à peu près ligneux, indéhiscent. Les graines sont libres, dépourvues d'albumen ; elles renferment un embryon à cotylédons épais, charnus, inégaux, et à radicule supère, peu développée.

Le *Dipterocarpus alatus* Roxb. ( *D. costatus* Gærtn. F. ; *D. gonopterus* Turcz. ; *Oleoxylon balsamiferum* Wal.) se distingue du précédent par son tube calicinal globuleux à la maturité du fruit, anguleux, surmonté de deux ailes larges de près de 0ᵐ,05. Les feuilles sont longues de 0ᵐ,13 et larges de 0ᵐ,07, luisantes en dessus, plus ou moins pubescentes en dessous, ciliées sur les bords, munies de quinze paires de nervures. Le pétiole est couvert de poils soyeux.

Le *Dipterocarpus Zeylanicus* Thwait. se distingue par son tube calicinal urcéolé dans le fruit ; ses ailes linéaires, oblongues, obtuses, subtrinerviées ; son fruit couvert de poils blancs, serrés ; ses pétales colorés en rouge sang et bordés de jaune pâle ; ses feuilles elliptiques ou ovales-lancéolées, un peu apiculées, arrondies à la base, crénelées sur les bords, munies de dix-sept à vingt-deux paires de nervures, longues de 0ᵐ,20 et larges de 0ᵐ,10, portées par un pétiole de 0ᵐ,03 à 0ᵐ,07 de longueur.

Le *Dipterocarpus hispidus* Thwait. est caractérisé par son fruit strié, à peu près glabre ; son tube calicinal obconique, couvert de poils serrés, ovoïde dans le fruit et muni de cinq angles peu prononcés ; ses ailes linéaires, obovales, obtuses, oblongues, courtement acuminées, un peu cordées à la base, sinueuses-crénelées, à nervures couvertes, sur la face inférieure, comme les jeunes branches et les pétioles, de poils roussâtres, fasciculés.

Le *Dipterocarpus trinervis* Blume se distingue par son calice couvert de poils blancs, les uns courts et étoilés, les autres longs et simples, surmonté d'ailes inégales dont les deux plus grandes sont oblongues-lancéolées, obtuses, parcourues par trois nervures et les trois petites ovales, obtuses ; ses feuilles ovales, un peu aiguës, arrondies à la base, crénelées, coriaces, à nervure médiane couverte, en dessous, de petits poils étoilés. Cette espèce se trouve à Java, dans la province de Bantam.

Le *Dipterocarpus gracilis* Blume, qui habite l'intérieur de Java, se distingue de la précédente par son fruit, ses **fleurs** et ses feuilles beaucoup plus petits; son calice lisse; ses feuilles ovales-oblongues, obtuses, entières, couvertes en dessous de poils étoilés; ses bourgeons linéaires, tomenteux.

Le *Dipterocarpus littoralis* Blume se distingue par son calice à ailes allongées, lancéolées, obtuses, un peu inégales, rétrécies à la base, munies de cinq nervures. Ses feuilles ovales, aiguës, subcordées à la base, pubescentes sur les deux faces de la nervure médiane. Elle habite les côtes australes de Java.

Le *Dipterocarpus retusus* Blume se distingue par son calice à ailes oblongnes, arrondies au sommet, tronquées, longues de $0^m,20$ à $0^m,25$; ses feuilles ovales-aiguës, arrondies à la base, couvertes de poils au niveau de la face inférieure de la nervure médiane et du pétiole; ses bourgeons et ses rameaux velus.

Habitat. — Le *Dipterocarpus turbinatus* est originaire de l'est du Bengale, du Chittagong et du Pégu à Singapoore; le *D. incanus* est un arbre du Chittagong et du Pégu; le *D. alatus* est répandu dans la Birmanie, le Siam, le Tennasserim, les îles d'Andaman; les *D. Zeylanicus* et *trifidus* habitent l'île de Ceylan; les *D. triennis*, *gracilis*, *littoralis*, *retusus*, habitent Java; une partie de ces espèces se trouvent aussi dans la Cochinchine française.

Culture. — On ne peut pas dire que les Diptérocarpes soient réellement cultivés; mais les espèces que l'on exploite pour leur huile se voient souvent dans les lieux cultivés où les arbres ont été, sans contredit, plantés avec intention. La culture et l'exploitation régulière de ces plantes pourraient, dans tout l'extrême Orient et particulièrement dans nos possessions de l'Indo-Chine, être la source de bénéfices importants.

Parties usitées. — Le baume qui s'écoule du tronc.

Récolte. — Pour obtenir le baume de Diptérocarpe ou *Baume de Gurjun, Huile de bois* (*Gurjun Balsam, Gurjun oil, Wood oil* des Anglais), on pratique sur le tronc de l'arbre une ou plusieurs cavités de $0^m,50$ à $0^m,60$ de long sur $0^m,20$ à $0^m,30$ de large, dans lesquelles on fait du feu jusqu'à ce que le bois soit un peu entamé; par ces plaies ne tarde pas à exsuder une grande quantité de baume très liquide qu'on recueille dans des vases de bambou. Un seul arbre peut donner jusqu'à 150 et 160 litres de baume dans le cours d'une saison, si l'on a soin d'aviver et de de brûler de temps à autre la surface des incisions faites au tronc.

Après son écoulement au dehors, le baume ne tarde pas à se séparer en deux parties : l'une, liquide, claire, qui est l'huile proprement dite ; l'autre, épaisse, plus foncée, à laquelle on donne le nom de *Guad*.

COMPOSITION CHIMIQUE. — Le baume de Gurjun, tel qu'il entre dans le commerce, est un liquide visqueux, épais, fluorescent ; quand on le regarde à la lumière réfléchie, il paraît opaque et coloré en gris verdâtre sombre ; placé entre l'observateur et une lumière intense, il est transparent et brun rougeâtre foncé. Son poids spécifique est, d'après Flückiger et Hanbury, $0°,964$ à $16°,9$ C. Sa saveur est aromatique, amère, sans âcreté, persistante ; son odeur est aromatique, assez semblable à celle du copahu. Il forme, avec la benzine pure, le chloroforme, le sulfure de carbone, les huiles essentielles, des solutions claires, plus ou moins fluorescentes. Il est imparfaitement soluble dans l'alcool, l'éther, l'acide acétique cristallisable, l'acétone, le phénol, etc. Toutes ses solutions concentrées sont précipitées par l'alcool amylique. Maintenu à $100°$ dans un vase fermé, il devient seulement un peu trouble, même au bout d'un long temps ; mais si l'on porte la température à $130°$, il se produit une gelée qui ne reprend pas sa fluidité par le refroidissement ; à $220°$ C., il se transforme en une masse entièrement solide. Quand on agite 100 parties de baume avec 1,000 parties d'alcool absolu chaud, on obtient, par le refroidissement, 18,5 parties de précipité résineux. Par la distillation d'une grande quantité de baume avec l'eau, on obtient 37 pour 100 d'huile volatile, et il reste dans l'alambic une résine liquide, visqueuse, colorée en brun foncé. L'huile essentielle ainsi obtenue est colorée en jaune paille pâle ; son odeur est aromatique, relativement faible ; elle n'est que peu soluble dans l'alcool absolu, mais elle se mêle facilement avec l'alcool amylique ; sa composition chimique est, d'après Werner, représentée, comme celle de l'essence de copahu, par $C^{20} H^{32}$. La résine contient un acide cristallisable, *l'acide Gurgunique*, ou plus correctement *acide Gurjunique*, auquel Werner assigne la formule $C^{44} H^{65} O^{5} + 3H^{2} O$. Cet acide est soluble dans l'alcool concentré, l'éther, la benzine, le sulfure de carbone. La partie amorphe de la résine n'est pas encore suffisamment connue ; après dessication complète, elle est insoluble dans l'alcool absolu.

Usages. — Le baume de Gurjun, employé depuis longtemps, dans l'Inde, contre la blennorrhagie, commence à être introduit dans la thérapeutique européenne. Les résultats qu'il donne sont au moins égaux à ceux du copahu ; on l'administre surtout en potions, à la dose de 4 à 10 et même 15 grammes par jour, avec de la gomme et une infusion de badiane ou de l'eau de menthe. Dans le traitement de la vaginite, son action, tant interne qu'externe, paraît être supérieure à celle du baume de copahu. Comme son prix est très inférieur à celui du copahu, il est probable qu'il ne tardera pas à être substitué en partie à ce dernier dans le traitement des maladies génito-urinaires. Il est capable de rendre de réels services, non seulement contre les maladies de la vessie et de l'urètre, mais encore contre celles des bronches.

Dans l'Inde, on l'applique au traitement de la lèpre et d'autres affections de la peau, contre lesquelles il paraît agir avec une certaine efficacité.

## DIRCA

*Dirca palustris* L.
(Thyméléacées-Daphnidées.)

Le *Dirca palustris* de Linné, *Leather wood* des Américains, est un arbuste haut de 5 à 6 pieds, d'aspect très irrégulier, à branches ordinairement horizontales, à feuilles alternes, très courtement pétiolées, ovales, entières, ordinairement aiguës, velues pendant la jeunesse, glabres et lisses à l'âge adulte, plus pâles sur la face inférieure. Les fleurs se développent longtemps avant les feuilles ; elles sont ordinairement réunies par trois et portées par des pédoncules cohérents ; avant leur épanouissement, chacun de ces petits groupes floraux est logé dans une cavité de la branche florifère. Le périanthe est jaune, infundibuliforme, rétréci près de la base et vers le milieu, avec un limbe légèrement et irrégulièrement denté. L'androcée est formé de huit étamines insérées sur la face interne du périanthe, longuement exertes, quatre plus longues que les autres, toutes biloculaires, introrses, déhiscentes par des fentes longitudinales. L'ovaire est ovale, uniloculaire, uniovulé, surmonté d'un style latéral, capillaire, courbe, plus long que les étamines. Le fruit est une petite baie ovale, colorée en rouge orangé, contenant une seule graine.

HABITAT. — Le *Dirca palustris* est fréquent dans les bois des diverses parties de l'Amérique du Nord.

CULTURE. — Il n'est l'objet d'aucune culture, si ce n'est parfois comme arbuste d'agrément.

PARTIES USITÉES. — L'écorce.

RÉCOLTE. — On recueille l'écorce en tout temps ; on la divise en morceaux et on la fait sécher.

COMPOSITION CHIMIQUE. — Nous ne connaissons aucune analyse chimique de l'écorce ni des baies de cette plante, qui ont cependant des propriétés très énergiques. L'écorce fraîche a une odeur désagréable, nauséeuse et une saveur âcre ; elle détermine une salivation abondante.

USAGES. — L'écorce de Dirca est employée dans certaines parties de l'Amérique comme rubéfiante et vésicante, au même titre que l'écorce de Mezéreum. Appliquée fraîche sur la peau, elle détermine rapidement de la rougeur, puis de la vésication. A la dose de 6 à 8 grains, elle produit des vomissements, précédés d'une sensation de chaleur à l'estomac et souvent suivis de selles abondantes. A ce titre, elle pourrait être utilisée ; mais son action est trop énergique pour qu'on puisse la faire entrer dans la pratique journalière comme éméto-cathartique. Les baies sont toxiques ; mais on ignore à quel principe est due cette propriété. Il n'est pas douteux que l'écorce de Dirca ne puisse faire l'objet d'études chimiques, physiologiques et thérapeutiques très intéressantes.

## DOLIARIA (ou GAMELLEIRA).

*Ficus Doliaria* MART. (*Urostigma Doliaria* MIQ.).
(Ulmacées-Artocarpées.)

Le *Ficus Doliaria* de Martius, *Gamelleira*, *Figueira branca* des Brésiliens, est un arbre de 10 à 12 mètres de haut, atteignant jusqu'à $0^m,50$ et $0^m,70$ de diamètre, à cime très étalée et superbe. Les feuilles sont alternes, courtement pétiolées, à pétioles velus, à limbe ovale, légèrement coudé à la base, sub-acuminé ou un peu obtus au sommet, glabre et lisse en dessus, pubescent en dessous ; elles sont accompagnées de stipules ovales, convolutées, couvertes, comme les pétioles, de poils colorés en brun ferrugineux. Les fleurs sont insérées sur la face interne de réceptacles globuleux, monoïques, les mâles moins nombreux que les femelles et situés dans les parties supérieures de l'arbre. Les fleurs mâles sont formées d'un périanthe à trois ou plus rarement à deux divisions, et d'une seule étamine à filet court et à anthère biloculaire, déhiscente par des fentes longitudinales. Les fleurs femelles sont formées d'un périanthe semblable à celui de la fleur mâle et d'un ovaire uniloculaire, uniovulé, surmonté d'un style latéral. Le fruit est formé par le réceptacle devenu charnu et contenant des achaines monospermes.

Habitat. — Le Gamelleira habite le Brésil; on le trouve particulièrement dans les provinces de San Paulo, de Rio et de Minas Geraes.

Culture. — Il n'est l'objet d'aucune culture.

Parties usitées. — Le latex laiteux qu'on retire du tronc par incisions.

Récolte. — On récolte le latex du Gamelleira particulièrement au mois d'août, époque à laquelle il est le plus abondant. On pratique sur le tronc des incisions longitudinales qui entament toute l'épaisseur de l'écorce et on recueille le suc dans un vase quelconque. Chaque arbre peut en donner en un jour la valeur d'un litre environ.

Composition chimique. — Le latex du Gamelleira est blanc laiteux, fluide, visqueux; il adhère aux doigts; son odeur est à peu près nulle; sa saveur est d'abord douceâtre, puis légèrement âcre et résineuse, persistante; à 26°C, son poids spécifique est 1,042. Il contient un principe spécial, la *Doliarine*, analogue, sinon identique au ferment digestif du Papayer ou *Papaïne* et jouissant des mêmes propriétés, c'est-à-dire capable de digérer, comme la pepsine animale, les matières albuminoïdes. On sait aujourd'hui que des principes analogues existent dans un très grand nombre de végétaux.

Usages. — Le suc frais du Gamelleira est employé au Brésil, sous le nom de *leite de Gamelleira* ou *lait de Gamelleira*, comme purgatif drastique et comme anthelmintique, à la dose de 30 à 150 grammes, mélangé avec une quantité égale d'eau. On prescrit surtout ce lait contre l'anchylostome duodénal, qui existe habituellement en grand nombre à la fois dans l'intestin d'un même individu. Pour cet effet, on prescrit dix cuillerées à soupe de latex frais mêlées à vingt cuillerées d'eau. On augmente la dose si les vers ne sont pas expulsés malgré l'effet purgatif qui se produit très rapidement.

En Europe, on emploie depuis quelque temps, dans le même but, la *Doliarina*, poudre préparée à Rio Janeiro avec le suc du Gamelleira mélangé à du fer et à des poudres aromatiques. Récemment le docteur Baulmes, de Fribourg, en a fait usage avec succès dans le traitement des ouvriers du tunnel du Saint-Gothard, dont un grand nombre étaient profondément anémiés par les hémorragies capillaires duodénales que déterminent les anchylostomes. M. Bouchut pense que le suc du Gamelleira agit par le ferment albuminoïque qu'il contient, mais il est permis de croire que le latex agit encore par quelque matière résineuse à laquelle il doit en même temps ses propriétés drastiques.

La préparation du suc de Gamelleira, dont nous avons parlé plus haut, mérite, sans aucun doute, d'attirer l'attention des thérapeutistes.

# DOUNDAKÉ

*Sarcocephalus esculentus* Afz. (*Nauclea sambucina* Wint.).
(Rubiacées-Gardéniées.)

Le Doundaké (*Sarcocephalus esculentus* d'Afzelius) est un petit arbre à tronc court et noueux, atteignant parfois la grosseur de la cuisse, souvent réduit à une souche à peine émergente hors du sol, et produisant des rameaux grêles, allongés, buissonnants. Le tronc est couvert d'une écorce tubéreuse, crevassée, épaisse ; les rameaux jeunes ont une écorce mince, grisâtre. Les feuilles sont opposées, simples, entières, ondulées sur les bords, glabres sur les deux faces, colorées en vert luisant en dessus, en vert pâle en dessous, subcoriaces, ovales, acuminées au sommet, atténuées ou un peu arrondies à la base, courtement pétiolées ; elles sont accompagnées de stipules interpétiolaires, courtes, cordées à la base, bipennées, acuminées au sommet, ciliées. Les fleurs sont régulières, hermaphrodites, réunies en grand nombre en glomérules subglobuleux, très denses. Le réceptacle est très concave, surmonté d'un calice à quatre ou cinq lobes pourvus dans la jeunesse d'appendices claviformes très caducs. La corolle est colorée en blanc pâle ou en blanc jaunâtre, caduque, douée d'une odeur miellée, analogue à celle de l'oranger et du chèvrefeuille ; elle est gamopétale, infundibuliforme, très rétrécie à la base, un peu charnue, divisée en quatre, cinq ou six lobes arrondis-obtus, un peu concaves et duvetés. L'androcée est formé de quatre, cinq ou six étamines insérées sur le tube de la corolle, à filets très courts, à anthères biloculaires, introrses, déhiscentes par des fentes longitudinales. L'ovaire est infère, biloculaire, parfois uniloculaire par avortement, surmonté d'un style fusiforme, contenant dans chaque loge un grand nombre d'ovules anatropes. Le fruit est globuleux, atteignant jusqu'à $0^m,08$ de diamètre, à enveloppe coriace, colorée en rouge noir, à portion centrale charnue, comestible. Les graines sont nombreuses, petites, ovoïdes, blanchâtres, non ailées, albuminées.

HABITAT. — Le Doundaké ou *Pêche des nègres, Figue du pays,* est assez abondant sur la côte occidentale de l'Afrique, depuis le Sénégal jusqu'au Gabon ; il habite de préférence le voisinage de la mer ; on le vend couramment, sous le nom de *Doundaké,* sur le marché de Dakar. C'est le *Doy* des indigènes de Bassa, l'*Amelliky* de Sierra-Leone, le *Jadali* des Toucouleurs.

PARTIES USITÉES. — L'écorce.

RÉCOLTE. — On enlève l'écorce en tout temps.

L'écorce de Doundaké est en morceaux irréguliers. Elle est couverte d'un suber d'autant plus crevassé et rugueux que les rameaux sont plus âgés ; celle des branches adultes est grisâtre, lisse et simplement fendillée, un peu tourmentée à la surface et munie de petites excroissances dures et d'une coloration plus foncée. Ces dernières sont plus nombreuses, plus volumineuses et d'une couleur plus foncée encore dans les écorces âgées. La surface interne de l'écorce est colorée en jaune ocreux et striée longitudinalement. Le parenchyme cellulaire se sépare aisément en lamelles très minces, et les plaques subéreuses tombent en laissant à nu le parenchyme jaunâtre subjacent. Ces caractères appartiennent particulièrement à l'écorce de Doundaké de Sierra-Leone. Il en vient de Boké (Rio-Nunez) une autre variété qui se distingue par une surface externe plus lisse et dépourvue d'excroissances noirâtres, et par une surface interne d'un jaune plus foncé.

La structure histologique est exactement la même dans les deux variétés. On y trouve de dehors en dedans : 1° une couche de suber à cellules irrégulières, aplaties, brunâtres : 2° une zone de parenchyme à cellules irrégulièrement arrondies ou polygonales, laissant entre elles de vastes méats. Dans cette zone se trouvent de nombreux groupes de cellules prosenchymateuses, allongées, à parois épaisses et jaunâtres ; 3° une zone libérienne à éléments mous et incolores.

Composition chimique. — L'écorce de Doundaké est douée d'une saveur amère très prononcée, analogue à celle du Quassia amara. Son odeur est à peu près nulle. MM. Bochefontaine, Féris et Marcus (*Compt. rend. Ac. sc.*, juillet 1883) ont retiré de cette écorce une substance qu'ils considèrent comme un alcaloïde, cristallisable en prismes rhomboédriques, soluble dans l'eau et dans l'alcool ; ils lui ont donné le nom de *Doundakine*. MM. Heckel et Schlagdenhauffen ont récemment nié que la doundakine fût un alcaloïde cristallisable ; mais ils conservent ce nom à la matière colorante résinoïde, amère, contenue dans la drogue, et à laquelle ils attribuent les propriétés physiologiques du Doundaké (Voy. *Du Doundaké et de son Écorce*). Ces auteurs admettent dans le Doundaké deux principes colorants amers distincts : l'un soluble, l'autre insoluble dans l'eau. L'analyse leur a donné les résultats suivants : partie soluble dans l'éther de pétrole : cire, corps gras, 1,20 ; partie soluble dans le chloroforme : cire, corps gras et matières colorantes, 1,04 ; partie soluble dans l'alcool : traces de tannin, glycose, matières colorantes résinoïdes, 6,95 ; partie soluble dans l'eau acidulée : matières albuminoïdes et amylacées, sels fixes, 23,112 ; ligneux, 62,128 ; sels fixes, 5,570. Ils n'ont pas déterminé exactement la nature des matières colorantes résinoïdes, en sorte que des recherches chimiques nouvelles paraissent être nécessaires.

Usages — Les noirs de la côte occidentale de l'Afrique font usage de l'écorce de Doundaké macérée dans l'eau ou dans le vin comme tonique et fébrifuge. Quelques médecins de la marine affirment avoir obtenu de très bons effets de cette écorce contre les fièvres paludéennes de notre colonie africaine. D'après MM. Bochefontaine, Marcus et Féris, les effets physiologiques de cette drogue sont identiques, soit que l'on emploie l'extrait aqueux ou alcoolique de la drogue, soit qu'on fasse usage de la doundakine, qu'ils considèrent, nous l'avons dit plus haut, comme un alcaloïde. D'après ces observateurs, l'action principale de l'extrait de Doundaké et de la doundakine consiste, chez les grenouilles, dans la production d'un état assez analogue à la catalepsie. « Comme une cire malléable, l'animal conserve toutes les positions qu'on lui donne ; plus tard survient la résolution musculaire. Cet effet se détermine par l'intermédiaire de la protubérance et du bulbe, car il continue à se produire si l'on enlève l'encéphale, mais ne reparaît pas si l'on sectionne la moelle épinière au niveau du bec du calamus. Les mouvements reflexes diminuent considérablement ; la sensibilité disparaît peu à peu, la pression sanguine s'abaisse d'abord, puis s'élève ; les battements du cœur et la respiration finissent par se ralentir. » Récemment M. Féris a essayé avec quelque succès le Doundaké contre la paralysie agitante, mais ses observations ne permettent pas de formuler des conclusions précises. En réalité, le Doundaké et son principe actif ne sont encore que très imparfaitement connus ; mais ce que l'on en sait suffit pour encourager les recherches nouvelles des chimistes et des médecins. A l'heure actuelle, on peut seulement affirmer qu'ils constituent d'excellents toniques amers, et qu'ils peuvent, dans les cas dépourvus de gravité, remplacer le quinquina, d'où le nom de *Quinquina africain, Quinquina du Rio-Nunez,* qui a été donné au Doundaké par nos médecins de la côte occidentale de l'Afrique.

Les matières colorantes du Doundaké sont susceptibles d'être utilisées par l'industrie. Elles donnent à la soie et à la laine une belle coloration jaune vieil or, très solide.

## DRACONTIUM (ou SYMPLOQUE)

*Dracontium fœtidum* Willd. (*Symplocus fœtidus* Nutt., *Ictodes fœtidus* Bigel.).
(Aracées.)

Le Symploque est une plante à grosse souche tuberculeuse, cylindrique ou en forme de cône tronqué, émettant de nombreuses racines charnues. Les feuilles ne se développent que quelque temps après le spadice qui porte les fleurs ; elles sont nombreuses, de grande taille, pressées les unes contre les autres, ovales-cordées, aiguës au sommet, lisses, munies de nervures épaisses, charnues et plus pâles que le limbe ; elles sont portées par de longs pétioles cannelés et pourvus d'une grande gaine oblongue. La spathe se développe avant les feuilles ; elle est ovale, renflée, cucullée, tachetée et parfois même presque entièrement tachée de pourpre, aiguë et recourbée à l'extrémité, avec les bords roulés en dedans, auriculés à la base et coalescents. Le spadice logé dans cette spathe est formé d'un corps ovale, courtement pédonculé, de même couleur que la spathe et couvert de fleurs. Celles-ci sont hermaphrodites, formées de quatre sépales tronqués, à bords et sommet infléchis, de quatre étamines opposées aux sépales, à filets subulés et à anthères quadriloculaires, d'un ovaire arrondi, enfoncé dans le spadice, surmonté d'un style quadranlugaire, terminé par un petit stigmate pubescent. Pendant que les fleurs se forment, la spathe se flétrit et se détruit, tandis que le spadice continue à croître, ainsi que toutes les parties des fleurs, sauf les anthères. Lorsque le fruit arrive à maturité, le spadice a atteint plusieurs fois sa dimension primitive ; les sépales, les filets staminaux et les styles sont beaucoup plus grands et épais et très proéminents. Les ovaires sont enfoncés chacun dans une dépression du spadice ; ils contiennent une seule graine sans albumen.

HABITAT. — Le *Symplocarpus fœtidus* est commun dans les parties marécageuses du nord et du centre des États-Unis.

CULTURE. — Cette plante n'est l'objet d'aucune culture.

PARTIES USITÉES. — Le rhizome tuberculeux.

RÉCOLTE. — On arrache le rhizome à l'automne et au premier printemps, et on le fait sécher avec soin soit entier, soit, de préférence, après l'avoir divisé en tranches transversales. Entier, le rhizome a la forme d'un cylindre ou d'un cône tronqué ; il est long de 0^m,05 à 0^m,08 et épais de 0^m,02 à 0^m,03 seulement ; il est rendu très rugueux par les cicatrices des radicules. Sa surface est colorée en brun foncé ; intérieurement il est blanc et d'aspect amylacé. Les radicules sont grosses comme une plume d'oie, aplaties et ridées quand elles sont sèches, couvertes d'un épiderme brun rougeâtre ou brun jaunâtre, et blanches en dedans.

RÉCOLTE. — On arrache le rhizome à l'automne et au début du printemps.

Composition chimique. — Toutes les parties de la plante fraîche exhalent une odeur fétide, due probablement à une huile essentielle, car la chaleur la fait rapidement disparaître ; mais elle se conserve en partie dans le rhizome desséché, qu'il soit entier ou découpé en tranches. La saveur du rhizome frais est très âcre et très persistante ; elle est moins prononcée, mais encore très sensible dans le rhizome desséché ; la chaleur la fait en partie disparaître ; elle est presque nulle dans la décoction.

Les graines ont la même âcreté que le rhizome ; entières, elles sont inodores ; mais quand on les écrase, elles exhalent l'odeur fétide du rhizome. Nous ne connaissons aucune analyse chimique des organes de cette plante.

Usages. — Le rhizome du Symploque jouit, dans l'Amérique du Nord, d'une assez grande réputation. On l'administre surtout en poudre, à la dose de 10 à 20 grains, répétée plusieurs fois par jour. C'est surtout contre le catarrhe chronique et l'asthme qu'il se montre efficace. On l'emploie aussi contre le rhumatisme chronique, l'hydropisie, la chorée, l'hystérie, etc. L'emploi de ce médicament est rendu difficile par l'inégalité de son action, suivant que la poudre provient d'un rhizome conservé depuis un temps plus ou moins long. Ses propriétés narcotiques et antispasmodiques paraissent être incontestables, mais elles n'ont encore été l'objet d'aucune étude vraiment scientifique. A haute dose, la poudre de Symploque est puissamment émétique et cathartique. Il serait utile d'isoler le principe actif et d'en faire l'étude complète.

## DUBOISIA

*Duboisia myoporoides* R. Br., *D. Pituri* Bancr.
(Solanacées-Salpiglossidées.)

Le *Duboisia myoporoides* de Robert Brown est un joli arbuste haut de 4 à 5 mètres, à rameaux dressés et terminés par des grappes coniques de cymes unipares à fleurs blanches, petites, persistantes pendant la majeure partie de l'année. Les feuilles sont alternes, un peu décurrentes, simples, lisses, elliptiques-lancéolées, dépourvues de stipules, entières, longues de $0^m,10$ à $0^m,13$ et larges, dans la partie médiane, de $0^m,15$ à $0^m,20$, lisses et glabres. Les fleurs sont hermaphrodites, à réceptacle convexe.

Le calice est court, gamosépale, régulier, cupuliforme ; son limbe est divisé en cinq dents triangulaires, courtes, égales, imbriquées en quinconce dans la préfloraison. La corolle est gamopétale, tubuleuse, à tube infundibuliforme, dilaté au niveau de la gorge ; son limbe est un peu irrégulier ; il est légèrement bilabié, divisé en cinq lobes alternes avec les dents du calice ; les deux lobes postérieurs sont plus étroits ; les trois antérieurs sont plus larges, le médian étant plus grand que tous les autres. Dans la préfloraison, les lobes de la corolle sont indupliqués et tordus. L'androcée se compose de quatre étamines dont les filets sont connés au quart inférieur du tube de la corolle. Les quatre étamines sont très nettement didynames ; les deux plus grandes étant situées en face des sépales antérieurs et les deux plus petites en face des sépales latéraux ; la cinquième étamine, qui devrait être située en face du sépale postérieur, n'existe pas. Le gynécée se compose d'un ovaire supère, ovoïde, biloculaire ; il est entouré d'un disque très peu marqué, et surmonté d'un style cylindrique, atténué au sommet en un stigmate à peu près entier. Chaque loge contient une douzaine d'ovules anatropes, insérés sur la cloison et pressés les uns contre les autres. Le fruit est une baie biloculaire, noire, arrondie, de la grosseur d'un petit pois, à chair peu abondante ; il est entouré à la base par le calice persistant et il est surmonté d'une petite pointe qui représente la base du style. Chaque loge renferme deux ou trois graines allongées, réniformes, brunes, réticulées à la surface ; sous leurs téguments durs et cassants, les graines renferment un albumen assez abondant qui entoure un embryon axile, cylindrique, recourbé en arc, à radicule dirigée vers la petite extrémité de la graine.

*Duboisia Pituri* BANCR. (*Anthocercis Hopwoodii* F. MÜLL., *Duboisia d'Hopvoodii* F. MÜLL.) — Cette espèce se distingue de la précédente par des fleurs un peu moins irrégulières, à pétales marqués de stries rougeâtres.

HABITAT. — Le *Duboisia myoporoides* habite l'Australie et la Nouvelle-Calédonie. Le *D. Pituri* a été trouvé dans la Nouvelle-Galles du Sud et dans l'Australie occidentale.

PARTIES USITÉES. — Les feuilles, les jeunes pousses.

RÉCOLTE. — On récolte les feuilles après leur entier développement.

Composition chimique. — On a extrait de cette plante un alcaloïde auquel on a donné le nom de *Duboisine* et assigné la formule $C^{17}H^{23}AzO^3$. D'après MM. Ladenburg et G. Meyer (1880) la duboisine est identique avec l'*Hyoscyamine* ou alcaloïde de la Jusquiame, qui est elle-même isomère de l'*Atropine*.

Usages. — Des expériences nombreuses ont montré que l'action physiologique et thérapeutique du *Duboisia* et de la duboisine est à peu près la même que celle de l'atropine. Comme l'atropine, la duboisine détermine la dilatation de la pupille, provoque la sécheresse de la bouche et de la gorge, arrête la transpiration produite par la pilocarpine, détermine de la somnolence, combat l'action de la muscarine sur le cœur, c'est-à-dire rend plus fortes et plus fréquentes les contractions cardiaques ralenties et affaiblies par la muscarine, accélère les battements du pouls, en un mot, peut être employée dans tous les cas où l'on fait usage de l'atropine. Elle offre cet avantage qu'on peut l'administrer, sans inconvénient, dans les cas où l'atropine, à la suite d'un usage prolongé, détermine l'inflammation de la conjonctive. La duboisine instillée dans l'œil dilate promptement la pupille et paralyse l'accomodation. Elle convient admirablement dans les maladies et dans les blessures de la cornée, dans l'iritis et dans le spasme de l'accomodation. On l'a employée récemment dans le traitement du goitre exophtalmique. D'après M. Dujardin-Baumetz, elle produit une grande diminution des palpitations et des battements vasculaires, mais elle offre l'inconvénient de s'accumuler dans l'organisme, aussi, faut-il, au bout d'une huitaine de jours, cesser les injections hypodermiques, pour ne les reprendre qu'après l'élimination du médicament, c'est-à-dire au bout de quatre ou cinq jours. On a cité quelques cas d'empoisonnement par la duboisine. Dans ces cas, les malades se montrent très agités, avec la peau sèche, le visage vultueux, le pouls très fréquent, atteignant dans un cas jusqu'à 136 pulsations ; il y eut toujours du délire et des céphalalgies violentes. Le traitement recommandé et suivi de succès est fondé sur l'administration de la morphine et du chloral.

FIN DU SUPPLÉMENT DU TOME PREMIER.

# D



FIN DE LA TABLE DU PREMIER VOLUME

DE LA FLORE MÉDICALE.

Paris. — Imp. Vᵉ P. Larousse et Cⁱᵉ, rue Montparnasse, 19.

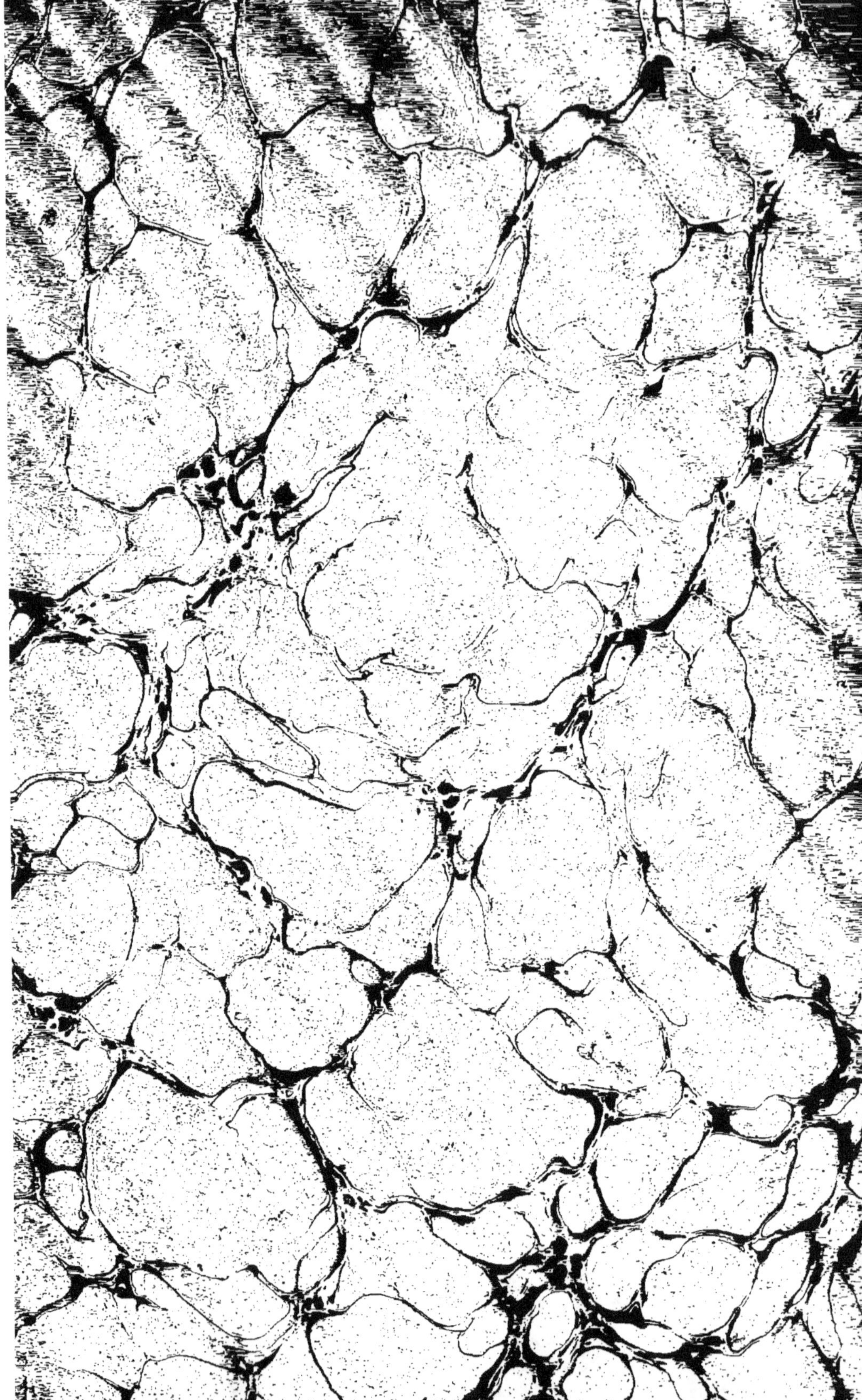

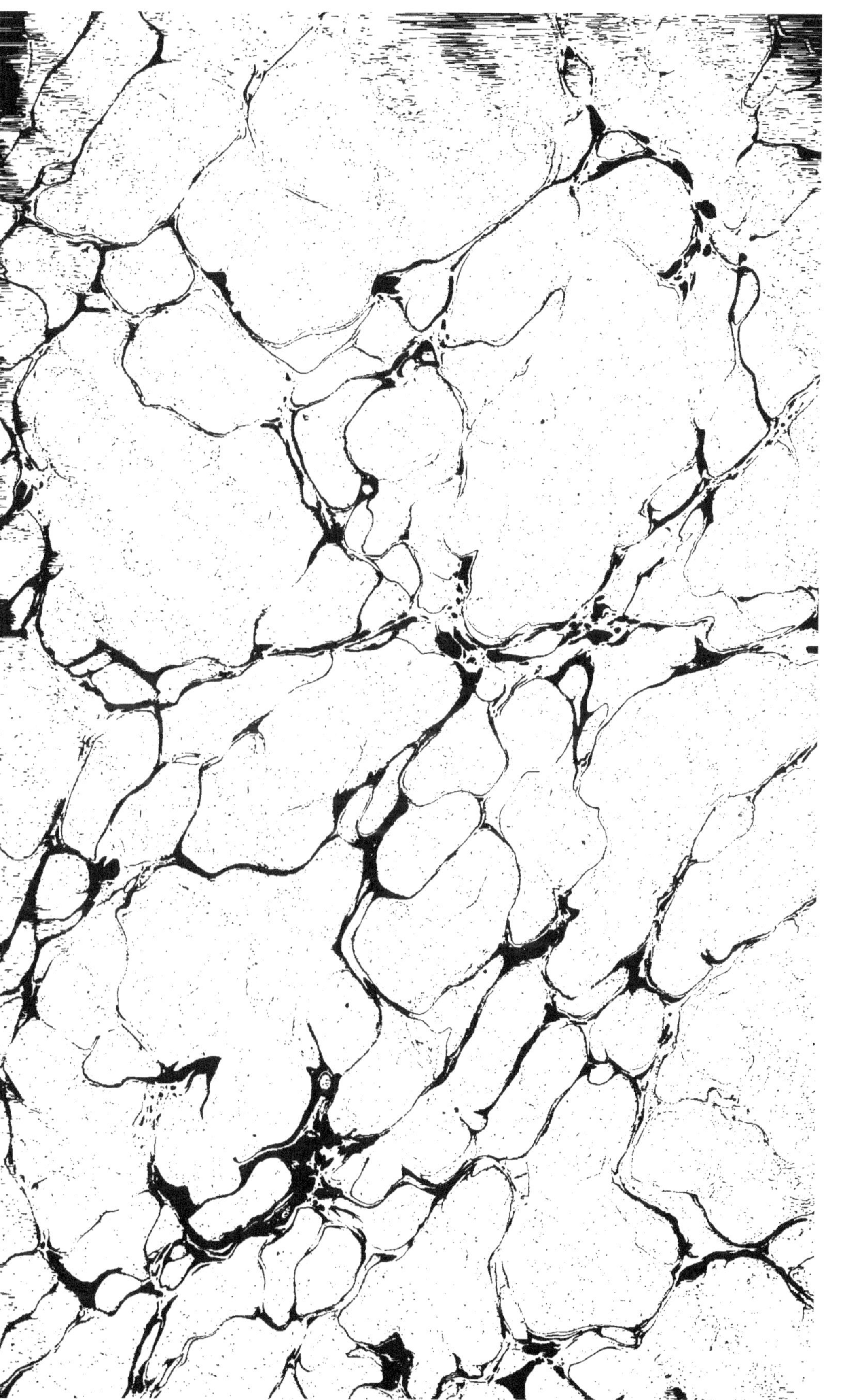

www.ingramcontent.com/pod-product-compliance
Lightning Source LLC
Chambersburg PA
CBHW051225050726
47594CB00001B/31